清洁生产
理论与审核实践

苏荣军　郭鸿亮　夏　至　等编著

化学工业出版社

·北京·

本书共分九章，主要介绍了环境保护理论，清洁生产及审核，清洁生产审核程序，清洁生产的法律法规及评价，清洁生产原理及审核技巧，环境保护相关概念及实施工具，清洁生产工程技术及在各行业中的应用，清洁生产审核案例经验交流及对策，以及清洁生产审核典型案例分析等内容。书后还附有清洁生产相关法律法规和环境保护相关标志便于读者查阅。

　　本书具有较强的知识性、系统性和针对性，可供从事清洁生产的工程技术人员、科研人员和管理人员参考，也供高等学校环境科学与工程及相关专业师生参阅。

图书在版编目（CIP）数据

清洁生产理论与审核实践/苏荣军等编著. —北京：化学
工业出版社，2019.4（2023.1重印）
ISBN 978-7-122-33963-8

Ⅰ.①清⋯　Ⅱ.①苏⋯　Ⅲ.①无污染工艺　Ⅳ.①X383

中国版本图书馆 CIP 数据核字（2019）第 033178 号

责任编辑：刘兴春　刘　婧　　　　　　　　　　装帧设计：刘丽华
责任校对：张雨彤

出版发行：化学工业出版社（北京市东城区青年湖南街 13 号　邮政编码 100011）
印　　装：北京天宇星印刷厂
787mm×1092mm　1/16　印张 23¼　字数 604 千字　　2023 年 1 月北京第 1 版第 3 次印刷

购书咨询：010-64518888　　　　　　　　　　售后服务：010-64518899
网　　址：http://www.cip.com.cn
凡购买本书，如有缺损质量问题，本社销售中心负责调换。

定　　价：86.00 元

前　言

　　清洁生产及审核是实现社会、经济、生态可持续发展的重要理论思想及实施手段，也是近 40 年来国际社会共同努力推动实施的改善环境的重要战略措施。清洁生产在我国已实施 30 多年，作者结合多年来进行的各行业清洁生产审核的实践和在高等学校从事的清洁生产课程的教学研究，依照国家环境保护相关部门制定的有关法规、标准、指南及要求，参考学习大量的清洁生产方面的书籍和文献资料编著了本书。本书既有详尽的环境保护理论和清洁生产思想，又有法定的清洁生产审核程序、最新的相关法律法规、目前实行的清洁生产行业技术标准、评价体系和审核指南等，还有不少清洁生产工程技术案例和经验交流，涵盖了生态环境、农业、工业和服务行业等全领域，既适合高等学校作为教材使用，也适合作为科技人员、清洁生产从业人员的参考工具书，对于工科专业大学生和广大工程技术人员提高生态保护意识和环境保护技能方面是大有裨益的。

　　本书由苏荣军、郭鸿亮、夏至等编著，具体编著分工如下：第一、第三章及附录 1、附录 2 由苏荣军编著；第二、第七章由郭鸿亮编著；第九章第二节由夏至编著；第四章由巴亚东编著；第五章及附录 3 由苏欣颖编著；第六章由张煜编著；第八章由张广山编著；第九章第一节及附录 4 由綦峥编著。全书最后由苏荣军统稿、定稿。

　　感谢原哈尔滨市环保局清洁生产中心、哈尔滨工业大学环境学院、哈尔滨商业大学食品工程学院、黑龙江东方学院和长江水资源保护科学研究所的各位老师和专家在本书的编著过程中提供的资料和给予的指导及帮助。本书为黑龙江省自然科学基金项目（B2015024，B2015025）和哈尔滨商业大学科研项目（18XN078）资助项目，在此表示感谢。

　　限于编著者水平及编著时间，书中疏漏及不当之处在所难免，欢迎广大同行、读者朋友给予批评指正。

编著者

2019 年 3 月

目 录

第四章　清洁生产的法律法规及评价　　102

第五章　清洁生产原理及审核技巧　　143

第六章　环境保护相关概念及实施工具　　165

第九章　清洁生产审核典型案例分析　　265

附录　　335

参考文献　　359

第一章

环境保护理论

第一节 环境保护理论的产生

一、环境污染问题

由于人类的生活、生产、经济活动等人为因素造成环境的成分或状态发生变化，环境质量下降，从而扰乱和破坏了生态系统和人们的正常生活和生产条件，就叫作环境污染。20世纪 30~70 年代发生的最著名的世界八大公害事件（表 1-1）中，有五大公害是由于排放大量气体和浮尘引起的，另外三大公害是由于污染而最终引起食物中毒的事件。

表 1-1 世界八大公害事件

公害事件	时间及发生地	中毒情况产生原因
马斯河谷烟雾事件	1932 年 12 月比利时马斯河谷	咳嗽、呼吸短促、流泪、喉痛、恶心、呕吐和胸窒闷，数千人发病，60 人死亡。SO_2 转化为 SO_3 进入肺部
多诺拉烟雾事件	1948 年 10 月美国多诺拉	咳嗽、喉痛、胸闷、呕吐和腹泻，4 日内约 6000 人患病，17 人死亡。SO_2 与烟尘作用生成了硫酸盐，吸入肺部
伦敦烟雾事件	1952 年 12 月英国伦敦	胸闷、咳嗽、喉痛和呕吐，5 日内 4000 人死亡，历年共发生 12 起，死亡近万人。粉尘中 Fe_2O_3 使 SO_2 转变成硫酸，附着在烟尘中，吸入肺部
洛杉矶光化学烟雾	1943 年 5~10 月美国洛杉矶	刺激眼、喉、鼻，引起眼病、喉炎。大多数居民患病，65 岁以上老人死亡 400 人。石油工业和汽车废气在紫外线辐射作用下产生的光化学烟雾
水俣病事件	1953 年日本九州南部熊本水俣镇	口齿不清、面部痴呆、全身麻木，最后精神失常甚至死亡，患者 180 多人，死亡 50 多人。食用含有甲基汞的鱼
痛痛病事件	1931~1973 年日本富山县	关节痛开始，最后骨骼软化萎缩，自然骨折，患者 280 人，死亡 34 人。食用含镉废水灌溉的"镉米"和含镉的水
四日哮喘事件	1955 年以来，日本四日市	支气管炎、支气管哮喘、肺气肿，患者 500 多人，死亡 36 人。有毒重金属微粒及 SO_2 吸入肺部所致
米糠油事件	1968 年日本九州、爱知县等 23 个府县	眼皮肿、出汗，全身红疙瘩，恶心、呕吐，肺功能下降，甚至死亡，患者 5000 多人，死亡 16 人。食用含有多氯联苯的米糠油所致

20 世纪 70 年代以来，所发生的许多公害的严重程度已远远超过了八大公害事件（表 1-2）。在印度，博帕尔农药厂化学品泄漏造成约 3000 人死亡；在墨西哥城，液化气罐爆炸使千人遇难；在前苏联，切尔诺贝利核反应堆爆炸使核尘埃遍布欧洲。

表1-2　20世纪70年代以来发生的重大公害事件

肇事污染物	事件名(地点,时间)	简　况
多氯代二苯并-对-二噁英类(PCDDs)	二噁英污染事件(意大利米兰,1976年)	化工厂爆炸散发PCDDs,家畜大量死亡,自然流产和畸形儿增多,8个月后在法国北部某地检测到越界的PCDDs
原油	海难事件(南美洲邻近特立尼达海域,1979年)	斯波莱士号大型油轮沉没,32.5万吨原油入海,造成大片水域生态灾难
钚(Pu)	核事件(英国威尔士,1983年)	温茨凯尔核燃料后处理工厂含Pu废液大量流出,当地小儿白血病患者激增
甲基异氰酸酯(MIC)	毒气泄漏事件(印度博帕尔市,1984年)	从贮罐泄漏46tMIC,转化气体,20万人吸入毒气,约3000人死亡
核裂变产物(FPs)	核事件(苏联乌克兰,1986年)	切尔诺贝利核电站运行中发生火灾和爆炸,放射性污染波及欧洲,约300万人受核辐照,死亡4000余人
农药	排毒事件(瑞士莱茵河,1986年)	沿河药品仓库失火,30t农药等随灭火用水排入河中。50万尾鱼死亡,4000万人饮水受影响
原油	战事(中东,1991年)	伊拉克军队纵火焚烧625口油井,将贮油库中大量原油放入海湾,引起大降黑雨,饮水源受污染,呼吸道疾病患者激增
甲氟膦酸异丙酯(Sarin)	投毒事件(日本东京,1995年)	奥姆真理教教徒在地铁投毒,约5500人患病,12人死亡,上百所学校停课
铀(U)	战事(前南斯拉夫,1999年)	北约军事集团连续78d轰炸南联盟国土,弹头中所含23t贫铀产生严重的放射性污染
放射性物质	核电站损毁,放射性物质泄漏(日本福岛,2011年)	受东日本大地震影响,福岛第一核电站严重损毁,大量放射性物质泄漏,对环境造成持久性核辐射污染,至今方圆几十公里内人类无法居住

注：非化学性因素(如噪声)也可造成公害。

更为严重的是,目前污染不是局部的,而是引起了生态环境的全面恶化。每年有600万公顷(相当于拉脱维亚、立陶宛、克罗地亚、斯里兰卡等国的面积)具有生产力的旱地变成沙漠,有1100多万公顷的森林遭到破坏。在非洲,干旱将3500万人置于危难之中;由于饮用水被污染,全球每年约有6000万人死于腹泻。由此可见,决定地球人类前途和命运的是环境。

我国的环境污染也相当严重。现在每年排放的SO_2已达2500万吨以上,成为世界上SO_2排放量最多的国家之一;SO_2、颗粒物排放量持续增加,酸雨覆盖面积持续扩大。其次,我国水污染也相当严重,十多年前,有大约85%的城市污水未经处理直接排入水体,其中工业废水所占的比重较大。现在仍有大约30%的城市污水未经处理。有关资料表明,我国江、河、湖和水库已普遍受到不同程度的污染,同时查出水体中存在百种以上有毒有害的有机污染物。

二、环境保护思想及理论的产生

我国早在2000多年前的春秋战国及秦始皇时期就有士兵持刀守护水井的历史记载,这可能是人类历史上较早的环境保护意识。战国时期的思想家孟子、荀子也提出过使自然资源休养生息,以保证其永续利用等朴素的可持续发展思想。恩格斯曾提出了这样一个思想:人类的生活和生产离不开自然环境,都要与环境进行物质交流和能量传递,这种交流和传递必须符合生态规律,生态破坏必然威胁到人类社会的生存和发展。原国家主席胡锦涛同志提出的科学发展观,习近平总书记所说的"绿水青山就是金山银山""要向保护生命一样保护生态环境"等,都阐述了这种人类发展和保护环境不可分割开来的思想。西方早期的一些经济学家马尔萨斯、李嘉图等,也较早认识到人类消费的物质限制,即人类经济活动存在着生态边界。工业化革命以后带来的环境污染问题,使得西方发达国家先经历了环境污染带来的危害,也引起了他们对污染治理的重视,环境保护做得很好。我们国家的经济发展正处于历史上难得的较长时间的持续高速发展阶段,难以避免地引起了环境污染问题。好在从中央到地方、从领导到普通大众,都已经认识到了治理污染、保护环境的重要性,正在和即将采取的各种措施将在保证经济持续繁荣的同时，还回我们一个良好的自然生态环境。

1. 资源利用问题催生了可持续发展思想和循环经济理论的萌芽

随着 19 世纪后期开始的工业化革命在全世界的迅速发展，其带来的环境污染在 20 世纪日趋严重，特别是环境污染公害事件的不断发生深深困扰着人类。20 世纪 50 年代末，美国海洋生物学家瑞切尔·卡逊（Rachel Karson）在获悉了使用杀虫剂所产生的种种危害之后，于 1962 年发表了在环境保护史上影响较为广泛和深远的科普著作《寂静的春天》。作者通过对污染物在环境中富集、迁移、转化的描写，阐明了人类同大气、海洋、河流、土壤等环境要素和动植物之间的密切关系，初步揭示了污染对生态系统的影响。她告诉人们："地球上生命的历史一直是生物与其周围环境相互作用的历史……只有人类出现后，生命才具有了改造其周围大自然的异常能力。在人对环境的所有侵扰中，最令人震惊的，是空气、土地、河流以及大海受到各种致命化学物质的污染。这种污染是难以清除的，因为它们不仅进入了生命赖以生存的世界，而且进入了生物组织内。"她还警示世人，我们长期以来经济发展所走的，表面看来是一条高速稳定的道路，但实际上，这条路的未来却潜伏着灾难。作为环境保护的先行者，卡逊的思想在世界范围内较早地引发了人类对自身的传统行为和观念进行比较系统和深入的反思，也引起了西方民众环境保护意识的增强，进而促使政府逐步增加了对环境的保护和管理。

20 世纪 60 年代，美国经济学家鲍尔丁（Kenneth Ewert Boulding）提出"宇宙飞船经济理论"，即地球就像在太空中飞行的宇宙飞船，这艘飞船靠不断消耗自身有限的资源而生存。如果人们像过去那样不合理地开发资源和破坏环境，超过了地球的承载能力，地球就会像宇宙飞船那样走向毁灭。他认识到必须在经济过程中思考环境问题产生的根源。因此，宇宙飞船经济理论要求以新的"循环式经济"代替旧的"单程式经济"，这也是可持续发展思想的萌芽。

以以上两个理论为代表的环境保护理论提出的资源利用问题引出了可持续发展思想和循环经济理论的萌芽。

2. 经济增长问题孕育了可持续发展和循环经济理论

1968 年，来自世界各国的几十位科学家、教育家和经济学家聚会罗马，成立了一个非正式的国际协会——罗马俱乐部。俱乐部中以麻省理工学院 D·梅多斯（Dennis L. Meadows）为首的研究小组，针对长期流行于西方的经济高增长理论进行了深刻反思，并于 1972 年提交了俱乐部成立后的第一份研究报告——《增长的极限》。该报告深刻阐述了环境的重要性以及资源与人口之间的基本联系。报告认为：由于世界人口增长、粮食生产、工业发展、资源消耗和环境污染这五项基本因素的运行是指数增长而非线性增长，全球的增长将会因为粮食短缺和环境破坏于 21 世纪某个时段达到极限，也就是说，地球环境的承载力将会达到极限，经济增长将发生不可控制的衰退。因此，要避免因超越地球资源极限而导致世界崩溃，最好的方法是限制增长，即"零增长"。《增长的极限》一发表，在国际社会特别是在学术界引起了强烈的反响，尽管它存在一些方面的缺陷，但是，报告所表现出的对人类前途的"严肃的忧虑"以及试图唤起人类自身的觉醒，其积极意义是毋庸置疑的。它所阐述的"合理的、持久的均衡发展"，为可持续发展思想的萌芽提供了土壤。

1972 年，联合国人类环境会议在斯德哥尔摩召开，共有 113 个国家和地区的代表参加，共同讨论环境对人类的影响问题。这是人类第一次将环境问题纳入世界各国政府和国际政治的事务议程。大会通过的《人类环境宣言》向全世界呼吁：现在已经到达历史上这样一个时刻，我们在决定世界各地的行动时，必须更加审慎地考虑它们对环境产生的后果。由于无知或不关心，我们可能给幸福生活所依靠的地球环境造成巨大的无法换回的损失。因此，保护和改善人类环境是关系到全球各国人民的幸福和经济发展的重要问题，是全世界各国人民的迫切希望和各国政府的责任，也是人类的紧迫目标。各国政府和人民必须为全体人民和自身后代的利益而做出共同的努力。作为探讨保护全球环境战略的第一次国际会议，联合国人类环境会议的意义在于唤起了各国政府共同对环境问题，特别是对环境污染的觉醒和关注。各国政府和公众的环境意识，无论是在广度上还是在深度上都向前迈进了一步。

以以上两个理论为代表的环境保护理论提出的经济增长问题孕育了可持续发展思想和循环经济理论的产生。

3. 可持续发展思想观念的提出

为研究自然的、社会的、生态的、经济的以及利用自然资源过程中的基本关系，确保全球发展，联合国于1983年3月成立了以挪威首相布伦特兰夫人（G. H. Brundland）任主席的世界环境与发展委员会（WCED）。该委员会于1987年向联合国大会提交了《我们共同的未来》的研究报告。它分为"共同的问题""共同的挑战"和"共同的努力"三大部分。报告将注意力集中于人口、粮食、物种与遗传资源、能源、工业和人类居住等各个方面。在系统探讨了人类面临的一系列重大经济、社会和环境问题之后，提出了"可持续发展"的概念。报告深刻指出，在过去，我们关心的是经济发展对生态环境带来的影响，而现在，我们正迫切地感到生态的压力对经济发展所带来的重大影响。因此，我们需要有一条新的发展道路，这条道路不是一条仅能在若干年内、在若干地方支持人类进步的道路，而是一直到遥远的未来都能支持全球人类进步的道路，这就是可持续发展的道路。布伦特兰鲜明、创新的科学观点，把人们从单纯考虑环境保护引导到把环境保护与人类发展切实结合起来，实现了人类有关环境与发展思想的重要飞跃。作为实现可持续发展战略思想的重要手段之一的循环经济，也在此与生态系统紧密地联系了起来。

4. 联合国环境与发展大会——环境与发展的里程碑

自20世纪80年代以来，国际社会关注的热点已从单纯注重环境问题逐步转到环境与发展二者的关系上来，这就需要国际社会的广泛参与。在这一背景下，联合国环境与发展大会（UNCED）于1992年6月在巴西首都里约热内卢召开，共有183个国家的代表团和70个国际组织的代表出席了会议。会议通过了《里约环境与发展宣言》和《21世纪议程》两个纲领性文件。前者是开展全球环境与发展领域合作的框架性文件，旨在保护地球永恒的活力和整体性，建立一种新的、公平的全球伙伴关系，是"关于国家和公众行为基本准则"的宣言；它提出了实现可持续发展的基本原则。后者则是在全球范围内的可持续发展的行动计划，目的在于建立21世纪世界各国在人类活动对环境产生影响的各个方面的行动规则，为保障人类共同的未来提供一个全球性措施的战略框架。在这个会议上，可持续发展得到世界最广泛和最高级别的政治承诺。以这次大会为标志，人类对环境与发展的认识提高到了一个崭新的阶段。大会为人类高举可持续发展旗帜、走可持续发展之路、实行循环经济发出了总动员，使人类迈出了跨向新的文明时代的关键性一步，为人类的环境与发展竖立了一座重要的里程碑。另外，在会议上，各国政府代表还签署了联合国《气候变化框架公约》等国际文件及相关国际公约。

第二节　可持续发展

一、可持续发展的定义

伴随着人们对社会发展目标以及全球性环境问题（臭氧层破坏、全球变暖和生物多样性减少等）认识的加深，可持续发展的思想在20世纪80年代逐步形成。"可持续性"最初应用于林业和渔业，指的是保持林业和渔业资源延续不断的一种管理战略，后来扩展到整个地球环境资源。可持续发展（Sustainable Development）是 1987 年挪威首相布伦特兰夫人在联合国世界环境与发展委员会（WECD）提出的《我们共同的未来》的研究报告中首次提出的。"可持续发展"被定义为："既满足当代人需要，又不对后代人满足其需求的能力构成危害的发展"，这一定义随后在 1989 年联合国环境规划署第 15 届理事会通过的《关于可持续发展的声明》中得到接受和认可，并补充了绝不包含侵犯国家主权的含义。可持续发展观强调的是经济、社会和环境的协调发展，其核心思想是经济发展应当建立在社会公正和环境、生态可持续的前提下，既满足当代人的需要，又不对后代人满足其需要的能力构成危害。联合国环境规划署理事会认为，可持续发展涉及国内合作和跨越国界的合作。可持续发展意味着国家内部和国际公平，意味着要有一种支援性的国际经济环境，从而使得各国，特别是发展中国家能持续经济增长与发展，这对于环境的良好管理也具有很重要的意义。

我国学者对这一定义做了如下补充：可持续发展是"不断提高人群生活质量和环境承载能力的、满足当代人需求又不损害子孙后代满足其需求能力的、满足一个地区或一个国家自身需求又不损害别的地区或国家人群满足其需求能力的发展"。

目前，可持续发展观念已渗透到自然科学和社会科学诸领域。它要求人们要珍惜自然环境和资源，在满足当代人的需要的同时，又不对后代人满足其需要的能力构成危害。可持续发展已逐渐成为人们普遍接受的发展模式，并成为人类社会文明的重要标志和共同追求的目标。

二、可持续发展的基本内容

（1）强调发展　发展是满足人类自身需求的基础和前提。人类要继续生存下去，就必须强调经济增长，但这种增长不是以牺牲环境为代价的，而是以保护环境为核心的可持续的经济增长，通过经济增长保证人类的生存与发展，并把消除贫困作为实现可持续发展的一个重要条件。

（2）强调协调　经济增长目标、社会发展目标与环境保护目标三者之间必须协调统一，即环境与经济协调发展。经济增长速度不能超过自然环境的承载能力，必须以自然资源与环境为基础，同环境承载能力相协调。要考虑环境和资源的价值，将环境价值计入生产成本和产品价格中，建立资源环境核算体系，改变传统的生产方式和消费方式。

（3）强调公平　既要体现当代人在自然资源利用和物质财富分配上的公平，也要体现当代人和后代人之间的代际公平；不同国家、不同地区、不同人群之间也要力求公平。

三、可持续发展的内涵

（1）可持续发展的公平性　公平性含义如下。①本代人的公平：可持续发展要给世界以公平的分配和公平的发展权，要把消除贫困作为可持续发展进程特别优先的问题来考虑。②代际间的公平：当代人不能为自己的发展与需求而损害人类世世代代公平利用自然资源的权利。③公平分配有限资源：目前的现状是，占全球人口 26％ 的发达国家消耗的能源、钢铁和纸张等均占全球的 80％。

（2）可持续发展的持续性　可持续发展的内涵不仅包括需求，还包括可持续发展的限制因素。可持续发展不应损害支持地球生命的自然系统，持续性原则的核心是人类的经济和社会发展不能超越资源与环境的承载能力。

（3）可持续发展的共同性　可持续发展作为全球发展的总目标，所体现的公平性和持续性原则是共同的。实现这一总目标，必须采取全球共同的联合行动。

四、可持续发展的特征

目前，关于可持续发展的定义多种多样。经济学家侧重保持和提高人类的生活水平，生态学家的侧重点则放在生态系统的承载能力方面。但基本共识是，可持续发展至少应包含以下三个特征。

（1）生态可持续性　不超越生态环境系统更新能力的发展，使人类的发展与地球承载能力保持平衡，使人类生存环境得以持续。

（2）经济可持续性　在保护自然资源的质量及其所提供服务的前提下，使经济发展的利益增加到最大限度。

（3）社会可持续性　可持续发展要以改善和提高生活质量为目的，与社会进步相适应。是一种在保护自然资源基础上的可持续增长的经济观，人类与自然和谐相处的生态观以及对当今后世公平分配的社会观。

生态可持续、经济可持续和社会可持续三个特征之间互相关联而不相侵害。

孤立追求经济持续必然导致经济崩溃；孤立追求生态持续不能遏制全球环境的衰退。生态持续是基础，经济持续是条件，社会持续是目的。人类共同追求的应该是自然-经济-社会复合系统的持续、稳定、健康发展。

五、实现可持续发展的基本途径

人类已深刻认识到"环境与发展"是密不可分的对立统一整体。在两者的关系中发展起着主导作用。环境不能与人类活动、愿望和需求相割裂而独立存在；发展的概念也不应该单纯强调国民生产总值的增长。可持续发展的观念包括经济持续、生态持续和社会持续三个互相关联的部分。只有做到经济持续快速增长、生态保持稳定平衡、科技进步及人口有计划增长和素质持续提高，才是做到了真正的发展。从国际社会和各国所提出的可持续发展目标和战略来看，可持续发展的主要途径如下。

1. 将环境保护纳入综合决策，转变传统经济增长模式

传统的经济增长模式的核心是单纯追求经济产出的增长，把国民生产总值的增长当作经济发展和社会进步的代名词。结果是发展了高消耗、高污染的工业体系以及大批量生产、大批量消费的模式，造成资源浪费污染严重的局面。

转变传统增长模式的途径主要有：修正传统的国民经济核算方法，把自然资源消耗和环境污染纳入经济核算，把经济发展战略建立在更为合理的目标和指标下；逐步取消各种使用资源的补贴，使资源价格充分反映其稀有性，促进资源使用效率的提高；增加对污染的收费，使污染者完全补偿其污染环境的成本。

2. 积极发展循环经济，大力推进清洁生产，实现污染治理从末端处置向源头和过程控制的转变

（1）循环经济是环境优化型的经济发展模式　传统工业经济是高投入、高消耗、高排放的线性经济，是一种由"自然资源—产品和用品—废物排放"流程组成的开放式经济，这种单方向的从生产到使用到排放的流程，是通过不断地加重地球生态系统的负荷来实现经济增长。循环经济是一种善待地球的经济发展新模式，是按照生态规律组织整个生产、消费和废物处理过程，把经济活动组织成为"自然资源—产品和用品—再生资源"的封闭式经济流程，实现资源消耗的减量化，产品的反复使用和废弃物的资源化，从而把经济活动对自然环境的影响控制在尽可能小的程度。

（2）实现清洁生产，开发清洁产品　推行清洁生产，实现生态环境可承受的工业发展，这是实现可持续发展战略的关键之一。

清洁生产包括清洁的生产过程、清洁的产品和清洁的能源，把保护环境作为自身的内在要求，纳入其发展过程之中，而不是留给社会承担或留给专门的环境部门去处理。这点与传统模式有很大的区别。

清洁产品实际上是清洁生产的基础，推行清洁产品设计，将综合预防污染和节约资源的战略用于产品的设计中，以开发更生态的、经济的、可持续发展的产品体系，从源头上减少污染废物的产生。

3. 发展和完善环境保护法律和政策

把环境原则贯穿到各类经济活动领域中。国际组织和各国政府都要逐步建立相应的有关自然资源和环境保护的法律体系，在国际贸易、工业发展、经济决策、银行贷款等各类经济活动领域方面体现环境原则。

如银行贷款的环境原则就是对于重大项目的贷款必须有环境影响评价报告书，建设项目的开发强度超出所在地区的环境承载力不予贷款，明显损害环境的项目不予贷款，而有利于保护环境和改善环境的项目优惠贷款。

4. 认真实施 ISO 14000 环境管理系列标准是贯彻可持续发展战略的重要一环

国际标准化组织（ISO）1996 年正式颁布了 ISO 14000 环境管理体系国际标准，主要在于规范各国企业和社会团体等所有类型的组织的环境行为。

实施 ISO 14000 标准要求企业从产品开发、设计、制造、流通（包装、运输）、使用、报废、处理到再利用的全过程实行环境管理和控制，以最小的投入，取得最大的环境效益和经济效益，与"循环经济"发展模式一致。同时还促使政府加强对企业环境管理的指导，有利于提高企业的环境管理水平，有利于提高企业及其产品在市场的毫争力，促进出口贸易，而且更有利于提高全民的环境保护意识。

5. 改变消费现念，推行绿色消费方式

以大批量物质消费和"用过即扔"的现代西方消费模式是传统经济增长模式的社会动力，将造成资源的大量浪费和环境的严重污染。改变消费模式，便是要建立与环境相协调的、低资源、能源消耗，高消费质量的适度消费体系，推行绿色消费方式。对消费品特征来说，强调经久耐用，强调可回收，强调易于处理。

6. 提高全民环境意识，建立可持续发展的新文明

人民群众既是生产者又是消费者，他们的日常行为对环境的影响很大。开展全民环境教育，使他们能自觉地采取行动来保护自己的环境权益，这必将成为持久的保护环境的动力。

第三节　循环经济

一、循环经济理念及其产生背景

循环经济的思想萌芽于 20 世纪 60 年代，源于美国经济学家鲍尔丁提出的"宇宙飞船经济理论"。鲍尔丁对传统工业经济"资源—产品—排放"的"开环"方式提出了批评。几乎同时，美国生物学家瑞切尔·卡逊出版了《寂静的春天》一书，对"杀虫剂"等化学农药破坏食物链和生物链的恶果进行了控诉。1972 年罗马俱乐部在《增长的极限》报告中倡导"零增长"。1992 年联合国环境与发展大会发表了《里约宣言》和《21 世纪议程》，可持续发展观深入人心。2002 年世界环境与发展大会决定在世界范围内推行清洁生产并制订行动计划。在此背景下，循环经济理念应运而生。循环经济就是通过资源的循环，既保持生产的发展，又能减少资源的消耗，减少排出，减轻对环境的影响，甚至恢复环境，它的目标是在资源不退化甚至得到改善的情况下促进经济增长。循环经济的理论基础是工业生态学，运用工业生态学规律指导经济活动的循环经济，是建立在物质、能量不断循环使用的基础上与环境友好的新型模式。它融资源综合利用、清洁生产、生态设计和可持续发展与消费等为一体，把经济活动重组为"资源利用—产品—资源再生"的封闭流程和"低开采、高利用、低排放"的循环模式，强调经济系统与自然生态系统和谐共生，并非仅属于经济学范畴，而是集经济、技术和社会于一体的系统工程，包括大、中、小三个层面，即企业、区域和社会。循环经济理念的产生和发展，是人类对人与自然关系深刻反思的结果，是人类社会发展的必然选择。

二、线性经济和循环经济

自社会工业化以来，经济高速发展，但所走的道路是：自然资源—产品和用品—废物排放。设计者仅着眼于中间环节，即产品的质量和成本，而很少顾及自然资源何时枯竭以及废物排放对环境所造成的后果。这是一种"高开采、低利用、高排放"（二高一低）的线性经济。在线性经济中，生产系统内是一些相互不发生关系的线性物质流叠加，进入系统和离开系统的物质流远大于系统内的物质交流，伴随的是产生大量废物，造成地球资源大量开发、破坏和浪费，自然环境恶化。资源的浪费减少了可利用量，从而威胁人类（特别对后代人）的生存，而环境污染影响了当代人的生存，也必须进行治理。

20世纪90年代在可持续发展战略的影响下，人们认识到当代资源枯竭和环境日益恶化的根本原因是人类以高开采、低利用、高排放为特征的线性经济模式造成的。为此提出应在资源环境不退化甚至得到改善的基础上促进经济增长，应该建立一种以物质闭环流动为特征的经济，即循环经济，从而实现可持续发展所要求的战略目标。线性经济本质上是把资源持续不断变成废物的过程，通过反向增长的自然代价来实现经济的数量型增长；而循环经济倡导一种与地球和谐的经济发展模式，它把经济活动组织成一个"资源—产品—再生资源"的反馈式流程，所有的资源和能源在这个不断进行的经济循环中得到合理和持久的利用，从而把经济活动对自然环境的影响降低到尽可能小的程度。循环经济本质上是一种生态经济，它运用生态学规律指导人类社会的经济活动。循环经济与线性经济的根本区别在于：线性经济是一些相互不发生关系的线性物质流的叠加，由此造成出入系统的物质流远远大于内部相互交流的物质流，造成经济活动的"高开采、低利用、高排放"；而循环经济则在系统内部以互联的方式进行物质交换，以达到最大限度利用进入系统的资源和能源，从而能够形成"低开采、高利用、低排放"。由于存在反馈式、网络状的相互联系，系统内不同行为者之间的物质流可以远远高于出入系统的物质流。循环经济可以为优化人类经济系统各个组成部分之间关系提供整体性的思路，为工业化以来的传统经济转向可持续发展的经济提供战略性的理论范式，从而从根本上消解长期以来环境与发展之间的尖锐冲突。现今，对于资源、能源缺乏、人口密集的城市、地区、国家如何实施循环经济尤为迫切。

三、循环经济的内涵

循环经济（Circular Economy）是对物质闭环流动型经济（Closing Materials Cycle Economy）的简称，其实质是以物质闭环流动为特征的生态经济。由于系统中各种行为主体之间的联结和交换遵循了生态学规律，所以某一子系统中排放的废物又变为另一子系统的资源，这就从根本上解决了经济发展与环境资源之间的尖锐矛盾。循环经济是对传统线性经济的扬弃，它能把经济活动对自然环境的影响降低到尽可能小的程度，保持了人类社会发展的可持续性。循环经济是一种以资源的高效利用和循环利用为核心，以"减量化、再利用、再循环"（3R）为原则，以低消耗、低排放、高效率为基本特征，符合可持续发展理念的经济增长模式；循环经济是以人为本，贯彻和落实新科学发展观、建设美丽中国的本质要求；是实现从末端治理转向源头污染控制，从单纯的科技管理转向经济—社会—自然复合生态系统，从多部门分头治理转向国家统一部署，是与经济目标、社会目标和文化目标的有机结合，通过人文社会伦理教育、法律制度建设和科技创新"三箭齐发"，整合和优化经济系统各个组成部分之间的关系，走新型工业化道路，从根本上缓解日益尖锐的资源约束矛盾和突出的环境压力，全面建设小康社会目标，促进人与自然和谐发展的现实选择；是实现由依靠物质资源为主转向依靠智力资源为主，由生态环境破坏型转向生态环境友好型的历史性和突破性的重大革命；是建设物质文明、精神文明和政治文明，乃至生态文明的有效途径；是人类对人与自然的关系深刻反思的积极成果。

四、循环经济的基本原则

1. 实施循环经济的基本原则

实施循环经济的基本原则是减量化（Reduce）、再利用（Reuse）、再循环（Recycle），即"3R"原则。也有人进一步提出所谓"6R"原则，即减量化（Reduce）、再利用（Reuse）、再循环（Recycle）之外，增加再生（Renewable）、替代（Replace）、恢复重建（Recovery）3原则。其中，减量化原则要求用较少的原料和能源，特别是控制使用有害于环境的资源投入来达到既定的生产目的或消费目的，从而在经济活动的源头就注意节约能源和减少污染；这就减少了进入生产和消费流程的物质量，属于输入端方法。再使用原则要求制造的产品和包装容器能够以初始的形式被多次使用和反复使用，而不是用过一次就废弃；它属于过程性方法，目的是延长产品和服务的时间强度。再循环原则要求生产出来的产品在完成其使用功能后能够重新变为可利用的资源以减少最终处理量，最大限度利用资源，它属于输出端方法。

2. 减量化原则

循环经济的第一原则是要减少进入生产和消费流程的物质量，因此减量化又叫减物质化。即必须将重点放在预防废物产生而不是产生后治理。在生产过程中，通过减少单位产品的原料使用量、通过重新设计制造工艺来节约资源、能源和减少排放，如光纤技术能大幅度减少铜线的使用；目前存在的过度包装或一次性物品是不符合减量化原则的；在消费中，人们可以减少对物品的过度需求等。

3. 再利用原则

循环经济的第二个原则又称再利用或反复利用原则。希望人们尽可能多次以及尽可能以多种方式延长使用所购买的东西。通过再利用可以防止物品过早成为垃圾。在生产中，对许多零配件制定统一标准，或生产方以便捷的方式提供零配件，使产品不因个别零配件损坏而被整体抛弃，只需更换个别零件即可正常使用，这在汽车、工程机械、家电、计算机、家装等许多领域正在实施，但仍有很大潜力。任何一种物品在抛弃之前都应该检查和评价一下它再利用的可能性。当然，确保再利用的简易方法是对物品进行修理而不是频繁更换，尽量延长物品或其部件的再使用期限。

4. 再循环原则

循环经济的第三个原则是资源化原则，又称再生利用或再循环原则，即尽可能多地再生利用或资源化。所谓资源化是指把已完成使用价值的物质返回到工厂，经处理后再融入新的产品之中。资源化能够减少人们对垃圾填埋场和焚烧场的依赖，制成使用资源较少的新产品。主要有原级资源化方式和次级资源化方式两种：原级资源化方式是将消费者遗弃的废物经资源化后制成与原来相同的新产品（废塑料制品制成塑料制品、废报纸制成报纸、废铝罐制成铝罐等）；次级资源化方式是将废物作为原料之一生产其他类型的新产品。由于原级资源化在减少原材料消耗上达到的效率比次级资源化高得多，是循环经济追求的理想境界。与资源化过程相适应，消费者和生产者均应增强意识，通过生产和购买使用最大比例再生资源制成的产品，使循环经济的整个过程实现闭合。

5. 减少废物优先原则

从上面所述可知，"3R"原则（减量化、再利用、再循环）在循环经济中的作用、地位并不是并列的。循环经济并不仅仅是把废物资源化制成新的产品，其根本目标是要求在经济流程中系统地避免和减少废物，而废物再生利用只是减少废物最终处理量的方式之一，按重要性它们之间有一定的顺序。减少废物优先原则是1996年德国在《循环经济与废物管理法》中首先提出的。该法则规定对待废物问题的优先顺序为：避免产生—循环利用—最终处置。也就是说，首先要减少源头的资源使用量和污染产生量，在生产阶段要尽量避免各种废物的排放；其次对于源头不能削减的污染物和经过消费者使用的包装废物、旧货等加以回收利用（即可利用废弃物），使它们回到经济循环中去；只有当避免产生和回收利用都不能实现时才允许将最终废物（即处理性废弃物）进行环境无害化处置（填埋或焚烧）。以固体废物为例，这种以预防为主的方式在循环经济中有一个多层次的目标：通过预防，尽可能减少废物的产生；各种物品尽可能多次使用；完成使用功能后，尽可能地使废物资源化，如堆肥、做成再生产品等；对于无法减少、再使用、再循环或者堆肥的废物进行无害化处置，如焚烧（对有机废物往往利用其热能）或其他处理；在前面4个目标满足之后，最后剩下的废物在合格的填埋场予以填埋。

诚然，再生利用存在着某些限度。因为废物的再生利用相对于末端治理虽然是前进了一步，但应该看到再生利用本质上仍然是事后解决问题的方法，而不是预防性的措施。废物再生利用虽然可以减少废物最终的处理量，但不一定能够减少经济过程中的物质流动速度以及物质使用规模。例如，一些包装物被回收利用并不一定能有效地减少废物的产生量。更要防止回收利用给人们带来的进步错觉，这样反而会加快包装物的使用速度以及扩大此类物质的使用规模。目前进行的再生利用本身往往是一种对环境非友好的处理活动，如旧瓶经洗涤消毒后再利用，在处理过程中要消耗大量水、热能、洗涤剂、消毒剂等，并排放大量需要处理的废水。如果再生利用资源中的浓度和含量太低，收集的成本就会很高从而导致失去其利用价值，只有高含量资源再生利用才有实用意义。事实上，经济循环中的效率、效益往往与其规模有关。通常，物质循环的环节越少、范围越小，生态经济效益就越高。清洗与重新使用一个瓶子（再使用原则）比起打碎它然后烧制一个新瓶子（再循环原则）一般情况下更为有利。因此，物质作为原料进行再循环只应作为最终的解决办法，在完成了在此之前的所有的循环（例如产品的重新投入使用、元部件的维修更换、技术性能的恢复和更新等）之后的最终阶段才予以实施。

五、循环经济的发展历程

1. 发达国家循环经济的发展历程

循环经济作为一种新的、符合可持续发展理念的经济模式，在一些发达国家取得了明显成效。目前，全世界钢产量的2/5、铜产量的2/5、纸制品的1/3均来自于循环使用。循环经济的发展经历了三个阶段，即20世纪80年代的微观企业试点阶段、20世纪90年代的区域经济模式——生态工业园阶段和21世纪初的循环型社会建设阶段。换言之，循环经济的发展趋势也正经历着由企业层面上的"小循环"到区域层面上"中循环"再到社会层面上的"大循环"的纵向过渡。

（1）企业内部的循环利用（小循环）　循环经济在企业层面上的实践称为"小循环"。根据生态效率的原则，推行清洁生产，减少产品和服务中物料和能源的使用量，实现污染物排放的最小化。20世纪80年代末，美国杜邦化学公司通过厂内各工艺之间的物料循环，减少物料的使用，到1994年塑料废物减少了25%，空气污染物减少了70%；同时回收废塑料，加工出了聚乙烯材料等新产品。这种模式可称为企业内部的循环经济运行模式，其要义是组织企业内部各工艺路线之间的物料循环利用。

（2）区域内企业间或产业间的生态工业网络——生态工业园（中循环）　循环经济在区域层面上的实践称为"中循环"。20 世纪 80 年代末到 90 年代初，一种循环经济化的工业区域——生态工业园应运而生。它按照工业生态学的原理，通过企业或行业间的物质、能量的互相综合利用和信息共享，形成企业或行业间的工业代谢和共生关系。著名的丹麦卡伦堡生态工业园，把不同的工厂联结起来，形成共享资源和互换副产品的产业共生组合，使一个企业产生的废气、废热、废水、废渣在自身循环利用的同时，成为另一企业的能源和原料。目前，生态工业园（Ecological Industrial Parks，EIPs）已经成为循环经济的一个重要发展形式，作为许多国家工业园改造的方向，也正在成为我国第三代工业园的主要发展形态。

（3）全社会废物回收和利用体系——循环型社会（大循环）　循环经济在社会层面上的实践称为"大循环"。它通过全社会的废旧物资的再生利用，实现消费过程及其后物质和能量的循环利用。在该阶段，许多国家通常以循环经济立法的方式加以推进，最终实现建立循环经济型社会。如美国建立了物资循环企业，德国建立了包装物双元回收体系（DSD），日本建立了废旧物资回收利用体系等。

2. 我国循环经济的实践

发达国家已进入后工业化社会，基本解决了工业污染和部分生活型污染问题以及消费型社会结构引起废弃物问题。而中国刚进入工业化中期的人均收入超过了 4000 美元的发展阶段，伴随着压缩型工业化与城市化，出现了严重的工业污染和复合型生态环境问题。要解决我国严重的工业污染问题，就要根据生态效率（eco-efficiency）的理念，通过在企业中大力推进清洁生产，从源头和生产的全过程控制资源消耗和污染物产生（小循环）；通过解决工业区域等布局、结构不合理造成的区域污染问题，通过发展生态工业园，控制工业集中区的污染（中循环）；通过全社会范围内产品消费过程中和消费过程后物质和能量的循环（大循环）来解决环境污染及资源循环利用问题。这就要用可持续发展战略、实行循环经济来解决。要靠在城市建立循环型社会，推动消费领域的绿色化，建立循环再生型产业来实现。

目前我国已在全国的 30 多个省（区、市）的 40 多个行业的企业全面开展了清洁生产审核，建立了数百个行业或地方的清洁生产中心。在工业集中区建立了国家级生态工业园示范区近数百个。大多数省市在区域层次上探索了循环经济的发展模式。在全社会各领域推行资源综合利用的循环经济实践。

六、实现循环经济的其他原则与途径

1. 从生产优先到服务优先

循环经济要求强化产品的使用而不是强化物质的消耗。它以大幅度地降低输入和输出经济系统的物质数量，以优化物质在经济系统内部的运行使用为条件的（即高使用）。线性经济除了资源输入的高开采和污染排放的高输出之外，一个重要的特征是一切开发和销售的产品使用的短效性（即低使用）。而循环经济的基本战略就是优化物品可使用的长期性，而不是最大限度地生产和销售寿命很短的产品。建立在交换价值之上的线性经济被称为生产经济，而建立在使用价值之上的循环经济则称为职能经济。生产者的职能不单是推销产品，而更重要的是推销服务。到那时，使用者无需购买和拥有物品，只需在一个组织起来的体系中支付服务费用就可以满足其需求了，因此循环经济有可能使服务质量达到最优，从而真正实现从工业社会向服务社会的过渡。施乐公司是世界著名的复印机制造商之一，从 20 世纪 90 年代后期以来该公司在美国等地工作的重点不再是供应"新的"复印机（当然新设备、新元件仍然需要

11

生产，但只是需要时投入），而是转向为已经在服役的复印机提供维护和保养。随着技术的不断进步，该公司在维修中用一些新技术的部件取代一些已经不再使用的部件，然而并不改变机器的其他部分，这样每个部件的使用寿命和强度被优化了。施乐公司更多地变成了提供服务而不是产品，既提高了经济收益，还使用户也省了钱，为社会也节约了资源。

2. 实现资源最优化

通过循环经济达到资源最优使用的途径主要有以下两种。

（1）持久使用资源 即通过延长产品的使用寿命来降低资源消耗的速度。如果产品的使用寿命延长1倍，那么就相应地减少了1/2的资源消耗和废料排放。达到此目的有以下方法。

① 同类产品零部件的标准化，以便于与其他机器兼容共用和更换。多个零部件组成的产品，难以做到各个零部件的使用寿命都一样，零部件的标准化可以使钟表、汽车、计算机、电视机和其他产品的易损零件在保证安全的条件下方便地更换续用，同时也易于升级，而不必更换整个机器。

② 通过良好的维护保养以延长产品的使用寿命。

③ 同一物品使用要求不同的可以转手续用，例如军车在使用一定时间后可廉价转给民用。

④ 二手物品的流转使用。

（2）集约使用资源 促使产品的利用达到一定规模，从而减少分散使用导致的资源浪费。一个地区集中供热比地区内各单位分别供热将节约大量投资、能源和运行费用。集约使用的途径可以有：①提倡合伙使用或共享使用，例如科研院所、大学内的大型仪器对单位内、社会开放使用；②共享汽车、单车；③家庭旅馆；④发展租赁业以加强物品的利用率和周转；⑤设计多用途而不是单用途的产品，例如传真、复印、扫描一体机。

七、实施循环经济的基础保证

从理论研究到实施，循环经济必须有基础保证，主要有法律上的保证、经济政策的引导、完善的实施组织和公众的意识提高与参与等几方面。

1. 建立循环经济的法律法规体系

在通过法制化轨道发展循环经济方面，德国是走在世界前列的；日本的体系是最健全的。例如，日本的循环经济法律体系：基础层面上的法律有《促进建立循环社会基本法》；综合层面上的法律有《固体废弃物管理和公共清洁法》和《促进资源有效利用法》；具体执行层面上的法律有《促进容器与包装分类回收法》《家用电器回收法》《建筑及材料回收法》《食品回收法》和《绿色采购法》等。

我国也已经颁布了《节约能源法》《清洁生产促进法》和《循环经济促进法》等相关法律法规。制定了《资源综合利用条例》《废旧轮胎回收利用管理条例》和《包装物资源回收利用暂行管理办法》等专项法规。

2. 加强宏观政策引导

（1）发展循环经济的指导思想，建立循环经济的宣传舆论体系 贯彻落实党的十六大和十九大精神，以科学发展观和建设美丽中国为指导，以优化资源利用方式为核心，以提高资源生产率和降低废弃物排放为目标，以技术创新和制度创新为动力，加强法制建设，完善政策措施，形成政府大力推进、市场有效驱动、公众自觉参与的机制，逐步建立适合我国国情的、有利于循环经济发展的宏观调控体系和运行机制，形成中国特色的循环经济发展模式，加快建设资源节约型社会，保护好我国的绿水青山。

（2）发展循环经济的战略目标

1）50年远期目标：全面建成人—自然—社会和谐统一的、资源节约的循环型社会。全国全面进入可持续发展的良性循环，可持续发展能力和指标达到当时世界先进水平。

2）5年目标：各行业资源利用效率大幅提高，形成一大批清洁生产企业；各领域建立和完善资源循环利用体系和机制；发展和完善一大批符合循环经济发展模式的生态工业园区和资源节约城市；全国资源生产率大幅度提高，废弃物排放量显著削减。

（3）发展循环经济的管理原则　包括：①坚持以经济社会可持续发展为根本目的，实现人与自然和谐统一；②坚持走新型工业化道路，形成有利于节约资源、保护环境的生产方式和消费模式；③坚持推进结构调整，依靠科技进步和强化管理，提高资源利用效率；④坚持发挥市场机制作用与政府宏观调控相结合、依法管理与政策激励相结合、政府推动与社会参与相结合，努力形成促进循环经济发展的政策体系和社会氛围。

3. 实行经济政策的引导

合适的经济政策，如奖励、收费、罚款等可以引导和促进法律的顺利实施。

（1）对回收资源者给予奖励　这种方法在许多国家实施，并证明是有效的。日本许多城市鼓励学校、社区等集体回收报纸、废布、牛奶盒等有用物质，并给予奖金。

（2）征税、收费以减少废物排放　对生产方而言，征收材料税后，由于增加成本，促使生产方节约原材料使用，并进行循环利用。

（3）其他办法　例如保证金办法，一些欧洲国家和美国部分州为了回收某些物品，如饮料瓶罐、蓄电池等实施先交保证金，当回收后再退还保证金的办法，取得很好效果。这种方法对于有毒有害、必须安全处置的物品，如蓄电池等显得尤为有效。

4. 构筑规范体系

（1）建立循环经济产业化发展体系　例如，企业体系——推行清洁生产；地方体系——构建生态工业园；国家体系——发展资源回收产业。

（2）建立循环经济的指标体系　例如，目标指标——废弃物回收率；过程指标——废弃物排放量；条件指标——再生资源使用率。

实行以资源生产率、资源消耗降低率、资源回收、资源循环利用率、废物最终处置降低率为基本框架的循环经济评价指标体系。

（3）建立循环经济科技创新保证体系　实现技术设计、开发与应用的统一，保证体系中的核心技术是环境无害化技术（Environmentally Sound Technology）。环境无害化技术的特征是合理利用资源和能源，实施清洁生产，减少污染排放，尽可能地回收废物和产品，并以环境可接受的方式处置残余的废物。该技术体系包括污染治理技术、废物利用技术、清洁生产技术等。

（4）控制重点环节　①在资源综合开发和回收利用方面，改进资源开发利用方式，实现资源的保护性开发；②在提高资源利用效率方面，实现能量的梯级利用、资源的高效利用和循环利用；③在废弃物产生环节，开展资源综合利用，通过产业链的延伸和耦合，实现废弃物的循环利用；④在再生资源产生环节，回收和循环利用各种废旧资源方面，建立垃圾分类系统，完善再生资源回收、加工、利用体系；⑤在社会消费环节，提倡绿色消费，推行有利于节约资源和保护环境的生活方式与消费方式。

5. 公众参与

社会公众参与环境保护和循环经济活动的程度既标志该社会文明、成熟程度，也是环境保护、循环经济成功的必要保证。环境保护发展的初级阶段主要由政府通过法律、行政方法来控制环境污染；第二阶段是企业逐渐由被动转向主动，并通过市场经济将环境保护提高到新的阶段。但只有全社会民众全部发动起来，尽量减少废物排放，节约而合理使用资源，反复利用资源，环境保护和循环经济才能真正达到完满的第三阶段。例如，一些发达国家的居民主动参与各种环境保护政策、法规、措施的听证会，监督和保证法律、法规的实施；主动地将自己不用的物品放在家门口，让其他人选用，就是一种很好的循环利用资源的方法。

八、发展循环经济的现实意义

1. 发展循环经济有利于节约使用资源

（1）生态环境脆弱　中国的生态环境先天脆弱。其脆弱性明显超出全球平均状况：国土面积的 65％是山地或丘陵、70％每年受季风影响、33％是干旱或荒漠地区……这些触目惊心的数字背后是一个残酷的现实——55％的国土面积不适宜人类生活和生产。

（2）我国资源禀赋较差，总量虽大但人均占有量少　中国人口多、资源相对不足日益成为制约发展的突出矛盾。中国人均水资源拥有量仅为世界平均水平的 1/4，600 多个城市中有 400 多个城市缺水，其中 110 个严重缺水。中国人均耕地拥有量不到世界平均水平的40％。石油、天然气、铜和铁等重要矿产资源的人均占有量量均很低（见图 1-1）。对中国已探明的煤炭资源、石油资源和天然气以及铁矿石资源储量寿期指数分析表明，按目前的生产和资源消耗水平，除煤炭资源以外（储量寿期指数为 605 年），石油、天然气和铁矿石资源将分别在 12 年、48 年和 38 年之内耗竭。

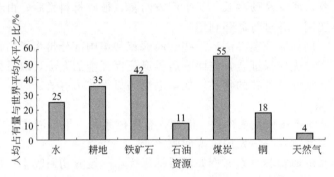

图 1-1　中国自然资源人均占有量与世界平均水平比较

目前我国发展和资源的矛盾主要体现在以下几个方面。

① 资源消费高速增长，资源利用效率低下。我国能源利用效率约为 36％，比发达国家低约 8 个百分点；单位产值能耗是世界平均水平的 1.7 倍多，分别是美国、欧盟、日本和印度的 2.1 倍、3.2 倍、5.6 倍和 1.3 倍。

② 资源利用结构失调，资源再生程度不高。发达国家再生有色金属的产量一般占其有色金属总产量的 40％，而我国仅为 18％～24％。我国每年约有 4.0×10^6 t 废钢铁、2.0×10^5 t 废有色金属、1.0×10^7 t 的废纸没有回收利用。

2. 发展循环经济有利于提高经济效益

（1）我国资源产出率低，资源利用效率低　2008 年我国消耗的原材料多达 2.26×10^{10} t，几乎占全球消耗总量的 1/3，资源消耗量是美国的 4 倍。2014 年我国 GDP 首次超过10 万亿美元，约为 10.4 万亿美元，是继美国之后第二个 GDP 迈入 10 万亿美元俱乐部的成员，约占世界 GDP 总量的 14％，但资源消耗量更为巨大。据比尔·盖茨的 GatesBlog，中国混凝土的消耗量占世界总量的 60％，中国 3 年消耗的水泥量比美国整个 20 世纪消耗的水泥量还要多，煤炭消耗占世界的 49％，原油占 12％，钢铁占 46％，铜占 48％，铝占 54％，镍占 50％，黄金占 23％，铀占 13％，大米占 30％，玉米占 22％，小麦占 17％。2015 年我国每万元 GDP 取水量为 572m³，是世界平均水平的 4 倍。工业用水重复利用率不足 75％，比国外先进水平低 10～15 个百分点。

（2）再生资源回收利用率还有待提高　2013 年我国废钢利用量占粗钢产量的比例为32％，而世界平均水平为 43％；再生铜产量占铜产量的 28％，而世界平均水平为 42％。

3. 发展循环经济有利于应对国际竞争

在经济全球化的发展过程中，关税壁垒作用日趋削弱，包括"绿色壁垒"在内的非关税壁垒日益凸显。面对日益严峻的非关税壁垒，我们要全面推进清洁生产，大力发展循环经济，逐步使我国产品符合资源、环保等方面的国际标准。

4. 发展循环经济有利于实现可持续发展

发展循环经济可以形成节约资源、保护环境的生产方式和消费模式，能够促进人与自然的和谐，充分体现以人为本，全面协调可持续发展观的本质要求，是实现全面建设小康社会宏伟目标的必然选择。

5. 发展循环经济有利于保护生态环境

我国现在 70% 的江河水系受到污染，40% 基本丧失了使用功能。流经城市的河流 95% 以上受到严重污染。2017 年，全国城市平均优良天数比例为 78.0%。2016 年对我国的地表水资源现状调查结果，符合《地面水环境质量标准》的 Ⅰ、Ⅱ 类标准只占 32.2%（河段统计），符合 Ⅲ 类标准的占 28.9%，属于 Ⅳ、Ⅴ 类标准的占 38.9%，如果将 Ⅲ 类标准也作为污染统计，则中国河流长度有 67.8% 被污染，约占监测河流长度的 2/3，可见中国地表水资源污染非常严重。据《中国水资源公报 2017》报道，2017 年度地表水中河流部分，劣五类水质下降 1.5%，一～三类水质上升 2.1%，污染河长比例变化不大，污染度略有减轻。2017 年度对浅层地下水质进行了监测，2145 个监测站的数据综合评价结果显示：水质评价结果总体较差。水质较差的测站为 60.9%，极差的为 14.6%，合计为 75.5%，比 2016 年度下降了约 4%，但总体质量仍然堪忧。

我国能源利用率若能达到世界先进水平，每年可减少二氧化硫排放近 3.0×10^6 t；固体废弃物综合利用率若提高 1 个百分点，每年就可减少约 8.0×10^6 t 废弃物的排放；粉煤灰综合利用率若能提高 10 个百分点，就可以减少排放近 1.5×10^7 t。

我们要坚持经济发展与环境保护并重，节约优先，建设资源节约型、环境友好型社会。发展循环经济，推广清洁生产，节约能源资源。本着绿水青山就是金山银山的理念，构建山清水秀的生态环境，建设美丽中国。

第四节　生态学理论

一、生态学

生态学是研究生物与它所存在的环境之间以及生物与生物之间相互关系的作用规律及其机制的一门学科。这里的生物包括植物、动物和微生物，环境是指各种生物特定的生存环境，包括非生物环境和生物环境。非生物环境由光、热、空气、水分和各种无机元素组成，生物环境由作为主体生物以外的其他一切生物组成。

生态学已经成为人们认识社会、顺应自然、改善生产活动的方法论基础。从生态学的角度来看，清洁生产是一个产品或者产业生态化的过程。首先，清洁生产是指人们的生产和消费活动应符合生态系统物质和能量流通规律，既能满足人类和其他方面的需要，又能提高生态效益、经济效益、社会效益，不造成浪费。其次，清洁生产是指将环境因素纳入设计决策，强调产品或者产业发展应与生态平衡，即借鉴生态学的基本观点、概念和方法，并将其延伸和应用到清洁生产领域，组织和构建产业系统，改变现有发展模式，引导产品、过程和产业依据自然生态学原理建立新的发展模式。在经济系统与生态系统相互作用中，指导生产和消费过程向生态化方向发展，从而达到充分利用资源、减少废物产生，进而缓解人类与资源、环境矛盾的目的。

二、生态系统

1. 生态系统的概念

生态系统是指在自然界的一定空间内，生物群落与周围环境构成的统一整体。群落是生活在一定区域内的所有种群的组合。种群是某一种生物所有个体的总和。生态系统具有一定组成、结构和功能，是自然界的基本结构单元。在这单元中，生物与环境之间相互作用、相互制约、不断演变，并在一定时期内处于相对稳定的动态平衡状态。一个沼泽和湖泊、一条河流、一片草原、一片森林、一个城镇、一个村庄都可以构成一个生态系统。总之，自然界是由各种各样的生态系统组成的。

2. 生态系统的组成

生态系统是由四个部分组成的：生物成分——含生产者、消费者和分解者；非生物成分——无生命物质。

（1）生产者　主要指能进行光合作用制造有机物的绿色植物，也包括光能合成细胞、单细胞的藻类以及一些能利用化学能把无机物变为有机物的化能自养菌等。生产者利用太阳能或化学能把无机物转化为有机物，把太阳能转化为化学能，不仅供自身发育的需要，而且它本身也是其他生物类群以及人类的食物和能源的供应者。

（2）消费者　指直接或间接利用绿色植物所制造的有机物质作为食物和能量来源的其他生物，主要指动物，又分为若干等级。草食动物直接以植物为食，是一级消费者；以草食动物为食的肉食动物，称为二级消费者；以二级消费者为食的动物，称为三级消费者；它们之间形成一个以食物联结起来的连锁关系，称为食物链。消费者虽然不是有机物的最初生产者，但在生态系统的物质与能量的转化过程中，也是一个极为重要的环节。

（3）分解者　指各种具有分解能力的微生物，包括各种细菌、真菌和一些微型动物，如鞭毛虫和土壤线虫等。分解者在生态系统中的作用是把动物、植物尸体分解成简单的无机物，重新供给生产者使用。

（4）无生命物质　指生态系统中的各种无生命的无机物、有机物和各种自然因素，包括水体、大气和矿物质等。

在自然生态系统中，生产者通过光合作用，制造有机物质；消费者直接或间接地以绿色植物为食，并从中获得能量；分解者把动植物的有机残体分解为简单的无机物，使其回归环境，为生产者重新利用。这四个组成部分在物质循环和能量流动中各自发挥着特定的作用，并通过若干食物链形成整体功能，保障着整个系统的正常运行，与非生物环境联系在一起，共同组成生态系统。

在自然生态系统中不存在废料，而在产业系统中，企业在生产产品的同时向企业以外的环境排放出大量的废物，导致严重的环境污染和生态破坏，同时自身的发展也受到影响。创建产业生态系统的目的就是要效仿自然生态系统的物质循环方式，建立不同企业、工艺过程间的联系，使一个过程产生的废物（副产品）可以被另一个过程作为原料，使原来线性叠加的生产过程形成"食物链"状结构。因此，与自然生态系统一样，产业生态系统也由四种基本成分组成：非生物环境，指原材料及自然资源条件；生产者，包括利用基本环境要素生产出初级产品的初级生产者和进行初级产品的深度加工及高级产品生产的高级生产者；消费者，不直接生产"物质化"产品，但利用生产者提供的产品，供自身运行发展，同时产生生产力和服务功能的行业；分解者，把工业企业产生的副产品和"废物"进行处置、转化、再利用等，如废物回收公司、资源再生公司等。

3. 生态系统的功能

生态系统中能量流动、物质循环和信息联系构成了生态系统的基本功能。

（1）能量流动　能量是生态系统的动力，是生命活动的基础。一切生命活动都伴随着能量的变化，没有能量的转化也就没有生命和生态系统。

（2）物质循环　生态系统的运行不仅需要能量的转化和传递来维系，而且也依赖各个成分（非生物和生物）间的物质循环。生态系统中的一切生物（动物、植物、微生物）和非生物的环境，都是由运动着的物质构成的。能量流动和物质循环是生态系统中的两个基本过程。正是这两个过程使生态系统各个营养级之间和各种成分之间组成一个完整的功能单位。在产业系统中，企业在生产产品的同时向环境排放出大量的废物，导致严重的环境污染和生态破坏。产业系统实施清洁生产的目的就是要效仿自然生态系统的物质循环方式，建立不同过程之间的联系，使一个过程产生的废物或副产品可以被另一过程作为原料，使原来线性的物质代谢过程形成生物链状结构，并进而形成网状结构，同时大力开发废物资源化技术，在原来的开放式系统中加入具有分解者作用的消化各种废弃物的链条，通过资源的回收、再生和重新利用实现产业生态系统的物质循环。

（3）信息联系　在生态系统的各组成部分之间及各组分内部，伴随着能量和物质的传递与流动，还同时存在着各种信息的联系，而这些信息把生态系统连成一个统一的整体，起着推动能量流动、物质循环的作用。信息在生态系统中表现为多种形式，主要有营养信息、化学信息、物理信息、遗传信息和行为信息。产业生态系统中的信息的传递同自然生态系统一样对系统的稳定和发展起着重要作用。企业通过市场的需求信息和价格信息来调整产品的结构，并促使产业生态系统内的产业结构调整。各种信息通过各种正式渠道和非正式渠道在产业生态系统内传递，有效地缩短传递的时间，加快信息反馈的速度，提高信息反馈机制对系统自我调节和维护稳定的功能。生态系统中能量流和物质流的行为由信息决定，而信息又寓于物质和能量的流动之中。生态系统中的能量流与物质流是紧密联系的，物质流是能量流的载体，而能量流推动着物质的运动。能量流动伴随着物质循环过程在系统内不间断进行，维护着生态系统的稳定和平衡。与生态系统相比，产业系统也类似地具有这些功能。清洁生产就是充分运用能量流动、物质循环和信息传递这些功能来达到目的的。产业系统内的能量传递和转化同样遵守热力学的两个定律，但是自然系统中的能量属于可再生能源，而产业系统的能量主要来自不可更新的矿石燃料，为了人类社会的可持续发展，产业系统应该尽量效仿自然生态系统，使用可再生的能源，注重清洁能源的开发和使用以及能量梯级利用。

三、生态平衡

在一个正常的生态系统中，能量流动和物质循环总是在不断进行着，并在生产者、消费者和分解者之间保持着一定的相对的平衡状态，系统的能量流动和物质循环能较长期地保持稳定，这种状态叫生态平衡。

生态平衡包括结构上的平衡，功能上的平衡以及能量和物质输入、输出数量上的平衡等。显然，生态平衡是动态平衡。生态系统的各组成部分不断按一定的规律运动或变化，能量不断地流动，物质不断地循环，整个系统都处于动态之中。

生态系统之所以能够保持相对的平衡状态，主要是由于生态系统内部具有一定限度的自动调节的能力。当系统的某一部分出现了机能的异常，就可能被其他部分的调节所抵消。生态系统的这种自动调节并维持平衡的能力，是经过环境中发生物理、化学和生物一系列变化而实现的，这个过程称为环境的自净作用。如大气和河流均具有一定的对污染物的自净能力。系统的组成成分越多样，能量流动和物质循环的途径越复杂，其调节能力就越强。但是，一个生态系统的调节能力再强，也是有一定限度的，超出这一限度，生态平衡就会遭到破坏。

生态平衡是一种客观存在。人类应努力利用生态系统及其平衡的规律，即利用生态学的原理和思想去规划我们的经济活动，进而去创造具有更高生产力的新的生态系统——建立生态系统的最佳平衡。

四、生态学基本规律

1. 相互依存与相互制约规律

相互依存与相互制约反映了生物间的协调关系，是构成生物群落的基础。首先是普遍的依存与制约。系统中不仅同种生物相互依存、相互制约，不同群落或系统之间，也同样存在依存与制约关系。再者是通过食物而相互联系与制约的协调关系。具体形式就是食物链和食物网。将这种关系应用到产业体系中去，就是寻找多个企业相互合作构成产业生态群落，群落内的企业之间是共生关系，它们围绕区域内的优势资源开展产业活动，使物质和能源得到充分利用。

2. 物质循环与再生规律

在生态系统中，植物、动物、微生物和非生物成分，借助能量的不停流动，一方面不断地从自然界摄取物质并合成新的物质，另一方面又随时分解为原来的简单物质，即所谓再生，重新被植物所吸收，进行着不停的物质循环。

生产是物质转化过程，生产过程所需要的原料来自自然资源和环境，经过生产转化为产品以及废物，产品经使用后又被变成废弃物，最终都弃之于环境。生活和生产的废弃物返回自然，积累于环境，成为生态环境恶化的主要物质因素。当积累超过生态系统的自净能力，就会破坏人与自然之间物质转化的生态关系，导致环境污染，生态失调，同时也引起资源的耗竭。这就促使我们考虑对物质进行循环和再生利用。根据物质循环和再生规律，将废弃物经过人类的再利用，投入新的生产过程，可以转化为同一生产部门或另一生产部门新的生产要素，再回到生产和消费的循环中去。这样，我们就可以把生产过程中的原料利用率提高到最大限度，将废弃物的排放量降低到最小限度。

3. 物质输入输出平衡规律

物质的输入输出规律涉及生物、环境和生态系统三个方面。生物体一方面从环境摄取物质，另一方面又向环境排放物质，以补偿环境的损失。也就是说，对于一个稳定的生态系统，无论对生物、环境，还是对整个生态系统，物质的输入与输出总是相平衡的。

产业系统的平衡是指一个产业系统在特定时间内通过系统内部和外部的物质、能量、信息的传递和交换，使系统内部企业之间、企业与外部环境之间达到了互相适应、协调和统一的状态。产业系统，作为一个非线性的开放系统，会不断地从外界摄取物质、能量和信息，并排出高度无序的废料，提升原材料的信息含量，使之转化为产品，能够提高自身的有序度，从而保持其动态平衡。

4. 环境资源的有效极限规律

任何生态系统中生物赖以生存的各种环境资源，在数量、质量、空间和时间等方面都有一定的限度，不可能无限制地供给，而其生物生产力也有一定的上限。因此每一个生态系统对任何外来干扰都具有一定的忍耐极限，超过这个极限，生态系统就会破坏。所以，人类生活和生产也要符合环境资源的有效极限规律。

生产活动本质上是一个物质资源的形态转化过程，消耗自然资源是工业生产的必要条件。同时，人类活动过程还会产生废物，对自然环境产生影响。无论是资源的消耗还是环境的改变都是有限度的，过度消耗资源和破坏环境，不仅会使生产无法持续进行，而且将破坏人类生存的基本条件。环境是经济发展的空间，资源是经济发展的基础，环境质量和资源永续利用程度的高低与经济发展关系密切。清洁生产作为长期以来人类在经济社会发展过程中经验教训的总结，是在持续发展经济的同时保护生态环境和合理利用资源的有效途径。

五、生态产业系统与工业生态学

1. 生态产业系统

在产业体系中，工业共生使不同企业之间通过废物交换、物质能量梯级利用或基础设施共享等再组织形成的生态产业系统，不仅提升了参与企业的生存及获利能力，还有效提高了系统整体的资源能源利用效率，减轻了对资源环境的压力，因此，生态产业系统是清洁生产在产业整体层面上的宏观体现。

生态产业系统是这样一种系统：它是一种根据生态学原理建立的，既与自然生态系统和谐相处又自身稳定协调的产业结构，以使物质和能量得以高效、循环利用的产业组合系统。生态产业系统应该是一个由众多产业企业所构成的人工复合生态系统，其中也可以包括社区和一些自然体。这些成员之间以物质、能量和信息为纽带，相互联结、相互依赖，并最终形成类似于自然生态系统的"食物链网"结构，实现物质转换和价值增值功能，例如如何促使传统产业体系向生态产业体系演进已经成为当前的研究热点领域，并逐渐形成了一个相对独立的学科——工业生态学。

2. 工业生态学

工业生态学，又称产业生态学，属于应用生态学的一个分支，它以生态学的观点研究工业化背景下人类社会经济活动与生态环境的相互关系，考察人类社会从取自环境到返回环境的物质转化全过程，探索实现生态化的途径。它把包含人类生产消费活动的经济系统看作整个生物圈中的一个子系统，该系统不单单受到社会经济规律的支配和制约，更要受自然生态规律的支配和制约。为了谋求人类社会和自然的和谐共存，技术圈和生物圈的兼容，解决途径就是使经济活动在一定程度上仿效生态系统的结构原则，遵循自然规律，最终实现经济系统尤其是产业系统的生态化。

工业生态学（Industrial ecology）是生态工业的理论基础。工业生态学通过"供给链网"分析（供给链网类似食物链网）和物料平衡核算等方法分析系统结构变化，进行功能模拟，分析产业流（输入流、产出流），研究工业生态系统的代谢机理和控制方法。

工业生态学的思想包含了"从摇篮到坟墓"的全过程管理系统观，即在产品的整个生命周期内不应对环境和生态系统造成危害，产品生命周期包括原材料采掘、原材料生产、产品制造、产品使用以及产品用后处理。系统分析是工业生态学的核心方法，在此基础上发展起来的工业代谢分析和生命周期评价是目前工业生态学中普遍使用的有效方法。工业生态学以生态学的理论观点考察工业代谢过程，亦即从取自环境到返回环境的物质转化全过程，研究工业活动和生态环境的相互关系，以研究调整、改进当前工业生态链结构的原则和方法，建立新的物质闭路循环，使工业生态系统与生物圈兼容并持久生存下去。

生态工业利用生态经济系统的共生原理、长链利用原理、价值增值原理和生态经济系统的耐受性原理，使各工矿企业相互依存，形成共生的网状生态工业链，达到资源的集约利用和循环使用的目的。开放性的系统，其中的人流、物流、价值流、信息流和能量流在该系统中合理流动和转换增值并与其所处的生态系统和自然结构相适应，符合耐受性原理。"原料—产品—废料—原料"的生产模式，通过工艺关系，尽量延伸资源的加工链，最大限度地开发利用资源，减少废弃物的排放。各种生态产品强调其技术经济指标有利于经济与环境的协调。

六、产业生态化

生态学的观念和原理已经渗透到人类的生产生活各领域，应用到环境、资源、发展问题的研究中，并进一步指导人类的思想、决策、行为和发展战略。特别是近20多年来，由于对以往人类活动违背生态规律带来不良后果的反思，对现实严重生态危机的觉醒以及对生态系统的整体性有了更全面的了解，人们对生态学的认识正在不断地提升和创新。

从人和自然的关系看，生态化是将生态学原则和原理渗透到人类的全部活动范围内，用人和自然协调发展的理念去思考和认识经济、社会、文化等问题，根据社会和自然的具体情况，最优地处理人和自然的关系。

产业生态化，首先是指把产业系统看作是生物圈的一个有机组成部分，把作为物质生产过程主要内容的产业活动纳入生态系统的循环中，把产业活动对自然资源的消耗和对环境的影响置于生态系统物质能量的总交换过程中，实现产业活动与生态系统的良性循环和可持续发展。其次，产业生态化是指在生态学原理的指导下，按物质循环、生物共生原理对生态产业系统内各组分进行优化组合，产业依据自然生态的循环利用原理建立发展模式，在不同的企业、不同类别的产业之间形成类似于自然生态链的关系，构建高效率、低消耗、少污染、经济与环境相协调发展的生态产业体系的过程。产业生态化过程意味着社会生产、分配、流通、消费到再生产各个环节的生态化过程。它不仅强调生产过程即产中环节的生态化，而且同时强调产前、产后环节的生态化，使生态化过程向产前、产后延伸，从而达到从摇篮到坟墓全过程的资源循环利用，实现全程生态化。

仿照自然生态系统的循环模式推动产业生态化，以达到资源的高效、循环利用，减少废物的排放，实现产业和自然环境和谐发展的过程。它主要包含以下几个方面的含义：①产业生态化的核心是建立生态产业系统，即遵循生态规律、模仿自然生态系统来构造产业系统，当然这种产业系统的仿生并非简单地生搬硬套，还必须充分认识到人类社会经济本身的复杂性；②构造生态产业系统的目的是为了使资源在系统内得到有效利用，从而减少废物的产生，使产业、特别是工业的发展对环境的污染和破坏降低到尽可能低的限度；③如同工业化发展过程一样，产业生态化也是一个由低级到高级的不断变化发展的过程，因而生态产业系统的构建也是一个不断演进的过程。由于产业生态系统是仿照自然生态系统构建的，因此，对自然生态系统的规律的认识是建立产业生态系统的基础。

七、生态工业

1. 生态工业与生态工业园

生态工业（Eco-Industry）是一种根据工业生态学基本原理建立的、符合生态系统环境承载能力、物质和能量高效组合利用以及工业生态功能稳定协调的新型工业组合和发展形态。

生态工业的实质是以生态理论为指导，模拟自然生态系统各个组成部分（生产者、消费者、分解者）的功能，充分利用不同企业、产业、项目或工艺流程之间，资源、主副产品或废弃物的横向耦合、纵向闭合、上下衔接、协同共生的相互关系，使工业系统内各企业的投入产出之间像自然生态系统那样有机衔接，物质和能量在循环转化中得到充分利用，并且无污染、无废物排出。

生态工业采用的环境管理是一种直接运用工业生态学的生态管理模式。用生态学理论和方法来研究工业生产，把经济视为一种类似于自然生态系统的封闭体系。在这个体系中，一个企业产生的"废物"或副产品作为另一个企业的"原料"。区域内的工业企业或公司形成一个相互依存、类似于自然生态食物链过程的工业生态系统。

生态工业园（Eco Industrial Parks，EIPs）是生态工业思想的具体体现，是继工业园区和高新技术园区之后，依据清洁生产要求、循环经济理念和工业生态学原理而设计建立的第三代工业园区。它通过物流或能流传递等方式把两个或两个以上生产体系或环节链接起来，形成资源共享、产品链延伸和副产品互换的产业共生网络。在这个共生网络中，一家工厂的产品或副产品成为另一家工厂的原料或能源，形成产品链和废物链，实现物质循环、能量多级利用和废物产生最小化。生态工业园要求合理规划原料和能量交换，使各个企业资源共享，一个企业的污染物成为另一个企业的资源，寻求物质使用的最小化和"零排放"，体现了人和环境自然和谐的思想。

2. 生态工业的特征与目标

产业的生态化具有全新的含义，循环性、群落性、增值性是其区别于传统工业环境保护的显著特征。

（1）**循环性** 生态产业是按照自然生态学原理而建立的产业体系，具有循环的特征。生态产业则具有循环经济的特点，以物质闭环流动为特征，运用生态学规律把经济活动重组成为一个"资源—产品—再生资源—再生产品"的反馈式流程和"低开采、高利用、高循环、低排放"的循环利用模式，使得经济系统和谐地纳入自然生态系统的物质循环过程中。

（2）**群落性** 生态产业具有类似于生物群落的群落特征，它是一种由多个彼此相关联的企业共同组成的产业共生系统。

（3）**增值性** 发达国家一些成功的产业生态共生系统，其形成是一个自发过程，是在商业基础上逐渐形成的，系统内所有企业都从中得到好处，取得增值效应。

不同于末端治理和清洁生产，生态工业的基本思想是仿照自然界生态系统中物质流动的方式来规划工业生产、消费和废弃物处置系统。将经济利益和环境保护有机结合，不是采用末端治理的被动策略，也不局限在企业层次进行清洁生产，而是在企业群落或更大区域范围，从产品设计、生产工艺和使用消费的各个环节入手，从源头上消灭污染，并通过各生产过程之间的物料、能量、废弃物的集成达到物质、能量的有效利用。

生态工业建设的目标是将工业的经济效益和生态效益并重，有助于工业的可持续发展。尽量减少废弃物，将工业园区内一个工厂或企业产生的副产品用作另一个工厂的投入或原材料，通过废物交换、循环利用、清洁生产等手段，最终实现园区的污染"零排放"。

3. 国外生态工业园建设案例——丹麦卡伦堡（Kanlundborg）生态产业园

虽然生态产业园在欧美各国迅速发展，但最有成效的产业园是位于丹麦哥本哈根西部大约 100km 的卡伦堡镇的工业共生体。它是在 20 世纪 90 年代初出现的，依据清洁生产要求和循环经济理念及工业生态学原理而设计建立的一种新型工业园区。除了具有通常工业园区的特征，即共享水、能源、基础设施和自然环境外，还应模拟自然系统，在产业系统中建立"生产者—消费者—分解者"的循环途径，通过物流或能流传递等方式把不同企业连接起来，形成共享信息、资源和互换副产品的产业共生组合，寻求物质闭环循环、能量多级利用和废物产生最小化，实现经济增长和环境质量的改善。

该镇整个就是一个典型的高效、和谐的生态产业园区，今天它已成为产业生态学的经典范例。在这个镇里，各种企业按照生态学中动植物的共生原理建立了一种和谐复杂的互利互惠的合作关系，各企业通过贸易方式利用对方生产过程中产生的废弃物或副产品，作为自己生产中的原料，或部分替代原料。卡伦堡是逐渐发展起来的，从 1982 年起发电厂就把多余的工业用热变成蒸汽提供给炼油厂。在同一年里发电厂又通过蒸汽管道与卡伦堡的生物技术企业集团连接起来，这些热水对生物反应器起到消毒杀菌作用，同时发电厂通过一个远距离供热网为卡伦堡镇上的家庭取暖提供热量。炼油厂从电厂所获得的蒸汽量占总需求量的 40%，制药厂则可获得 100% 的蒸汽量。通过给居民提供热量，全镇减少了 3500 座家庭锅炉的用量，因此也减少了废气的排放。发电厂的剩余热量用于养鱼，鱼塘的淤泥可以作为肥料出售。针对当地淡水资源缺乏的状况，1987 年炼油厂废水经过生物净化处理，每年通过管道给电厂提供 $7.0 \times 10^5 m^3$ 的冷却水，使淡水的利用减少了 25%。炼油厂在生产过程中形成的液化气被送到发电厂和生产石膏的工厂。火力发电厂 1993 年投资 115 万美元安装了除尘脱硫设备，每年产生的 8 万多吨硫酸钙全部出售给石膏板厂，代替了该厂从西班牙进口原料的 1/2。粉煤灰出售供修路和生产水泥用。

卡伦堡生态产业园的形成是一个自发的过程，是在商业基础上逐步形成的，所有企业都通过彼此利用"废物"而获得了好处。经过 10 多年的滚动发展和优化组合，目前该系统已成为一个包括发电厂、炼油厂、生物技术制品厂、塑料板厂、硫酸厂、水泥厂、种植业、养殖业和园艺业以及卡伦堡的供热系统在内的复合生态系统、各个系统单元（企业）之间通过利用彼此的余热、净化后的废水、废气以及硫、硫酸钙等副产品作为原材料等，一方面实现了整个镇的废弃物产生最小化；另一方面，各个系统单元均从相互合作中降低了生产成本，获得了直接的经济效益。园区共生体系的成功是建立在不同合作伙伴之间已有的信任关系和充分的信息交流基础上的。这种合作模式并没有通过政府渠道干预，工厂之间的交换或者贸易都是通过民间谈判和协商解决的。有些合作基于经济利益，有些则基于基础设施的共享。当然在某些情况下，环境管理制度的制约也刺激了对废弃物的再利用，最终促成了各方合作的可能性。卡伦堡的这种"从副产品到原料"的企业间的合作，产生了显著的环境效益和经济效益，形成了经济发展与资源和环境的良性循环。该镇每年可以节省 10 倍的开支，节省 4.5×10^4 t 石油、1.5×10^4 t 煤炭、6.0×10^5 m^3 水，减少 17.5×10^4 t 二氧化碳和 1.02×10^4 t 二氧化硫的排放，还使 13×10^4 t 炉灰、4500t 硫、9×10^4 t 石膏、1440t 氮和 600t 的磷得到重新利用。据资料统计，在卡伦堡生态产业园 20 多年的发展时间内，总的投资额为 6000 万美元，而由此产生的效益每年大约为 1000 万美元。卡伦堡产业生态系统结构与物流见图 1-2。

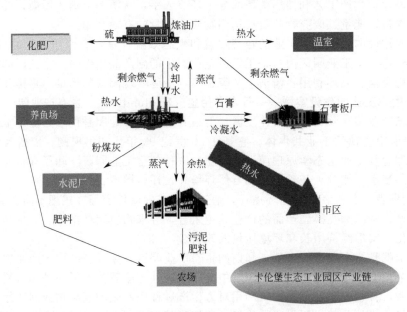

图 1-2　卡伦堡产业生态系统结构与物流

从卡伦堡共生系统可以归纳出 3 点结论。

① 共生系统的形成是一个自发的过程，是在商业基础上逐步形成的，所有企业都从中得到了好处。每一种"废料"供货都是伙伴之间独立、私下达成的交易。交换服从市场规律，运用了多种方式：有直接销售，以货易货，甚至友好的协作交换（例如，接受方企业自费建造管线，作为交换，得到的废料价格相当便宜）。

② 共生体系的成功广泛地建立在不同伙伴之间已有的信任关系基础上。卡伦堡是个小城市，大家都相互认识。这种亲近关系使有关企业间的各个层次的日常接触都非常容易。

③ 卡伦堡共生体系的特征是几个既不同又能互补的大企业相邻。要在其他地方复制这样一个共生系统，需要鼓励某些"企业混合"，使之有利于废料和资源的交换。

4. 国内生态工业园建设案例

2001 年 8 月广西贵港生态工业（糖业）园区作为第一块国家生态工业示范园区创建挂牌，其主要产业链见图 1-3。它形成以甘蔗制糖为核心，甘蔗—制糖—废糖蜜制酒精—酒精废液制复合肥、甘蔗—制糖—蔗渣造纸—制浆黑液碱回收、制糖滤泥—制水泥、造纸中段废水—锅炉除尘、脱硫、冲灰，碱回收白泥—制轻质碳酸钙等多条工业生态链。它的经济效益大部分来自综合利用、来自于"废弃物"。综合利用产值占公司产值的 65.74%。园区创建使区域环境质量得到明显改善。工业总产值比前几年翻一番，造纸产量由 1995 年

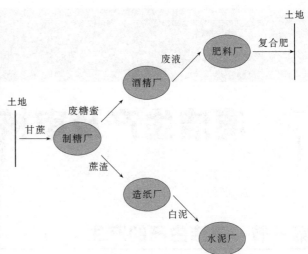

图 1-3　广西贵港生态工业（糖业）园区主要产业链

的年产 4×10^4 t 提高到 2002 年年产近 1.0×10^5 t，COD 年排放总量却由 1995 年的 37984t 降低到 2003 年的 10500t，污染物排放量得到大幅度的削减。

八、生态效率

生态效率是世界可持续发展工商理事会（WBCSD）在 1992 年向联合国环境与发展大会提交的报告《改变航向：一个关于发展与环境的全球商业观点》中提出来的。WBCSD 将生态效率定义为：提供有价格竞争优势的、满足人类需求并保证生活质量的产品或服务，同时逐步降低对生态的影响和资源消耗强度，使之与地球的承载能力相一致。

生态效率有两层含义：其一，在资源投入不增加甚至减少条件下实现经济增长；其二，在经济产出不变甚至增加的条件下，向环境排放的废弃物大大减少。

思　考　题

1. 可持续发展和循环经济理论是如何产生和形成的？
2. 怎样理解可持续发展的定义及其内涵？
3. 什么是循环经济？它与线性经济有什么区别？
4. 简述循环经济运行的基本原则。
5. 什么是循环经济的减少废物优先原则？
6. 什么是循环经济发展历程中的三个层次循环？
7. 什么是从生产优先到服务优先？
8. 什么是环境无害化技术？包括哪些技术？
9. 生态系统由哪几个部分组成？人类社会的产业系统中相对应的几个部分是什么？
10. 生态工业的特征是什么？
11. 生态工业与传统工业有哪些不同？
12. 什么是生态效率？

第二章

清洁生产及审核

第一节　清洁生产的产生

一、人类污染控制策略

1. 人类污染控制的不同阶段

自工业革命到 20 世纪 40 年代，人类以粗放型生产方式生产工业产品，造成自然资源与能源的巨大浪费，由此引起的工业废气、废水和废渣主要靠自然环境的自身稀释和自净能力消化。这种"稀释排放"方式对污染物毒性未加处理，数量也未加控制，引起了较为严重的环境污染，造成了环境公害等后果。进入 60 年代，工业化国家认识到稀释排放的危害，纷纷采取"废物处理"技术控制污染。即对生产中产生的各类废弃物采取一定的技术方法处理，使之达到一定的排放标准后再排入环境。废物处理注重了污染的末端控制，强调减少污染物的排放量，但未认识到可在污染物排放之前削减其产生量。由于废物末端处理技术常常只是污染物在不同环境、介质中的转移，容易造成二次污染，因此废物末端处理技术不能彻底解决环境污染问题，同时，废物末端处理的巨大投资和运行成本也给社会带来了沉重负担。20 世纪 70 年代，环境问题不断恶化的同时又发生了全球性的石油危机，迫使工业化国家纷纷采取废物资源化政策，发展废物"循环回收利用"技术，节约自然资源与能源，减少废物的产生和排放。废物循环回收利用最成功的实例是煤燃烧废物煤渣和粉煤灰的资源化，一直到今天，煤渣和粉煤灰回收利用作建筑材料、制造水泥仍供不应求。但是，由于技术和经济因素，不是所有的工业废物都能找到循环回收利用途径，特别是种类越来越多、成分越来越复杂的化学废物，其分离技术复杂，成本高，难以进行循环回收利用；同时很多废物在收集、储存、运输和回收加工处理过程中存在相当高的环境风险，仍然可能对人类与环境造成危害。进入 80 年代，人们回顾了过去几十年工业生产与环境管理实践，深刻认识到"稀释排放""废物处理""循环回收利用"等"先污染、后治理"的污染防治方法不但不能解决日益严重的环境污染问题，反而继续造成自然资源和能源的巨大浪费，加重环境污染和社会负担。因此，发达国家通过治理污染的实践，逐步认识到防治工业污染不能只依靠治理排污口（末端）的污染，必须"预防为主"，将污染物消除在生产过程之中，实行工业生产全过程控制。20 世纪 70 年代中期，欧洲人提出了"无废工艺和无废生产"的概念，80 年代中期，美国人提出了"废物最小量化"理论，引入了"源削减"概念，指出清洁生产是将综合预防的环境战略持续应用到生产过程和产品中，是一种在生产过程、产品和服务中最合理地利用自然资源和能源，追求经济效益的最大量化和对人类与环境危害最小量化的生产方式。

通过过去几十年的环境保护实践，人们逐渐认识到，仅依靠开发更先进的污染控制技术所能实现的环境改善十分有限，关心产品和生产过程对环境的影响，依靠改进生产工艺和加强管理等措施来消除污染更为有效，于是清洁生产战略应运而生。清洁生产是各国在反省传统的以末端治理为主的污染控制措施的种种不足后，提出的一种以源削减为主要特征的环境战略，是人们思想和观念的一种转变，是环境保护战略由被动反应向主动行动的一种转变。清洁生产是环境保护战略具有重大意义的创新，是工业可持续发展的必然选择。图 2-1 说明了人类污染控制策略的演变过程。

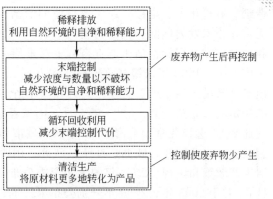

图 2-1　人类污染控制策略的演变过程
（转摘自张玉明. 清洁生产，2005）

2. 人类污染控制策略演变的标志和特征

人类污染控制策略演变到清洁生产阶段是一个标志，与前三个阶段比较有两个显著的特征。其一，污染控制策略的出发点有着本质的不同。从稀释排放、末端控制到循环回收利用，其特征均是在废弃物在生产过程产生后再采取措施，减轻其对环境的危害，而清洁生产/循环经济则是自生产过程就进行控制，力图使原材料最大限度地转变为产品，产生的废弃物量最小。其二，清洁生产阶段将污染防治的范围从单纯的工业领域扩展到了所有生产、产品和服务过程，意味着清洁生产更广泛的意义，"全过程控制"应当逐步扩展到经济领域的"全过程"。

二、清洁生产的思想和概念

1. 清洁生产的思想

清洁生产的意识，最早可追溯到 1976 年。1976 年 11～12 月间，欧洲共同体（现欧盟）在巴黎举办了"无废工艺和无废生产的国际研讨会"，提出了协调社会和自然的相互关系应主要着眼于消除造成污染的根源，而不仅仅是消除污染引起的后果。

我国清洁生产思想的提出始于 20 世纪 80 年代。80 年代中期全国举行过多次少废、无废工艺研讨会，一些工业部门也开发了一批少废、无废生产工艺。1992 年 5 月，我国举办了第一次国际清洁生产研讨会，推出了"中国清洁生产行动计划（草案）"。1993 年 10 月在上海召开的第二次全国工业污染防治会议上，国务院、国家经贸委及国家环保局的领导提出了清洁生产的重要意义和作用，明确了清洁生产在我国工业污染防治中的地位。1994 年 3 月，国务院常务会议讨论通过了《中国 21 世纪议程——中国 21 世纪人口、环境与发展白皮书》，专门设立了"开展清洁生产和生产绿色产品"这一优先领域。1994 年 12 月国家环保局成立了国家清洁生产中心。1995 年国家修改并颁布了《中华人民共和国大气污染防治法（修正）》，条款中规定："企业应当优先采用能源利用率高、污染物排放量少的清洁生产工艺，减少污染物的产生"，并要求淘汰落后的工艺设备。1996 年 8 月，国务院颁布了《关于环境保护若干问题的决定》，明确规定所有大、中、小型新建、扩建、改建和技术改造项目，要提高技术起点，采用能耗物耗小、污染物排放量少的清洁生产工艺。1997 年 4 月，国家环保局制定并发布了《关于推行清洁生产的若干意见》，要求各级环境保护行政主管部门将清洁生产纳入日常环境管理中，并逐步与各项环境管理制度有机结合起来。为指导企业开展清洁生产工作，国家环保局还同有关工业部门编制了《企业清洁生产审计手册》以及啤酒、造纸、有机化工、电镀、纺织等行业的清洁生产审计指南。1997 年召开了"促进中国环境无害化技术发展国际咨询研讨会"。1998 年 10 月我国国家环境保护总局副局长王心芳代表我国政府在《国际清洁生产宣言》上郑重签字，我国成为《国际清洁生产宣言》的第一批签字国之一。1998 年朱镕基总理在人大九届二次会议上所做的《政府工作报告》中，明确提出了"鼓励清洁生产"的主张。1999 年，全国人大环境与资源保护委员会将《清洁生产法》的制定列入立法计划。1999 年 5 月，国家经贸委发布了《关于实施清洁生产示范试点计划的通知》，选择北京、上海等 10 个试点城市和石化、冶金等 5 个试点行业开展清洁生产示范和试点。与此同时，陕西、辽宁、江苏、山西、沈阳等许多省市也制定和颁布了地方性的清洁生产政策和法规。2000 年国家经贸委公布《国家重点行业清洁生产技术导向目录》（第一批），并于 2003 年、2006 年分别公布第二批、第三批。2002 年 6 月 29 日，第九届全国人大第二十八次会议通过《中华人民共和国清洁生产促进法》。2003 年 1 月 1 日起《中华人民共和国清洁生产促进法》正式施行。2004 年 8 月，国家发展和改革委员会、国家环境保护总局发布《清洁生产审核暂行办法》。2005 年 12 月，国家环境保护总局印发《重点企业清洁生产审核程序的规定》。至 2007 年年底，国家发展和改革委员会发布了包装、纯碱、电镀、电解、火电、轮胎、铅锌、陶瓷和涂料等行业的《清洁生产评价指标体系（试行）》。至 2009 年年底，环境保护部已经组织开展了 53 个行业的清洁生产标准制定巩固工作。

2. 清洁生产的概念

清洁生产在不同的国家和地区以及在不同的发展阶段，存在着许多不同而含义相近的提法，使用着多种具有类似含义的术语。例如，欧洲国家有时称之为"少废无废工艺""无废生产"；美国则称之为"废料最少化""污染预防""减废技术"；日本多称之为"无公害工艺"。此外，还有"绿色工艺""生态工艺""环境工艺""过程与环境一体化工艺""再循环工艺""源削减""污染削减""再循环"等。这些不同的提法或术语实际上描述了清洁生产概念的不同方面。

清洁生产这一术语，最早由联合国环境署提出使用。随着清洁生产实践的不断深入，其定义一再更新，在其诞生后的近十年中不断完善。不仅适用于生产过程，而且其原则和方法又逐步扩展到产品系统和服务活动，向着产品和服务生命周期的全过程发展。已由针对一般工业行业到包括服务行业在内的整个国民经济体系。其定义由只阐述其环境重要性发展到阐述包括其经济效益和环境效益的分析，形成了当前国际广为流行采用的术语。

1989 年联合国环境署工业与环境规划活动中心（UNEPIE/PAC）提出清洁生产定义为："清洁生产是指将综合预防污染的环境策略持续应用于生产过程和产品中，以减少对人类和环境的风险性。"

1996 年联合国环境规划署（UNEP）与环境规划中心对清洁生产重新定义为：清洁生产是关于产品的生产过程的一种新的、创造性的思维方式。清洁生产意味着对生产过程、产品和服务持续运用整体预防的环境战略以期增加生态效率并降低人类和环境的风险。对于产品，清洁生产意味着减少和降低产品从原材料使用到最终处置的全生命周期的不利影响。对于生产过程，清洁生产意味着节约原材料和能源，减少或不使用有毒原材料，在生产过程排放废物之前减少废物的数量并降低废物毒性。对服务要求将环境因素纳入设计和所提供的服务中。

1998 年在第五次国际清洁生产研讨会上，清洁生产的定义得到进一步的完善：清洁生产是将综合性预防的环境战略持续地应用于生产过程、产品和服务中，以提高效率，降低对人类和环境的危害。对生产过程来说，清洁生产是指通过节约能源和资源，淘汰有害原料，减少废物和有害物质的产生和排放；对产品来说，清洁生产是指降低产品全生命周期，即从原材料开采到寿命终结处置的整个过程对人类和环境的影响；对服务来说，清洁生产是指将预防性的环境战略结合到服务的设计和提供服务的活动中。

《中国 21 世纪议程》的定义：清洁生产是指既可满足人们的需要又可合理使用自然资源和能源并保护环境的实用生产方法和措施，其实质是一种物耗和能耗最少的人类生产活动的规划和管理，将废物减量化、资源化和无害化，或消灭于生产过程之中。同时对人体和环境无害的绿色产品的生产亦将随着可持续发展进程的深入而日益成为今后产品生产的主导方向。

2012 年 7 月 1 日起实施的新修订的《中华人民共和国清洁生产促进法》第二条对清洁生产给出了实用化的定义："本法所称清洁生产，是指不断采取改进设计、使用清洁的能源和原料、采用先进的工艺技术与设备、改善管理、综合利用等措施，从源头削减污染，提高资源利用效率，减少或者避免生产、服务和产品使用过程中污染物的产生和排放，以减轻或者消除对人类健康和环境的危害。"

从上述概念可以看出，清洁生产不仅是指生产场所的清洁，还包括生产过程及产品的全生命周期内对自然环境没有污染，生产出来的产品是清洁产品和绿色产品。

清洁生产一经提出后，在世界范围内得到许多国家和企业的积极推进和实践，其最大的生命力在于可取得环境效益和经济效益的"双赢"，它是实现经济与环境协调发展的根本途径。

三、清洁生产的实践进程

1. 国际上清洁生产的实践

1979 年 4 月，欧洲共同体理事会宣布推行清洁生产的政策，并于同年 11 月在日内瓦举行的"在环境领域内进行国际合作的全欧高级会议"上，通过了《关于少废无废工艺和废料利用的宣言》，指出无废工艺是使社会和自然取得和谐关系的战略方向和主要手段。此后，欧共体陆续多次召开国家、地区性或国际性的研讨会，并在 1984 年、1985 年、1987 年三次由欧共体环境事务委员会拨款支持建立清洁生产示范工程。

全面推行清洁生产的实践始于美国。1984 年，美国国会通过了《资源保护与回收法——固体及有害废物修正案》。该法案明确规定：废物最小化即"在可行的部位将有害废物尽可能地削减和消除"是美国的一项国策。基于污染预防的源削减和再循环被认为是废物最小化对策的两个主要途径。

在废物最小化成功实践基础上，1990 年 10 月美国国会又通过了《污染预防法》，从法律上确认了：污染首先应当在其产生之前削减或消除，污染预防是美国的一项国策。

与此同时，瑞典、荷兰、丹麦等国相继在学习和借鉴美国废物最小化或污染预防实践经验的基础上，投入了推行清洁生产的活动。例如，1988 年秋季，荷兰以美国环保局的《废物最少化机会评价手册》为蓝本，编写了荷兰手册。荷兰手册又经欧洲预防性环保手段（PREPAPE）工作组做了进一步修改，编成《PREPARE 防止废物和排放物手册》，并译成英文，广泛应用于欧洲工业界。

1989 年联合国环境署制订了《清洁生产计划》，在全球范围内推行清洁生产。这一计划主要包括 5 个方面的内容：①建立国际清洁生产信息交换中心，收集世界范围内关于清洁生产的新闻和重大事件、案例研究、有关文献的摘要、专家名单等信息资料；②组建工作组，其中专业工作组有制革、纺织、溶剂、金属表面加工、纸浆和造纸、石油、生物技术，业务工业组有数据网络、教育、政策以及战略等；③出版工作，包括编写、出版《清洁生产通讯》、培训教材、手册等；④开展培训活动，面向政界、工业界、学术界人士，以提高清洁生产意识，教育公众，推动行动，帮助制订清洁生产计划；⑤组织技术支持，特别是在发展中国家，协助联系有关专家，建立示范工程等。

1992 年 6 月联合国在巴西召开的环境与发展大会上，发表了推行可持续发展战略的《里约环境与发展宣言》。清洁生产被写入大会通过的实施可持续发展战略行动纲领《21 世纪议程》中。

联合国工业发展组织和联合国环境署（UNIDO/UNEP）率先在 9 个国家（包括中国）资助建立了国家清洁生产中心。目前，世界上已经出现了数千个清洁生产中心。

世界银行（WB）等国际金融组织也积极资助在发展中国家开展清洁生产的培训工作和建立示范工程。

国际标准化组织（ISO）制订了以污染预防和持续改善为核心内容的国际环境管理系列标准 ISO 14000。

1998 年，在韩国汉城（现首尔）第五次国际清洁生产高级研讨会上，代表实施清洁生产承诺与行动的《国际清洁生产宣言》出台。中国签署了《国际清洁生产宣言》，成为宣言的第一批签约国。

2000 年 10 月，第六届清洁生产国际高级研讨会在加拿大蒙特利尔市召开，对清洁生产进行了全面的、系统的总结，并将清洁生产形象地概括为技术革新的推动者、改善企业管理的催化剂、工业运动模式的革新者、连接工业化和可持续发展的桥梁。从这层意义上，可以认为清洁生产是可持续发展战略引导下的一场新的工业革命，是 21 世纪工业生产发展的主要方向。

国际上推进清洁生产活动，概括起来具有如下特点：①把清洁生产和国际标准组织的环境管理体系 ISO 14000 有机地结合在一起；②工业部门和政府之间通过谈判达成的自愿协议推动清洁生产，要求工业部门自己负责在规定的时间内达到契约规定的污染物削减目标；③政府通过优先采购，推动清洁生产；④把中小型企业作为宣传和推广清洁生产的主要对象；⑤依赖经济政策推进清洁生产；⑥要求社会各部门广泛参与清洁生产；⑦在高校教育中设置清洁生产课程；⑧科技支持是发达国家推进清洁生产的重要支撑力量。

2. 我国清洁生产的实践

我国开展与清洁生产相关的活动已经有较长的时间了，早在 20 世纪 70 年代就曾提出了"预防为主，防治结合"的方针，强调要通过调整产业布局、产品结构，通过技术改造和"三废"的综合利用等手段防治工业污染。但由于当时缺乏完整的法规、制度和操作细则，加之计划经济体制对资源分配和产品销售价格的统一管制，企业仅对生产计划负责，没有治理污染的积极性，因此，这一方针并未得到准确地贯彻和执行。到了 80 年代，随着环境问题的日益严重，我国再次明确了"预防为主，防治结合"的环境政策，指出要通过技术改造把"三废"排放减少到最低限度，人们也认识到清洁生产在环境保护中的重要性。但限于当时的技术水平和资金，加之原来不合理产业结构的制约，这一政策并没有完全落实。1983 年第二次全国环境保护会议提出：环境问题要尽力在计划过程和生产过程中解决，实现经济效益、社会效益和环境效益相统一。1985 年我国政府又提出了"持续、稳定、协调发展"的方针，在总结了我国环境保护工作和经济建设中的经验教训后，初步提出了持续发展的思想。

1993 年国家经贸委和国家环保局联合召开了第二次全国工业污染防治工作会议，明确提出了工业污染防治必须从单纯的末端治理向生产全过程转变，实行清洁生产。自此，我国政府开始逐步推行清洁生产工作。在联合国环境署、世界银行的援助和许多外国专家的协助下，中国启动和实施了一系列清洁生产的项目，清洁生产从概念、理论到实践在中国都得到了广泛传播。目前，全国绝大多数省、自治区、直辖市都先后开展了清洁生产的培训、试点和全面实施工作，通过实施清洁生产，普遍取得了良好的经济效益和环境效益。经验表明，实施清洁生产，将污染物消除在生产过程中，可以降低污染治理设施的建设和运行费用，并可有效地解决污染转移问题；可以节约资源，减少污染，降低成本，提高企业综合竞争能力；可以挽救一批因污染严重而濒临关闭的企业，缓解就业压力和社会矛盾。

我国清洁生产的实践历程可以概括为三个阶段：第一阶段，从 1973 年到 1992 年，为清洁生产理念的形成阶段；第二阶段，从 1993 年到 2002 年，为清洁生产的法制化阶段；第三阶段，从 2003 年开始清洁生产进入环境管理制度阶段。

四、清洁生产与循环经济、可持续发展之间的关系

1. 清洁生产与循环经济的关系

传统上环保工作的重点和主要内容是治理污染、达标排放，清洁生产和循环经济则扩大了这一范围，大大提升了环境保护的高度、深度和广度，提倡并实施将环境保护与生产技术、产品和服务的全生命周期紧密结合，使环境保护与经济增长相统一，环境保护与生活和消费模式同步考虑。

清洁生产在组织层次上将环境保护延伸到组织的一切有关领域，循环经济则将环境保护延伸到国民经济的一切有关领域。清洁生产是循环经济的基石，循环经济是清洁生产的扩展。在理念上，它们有共同的时代背景和理论基础；在实践中，它们有相通的实践途径。

为保证我国生产和经济的持续发展，从技术层面上分析，推行清洁生产，发展循环经济是相互关联的两大手段。推行清洁生产的目的是降低生产过程中资源、能源的消耗，减少污染的产生。而发展循环经济则是促使物质的循环利用，以提高资源和能源的利用效率。

清洁生产和循环经济二者之间是点和面的关系，实施的层次不同，可以说，一个是微观的，一个是宏观的。一个产品、一个企业都可以推行清洁生产，但循环经济覆盖面大得多，是高层次的。清洁生产的目标是预防污染，以更少的资源消耗产生更多的产品，循环经济的根本目标是要求在经济过程中系统地避免和减少废物，再利用和再循环都应建立在对经济过程进行充分资源削减的基础之上。所以要发展循环经济就必须要做好先期的基础工作，从基层的清洁生产做起。

从实现途径来看，循环经济和清洁生产也有很多相通之处。清洁生产的实现途径可以归纳为两大类，即源削减和再循环，包括减少资源和能源的消耗，重复使用原料、中间产品和产品，对物料和产品进行再循环，尽可能利用可再生资源，采用对环境无害的替代技术等，循环经济的"3R"原则就源于此。就实际运作而言，在推行循环经济过程中。需要解决一系列技术问题，清洁生产为此提供了必要的技术基础。特别应该指出的是，推行循环经济技术上的前提是产品的生态设计，没有产品的生态设计，循环经济只能是一个口号，而无法变成现实。

清洁生产与循环经济的相互关系见表 2-1。

表 2-1　清洁生产与循环经济的相互关系

比较内容	清洁生产	循环经济
思想本质	环境战略：新型污染预防和控制战略	经济战略：将清洁生产、资源综合利用、生态设计和可持续消费等融为一套系统的循环经济战略
原则	节能、降耗、减污、增效	减量化、再利用、资源化（再循环）。首先强调的是资源的节约利用，然后是资源的重复利用和资源再生

比较内容	清洁生产	循环经济
核心要素	整体预防、持续运用、持续改进	以提高生态效率为核心，强调资源的减量化、再利用和资源化，实现经济运行的生态化
适用对象	主要针对生产过程、产品和服务(点、微观)	主要针对区域、城市和社会(面、宏观)
基本目标	生产中以更少的资源消耗产生更多的产品，防治污染	在经济过程中系统地避免和减少废物
基本特征	战略性、预防性、综合性、统一性、持续性	低消耗(或零增长)、低排放(或零排放)、高效率
宗旨	提高生态效率，并减少对人类及环境的风险	

2. 清洁生产与循环经济、可持续发展之间的关系

可持续发展是人类社会在总结自身的发展历程中形成的进一步发展战略。

循环经济是实现可持续发展战略的、现阶段公认的战略措施。

清洁生产是实施循环经济的有效方法之一，是污染预防的最佳模式，是人类生存和发展的需要，是人类智慧的结晶。

五、清洁生产与工(产)业生态学的关系

从总体上说，二者的指导思想和目标是协调一致的，都是对传统环保理念的突破。但二者也存在区别，在于：①清洁生产更关注生产工艺过程，而工业生态学从更宏观的角度如全球性和地区性重大环境影响来审视经济发展与环境保护的协调问题；②清洁生产的重点在于生产过程的控制，从本质上讲属于预防性措施，其典型理论是在单个组织内将环境保护延伸到与该组织有关的方方面面；而工业生态学的研究对象是整个产业系统，它在更高的层次和更大的范围内提升和延伸了环境保护的理念与内涵。

总之，工业生态学是清洁生产的理论基础，清洁生产是工业生态学的核心内容和具体应用。

第二节　清洁生产的内涵

一、清洁生产的基本特征

清洁生产在不同的发展阶段或不同的国家有不同的提法，如"污染预防""废物最小化""源削减""无废工艺"等，但其基本内涵是一致的，即对生产过程、产品及服务采用污染预防的战略来减少污染物的产生。

清洁生产的内涵可以概括为以下5个基本特征。

(1) 预防性　清洁生产体现的是"预防为主"的方针。传统的末端治理侧重于"治理"，与生产过程相脱节，先污染后治理；清洁生产侧重于"防"，从产生污染的源头抓起，注重对生产全过程进行控制，强调"源削减"，尽量将污染物消除或减少在生产过程中，减少污染物的排放量，且对最终产生的废物进行综合利用，通过生产过程及其产品与服务活动的全方位变革，实现生产与环境的逐步相容。清洁生产的这一基本特征，需要更积极主动的态度和更富有创造性的行动。无疑，这对转变人类自身活动行为，从根本上协调人类社会与生态环境大系统的关系具有本质意义。

(2) 综合性　清洁生产提倡通过工艺改造、设备更新、废弃物回收利用等途径实现

"节能、降耗、减污、增效"，从而降低生产成本，提高企业的综合效益。传统的末端治理更着眼于单一形态的污染控制，其结果往往导致污染的跨介质转移，难以彻底消除来自生产方面的环境影响。而清洁生产将气、水、土地等环境介质作为一个整体，避免末端治理中污染物在不同介质之间进行转移。因此，清洁生产具有明显的系统综合性特征，只有采用综合集成的方式方法才能有效发挥清洁生产的积极作用，获得清洁生产的效果。

（3）持续性　清洁生产是一个相对的、不断的持续进行的深化过程。任何预防性措施都不可能是一次性或可以间断停顿的行动。同样，清洁生产也不可能通过一次或几次活动就能完成预防的目标，实现预防的效果。随着科学技术的进步，生产管理水平的提高，将会产生更清洁的改进生产系统的方法途径，从而促进生产过程、产品和服务向着更为环境友好的方向发展。所以，清洁生产将是一个持续改进、永不间断的过程。

（4）战略性　清洁生产是污染预防战略，是实现可持续发展的环境战略。作为战略，它有理论基础、技术内涵、实施工具、实施目标和行动计划。

（5）统一性　清洁生产是一个系统工程。传统的"末端治理"投入多、治理难度大、运行成本高，经济效益与环境效益不能有机结合。清洁生产最大限度地利用资源，将污染物消除在生产过程之中，不仅环境状况从根本上得到改善，而且能源、原材料和生产成本降低，经济效益提高，竞争力增强；能够实现经济效益与环境效益相统一。

大量的清洁生产实践表明，清洁生产持续利用资源、减少生产活动污染，不仅是保护环境的根本措施，而且能够极大地降低生产的成本，提高企业产品和服务的市场竞争力，达到环境效益和经济效益双赢的目标。

二、清洁生产要求的环保原则

适应清洁生产要求的环境保护体系框架原则是：①合理有效地利用资源能源、尽可能减少废物（或污染物）的产生；②对无法避免产生的废物（或污染物），以对资源节约、环境安全的方式进行循环回用和综合利用；③对未被利用的废物（或污染物），采取适当的环境治理技术进行排入环境前的控制削减；④对残余的废物或污染物进行妥善的最终处置，以安全的方式排入环境。

这一新的环境保护体系模式，它所强调的优先顺序是：首先应避免废物或污染的产生，尽可能在生产全过程中减少废物或污染，要比废物或污染产生后运用多种治理技术更为可取；对于废物产生后在生产内部的循环回用以及不同生产过程或生产系统过程间的综合利用，由于这类活动一般仍优于废物或污染末端处理处置的方式，应得到积极的鼓励。但是，污染预防并不排除污染末端治理措施的必要性，它所要打破的是单纯末端控制的模式体系。作为实现环境保护目标的最后有效手段，末端治理措施还会继续发挥重要的作用。也正是在这一意义上，清洁生产被视为一个转变传统污染末端控制体系模式的预防性环境战略。

三、清洁生产内涵的表现

清洁生产是从全方位、多角度的途径去实现"清洁的生产"的，与末端治理相比，它具有十分丰富的内涵，主要表现在：采用清洁的原料和能源、进行清洁的生产和服务以及得到清洁的产品。

（1）清洁的原料、能源　主要包括：①用无污染、少污染的，无毒或者低毒、低害的能源和原材料替代毒性大、污染重的能源和原材料；②尽量采用无毒、无害的中间产品；③最大限度地利用能源和原材料，实现物料最大限度的厂内循环；④节能降耗，淘汰有毒原材料；⑤节约原料和能源，少用昂贵和稀缺的原料；⑥利用二次资源作原料；⑦原材料和能源的合理化利用。

（2）清洁的生产、服务过程 主要包括：①用消耗少、效率高、无污染、少污染的工艺和设备替代消耗高、效率低、产污量大、污染重的工艺和设备；②强化企业管理，减少"跑、冒、滴、漏"和物料流失；③尽量减少生产过程中的各种危险性因素，如高温、高压、低温、低压、易燃、易爆、强噪声、强振动等；采用可靠和简单的生产操作和控制方法；④对物料进行内部循环利用（厂内，厂外）；⑤对必须排放的污染物，采用低费用、高效能的净化处理设备和"三废"综合利用措施进行最终的处理和处置；⑥完善生产管理，不断提高科学管理水平。

清洁的生产过程的实施依赖清洁生产工程，通过替代技术、减量技术等，采用新工艺和新设备，提高生产效率，削减生产过程废物的数量和毒性。

清洁的服务是将环境因素纳入服务过程中，减少服务过程的原材料、能源消耗和废弃物产生量。

（3）清洁的产品 主要包括：①用无污染、少污染的产品替代毒性大、污染重的产品；②产品在使用过程中以及使用后不会危害人体健康和生态环境，易于回收、复用和再生；③合理包装，合理的使用功能和使用寿命，易处置、易降解。

四、生产过程的清洁生产内涵

所谓生产过程的清洁生产，是指在生产过程中实施的清洁生产活动。由于大量清洁生产实践是以企业为基础展开的，因此，围绕生产过程的清洁生产就成为目前最常见的清洁生产实践。

清洁生产的实践表明，在一个企业生产系统中实施清洁生产，其基本途径大体可归纳为原材料替代、工艺改进、操作管理优化、废物循环利用和产品的再设计5个主要方面，如图2-2所示。

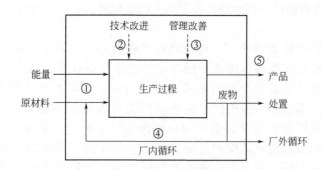

图 2-2 生产过程清洁生产的内涵及实施途径
（转摘自张天柱等.清洁生产导论，2006）
①—原材料替代；②—工艺改进；③—操作管理优化；
④—废物循环利用；⑤—产品的再设计

从清洁生产的预防优先顺序看，废物首先应尽可能消除在自身生产过程中，因而，按照"源削减"的概念，由上述前4个途径构成的措施是实施清洁生产中更为倡导的积极实践。

（1）原材料（包括能源）有效利用和替代 原材料是工艺方案的出发点，它的合理选择是有效利用资源、减少废物产生的关键因素。

(2) 改革工艺和设备　　工艺是从原材料到产品实现物质转化的流程载体，设备是工艺流程的硬件单元。在改革工艺与设备方面实施清洁生产的主要措施包括：①利用最新科技成果，开发新工艺、新设备，如采用无氰电镀或金属热处理工艺、逆流漂洗技术等；②简化流程、减少工序和所用设备；③使工艺过程易于连续操作，减少开车、停车次数，保持生产过程的稳定性；④提高单套设备的生产能力，装置大型化，强化生产过程；⑤优化工艺条件，如温度、流量、压力、停留时间、搅拌强度；⑥必要的预处理、工序的顺序等。

(3) 改进运行操作管理　　除了技术、设备等物化因素外，生产活动离不开人的因素，这主要体现于运行操作和管理上。很多工业生产产生的废物污染，相当程度是由于生产过程中管理不善造成的。实践证明，规范操作强化管理，往往可以通过较小的费用而提高资源、能源利用效率，削减相当比例的污染。因此，优化改进操作、加强管理经常是清洁生产审核中最优先考虑、也是最容易实施的手段，具体措施包括合理安排生产计划、加强物料管理、保证设备完好等。

(4) 生产系统内部循环利用　　这里指在一个企业生产过程中的废物循环回用。一般来说，物料再循环是生产过程流程中常见的原则。物料循环再利用的基本特征是不改变主体流程，仅将主体流程中的废物加以收集处理并再利用。这方面的内容通常包括将废物、废热回收作为物料、能量利用；将流失的原料、产品回收，返回主体流程之中使用；将回收的废物分解处理成原料或原料组分，复用于生产流程中；组织闭路用水循环或一水多用等。

(5) 产品再设计　　产品制取是工业生产的基本目的。它既是生产过程的产出，又可能是另一个生产过程的输入。因此，清洁产品是清洁的生产过程中的一项基本内容，它可包括改革产品体系，产品报废的回用、再生，产品替代、再设计等方面，例如无汞电池的设计制造、延长使用寿命或可拆卸产品的开发等。获得产品（服务）是生产活动的首要目标，产品决定着生产过程，因此开展产品的再设计，进行"清洁"产品的生产制造，在企业清洁生产中占据重要的地位。

五、清洁生产的其他特点

(1) 清洁生产的相对性　　清洁生产所称"清洁"是一个相对的概念，所谓清洁生产技术、清洁产品、清洁能源和清洁原料指相对于当前所采用的生产技术工艺、能源、原料和生产的产品而言，其所产生的污染更少、对环境危害更小。因此，清洁生产是一个持续进步的过程，而不是一个用某一特定标准衡量的目标。

(2) 清洁生产的实施对象　　对于清洁生产所定义的实施对象，不能仅简单地从单个企业意义上的生产过程及其产品和服务，即单个企业的生产系统来理解，还需要从更高层的视野上来认识，即将所有生产过程及其产品与服务作为一个整体，也就是将产业系统作为清洁生产的实施对象。虽然单个生产系统是实施清洁生产的基础，但是提升到一般生产意义上看，把所有生产系统组成的产业系统作为清洁生产的作用对象，将会更有效地支持清洁生产战略对策的实施，更有利于推动人类社会生产模式的变革，从而更积极地促进人类社会经济系统与生态环境的协调相容。这也就是说清洁生产的实施存在着不同的层次。

(3) 清洁生产的实施层次　　清洁生产开展应分社会、区域和企业不同层次进行。社会层面的清洁生产主要是结合循环经济，通过实施循环经济，逐渐建设一个资源节约型社会，实现资源、能源合理利用和再利用。区域层面的清洁生产主要是结合生态工业、精准农业等的实施而开展，实现工农业生产的资源、能源消耗最小量化、形成工业生态链，实现资源、能源的循环利用和梯级使用。在企业这个层面的清洁生产主要是结合清洁生产审核，持续改进，做到废弃物产生量最小量化、经济效益最大化和良好的环境绩效。

第三节　清洁生产目标与工作内容

一、清洁生产目标

实施清洁生产可以达到下列两个目标：一是通过资源的综合利用、短缺资源的代用、二次能源的利用以及节能、省料、节水，以实现合理利用资源，减缓资源的枯竭；二是在生产过程中，减少甚至消除废物和污染物的产生和排放，促进工业产品生产和产品消费过程与环境兼容，减少在产品在整个生命周期内对人类和环境的危害。

根据清洁生产内容的相对性概念，可以给出关于清洁生产目标的另一种表述：清洁生产追求自然资源和能源利用的最合理化、经济效益的最大化，对人类与环境的危害最小量化。

（1）自然资源和能源利用的最合理化　通过对生产和服务的全过程控制，用最少的原材料和能源消耗，生产尽可能多的高质量产品，提供尽可能多的高质量服务。同时由于减少了生产和服务过程的废弃物产生量，废弃物处理处置过程消耗的原材料和能源也将减少。

（2）经济效益的最大化　实施清洁生产后，在生产同样数量的产品条件下，资源和能源的耗用减少，生产成本降低；同时废弃物产生量减少，废弃物处理处置成本降低，使生产或服务过程的经济效益最大化。

（3）对人类与环境的危害最小量化　实施清洁生产后，不但可以减少废弃物产生量，而且通过以无毒无害或低毒低害原料替代有毒有害原料，使最终进入环境的污染物数量和毒性均达到最小，实现对人类与环境的危害最小量化。

上述目标都是当前条件下的最佳值，随着不断实施清洁生产后，技术不断进步、管理不断改善、人员素质不断提高，目标值也不断地趋向最佳，这就是清洁生产的相对性。

二、清洁生产的工作内容

对应于广义和狭义的清洁生产范畴，可以得出清洁生产的宏观工作内容和微观工作内容。

1. 宏观工作内容

在宏观上，清洁生产是一种总体预防性污染控制新战略，清洁生产的提出和实施使环境因素进入决策，如工业行业的发展规划、工业布局、产业结构调整、技术改造以及管理模式的完善等都要体现污染预防的思想。例如，我国许多行业、部门提出严格限制和禁止能源消耗高、资源浪费大、污染严重的产业、产品发展，对污染重、质量低、消耗高的产品实行"关、停、并、转"等，都体现了清洁生产战略对宏观调控的重要影响，也体现着工业管理部门对清洁生产的日益深刻的认识。

从宏观角度，清洁生产包括以下工作内容。①完善现有的环境法律和政策以克服障碍。完善清洁生产的有关法规、政策、清洁生产技术标准等，加强管理，克服推行清洁生产的障碍，是促进清洁生产发展的一项紧迫任务。②进行各种宣传活动，提高公众的清洁生产意识。推行清洁生产，建立循环型社会，提高公众的环境意识和对清洁生产的认识。③科学规划，进行产业和行业结构调整。国家要制订产业发展规划和实行产业政策引导，促进经济与环境的协调发展。把清洁生产作为产业政策调整的一项重要内容，进行工业结构和布局的调整，对加工工业进行科学规划、改组和技术改造。调整产品结构，建设生态工业园，交叉利用可再生资源和能源，减少单位经济产出的废物排放量，提高能源和资源使用效率，把整个加工业综合水平、产品提高到一个新水平。④创新机制，鼓励企业推行清洁生产。建立清洁生产市场运作机制，以需求驱动替代目前的供给驱动。激发企业进行清洁生产的积极性，巩固清洁生产成果。⑤把清洁生产纳入各级学校教育之中，培养公众的环境意识和对清洁生产的认识。培养有志于从事清洁生产的专业人员，对中国清洁生产的实施和推行是一项重要的基础工作。⑥为农业、工业和服务行业部门提供清洁生产技术支持。加快清洁生产工业技术的开发和利用，加快制订符合中国国情的清洁生产标准、原则及有关法规。清洁生产技术的开发和利用重点是无害环境技术，即与所取代的技术比较，是污染较少、利用一切资源的方式，是能够持久、废料和产品的回收利用较多、处置剩余废料的方式能够被接受的一种技术。⑦产品环境标志。开发绿色产品，替代或削减对环境有害的产品的生产和消费。⑧支持清洁生产示范项目，以使其发挥示范作用。

2. 微观工作内容

从微观方面，清洁生产是企业采取的各种预防污染措施。通过具体的技术措施达到生产全过程污染预防的目的，如清洁工艺、环境管理体系、产品环境标志、产品生态设计、全生命周期分析等，用清洁的生产工艺技术，生产出清洁的产品。

从微观角度，清洁生产包括以下工作内容。①组织进行清洁生产审核。清洁生产审核是企业开展清洁生产的主要途径，通过清洁生产审核，可以发现并通过实施清洁生产方案，解决企业原材料消耗高、能源消耗高、废弃物产生量大及管理不善等问题。②对员工进行清洁生产的教育和培训。通过清洁生产的教育和培训，员工的技术、文化及综合素质得以提高，员工是企业工作的主体，员工素质的提高，是企业最重要的无形资产。③制订长期的企业清洁生产战略计划。清洁生产是持续改进的过程，通过制订并实施长期的清洁生产战略计划，企业可以不断巩固清洁生产成果，得到环境绩效的持续改进。④研究清洁生产的替代技术。清洁生产工艺和技术是解决生产企业高物耗、高能耗、高废弃物产生量等重大问题的主要途径。⑤进行产品生态设计。生产企业若想生产清洁产品或实现产品的绿色化，进行产品生态设计是必要和有效的方法。⑥进行产品全生命周期分析。随着社会文明的发展和公众环境意识的不断提高，社会对企业清洁产品的需求将越来越强烈，不管产品的哪个阶段对环境有影响，都将影响该产品的市场地位，进行产品全生命周期分析，并针对其缺陷进行改进和绿色化，是每个生产企业今后的发展方向。

第四节　清洁生产的意义与发展

一、开展清洁生产的意义

清洁生产是一种全新的发展战略，它借助于各种相关理论和技术，在产品的整个生命周期的各个环节采取"预防"措施，将生产技术、生产过程、经营管理及产品等方面与物流、能量、信息等要素有机结合起来，并优化运行方式，从而实现最小的环境影响、最少的资源能源使用、最佳的管理模式以及最优化的经济增长水平。更重要的是，环境是经济的载体，良好的环境可更好地支撑经济的发展，并为社会经济活动提供所必需的资源和能源，从而实现经济的可持续发展。

1. 开展清洁生产是实现可持续发展战略的需要

随着经济增长与环境、资源矛盾的激化，在对过去经济发展模式进行重新反思之后，人类提出了可持续发展战略。可持续发展是一种从环境和自然资源角度提出的关于人类长期发展的战略和模式，它不是一般意义上所指的一个发展进程要求的在时间上连续运行、不被中断，而是特别指出环境和自然资源的长期承载能力对发展进程的重要性以及发展对改善生活质量的重要性。

清洁生产是实现可持续发展的关键因素，促使工业提高能效，开发更清洁的技术，更新、替代对环境有害的产品和原材料，实现环境、资源的保护和有效管理。清洁生产是可持续发展的最有意义的行动，是工业生产实现可持续发展的必要途径。

2. 开展清洁生产是控制环境污染的有效手段

尽管国际社会为保护人类的生存环境做出了很大努力，但环境污染和自然环境恶化的趋势并未得到有效控制，全球性环境问题的加剧对人类的生存和发展构成了严重的威胁。造成全球环境问题的原因是多方面的，其中重要的一条是几十年来以被动反应为主的环境管理体系存在严重缺陷。

清洁生产彻底改变了过去被动的、滞后的污染控制手段，强调在污染产生之前就予以削减，即在产品及其生产过程和服务中减少污染物的产生和对环境的不利影响。这一主动行动，具有效率高、可带来经济效益、容易被企业接受等特点，因而已经成为和必将继续成为控制环境污染的一项有效手段。

3. 开展清洁生产可大大减轻末端治理的负担

末端治理作为目前国内外控制污染最重要的手段，对保护环境起到了极为重要的作用。然而，随着工业化发展速度的加快，末端治理这一污染控制模式的种种弊端逐渐显露出来。首先，末端治理设施投资大、运行费用高，造成企业成本上升，经济效益下降；第二，末端治理存在污染物转移等问题，不能彻底解决环境污染；第三，末端治理未涉及资源的有效利用，不能制止自然资源的浪费。

清洁生产从根本上摒弃了末端治理的弊端，它通过生产全过程控制，减少甚至消除污染物的产生和排放。这样，不仅可以减少末端治理设施的建设投资，也减少了其日常运转费用，大大减轻了企业的负担。

4. 开展清洁生产是提高企业市场竞争力的最佳途径

实现经济效益、社会效益和环境效益的统一，提高企业的市场竞争力，是企业的根本要求和最终归宿。开展清洁生产的本质在于实行污染预防和全过程控制，它将给企业带来不可估量的经济效益、社会效益和环境效益。

清洁生产是一个系统工程，一方面它提倡通过工艺改造、设备更新、废物回收利用等途径，实现"节能、降耗、减污、增效"，从而降低生产成本，提高企业的综合效益；另一方面它强调提高企业的管理水平，提高包括管理人员、工程技术人员、操作工人在内的所有员工在经济观念、环境意识、参与管理意识、技术水平、职业道德等方面的素质。同时，清洁生产还可有效改善操作工人的劳动环境和操作条件，减轻生产过程对员工健康的影响，为企业树立良好的社会形象，有利于公众支持其产品，提高企业的市场竞争力。

二、清洁生产的深化发展

1. 清洁生产的发展状况

进入21世纪，特别是随着《中华人民共和国清洁生产促进法》的颁布，我国的清洁生产进入了一个新的阶段。在科学发展观的指导下，清洁生产正以多样性和内涵拓展的方式深化发展，主要表现在以下几个方面。

（1）推动将清洁生产结合到产业和环境保护的主流活动过程中　如结合到产业结构调整，淘汰落后的生产能力、工艺、产品，关停能耗高、物耗高、污染严重的小企业活动；支持国家在重点区域实施的环境保护行动，如在淮河流域开展的污染排放总量控制行动计划。这种渗透、融合突出反映了清洁生产实施的深化发展。

（2）推动各种清洁生产的管理政策和工具的建立实施　包括制订清洁生产审核管理办法与清洁生产技术标准、结合 ISO 14000 标准实施环境管理体系（EMS）或健康安全环境体系（HSE）、建立推行环境标志制度等。一系列环境管理政策的实施，正从企业管理和产品系统等方面有力地促进着清洁生产的展开。

（3）清洁生产向着循环经济拓展延伸　伴随着发展循环经济、推动资源节约和建设环境友好型社会的热潮，以大型企业为基础的重点行业生态工业系统的建立，"零排放"生态示范园区，乃至围绕产业发展的省、市循环经济试点等活动逐渐兴起。清洁生产的实践开始超越单个生产过程，向着由多种生产过程构成的生产链或共生系统在社会、区域层次上展开，成为发展循环经济的基础和有机组成。

虽然由于各种因素的影响，清洁生产的实践在全国的发展还很不平衡，但是它们正以丰富的内容、多样化的方式促进着中国的清洁生产。

2. 清洁生产的发展方向

（1）建立推行清洁生产的专业队伍　通过开展不同层次的清洁生产教育、培训，培养高等学校、科研单位专业研究人员、有关主管部门管理人员等清洁生产专业队伍，不断提高他们的理论、业务素质，组成高素质的清洁生产研究与服务队伍，满足我国大力推行清洁生产的需要。

（2）完善有关清洁生产的法律、法规、政策　在《中华人民共和国清洁生产促进法》框架下，进一步完善促进清洁生产和全过程控制的相关法律、政策体系、清洁生产的实施办法和评价标准以及其他有利于清洁生产的技术、经济政策，并修定有关的环境管理政策和制度，以利于加快推进清洁生产。

（3）建立有效机制　企业是实施清洁生产的主体，有关清洁生产主管部门应按市场运行机制，建立促进企业自觉实施清洁生产的有效机制，引导企业对清洁生产的需求渴望，使企业对清洁生产技术有购买能力。从而激活、提高、加速和扩大企业开展清洁生产的积极性，促使企业自觉实施清洁生产。

（4）培植一批规范化、成效大的清洁生产示范企业，继续推进清洁生产示范试点工作　培植一批规范化、成效大且稳定、持续改进的清洁生产示范企业。另一重要方面是探讨如何巩固清洁生产审核的成果，实现清洁生产持续改进的目的，使企业管理和技术水平不断提高。

（5）在环境影响评价中强化清洁生产分析　《环境影响评价法》中规定了建设项目的环境影响评价应包含清洁生产有关内容。应加强对环境影响评价中清洁生产分析方法规范的研究，加强对量化指标体系和数据库的建设，最大限度地在项目可行性研究阶段减小技术和产品的环境风险。

（6）大力研究开发清洁生产技术　清洁生产成效最后必须依靠技术手段解决和达到，清洁生产技术的实施也是清洁生产最诱人的前景。大力研究、开发并推广具有我国工业、农业和第三产业发展特色、具有自主知识产权的清洁生产技术，是我国工业、农业和第三产业开展清洁生产的最终目的。

（7）管理部门能力建设　加强清洁生产管理部门能力建设是我国推行清洁生产的一个重要方面，包括机构建设、能力建设、体制创新等。

（8）广泛开展清洁生产方面的国际合作与交流　学习吸收国外推行清洁生产的经验，与清洁生产先进国家开展广泛合作是我国加快清洁生产推进步伐的重要措施。开展各种类型的多边及双边清洁生产合作项目。合作的内容方式应该多种多样，如合作开发、技术转让、培训、建立机构、资金支持、政策与法律支持等。

第五节　清洁生产审核概述

一、清洁生产审核的定义和目标

清洁生产是一种思想战略和理论，一种高层次的带有哲学性和广泛适用性的战略思想。把清洁生产的思想理论应用于企业的环境保护、污染治理具体实践中就形成和产生了清洁生产审核。清洁生产审核是一种企业层次操作的环境管理工具，是实施清洁生产最主要也是最具操作性的方法，是一种具体的、系统化、程序化的分析评估过程。

清洁生产审核通过一套系统而科学的程序来实现，重点对企业产品、生产及服务的全过程进行预防污染的分析和评估，从而发现问题，提出解决方案，并通过清洁生产方案的实施在源头减少或消除废物的产生。

1. 清洁生产审核的定义

清洁生产审核是对现在的和计划进行的生产和服务实行预防污染的分析和评估程序，是企业实行清洁生产的重要前提，也是其关键和核心。持续的清洁生产审核活动会不断产生各种清洁生产方案，有利于企业在生产和服务过程中逐步实施，从而实现环境绩效的持续改进。

根据国家发展和改革委员会、国家环境保护总局 2004 年 8 月 16 日发布的《清洁生产审核暂行办法》，清洁生产审核（Cleaner Production Audit）的定义为："本办法所称清洁生产审核，是指按照一定程序，对生产和服务过程进行调查和诊断，找出能耗高、物耗高、污染重的原因，提出减少有毒有害物料的使用、产生，降低能耗、物耗以及废物产生的方案，进而选定技术、经济及环境可行的清洁生产方案的过程。"

2. 清洁生产审核的目标

通过清洁生产审核，达到如下目标：①核对有关单元操作、原材料、产品、用水、能源和废物的资料；②确定废物的来源、数量以及类型，确定废物削减的目标，制订经济有效的削减废物产生的对策；③提高企业对由削减废物获得效益的认识和知识；④判定企业效率低的瓶颈部位和管理不善的地方；⑤提高企业经济效益、产品和服务质量。

通过清洁生产方案的实施能够实现"节能、降耗、减污、增效"的目标，最终目的是减少污染，保护环境；节约资源；降低费用；增强企业自身的竞争力。

二、清洁生产审核的主要内容

清洁生产审核包括对企业生产全过程的重点或优先环节、工序产生的污染进行定量监测，找出高物耗、高能耗、高污染的原因，然后有的放矢地提出对策、制订方案，减少和防止污染物的产生，主要针对以下几个方面：①产品在使用中或废弃的处置中是否有毒、有污染，对有毒、有污染的产品尽可能选择替代品，尽可能使产品及其生产过程无毒、无污染；②使用的原辅料是否有毒、有害，是否难以转化为产品，产品产生的"三废"是否难以回收利用，能否选用无毒、无害、无污染或少污染的原辅料等；③产品的生产过程、工艺设备是否陈旧落后，工艺技术水平、过程控制自动化程度、生产效率的高低以及与国内外先进水平的差距，找出主要原因进行工艺技术改造，优化工艺操作；④企业管理情况，对企业的工艺、设备、材料消耗、生产调度、环境管理等方面进行分析，找出因管理不善而造成的物耗高、能耗高、排污多的原因与责任，从而拟定加强管理的措施与制度，提出解决办法；⑤对需投资改造的清洁生产方案进行技术、环境、经济的可行性分析，以选择技术可行、环境效益与经济效益最佳的方案，予以实施。

三、清洁生产方案的基本类型

清洁生产方案常分为无费用、低费用、中费用和高费用方案（Non/Low/Medium/High Cost Cleaner Production Option）四类。考虑到实施难易程度，在实际操作中也可以将无费用、低费用方案分为 A 类，初步筛选的中费用、高费用方案分为 B 类，暂时不拟施行的方案分为 C 类。

清洁生产方案的基本类型包括：①加强管理与生产过程控制，一般是无/低费方案，在实施审核过程中，边发现、边实施，陆续取得成效；②原辅料的改变，即采用合乎要求的无毒、无害原辅材料，合理掌握投料比例，改进计量输送方法，充分利用资源能源，综合利用或回收使用原辅材料；③改进产品（生态再设计），即为提高产品产量、质量，降低物料、能源消耗而改变产品设计或产品包装，提高产品使用寿命，减少产品的毒性和对环境的危害；④工艺革新和技术改进，即实现最佳工艺路线，提高自动化控制水平及更新设备等；⑤物料循环利用和废物回收利用。

四、清洁生产审核的特点

进行企业清洁生产审核是推行清洁生产的一项重要措施，它从一个企业的角度出发，通过一套完整的程序来达到预防污染的目的，具备如下特点。

（1）具备鲜明的目的性 清洁生产审核特别强调节能、降耗、减污、增效，并与现代企业的管理要求相一致，具有鲜明的目的性。

（2）具有系统性 清洁生产审核以生产过程为主体，考虑对其产生影响的各个方面，从原材料投入到产品改进，从技术革新到加强管理等，设计了一套发现问题、解决问题、持续实施的系统而完整的方法学。

（3）突出预防性 清洁生产强调要将整体预防的战略应用于生产过程、产品和服务中。清洁生产侧重于"防"，从产生污染的源头抓起，注重对原料开采、生产全过程、产品销售及使用直至回收处置等全生命周期过程进行控制，强调"源削减"，尽量将污染物消除或减少在源头，重点是在生产过程中减少污染物的排放量，这对于实现可持续发展的战略思想具有实质意义。

（4）符合经济性 清洁生产审核倡导在污染物之前就予以削减，不仅可减轻末端处理的负担，同时污染物在其成为污染物之前就是有用的原材料，就相当于增加了产品的产量和生产效率。

（5）强调持续性 无论是审核重点的选择还是方案的滚动实施均体现了从点到面、逐步改善的持续性原则。

（6）注重可操作性 清洁生产审核的每一个步骤均能与企业的实际情况相结合，在审核程序上是规范的，即不漏过任何一个清洁生产机会，而在方案实施上则是灵活的，即当企业的经济条件有限时可先实施一些无/低费方案，以积累资金，逐步实施中/高费方案。

第六节　清洁生产审核步骤

一、清洁生产审核思路

清洁生产审核思路可用一句话概括，即判明废物产生的部位，分析废物产生的原因，提出方案以减少或消除废物。图 2-3 表述了该审核思路。

废物在哪里产生？通过现场调查和物料平衡找出废物的产生部位并确定产生量。

为什么会产生废物？这要求分析产品生产过程（见图 2-4）的每一个环节。

如何减少或消除这些废物？针对每一个废物产生原因，设计相应的清洁生产方案，包括无/低费方案和中/高费方案，方案可以是一个、几个甚至几十个，通过实施这些清洁生产方案来消除这些废物产生原因，从而达到减少废物产生的目的。

审核思路中提出要分析污染物产生的原因和提出预防或减少污染产生的方案，这两项工作该如何去做呢？为此需要分析生产过程中污染物产生的主要途径，这也是清洁生产与末端治理的重要区别之一。抛开生产过程的不同，概括出其共性，得出如图 2-4 所示的生产过程框图。

图 2-3　清洁生产审核思路

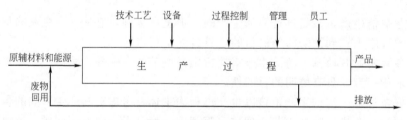

图 2-4　生产过程框图

从图 2-4 可以看出，一个生产和服务过程可抽象成 8 个方面，即原辅材料和能源、技术工艺、设备、过程控制、管理、员工 6 方面的输入，得出产品和废物的输出。不得不产生的废物，要优先采用回收和循环使用措施，剩余部分才向外界环境排放。从清洁生产的角度看，废物产生的原因跟这 8 个方面都可能相关，这 8 个方面中的某几个方面直接导致废物的产生。

二、清洁生产审核主要程序

企业实施清洁生产审核是推行清洁生产的重要组成和有效途径。基于我国清洁生产审核示范项目的经验，并根据国外有关废物最小化评价和废物排放审核方法与实施的经验，国家清洁生产中心开发了我国的清洁生产审核程序，包括 7 个阶段、35 个步骤。企业清洁生产审核工作程序见图 2-5。

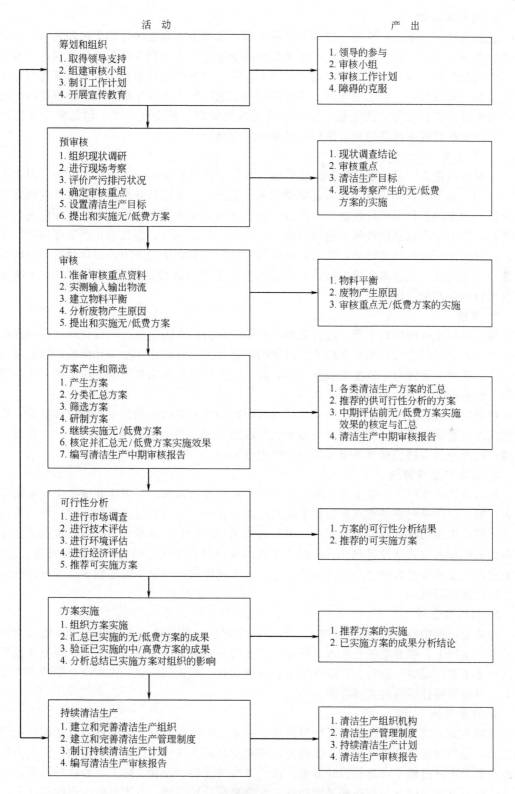

活 动

产 出

筹划和组织
1. 取得领导支持
2. 组建审核小组
3. 制订工作计划
4. 开展宣传教育

1. 领导的参与
2. 审核小组
3. 审核工作计划
4. 障碍的克服

预审核
1. 组织现状调研
2. 进行现场考察
3. 评价产污排污状况
4. 确定审核重点
5. 设置清洁生产目标
6. 提出和实施无/低费方案

1. 现状调查结论
2. 审核重点
3. 清洁生产目标
4. 现场考察产生的无/低费
   方案的实施

审核
1. 准备审核重点资料
2. 实测输入输出物流
3. 建立物料平衡
4. 分析废物产生原因
5. 提出和实施无/低费方案

1. 物料平衡
2. 废物产生原因
3. 审核重点无/低费方案的实施

方案产生和筛选
1. 产生方案
2. 分类汇总方案
3. 筛选方案
4. 研制方案
5. 继续实施无/低费方案
6. 核定并汇总无/低费方案实施效果
7. 编写清洁生产中期审核报告

1. 各类清洁生产方案的汇总
2. 推荐的供可行性分析的方案
3. 中期评估前无/低费方案实施
   效果的核定与汇总
4. 清洁生产中期审核报告

可行性分析
1. 进行市场调查
2. 进行技术评估
3. 进行环境评估
4. 进行经济评估
5. 推荐可实施方案

1. 方案的可行性分析结果
2. 推荐的可实施方案

方案实施
1. 组织方案实施
2. 汇总已实施的无/低费方案的成果
3. 验证已实施的中/高费方案的成果
4. 分析总结已实施方案对组织的影响

1. 推荐方案的实施
2. 已实施方案的成果分析结论

持续清洁生产
1. 建立和完善清洁生产组织
2. 建立和完善清洁生产管理制度
3. 制订持续清洁生产计划
4. 编写清洁生产审核报告

1. 清洁生产组织机构
2. 清洁生产管理制度
3. 持续清洁生产计划
4. 清洁生产审核报告

图 2-5 企业清洁生产审核工作程序图
(摘自国家原环保局科技标准司. 清洁生产审计培训教材，2001)

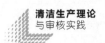
1. 筹划和组织

企业清洁生产审核的宣传、发动和准备工作。取得企业高层领导的支持和参与是清洁生产审核准备阶段的重要工作。审核过程需要调动企业各个部门和全体员工积极参加，涉及各部门之间的配合，需要投入一定的物力和财力，需要领导的发动和督促，这些首先都需要取得高层领导对审核工作的大力支持。这既是顺利实施审核工作的保证，也是审核提出的清洁生产方案做到切合实际、实施起来容易取得成效的关键。从实际来看，越是领导支持的企业，审核工作的进展越是顺利，审核成果也越是明显。

2. 预审核

选择审核重点，设置清洁生产审核目标。审核工作虽然是在企业范围内开展，但由于时间、财力等的限制，必须将主要力量集中在某一重点上。怎样从各车间、各生产线确定出本次审核的重点，是预审核阶段的工作内容。如上所述，预审核阶段要在全厂范围内进行调研和考察，得出全厂范围内废物（包括废水、废气、废渣、噪声、能耗等）产生部位和产生数量，即列出全厂的污染源清单；之后，定性地分析污染源产生的原因，并针对这些原因发动全体员工特别是一线技术人员和操作工人提出清洁生产方案特别是无/低费方案，这些方案一旦可行和有效就立即实施。

3. 审核

建立审核重点的物料平衡，进行废物产生原因分析。在摸清企业产污排污状况和同国内外同类型企业比较之后，初步分析出产污原因，并对执行环保法律法规和标准的状况进行评价。审核阶段主要针对审核重点展开工作，此阶段工作主要包括物料输入输出的实测、物料平衡、废物产生原因的分析等几项内容。

物料输入输出实测和平衡的目的是准确判明物料流失和污染物产生的部位和数量，通过数据反复衡算准确得出污染源清单（预审核阶段更多的是经验和观察的结果），针对每一产生部位的每一污染物仍然要求全面地分析产生的原因。

4. 方案产生和筛选

针对废物产生原因，提出相应的清洁生产方案并进行筛选，编制企业清洁生产中期审核报告。第三阶段针对审核重点在物料平衡的基础上分析出了污染物产生的原因，接下来应针对这些原因提出切实可行的清洁生产方案，包括无/低费和中/高费方案。审核重点清洁生产方案既要体现污染预防的思想，又要保证审核的成效性和预定清洁生产目标的完成。因此，方案的产生是审核过程的一个关键环节，这一阶段提出的方案要尽可能地多，其可行性将在第五阶段加以研究。

5. 可行性分析

对筛选出的中/高费清洁生产方案进行可行性评估，是在结合市场调查和收集与方案相关的资料基础上，对方案进行技术、环境、经济的一系列可行性分析和比较，对照各投资方案的技术工艺、设备、运行、资源利用率、环境健康、投资回收期、内部收益率等多项指标结果，以确定最佳可行的推荐方案。

6. 方案实施

实施方案，并分析、跟踪验证方案的实施效果。推荐方案只有经实施后，才能达到预期的目的，得到显著的经济效益和环境效益，使企业真正从清洁生产审核中获利，因此方案的实施在整个审核过程中占有相当的分量。推荐方案的立项、设计、施工、验收等，都需按照国家、地方或部门的有关程序和规定执行。在方案可分别实施，且不影响生产的条件下，可对方案实施顺序进行优化，先实施某项或某几项方案，然后利用方案实施后的收益作为其他方案的启动资金，使方案滚动实施。

7. 持续清洁生产

制订计划、措施在企业中持续推行清洁生产，编制企业清洁生产审核报告。

清洁生产审核 7 个阶段的工作中第 2 阶段的预审核、第 3 阶段的审核、第 4 阶段的方案产生和筛选以及第 6 阶段的方案实施作为审核过程中富有特色而且又是工作重点的阶段充分体现出上述审核思路。第 4 阶段通过广泛调研、专家咨询等方法产生清洁生产方案，包括无/低费和中/高费方案。无/低费方案一旦可行和有效，要求尽快加以实施。中/高费方案待可行性认证挑选出最佳的实施方案后，第 6 阶段安排实施。由此可见，针对审核重点展开的审核过程仍贯穿了图 2-3 的审核思路。

企业清洁生产审核是一项系统而细致的工作，在整个审核过程中应注重充分发动全体员工参与的积极性，解放思想、克服障碍、严格按审核程序办事，以取得清洁生产的实际成效并巩固下来。

整个清洁生产审核过程分为两个时段，即第一时段审核和第二时段审核。

第一时段审核包括筹划与组织、预审核、审核和方案产生与筛选四个阶段。第一时段审核完成后应总结阶段性成果，提交清洁生产审核中期报告，以利清洁生产审核的深入进行。

第二时段审核包括可行性分析、方案实施和持续清洁生产三个阶段。第二时段审核完成后应对清洁生审核全过程进行总结，提交清洁生产审核（最终）报告，并展开下一阶段清洁生产（审核）工作。

清洁生产审核是一项系统而细致的工作，在整个审核过程中应注重充分发动全体员工的参与积极性，解放思想、克服障碍、严格按审核程序办事，以取得和巩固清洁生产的实际成效。

这套清洁生产审核程序是从企业的角度出发的，企业通过清洁生产审核不仅削减了污染物排放量，而且提高了企业的生产效率，减少了原材料消耗，降低了生产成本，提高了企业的经济效益。

从广义上讲，清洁生产审核的思路适用于一切使用自然资源和能源的企业，无论生产型企业、服务型企业，还是政府部门、事业单位、研究机构，都可以进行各种形式的清洁生产审核。

第七节　清洁生产在区域流域的应用

现在清洁生产已经在工业企业层面上得到了广泛的开展，也形成了许多规范和标准，取得了不少宝贵的经验和显著的效果，包括形成了清洁生产法律法规、审核程序、行业清洁生产标准、行业评价指标体系和重点行业审核指南等。除了在工业企业上的普遍应用之外，在其他行业如种植业、畜牧业、水产养殖业也有应用，甚至对居民生活中的清洁意识也有一定的指导意义。随着经济的发展与环境问题的复杂化，越来越需要在更高层次和更大范围内实现清洁生产。区域流域清洁生产的研究应用也是其中的一个方面。其中，区域清洁生产研究范围较小，主要集中在工业园区层次，也已经形成了一些理论方法，有了一些应用的案例。流域范围的清洁生产由于所面对的流域范围较大，其中涉及污染跨界和上下游、左右岸等问题，有关流域清洁生产的应用较少，但也有人进行了探索研究。有学者曾提及对流域中不同使用功能和保护目标的地表水域应实施水质分级管理，对于流域内技术水平与排放限值要求不同的企业实施分级环境经济政策，以促进流域清洁生产与循环经济的整体实现。流域清洁生产是将工业生态学和循环经济理论相结合，同时融入系统论的方法，将清洁生产的对象拓展到流域社会经济系统，从流域经济活动入手，包括流域总体布局、经济发展规划、产业结构调整等方面，结合流域水质管理目标和流域水环境容量，兼顾上下游经济发展需求，以控制区-控制单元体系为框架，提出合理的行业清洁生产配置方案，实现流域资源的合理利用、废物的资源化和最小化，促进流域经济社会的可持续发展。

一、流域清洁生产的含义

相比企业清洁生产、行业清洁生产和区域清洁生产，流域清洁生产需要考虑的因素更为繁多，各因素之间的关系也相对复杂。不但要考虑流域水质管理目标和水资源承载力，还要兼顾流域上下游经济发展需求，通过对流域重点行业的过程控制与监管，实现源头削减甚至消除污染物产生的目标。同时作为一个动态体系，流域清洁生产更不容易控制和掌握。因此，在流域内全面推行清洁生产，是对污染末端治理和传统发展模式的根本变革和创新，是走新型工业化道路、促进企业经济效益和环境效益双赢、促进社会经济发展、实现流域可持续发展的重要途径。

流域清洁生产不同于企业清洁生产，但又兼具区域清洁生产的部分特点，主要特点如下。

（1）复杂的系统　系统论是流域清洁生产研究的重要理论基础之一，这是由于流域清洁生产是由经济系统和环境系统中多个不同的要素构成的。各个要素复杂多变，因此整个系统存在较大的不确定性，需要从系统论的角度去解决问题，其优化解决方案的合理性与流域经济水平也密切相关。

（2）偏重水体污染防治　流域清洁生产更多关注的是水体污染物，这点与区域清洁生产有所不同，区域清洁生产不仅关注水体污染物还需关注大气污染物和固体废物，但流域清洁生产针对的主要是水体污染防治，这是由流域污染防治的特征所决定的。流域清洁生产通过对清洁生产方案的优化配置，实现水资源的高效利用和源头削减水体污染物的产生，从而减少对流域水体污染物的排放。

（3）跨界差异大　流域一般具有跨市、跨省甚至跨经济带的特征，如长江、黄河流域等地跨我国东、中、西部 3 个经济带，既有自然条件的差异，又存在着上、中、下游区域经济发展的差异。因此，在实施流域清洁生产时，必须充分考虑这些特点，遵循"分区、分级"的理念，以适应流域清洁生产在区域差异、水质差异、经济差异下实施的差异性。

（4）优先源头治理　流域水体自上而下具有累积性，即下游的每个行政区域不仅接受了上游排出的污水（源头区域除外），而且还排出了污染本行政区域和下游河段的污水。一般来说，越往下游走水质越差。因此，流域清洁生产一般优先配置在流域上游或是水质标准较高的区域，特别是在诊断识别过程中，对上、中、下游同行业的产污强度的比较需要区别对待。

流域清洁生产是基于工业生态学、循环经济理论和可持续理论，并结合系统论分析方法，指导在流域层面实施的清洁生产。因此，其理论基础主要包括工业生态学、循环经济、可持续理论和系统论四大部分。

二、流域清洁生产的实行过程

流域清洁生产潜力主要是指通过流域行业清洁生产优化配置，在整个流域减排中实现的经济效益、环境效益增加，实际上可能还会产生其他如降低污染负荷导致末端处置设施减轻而产生的间接效益。以前，清洁生产潜力分析方法主要集中在微观层次，即单个企业或行业层面，如清洁生产审核、物质流分析、绩效分析、情景分析、最佳可行性技术分析和生命周期评价等，但这些方法都有各自的适用性。对于宏观层次（区域、流域）的清洁生产潜力分析方法研究较少，考虑到流域清洁生产作为一个经济和环境耦合的复杂系统，有学者选用系统动力学这一常用于解决复杂系统问题的方法去分析流域清洁生产潜力。

系统动力学是一种研究复杂系统行为的方法，适于研究随时间变化的复杂系统问题。它基于系统论，并吸收控制论、信息论的精髓，融结构与功能、物质与信息、科学与经验于一体，沟通了自然科学与社会科学的横向联系，是一门交叉性、综合性很强的学科。系统动力学从系统的微观结构入手，构造系统的基本结构并建立模型，进而借助计算机模拟技术分析系统的动态行为，预测系统的发展趋势，并可作为实际系统特别是社会、经济、生态、资源复杂大系统的"实验室"。模型的主要功能在于向人们提供一个进行学习与政策分析的工具。目前，系统动力学已广泛应用于社会、经济、生态、科研、医学等各个领域。

1. 模型构建

研究人员选用系统动力学，结合情景分析，同时兼顾流域的环境、社会、经济、政策体系的配套管理，构建了流域清洁生产潜力分析的系统动力学模型。由以下各模块构成。

（1）**主模块** 功能是流域清洁生产潜力分析。主模块由多个独立的子系统组成，每个子系统对应一个行业或子行业的清洁生产潜力分析。每个子系统都由行业产值变化率、万元产值新水耗量、污染物产生强度、污染物进水浓度、污染物削减率、污染设施进水量、废水回用率等变量构成。考虑到水体污染的国控指标为化学需氧量（COD）和氨氮，因此可选择这两个指标为流域清洁生产参数，不同流域应根据实际情况增加或删减相应的特征污染物。系统中经济变量仅行业产值变化率一个，其变化趋势一般根据国家产业规划及流域经济发展规划界定；其余全为环境变量，跟流域清洁生产有关的是万元产值新水耗量、产污强度、废水回用率等几个变量，其余的变量跟末端治理方式有关。

（2）**从属模块1** 功能是流域清洁生产诊断识别。清洁生产主要通过降低产污强度来实现污染物的源头削减和过程控制，因此产污强度大的企业应作为清洁生产的重点。此外，考虑到流域污染介质在上下游的累积性，越靠近源头区域、水质功能级别越高的行业应优先实施清洁生产。因此，流域清洁生产主要行业的诊断识别应同时考虑产污强度和所在控制区的水质目标，其重要性与产污强度成正比、与水质标准限值成反比。

（3）**从属模块2** 功能是流域清洁生产趋势分析。关于流域清洁生产趋势分析，传统的做法是将行业清洁生产指标（产污强度）与清洁生产标准进行比对，计算出产污强度的降低程度，从而分析清洁生产的发展趋势。但此方法忽视了区域特征对清洁生产技术实施的影响，同时由于清洁生产标准更新速度较慢，多数清洁生产标准已满足不了目前流域清洁生产技术发展趋势的分析要求，特别是达到1级标准的行业。因此，研究者经过大量的调研，从基础数据出发，结合流域"分区、分类、分级"的管理理念，提出了基于目标距离法的流域清洁生产趋势分析。

目标距离法是一种通过界定预期目标再进行趋势分析的方法，常用于生命周期评价（LCA）的加权过程，后被发展成为定量评价方法。目标距离法用于生命周期影响评价过程，通过某种环境效应的当前水平与目标水平（标准或容量）之间的距离来表征某种环境效应的严重性，距离越大，影响越大。对目标既可采用科学目标（如环境干扰的极限浓度或数量），也可采用政策目标（如政府削减目标）和管理目标（各种排放标准、质量标准或行业标准等）。

研究人员将目标距离法应用到流域清洁生产产污强度的趋势分析中，结合统计学原理，对相同行业、相同子行业、相同规模、相同企业类别、相同产品的产污强度进行系统分析，通过计算各企业清洁生产产污现状与目标之间的距离，表征其产污强度的降低程度，再通过企业加权、规模加权、子行业加权的方式，得出流域内该行业清洁生产产污强度的降低程度，分析流域内行业清洁生产的趋势。

2. 设计流域清洁生产程序

设计流域清洁生产潜力分析程序的过程包括以下 4 个步骤。

（1）诊断识别步骤　寻找和识别出流域内清洁生产的主要行业和企业。

（2）模型的调整配合　根据列出的清洁生产主要行业和企业进行上述分析模型的调整和拟合，使之符合实现整体上的功能。

（3）变化趋势预测　给模型参数赋值并运用模型进行计算预测其变化趋势。

（4）清洁生产潜力分析　结合实际情况，模拟设计出不同的情景方案，计算出流域内的清洁生产潜力，并提出解决的技术路线。

3. 提出技术方案

流域清洁生产潜力分析的方案设计根据流域经济转型方式的不同，可以分为产业优化方案设计、结构调整方案设计和布局优化方案设计。考虑到结构调整和布局优化是对流域内行业产业系统进行调整布局，包括流域行业集聚区的跨经济带、跨上下游、跨控制区的战略转移等，不仅需要考虑流域清洁生产重点度的变化，还需考虑结构调整和布局优化后污染源与流域间的扩散距离，涉及较多的环境污染机理研究。由于这些内容比较复杂，下面仅仅举例列出对产业优化方案下的流域清洁生产潜力分析结果。产业优化主要是指通过提高工艺水平，推广清洁生产技术，以实现产业资源能源产出率，减少污染物的产生和排放。

三、某河流域清洁生产应用的实例

1. 某河流域清洁生产潜力识别

某河流域水体污染物主要为 COD 和 NH_3-N，因此以这两个指标来识别诊断该流域清洁生产主要行业。目前，某河流域西北控制区和东北控制区不存在工业体系，因此仅需在南部控制区识别诊断流域清洁生产主要行业，在同一控制区进行识别诊断时无需考虑水质目标，故可根据产污强度进行识别诊断。结果表明，某河流域清洁生产主要行业为造纸及纸制品业，啤酒酿造业，黑色金属冶炼及压延加工业，医药制造业，印染加工业，石油加工、炼焦及核燃料加工业 6 大行业。2012 年这 6 大行业工业产值占流域工业总产值的 46.2%，COD 和 NH_3-N 产生量分别占流域总量的 71.5% 和 86.4%。其中，造纸及纸制品业、印染加工业、黑色金属冶炼及压延加工业这 3 个行业的 COD 产生量最大，分别占 COD 产生总量的 25.1%、12.5% 和 12.2%；医药制造业，石油加工、炼焦及核燃料加工业，印染加工业的氨氮产生量较大，分别占氨氮产生总量的 44.0%、22.1% 和 17.4%，医药制造业和啤酒酿造业的 COD 产生强度也较大。

2. 某河流域清洁生产潜力分析实行过程

首先进行模型整合。某河流域清洁生产潜力分析模型由主模块与从属模块构成。其中主模块中的每一个子行业都有一个由 NH_3-N 排放量、COD 排放量和废水排放量这 3 个状态变量组成的子系统。

接着进行清洁生产趋势分析。根据上面某河流域清洁生产潜力识别的结果，运用前文提到的流域趋势分析方法对某河流域清洁生产主要行业趋势进行了分析，并得出了结果，提出了以下技术路线方案。

3. 重点水污染行业源头减量和过程控制技术路线

基于某河流域重点污染行业的清洁生产现状和潜力分析，按照分类指导原则提出各行业推进清洁生产的技术路线。

（1）紧抓冶金（压延加工子行业）、造纸（造纸子行业）、石化等清洁生产减排潜力行业，继续实施清洁生产　根据模拟结果中清洁生产减排潜力较大的冶金、造纸、石化等行业，全面实施清洁生产，特别是冶金行业的压延加工子行业、造纸行业的造纸子行业、石化行业的所有子行业，应从产品工艺技术、设备、管理等方面全面降低污染物产生指标，实现趋势分析中设定的各项清洁生产指标削减目标。

（2）针对制药（化学药制品子行业）、印染、造纸（制浆子行业）等清洁生产重点行业，加快实施清洁生产　针对预测模拟中没有实现减排目标的制药、印染、造纸等重点行业，应在行业内积极推进清洁生产，特别是制药行业中的化学药制品子行业、造纸行业中的制浆子行业和印染行业，应加大清洁生产技术的研发和推广力度，加强清洁生产审核，在实现趋势分析中设定的各项清洁生产指标的基础上，进一步降低清洁生产的各项指标，最终实现各项减排目标。

（3）经济调控规划环境目标，实现啤酒行业可持续发展　经济调控实现环境目标，通过控制行业经济发展速度，对现有啤酒行业进行全面转型升级，大力提升科技含量，提高附加值，延长产业链，形成产业集群，实现产业集约化发展。在实现经济增长的同时，集中开展行业清洁生产审核，必要时可提高清洁生产标准中的一级指标要求和行业污染物排放标准要求，减少污染物排放，双管齐下，实现啤酒行业可持续发展。

（4）加强制药、造纸、印染行业 NH_3-N 处置设施建设，提升 NH_3-N 减排能力　目前制药、造纸、印染行业 NH_3-N 削减率较低，NH_3-N 减排效果较差。因此应突出技术减排，以技术经济可行为依据，对制药、造纸、印染行业的排放标准、清洁生产标准以及落后产能标准进行流域性更新升级，促使行业提升技术水平，优化发展方式，切实抑制 NH_3-N 新增排放量。同时还要狠抓工程减排，形成有效的减排能力，特别是针对列入规划或立项的项目，应在审批上严格要求其增设脱氮除磷设施，对已建项目的污染处置设施进行升级改造，进一步提高氨氮处理能力。

思 考 题

1.《中华人民共和国清洁生产促进法》中关于清洁生产的定义与联合国环境规划署的有何不同？

2. 人类污染控制策略经历了哪几个不同的阶段？

3. 什么是清洁生产的基本特征？

4. 什么是清洁生产的相对性？

5. 实施清洁生产有哪些层次？

6. 清洁生产与循环经济有什么样的关系？

7. 清洁生产与循环经济、可持续发展之间的关系是怎样的？

8. 清洁生产与工（产）业生态学的关系是怎样的？

9. 法规中清洁生产审核的定义是什么？

10. 清洁生产审核的目标是什么？

11. 清洁生产方案有哪几种分类？

12. 清洁生产审核的特点是什么？

13. 清洁生产审核的思路是什么？

14. 生产过程的 8 个方面是什么？

15. 清洁生产审核的主要程序包括哪几个阶段？

第三章

清洁生产审核程序

第一节 筹划和组织

一、目的

通过培训和宣传使企业的领导和员工对清洁生产有一个初步的、比较正确的认识，消除思想上和观念上的障碍；了解企业清洁生产审核的工作内容、要求及其工作程序；这一阶段的工作重点是取得企业高层领导的支持和参与、组建清洁生产审核小组、制订审核工作计划和宣传清洁生产思想。成立由企业管理人员和技术人员组成的清洁生产审核工作小组，制订工作计划。

二、工作步骤

本阶段主要应进行以下 4 个工作：①取得领导支持；②组建审核小组；③制订工作计划；④开展宣传教育。

三、取得领导支持

清洁生产审核是一件综合性很强的工作，涉及企业的各个部门，随着审核工作的不断深入，审核的工作重点也会发生变化，主要参与审核的工作部门和人员也需及时调整。因此，高层领导的支持和参与是保证审核工作顺利进行的不可缺少的关键条件。同时，高层领导的支持和参与直接决定了审核过程中清洁生产方案是否符合实际、是否容易实施。

1. 清洁生产审核的利益

通过实施清洁生产审核，将会对企业产生良好的效果，主要体现在：①提高企业环境管理水平；②提高原材料、水、能源的使用效率，降低成本；③减少污染物的产生量和排放量，保护环境，减少污染处理费用；④促进企业技术进步；⑤提高职工素质；⑥改善操作环境，提高生产效率；⑦树立企业形象，扩大企业影响。

2. 清洁生产审核所需的投入及可能的风险

实施清洁生产会对企业产生正面良好的影响，但也需要企业相应的投入并可能承担一定的风险，主要体现在：①需要管理人员、技术人员和操作工人必要的时间投入；②需要一定的监测设备和监测费用投入；③承担聘请外部专家费用；④承担编制审核报告费用；⑤承担实施中/高费用清洁生产方案可能产生不利影响的风险，包括技术风险和市场风险。

四、组建审核小组

开展清洁生产审核，首先要在企业内部组建一个有权威的清洁生产审核小组。作为骨干力量，该小组对清洁生产审核的有效实施起着至关重要的作用。审核小组中应有一位成员来自企业的财务部门。

1. 审核小组组长

审核小组组长是审核小组的核心，应由企业主要领导人（厂长或负责生产或环保的副厂长、总工程师）兼任组长，或由企业领导任命一位资深的、具有时间条件的人员担任：①具备生产、管理与新技术等方面的知识和经验；②掌握污染防治的原则和技术，并熟悉有关的环保法规；③了解审核工作程序，熟悉审核小组成员情况，具备领导和企业工作的才能并善于和其他部门合作等。

2. 审核小组成员

审核小组成员的组织根据企业的实际情况确定，通常需要有3～6位全时从事审核工作的人员。审核小组成员至少应具备以下条件之一：①具备企业清洁生产审核的知识或工作经验；②掌握企业的生产、工艺、管理等方面的情况及新技术信息；③熟悉企业的废物产生、治理和管理情况以及国家和地区环保法规和政策等；④具有宣传、组织工作的能力和经验；⑤需有一名财务人员，有从事财务工作的经验。

3. 审核小组的任务

包括：①制订工作计划；②开展宣传教育——人员培训及其他形式；③确定审核重点和目标；④组织和实施审核工作；⑤编写审核报告；⑥总结经验并提出持续清洁生产建议。

五、制订工作计划

审核小组成立后，需及时编制清洁生产审核工作计划，使得清洁生产审核工作按一定的程序和步骤进行。清洁生产审核工作计划包括审核过程的所有主要工作，如各阶段工作内容、时间进度、责任部门和人员、考核部门和人员、负责人、产出等。如表3-1所列。

表3-1　清洁生产审核工作计划表

阶　段	工作内容	时间/月份	负责人	考核人
筹划与组织	宣传教育，组建审核小组等	1	AAA	HHH
预审核	现状调查，确定审核重点等	2～3	BBB	JJJ
审核	数据实测，分析废弃物产生原因等	4～5	CCC	KKK
方案产生和筛选	产生和筛选方案，编写中期报告等	5～6	DDD	LLL
可行性分析	调研，分析技术、环境和经济可行性	7～8	EEE	MMM
方案实施	制订实施计划，统计方案实施效果	9～12	FFF	NNN
持续清洁生产	建立组织机构和制度，编写终期报告等	12	GGG	PPP

六、开展宣传教育

广泛开展宣传教育活动，争取企业内各部门和广大职工的支持，尤其是现场操作人员的积极参与，是清洁生产审核工作顺利进行和取得更大成效的保证。

在这一阶段中，应当运用电视、广播、网络、厂内刊物、黑板报、学习材料、知识问答、各种会议等一切可用的媒体和手段进行清洁生产的宣传教育。

宣传的内容包括清洁生产的作用、如何开展清洁生产审核、克服障碍、及时宣传各类清洁生产方案成效等。

思　考　题

这套清洁生产审核培训练习原先由 IVAM 环境研究所的 Rene van Berkel 博士开发而成，后经中国国家清洁生产中心多次改进以符合中国的企业清洁生产审核程序。

某化工厂属于某化学工业集团公司，自从 1956 年建立以来，发展成一家精细化学品工厂，生产塑料添加剂和其他有机化学品，它是高聚物材料（聚氯乙烯、聚烯烃、涂料等）添加剂的专业生产厂家。全厂有约 2800 名职工，其中包括 630 名工程师和技术人员。

厂里的主要设备建于 1956 年，仍然可以使用，但是工厂领导认为已经过时，正在寻求资金和投资机会以更新设备。工厂的业务计划由厂里制订，战略计划由总部制订；研究开发和这些投资的准备工作由工厂执行。工厂基本上根据长期订单来制订生产计划。其他任务如维修等，在工作分派上从属于生产。

这家化工厂的产品主要分为抗氧化剂、两类主要的增塑剂、有机溶剂和两类聚烯烃共六类，大约 40 个产品。

在过去 10 年中，工厂为了达到政府制订的国家环境标准，实行了几项环保措施。目前工厂每天排放约 7600t 污水，COD 平均每天 6～8t，最多每天 10t。一年交纳 70 万元排污费。为了达到地方环境部门制订的标准，需要扩大处理能力，将 COD 对河流的负荷在两年内降低 20%。

思考题 1：管理层的参与

审核前由工厂管理阶层参与找出至少一条的障碍，对障碍进行分析并提出解决的办法。

这家工厂有 6 个主要生产车间，受管理层直接控制，并由其他几个部门如财会部门、技术设备部门（包括维修科、实验室和研究开发科）和环保部门配合。管理阶层由厂长负责，总工程师配合。每个部门的领导直接向厂长汇报工作。每个车间由车间主任在一个技术主管的协助下管理，车间主任和技术主管分别向厂长和总工程师汇报工作。车间有自己的负责环保的工程师、几位技术员和过程控制人员，工人被分为不同的班组轮班工作。图 3-1 给出了某化工厂的组织结构。

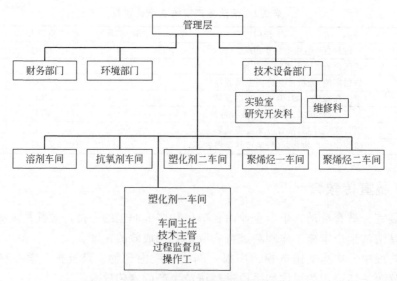

图 3-1　某化工厂的组织结构

管理层决定进行清洁生产审核后，建立一个审核组。审核组的首批任务是使工厂认识到清洁生产审核的目的，选择一个车间进行评估，设立清洁生产目标。因此，先把清洁生产的概念介绍给车间主任们，努力使全厂认识清洁生产的概念。由于工作负担重，只有几个车间主任听了清洁生产的简要介绍。

思考题 2：审核组

根据图 3-1，建议一个审核组。解释每个审核组成员的专长和职权，阐明审核组为什么需要这种专长和这个职权，帮助进行选择。

确定至少一条审核组在实行清洁生产审核中可能遇到的障碍，提出克服障碍的方法，并就如何才能取得操作工和工人的投入并保持管理层的持续参与给出建议。

第二节　预审核

预审核是清洁生产审核的初始阶段，是发现问题和解决问题的起点。主要任务是从清洁生产审核的 8 个方面着手，调查企业活动、服务和产品中最明显的废物和废物流失点；能耗和物耗最多的环节和数量；原料的输入和产出；物料管理状况；生产量、成品率、损失率；管线、仪表、设备的维护与清洗等。以此为基础确定审核重点，同时对发现的问题找出对策，实施明显的简单易行的无/低费废物削减方案。

一、目的

预审核（Pre-assessment）的目的是在对企业生产基本情况进行全面调查的基础上，通过定性和定量分析，确定清洁生产审核重点和企业清洁生产目标。这一阶段的工作重点是评价企业产污排污状况、能耗物耗状况，确定审核重点，并针对审核重点设置清洁生产目标。

二、工作步骤

本阶段的工作步骤如下（其中确定审核重点和设置清洁生产目标是本阶段工作重点）：①企业现状调研；②现场考察；③评价产污排污状况；④确定审核重点；⑤设置清洁生产目标；⑥提出和实施无/低费方案。

三、现状调研和现场考察

1. 企业现状调研

在确定清洁生产审核的对象和目标前，应对企业的情况进行全面调查，为下一步现状考察做准备。主要通过收集资料、查阅档案、与有关人士座谈等来进行。

调研内容如下：①基本情况，包括企业概况、发展史、地理位置、产量产值、利税、规模、职工数量、车间构成等；②企业的生产状况，包括生产工艺、技术与设备、原料与产品如原料种类、年消耗量，采购供应与贮存，产品类型、贮存与销售等；③企业的环境保护状况，主要有主要污染源及其排放情况、主要污染源的治理现状、"三废"的循环/综合利用情况、企业涉及的有关环保法规与要求等，有关数据应收集到车间这一级；④企业的管理水平、管理状况；⑤发展规划。

在调研时还要注意下以下问题：规章制度是否完善、与同行业相比如何、存在什么问题、问题属于什么性质。

2. 进行现场考察

在掌握了企业的基本情况和可能存在的问题后，接着便是进行现场考察，为确定审核对象提供更准确可靠的依据。同时，通过现场考察，发现明显的无/低费清洁生产方案。

进行现场考察应在正常的生产条件下进行。可以将图纸、资料等带入现场对比分析，查阅岗位记录，检查岗位操作规程的执行情况，实际操作工人座谈，行业专家咨询，了解国内外同行业生产情况，分析对比企业生产存在的问题和差距。

现场考察应对从原材料采购到产品出厂的整个生产过程进行实际考察，重点考察各产污排污环节、水耗和（或）能耗大的环节、设备事故多发的环节或部位等。

现场考察与现状调研的结果可以反映企业实际生产状况、设备运行、产污排污情况和工艺纪律执行情况，直接表征了企业的管理水平。两者的差异，则多半是由于管理缺陷引起的，由此可以产生强化管理一类的方案。

四、评价产污排污状况

在对比分析国内外同类企业产污排污状况的基础上，对本企业的产污原因进行初步分析，并评价执行环保法规情况。

1. 对比国内外同类企业产污排污状况

在资料调研、现场考察及专家咨询的基础上，汇总国内外同类工艺、同等装备、同类产品先进企业的生产、消耗、产污排污及管理水平，与本企业的各项指标相对照，并列表说明。

2. 初步分析产污原因

主要包括：①对比国内外同类企业的先进水平，结合本企业的原料、工艺、产品、设备等实际状况，确定本企业的理论产污排污水平；②调查汇总企业目前的实际产污排污状况；③从影响生产过程的 8 个方面出发，对产污排污的理论值与实际状况之间的差距进行初步分析，并评价在现状条件下，企业的产污排污状况是否合理。

3. 评价企业环保执法状况

评价企业执行国家及当地环保法规及行业排放标准的情况，包括达标情况、缴纳排污费及处罚情况等。

4. 做出结论

对比国内外同类企业的产污排污水平，对企业在现有原料、工艺、产品、设备及管理水平下，其产污排污状况的真实性、合理性及有关数据的可信度，予以初步评价。

五、确定审核重点

通过前面的工作，已基本探明企业生产中现存的问题或薄弱的关键环节。接下来要做的是根据一定的原则确定若干备选审核重点，再从中确定审核重点（Audit Focus）。备选审核重点和审核重点应符合企业的实际，可以为某一分厂、某一车间、某个工段、某个操作单元，也是某一种物质（污染物）、某一种资源如水、某一种能源如蒸汽和电等。

本节所介绍的内容主要适用于工艺复杂、生产单元多、生产规模大的大中型企业。对于某些工艺简单、产品单一、生产规模小的企业可直接确定出审核重点。

确定审核重点常用权重总和计分排序法（Weighted Ranking Method）。该法是一种将定量数据与定性判断相结合的加权评分方法，其步骤如下：①确定若干权重因素并确定各权重因素的权重值；②确定各备选重点对各权重值的贡献 R；③计算出各备选重点的 $R \times W$ 值；④加和，得各备选重点的总分 Z（$R \times W$），以此排序确定审核重点。

1. 确定备选审核重点的原则或应考虑的因素

主要包括：①污染物产生量大，排放量大，超标严重的环节；②污染物毒性大，难以处理、处置的环节；③严重影响或威胁正常生产，构成生产"瓶颈"的环节；④技术、资金、人才等条件可以使选定的方案顺利实施，容易产生显著环境效益与经济效益的环节；⑤物流进出口多、量大、控制较难的环节；⑥企业多年存在的"老大难"问题；⑦公众反应强烈，投诉最多的问题；⑧在区域环境质量改善中起重大作用的环节。

2. 确定权重

权重是指对各个因素具有权衡轻重作用的数值，统计学中又称"权数"，此数值的多少代表了该因素的重要程度。

确定权重时考虑下述原则：①重点突出，主要为实现企业清洁生产、污染预防目标服务；②因素之间避免相互交叉；③因素含义明了，易于打分。

3. 权重因素的种类

(1) 基本因素　主要有环境、经济、技术及实施等。

① 环境方面：减少废物、有毒有害物的排放量；或使其改变组分，易降解，易处理，减小有害性（如毒性、易燃性、反应性、腐蚀性等）；减小对工人安全和健康的危害以及其他不利环境影响；遵循环境法规，达到环境标准。环境影响的大小可以用废物量、废物毒性、环境代价等因素衡量。环境代价的含义包括：内部环境代价，即能耗、水耗、原材料消耗，废物回收费用，末端处理、处置费用，产品质量下降费用；外部环境代价，即排污费、罚款。

② 经济方面：减少投资；降低加工成本；降低工艺运行费用；降低环境责任费用（排污费、污染罚款、事故赔偿费）；物料或废物可循环利用或回用；产品质量提高。

③ 技术方面：技术成熟，技术水平先进；可找到有经验的技术人员；国内同行业有成功的例子；运行维修容易。

④ 实施方面：对工厂当前正常生产以及其他生产部门影响小；施工容易，周期短，占空间小；工人易于接受。

⑤ 清洁生产潜力可从产品更新，原材料替代，加强内部管理，技术改造和现场循环利用五个方面考虑。

(2) 附加因素　主要有：①前景方面，即符合国家经济发展政策，符合行业结构调整和发展，符合市场需求；②能源方面，即水、电、汽、热的消耗减小，或水、汽、热可循环利用或回收利用。

4. 权重分数值的确定

根据各因素的重要程度，将权重值简单分为3个层次：高重要性（权重值8~10）；中等重要性（权重值为4~7）；低重要性（权重值为1~3）。

从已进行的清洁生产工作来看，对各权重因素值（W）取值范围一般规定为：废物量，10；环境代价，9~8；废物毒性，8~7；清洁生产潜力，7~4；车间的关心合作，3~1；发展前景，1~3。

5. 方案或各备选审核重点的得分

根据污染预防目标（如水、汽、渣、能耗等）和确定的审核重点所能达到的程度，由审核小组成员或有关专家（本企业的工艺技术专家、环保专家和聘请的清洁生产方法学专家等）集体讨论进行评分（R=1~10分），满分为10分，其他以此类推。在评分过程中如果出现分歧意见时，由专家各自评分，然后取其平均值。

6. 权重总和计分排序

应用权重总和法确定审核重点，具体应用的例子表格见表3-2。从中可以选定三车间为审核重点。

表 3-2　某厂权重总和计分排序法确定审核重点表　　　　　单位：分

因素	权重 W (1~10)	方案得分 R (1~10)					
		一车间得分		二车间得分		三车间得分	
		R	R×W	R	R×W	R	R×W
废物量	10	4	40	2	20	1	10
环境代价	8	5	40	2	16	1	8
清洁生产潜力	6	2	12	1	6	10	60
经济效益	3	0	0	0	0	5	15
节能降耗	3	2	6	1	3	10	30
车间关心程度	3	2	6	1	3	4	12
发展前景	3	1	3	1	3	5	15
总分 $\sum R \cdot W$		107		51		150	
排序		2		3		1	

7. 注意事项

包括：①附加因素的选择视具体情况而定；②权重的具体数值在给定的权重范围内视实际情况而定；③打分时，不要预先带有优劣的主观倾向；④打分时，不要受权重的影响；⑤考虑各因素之间的关系：相互排斥、相互包容、相互关联；⑥计权排序结果的合理性，可结合经验判断。

六、设置清洁生产目标

清洁生产目标应针对本次审核的审核重点设置。清洁生产目标应定量化、具有可操作性和激励作用，要有时限性。清洁生产目标通常采用原材料消耗指标、能源消耗指标、新鲜水消耗指标、水重复利用指标和废弃物产生量指标等。

1. 考虑因素

主要包括：①环境保护法规、标准；②区域总量控制规定；③企业发展远景和规划要求；④国内外同行业的水平和本企业存在的差距；⑤审核重点生产工艺技术水平和设备能力；⑥企业的能力；⑦其他，如企业升级、落实某项行动计划等。

2. 考虑原则

主要包括：①容易被人理解、易于接受且易于实现；②可以度量、具有灵活性，可以根据需要和实际情况做适当调整；③有激励作用，有明显的效益；④符合企业经营总目标；⑤能减轻对环境的危害程度；⑥能明显减少废物处理费用；⑦能减少物耗、能耗、水耗和降低生产成本；⑧有具回收价值的副产品，有经济效益；⑨防治污染措施的资金易于落实，最好能争取到优惠条件和贷款（或赠款）；⑩产品在今后的国内外市场上具有竞争力；⑪分阶段，一般分为近期、中期和远期。

设置污染预防目标应在审核前。表 3-3 是某化工厂设置的目标。

表 3-3　某化工厂一车间清洁生产目标一览表

序号	项目	现状	近期目标(2016年年底)		远期目标(2018年年底)	
			绝对量/(t/a)	相对量/%	绝对量/(t/a)	相对量/%
1	多元醇 A 得率	68%	—	增加 1.8	—	增加 3.2
2	废水排放量	150000t/a	削减 30000	削减 20	削减 60000	削减 40
3	COD 排放量	1200t/a	削减 250	削减 20.8	削减 600	削减 50
4	固体废物排放量	80t/a	削减 20	削减 25	削减 80	削减 100

七、提出和实施无/低费方案

1. 什么是无低费方案

在清洁生产审核过程中，将发现的企业各个环节存在的各种问题归为两大类：一类是需要投资较高、技术性较强、投资期较长才能解决的问题，解决这些问题的方案叫中/高费用方案；另一类只需少量投资或不投资、技术性不强、很容易在短期得到解决的问题，解决这些问题的方案为无/低费方案。

2. 不同阶段的无/低费方案

无/低费方案的发现与提出在清洁生产审核工作的不同阶段是不同的：①在预审核阶段，无/低费方案一般都可以从现场直接看出，而且是在全厂范围内，如堵塞"跑、冒、滴、漏"，简单修改岗位操作规程等；②到了审核阶段，无/低费方案往往需要对生产过

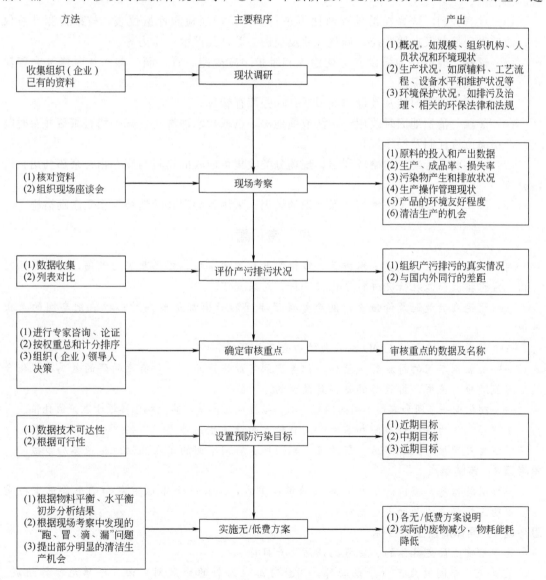

图 3-2　预审核阶段的实施流程

（摘自国家环保局科技标准司，清洁生产审计培训教材，2001）

程进行评估与分析后，方能提出，而且主要针对审核重点调整工艺参数、改进工艺流程、确定合理的维修期等；③在备选方案产生与筛选阶段，无/低费方案的提出更需要对审核重点生产过程进行深入的分析，常常需向有关专家咨询，相对来说技术性较强，实施难度较大。

3. 实施实用的、易于实施的无/低费方案

预审核阶段的实施流程见图3-2。

4. 常见的无/低费方案

（1）原辅料及能源　采购量与需求相匹配；加强原料质量（如纯度、水分等）的控制；根据生产操作调整包装的大小及形式。

（2）技术工艺　改进备料方法；增加捕集装置，减少物料或成品损失；改用易于处理处置的清洗剂。

（3）过程控制　选择在最佳配料比下进行生产；增加检测计量仪表；校准检测计量仪表；改善过程控制及在线监控；调整优化反应的参数，如温度、压力等。

（4）设备　改进并加强设备定期检查和维护，减少跑、冒、滴、漏；及时修补完善输热、输汽管线的隔热保温。

（5）产品　改进包装及其标志或说明；加强库存管理。

（6）管理　清扫地面时改用干扫法或拖地法，以取代水冲洗法；减少物料溅落并及时收集；严格岗位责任制及操作规程。

（7）废弃物　冷凝液的循环利用；现场分类收集可回收的物料与废弃物；余热利用；清污分流。

（8）员工　加强员工技术与环保意识的培训；采用各种形式的精神与物质激励措施。

思 考 题

对审核组的要求是减少废水排放，审核组开始了预审核，根据掌握的数据，对各车间的产出、废水排放和能耗情况进行了比较分析，结果如下：

——无论在数量还是价值上，两个聚烯烃车间的产出都是最高的；抗氧剂车间的产出最低。

——聚烯烃一车间的COD排放大约占全厂总量的50%。

——抗氧剂车间的排放物数量少，但考虑到其最终产品（一种有毒的锡的金属有机化合物）可能随废水流失，排放物的毒性是最大的。

——塑化剂一车间和溶剂车间的能耗较低，根据反应计量，其能耗已接近于理论最佳值。

工程师们认为聚烯烃车间和溶剂车间有较大的清洁生产潜力。

清洁生产审核开始公布后，聚烯烃一车间和抗氧剂车间的工人热切地盼望参加审核。

思考题3：审核重点

根据所给信息，提出清洁生产审核的审核重点，选择一个审核重点和两个备选审核重点。说明选择标准以帮助进行选择。

思考题4：具体清洁生产目标

为审核重点设定具体的、定量的清洁生产目标。

聚烯烃一车间的生产（季戊四醇，用作可溶性涂料的分散剂）由5个单元操作组成。第一步是反应合成，后面四步将聚烯烃精制、浓缩成最终产品。用到四种原料（A、B、C和D）。在配料区，同工艺水混在一起的原料被送到合成反应器混合反应。反应以后，合成溶液被转到一次蒸发器中，蒸发出的液体进入一个回收单元，产物（母液）进入二次蒸发器。回收液几乎全是未反应的投入的原料 A，一部分送回配料区，其余的排掉。二次蒸发器蒸出的液体也随着废水一起排掉，出来的母液被转到澄清槽（冷却以加快沉降速度），沉降下来的物质被送到洗涤站，剩下的母液（沉降以后）作为副产品出售。洗涤在一个离心机上进行，洗后的水和干燥器中的粉尘送回到二次蒸发器中（产品回收）。

第三节　审核

本阶段是对企业审核重点的原材料、生产过程以及废物的产生进行审核。

一、目的

审核（Assessment）这个阶段通过对生产和服务过程的投入产出进行分析，建立物料平衡、水平衡或能量平衡以及污染因子平衡，分析物料和能量流失的环节，查找材料贮存、生产运行与管理和过程控制等存在的问题，找出物料流失、资源浪费环节和污染物产生的原因以及与国内外先进水平的差距，以确定污染预防方案。

二、工作步骤

建立物料平衡是本阶段的工作重点，本阶段的工作步骤如下：①准备审核重点资料；②实测输入输出物流；③建立物料平衡；④清洁生产潜力与机会分析。

三、准备审核重点资料

（一）资料收集

收集审核重点及其相关工序或工段的有关数据。审核重点的资料准备过程类似预审核时对全企业的现状调研和现场考察过程，但要求更加细致，得到的资料可以为制订实测计划提供依据。

1. 历史资料的收集

（1）工艺资料　主要包括：工艺流程图；工艺设计的物料、热量平衡数据；工艺操作手册和说明；设备技术规范和运行维护记录；管道系统布局图；车间内平面布置图。

（2）原材料产品资料　主要包括：产品的组成及月、年度产量表；物料消耗统计表；产品和原材料库存记录；原料进厂检验记录。

（3）管理资料　主要包括：年度废物排放报告；废水、废物和废气分析报告；废物管理、处理和处置费用；水费和排污费；废物处理设施运行和维护费；能源费用；车间成本费用报告；生产进度表。

2. 现场调查

（1）补充与验证已有数据　主要包括：确定调查日期与周期；编制现场调查计划；不同操作周期的取样、化验；现场提问；现场考察记录。其中现场考察记录包括追踪所有物流，以及建立物流的记录：包括主要产品、原料及添加剂、废物流药物流等。

（2）现场调查要求　主要包括：调查时间应与生产周期相协调（如溶液配制、正常生产运行情况、加料、设备清理、溶液处理过程等）；同一周期内应不同班次取样；现场调查应请厂内外专家、顾问参加，使他们充分发现问题；现场调查越充分，清洁生产的机会就越不易丢失。

（3）现场调查典型问题　主要包括：车间产生的废物流主要成分是什么，废物流从哪些环节产生的，废物流的数量是多少，如何将它们分开，工厂如何处理这些废物流，处理这些废物流的费用是多少，怎样才能防止或减少废物流，工厂实施了哪些措施以提高转化率，工厂有哪些预防污染措施，你认为清洁生产的机会是什么。

（二）编制审核重点的工艺流程图

根据调研和现场考察所得资料，可以绘制出审核重点带污染点的工艺框图和工艺单元功能表，以清楚地表明整个工艺流程中，各原辅材料、水和水蒸气的加入点，各废弃物的排放点。

所谓工艺流程图（Process Flow Chart）是以图解的方式整理、标示工艺过程，包括输入和输出系统的物流（含废弃物）和能量流。审核重点可以是一个完整的工艺过程，也可以是某个单元操作。单元操作（Unit Operation）是指生产过程中具有物料的输入、加工和输出功能、完成某一特定工艺过程的一个或多个工序或设备。工艺设备流程图主要是为实测和分析服务。与工艺流程图主要强调工艺过程不同，它强调的是设备和进出设备的物流。设备流程图要求按工艺流程，分别标明重点设备输入、输出物流及监测点。

某审核重点一车间生产工艺流程见图 3-3，其单元操作功能说明见表 3-4。

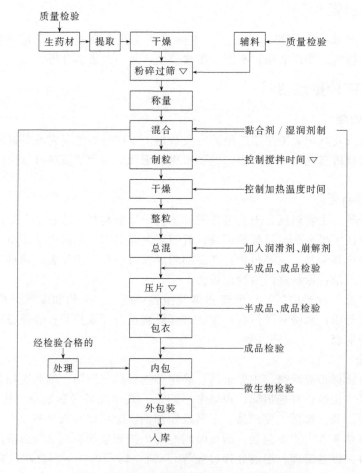

图 3-3　一车间生产工艺流程（注：▽代表污染点）

表 3-4　一车间生产工艺单元操作功能说明一览表

工序	功能	质量控制点	质量控制项目	频次
备料	将原料粉碎	原辅料	异物	每批
		粉碎、过筛	细度、异物	每批
		称量	品种、数量	1次/班
制粒	制成一定粒度的材料	颗粒	黏合剂浓度、温度	1次/批
		沸腾干燥	温度、时间、滤袋、水分	随时/班
		整粒	筛网	1次/班
		总混	时间、含量	1次/批
压片	将上工序的材料制成片子	片子	平均片重	2次/班
			片重差异	2次/班
			硬度、崩解时限	1次/班
			外观	随时/班
包装	内外包装	在包装产品	塑包压纹、水泡眼、缺片、碎片	随时/班
		装盒	数量、说明书、封签	随时/班
		装箱	数量、装箱单、印刷内容	随时/班

四、实测输入输出物流

实测前应做好准备工作，包括制订实测计划和校验监测仪器等。

实测计划内容有监测项目的选择、监测点的确定、实测时间和周期等。监测项目的选择应能够保证从得到的该项目数据可以反映出废弃物的产生量、物料消耗量或能源消耗量；监测点的确定主要需保证实测的精度；实测时间和周期应根据生产过程的性质加以确定，如间断过程的实测时间应涵盖整个周期，而连续过程通常可以取一个稳定工作时间段实测即可。

实测时应做好现场记录，如实测的工况条件、数据单位等。

1. 确定审核重点的输入和输出

审核人员要了解与每一个单元操作相关的功能和工艺变量，核对单元操作和整个工艺的所有资料（包括原材料、中间产品、产品的物料管理与操作方式），为以后的审核工作所用。

对于复杂的生产工艺流程，可能一个单元操作就表明一个简单的生产工艺流程（特别对那些主要工艺来说，单元操作更是如此），必须一一列出、分析，并绘制审核重点的输入与输出示意图，参见图 3-4。

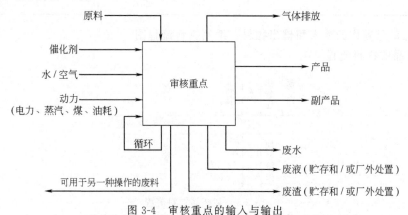

图 3-4　审核重点的输入与输出

（摘自国家环保局科技标准司，清洁生产审计培训教材，2001）

2. 实测审核重点的各个单元操作输入和输出物流

（1）总体要求　在预审核阶段确定审核重点时，主要是用了企业现成的资料和数据，这些资料和数据是不够系统和全面的，数据量也不足。为此，在审核阶段应对审核重点做更深入更细致的物料平衡和废物产生因素的分析，必须实测审核重点的输入、输出物流。

实测审核重点的输入和输出物流应按正常的一个生产周期（一次配料由投入到产品产出为一个生产周期）进行逐个工序的查定，要查全部物料投入和产品（包括中间产品、副产品）及废物的排放数据。

在审核重点含多个生产工序和单元操作的情况下，一般应按上述要求实测各个工序和单元操作的输入和输出物流。对间歇操作的产品最好采用单位产量对应的输入与输出物流数；连续生产的产品，可用月或年产量进行统计。

输入、输出物流数据边收集，边做预平衡测算，便于补充完善。输入、输出物流数据，按单元操作分别统计，然后再汇总各单元操作的输入、输出物流。

（2）查定输入物流　物料输入可包括原料、化学物品（辅料、添加剂、反应剂等）、水、汽和动力，需要对此进行定量查定（测量数量、检验组分与配料比）。测量查定原料、化学品的进货量、运输量、包装损耗量、贮存消耗（"跑、冒、滴、漏"、蒸发等消耗），进行出仓过秤记录、投料配比的检测化验等。测量蒸汽的流量、压力、溶液反应温度、时间、电耗。对废物进行回用或循环利用，可减少工艺所需的新鲜水量和原料量。当检查单元操作的输入时，要考虑有无机会回用或循环利用来自其他操作单元的输出。

（3）查定输出物流　输出物包括产品、中间产品、副产品、废水、废气、废渣，需要贮存起来或运到厂外进行回收或处置处理的废液、废渣等以及可回用或循环利用的废物等。输出物的测量和输入查定一样，也要测量其质量和检查其组分，并记录在案。

将输入、输出物流的取样分析结果标在单元操作工艺流程图上。

（4）计算废物流量，避免二次污染　废物运送到厂外处理前有时还需在厂内贮存。在贮存期要防止有泄漏和新的污染产生；废物在运送到厂外处理中，也要防止跑、冒、滴、漏，以免产生二次污染。例如某药品实测的输入、输出物流见表3-5。

表 3-5　某药品实测的输入、输出物流总量统计　　　　　　　　　　单位：kg

组分	总输入	总输出		成品 D
		一单元	二单元	
预混剂	50	149.99	149.98	149.98
铝酸铋	100			
辅料	15	15	15	

3. 汇总单元操作的输入和输出物料，编制物料流程图

制某药品的物料流程见图3-5。

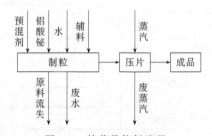

图 3-5　某药品物料流程

(预混制剂主要为重质碳酸镁、碳酸氢钠、甘草浸膏粉等)

五、建立物料平衡

物料平衡（Material Balance）是通过测定和计算，确定输出系统物流的量（或物流中某一组分的量）和输入系统物流的量（或物流中的某一组分的量）相符情况的过程。

对贵重原料、有毒成分应单独进行物质或元素的细致的物料平衡。

从物料平衡结果可以得到实际原料利用率、产品收率等工艺参数和废弃物（包括流失的物料）的种类、数量等污染参数。

1. 依据质量守恒定律，反复推敲输入、输出物流，进行预平衡测算

进行物料与能量衡算的目的，旨在准确地判断废物流产生的环节，定量地确定废物数量、去向和成分，为制订预防污染削减废物的清洁生产方案奠定科学基础。因此必须反复推算输入、输出物流，使其总量相等。

不平衡显示数据有误，要重新检查输入、输出物流；或表示存在无组织废物排放。

有些数据现场无法实际测量，可根据理论计算或历史资料推断得到，因此难免产生误差，可根据经验修正。

2. 物料平衡图

将审核重点生产过程中输入与输出的物料中的同一组分总量测算结果用示意图标出，则为该生产过程的物料平衡图。产品中

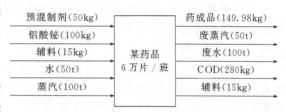

图 3-6　某药品生产物料平衡图

有不同污染组分时，最好对每种组分分别进行物料平衡测算。

某药品的生产物料平衡见图 3-6。

3. 水平衡图

生产中水除了参与反应外，主要用于清洗和冷却，因此，一般还要另外建立水平衡图。水平衡图可由各厂生产情况自定。

六、清洁生产潜力与机会分析

分析清洁生产潜力与机会实际上就是要找到废弃物产生、物料消耗高和能源消耗高的根本原因。应当按影响生产和服务过程的 8 种因素去逐种分析，并应按反复迭代原理一直分析直到找到造成废弃物产生、物料消耗高和能源消耗高的根本原因。

本步骤工作具有较大的技术难度。为了找到废弃物产生、物料消耗高和能源消耗高的根本原因，审核人员要对生产工艺、设备及涉及的环境问题和控制方法进行分析研究。

1. 对物料平衡的审核

① 实测的数据质量是否可靠，数量是否充足。

② 输入总量是否等于输出总量，误差有多大。一般说来，如果输入总量与输出总量之间的误差在 3%～5% 以内，则可以用物料平衡的结果进行随后的有关审核与分析；反之，则需检查造成较大误差的原因，重新进行实测和物料平衡。

③ 分析影响物料平衡的各种因素，寻找主要的、关键性的问题和废物流产生的环节及部位。

2. 生产过程审核

（1）原辅料和能源　原辅料指生产中主要原料和辅助用料（包括添加剂、催化剂、水等）；能源指维持正常生产所用的动力源（包括电、煤、蒸汽、油等）。因原辅料及能源而导致产生废物主要有以下几个方面的原因：①原辅料不纯或未净化造成废弃物量增加；②某种原材料导致废弃物处理难度增加；③原辅料在储运环节易流失而成为废弃物；④未利用清洁能源和二次资源、二次能源；⑤有毒有害原辅料影响环境；⑥原辅料的过量投入而成为废弃物。

（2）技术工艺　因技术工艺而导致产生废物有以下几个方面的原因：①工艺转化率低使废弃物量过大；②设备布置不合理、能量损失大、泄漏点多；③反应及转化步骤过长，使产

品收率低；④原辅料在储运环节的流失而成为废弃物；⑤原辅料的过量投入而成为废弃物；⑥未利用清洁能源和二次资源、二次能源；⑦间断生产使能耗高、产生额外废弃物；⑧需使用有毒有害原材料。

（3）设备　因设备而导致产生废物有以下几个方面原因：①设备效能低使能耗高、产生额外废弃物；②设备功能不能满足工艺要求，产品质量低；③设备自动化程度低，产品质量不稳定；④设备破旧，物料易流失成废弃物；⑤设备维护保养差，物料易流失成废弃物；⑥设备间匹配度差，使能耗高。

（4）过程控制　因过程控制而导致产生废物主要有以下几个方面原因：①工艺控制项目少，产生额外废弃物；②控制精度差，废品率高；③控制水平低，需人工干预，易不稳定。

（5）产品　产品包括审核重点内生产的产品、中间产品、副产品和循环利用物。因产品导致产生废物主要有以下几个方面原因：①产品使用寿命终结后难回收、处置；②不利于环境的产品形式、规格和包装；③产品在储运中流失成废弃物。

（6）废弃物　因物质本身具有的特性而未加利用导致产生废弃物主要有以下几个方面原因：①废弃物中有毒性物质或难处理物质；②废弃物性状不利于后续处理；③低热值能源未梯级利用；④排水未回用、套用；⑤废弃物未尽可能资源化。

（7）管理　因管理而导致产生废物主要有以下几个方面的原因：①由于清洁生产的制度未很好执行；②管理制度不能满足清洁生产要求；③缺乏有效的清洁生产激励机制。

（8）员工　因员工而导致产生废物主要有以下几个方面原因：①员工综合素质不能满足清洁生产要求；②缺乏对员工的不断再培训；③员工缺乏参与清洁生产的热情。

七、提出与实施无/低费方案

各项备选方案经过分类和分析，对一些投资费用较少、见效较快的方案，要继续贯彻边审核边削减污染物的原则，组织人力、物力进行实施，以扩大清洁生产的成果。主要针对的是审核重点提出的明显的、简单易行的清洁生产无/低费方案。审核的程序见图3-7。

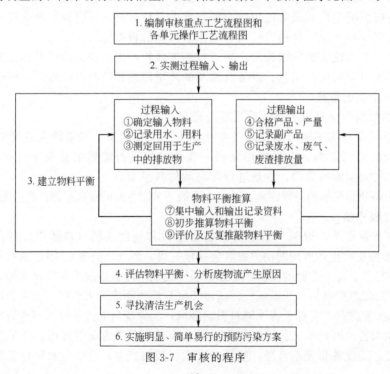

图 3-7　审核的程序

62

思 考 题

思考题 5：工艺流程图

画出聚烯烃一车间的工艺流程图，包括配料、合成、一次蒸发器和循环单元这几部分单元操作，指出可能的污染物排放点。

表 3-6～表 3-8 给出了化工厂合成上的汇总生产数据，包括配料、合成、一次蒸发以及回收。这些数据都是在正常生产中实测得到的。

表 3-6　合成上的总输入

总　输　入	数　　量	单位价格
1. 原料 A		2.7 元/kg
新输入	730.0kg/h	
回收单元中循环回来	300.0kg/h	
	（在 4000kg/h 的水中）	
2. 原料 B	226.4kg/h	4.4 元/kg
3. 原料 C	261.6kg/h	1.7 元/kg
4. 原料 D	20.4kg/h	4.8 元/kg
5. 水	8.4t/h	0.7 元/吨
6. 电	190.0kW·h/h	0.4 元/(kW·h)

表 3-7　合成反应器的输出（合成溶液的成分）

合成反应器的输出	数　　量	合成反应器的输出	数　　量
1. 产品	626kg/h	4. 原料 B	9.7kg/h
2. 副产品	444kg/h	5. 水	7300kg/h
3. 原料 A	436kg/h		

表 3-8　一次蒸发器的输出（母液的成分）

一次蒸发后的输出	送到二次蒸发器（母液）	送到回收单元（蒸出液）
1. 产品	566kg/h	
2. 副产品	398kg/h	
3. 原料 A	7.8kg/h	384kg/h
4. 原料 B	0.2kg/h	8.5kg/h
5. 水	1645kg/h	4927kg/h

思考题 6：物料平衡

将输入-输出数据并入工艺流程图，利用物料平衡计算：合成反应器的冷却水用量；回收单元排出的废水的成分；一次蒸发器中的损失。

输入的原料 A、B 和 C 是液体，批量运输；原料 D 是固体，装在 5kg 的袋中运送。在配料区，每种原料分别同新加的工艺水和回收单元中的回流液（原料 A）混合。合成反应是放热的，因此要用水冷却，反应产率依赖于反应温度。一次蒸发是用来除去多余的水和未反应的原料 A 和 B。因为缺少维修，一次蒸发器的状况较差，检测到几处泄漏和溢流。在回收过程中，部分过量（未反应）的原料 A 循环回到配料区，但由于合成反应器冷却系统的制冷量低，目前只有其中的一部分被重复使用。在单元操作之间，液体原料通过管道运送，固体原料用传送带运送。现场调查发现管道上有几处泄漏。在操作中，随机抽取样品，手动控制生产过程。合成、澄清工序同最终产物的洗涤都是分批的，其余工序的步骤都是连续进行的。工厂的生产一天 24h 分 3 班连续进行。合成工序的产率在 80%～90%。生产过程的操作在车间里组织进行，维修工作由维修组在车间的要求下进行。

思考题 7：原因分析

分析上面练习中说明的废物产生的原因。参照以下 8 条提示，从前面给出的信息推出原因：①原辅料及能源是否对废物的数量或成分有影响；②技术工艺是否对废弃排放物的数量或成分有影响；③设备是否对废物的数量或成分有影响；④过程控制是否对废物的数量或成分有影响；⑤产品是否对废物的数量或成分有影响；⑥废物本身特性是否对废物的数量或成分有影响；⑦管理是否对废物的数量或成分有影响；⑧员工是否对废弃排放物的数量或成分有影响。

第四节 方案产生和筛选

本阶段要求对物料流失、资源浪费、污染物产生和排放进行分析，提出清洁生产中/高费用备选方案，并对其进行初步筛选，确定出几个最有可能实施的方案，供下一阶段进行可行性分析。

本阶段的工作步骤如下：①产生方案；②分类汇总方案；③筛选方案；④方案编制。

一、产生方案

清洁生产方案的数量、质量和可实施性直接关系到企业清洁生产审核的成效，是审核过程的一个关键环节，因而应广泛发动群众将提合理化建议与产生清洁生产方案结合在一起，征集、产生各类方案。

产生清洁生产方案时，要有针对性，应根据物料平衡结果和废弃物产生原因分析结果产生方案；与国内外同行业先进技术水平类比寻找清洁生产机会；组织行业专家进行技术咨询，选取技术突破点。在上述各项中，均必须以创新思维更新观念，以各种创造技法作为产生清洁生产方案的工具。

（1）对备选方案的要求　对所有提出的备选方案都应考虑下列要求：①方案对改善环境有何具体影响；②提出来的方案是否有现成的技术；工艺复杂程度如何，水平如何，和国内外同等规模的企业采用类似技术相比较先进性如何；③方案的投资多少，是否有经济效益，预期能节省多少费用（包括运行维护费）；④方案能否在合理的时间内实施，而且不干扰原生产；⑤方案的有效性有无先例，是否在实践中经过证实，如何证明其工艺技术能按要求运行；⑥方案是否有良好的成功机会（要考虑生产规模、产品的市场需求，企业主要领导人对清洁生产目标的要求等）。

（2）常见备选方案　本节所述的中/高费用清洁生产备选方案的制订是在审核阶段已经完成，无/低费方案已经实施或即将实施的基础上进行的。一般可从以下几个方面考虑。

① 原材料替代备选方案（影响生产工艺流程和设备的选型）：无毒无害；重复利用或综合利用。

② 技术改造备选方案：减少工艺流程中的单元操作（工序）和所用设备（烦琐的工艺往往会增加"废物"的排放）；实现连续操作，减少开车、停车的不稳定状态，提高自动化水平（不稳定的情况会造成不合格的产品，增加废料的排放）；提高单元操作设备的生产能力，强化生产过程；更换设备。

③ 产品更换备选方案：更换产品及其包装（减少物料、能源的消耗）；改进产品设计，增强产品的使用寿命和稳定性（防火、防爆、防毒、防高温、高压、防冲击、防潮、防湿、需冷藏等特性）。

④ 废物回收利用备选方案：实现物料的循环利用；增强废料转换为资源的机会（使废料以副产品的形式出厂或成为另一个企业的原材料）。

二、分类汇总方案

对所有的清洁生产方案，不论已实施的还是未实施的，不论是属于审核重点的还是不属审核重点的，均按原辅材料和能源替代、技术工艺改造、设备维护和更新、过程优化控制、产品更换或改进、废物回收利用和循环使用、加强管理、员工素质的提高以及积极性的激励八个方面列表简述其原理和实施后的预期效果。

对收集的清洁生产方案，应进行筛选，合并类似的方案，最后整合出优化拟采用的各类方案。

三、筛选方案

是否采用一项需较大投资的工程技术方案，往往要做可行性研究才能确定。由于可行性研究花费较大，不可能对所有预防污染方案都进行可行性分析，应先进行初步筛选后，再从中推荐几个可行性比较明显的方案供可行性分析。

1. 筛选因素

方案筛选一般考虑以下一些因素：①所削减的废物的数量和浓度；②所削减的废物的有害性（如毒性、可燃性、放射性、腐蚀性等）；③是否降低废物的处理处置费用；④是否降低原材料的成本；⑤是否降低人工费；⑥技术先进性如何，是否已在企业内部其他部门采用过，或在同行业其他企业采用过；⑦是否对产品质量有不利影响；⑧基建投资；⑨运行维护费用；⑩实施的难易程度；⑪是否可在较短时间内实施；⑫实施过程中对企业正常生产影响大小等。

2. 筛选方案

（1）简易的初步筛选方法　由企业领导人、技术人员和现场操作工人以及厂内外工艺技术专家共同根据技术可行、环境效果、经费投资与效益等条件，择优排序（见表3-9）。

表3-9　简易的初步筛选

筛选因素	备选方案						
	F1	F2	F3	F4	F5	F6	F7
环境可行性	√	√	×	√	√	√	√
经济可行性	√	√	√	√	√	×	√
技术可行性	×	√	×	√	√	×	×
可实施性	×	√	×	√	√	√	√
结论	×	√	×	√	√	×	×

注：√为可以入选可行性分析的方案；×为不能入选可行性分析的方案。

从表3-9可以看出：F2、F4、F5三个方案从技术、环境、经济3个方面都是可行的，因此这3个方案经初步评价排序后，进入可行性分析。

（2）权重总和计分排序筛选方法　对于中/高费用清洁生产方案的初步筛选通常采用权重总和计分排序法。这里的"权重总和计分排序法"与确定审核重点时所用的方法相同，其权重因素和权重（W）值可参照如下规定。

① 环境可行性：减少废物，有毒有害物的排放量；或使其改变组分，易降解、易处理，减少有害性（如毒性、易燃性、反应性、腐蚀性等）；减少对工人安全和健康的危害以及其

他不利环境影响；遵循环境法规，达到环境标准；$W = 8 \sim 10$。

② 经济可行性：减少投资，降低加工成本，降低工艺运行费用，降低环境责任费用（排污费、污染罚款、事故赔偿费）；物料或废物可循环利用或回用，产品质量提高；$W = 7 \sim 10$。

③ 技术可行性：技术成熟，技术水平先进，可找到有经验的技术人员；国内同行业有成功的例子，运行维修容易；$W = 6 \sim 8$。

④ 可实施性：对工厂当前正常生产以及其他生产部门影响小，施工易，周期短，占空间小，工人易于接受；$W = 4 \sim 6$。

用权重总和法计分排序方法筛选结果如表 3-10 所列。

表 3-10　方案的权重总和法计分排序

权重因素	权重 W	方案 得 分								
		方案 1		方案 2		方案 3		...		方案 n	
		R	$R \times W$	R	$R \times W$	R	$R \times W$			R	$R \times W$
环境可行性											
经济可行性											
技术可行性											
可实施性											
总分 $[\sum (R \times W)]$											
排序											

3. 汇总筛选结果

按可行的无/低费方案、初步可行的中/高费方案和不可行方案列表汇总方案的筛选结果。

四、方案编制

方案编制（Option Design）：经过筛选得出的初步可行的中/高费清洁生产方案，因为投资额较大，而且一般对生产工艺过程有一定程度的影响，因而需要进一步评价分析，主要是进行一些工程化分析，从而提供两个以上方案供下一阶段做可行性分析。

1. 内容

方案的分析内容包括以下 4 个方面：①方案的工艺流程详图；②方案的主要设备清单；③方案的费用和效益估算；④编写方案。

对每一个初步可行的中/高费清洁生产方案均应编写方案说明，主要包括技术原理、主要设备、主要的技术及经济指标、可能的环境影响等。

2. 初步评价原则

注意这里的分析评价工作是一种初步性质的工作，即只需考虑主要的、面上的指标，更细致的工作应在下一阶段即可行性分析阶段展开。

初步评价一般要遵循以下几条原则：①开发一个新的生产工艺流程要看它在工业生产网络中的地位作用、效果等，要注意它的原料需求、废料处置以及它与其他行业生产关系；②评价一个新的生产工艺流程，不但要看其生产效果、经济效益对市场的影响，还要兼顾其生态后果；③设计一个新的生产工艺流程，还意味着有新的产品的产生或者是说在设计一个新的产品，应从生产-消耗-报废回用全过程加以考虑，除了制定它的生产工艺，还要安排它在使用报废后的去向等。

一般说来，对筛选出来的每一个备选方案进行编制时都应从下列几个方面去考虑。

（1）系统性　新工艺中各单元操作均具有良好的性能及相互关系。新工艺与老工艺间的衔接配置性。

（2）综合性　一个新的工艺流程要综合考虑其经济效益和环境效果，而且还要照顾到排放物的综合利用及其利与弊，促进加工产品和利用产品的过程中自然物流与经济物流的转化。

（3）闭合性　从清洁生产原理出发，理想的清洁生产工艺应具有循环的生态特性。生产过程中物流的闭合性，具备完全或相当的闭合性是清洁生产与传统工业生产模式的原则区别。最易做到的是水的闭路循环，见图3-8、图3-9的比较。

图3-8　理想的水循环使用框图　　　　　图3-9　实际的水循环使用框图

（4）无害性　根据清洁生产原理，理想的清洁生产工艺应是无害的生态工艺。即应当具有如下特征：①不污染水体、大气、土壤环境。清洁生产工艺所采用的原材料、中间产品和产品以及排放的废弃物具有环境友好性；②不危害操作人员和社区居民的身体健康。清洁生产工艺在运行操作中不散发有害物质，没有危险的化学、物理、生物因素，对操作人员和社区居民是安全的；③不损坏风景地、休息地的美学价值；④产品具有环保性。清洁生产工艺所生产的产品，符合环保要求。

（5）合理性　理想的清洁生产工艺是和谐的，具有以下特性：①合理地利用原料；②优化的设计和结构；③利用新能源和新材料；④减少劳动量和劳动强度。

根据以上几个方面，针对被选为进行可行性分析的备选方案存在的缺点加以补充与优化，使备选方案更加完善。

五、实施无/低费方案

各项备选方案经过分类和分析，对一些投资费用较少、见效较快的方案，要贯彻边审核边削减污染物的原则，组织人力、物力进行实施，以扩大清洁生产的成果。

六、核定并汇总无/低费方案实施效果

对已实施的无/低费方案，应及时核定其效果并进行汇总分析。核定及汇总内容包括方案序号、名称、实施时间、投资、运行费、经济效益和环境效益。

七、编写清洁生产中期审核报告

清洁生产中期审核报告在方案产生和筛选工作完成之后进行，是对前面所有工作的总结。具体编写方法参见"清洁生产审核报告编写要求"。

思　考　题

思考题8：方案产生

根据工艺说明、物料平衡和流程图，产生方案。以8条预防措施作为出发点，即回答下面8个问题并将结果简要写在表中（表3-11）：如何改进原辅料及能源才能尽量减少或消除废物？如何改进技术工艺才能尽量减少或消除废物？如何改进设备才能尽量减少或消除废物？如何改进过程控制才能尽量减少或消除废物？如何改进产品才能尽量减少或消除废物？

如何利用废物本身特性才能尽量减少或消除废物？如何加强管理才能尽量减少或消除废物？
如何提高员工素质才能尽量减少或消除废物？

表3-11　方案产生

方案类型	清洁生产方案描述
原辅料及能源	
技术工艺	
设备	
过程控制	
产品	
废物	
管理	
员工	

第五节　可行性分析

本阶段是对筛选出来的污染预防的备选方案进行综合分析，包括技术评估、环境评估和
经济评估。可行性分析程序见图3-10。

图3-10　可行性分析程序框图

通过方案的分析比较，以选择技术上可行又获得经济和环境最佳效益的方案供投资者进
行科学决策，以得到最后实施的污染预防方案。

一、市场调研

清洁生产方案涉及以下情况时，需首先进行市场调查，为方案的技术与经济可行性分析
奠定基础：①拟对产品结构进行调整；②有新的产品（或副产品）产生；③将得到用于其他
生产过程的原材料。

1. 调研市场需求

主要包括：①国内同类产品的价格、市场总需求量；②当前同类产品的总供应；③产品
进入国际市场的能力；④产品的销售对象（地区或部门）；⑤市场对产品的改进意见。

2. 预测市场需求

主要包括：①国内市场发展趋势预测；②国际市场发展趋势分析；③产品开发生产销售
周期与市场发展的关系。

3. 确定方案的技术途径

通过市场调查和市场需求预测，对原来方案中的技术途径和生产规模可能会做相应调
整。在进行技术、环境、经济评估之前，要最后确定方案的技术途径。每一方案中应包括
2~3种不同的技术途径，以供选择，其内容应包括以下几个方面：①方案技术工艺流程详
图；②方案实施途径及要点；③主要设备清单及配套设施要求；④方案所达到的技术经济指
标；⑤可产生的环境效益、经济效益预测；⑥方案的投资总费用。

二、环境评估

清洁生产方案都应该有显著的环境效益，但也要防止在实施后会对环境有新的影响，
因此对一些复杂方案和设备、生产工艺变更、产品替代、原材料替代等清洁生产方案，

必须进行环境评估（Environmental Evaluation）。评估方案实施后对资源的利用和对环境的影响可以从以下方面进行：①生产中废物排放量的变化；②污染物组分毒性的变化，可否降解；③有无污染物在介质中的转移；④有无二次污染或交叉污染；⑤废物/排放物是否回用、再生或可利用；⑥生产安全的变化（防火、防爆）；⑦对操作人员身体健康的影响。

三、技术评估

对初步筛选的中/高费用清洁生产方案进行技术评估（Technical Evaluation），评估项目在预定条件下，为达到投资目的而采用的工程技术、工艺路线、技术设备是否有其先进性、实用性和可实施性。可以从以下方面进行：①技术的先进性（与国内外先进技术对比分析）；②技术的安全、可靠性；③技术的成熟程度，有无实施的先例；④产品质量能否保证；⑤对生产能力的影响（生产率、生产量、生产质量、劳动强度和劳动力等）；⑥对生产管理的影响（操作规程、岗位责任制、生产检测能力、运行维护能力等）；⑦操作控制的难易；⑧设备的选型和维修要求；⑨人员的数量和培训要求；⑩许可证的申请；⑪工期长短，是否要求停工停产；⑫有无足够的空间安装新的设备；⑬能否得到现有公共设施的服务（包括水、汽、热、电力等能耗要求）；⑭是否需要额外的储运设施与能力；⑮与国家有关的技术政策和能源政策的相符性；⑯技术引进或设备进口符合我国国情、引进技术后要有消化吸收能力。

四、经济评估

经济评估（Economic Evaluation）是对清洁生产方案的综合性全面经济分析，它应在方案通过技术评估和环境评估后再进行，若前二者通不过则不必进行方案的经济评估。

经济评估主要计算方案实施时所需各种费用的投入和所节约的费用以及各种附加的效益，通过分析比较以选择最少耗费和取得最佳经济效益的方案，为投资决策提供科学的依据。

经济评估的基本目标是要说明资源的利用优势，它以项目投资所能增加的效益为评价内容。经济评估涉及的评价指标主要包括以下几方面。

$$
\text{总投资}\begin{cases} \text{建设投资（A）}\begin{cases} \text{固定资产（}A_1\text{）} \\ \text{无形资产（}A_2\text{）} \\ \text{开办费（}A_3\text{）} \\ \text{不可预见费（}A_4\text{）} \end{cases} \\ \text{建设期利息（B）} \\ \text{流动资金（C）} \end{cases}
$$

1. 投资汇总

投资汇总＝建设投资＋建设期利息＋流动资金

总投资分项组成说明如下。

（1）建设投资（A）

$$A = A_1 + A_2 + A_3 + A_4$$

① 固定资产投资（A_1）

$$A_1 = A_{11} + A_{12} + A_{13} + A_{14}$$

式中，A_{11} 为设备购置，为清洁生产方案所需要的所有设备，费用含买价以及采购环节的税、运费、保险费等；A_{12} 为物料和场地准备费，包括电气物料、管线、保温及场地拆除清扫、新设备配套的建筑物，费用含建筑材料成本、施工单位工资和管理费用等；A_{13} 为与公用设施连接费（配套工程费），包括电、蒸汽、水、制冷、压缩空气等费用；A_{14} 为设备安装费，包括支付工程承包商及内部的安装用费。

② 无形资产投资（A_2）。指项目长期使用的无形资产（无实物形态）。

$$A_2 = A_{21} + A_{22} + A_{23}$$

式中，A_{21} 为专利或技术转让费；A_{22} 为土地使用费，为项目需征地时应付的费用；A_{23} 为增容费，为项目需增加水、电、汽等增容费和城市建设配套费等。

③ 开办费（A_3）。指项目筹办期间的费用。

$$A_3 = A_{31} + A_{32} + A_{33} + A_{34} + A_{35}$$

式中，A_{31} 为项目前期费用，包括工程咨询、调研、方案初步设计、环境影响评价、可行性研究等项支出；A_{32} 为筹建管理费，为筹建人员的工资、办公费及其他；A_{33} 为人员培训费；A_{34} 为试车和验收的费用，为试车消耗的原材料、人工和动力的费用以及验收的费用；A_{35} 为工程管理费，为用于监督工程质量和协调解决工程中发生问题的管理费。

④ 不可预见费（A_4）。预算中未列的费用。

（2）**建设期利息（B）** 指项目贷款在建设期中的利息，项目竣工时，应计入固定资产值。

（3）**流动资金（C）** 指为项目启动需增加的原料、物料等费用。由于进行技术改造引起资金较原生产线所需的增加。计算时需要区别哪些是由于方案改造所增加的流动资金，哪些是方案改造前原来所需的流动资金。在投资汇总中，只考虑前者。流动资金可以由下式计算得出：

$$C = C_1 + C_2 + C_3 + C_4 + C_5 + C_6$$

式中，C_1 为原材料、燃料占用资金的增加；C_2 为在制品占用资金的增加；C_3 为产成品占用资金的增加；C_4 为库存现金的增加；C_5 为应收账款的增加；C_6 为应付账款的增加。

2. 总投资费用（I）

在对项目政策补贴或其他来源补贴的时候：

$$总投资费用 = 投资汇总 - 总补贴$$

3. 年运行费用总节省金额（P）

由于部分设备的改造导致节省金额的来源有两方面：一为收入的增加额（P_1）；二为总运行费用减少额（P_2）。可分别计算后汇总，即：

$$P = P_1 + P_2$$

（1）收入的增加额（P_1）

$$P_1 = P_{11} + P_{12} + P_{13}$$

式中，P_{11} 为由于产量增加的收入增加；P_{12} 为由于质量提高、价格提高的收入增加；P_{13} 为专项财政收益（例如由于特定法规企业获得的利益）

（2）总运行费用减少额（P_2）

$$P_2 = P_{21} + P_{22} + P_{23} + P_{24} + P_{25} + P_{26}$$

式中，P_{21} 原材料消耗的减少（或增加）；P_{22} 为动力和燃料费用的减少（或增加）；P_{23} 为工资和维修费用的减少（或增加）；P_{24} 为其他运行费用的减少（或增加）（注：支付技改贷款利息要计算在内，为负值）；P_{25} 为废物处理/处置费用的减少，包括所减少的处理处置费、分析费、保险费和责任费，以及废物处理设施的运行费和管理费；P_{26} 为销售费用的减少，如产品形式、包装的改变导致费用的减少。需要注意的是：在本式中，运行费用的减少为正值，费用的增加为负值，总运行费用减少额为其代数和。

在运行费用中不考虑技改设备的折旧，故 P 实质上为未考虑设备折旧情况下，由于清洁生产技改所产生的毛利润。

4. 新增设备年折旧费（D）

$$D = \frac{总投资费用（I）}{设备使用年限（Y）}$$

5. 应税利润

单指由于技术改造导致的应税利润（T）：

$$应税利润 = P - D$$

6. 净利润

指从应税利润中，扣除企业应向国家和地方交纳的各种税金以后，企业得以自行支配的利润。应按各企业所在地税务部门的规定，分别计算税金额，各种税的总额统称为公司税金，应税利润减去公司税金后才是清洁生产技改方案净利润。

各项现行税如下。

（1）增值税　销售、采购环节发生增值税，应分别扣除。

（2）所得税　由技改增加的利润为基础计算。

（3）城建税和教育附加税　在销售环节中交纳。

（4）资源税　特殊行业征收，如矿山开采、盐业等。

（5）消费税　在特定行业中征收，销售环节交纳，应在收入中扣除。房地产税、印花税在管理费用中已计入，与本项目计算无关。

$$净利润 = 应税利润 - 各项应纳税金总和$$

7. 年增加现金流量（F）

企业从固定资产投资中提取的折旧费是企业现金流入的一个组成部分，可由企业自行经营支配。故应将折旧费加净利润，其和为企业增加年现金流量，在实践中，也常被称为年收益。

8. 投资偿还期（N）

以项目获得的年收益偿还原始投资的年限。

$$N = I/F$$

式中，I 为总投资费用；F 为年收益（年总增加现金流量）。

判别准则：$N <$ 基准年限（视不同项目而定）时，项目方案可接受。

作用及优缺点：①反映项目方案投资回收能力；偿还期越小，经济效果越好；②未能反映资金的时间价值；③未能全面反映项目方案经济寿命期的效益；④是项目经济评价的简单辅助指标。

9. 净现值（NPV）

净现值是投资项目经济寿命期内（或折旧年限内）每年发生的净现金流量在一定贴现率下，贴现为同一时间点（一般为计算期初）的现值之和。

$$NPV = \sum_{j=1}^{n} \frac{F}{(1+i)^j} - I$$

式中，i 为贴现率；n 为项目寿命（或折旧年限）周期；$\sum_{j=1}^{n} \frac{1}{(1+i)^j}$ 为贴现系数，其值见表 3-12。

表 3-12 贴现率表

年度	贴现率/%									
	1	2	3	4	5	6	7	8	9	10
1	0.9901	0.9804	0.9709	0.9615	0.9524	0.9434	0.9346	0.9256	0.9174	0.9091
2	1.9704	1.9416	1.9135	1.8861	1.8594	1.8334	1.8080	1.7833	1.7591	1.7355
3	2.9410	2.8839	2.8286	2.7751	2.7232	2.6730	2.6243	2.5771	2.5313	2.4869
4	3.9020	3.8077	3.7171	3.6299	3.5460	3.4651	3.3872	3.3121	3.2397	3.1699
5	4.8534	4.7135	4.5797	4.4518	4.3295	4.2124	4.1002	3.9927	3.8897	3.7908
6	5.7955	5.6014	5.4172	5.2421	5.0757	4.9173	4.7665	4.6229	4.4859	4.3553
7	6.7282	6.4720	6.2303	6.0021	5.7864	5.5824	5.3893	5.2064	5.0330	4.8684
8	7.6517	7.3255	7.0197	6.7327	6.4632	6.2098	5.9713	5.7466	5.5348	5.3349
9	8.5660	8.1622	7.7861	7.4353	7.1078	6.8017	6.5152	6.2469	5.9952	5.7590
10	9.4713	8.9826	8.5302	8.1109	7.7217	7.3601	7.0236	6.7101	6.4177	6.1446
11	10.3676	9.7868	9.2526	8.7605	8.3064	7.8869	7.4987	7.1390	6.8052	6.4951
12	11.2551	10.5753	9.9540	9.3851	8.8633	8.3838	7.9427	7.5361	7.1607	6.8137
13	12.1337	11.3484	10.6350	9.9856	9.3936	8.8527	8.3577	7.9038	7.4869	7.1034
14	13.0037	12.1062	11.2961	10.5631	9.8986	9.2950	8.7455	8.2442	7.7862	7.3667
15	13.8651	12.8493	11.9379	11.1184	10.3797	9.7122	9.1079	8.5595	8.0607	7.6061
16	14.7179	13.5777	12.5611	11.6523	10.8378	10.1059	9.4466	8.8514	8.3126	7.8237
17	15.5623	14.2919	13.1661	12.1657	11.2741	10.4773	9.7632	9.1216	8.5436	8.0216
18	16.3983	14.9920	13.7535	12.6593	11.6896	10.8276	10.0591	9.3719	8.7556	8.2014
19	17.2260	15.6785	14.3238	13.1339	12.0853	11.1581	10.3356	9.6036	8.9501	8.3649
20	18.0456	16.3514	14.8775	13.5903	12.4622	11.4699	10.5940	9.8181	9.1285	8.5136

年度	贴现率/%									
	11	12	13	14	15	16	17	18	19	20
1	0.9009	0.8929	0.8850	0.8772	0.8696	0.8621	0.8547	0.8475	0.8403	0.8333
2	1.7125	1.6901	1.6681	1.6467	1.6257	1.6052	1.5852	1.5656	1.5465	1.5278
3	2.4437	2.4018	2.3612	2.3216	2.2832	2.2459	2.2096	2.1743	2.1399	2.1065
4	3.1024	3.0373	2.9745	2.9137	2.8550	2.7982	2.7432	2.6901	2.6386	2.5887
5	3.6959	3.6048	3.5172	3.4331	3.3522	3.2743	3.1993	3.1272	3.0576	2.9906
6	4.2305	4.1114	3.9975	3.8887	3.7845	3.6847	3.5892	3.4976	3.4098	3.3255
7	4.7122	4.5638	4.4226	4.2883	4.1604	4.0386	3.9224	3.8115	3.7057	3.6046
8	5.1461	4.9676	4.7988	4.6389	4.4873	4.3436	4.2072	4.0776	3.9544	3.8372
9	5.5370	5.3282	5.1317	4.9464	4.7716	4.6065	4.4506	4.3030	4.1633	4.0310
10	5.8892	5.6502	5.4262	5.2161	5.0188	4.8332	4.6586	4.4941	4.3389	4.1925
11	6.2065	5.9377	5.6869	5.4527	5.2337	5.0286	4.8364	4.6560	4.4865	4.3271
12	6.4924	6.1944	5.9176	5.6603	5.4206	5.1971	4.9884	4.7932	4.6105	4.4392
13	6.7499	6.4235	6.1218	5.8424	5.5831	5.3423	5.1183	4.9095	4.7147	4.5327
14	6.9819	6.6282	6.3025	6.0021	5.7245	5.4675	5.2293	5.0081	4.8023	4.6106
15	7.1909	6.8190	6.4264	6.1422	5.8474	5.5755	5.3242	5.0916	4.8759	4.6755
16	7.3792	6.9740	6.6039	6.2651	5.9542	5.6685	5.4053	5.1624	4.9377	4.7296
17	7.5488	7.1196	6.7291	6.3729	6.0472	5.7487	5.4746	5.2223	4.9897	4.7746
18	7.7016	7.2497	6.8399	6.4674	6.1280	5.8178	5.5339	5.2732	5.0333	4.8122
19	7.8393	7.3658	6.9380	6.5504	6.1982	5.8775	5.5845	5.3162	5.0700	4.8435
20	7.9633	7.4694	7.0248	6.6231	6.2593	5.9288	5.6278	5.3527	5.1009	4.8696

年度	贴现率/%									
	21	22	23	24	25	26	27	28	29	30
1	0.8264	0.8197	0.8130	0.8065	0.8000	0.7937	0.7874	0.7813	0.7752	0.7692
2	1.5095	1.4915	1.4740	1.4568	1.4400	1.4235	1.4074	1.3916	1.3761	1.3609
3	2.0739	2.0422	2.0114	1.9813	1.9520	1.9234	1.8956	1.8684	1.8420	1.8161
4	2.5404	2.4936	2.4483	2.4043	2.3616	2.3202	2.2800	2.2410	2.2031	2.1662
5	2.9260	2.8636	1.8035	2.7454	2.6893	2.6351	2.5827	2.5320	2.4830	2.4356

年度	贴现率/%									
	21	22	23	24	25	26	27	28	29	30
6	3.2446	3.1669	3.0923	3.0205	2.9514	2.850	2.8210	2.7594	2.7000	2.6427
7	3.5079	3.4155	3.3270	3.2423	3.1611	3.0833	3.0087	2.9370	2.8682	2.8021
8	3.7256	3.6193	3.5179	3.4212	3.3289	3.2407	3.1564	3.0758	2.9986	2.9247
9	3.9054	3.7863	3.6731	3.5655	3.4631	3.3657	3.2728	3.1842	3.0997	3.0190
10	4.0541	3.9232	3.7993	3.6819	3.5705	3.4648	3.3644	3.2689	3.1781	3.0915
11	4.1769	4.0354	3.9018	3.7757	3.6564	3.5435	3.4365	3.3351	3.2388	3.1473
12	4.2784	4.1274	3.9852	3.8514	3.7251	3.6059	3.4933	3.3868	3.2859	3.1903
13	4.3624	4.2028	4.503	3.9124	3.7801	3.6555	3.5381	3.4272	3.3224	3.2233
14	4.4317	4.2646	4.1082	3.9616	3.8241	3.6949	3.5733	3.4597	3.3507	3.2487
15	4.4890	4.3152	4.1530	4.0013	3.8593	3.7261	3.6010	3.4834	3.3726	3.2682
16	4.5364	4.3567	4.1894	4.0333	3.8874	3.7509	3.6228	3.5026	3.3896	3.2832
17	4.5755	4.3908	4.2190	4.0591	3.9099	3.7705	3.6400	3.5177	3.4028	3.2948
18	4.6079	4.4187	4.2431	4.0799	3.9279	3.7861	3.6536	3.5294	3.4130	3.3037
19	4.6346	4.4415	4.2627	4.0967	3.9424	3.7985	3.6642	3.5386	3.4210	3.3105
20	4.6567	4.4603	4.2786	4.1103	3.9539	3.8083	3.6726	3.5458	3.4271	3.3158

年度	贴现率/%									
	31	32	33	34	35	36	37	38	39	40
1	0.7634	0.7576	0.7519	0.7463	0.7407	0.7353	0.7299	0.7246	0.7194	0.7143
2	1.3461	1.3315	1.3172	1.3032	1.2894	1.2760	1.2627	1.2497	1.2370	1.2245
3	1.7909	1.7663	1.7423	1.7188	1.6959	1.6735	1.6516	1.6302	1.6093	1.5889
4	2.1305	2.0957	2.0618	2.0290	1.9969	1.9658	1.9355	1.9060	1.8772	1.8492
5	2.3897	2.3452	2.3021	2.2604	2.2200	2.1807	2.1427	2.1058	2.0699	2.0352
6	2.5875	2.5342	2.4828	2.4331	2.3852	2.3388	2.2939	2.2506	2.2086	2.1680
7	2.7386	2.6775	2.6187	2.5620	2.5075	2.4550	2.4043	2.3555	2.3083	2.2628
8	2.8539	2.7860	2.7208	2.6582	1.5982	2.5404	2.4849	2.4315	2.3801	2.3306
9	2.9419	2.8681	2.7976	2.7300	2.6653	2.6033	2.5437	2.4866	2.4317	2.3790
10	3.0091	2.9304	2.8553	2.7836	2.7150	2.6459	2.5867	2.5265	2.4689	2.4136
11	3.0604	2.9776	2.8987	2.8236	2.7519	2.6834	2.6180	2.5555	2.4956	2.4383
12	3.0995	3.0133	2.9314	2.8534	2.7792	2.7084	2.6409	2.5764	2.5148	2.4559
13	3.1294	3.0404	2.9559	2.8757	2.7994	2.7268	2.6576	2.5916	2.5286	2.4685
14	3.1522	3.0609	2.9744	2.8923	2.8144	2.7403	2.6698	2.6026	2.5386	2.4775
15	3.1696	3.0764	2.9883	2.9047	2.8255	2.7502	2.6787	2.6106	2.5457	2.4839
16	3.1829	3.0882	2.9987	2.9140	2.8337	2.7575	2.6852	2.6164	2.5509	2.4885
17	3.1931	3.0971	3.0065	2.9209	2.8398	2.7629	2.6899	2.6206	2.5546	2.4918
18	3.2008	3.1039	3.0124	2.9260	2.8443	2.7668	2.6934	2.6236	2.5573	2.4941
19	3.2067	3.1090	3.0169	2.9299	2.8476	2.7697	2.6959	2.6258	2.5592	2.4958
20	3.2112	3.1129	3.0202	2.9327	2.8501	2.7718	2.6977	2.6274	2.5606	2.4970

判别准则：单一方案，$NPV>0$ 项目方案可接收，$NVP \leqslant 0$ 项目方案被拒绝；多方案，净现值最大准则。

作用特点：①是动态分析的基本指标之一；②用于考察项目寿命期（或折旧年限）内获利能力大小；③不能反映资金利用效率。

10. 内部收益率（IRR）

内部收益率是投资项目在计算期内各年净现金流量现值累计为零时的贴现率，即：

$$NPV = \sum_{j=1}^{n} \frac{F}{(1+IRR)^j} - I = 0$$

因 $N=\dfrac{I}{F}$，所以

$$\sum_{j=1}^{n}\frac{1}{(1+IRR)^{j}}=\frac{I}{F}=N$$

意味着当贴现系数等于 N 时的贴现率 i 就是 IRR。

根据线性折值法，可得到：

$$IRR=i_{1}+\frac{NPV_{1}(i_{2}-i_{1})}{NPV_{1}+|NPV_{2}|}$$

式中，NPV_{1}、NPV_{2} 分别为试算贴现率 i_{1}、i_{2} 时对应的净现值。

i_{1} 和 i_{2} 可从表 3-12 中查得：在折旧年限为 n 那一行，查得贴现系数为 N 时左右两侧的两个贴现系数对应的贴现率就是 i_{1} 和 i_{2}，i_{1} 为使净现值 $NPV_{1}>0$；i_{2} 为使净现值 $NPV_{2}<0$；i_{1} 和 i_{2} 相差 $\leqslant 2\%$。当然同理也可根据以上查得的 i_{1}、i_{2} 及对应的两个贴现系数和 N 值，用线性插值法算出 IRR。

判别标准：$IRR\geqslant i_{c}$，项目可接受；$IRR<i_{c}$，项目被拒绝（i_{c} 为基准收益率，行业收益率或银行贷款利率）。

作用及特点：①IRR 是项目投资的盈利率，反映投资效益；②内部收益率可用以确定能接受贷款的最低条件；③在多个投资方案供选择时，应选择 IRR 最大值。

【例 2-1】 已知某清洁生产项目总投资费用 I 为 200 万元，项目年运行费用总节省金额 P 为 42 万元，综合税率为 12%，折旧期 n 为 10 年，贴现率 i 为 10%，行业基准收益率 i_{c} 为 12%。试算出该项目的偿还期 N，净现值 NPV 和内部收益率 IRR，并评估此项目的经济可行性。

【解】：解题思路：为了最终求出内部收益率 IRR，首先要算出来贴现系数，当其等于投资偿还期时，相当于是 IRR 定义中的投资项目在计算期内各年净现金流量现值累计为零时的贴现率 i 就是内部收益率 IRR。

$$折旧费 D=I/n=(200/10)万元=20 万元$$
$$应税利润 T=P-D=(42-20)万元=22 万元$$
$$净利润=T\times(1-税率)=22 万元\times 88\%=19.36 万元$$

年收益（或年增加现金流量）$F=$净利润$+D=19.36$ 万元$+20$ 万元$=39.36$ 万元

所以 $N=I/F=(200/39.36)$年$=5.08$ 年

依 $i=10\%$，$n=10$，查表得贴现系数为 6.1446

所以 $NPV=$贴现系数$\times F-I=(6.1446\times 39.36-200)$万元$=41.85$ 万元

为了计算 IRR，要 $NPV=0$，即贴现系数$\times F-I=$贴现系数$\times 39.36-200=0$，所以此时贴现系数$=I/F=N=5.08$

依 $n=10$ 年，在表中查得，$i_{1}=14\%$，$i_{2}=15\%$，计算得：

$$NPV_{1}=5.2161\times 39.36-200=5.31，\quad NPV_{2}=5.0188\times 39.36-200=-2.46$$

所以 $IRR=i_{1}+\dfrac{NPV_{1}(i_{2}-i_{1})}{NPV_{1}+|NPV_{2}|}=14\%+\dfrac{5.31\times(15\%-14\%)}{5.31+2.46}=14.68\%$

因为 $IRR>i_{c}$，所以此项目经济上是可行的。

从此题可总结出：当把投资偿还期 N 当成贴现系数导算出来的贴现率 i 就是内部收益率 IRR。

五、推荐可实施方案

汇总列表比较各投资方案的技术、环境、经济评估结果，确定最佳可行的推荐方案。

思 考 题

为了说明可行性分析的过程，对 4 个方案进行详细分析。这几个方案是从审核组产生的很多方案中选出的。

(1) 冷却系统的改动 为了提高制冷能力，必须安装第 2 台制冷设备，这样可以增加合成反应器的进料量进而使一次蒸发器中出来的原料 A 可以得到全部的循环利用。安装第二套循环系统需要新的冷却水管道，反应器本身只需要在管道方面做有限的改动。市场上很容易找到关于冷却系统的技术，技术设备部门的工程师也熟悉这些技术。反应器旁边有容纳制冷设备的空间。不需要额外的培训，但是由于反应器的进料量增加，必须为操作工制订新的指令并加以宣传和控制。

(2) 安装电脑控制的反应器装料和过程控制系统 可以安装一台微电脑控制器对过程进行最优化控制。合成反应器上需要增加连线，因为原料 C 在合成反应中完全转化，其流量可用来作为反应过程的控制参数，还要增加连线和管道以控制原料 C 的流量。这方面的技术相当简单，但是还没有在化工厂得到应用，操作工和技术设备部门将需要另外的训练。

(3) 将原料 D 的 5kg 包装桶改为可重复使用的 200kg 包装桶 这会减少包装浪费，避免向混料箱（配料）装料时的洒落。因为财务部门负责订购，所以必须通知该部门。工人需要另外的指令，还要添置操作设备。

(4) 修补漏洞和改进维修程序 在实地调查中发现很多出现泄漏、管路阻塞、洒落等现象的地方，大部分立即做了修复。目前仅仅在需要的时候才进行维修，结果修理的时候设备已经坏掉了。作为技术设备部门的一部分，维修科愿意重新安排工作程序，以满足车间持续预防性维修计划的需要。因为加大了工作量，所以需要增加工作人员和工人，但是财务部门不同意雇用新的人员，因此增加的工作量只能由有关部门和车间负担。各方面商定一个试验期，在此期间由技术设备部门的技术人员、维修组和聚烯烃一车间共同负责预防性维修，希望增加的维修工作量能够减少设备的修理从而降低技术部门的工作量。不需要另外的训练，但必须列出一份任务清单并按照清单去实施。

思考题 9：初步分析

对这些方案的初步分析是用来确定哪些方案需要详细的技术、经济和环境评估，可通过完成表 3-13 来进行。

表 3-13 清洁生产方案的初步分析

方　案	涉及的变动		实施难易		投资成本		所需进一步评估			预计实施时间		
	人员	设备	简单	复杂	低	高	技术	环境	经济	短	中	长
冷却系统的改动												
电脑控制												
200kg 包装桶												
修理维护												

管理层根据审核组的方案筛选，决定立即改变包装和进行预防性维修，结果产出提高了5%，回收单元的废水量（折成水量，不包括 A 和 B）减少了 3%。

思考题 10：有效车间管理方案的实施

利用这些有效车间管理的实施所取得的经济收益的计算结果，估计这些方案的实施对物料平衡的影响。

计算结果总结在表 3-14 中。

表 3-14　有效车间管理方案实施前后的经济对比

项目(价格)		实　施　前		实　施　后		差　别
		数量/h	价值/(元/h)	数量/h	价值/(元/h)	经济收益/(元/h)
输出	产品(10 元/kg) 副产品(50 元/t) 废水量(0.004 元/kg) 总收益					

扩大制冷量需要安装一套氨冷却系统，这样在保持同样的反应效率（相同的产率计）、产品质量的情况下，增加反应器的进料量约 12%，回收单元回收的原料 A 的重复使用率达到 100%，总产出也增加了 12%，耗水量增加到 18t/h。由于提高了原料 A 的重复使用率，COD 减少了 100kg/h。配料、合成、冷却、蒸发和回收操作的耗电量从 190kW·h/h 增加到 200kW·h/h。

思考题 11：技术评估——节约的证明

估算冷却系统的改动引起的物料平衡的变化。（在思考题 10 的基础上做）利用这条信息计算操作成本的节省值。

完成表 3-15。

表 3-15　冷却系统的改动对物料平衡的影响和预计节省费用

项目(价格)		实　施　前		实　施　后		差　别
		数量/h	价格/(元/h)	数量/h	价格/(元/h)	经济收益/(元/h)
输入	原料： A(2.7 元/kg) B(4.4 元/kg) C(1.7 元/kg) D(4.8 元/kg) 水(0.7 元/t) 电[0.4 元/(kW·h)] 汽(60 元/t)					
输出	产品(10 元/kg) 副产品(50 元/t) 废水 COD(0.4 元/kg)					
	总收益					

冷却系统的改动扩容所需投资 91 万元（包括管道和设备）。

思考题 12：经济评估

利用表 3-16 中的数据，评估改动冷却系统经济上的可行性。至少计算出偿还期和净现值（注：F＝年净现金流量；n＝项目寿命周期；I＝总投资费用；i＝贴现率；y＝年份）；

$$偿还期 = \sum_{y=1}^{10} \frac{1}{(1+12\%)^y} = 5.651 。$$

表 3-16　财务数据

费用	元
总投资	910000
操作收益(每年)[①]	作业 12 的结果
增加的操作和维修　　-/-	无
年度总节省	
贴现率	12%
折旧年限	10 年
工厂税率	11%

① 一年 300 个工作日。

思考题 13：环境评估

这条方案的环境效益是什么？这个聚烯烃车间是否已经达到其具体目标？

第六节　方案实施

方案实施是所提出的可行的清洁生产方案（中/高费方案）的实施过程。它深化和巩固了清洁生产的成果，实现了技术进步，使企业获得了比较显著的经济效益和环境效益。

方案实施阶段工作程序包括：实施前准备、实施方案、评估方案实施效果。

一、方案实施前准备

1. 统筹规划

可行性分析完成之后，从筹措方案实施的资金开始，直至正常运行与生产，这是一个非常繁杂的过程，因此有必要统筹规划，以利于该段工作的顺利进行。建议首先应该把其间所做的工作——列出，制订一个比较详细的实施计划和时间进度表。一般地说，这些内容大致有：筹措资金；设计；征地、现场开发；申请施工许可证；兴建厂房；设备选型调研、设计、加工或订货；落实公共设施的服务；设备安装；企业操作、维修、管理班子；制订各项规程；人员培训；原材料准备；试车；正常运行与生产。上述各项内容中，落实资金与落实施工力量是比较关键的内容。

在时间进度表中，还应列出具体的负责单位，以利于责任分明。时间进度表建议采取甘特图的形式。表 3-17 是某企业的方案实施行动计划和时间进度表（甘特图）。

表 3-17　某企业的方案实施行动计划和时间进度表

序号	内容	2018年												负责单位
		1月	2月	3月	4月	5月	6月	7月	8月	9月	10月	11月	12月	
1	设计	▬												专业设计院
2	设备考察		▬	▬										环保科
3	设备选型、订货			▬	▬									环保科
4	落实公共设施服务				▬	▬								电力车间
5	设备安装					▬	▬							专业安装队
6	人员培训						▬	▬						制成车间
7	试车								▬	▬				环保科
8	正常生产										▬	▬		制成车间

2. 筹措资金

（1）从资金的来源看　落实资金来自两个渠道：企业内部自筹资金和外部借贷资金，外部借贷包括从国内资金渠道贷款、从国外资金渠道贷款两部分。

（2）从资金的筹措先后顺序来看　若同时有数个项目需投资实施，则要考虑如何合理利用贷款。

3. 落实施工力量

落实施工包括设计，征地、现场开发，申请施工许可证，兴建厂房，设备选型调研，设计、加工、订货、安装、调试等，主要是土建施工和设备安装与运行。

① 土建施工的落实，包括：施工设计；土地的征用；施工现场的准备；施工材料的准备；施工队伍的落实；施工进度的安排；施工质量的验收。

② 设备的安装与运行，包括：设备选型；设备调研、订货；设备安装、调试；设备验收。

二、实施方案

在方案实施前的准备工作就绪后，就可以开始具体的土建施工、安装运行的方案实施工作。但是，由于实施前准备工作不可能很完善，会影响方案的实施。主要原因有以下几个方面。

（1）资金问题　主要有：①内部资金不够，或资金被挪用；②外部资金不能按时到位；③方案筹划不当，原计划可行的方案随时间变为不可行；相反一些新发现的更为可行的方案需要投资，造成资金矛盾；④由于方案实施次序计划不当带来资金短缺。

（2）土建施工问题　主要有：①由于客观条件影响施工进度；②由于主观条件（例如施工队伍不过硬，技术不过关）影响施工进度。

（3）运行管理不当　设备土建施工完成后，缺少调试与运行人员，没有相应的维护管理人员，缺乏必要的分析测试仪表、设备，造成设备难以正常运转。

因此，对于以上问题，在制订方案实施计划中都应做出详细分析，并在方案实施过程中不断调整、不断完善，以便方案的顺利实施。

三、评估方案实施效果

1. 汇总已实施的无/低费方案的成果

已实施的无/低费方案的成果主要有两个方面：环境效益和经济效益。通过调研、实测和计算，分别对比各项环境指标，包括物耗、水耗、电耗等资源消耗指标以及废水量、废气量、固废量等废物产生指标在方案实施前后的变化，从而获得无/低费方案实施后的环境效果；分别对比产值、原材料费用、能源费用、公共设施费用、水费、污染控制费用、维修费、税金以及净利润等经济指标在方案实施前后的变化，从而获得无/低费方案实施后的经济效益，最后对本轮清洁生产审核中无/低费方案的实施情况做一阶段性总结。

2. 验证已实施的中/高费方案的成果

为了积累经验，进一步完善所实施的方案，对已实施的方案，除了在方案实施前要做必要、周详的准备，在方案的实施过程中进行严格的监督管理外，在方案实施后也应对其效果及时做出分析评价。

3. 环境评价

环境评价主要包括以下 6 个方面的内容：①实测方案实施后，废物排放是否达到审核重点要求达到的预防污染目标，废水、废气、废渣、噪声实际削减量；②内部回用/循环利用程度如何，还应做的改进；③单位产品产量和产值的能耗、物耗、水耗降低的程度；④单位产品产量和产值的废物排放量，排放浓度的变化情况；有无新的污染物产生；是否易处置，易降解；⑤产品使用和报废回收过程中还有哪些环境风险因素存在；⑥生产过程中有害于健康、生态、环境的各种因素是否得到消除以及应进一步改善的条件和问题。

可按表 3-18 的格式列表对比进行环境评价。

通过实测和计算，可以填写上表。这样，既可通过方案实施前后的数字对比找出究竟产生了多少环境效益，又可以通过"设计的方案"与"方案实施后"的数字进行对比，即理论值与实际值进行对比，分析两者的差距，相应地对方案进行完善。

4. 技术评价

评价内容主要包括：①生产流程是否合理；②生产程序和操作规程有无问题；③设备容

量是否满足生产要求；④对生产能力与产品质量的影响如何；⑤仪表管线布置是否需要调整；⑥自动化程度和自动分析测试及监测指示方面还需哪些改进；⑦在生产管理方面还需做什么修改或补充；⑧设备实际运行水平与国内、国际同行的水平有何差距；⑨对设备的技术管理、维修、保养人员是否齐备。

表 3-18　环境效果对比一览表

对比项目	方案实施前	设计的方案	方案实施后
废水量			
水污染物量			
废气量			
大气污染物量			
固废量			
能耗			
物耗			
水耗			
…			

为了更好地进行技术评价，建议把方案实施后的全厂物料平衡图在实测的基础上列出来，并与方案实施前的全厂物料平衡图进行对比。这样的做法优点是更为直观、生动。

5. 经济评价

经济评价是评价污染预防方案实施效果最有力的手段，可以从以下提示的方面进行评价：①废料的处理和处置费用，排污费降低多少，事故赔偿费减少多少；②原材料的费用、能源和公共设施费如何；③维修费是否减少；④产品的效益如何，包括产量是否增加，质量有无提高，使用寿命能否延长，市场竞争能力是否加强，是否享受到环境政策或其他政策的优惠；⑤产品的成本与利润如何。

可按表 3-19 进行粗略的经济评价。

表 3-19　方案实施前后经济效果对比

方案名称：　　　　　　　　　　　　　　　　　　　　　　　　　　　单位：万元

项　　　目	方案实施前(A)	设计的方案(B)	方案实施后(C)	($A-C$)	($B-C$)
产值					
原材料费用					
能源费用					
公共设施费用					
水费					
污染控制费用					
污染排放费用					
维修费					
税金					
其他支出					
净收益					

注：若为收入则表中值为正，若为支出则为负。

6. 分析总结已实施方案对企业的影响

无/低费和中/高费清洁生产方案经过征集、设计、实施等环节，使企业面貌有所改观，要进行阶段性总结，以巩固清洁生产成果。

（1）汇总环境效益和经济效益　将已实施的无/低费和中/高费清洁生产方案成果汇总成表，内容包括实施时间、投资运行费、经济效益和环境效果，并进行分析。

（2）对比各项单位产品指标　通过定性、定量分析，企业可以从中体会清洁生产的优势，总结经验以利于在企业内推行清洁生产；此外也要利用以上方法，从定性、定量两方面与国内外同类型企业的先进水平进行对比，寻找差距，分析原因以利改进，从而在深层次上寻求清洁生产机会。

（3）宣传清洁生产成果　在总结已实施的无/低费和中/高费方案清洁生产成果的基础上，组织宣传材料，在企业内广为宣传，为继续推行清洁生产打好基础。

思　考　题

进行方案产生和可行性分析之后，审核组认为几条方案是可行的，其中包括在可行性分析中描述的全部四条方案（冷却系统的改动、电脑控制、200kg 包装和维修计划表的改进）。审核组决定将主要结果向管理层做总结汇报。

思考题 14：重要结论
这次清洁生产审核的最重要的结论是什么？

第七节　持续清洁生产

一、建立和完善清洁生产组织

清洁生产是一个动态的、相对的概念，是一个连续的过程，因而需要有一个固定的机构、稳定的工作人员来组织和协调这方面工作，以巩固已取得的清洁生产成果，并使清洁生产工作持续地开展下去。

1. 明确任务

企业清洁生产组织机构的任务主要有以下 4 个方面：①组织协调并监督实施本次审核提出的清洁生产方案；②经常性地组织对企业职工的清洁生产教育和培训；③选择下一轮清洁生产审核重点，并启动新的清洁生产审核；④负责清洁生产活动的日常管理。

2. 落实归属

清洁生产机构要想起到应有的作用，及时完成任务，必须落实其归属问题，各企业可根据自身的实际情况具体掌握。可考虑以下几种形式：①单独设立清洁生产办公室，直接归属厂长领导；②在环保部门中设立清洁生产机构；③在管理部门或技术部门中设立清洁生产机构。

不论是以何种形式设立的清洁生产机构，企业的高层领导要有专人直接领导该机构的工作，因为清洁生产涉及生产、环保、技术、管理等各个部门，必须有高层领导的协调才能有效地开展工作。

3. 确定专人负责

为避免清洁生产机构流于形式、确定专人负责是很有必要的。该职员需具备以下能力：①熟练掌握清洁生产审核知识；②熟悉企业的环保情况；③了解企业的生产和技术情况；④较强的工作协调能力；⑤较强的工作责任心和敬业精神。

二、建立和完善清洁生产管理制度

清洁生产管理制度包括把审核成果纳入企业的日常管理轨道、建立激励机制和保证稳定的清洁生产资金来源。

1. 把审核成果纳入企业的日常管理轨道

把清洁生产的审核结果及时纳入企业的日常管理轨道，形成制度，是巩固清洁生产成效、防止走过场的重要手段，步骤如下：①把清洁生产审核提出的加强管理的措施文件化，形成制度；②把清洁生产审核提出的岗位操作改进措施，写入岗位的操作规程，并要求严格遵照执行；③把清洁生产审核提出的工艺过程控制的改进措施，写入企业的技术规范。

2. 建立和完善清洁生产激励机制

在奖金、工资分配、提升、降级、上岗、下岗、表彰、批评等诸多方面，充分与清洁生产挂钩，建立清洁生产激励机制，以调动全体职工参与清洁生产积极性。

3. 保证稳定的清洁生产资金来源

清洁生产的资金来源可以有多种渠道，例如贷款、集资等，但是清洁生产管理制度的一项重要作用是，保证实施清洁生产所产生的经济效益全部或部分地用于清洁生产和清洁生产审核，以持续滚动地推进清洁生产。建议企业财务对清洁生产的投资和效益单独建账。

三、制订持续清洁生产计划

清洁生产并非一朝一夕可以完成的，因而应制订持续清洁生产计划，使清洁生产有组织、有计划地在企业中进行下去，应包括以下内容。

（1）下一轮的清洁生产审核工作计划。

（2）清洁生产方案的实施计划　指经本轮审核提出的可行的无/低费方案和通过可行性分析的中/高费方案。

（3）清洁生产新技术的研究与开发计划　根据本轮审核发现的问题，研究与开发新的清洁生产技术。

（4）企业职工的清洁生产培训计划。

思 　考 　题

思考题 15：持续

提出几条明显应该实施的行动要点，使得工厂清洁生产的实施能够持续下去。

第八节　编写清洁生产审核报告

清洁生产审核报告是一轮审核完成后的总结文件，也是提交有关部门的主要验收材料。

在审核报告中，应说明本轮清洁生产审核的任务由来和背景。说明清洁生产审核过程、所取得的环境效益和经济效益，综合分析总结已实施开展清洁生产对企业的影响等。

以下是对编制清洁生产审核报告的要求，其中提到的图表可参见案例或清洁生产信息资料库。

前言。项目来源、背景；企业概况，建厂时间，历史发展变迁；主要产品，市场，产值利税；企业人员数目、人才结构，技术水平分布，文化水平分布。

第1章"审核准备"。企业清洁生产审核领导小组、审核工作小组名单，审核工作计划，宣传教育内容和材料。

第2章"预审核"。绘制企业总物流图，设备状况，主要生产设备技术水平和自动化控制水平（与国内外同行业比较）；企业管理模式和实际管理水平，企业机构图；环保概况，各车间"三废"产生、处理处置、排放情况、污染控制设施运行情况、环保管理情况等；主要产品产量、原辅材料消耗、水电气消耗等；确定的本次审核重点、清洁生产目标（节能、节水、降耗、或削减废弃物）。

第3章"审核"。本次审核重点的带污染点的工艺流程框图、工艺单元表和单元功能说明、物料平衡做法。按工艺单元给出的物料平衡图、水平衡图、能量平衡图等，各平衡结果分析。

第4章"实施方案的产生和筛选"。清洁生产方案产生方法、筛选方法，清洁生产方案分类表。但其中低费方案的实施效果分析中的内容归到第6章中编写。

第5章"可行性分析"。清洁生产中/高费用方案简介，技术、经济和环境可行性评估，确定采用的中/高费用方案实施计划。包括市场调查和分析（仅当清洁生产方案涉及产品结构调整、产生新的产品和副产品以及得到用于其他生产过程的原材料时才需编写本节，否则不用编写）、技术评估、环境评估、经济评估、确定推荐方案等内容。本章要求有如下图表：方案经济评估指标汇总表；方案简述及可行性分析结果表。

第6章"方案实施"。各类清洁生产方案实施后的实际与预期经济效益、环境效益对比和分析，清洁生产目标完成情况和原因分析，清洁生产对企业综合素质的影响分析等。本章要求有如下图表：已实施的无/低费方案环境效果对比一览表；已实施的无/低费方案经济效益对比一览表；已实施的中/高费方案环境效果对比一览表；已实施的中/高费方案经济效益对比一览表；已实施的清洁生产方案实施效果的核定与汇总表；审核前后企业各项单位产品指标对比表。

第7章"持续清洁生产"。包括清洁生产的组织、管理，清洁生产技术研究与开发计划、员工清洁生产再培训计划、下轮清洁生产审核初步计划等。

第8章"结论"。结论包括以下内容：企业产污、排污现状（审核结束时）所处水平及其真实性、合理性评价；是否达到所设置的清洁生产目标；已实施的清洁生产方案的成果总结；拟实施的清洁生产方案的效果预测。

第九节　快速清洁生产审核

快速审核是相对于我们通常所进行清洁生产审核所需时间而言。通常一个审核需严格按照前面章节中所述的7个阶段35个步骤实施，大约需要8个月至1年的时间。快速审核即在原来审核的基础上缩短审核的时间，完成一轮快速审核一般需1~3个月的时间。

一、快速清洁生产审核的意义

当今经济迅猛发展，为适应经济快速发展的需要，清洁生产审核也应跟上时代发展的步伐，提高效率，在更短的时间内、以更高的效率达到其设定的目标，初步掌握清洁生产审核的方法。让企业节省出更多的时间，腾出更多的精力从事工业生产，使企业在较宽松的环境保护的要求下，可达到既安全又高效地从事生产建设的目的。

快速审核可帮助企业在最短的时间内摸清企业的环境保护状况，找到企业的环境主要问题，从而调整企业环境保护工作的重点。快速审核可引导企业投资的正确趋向，使企业以最小的投资，达到既改善环境又提高生产效率的"双赢"目标。

二、快速清洁生产审核的内容与方法

1. 内容

快速清洁生产审核通常是针对企业所进行的短期而有效的清洁生产审核。它区别于传统的清洁生产审核方法的最突出特点是其较强的时效性，即充分依靠企业内部的技术力量，又借助外部专家的成熟快速审核方法和程序，在最短的时间周期内以尽可能少的投入对企业的生产现状和污染源状况及原因进行诊断，从而产生最佳的解决方案，使企业快速取得较明显的清洁生产效益。

2. 方法

随着清洁生产在国际和国内的不断发展和深入，清洁生产审核手段也不断改善，而快速清洁生产审核方法虽然在清洁生产领域属于新兴概念，但是由于其较强的时效性也已经引起了广泛瞩目。国际上常用的几种快速审核方法包括扫描法（Scaning Method）、指标法（Indicators Method）、蓝图法（Blueprint Method）、审核法（Audit Method）和改进研究法（Improvement Study Method），这些方法使用的审核手段、审核周期和侧重点各有差异。

三、快速清洁生产审核的适应范围

已从事过一轮清洁生产审核的企业，他们在企业清洁生产审核方面已打下了一定的基础，如已有一个现成的清洁生产审核小组，审核重点的选择也有一个排序，因此，当这些企业进行第二轮审核时，可以省去前期筹备性工作和与上一轮审核重复的工作，直接进入最关键性审核步骤，这样既提高工作效率也节省了时间。

① 一些技术简单、工艺流程短的乡镇中小型企业。该类企业往往仅由 3～5 个车间组成，管理层组织结构简单，企业员工人数少。像这样的企业，人手紧张，工艺流程短而简单，因此，审核时可以简化繁杂的程序，提高企业的工作效率。

② 具有良好清洁生产基础的企业。当一个企业具备充分的人力和财力资源，准备在短期内全力以赴投入清洁生产审核时，可选择快速审核。

③ 目标单一的企业。当一个企业的主管部门要求企业在限定的时间内减少某种污染物的排放量，或降低排放浓度，或企业自觉向社会承诺减少某种污染物的排放时，这样的企业审核工作针对性强、目标明确、工作范围相对较窄，因此审核工作相对较容易和快速。

四、总结

快速清洁生产审核的最终目的是找出企业的清洁生产机会进行评估，形成方案，然后实施，最终使企业获得环境和经济的双重效益。因此从这种意义上讲，快速清洁生产审核的手段可以多种多样，不必拘泥于一种特定的模式。

同时，在进行清洁生产快速审核时，如何找准企业的行业特点并以此为切入点开展清洁生产审核是至关重要的。只有充分地了解企业的特点，选用适合的审核工具，才能用最少的投入和最有效的方法，给企业带来最客观的清洁生产效益。另外，给企业存在的清洁生产潜力定性也是非常重要的，要判断出企业存在的潜力是通过短期的环境改善就可以实现的，还是必须通过长期的技术革新才能得以实现，在这一基础上，企业需要针对不同的要求制订不同的清洁生产计划，进而取得较明显的环境效益和经济效益。

五、清洁生产快速审核报告要求

第 1 章：工厂情况（2～3 页）。企业名称和联系人，生产情况（实际的和设计的）；原辅材料、能源的年消耗数字；主要设备（只需介绍较大的设备）；职工人数，管理层；销售收入（人民币），利税，固定资产；目前总体环境状况（COD、BOD、固体废物、废气、废水等）。

第2章：预审核（2～3页）。对各个部门（车间）简短描述其具体数字（消耗，环境影响，成本等）；分析选择审核重点。

第3章：审核（4～5页）。审核重点的流程图（包括实测点、列出所有的排放物等）；审核重点实地考察（积极性、后勤等）；回顾流程；设备调查（维护、运行状况、停工等）；审核重点物料平衡（最好有实测）；分析（效率指标等）。

第4章：方案产生（4～5页或更多）。列出清洁生产方案，包括方案描述，预期效益（经济效益和环境效益）；技术可行性的筛选。

第5章：行动计划和结论（1～2页）。

以上要求只是一个基本框架，其中页数要求并不是绝对的，审核报告以有效总结审核工作为目的。

第十节　清洁生产审核相关的重要法规内容

一、清洁生产审核办法的内容

1. 清洁生产审核的目的范围与组织

为更好地实施清洁生产，规范清洁生产审核行为，制定了清洁生产审核办法。它的适用范围为我国领域内所有从事生产和服务活动的单位以及从事相关管理活动的部门。在政府层面上的组织领导和监督管理部门为国家各部委如国家发展和改革委员会会同环境保护部（现生态环境部）负责全国清洁生产审核的组织、协调、指导和监督工作。县级以上地方人民政府确定的清洁生产综合协调部门会同环境保护主管部门、管理节能工作的部门和其他有关部门，根据本地区实际情况，组织开展清洁生产审核。企业层面上清洁生产审核的主体应当是企业自身。遵循企业自愿审核与国家强制审核相结合、企业自主审核与外部协助审核相结合的原则，因地制宜、有序开展、注重实效。

2. 清洁生产审核的范围

办法中规定有下列情形之一的企业，应当强制实施清洁生产审核。

① 污染物排放超过国家或者地方规定的排放标准，或者虽未超过国家或者地方规定的排放标准，但超过重点污染物排放总量控制指标的。

② 超过单位产品能源消耗限额标准构成高耗能的。

③ 使用有毒有害原料进行生产或者在生产中排放有毒有害物质的，包括以下几类：a. 危险废物，包括列入《国家危险废物名录》的危险废物，以及根据国家规定的危险废物鉴别标准和鉴别方法认定的具有危险特性的废物；b. 剧毒化学品、列入《重点环境管理危险化学品目录》的化学品，以及含有上述化学品的物质；c. 含有铅、汞、镉、铬等重金属和类金属砷的物质；d.《关于持久性有机污染物的斯德哥尔摩公约》附件所列物质；e. 其他具有毒性、可能污染环境的物质。

除上述规定之外的企业，可以按照自愿性的原则组织实施清洁生产审核。

3. 清洁生产审核的实施

各省级环境保护主管部门、节能主管部门应当依据下属部门上报的材料和名单，分别汇总提出应当实施强制性清洁生产审核的企业单位名单，由清洁生产综合协调部门会同环境保护主管部门或节能主管部门，在官方网站或采取其他便于公众知晓的方式分期分批发布。实施强制性清洁生产审核的企业，应当在名单公布后一个月内，在当地主要媒体、企业官方网站或采取其他便于公众知晓的方式公布企业相关信息。企业应对其公布信息的真实性负责。

列入实施强制性清洁生产审核名单的企业应当在名单公布后 2 个月内开展清洁生产审核。实施强制性清洁生产审核的企业，两次清洁生产审核的间隔时间不得超过 5 年。

自愿实施清洁生产审核的企业可参照强制性清洁生产审核的程序开展审核。

4. 清洁生产审核的组织和管理

清洁生产审核原则上以企业自行组织开展为主。不具备独立开展清洁生产审核能力的企业，可以聘请外部专家或委托具备相应能力的咨询服务机构协助开展清洁生产审核。有关部门以及咨询服务机构应当为实施清洁生产审核的企业保守技术和商业秘密。

实施强制性清洁生产审核的企业，如果自行独立组织开展清洁生产审核，应具备以下 2 条：①具备开展清洁生产审核物料平衡测试、能量和水平衡测试的基本检测分析器具、设备或手段；②拥有熟悉相关行业生产工艺、技术规程和节能、节水、污染防治管理要求的技术人员。实施强制性清洁生产审核的企业，应当在名单公布之日起一年内完成本轮清洁生产审核并将清洁生产审核报告报当地县级以上环境保护主管部门和清洁生产综合协调部门。

县级以上清洁生产综合协调部门应当会同环境保护主管部门、节能主管部门，对企业实施强制性清洁生产审核的情况进行监督，督促企业按进度开展清洁生产审核。

以下两类企业实施审核的效果需要县级以上环境保护或节能主管部门组织清洁生产专家或委托单位进行评估验收：①国家考核的规划、行动计划中明确指出需要开展强制性清洁生产审核工作的企业；②申请各级清洁生产、节能减排等财政资金的企业。

对企业实施清洁生产审核评估的重点是对企业清洁生产审核过程的真实性、清洁生产审核报告的规范性、清洁生产方案的合理性和有效性进行评估。审核效果的验收，应当包括以下主要内容：①企业实施完成清洁生产方案后，污染减排、能源资源利用效率、工艺装备控制、产品和服务等改进效果，环境效益、经济效益是否达到预期目标；②按照清洁生产评价指标体系，对企业清洁生产水平进行评定。

自愿实施清洁生产审核的企业如需评估验收，可参照强制性清洁生产审核的相关条款执行。

清洁生产审核评估验收的结果可作为落后产能界定等工作的参考依据。

国家发展和改革委员会、生态环境部会同相关部门建立国家级清洁生产专家库，发布行业清洁生产评价指标体系、重点行业清洁生产审核指南，组织开展清洁生产培训，为企业开展清洁生产审核提供信息和技术支持。各级清洁生产综合协调部门会同环境保护、节能主管部门可以根据本地实际情况，组织开展清洁生产培训，建立地方清洁生产专家库。

5. 清洁生产审核的奖励和处罚

（1）奖励措施 ①对自愿实施清洁生产审核，以及清洁生产方案实施后成效显著的企业，由省级清洁生产综合协调部门和环境保护主管部门、节能主管部门对其进行表彰，并在当地主要媒体上公布；②各级清洁生产综合协调部门及其他有关部门在制定实施国家重点投资计划和地方投资计划时，应当将企业清洁生产实施方案中的提高能源资源利用效率、预防污染、综合利用等清洁生产项目列为重点领域，加大投资支持力度；③排污费资金可以用于支持企业实施清洁生产，对符合《排污费征收使用管理条例》规定的清洁生产项目，各级财政部门、环境保护部门在排污费使用上优先给予安排；④企业开展清洁生产审核和培训的费用，允许列入企业经营成本或者相关费用科目；⑤企业可以根据实际情况建立企业内部清洁生产表彰奖励制度，对清洁生产审核工作中成效显著的人员给予奖励。

（2）处罚措施 ①企业委托的咨询服务机构不按照规定内容、程序进行清洁生产审核，弄虚作假、提供虚假审核报告的，由省、自治区、直辖市、计划单列市及新疆生产建设兵团清洁生产综合协调部门会同环境保护主管部门或节能主管部门责令其改正，并公布其名单。造成严重后果的，追究其法律责任。对违反此规定受到处罚的企业或咨询服务机构，由省级清洁生产综合协调部门和环境保护主管部门、节能主管部门建立信用记录，归集至全国信用信息共享平台，会同其他有关部门和单位实行联合惩戒。②有关部门的工作人员玩忽职守，泄露企业技术和商业秘密，造成企业经济损失的，按照国家相应法律法规予以处罚。

二、重点企业清洁生产审核程序

重点企业是指：污染物超标排放或者污染物排放总量超过规定限额的污染严重企业（简称"第一类重点企业"）；或生产中使用或排放有毒有害物质的企业（简称"第二类重点企业"）。可参考国家环保总局（现生态环境部）❶ 分期分批公布《需重点审核的有毒有害物质名录》（简称《名录》）。

1. 重点企业的义务

列入环保部门公布名单的第一类重点企业，应在名单公布后一个月内，在当地主要媒体公布其主要污染物的排放情况，接受公众监督。公布的内容应包括：企业名称、规模；法人代表、企业注册地址和生产地址；主要原辅材料（包括燃料）消耗情况；主要产品名称、产量；主要污染物名称、排放方式、去向、污染物浓度和排放总量、应执行的排放标准、规定的总量限额以及排污费缴纳情况等。

自行组织开展清洁生产审核的企业应在名单公布后 45 个工作日之内，将审核计划、审核组织、人员的基本情况报当地环境保护行政主管部门。委托中介机构进行清洁生产审核的企业应在名单公布后 45 个工作日之内，将审核机构的基本情况及能证明清洁生产审核技术服务合同签订时间和履行合同期限的材料报当地环境保护行政主管部门。这些企业应在名单公布后两个月内开始清洁生产审核工作，并在名单公布后一年内完成。

第二类重点企业每隔五年至少应实施一次审核。

2. 审核机构的条件

组织开展清洁生产审核的企业应具有 5 名以上经国家培训合格的清洁生产审核人员并有相应的工作经验，其中至少有 1 名人员具备高级职称并有 5 年以上企业清洁生产审核经历。

为企业提供清洁生产审核服务的中介机构应符合以下条件：①具有法人资格，具有健全的内部管理规章制度，具备为企业清洁生产审核提供公平、公正、高效率服务的质量保证体系；②具有固定的工作场所和相应工作条件，具备文件和图表的数字化处理能力，具有档案管理系统；③有 2 名以上高级职称、5 名以上中级职称并经国家培训合格的清洁生产审核人员；④应当熟悉相应法律、法规及技术规范、标准，熟悉相关行业生产工艺、污染防治技术，有能力分析、审核企业提供的技术报告、监测数据，能够独立完成工艺流程的技术分析、进行物料平衡、能量平衡计算，能够独立开展相关行业清洁生产审核工作和编写审核报告；⑤无触犯法律、造成严重后果的纪录；未处于因提供低质量或者虚假审核报告等被责令整顿期间。

3. 完成与验收

企业完成清洁生产审核后，应将审核结果报告所在地的县级以上地方人民政府环境保护行政主管部门，同时抄报省、自治区、直辖市、计划单列市环境保护行政主管部门及同级发展改革（经济贸易）行政主管部门。并要通过各省、自治区、直辖市、计划单列市环境保护行政主管部门组织或委托的单位对审核结果的评审验收。

4. 监督与检查

国家环保总局组织或委托有关单位，对环境影响超越省级行政界区企业的清洁生产审核结果进行抽查。

---

❶ 本部分引用文件原文，因此保留"国家环保总局"称呼。

各级环境保护行政主管部门应当积极指导和督促企业完成清洁生产实施方案。每年 12 月 31 日之前，各省、自治区、直辖市、计划单列市环境保护行政主管部门应将本行政区域内清洁生产审核情况以及下年度的重点地区、重点企业清洁生产审核计划报送国家环保总局，并抄报国家发展和改革委员会。国家环保总局会同相关行政主管部门定期对重点企业清洁生产审核的实施情况进行监督和检查。

5. 奖励与惩戒

对在清洁生产审核工作中取得成绩的企业、部门、机构和个人，按照有关规定，可享受相关鼓励政策或给予一定的奖励。

对未按上述规定执行清洁生产审核的重点企业，由其所在地的省、自治区、直辖市、计划单列市环境保护行政主管部门责令其开展强制性清洁生产审核，并按期提交清洁生产审核报告。

三、需重点审核的有毒有害物质名录

1. 需重点审核的有毒有害物质名录（第一批）

见表 3-20。

表 3-20　需重点审核的有毒有害物质名录（第一批）

序号	物质类别	物质来源
1	医药废物	医用药品的生产制作
2	染料、涂料废物	油墨、染料、颜料、涂料、真漆、罩光漆的生产配制和使用
3	有机树脂类废物	树脂、胶乳、增塑剂、胶水/胶合剂的生产、配制和使用
4	表面处理废物	金属和塑料表面处理
5	含铍废物	稀有金属冶炼及铍化合物生产
6	含铬废物	化工（铬化合物）生产；皮革加工（鞣革）；金属、塑料电镀；酸性媒介染料染色；颜料生产与使用；金属铬冶炼（合金）；表面钝化（电解锰等）
7	含铜废物	有色金属采选和冶炼；金属、塑料电镀；铜化合物生产
8	含锌废物	有色金属采选及冶炼；金属、塑料电镀；颜料、涂料、橡胶加工；锌化合物生产；含锌电池制造业
9	含砷废物	有色金属采选及冶炼；砷及其化合物的生产；石油化工；农药生产；染料和制革业
10	含硒废物	有色金属冶炼及电解；硒化合物生产；颜料、橡胶、玻璃生产
11	含镉废物	有色金属采选及冶炼；镉化合物生产；电池制造；电镀
12	含锑废物	有色金属冶炼；锑化合物生产和使用
13	含碲废物	有色金属冶炼及电解；硫化合物生产和使用
14	含汞废物	化学工业含汞催化剂制造与使用；含汞电池制造；汞冶炼及汞回收；有机汞和无机汞化合物生产；农药及制药；荧光屏及汞灯制造及使用；含汞玻璃仪器制造及使用；汞法烧碱生产
15	含铊废物	有色金属冶炼及农药生产；铊化合物生产及使用
16	含铅废物	铅冶炼及电解；铅（酸）蓄电池生产；铅铸造及制品生产；铅化合物制造和使用
17	无机氰化物废物	金属制品业；电镀业和电子零件制造业；金矿开采与筛选；首饰加工的化学抛光工艺；其他生产过程
18	有机氰化物废物	合成、缩合等反应；催化、精馏、过滤过程
19	含酚废物	石油、化工、煤气生产
20	废卤化有机溶剂	塑料橡胶制品制造；电子零件清洗；化工产品制造；印染涂料调配
21	废有机溶剂	塑料橡胶制品制造；电子零件清洗；化工产品制造；印染染料调配
22	含镍废物	镍化合物生产；电镀工艺
23	含钡废物	钡化合物生产；热处理工艺
24	无机氟化物废物	电解铝生产；其他金属冶炼

2. 需重点审核的有毒有害物质名录（第二批）

见表 3-21。

表 3-21　需重点审核的有毒有害物质名录（第二批）

序号	物质名称	物质来源
1	精(蒸)馏残渣	炼焦制造、基础化学原料制造—有机化工及其他非特定来源
2	感光材料废物	印刷、专用化学产品制造、电子元件制造
3	含金属羰基化合物	在金属羰基化合物生产以及使用过程中产生的含有羰基化合物成分的废物、精细化工产品生产—金属有机化合物的合成
4	有机磷化合物废物	有机化工行业
5	含醚废物	有机生产、配制过程中产生的醚类残液、反应残余物、废水处理污泥及过滤渣
6	废矿物油	天然原油和天然气开采、精炼石油产品的制造、船舶及浮动装置制造及其他非特定来源
7	废乳化液	从工业生产、金属切削、机械加工、设备清洗、皮革、纺织印染、农药乳化等过程产生的混合物
8	废酸	无机化工、钢的精加工过程中产生的废酸性洗液、金属表面处理及热处理加工、电子元件制造
9	废碱	毛皮鞣制及制品加工、纸浆制造及其他非特定来源
10	废催化剂	石油炼制、化工生产、制药过程
11	石棉废物	石棉采选、水泥及石膏制品制造、耐火材料制品制造、船舶及浮动装置制造
12	含有机卤化物废物	有机化工、无机化工
13	农药废物	杀虫、杀菌、除草、灭鼠和植物生物调节剂的生产
14	多溴二苯醚(PBDE) 多溴联苯(PBB)废物	电子信息产品制造业及其他非特定来源

第十一节　清洁生产审核指南——以白酒制造业为例

生态环境保护部门在各企业、研究单位和各组织机构清洁生产审核实践的基础上，组织有关部门和企业联合编制总结过几十个行业的清洁生产审核指南，都可以作为相关企业清洁生产审核工作的重要参考。下面以白酒制造业为例说明清洁生产审核指南的内容。

一、适用范围及术语

1. 适用范围

本标准规定了固态法白酒制造业企业清洁生产审核的一般要求。本标准重点描述固态法白酒制造业清洁生产方案，以及清洁生产审核的程序，并给出各程序的目的、要求和工作内容等技术要求。

本标准适用于固态法白酒制造业企业开展清洁生产审核工作和报告的编写。

2. 术语

（1）白酒　以粮谷为主要原料，用大曲、小曲或麸曲及酒母等为糖化剂，经蒸煮、糖化、发酵、蒸馏而制成的饮料酒。

（2）固态法白酒　以粮食为原料，采用固态（或半固态）糖化、发酵、蒸馏，经陈酿、勾兑而成，未添加食用酒精及非白酒发酵产生的呈香呈味物质，具有本品固有风格特征的白酒。

（3）酒醅　已发酵完毕等待配料、蒸酒的物料。又称母糟。

（4）量质摘酒　蒸馏流酒过程中，根据流酒的质量情况确定摘酒（分级）时机的操作。

二、清洁生产审核指南

1. 审核准备

（1）目的和要求　此阶段的目的是在白酒企业中启动清洁生产审核。"双超"类型企业必须依法强制性限时开展清洁生产审核工作。

（2）工作内容　包括：①取得领导的支持；②组建审核小组；③制订审核工作计划；④开展宣传教育。

2. 预审核

（1）目的和要求　预审核阶段的目的是对白酒企业的全貌进行调查分析，发现其存在的主要问题及清洁生产潜力和机会，从而确定审核的重点，并针对审核重点设置清洁生产目标。预审核应从生产全过程出发，对企业现状进行调研和考察。对于"双超"类型企业，要摸清污染现状和主要产污节点，通过定性比较或定量分析确定审核重点。同时征集并实施简单易行的无/低费方案。

（2）工作内容

1）进行企业现状调研，列出污染源清单：①企业组织概况，包括企业的简况，环境管理状况及组织结构；②企业的生产状况，包括主要产品、主要原辅材料和能源消耗情况、生产能力、关键设备、产量和产值等；③白酒企业的环境保护状况，包括产排污状况、治理状况，以及相关的环保法规与要求等；④企业的管理状况，包括从原料采购、贮存运输、生产过程以及产品出厂的全程管理状况。

2）进行现场考察：①考察从原料入厂到白酒出厂的整个生产过程，重点考察各产污排污环节，水耗和（或）能耗大的环节，设备事故多发的环节或部位；②查阅生产和设备维护记录；③与工人及技术人员座谈，征求意见；④考察实际生产管理状况。

3）评价产污排污状况：①评价白酒企业执行国家及当地环保法规及行业排放标准等的情况；②与国内同类企业产污排污状况对比；③从8个方面对产污原因进行初步分析，即产品更新、原材料替代、技术革新、过程优化、改善设备的操作和维修、加强生产管理、员工的教育和培训以及废物的回收利用和综合处理。

4）确定审核重点：白酒企业通常包括制曲车间、蒸煮车间、发酵车间、蒸馏车间和灌装车间等几个主要生产车间和辅助车间动力热力车间，审核重点可以是其中之一；可以是生产过程中的一个主要设备，如蒸煮锅、发酵设备等；也可以是企业所关注的某个方面，如高的热能消耗、高的水消耗、高的原料消耗或高的废水排放等。

确定审核重点的原则如下：①污染严重的环节或部位；②消耗大的环节或部位；③环境及公众压力大的环节或问题；④清洁生产潜力大的环节或部位。

5）设置清洁生产目标：①应定量化，可操作，并具有激励作用；②清洁生产目标应分为近期目标（审核工作完成的时间）和中远期目标（1～3年），"双超"类型企业必须在应当实施清洁生产审核企业的名单公布后一年内完成清洁生产审核工作。

设置清洁生产目标的依据：①"双超"类型企业清洁生产审核后必须满足环境保护部颁布实施的白酒制造业清洁生产标准的三级标准指标要求；②根据本企业历史最高水平；③参照国内外同行业、类似规模、工艺或技术装备的企业的先进水平。

6）提出和实施无/低费方案：通过对产品更新、原材料替代、技术革新、过程优化、改善设备的操作和维修、加强生产管理、员工的教育和培训以及废物的回收利用和综合处理8个方面的分析，考虑本企业内是否存在无需投资或投资很少，易在短期见效的清洁生产措施，即无/低费清洁生产方案，边提出边实施，并及时总结，加以改进。审核小组应将工作表分发到员工手中，鼓励员工提出有关清洁生产的合理化建议，并实施明显可行的无/低费方案。

3. 审核

（1）目的与要求　审核是白酒企业清洁生产审核工作的第三阶段。目的是通过审核重点的物料平衡，发现物料流失的环节，找出废物产生的原因，查找物料储运、生产运行、管理以及废物排放等方面存在的问题，寻找与国内外先进水平的差距，为清洁生产方案的产生提供依据。进行物料实测是企业开展审核最重要的步骤之一，企业需投入一定的资金开展这项工作。

（2）工作内容

1）收集汇总审核重点的资料：①收集审核重点的各项基础资料，并进行现场调查；②编制审核重点的工艺流程图、工艺设备流程图、各单元操作流程图及功能说明表。

2）实测输入、输出物流：①制订现场实测计划，包括监测项目、点位、时间、周期、频率、条件和质量保证等；②检验监测仪器和计量器具；③实测所有进入审核重点的物流（原料、辅料、水、气、中间产品、循环利用物等）；④实测所有输出物流（产品、中间产品、副产品、循环利用物、废物等）。

3）建立物料平衡：①进行平衡测算，输入总量及主要组分和输出总量及主要组分之间的误差应小于5%；②编制白酒企业物料平衡、水平衡和能量平衡图，标明各组分的数量、状态（例如温度）和去向，"双超类型"企业必须编制物料平衡和水平衡图，当审核重点的水平衡不能全面反映问题或水耗时应考虑编制全厂范围内的水平衡图；③依据物料平衡的结果评估审核重点的生产过程，确定物料流失和废物产生的部位及环节。

4）分析废物产生的原因：针对每一个物料流失和废物产生部位的每一种物料和废物，分别从影响生产过程的原辅料及能源、技术工艺、设备、过程控制、产品、废物特征、管理和员工方面分析废物产生原因。

4. 实施方案的产生和筛选

（1）目的与要求　本阶段的目的是通过方案的产生、筛选、研制，为下一阶段的方案的确定提供足够的中/高费清洁生产方案。本阶段的工作重点是根据审核阶段的结果，制订审核重点的清洁生产方案；在分类汇总的基础上（包括已产生的非审核重点的清洁生产方案，主要是无/低费方案），经过筛选确定出两个以上中/高费方案供下一阶段进行可行性分析，同时对已实施的无/低费方案实施效果核定与汇总；最后编写清洁生产中期审核报告。

（2）工作内容

1）产生方案：①在全厂范围内进行宣传动员，鼓励全体员工提出清洁生产方案或合理化建议；②针对物料平衡和废物产生原因分析结果产生方案；③广泛收集国内同行业的先进技术；④组织行业专家进行技术咨询；⑤从影响生产过程的产品更新、原材料替代、技术革新、过程优化、改善设备的操作和维修、加强生产管理、员工的教育和培训以及废物的处理、回收和循环利用方面全面系统地产生方案。

2）筛选方案：①汇总所有方案；②从技术、环境、经济和实施难易等方面将所有方案分为可行的无/低费方案、初步可行的中/高费方案和不可行的方案三类；③可行的无/低费方案立即实施，不可行的方案暂时搁置或否定；④当方案数较多时，运用权重总和计分排序法，对初步可行的中/高费方案进一步筛选和排序；⑤需筛选出2个以上中/高费方案进行下一步的可行性分析。

3）研制方案：①绘制工艺流程详图；②列出主要的设备清单；③方案的费用和效益估算；④对每个筛选出的方案进行详细的方案说明。

4）评估已实施无/低费方案的实施效果：①投资和运行费；②经济效益和环境效益；③编写清洁生产中期审核报告。

汇总分析方案产生与筛选四个阶段的清洁生产审核工作成果，及时总结经验和发现问题，为在以后阶段的改进和继续打好基础。在方案产生和筛选工作完成后及部分无/低费方案已实施的情况下编写。

5. 实施方案的确定

（1）目的与要求　本阶段的目的是对筛选出来的中/高费清洁生产方案进行分析和评估，以选择最佳的、可实施的清洁生产方案。可行性分析的内容主要包括经济评估、环境评估和技术评估。技术评估主要评估方案的先进性和可实施性，环境评估主要是比较方案实施后对环境的有利影响和不利影响，而经济评估则评价方案实施后的获利能力，包括方案的直接和间接效益。"双超"类型企业重点考虑环境评估。

（2）工作内容

1）进行技术评估：①工艺路线、技术设备的先进性和适用性；②与国家、行业有关政策的相符性；③技术的成熟性、安全性和可靠性。

2）进行环境评估：①能源使用的变化；②废物产生量、毒性的变化及其对回用的影响；③污染的转移；④操作环境对人体健康的影响。

3）进行经济评估。采用现金流量分析和财务动态获利性分析方法，评估指标有总投资费用、年净现金流量、投资偿还期、净现值、净现值率和内部收益率。经济评估准则：①投资偿还期（N）应小于定额偿还期；②净现值（NPV）为正值；③当几个方案净现值相同时选择净现值率最大的；④内部收益率大于基准收益率或银行贷款利率；⑤推荐可实施方案，汇总列表比较各投资方案的技术、环境、经济评估结果，确定最佳可行的推荐方案。

6. 方案的实施

（1）目的和要求　通过推荐方案的实施，使白酒企业提高生产及管理水平、实现技术进步，获得显著的经济效益和环境效益；通过评估已实施方案的成果，激励企业推行清洁生产。

清洁生产方案的实施程序与一般项目的实施程序相同。总结方案实施效果时，应比较实施前与实施后、预期和实际取得的效果。

（2）工作内容

1）组织方案实施。

2）汇总已实施的无/低费方案的成果。

3）评价已实施的中/高费方案的成果：①汇总方案实施后的经济效益、环境效益；②比较审核前后生产绩效指标的变化情况；③宣传清洁生产审核成果。

7. 持续清洁生产

（1）目的和要求　这一阶段的目的是使清洁生产工作在企业内长期、持续推行下去。在白酒企业中增设专人负责清洁生产方面的工作；及时将审核成果纳入有关操作规程、技术规范和其他日常管理制度中去，以巩固成效。

（2）工作内容

1）建立和完善清洁生产组织：①明确审核组织的任务；②落实审核组织的归属；③确定该组织的负责人和组织成员。

2）建立和完善清洁生产管理制度：①把审核成果纳入企业日常管理；②建立和完善清洁生产激励机制；③保证稳定的清洁生产资金来源。

3）制订持续清洁生产计划：①清洁生产审核工作计划；②清洁生产方案的实施计划；③清洁生产新技术的研究与开发计划；④职工的清洁生产培训计划。

4）编制清洁生产审核报告。报告各阶段的主要工作内容、获得的经验和主要成果：①审核报告按章节编写，审核程序的每个阶段各写一章；②总结各阶段工作。

三、白酒业相关资料

(一)行业描述

1. 白酒行业概况

（1）行业发展现状　我国白酒行业的发展状况：行业不断壮大，装备不断更新，产量不断增加，质量不断提高，结构不断调整，品种不断增加，市场不断扩大，包装不断改进。目前全国大约有 2 万家白酒生产企业，主要分布在山东、四川、安徽、河南、江苏、湖北、贵州、河北、内蒙古、山西、辽宁、东南、黑龙江、陕西等地。其中小型企业数量最多，占全白酒行业总数的 80% 以上，大型企业数量较少，是行业的主导力量，在销售收入与总资产方面均远远超过中小型企业。

主要产品按香型分为浓香型、清香型、酱香型、米香型、凤香型、豉香型、特香型、芝麻香型、老白干香型。以粮谷为主要原料，用大曲、小曲或麸曲及酒母等为糖化发酵剂，经蒸煮、糖化、发酵、蒸馏而成。少量直接用食用酒精配制，大部分企业采用续米查老甑工艺，采用砖窖、泥窖居多，部分企业为地缸、坛、罐等发酵容器，以燃煤蒸汽锅炉居多。

在未来几年，行业市场规模仍然具有上升空间，由于白酒消费市场容量增长有限，因此白酒产量增长不会太大，稳中有升，白酒行业将处于相对平稳的发展过程。

（2）白酒行业发展趋势　酒类市场更加规范，产业结构调整趋向合理；产品创新与科技进步紧密结合，运用现代高新技术改进白酒生产与产品品质；市场集中度进一步提高，未来我国白酒将趋向群体联合，生产和经营将实现集团化；白酒高档化趋势明显，高档白酒消费将表现出比普通白酒更快的增长速度；特色产品发展迅速；质量与品牌成为白酒行业一个明显的发展方向；开发节能、节水技术，降低煤耗、电耗，提高循环水的利用率；加强"三废"处理技术的研究，特别是酒糟和废水的处理技术，积极推广应用酒糟的综合利用技术；促进白酒行业的循环经济和清洁生产技术水平的提高，实现整个白酒行业的节能、降耗、减污、增效。

（3）我国白酒行业存在的资源和环境问题　白酒企业的原料包括制曲原料、制酒母原料和制酒原料三部分；白酒的辅料主要是指固态发酵法白酒生产中用于发酵及蒸馏的疏松剂（填充料），主要能源为电、煤（蒸汽）。

白酒行业在生产过程中排放大量的污染物，排放的废水均无毒性、COD、BOD、SS 含量高，且生化性较差，较难降解。白酒生产过程中产生的废水主要包括蒸馏锅底水、发酵废液（又称黄水）、冷却水、清洗场地用水以及洗瓶用水等；除白酒生产各工序排出废水外，动力部门还会排出冷却水。其中，包装工序排出的冲洗水属低浓度有机废水；酿造蒸馏过程排出的废水一般污染物浓度较高，属高浓度有机废水。白酒生产过程中产生的废气主要有发酵过程中产生的 CO_2 和锅炉燃烧产生的废气等。

2. 主要生产过程描述和主要技术经济指标

（1）主导（典型）生产工艺和技术装备　白酒生产设备主要由原料处理设备、制曲设备、蒸煮设备、发酵设备、酒醅输送池（缸）设备、蒸馏设备、晾米查设备、贮酒设备、过

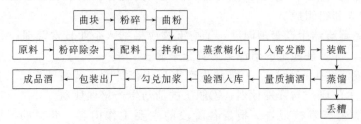

图 3-11　白酒生产工艺流程

滤设备、包装设备等组成（图 3-11）。

（2）主要技术经济指标 白酒行业与清洁生产相关的主要
技术经济指标为资源消耗与污染物产排指标。资源消耗指标主要包括水耗、电耗、煤耗、综合能耗、淀粉出酒率。污染物产排指标包括废水产排量、COD 产排量、BOD 产排量、废渣产排量。

（3）典型物料平衡、水平衡和能源平衡

1）物料平衡。目前白酒制造业的原料包括制曲原料、制酒母原料和制酒原料三部分；白酒的辅料主要是指固态发酵法白酒生产中用于发酵及蒸馏的疏松剂（填充料）。

建立白酒生产过程中的物料平衡，能准确地判断废物流，定量地确定废物的数量、成分以及去向，从而发现无组织的排放或未被注意的物料流失，并为产生和研制白酒制造业清洁生产方案提供科学依据（图 3-12）。

2）水平衡。白酒制造业企业水量平衡示意如图 3-13 所示。白酒生产过程中要消耗大量的水，其中一部分用作工艺用水，部分用作冷却、洗涤和卫生用水。

各种水量应平衡，输入与输出相等，水量关系表示如下：a. 输入水量——取水量＋重复利用水量；b. 输出水量——排水量＋耗水量＋漏水量＋重复利用水量；c. 输入输出平衡——输入水量＝输出水量。

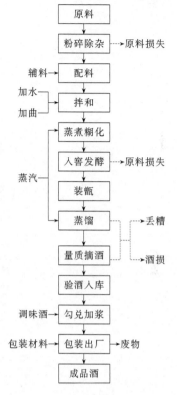

图 3-12　物料平衡示意

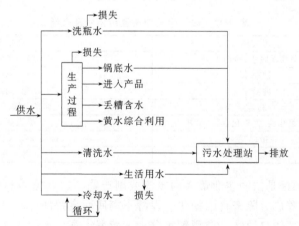

图 3-13　白酒制造业企业水量平衡示意

3）能源平衡。白酒制造业企业能量平衡示意如图 3-14 所示。白酒制造业消耗的主要能源是电和煤。电主要由外部电网输入，热能主要来自企业内部的锅炉，锅炉的主要原料是煤。白酒制造业的耗电包括基本生产用电和辅助生产用电。基本生产耗电工序有粉碎除杂、物料输送、产品包装、废水处理、空调等。其中还有部分单位时间耗电少，但长期使用的设备，如各种泵、通风机和照明设施等。白酒制造业煤耗主要包括制曲、制酒母、制酒等所有生产用煤以及办公室、宿舍、浴室、食堂等非生产用煤。

（4）典型污染物和污染控制技术 白酒制造业企业主要污染物及来源如表 3-22 所列。白酒企业在生产过程中产生的主要污染物为高浓度的有机废水，其次有废气、废渣、粉尘及其他物理污染物。

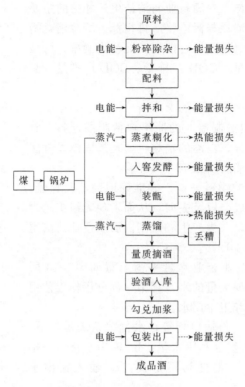

图 3-14　白酒制造业企业能量平衡示意

表 3-22　白酒企业中主要污染物及来源

项目	污染物	主要来源
废水	蒸馏锅底水、冷却水	酿酒车间
	洗瓶水	包装车间
	冲洗水	酿酒、制瓶、制曲等车间
废气	粉尘	破碎、制曲等车间
	二氧化硫、一氧化碳、氮氧化合物、苯并[a]芘	燃煤锅炉
废渣	酒糟、炉渣	酿酒车间、燃煤锅炉
物理性污染	噪声、气味等	各车间

1）白酒糟。白酒糟是白酒企业最大的废渣或副产物，白酒糟的利用已成为行业工作的重点。白酒糟中的营养成分除来自因糖化、发酵不彻底而余留部分原料残余物外，还有菌体及其新陈代谢产物和菌体自溶物。白酒糟水分大，营养丰富，不易久放，白酒企业应及时将湿酒糟出售或进行处理，防止微生物大量繁殖，降低其营养价值并污染环境。白酒糟的主要成分如表 3-23 所列。

表 3-23　白酒糟的主要成分　　　　　　　　　单位：g/100g

项目	鲜糟	干糟	项目	鲜糟	干糟
水分	60.0～65.3	7.0～10.0	粗纤维	10.05～10.20	16.80～21.20
粗淀粉	5.71～11.34	10～13	无氮浸出物	18.20～19.34	41.70～45.80
粗蛋白	5.40～13.84	14.30～21.80	灰分	3.50～10.76	3.50～10.76
粗脂肪	1.31～3.24	4.20～6.90	总酸(以乳酸计)	2.02～3.0	2.02～3.0

目前白酒糟典型的污染控制技术是：①鲜酒糟进行干燥，然后采取谷壳分离技术加工饲

料；②采用微生物发酵技术将白酒糟转化为精饲料；③利用白酒糟中的可燃成分，将白酒糟作为特种锅炉的燃料，燃尽的糟灰可生产白炭黑。

2）废水。高浓度有机废水是白酒企业的主要污染物，目前，我国大多采用固态发酵法，它们在生产过程中都有蒸馏的工序，因此都会产生高浓度的有机废水，主要是蒸馏锅底水及冷却水。

① 锅底水：锅底水的主要成分为蛋白质、焦糖、黑色素、泛酸及其他胶体物质等。$COD_{Cr}20000\sim50000mg/L$，$BOD15000\sim25000mg/L$，$SS5000\sim7000mg/L$，呈酸性。目前典型的污染控制技术以生物法为主，包括好氧、厌氧、兼氧等处理系统。主要采用的技术有活性污泥法、生物滤池、生物转盘、生物接触氧化池、生物流化床、氧化塘等。因不同企业的情况不尽一致，所以工艺的确定需要深入的调查及研究。

② 蒸馏冷却水：白酒企业每天都要用大量的蒸馏冷却水，一次冷却后，除温度升高，其理化指标均变化不明显，若直接排掉，不仅浪费水资源，增加企业的用水费用而且增加后续处理的基建投资费用。冷却水在循环使用的过程中，水中悬浮物、硬度和细菌均有所增加，当积累一定程度时会产生水垢及污垢，为防止结垢，可采用加除垢剂、静电除垢、臭氧杀菌、快滤池除悬浮物等方法。目前这部分水主要是经过简单处理后重复利用。图 3-15 为典型冷却水循环示意。

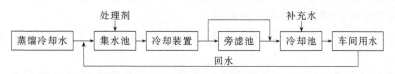

图 3-15　典型冷却水循环示意

③ 发酵废液：酒醅在发酵过程中产生的废液，又称黄水。黄水在窖池养护、窖泥制作、蒸馏回收等方面有一定的功用，但很多企业黄水的产生和再利用不成比例，黄水的利用率较低。一方面由于 COD 和 BOD 含量高，给环境带来很大的污染；另一方面黄水中大量的有益成分如酸、酯、醇等物质未得到很好的开发和利用。典型的污染控制技术是应用生物酯化酶对黄水进行酯化，生成酯化液及高酯调味酒，酯化后的黄水，直接进行"生化＋物化"处理，降低处理难度及处理费用。

3）废包装材料。白酒企业的废包装材料已经成为环境中固体废物，例如废玻璃、废标签、废纸板、废纸箱、废金属等。其产生的原因有：①包装材料进厂时没有严格检查；②生产操作时，没严格按操作规程去做；③设备没有预防性维护保养，设备带病操作；④职工缺少责任心。针对这几方面需要做到：①加强进厂时和发料时的严格检查；②严格按照生产操作规程去做；③对设备经常进行预防性维护保养；④经常进行岗位技能和环保意识培训；⑤加强固体废物管理，包对产生的固体废物进行分类回收。

（二）行业清洁生产方案

1. 主导（典型）生产工艺清洁生产方案

（1）原辅材料的采购和贮运　原辅材料的采购是白酒生产的第一步，将生产白酒所用主要原料和辅助原料，通过采购运输进入生产现场。采购运输和贮存是减少生产过程中废物的关键环节。

污染物产生的部位及原因分析：①采购含杂质多的原料，筛选出的废物多，有用的成分少，将增加白酒的成本；②采购的原料质量差，将造成出酒率低，单位产品产生更多的白酒糟及废水；③采购有裂缝、破口的回收酒瓶，会造成更多的酒损，污染水体，增加白酒生产成本。

（2）原料粉碎　白酒生产过程中物料的粉碎主要指制酒原料和制曲原料的粉碎以及成曲的粉碎。主要设备通常采用锤式粉碎机、辊式粉碎机及万能粉碎机，并配置相应的集尘系统。粉碎方法分为湿式粉碎及干式粉碎两种。将原辅料粉碎成一定粉碎度的粉末，以增加原料与水的接触面积，使原料内的可溶物质浸出，并促进难溶物质溶解，提高原料利用率，增加浸出物的收率。

污染物产生的部位：粉碎机是粉碎车间产生粉尘及噪声的主要设备。

原因分析：当粉碎物料时，粉碎机设备陈旧密封不严或无集尘装置，气粉混合物将散发出来。

（3）发酵　通常的发酵类型有常压或带压、间歇或半连续及连续、敞口或半密闭及密闭发酵之分；但从原料及发酵进程中的生物化学变化来分，则有单式及复式发酵两大类，复式发酵又有单行及并行之分。白酒的发酵包括了上述所有的发酵类型。

① 黄水产生的部位：窖池、地缸等发酵容器。原因分析：发酵是工艺过程中不可缺少的环节，酒醅的发酵必然生产废液（黄水），黄水中 COD 和 BOD 的含量较高，且含有酸、酯、醇等有益成分，如果不加利用直接排放不仅是资源的浪费，也造成严重的环境污染。

② 二氧化碳产生部位：窖池、地缸等发酵容器。原因分析：发酵容器中的酒醅在酵母的作用下产生酒精和二氧化碳，产生的二氧化碳属于工艺过程的正常产物。部分企业没有回收，直接排入空气中，增加了温室气体的量。

（4）蒸馏　白酒蒸馏方法分为固态发酵法蒸馏、液态发酵醪蒸馏法及固、液结合串香蒸馏法。

① 蒸馏锅底水产生的部位：蒸馏设备。原因分析：蒸馏锅底水主要来源于馏酒蒸煮工艺过程中，加入底锅回馏的酒梢和蒸汽凝结水。在馏酒、蒸煮过程中有一部分配料从甑箅漏入底锅，致使底锅废水中 COD、SS 升高。

② 冷却水产生的部位：酒蒸汽通过的水冷式冷凝器。原因分析：冷却水从冷凝器中带走一部分热能，没有进行循环利用，直接被当作废水随同蒸馏锅底水及其他杂物一同排入地沟。

（5）清洗场地水和洗瓶水　清洗是工艺过程中不可少的步骤，清洗场地水中混有大量天然有机物，使废水中 COD、SS 含量升高，增加废水处理的难度。洗瓶分为机械洗瓶和手工洗瓶，洗瓶水也是废水的组成部分之一。

废水产生的部位：车间场地清洗及洗瓶车间。

原因分析：清洗过程中由于操作人员素质不同，节水意识薄弱，使用普通压力软水管，用水效率低，易造成用水浪费，产生过多的有机废水。

（6）白酒包装　白酒包装是白酒生产过程中最后一个环节，将白酒装入洁净的瓶中，贴标签、装箱为成品白酒，投放市场。瓶装工艺过程一般分为洗瓶、验瓶、灌装、封口、验酒、贴标、装箱。

废水产生的部位：洗瓶机。

原因分析：洗瓶机废水没有回收，浪费大量新鲜水并产生大量废水。

由于企业之间存在诸多差异，在清洁生产方面存在的问题各不相同，对清洁生产的预期目标和投入也不尽相同，所实施的清洁生产方案也会是千差万别。根据白酒生产企业的特点，一般清洁生产方案都围绕着原辅材料和能源、技术工艺、设备、过程控制、产品、废物、管理、员工 8 个方面来进行，因此清洁生产方案的制订可以参照这个思路来展开工作，详见表 3-24。

表 3-24　清洁生产方案汇总

方案类别	方案名称	方案描述	方案属性	预期效果
原辅材料和能源	控制收购质量	对采购入厂的原辅材料严格检验	无/低费	提高原料质量,减少原料杂质,减少固体废物排放
	加强贮运管理	原料产地离工厂近,便于运输;选择便于贮存的原料,合理控制原料库存量	无/低费	降低生产成本,减少原料损失和霉变,降低贮运的能耗
	资源、能源利用	选用清洁的清洁能源和二次能源,减少毒性大、危害严重的原料的使用	无/低费	降低污染物排放,提高资源、能源利用率
	加强冷却水、余留水利用	采用较为先进的热交换设备,实行闭路、多次循环	中/高费	节约能源、节水;降低污染负荷与排放量
技术工艺	粉碎工艺改进	正确地计算与设计粉碎工艺流程,选择简单有效的工艺流程和合适的设备	中/高费	减少风力阻力,从而达到降低能耗目的
	除尘工艺改进	粉碎系统必须安装布袋除尘器或筛板除尘器,采用湿法回收原料颗粒	中/高费	减轻粉尘污染,减少原料损失
	调整料水比	根据企业、设备、所购原料情况,合理调整料水比	无/低费	降低水耗、电耗,减少酒糟、冷却废水使用量
	中温蒸煮工艺	降低蒸煮温度	无/低费	节约蒸汽、水、电、糖化酶,提高原材料利用率;降低污染处理费用
	双酶法糖化工艺	采用耐高温 α-淀粉酶和高转化率糖化酶	无/低费	降低能源消耗,提高产品得率
	发酵工艺改进	改造发酵工艺,采用高温、连续、浓醪发酵	中/高费	节水、节能,提高出酒率和设备利用率,缩短发酵时间,减少废水产生
	清洗系统改造	采用 CIP 原位清洗系统,采用高压喷嘴水管清洗设备	中/高费	节水、节能,提高清洗效率,降低废水排放量
	改造冷却工艺	改造冷却工艺、冷却水回用于洗瓶和冲洗场地	中/高费	节水、提高设备冷却效率,减少废水产生
设备	加装计量仪器	增设操作单元生产检测计量仪器	中/高费	便于参数控制及能源消耗的定额考核,实现科学管理
	除尘设备改进	最好采用负压粉碎装置(如空气脉冲式除尘器),系统设两个连锁系统	中/高费	提高除尘效率、省电,保证设备与操作人员安全,同时提高自动化水平
	蒸馏系统改造	多塔差压蒸馏代替常压蒸馏	中/高费	提高产品质量,节约能源,降低废物产生量
	锅炉烟气除尘改造	采用静电除尘,同时回收粉煤灰	中/高费	减少烟尘污染,提高综合利用率
	设备定期维护保养	定期对生产设备进行检查、维护、保养	无/低费	提高设备利用率,降低设备维修费用
	用电设备改造	对功率大的电机配备变频调节器	中/高费	降低电耗,提高经济效益
过程控制	自动化控制系统	对生产过程采用计算机监测、监控	中/高费	节能、节水,降低污染排放,优化操作
	灌酒参数控制	采用工艺措施,控制灌酒流程	无/低费	降低酒损,减少环境污染
	控制链道速度	控制链道速度,利于膜包机运行	无/低费	降低酒损
废物	CO_2 回收利用	采用 CO_2 回收机,对发酵过程中产生的 CO_2 进行减压回收	中/高费	提高原料利用率,获得副产品,减少 CO_2 排放量
	酒精槽厌氧-好氧工艺综合利用与治理	对酒精槽液进行固液分离,滤渣用于生产饲料成直接出售,滤液浓缩干燥或进行厌氧-好氧工艺处理	中/高费	节水、降低污染负荷,提高资源利用,增加收入
	精馏塔废水回用	精馏塔底余留水用于冲洗发酵罐	无/低费	节水,减少废水排放量
管理	严格环境管理	落实环境考核指标,实施完全可靠的统计、审核及信息反馈	无/低费	减少环境污染,促进清洁生产的实施
	严格用水、用电管理	杜绝长流水、长明灯以及"跑、冒、滴、漏"	无/低费	节能、节水,减少物料损失
	流通管理	加强原料运输、贮存、保管等全过程管理	无/低费	减少原料损耗
	设备定期保养制度化	制订设备保养制度,定期对设备进行维护保养	无/低费	降低维修费用,提高设备运行效果

方案类别	方案名称	方案描述	方案属性	预期效果
员工	员工岗位技术培训	对员工进行系统的岗位技术培训,培训包括日常操作、清洗、维修以及紧急情况处理等	无/低费	节能、节水、降耗、减污
	加强绩效考核,严格岗位责任制	实行岗位责任制,加强岗位人员的绩效考核,完善各项指标控制	无/低费	节能、降耗、减污、增效
	严格工艺操作规程	修订和完善工艺操作规程,规范操作	无/低费	节能、降耗、减污、增效

2. 行业清洁生产管理方案

加强领导和管理,制定一套完整的法规与政策,建立健全环境管理机构和实施环境审计制度是实现清洁生产的重要保障。要根据全过程概念,将清洁生产落实到企业各层次,分解到企业各个环节,关联到产品与消费过程的各个方面。

管理措施一般不涉及工艺生产过程的技术改造,投资较少,但经验表明,强化管理能削减40%污染物的产生,这些方案主要包括:①加强原料入厂、运输、贮存等全过程管理,建立完善的出入库登记制度;②加强设备维护、维修,杜绝长流水、长明灯以及跑、冒、滴、漏;③定期修订和完善操作规程,校正有关工艺参数;④合理配置车间、设备位置,优化布局,尽可能削减水耗、能耗;⑤增设必要的监测和检测计量仪器,加强计量监督,实现管理科学化;⑥加强系统性维修、保养(预防性维修、计划维修、紧急维修、大修、重建和改造、调试和校正);⑦建立有环境考核指标的岗位责任制与管理职责;完善可靠的统计和审核;⑧加强产品质量的全面管理;⑨有效的生产调度,合理安排批量生产日期;⑩加强人员培训,提高职工素质;⑪建立激励机制,公平的奖惩制度。

3. 行业清洁生产发展的机会、潜力和趋势

白酒行业是我国酿造行业中粮耗、能耗较高的行业。近几年,我国白酒行业发展迅速,白酒产量持续稳定增长,虽然近年来企业生产工艺、装备、技术水平有较大提高,但部分白酒企业设备陈旧落后,物耗、能耗大,手工操作多,影响产品质量。部分白酒企业没有完善的水和副产物回收利用系统,综合利用也缺少成熟工艺设备及技术的支持。通过实施清洁生产,发现各白酒企业存在的问题,通过使用新的技术、先进的设备、优化过程控制及提高企业管理水平和员工素质等实现该行业节能、降耗、减污、增效,提高我国白酒企业的竞争能力。

目前,关于白酒行业的污染排放标准尚未发布,白酒行业废水污染物终端排放执行GB 8978—1996,另有单独的清洁生产标准《清洁生产标准 白酒制造业》(HJ/T 402—2007)。

随着环境保护要求的不断提高,原料成本的增加,能源资源的日益紧缺,使用先进、环保、节能的设备,推行清洁生产技术,使生产过程少产生或基本不产生废物,最大限度地减少废物的末端处理量,总体实现增产不增污,是未来白酒行业发展的趋势。

4. 审核工作表和检查清单

清洁生产审核过程需要编制各种工作表和检查清单。工作表主要涉及了企业开展清洁生产审核机构及人员组成状况、企业资源能源消耗以及污染物产排状况、企业管理状况、重点审核环节的资源能源消耗和污染物产排状况、原因分析、备选清洁生产方案、备选方案的可行性分析等信息表。工作表的格式大同小异,可参见书中其他地方给出的样例。检查清单主要包括行业主要经济技术指标、行业普遍存在的主要问题、导致这些问题的原因,以及行业典型清洁技术在内的综合性解决方案,检查清单通常是带有行业信息的封闭问题。

（三）企业清洁生产审核检查清单

（1）原辅材料及预处理　原辅料产于何地；进厂时是否进行化验；结果是否满足生产要求；原料粉碎前是否准确称量；原辅材料的进出库是否登记；回收的酒瓶是否设专人检查；每千升白酒原料用量；每千升白酒辅料用量；每千升白酒粮耗、水耗、电耗、综合能耗。

（2）粉碎、拌料、蒸煮、冷却、发酵、蒸馏　粉碎采用湿法还是干法；粉碎间粉尘浓度；采用何种除尘方法；冲洗水的去向；冷却水是否回收利用；循环利用率是多少；蒸煮过程产生的二次蒸汽是否利用；白酒糟如何处理；蒸馏锅底水如何处理；黄水是否回收利用。

（3）过滤和包装　白酒过滤采用何种过滤方法；废过滤介质是否回收；去向；洗瓶机末次漂洗水和碱液是否回收再用；过滤和包装的酒损是多少。

（4）环境　综合废水 COD、BOD、NH_3-H、SS 浓度；年排放废水量是多少；废水处理工艺是什么；废水污染物排放执行什么标准，几级标准；年产生白酒糟的量；年产炉渣的量。

（5）全厂范围　是否具有健全的设备维护保养制度；执行情况如何；"跑、冒、滴、漏"现象是否严重；职责是否明确到人；各生产岗位是否有现行有效的操作规程；是否建立岗位责任制；执行情况如何；是否建立奖惩制度；车间内卫生情况如何；是否定期清扫地面和设备的积尘；是否建立奖惩制度；员工操作技能、个人素质、环保意识如何；全员是否有定期的清洁生产培训机会。

第十二节　某省畜禽业的清洁生产审核总结

某省是全国率先开展畜禽清洁生产行动的省份，近年来，某省畜牧业坚持"规模化、标准化、生态化、品牌化"发展思路，着力转变畜禽产业发展方式，切实推进畜禽清洁生产。2014 年启动了以粪污治理核心的畜禽清洁生产行动，几年行动的开展取得了显著成效。

一、清洁生产的措施及收效

1. 突出区域规划，建立污染防治联动机制，畜禽清洁生产取得新进展

全省 12 个设区市出台了粪污治理文件。52 个县（市、区）政府出台了"三区"规划文件，其中 32 个县（市、区）已划定禁养区、限养区和可养区，主要集中在其中 4 个市。随后在实行部省共建的基础上，增加了市级创建同时对示范场实行动态监管，标准化示范创建积极性进一步提高。强化养殖污染综合治理，建立污染防治联动机制。

2. 突出重点产业，加大项目资金整合，猪标准化养殖快速推进

畜禽清洁生产行动以污染最为严重的生猪产业为突破口，严格执行生产准入制，对于申请《种畜禽生产经营许可证》《动物防疫条件合格证》的养殖企业，将粪污处理设施作为一个重要的参考条件，对粪污处理设施有无进行一票否决。在项目安排方面，包括标准化示范创建场，采取储备制，对进入预审储备并自行创造条件进行一定改造的企业，优先安排项目资金，提高其标准化改造的积极性。积极整合畜禽标准化养殖场建设、大中型沼气工程、生猪调出大县奖励以及"菜篮子"产品扶持等项目资金，近几年累计投入 6 亿元用于标准化改造。2017 年，全省有 3200 多家畜禽养殖场实施了标准化改造工程，生猪规模化标准化水平得到大幅提升，全省生猪规模化比重达到 85%，高于全国平均水平 24 个百分点。其中年出栏 500 头以上的规模猪场 1.25 万户，出栏万头以上猪场近 300 个。通过完善养殖设施设备、开展粪污处理改造，全省生猪粪污年减排量达到 2000 万吨。

3. 突出粪污"三化"，加大粪污处理模式研究，优化农业生态环境

主要突出粪污"减量化、无害化、资源化"三个环节。特别是减量化方面，要求养殖企业进行标准化改造时必须进行雨污分流，从源头上减少污水的排放量。某牧业有限公司育肥场，存栏猪保持在 8000 头左右，通过对栏舍及饮水设施的改进，把剩余饮水引流到雨水管，减少废水的产生，污水每日排放量不超过 40t，减少废水 72%。无害化方面，某省主要以厌氧发酵、沼气能源为主，某畜禽有限公司粪污设施建设基本没有排污口，通过几个大蓄液池，废水经厌氧发酵处理后可循环利用。资源化方面，某省主推"猪—沼—果（蔬菜、油茶、经济林）"生态养殖模式，将粪污处理与经济作物结合起来，如某种猪场利用沼液种植 400 亩耐肥的水芹菜，每年产值达 900 万元，带动农户成立水芹菜专业合作社，发展"猪—沼—菜"三位一体的循环经济模式，优化农业生态环境。

4. 突出典型案例，加强企业经验交流，畜禽清洁生产取得新思路

为及时总结某省畜禽粪污典型模式，加大先进实用的粪污治理工艺和技术宣传、推广，2016 年向全省征集畜禽粪污治理的典型案例，经过综合比较，从全省征集的 27 家畜禽养殖粪污治理典型案例中，选择 10 家在畜禽养殖粪污减量化排放、无害化处理、资源化利用方面有特色、有亮点的企业。其中，畜地平衡模式有 4 家，工业化处理达标排放模式有 4 家，生物发酵床养殖模式 1 家，粪污前端减量化典型模式 1 家。

5. 突出部门配合，加大行政监管力度，畜禽清洁生产有法可循

加大行政监管力度，畜禽清洁生产有法可循。发展畜禽养殖业涉及环保、财政、发改、立法等多个部门。近年来，加大了与生态环境部门合作，信息互通，对相关工作安排部署进行相互协商、互提意见，提供 669 家规模化畜禽养殖工程治理工程减排项目表。同时与发改部门、财政部门也保持紧密联系，下发了《关于加强畜禽粪污治理、规范畜牧业养殖的通知》。某省还积极争取政府的支持，2017 年省政府颁发了第 20 号令——《某省畜禽养殖管理办法》（简称《办法》）。《办法》明确规定了畜禽养殖场、养殖小区设立应具备的条件，对畜禽养殖场、养殖小区的选址条件、生产条件、环保条件做出了具体要求。

二、面临的问题与挑战

1. 规模化养殖企业粪污处理压力大

由于土地资源有限，大规模养殖企业难以以农牧结合方式消纳粪污，大部分只能采取工业化粪污处理模式，即使增加养殖成本也是无奈之举，如何处理与规范养猪产业发展与环境保护的关系迫在眉睫。

2. 缺乏相应的技术标准及规范

某省畜牧业提倡可循环的生态养殖业，生猪粪污治理以农牧结合为主，工业化处理模式为辅，某省"猪—沼—果（经济作物）"模式取得了显著成效。但随着养殖规模壮大及土地使用年限的增长，土地及果品重金属含量超标等相关问题逐步凸显出来，其原因是现有粪污处理技术不规范，不同粪污处理方式缺乏相配套的技术标准及规范，处理工艺和质量难以界定，影响了污染物综合利用的效果。

3. 缺乏可成套推广、示范的技术

某省在畜禽粪污处理过程中涌现出许多典型案例，亮点纷呈，但大多是粪污处理模式中的某个环节或单项工艺，或是粪污前端废水减量化生产，或是中间粪污无害化处理工艺，或是后端粪污农牧结合（生产有机肥）等资源化利用，但缺乏行之有效的可集成推广、示范的成套处理模式，一定程度上减慢了生猪清洁生产行动的步伐。

4. 粪污治理缺乏有效的监测

某省生猪规模养殖企业大多建设粪污处理相应的设施（设备），畜牧部门考核基本还是以地面建筑或相关设备有无或好坏为参考依据，至于粪污处理设备是否运行，排出的水是否达标，干粪、沼液、沼渣和沼气是否有效处理，则未予以监测、跟踪。生态环境部门对部分养殖企业的废水排出口实行定期监测，尚未形成常态化监测完整监测机制。

三、加快推进畜禽业清洁生产审核的建议及对策

1. 加大资金投入，加强部门协作，形成畜禽清洁生产合力

（1）建议国家加大资金的投入　但投入方式有所区别，对老场给予一定的鼓励，促进它改造；对新场国家不投入，将粪污处理设施建设纳入一票否决范畴，既可以减少国家的财政压力，同时也杜绝了"等、靠、要"现象的发生。

（2）加大资金整合　目前国家对粪污治理专项有关的资金投入不少，但比较分散，涉及能源部门、畜牧部门、环保部门、发改部门等多个部门，降低粪污治理工作的推进力度，建议整合资源，各部门形成合力，共同加大工作推进力度。

2. 加强技术研发，集成示范与推广切实可行的粪污处理工艺、技术

① 建立技术部门联动机制。建立大专院校、科研院所、技术推广部门等机构的联动机制，加强部门协同合作，充分发挥部门优势，切实指导养殖企业做好畜禽清洁生产工作。

② 制定粪污处理相关技术标准及规范，规范畜禽养殖场污染物处理设施的建设和运行管理，为养殖企业污染物处理设施建设提供技术保障，提高科技在畜禽清洁中的支撑作用。

③ 集成示范与推广切实可行的粪污处理工艺、技术，加快研究和推广适合不同规模、不同地域、不同资源条件、不同发展水平的养殖场户的多种粪污处理和综合利用模式，全面提升节能减排的养殖工艺，促进畜牧业健康持续发展。

3. 加大执法力度，进一步规范畜禽养殖行为

《办法》的公布、实施对于规范畜禽养殖行为、保护畜禽及畜产品安全、保护生态环境，促进畜牧业持续健康发展具有重要意义。建议加强配套制度建设，加大执法度，加强行政执法监督，善于利用法律手段管理畜牧业的发展，做到执法必严、违法必究，采取多种形式，督促有关部门切实做到依法行政、合理行政，维护法律的权威性和严肃性。

思　考　题

思考题 16

请列出你知道的制订了清洁生产审核指南的行业名称。

第四章

清洁生产的法律法规及评价

第一节　清洁生产的有关法律法规和行业标准

　　立法是推进清洁生产的主要手段之一。中国清洁生产相关法律、法规和政策主要由相关法律、政府规定、政府文件、清洁生产标准等体系组成。中国在原有的环境和资源立法的基础上逐步制定了有关推行清洁生产的法律法规和政策规定，如《中华人民共和国清洁生产促进法》于 2003 年 1 月 1 日起施行，《清洁生产审核暂行办法》于 2004 年 10 月 1 日起施行等。各省市也制定和颁布了一批地方性的清洁生产政策和法规。生态环境部门也组织各工业行业陆续制定了清洁生产行业标准。

　　我国清洁生产的实践表明，现行条件下，由于企业内部存在一系列实施清洁生产的障碍约束，要使作为清洁生产主体的企业完全自发地采取自觉主动的清洁生产行动是极其困难的。单纯依靠培训和企业清洁生产示范推动清洁生产，其作用也不能保证清洁生产广泛、持久地实施。通过政府建立起适应清洁生产特点和需要的政策、法规，营造有利于调动企业实施清洁生产积极性的外部环境，将是促进我国清洁生产发展的关键。自 1993 年我国开始推行清洁生产以来，在促进清洁生产的经济政策和产业政策的颁布实施以及相关法律法规建设方面取得了较快的发展，为推动我国清洁生产向纵深发展提供了一定的政策法规保障。

一、我国清洁生产相关的法律法规

　　1989 年 12 月 26 日颁布的《中华人民共和国环境保护法》，后于 2014 年修订，自 2015 年 1 月 1 日生效，条款中规定"新建工业企业和现有工业企业的技术改造，应当采用能源效率高、污染物排放量少的设备和工艺，采用经济合理的废物综合利用技术和污染物处理技术"。

　　1992 年 5 月，国家环境保护总局与联合国环境规划署联合在我国举办了第一次国际清洁生产研讨会，推出了《中国清洁生产行动计划（草案）》。

　　1992 年党中央和国务院批准的《环境与发展十大对策》明确提出新建、扩建、改建项目，技术起点要高，尽量采用能耗物耗小、污染物排放量少的清洁工艺。

　　1993 年召开的第二次全国工业污染防治工作会议提出了工业污染防治必须从单纯的末端治理向生产全过程控制转变，实行清洁生产。

　　1994 年，中国制定的《中国 21 世纪议程——中国 21 世纪人口、环境与发展白皮书》中，把实施清洁生产列入了实现可持续发展的主要对策：强调污染防治逐步从浓度控制转变为总量控制、从末端治理转变到全过程防治，推行清洁生产；鼓励采用清洁生产方式使用能源和资源；提出制定与中国目前经济发展水平和国力相适应的清洁生产标准和原则；并配套制定相应的法规和经济手段，开发无公害、少污染、低消耗的清洁生产工艺和产品。

1995 年通过的《中华人民共和国固体废物污染环境防治法》第四条明确指出："国家鼓励、支持开展清洁生产，减少固体废物的产生量。"这是我国第一次将"清洁生产"的概念写进法律中。该法律于 2004 年、2016 年修订，第三条指出："国家对固体废物污染环境的防治，实行减少固体废物的产生量和危害性、充分合理利用固体废物和无害化处置固体废物的原则，促进清洁生产和循环经济发展"；第十八条规定："产品和包装物的设计、制造，应当遵守国家有关清洁生产的规定。"

1995 年国家颁布了《中华人民共和国大气污染防治法》，并于 2000 年、2015 年、2018 年修订，条款中规定："企业应当优先采用能源利用率高、污染物排放量少的清洁生产工艺，减少污染物的产生，并要求淘汰落后的工艺设备。"

1996 年 5 月 15 日修订颁布的《中华人民共和国水污染防治法》，于 2017 年 6 月 27 日进行了修订，自 2018 年 1 月 1 日实行。条款中规定："企业应当采用能源利用效率高、污染物排放量少的清洁生产工艺，并加强管理，减少水污染物的产生。"

1996 年 8 月召开的第四次全国环境保护会议提出了到 20 世纪末把主要污染物排放总量控制在"八五"末期水平的总量控制目标，会后颁发的《国务院关于环境保护若干问题的决定》，明确规定所有大、中、小型新建、扩建、改建和技术改造项目，要提高技术起点，采用能耗物耗小、污染物排放量少的清洁生产工艺。

1996 年 12 月国家环境保护局主持编写了《企业清洁生产审核手册》，由中国环境科学出版社出版发行。

1997 年 4 月，国家环保局制定并发布了《关于推行清洁生产的若干意见》，要求各级环境保护行政主管部门将清洁生产纳入日常环境管理中，并逐步与各项环境管理制度有机结合起来。为指导企业开展清洁生产工作，国家环保局还同有关工业部门编制了《企业清洁生产审计手册》以及啤酒、造纸、有机化工、电镀、纺织等行业的清洁生产审计指南。

1997 年召开了"促进中国环境无害化技术发展国际咨询研讨会"。

1997 年国家经贸委发布了《关于公布第一批严重污染（大气）环境的淘汰工艺与设备名录的通知》。

1997 年 11 月 1 日全国人民代表大会常务委员会第二十八次会议通过，2007 年 10 月、2016 年 7 月和 2018 年 10 月三次修订，通过实行了《中华人民共和国节约能源法》。

1998 年 11 月颁布，2017 年 6 月修订通过的《建设项目环境保护管理条例》，明确规定：工业建设项目应当采用能耗、物耗小、污染物排放量少的清洁生产工艺，合理利用自然资源，防止环境污染和生态破坏。

1998 年 10 月我国国家环境保护局副局长王心芳代表我国政府在《国际清洁生产宣言》上郑重签字，我国成为《国际清洁生产宣言》的第一批签字国之一。

1998 年时任总理朱镕基在人大九届二次会议上所作的《政府工作报告》中，明确提出了"鼓励清洁生产"的主张。

1999 年，全国人大环境与资源保护委员会将《清洁生产法》的制定列入立法计划。

1999 年 5 月，国家经贸委发布了《关于实施清洁生产示范试点计划的通知》，选择北京、上海等 10 个试点城市和石化、冶金等 5 个试点行业开展清洁生产示范和试点。与此同时，陕西、辽宁、江苏、山西、沈阳等许多省市也制定和颁布了地方性的清洁生产政策和法规。

1999 年 1 月 22 日，国家经贸委发布了第六号令《淘汰落后生产能力、工艺和产品的目录（第一批）》。

1999 年 12 月 30 日发布，自 2000 年 1 月 1 日起施行中华人民共和国国家经济贸易委员会令第 16 号《淘汰落后生产能力、工艺和产品的目录（第二批）》。

2002 年 6 月 2 日公布，自 2002 年 7 月 1 日起施行中华人民共和国国家经济贸易委员会令第 32 号《淘汰落后生产能力、工艺和产品的目录（第三批）》。

2000 年、2003 年、2006 年，国家经贸委、国家发改委和原国家环境保护总局分三批公布了《国家重点行业清洁生产技术导向目录》，涉及 13 个行业、共 131 项清洁生产技术（今后还将继续发布），这些技术经过生产实践证明，具有明显的环境效益、经济效益和社会效益，可以在本行业或同类性质生产装置上应用。

2001 年中华人民共和国国家经济贸易委员会发布了公告第 5 号《当前国家鼓励发展的节水设备（产品）目录》（第一批）。

2002 年 6 月 29 日由中华人民共和国第九届全国人民代表大会常务委员会第二十八次会议通过的《中华人民共和国清洁生产促进法》是一部冠以"清洁生产"的法律，表明国家鼓励和促进清洁生产的决心，"在中华人民共和国领域内，从事生产和服务活动的单位以及从事相关管理活动的部门依照本法规定，组织、实施清洁生产"。2012 年 2 月 29 日第十一届全国人民代表大会常务委员会第二十五次又对其进行了修改，新版自 2012 年 7 月 1 日起施行。

2003～2008 年 10 月，国家环境保护总局（2008 年 3 月 21 日国家环境保护总局的职责划入环境保护部）已发布了 35 个行业的"清洁生产标准"（今后还将陆续发布），用于企业的清洁生产审核和清洁生产潜力与机会的判断，以及清洁生产绩效评估和清洁生产绩效公告。

2003 年 12 月 17 日国务院办公厅转发发改委等 11 个部门《关于加快推行清洁生产意见的通知》，以加快推行清洁生产，提高资源利用效率，减少污染物的产生和排放，保护环境，增强企业竞争力，促进经济社会可持续发展。

2004 年国家发改委、人民银行和中国银监会联合下发了发改产业 746 号规定《当前部分行业制止低水平重复建设目录》。

2004 年 8 月，国家发改委、国家环境保护总局发布了《清洁生产审核（暂行）办法》，遵循企业自愿审核与国家强制性审核相结合、企业自主审核与外部协助审核相结合的原则，因地制宜、有序开展清洁生产审核。2016 年 5 月又将其修订为《清洁生产审核办法》并予以发布，2016 年 7 月 1 日起正式实施。

2005 年 12 月 13 日国家环境保护总局制定了《重点企业清洁生产审核程序的规定》，以规范有序地开展全国重点企业清洁生产审核工作。

2006 年 4 月 23 日国家发改委发布了 7 个行业的《清洁生产评价指标体系（试行）》，用于评价企业的清洁生产水平，作为创建清洁生产企业的主要依据，并为企业推行清洁生产提供技术指导。至 2007 年年底，国家发改委发布了包装、纯碱、电镀、电解、火电、轮胎、铅锌、陶瓷和涂料等行业的《清洁生产评价指标体系（试行）》。

2008 年 7 月 1 日，环境保护部发布了《关于进一步加强重点企业清洁生产审核工作的通知》（环发〔2008〕60 号）以及《重点企业清洁生产审核评估、验收实施指南（试行）》。

2008 年 8 月 29 日全国人民代表大会常务委员会通过了《中华人民共和国循环经济促进法》，自 2009 年 1 月 1 日起施行；2018 年 10 月 26 日又修订通过了修正稿。

2008 年 9 月 26 日，环境保护部发布了《国家先进污染防治技术示范名录》（2008 年度）和《国家鼓励发展的环境保护技术目录》（2008 年度）。

2008 年环境保护部发布了第一批"高污染、高环境风险"产品名录。

2009年12月26日通过，自2010年4月1日起施行了《中华人民共和国可再生能源法》。

2014年工业和信息化部会同科技部发布了《国家鼓励发展的重大环保技术装备目录》又在2017年进行了修订，于2017年12月28日发布实施。

二、地方性清洁生产法规及指导性文件

① 陕西省环保局、陕西省经贸委《关于积极推行清洁生产的若干意见》（1998）。

② 江苏省政府办公厅转发省计经委等部门《关于加快清洁生产步伐的若干意见的通知》（1999）。

③ 江苏省政府办公厅转发省环保局、计经委《关于推行清洁生产审计的实施意见的通知》（1996）。

④ 辽宁省环保局、辽宁省经贸委《关于在全省工业企业中开展清洁生产试点工作的通知》（1995）。

⑤《太原市清洁生产条例》（2000）。

⑥《本溪市推行清洁生产、促进工业污染源2000年达标的实施意见》（1998）。

⑦ 抚顺市环保局、经济委员会、计划委员会、科技委员会《关于开展清洁生产（试点）工作的通知》（2000）。

⑧ 沈阳市环保局《关于一九九八年全市推行清洁生产工作安排的通知》（1998）。

⑨ 兰州市经贸委《关于开展清洁生产工作的通知》（1999）。

⑩ 浙江省《清洁生产审核机构管理暂行办法》（2008）。

⑪ 上海市《关于全面推进本市重点企业清洁生产审核工作的通知》（沪环保科〔2008〕）。

⑫ 上海市《重点企业清洁生产审核预评估、评估、验收技术指南（试行）》（2009）。

⑬ 山西省《清洁生产审核实施细则》（2010）。

⑭ 广东省《清洁生产技术服务单位管理办法》（2010）。

⑮ 甘肃省《严格规范 主动服务 全面提升清洁生产审核工作水平》（2010）。

三、国家颁布的清洁生产标准及技术要求

清洁生产标准的编制和发布，是落实《中华人民共和国清洁生产促进法》赋予环保部门有关职责，从环保角度出发，引导和推动企业清洁生产的需要；是加快推进环保工作历史性转变，提高环境准入门槛，推动实现环境优化经济增长的重要手段；是完善国家环境标准体系，加强污染全过程控制的需要。经过近几年的宣传、推广，国家环保总局的清洁生产标准已经在全国环保系统、工业行业和企业中具备广泛的影响，成为清洁生产领域的基础性标准。各级环保部门已逐步将清洁生产标准作为环境管理工作的依据，作为重点企业清洁生产审核、环境影响评价、环境友好企业评估、生态工业园区示范建设等工作的重要依据。

清洁生产标准是资源节约与综合利用标准化工作的重要组成部分。为贯彻实施《中华人民共和国环境保护法》和《中华人民共和国清洁生产促进法》，保护环境，指导企业实施清洁生产和推动环境管理部门的清洁生产监督工作，原国家环保总局已经组织了三批、共70多项清洁生产标准和清洁生产审核指南的编制工作。从2001年开始组织开展行业清洁生产标准的制定工作。列入首批计划的有30个行业和产品的清洁生产标准。2003年4月18日以国家环境保护行业标准的形式正式颁布了石油炼制业、炼焦行业和制革行业（猪轻革）3个行业的清洁生产标准，并于同年6月1日起开始实施。2006年7月3日国家环保总局批准并发布了8个行业清洁生产标准作为指导性标准，自2006年10月1日起实施。这8个行

业是啤酒制造业、食用植物油工业（豆油和豆粕）、纺织业（棉印染）、甘蔗制糖业、电解铝业、氮肥制造业、钢铁行业和基本化学原料制造业（环氧乙烷/乙二醇）。2006 年 8 月 15 日批准并发布了汽车制造业（涂装）和铁矿采选业 2 个行业清洁生产标准，自 2006 年 12 月 1 日起实施。

至 2010 年年底，环境保护部已经发布了 55 个行业的清洁生产标准：《清洁生产标准制订技术导则》（HJ/T 425—2008）、《清洁生产标准 石油炼制业》（HJ/T 125—2003）、《清洁生产标准 炼焦行业》（HJ/T 126—2003）、《清洁生产标准 制革行业》（猪轻革）（HJ/T 127—2003）、《清洁生产标准 啤酒制造业》（HJ/T 183—2006）、《清洁生产标准 食用植物油工业》（豆油和豆粕）（HJ/T 184—2006）、《清洁生产标准 纺织业（棉印染）》（HJ/T 185—2006）、《清洁生产标准 甘蔗制糖业》（HJ/T 186—2006）、《清洁生产标准 电解铝业》（HJ/T 187—2006）、《清洁生产标准 氮肥制造业》（HJ/T 188—2006）、《清洁生产标准 钢铁行业》（HJ/T 189—2006）、《清洁生产标准 基本化学原料制造业》（环氧乙烷/乙二醇）（HJ/T 190—2006）、《清洁生产标准 汽车制造业（涂装）》（HJ/T 293—2006）（2016 年 11 月 1 日停止施行）、《清洁生产标准 铁矿采选业》（HJ/T 294—2006）、《清洁生产标准 电镀行业》（HJ/T 314—2006）、《清洁生产标准 人造板行业》（中密度纤维板）（HJ/T 315—2006）、《清洁生产标准 乳制品制造业（纯牛乳及全脂乳粉）》（HJ/T 316—2006）、《清洁生产标准 造纸工业（漂白化学烧碱法麦草浆生产工艺）》（HJ/T 339—2007）、《清洁生产标准 造纸工业（硫酸盐化学木浆生产工艺）》（HJ/T 340—2007）、《清洁生产标准 电解锰行业》（HJ/T 357—2007）（2016 年 11 月 1 日停止施行）、《清洁生产标准 镍选矿行业》（HJ/T 358—2007）、《清洁生产标准 化纤行业（氨纶）》（HJ/T 359—2007）、《清洁生产标准 彩色显像（示）管生产》（HJ/T 360—2007）、《清洁生产标准 平板玻璃行业》（HJ/T 361—2007）、《清洁生产标准 烟草加工业》（HJ/T 401—2007）、《清洁生产标准 白酒制造业》（HJ/T 402—2007）、《清洁生产标准 钢铁行业（烧结）》（HJ/T 426—2008）、《清洁生产标准 钢铁行业（高炉炼铁）》（HJ/T 427—2008）、《清洁生产标准 钢铁行业（炼钢）》（HJ/T 428—2008）、《清洁生产标准 化纤行业（涤纶）》（HJ/T 429—2008）、《清洁生产标准 电石行业》（HJ/T 430—2008）、《清洁生产标准 石油炼制业（沥青）》（HJ 443—2008）、《清洁生产标准 味精工业》（HJ 444—2008）、《清洁生产标准 淀粉工业》（HJ 445—2008）、《清洁生产标准 煤炭采选业》（HJ 446—2008）《清洁生产标准 铅蓄电池工业》（HJ 447—2008）、《清洁生产标准 制革工业（牛轻革）》（HJ 448—2008）（2017 年 9 月 1 日停止施行）、《清洁生产标准 合成革工业》（HJ 449—2008）（2016 年 11 月 1 日停止施行）、《清洁生产标准 印制电路板制造业》（HJ 450—2008）、《清洁生产标准 葡萄酒制造业》（HJ 452—2008）、《清洁生产标准 水泥工业》（HJ 467—2009）、《清洁生产标准 造纸工业（废纸制浆）》（HJ 468—2009）、《清洁生产标准 钢铁行业（铁合金）》（HJ 470—2009）、《清洁生产标准 氧化铝业》（HJ 473—2009）、《清洁生产标准 纯碱行业》（HJ 474—2009）、《清洁生产标准 氯碱工业》（烧碱）（HJ 475—2009）、《清洁生产标准 氯碱工业》（聚氯乙烯）（HJ 476—2009）、《清洁生产标准 废铅酸蓄电池铅回收业》（HJ 510—2009）、《清洁生产标准 粗铅冶炼业》（HJ 512—2009）、《清洁生产标准 铅电解业》（HJ 513—2009）、《清洁生产标准 宾馆饭店业》（HJ 514—2009）、《清洁生产标准 铜冶炼业》（HJ 558—2010）、《清洁生产标准 铜电解业》（HJ 559—2010）、《清洁生产标准 制革工业（羊革）》（HJ 560—2010）（2017 年 9 月 1 日停止施行）、《清洁生产标准 酒精制造业》（HJ 581—2010）。

另外，环境保护部门在各企业、研究单位和各组织机构清洁生产审核实践的基础上，组织有关部门和企业联合编制总结形成了几十个行业的清洁生产审核指南,有的已正式发布,有的作为研究成果发表,有的作为图书出版。这些审核指南都可以作为相关企业清洁生产审核工作的重要参考。目前见诸媒介的包括下列行业,实际上不止这些行业:《清洁生产审核指南 制订技术导则》(HJ 469—2009)、《服务业清洁生产审核指南编制通则》(GBT 26720—2011)、《清洁生产审核指南 造纸工业》《清洁生产审核指南 啤酒制造业》《清洁生产审核指南 餐饮行业》《清洁生产审核指南 白酒制造业》《清洁生产审核指南 化工原料制造业》《清洁生产审核指南 丝绸印染工业》《清洁生产审核指南 电镀工业》《清洁生产审核指南 啤酒工业》《清洁生产审核指南 酒店业》《清洁生产审核指南 乳品制造业(液体乳及全脂乳粉)》《清洁生产审核指南 平板玻璃行业》《清洁生产审核指南 制革工业》《清洁生产审核指南 合成革工业》《清洁生产审核指南 葡萄酒制造业》《清洁生产审核指南 造纸工业(漂白碱法蔗渣制浆)》《清洁生产审核指南 造纸工业(废纸制浆)》《清洁生产审核指南 钢铁行业》《清洁生产审核指南 石油炼制业》《清洁生产审核指南 氮肥制造业》《清洁生产审核指南 汽车制造业(涂装)》《清洁生产审核指南 化纤行业(聚酯、涤纶)》《清洁生产审核指南 化肥企业》《清洁生产工作指南 石油化工企业》。

四、各重点行业清洁生产评价指标体系

为贯彻落实《中华人民共和国清洁生产促进法》,评价企业清洁生产水平,指导和推动企业依法实施清洁生产,根据《国务院办公厅转发发展改革委等部门关于加快推进清洁生产意见的通知》(国发办〔2003〕100 号)和《工业清洁生产评价指标体系编制通则》(GB/T 20106—2006),国家发改委已组织编制了 30 个重点行业的清洁生产评价指标体系,目前已颁布了 30 个,见如下清单。

(1)国家发改委、国家环保总局公告 2005 年第 28 号(2005 年 6 月 2 日) 包括:①《钢铁行业清洁生产评价指标体系(试行)》;②《氮肥行业清洁生产评价指标体系(试行)》;③《电镀行业清洁生产评价指标体系(试行)》。

(2)国家发改委公告 2006 年第 87 号(2006 年 12 月 1 日) 包括:①《电池行业清洁生产评价指标体系(试行)》;②《制浆造纸行业清洁生产评价指标体系(试行)》;③《印染行业清洁生产评价指标体系(试行)》;④《烧碱/聚氯乙烯行业清洁生产评价指标体系(试行)》;⑤《煤炭行业清洁生产评价指标体系(试行)》;⑥《铝行业清洁生产评价指标体系(试行)》;⑦《铬盐行业清洁生产评价指标体系(试行)》。

(3)国家发改委公告 2007 年第 24 号(2007 年 4 月 23 日) 包括:①《包装行业清洁生产评价指标体系(试行)》;②《火电行业清洁生产评价指标体系(试行)》;③《磷肥行业清洁生产评价指标体系(试行)》;④《轮胎行业清洁生产评价指标体系(试行)》;⑤《铅锌行业清洁生产评价指标体系(试行)》;⑥《陶瓷行业清洁生产评价指标体系(试行)》;⑦《涂料制造业清洁生产评价指标体系(试行)》。

(4)国家发改委公告 2007 年第 41 号(2007 年 7 月 14 日) 包括:①《纯碱行业清洁生产评价指标体系(试行)》;②《发酵行业清洁生产评价指标体系(试行)》;③《机械行业清洁生产评价指标体系(试行)》;④《硫酸行业清洁生产评价指标体系(试行)》;⑤《水泥行业清洁生产评价指标体系(试行)》。⑥《制革行业清洁生产评价指标体系(试行)》(2017 年 9 月 1 日停止施行)

(5)国家发改委公告 2007 年第 63 号(2007 年 9 月 29 日) 包括:《电解金属锰行业清

洁生产评价指标体系（试行）》（2016 年 11 月 1 日停止施行）。

（6）国家发改委公告 2009 年第 3 号（2009 年 2 月 19 日）　包括：①《石油和天然气开采行业清洁生产评价指标体系（试行）》；②《精对苯二甲酸（PTA）行业清洁生产评价指标体系（试行）》；③《电石行业清洁生产评价指标体系（试行）》；④《黄磷行业清洁生产评价指标体系（试行）》；⑤《有机磷农药行业清洁生产评价指标体系（试行）》；⑥《日用玻璃行业清洁生产评价指标体系（试行）》。

注：以上发布时间为 2009 年 12 月 03 日；资料来源为中华人民共和国工业和信息化部节能司。

（7）2009 年 12 月后发布的清洁生产评价指标体系　包括①《钢铁行业清洁生产评价指标体系》（2014 年 4 月 1 日起施行）；②《水泥行业清洁生产评价指标体系》（2014 年 4 月 1 日起施行）。

（8）国家环境保护部、工业和信息化部发布并于 2016 年 11 月 1 日起施行下列行业的清洁生产评价指标体系　①《电解锰行业 清洁生产评价指标体系》（整合修编）；②《涂装行业清洁生产评价指标体系》（整合修编）；③《合成革行业 清洁生产评价指标体系》（整合修编）；④《光伏电池行业 清洁生产评价指标体系》；⑤《黄金行业 清洁生产评价指标体系》。

（9）国家发改委、环境保护部、工信部整合修编、制定、发布并于 2017 年 9 月 1 日起施行下列行业的清洁生产评价指标体系　①《制革行业 清洁生产评价指标体系》（整合修编）；②《环氧树脂行业清洁生产评价指标体系》；③《1，4-丁二醇行业清洁生产评价指标体系》；④《有机硅行业清洁生产评价指标体系》；⑤《活性染料行业清洁生产评价指标体系》。

五、废铅酸蓄电池铅回收业清洁生产标准

1. 适用范围及分级

标准规定了废铅酸蓄电池铅回收业清洁生产的一般要求。本标准将废铅酸蓄电池铅回收业清洁生产指标分为六类，即生产工艺与装备指标、资源能源利用指标、产品指标、污染物产生指标（末端处理前）、废物回收利用指标和环境管理要求。

标准适用于废铅酸蓄电池铅回收业企业的清洁生产审核和清洁生产潜力与机会的判断、清洁生产绩效评估和清洁生产绩效公告制度，也适用于环境影响评价和排污许可证等环境管理制度。

标准规定了在达到国家和地方污染物排放标准的基础上，根据当前行业技术、装备水平和管理水平，废铅酸蓄电池铅回收业清洁生产的一般要求。标准给出了铅回收业生产过程清洁生产水平的三级技术指标：一级，国际清洁生产先进水平；二级，国内清洁生产先进水平；三级，国内清洁生产基本水平。

2. 指标要求

火法冶炼类铅回收业清洁生产指标要求如表 4-1 所列。湿法冶金类铅回收业清洁生产指标要求如表 4-2 所列。

表 4-1　铅回收业清洁生产指标要求（火法冶炼类）

指标	一级	二级	三级
一、生产工艺与装备要求			
1. 备料工艺与装备	自动破碎分选系统		机械化破碎分选
	预脱硫（不含富氧底吹-鼓风炉熔炼工艺）		

指标	一级	二级	三级
一、生产工艺与装备要求			
2. 冶炼工艺与装备	回转短窑熔炼、富氧底吹-鼓风炉熔炼、自动铸锭机等		反射炉(直接燃煤反射炉除外)、鼓风炉熔炼、自动铸锭机等
二、产品指标			
1. 再生粗铅主品位/%	铅≥99	铅≥98.5	铅≥98
2. 聚丙烯/%	纯度为98~99,铅含量<0.1		
三、资源能源利用指标			
1. 铅总回收率/%	≥98	≥97	≥95
2. 总硫利用率/%	≥98	≥96	≥95
3. 资源综合利用率/%	≥95	≥90	≥85
4. 单位综合能耗(标煤/粗铅)/(kg/t)	<100	<120	<130
5. 单位电耗/(kW·h/t)	<100	<100	<100
四、污染物产生指标(末端治理前)			
1. 渣含铅率/%	<1.8	<1.9	<2.0
2. 隔板(占废蓄电池解体后产物质量百分比)/%	1.0~3.0	1.0~3.0	1.0~3.0
3. 二氧化硫质量分数[①](制酸工艺)/%	8.0~10.0	3.5~4.5	1.0~3.5
4. 二氧化硫质量浓度(预处理脱硫工艺)/(mg/m³)	≤460	≤760	≤960
五、废物回收利用指标			
1. 塑料回收率/%	≥99	≥98	≥95
指标	一级	二级	三级
2. 废电解液综合利用率/%	>98	>95	>90
3. 废水循环利用率/%	>95	>93	>90
六、环境管理要求			
1. 环境法律法规标准	符合国家和地方有关法律、法规。污染物排放达到国家和地方污染物排放标准、总量控制要求。排污许可证以及危险废物收集、贮存、运输和处置符合管理要求		
2. 生产过程环境管理	每个生产工序要有操作规程,对重点岗位要有作业指导书;易造成污染的设备和废物产生部位要有警示牌;生产工序能分级考核;要建立环境管理制度,其中包括:开停工及停工检修时的环境管理程序;新、改、扩建项目管理及验收程序;贮运系统污染控制制度;环境监测管理制度;污染事故应急处理预案,并进行演练;环境管理记录和台账		
3. 环境审核	按照《清洁生产审核暂行办法》的要求进行了清洁生产审核,全部实施了无/低费方案。当地环保部门对清洁生产方案进行了评估		
4. 环境管理制度	按照GB/T 24001建立运行环境管理体系,相关环境管理手册、程序文件及作业文件等齐备	环境管理制度健全,原始记录及统计数据齐全有效	
5. 固体废物处理处置	对一般工业固体废物进行妥善处理。对铅尘等危险废物按照有关要求进行无害化处置。应制订危险废物管理计划(包括减少危险废物产生量和危害性的措施以及危险废物贮存、利用、处置措施),向所在地县级以上地方人民政府环境保护主管部门备案。向所在地县级以上地方人民政府环境保护主管部门申报危险废物产生种类、产生量、流向、贮存、处置等有关资料。应针对危险废物的产生、收集、贮存、运输、利用、处置,制订意外事故防范措施和应急预案,并向所在地县以上地方人民政府环境保护主管部门备案		
6. 相关环境管理	废铅酸蓄电池收集与运输严格按照危险废物管理程序执行;原材料供应方的管理;协作方、服务方的环境管理程序齐全		

① 对应相应级别再生粗铅主品位。

表 4-2　铅回收业清洁生产指标要求（湿法冶金类）

指标	一级	二级	三级
一、生产工艺与装备要求			
1. 备料工艺与装备	自动破碎分选系统		机械化破碎分选
	预脱硫		
2. 生产工艺与装备	电解沉积工艺设备、电还原工艺设备、自动铸锭机		
二、产品指标			
电解铅	符合 GB/T 469 一号铅标准		
三、资源能源利用指标			
1. 铅总回收率/%	≥99	≥98	≥95
2. 总硫利用率/%	≥99	≥97	≥95
3. 资源综合利用率/%	≥95	≥90	≥85
4. 电流效率/%	≥96	≥95	≥92.5
5. 直流电单耗/(kW·h/t)	≤550	≤700	≤800
6. 单位综合能耗(标煤/电铅)/(kg/t)	≤280	≤320	≤360
四、污染物产生指标(末端治理前)			
1. 渣含铅率/%	<1.6	<1.8	<2.0
2. 隔板(占废蓄电池拆解后产物质量百分比)/%	1.0～3.0	1.0～3.0	1.0～3.0
五、废物回收利用指标			
1. 塑料回收率/%	≥99	≥98	≥95
2. 废电解液综合利用率/%	≥98	95～98	90～95
3. 废水循环利用率/%	>95	>93	>90
指标	一级	二级	三级
六、环境管理要求			
1. 环境法律法规标准	符合国家和地方有关法律、法规。污染物排放达到国家和地方污染物排放标准、总量控制要求。排污许可证以及危险废物收集、贮存、运输和处置符合管理要求		
2. 生产过程环境管理	每个生产工序要有操作规程，对重点岗位要有作业指导书；易造成污染的设备和废物产生部位要有警示牌；生产工序能分级考核要建立环境管理制度，其中包括：开停工及停工检修时的环境管理程序；新、改、扩建项目管理及验收程序；贮运系统污染控制制度；环境监测管理制度；污染事故的应急处理预案并进行演练；环境管理记录和台账		
3. 环境审核	按照《清洁生产审核暂行办法》的要求进行了清洁生产审核，并全部实施了无/低费方案。当地环保部门对清洁生产方案进行了评估		
4. 环境管理制度	按照 GB/T 24001 建立运行环境管理体系，相关环境管理手册、程序文件及作业文件等齐备		环境管理制度健全，原始记录及统计数据齐全有效
5. 固体废物处理处置	对一般工业固体废物进行妥善处理。对铅尘等危险废物按照有关要求进行无害化处置。应制订危险废物管理计划(包括减少危险废物产生量和危害性的措施以及危险废物贮存、利用、处置措施)，向所在地县级以上地方人民政府环境保护主管部门备案。向所在地县级以上地方人民政府环境保护主管部门申报危险废物产生种类、产生量、流向、贮存、处置等有关资料。应针对危险废物的产生、收集、贮存、运输、利用、处置，制订意外事故防范措施和应急预案，并向所在地县级以上地方人民政府环境保护主管部门备案		
6. 相关方环境管理	废铅酸蓄电池收集与运输严格按照危险废物管理程序执行；协作方、服务方的环境管理程序齐全		

3. 采样和监测

本标准各项污染物产生指标（末端治理前）的采样和监测按照国家规定的监测方法执行，污染物浓度的测定采用表 4-3 中所列的方法标准。

表 4-3　污染物浓度测定方法标准

污染物项目	方法标准名称	方法标准编号
铅	固体废物　铜、锌、铅、镉的测定　原子吸收分光光度法	GB/T 15555.2
二氧化硫	固定污染源中排气中二氧化硫的测定法　碘量法	HJ/T 56—2000
	固定污染源中排气中二氧化硫的测定法　定电位电解法	HJ/T 57—2000

4. 相关指标的计算方法

（1）铅总回收率　在铅冶炼流程中，进入铅冶炼产品的金属铅量占原料中铅总量的比率。计算公式如下：

$$R_{Pb} = \frac{P_{Pb}}{S_{Pb}} \times 100\%$$

式中，R_{Pb} 为铅总回收率，%；P_{Pb} 为进入铅冶炼产品的金属铅量，t/a；S_{Pb} 为原料中含铅量，t/a。

（2）总硫利用率　指原料中的硫在再生铅冶炼过程中通过各种回收方式进行综合利用所达到的利用率，不包括废气末端治理及排入环境中的硫等。其计算公式如下：

$$R_S = \frac{P_S}{S_S} \times 100\%$$

式中，R_S 为总硫利用率，%；P_S 为粗铅冶炼过程中得到回收利用的硫总量，t/a；S_S 为原料中含硫量，t/a。

（3）资源综合利用率　指废铅蓄电池实际回收材料总量占废铅蓄电池总量的质量比。计算公式如下：

$$资源综合利用率 = \frac{(G_1 + G_2 + G_3 + \cdots + G_n)}{G_总} \times 100\%$$

式中，G_1 为第 1 种产品质量；G_2 为第 2 种产品质量；G_3 为第 3 种产品质量；G_n 为第 n 种产品质量；$G_总$ 为废电池总质量。

（4）单位综合能耗　企业在计划统计期内，经综合计算后得到的总能耗量与同一计划统计期内企业铅产量之比。计算公式如下：

$$E_{ui} = \frac{E_i}{Q_i} \times 1000$$

式中，E_{ui} 为单位综合能耗（标煤/铅），kg/t；Q_i 为同一计划统计期内，企业铅产量，t；E_i 为企业计划统计期内，消耗的各种能源量（标煤），t。

注：综合计算中，对实际消耗的各种能源实物量按规定的计算方法和单位分别折算为一次能源后的总和。综合能耗主要包括一次能源（如煤、石油、天然气等）、二次能源（如蒸汽、电力等）和直接用于生产的能耗工质（如冷却水、压缩空气等），但不包括用于动力消耗（如发电、锅炉等）的能耗工质。具体综合能耗按照 GB/T 2589 计算。

（5）单位电耗　指在还原铅过程中生产单位铅（t），所消耗的电量（kW·h）。用还原铅生产过程中消耗的总电量（kW·h）与同期铅总产量（t）之比。计算公式如下：

$$W_电 = \frac{W_{耗电总量}}{W_{产铅总量}}$$

式中，$W_电$ 为单位电耗，kW·h/t；$W_{耗电总量}$ 为消耗电总量，kW·h；$W_{产铅总量}$ 为产出还原铅总量或电铅总量，t。

（6）渣含铅率　指铅渣中单质铅的总量与铅渣总量的质量百分比。计算公式如下：

$$渣含铅率 = \frac{G_{渣中铅}}{G_{渣总量}} \times 100\%$$

式中，$G_{渣中铅}$ 为炉渣中的铅含量，t；$G_{渣总量}$ 为炉渣总量，t。

（7）电流效率　电解生产过程中阴极上实际析出的金属量与理论析出量之比的百分数。计算公式如下：

$$\eta = \frac{G}{qItN} \times 100\%$$

式中，η 为电流效率，%；G 为通电时间 t 内 N 个电解槽的阴极实际析出量，g；q 为电化当量，g/(A·h)，铅电化当量为 3.867g/(A·h)；I 为通过电解槽的电流强度，A；t 为电解通电时间，h；N 为电解槽的个数。

（8）直流电单耗　电解过程中阴极析出单位质量（t）金属铅所消耗掉的电能量。计算公式如下：

$$W = \frac{v}{q\eta} \times 10^3$$

式中，W 为直流电单耗，kW·h/t；v 为槽电压，V；q 为电化当量，g/(A·h)，铅电化当量为 3.867g/(A·h)；η 为电流效率，%。

第二节　清洁生产促进法

中国清洁生产立法主要内容包括：中国清洁生产的目的和法律地位；国家履行制订清洁生产规划，组织清洁生产的研究、开发和推广以及进行清洁生产的宏观经济调控等职责；企业等不同主体承担制订清洁生产的实施规划、逐步实现清洁生产目标等方面的法律义务；中国清洁生产管理体制，以环境保护、经济宏观调控等行政主管部门实施行政监督管理为主，辅之以行业主管部门、行业协会等的协作；以法律制度完善和创新为核心建立包括禁止、强制、鼓励和倡导性的清洁生产主体违反清洁生产法律义务的法律责任等。

一、清洁生产促进法简介

《清洁生产促进法》包括总则、清洁生产的推行、清洁生产的实施、鼓励措施、法律责任和附则共 6 章、40 条条款。概括来看，它为促进清洁生产构建了以企业为主体，包括政府指导和社会参与，由强制、激励、支持等多种作用机制组成的清洁生产实施推进体系。主要内容如下。

（1）强制性措施　例如，强令淘汰某些污染严重的工艺、设备；限制有毒有害原材料的使用；对超过单位产品能源消耗限额标准构成高能耗的企业、未达标限期治理的企业实施清洁生产审核等。

（2）鼓励性措施　例如，对利用废物生产产品和从废物中回收原料的企业减免增值税；通过中小企业发展基金支持中小企业开展清洁生产活动；对从事清洁生产研究、示范和培训，实施国家清洁生产重点技术改造项目和第二十八条规定的自愿节约资源、削减污染物排放量协议中载明的技术改造项目，由县级以上人民政府给予资金支持；公开企业清洁生产绩效；实施政府对清洁产品的优先采购；鼓励企业建立环境管理体系；建立自愿协议制度等。

（3）支持性措施　例如，建立清洁生产表彰奖励制度；指导与支持清洁生产技术和有利于环境与资源保护产品的研究、开发以及清洁生产技术的示范推广；组织和支持建立清洁生产信息系统和技术咨询服务体系等。

清洁生产促进法以法律形式系统地体现了中国推行清洁生产的基本政策、核心内容及其促进实践。以《清洁生产促进法》为起点，标志着中国清洁生产步入规范化、法制化的道路。当然，这一法律的实施效果还有待强有力的执法、配套的措施和不懈的努力来实现。如何依法发挥政府、企业以及社会的共同作用，使《清洁生产促进法》得到切实、有效的贯彻实施，真正获取清洁生产的效益，是中国发展清洁生产面临的重要挑战。

二、清洁生产适用范围

《清洁生产促进法》第三条规定，"在中华人民共和国领域内，从事生产和服务活动的单位以及从事相关管理活动的部门依照本法规定，组织、实施清洁生产"。

考虑到法律的可操作性，本法着重对工业生产领域的清洁生产推行和实施做了具体规定，对农业、服务业等领域实施清洁生产，只提了原则性要求。对于公民个人在生活领域如何"清洁地"消费产品的问题，法律没有涉及。这样规定，既可以满足当前工业等领域推行清洁生产的迫切需要，也可以为今后在其他领域推行清洁生产提供必要的法律依据和活动空间。

三、政府及其有关主管部门推行清洁生产的责任

《清洁生产促进法》第二章"清洁生产的推行"，对政府及有关部门明确规定了支持、促进清洁生产的责任，其中包括制定有利于清洁生产的政策、制定清洁生产推行规划、发展区域性清洁生产、为企业提供清洁生产的技术信息和技术支持、组织清洁生产的技术研究和技术示范、组织开展清洁生产教育和宣传、优先采购清洁产品等。这些规定，归纳了当前国内外政府在推行清洁生产方面的主要经验，突出了清洁生产综合协调部门政府的引导和服务功能。

《清洁生产促进法》第五条规定"国务院清洁生产综合协调部门负责组织、协调全国的清洁生产促进工作。国务院环境保护、工业、科学技术、财政部门和其他有关部门，按照各自的职责，负责有关的清洁生产促进工作。""县级以上地方人民政府负责领导本行政区域的清洁生产促进工作。县级以上地方人民政府确定的清洁生产综合协调部门负责组织、协调本行政区域内的清洁生产促进工作。县级以上地方人民政府其他有关部门，按照各自的职责，负责有关的清洁生产促进工作。"这样规定，主要是考虑到清洁生产不同于单纯的污染控制，不能仅仅依靠单一部门的监督管理，而是需要政府从多个角度、多个环节对生产经营者进行引导、鼓励、支持和规范。因此，在推行清洁生产的体制问题上，《清洁生产促进法》强调了各有关部门之间的密切配合。

生态环保等部门要积极配合清洁生产综合协调部门推行和实施清洁生产。配合制定清洁生产推行规划；配合国务院有关部门发布清洁生产技术、工艺、设备和产品导向目录及其限期淘汰名录；配合国家有关部门制定清洁生产审核办法。其次是在建设项目的环评中，必须提出清洁生产要求，促使企业优先采用清洁的生产技术、工艺和设备。对于超标、超量（排污总量超过规定限额）排污的企业以及对使用有毒、有害原料进行生产或者在生产中排放有毒、有害物质的企业，必须对其强制实施清洁生产审核，并公布审核结果。对不实施清洁生产审核或者虽经审核但不如实报告审核结果的企业，依法责令限期改正；拒不改正的，处以10万元以下的罚款。在当地主要媒体上定期公布超标、超量排污严重的企业名单，为公众监督企业实施清洁生产提供依据。对不公布或者不按规定要求公布污染物排放情况的重污染企业，由环保部门将其公布，可以并处10万元以下罚款。

要组织和支持建立清洁生产信息系统和技术咨询服务体系，加强宣传和培训，向社会提供有关清洁生产方法和技术、可再生利用的废物供求以及清洁生产政策等方面的信息和服务。要组织编制有关行业或者地区的清洁生产指南和技术手册，指导实施清洁生产。

四、清洁生产的促进措施

鼓励和促进清洁生产的具体促进措施主要包括8个方面：①要纳入计划规划，即要将清洁生产纳入国民经济和社会发展计划以及环境保护、资源利用、产业发展、区域开发等规划；②要制定政策，即中央和省级政府要制定一系列有利于实施清洁生产的财政税收政策以及产业政策、技术开发和推广政策；③要合理规划布局，即要合理规划经济布局，调整产业结构，发展循环经济，促进企业之间在资源和废物综合利用等领域进行合作，实现资源的高效利用和循环使用；④要优先采用环保友好产品，即要优先采购节能、节水、废物再生利用等产品，同时通过宣传、教育等措施，鼓励公众优先购买和使用此类产品；⑤要建立表彰奖励制度，即对在清洁生产工作中做出显著成绩的单位和个人给予表彰和奖励；⑥要给予必要的资金扶持，一方面要将从事清洁生产研究、示范和培训，实施国家清洁生产重点技术改造的项目和自愿削减污染物排放协议中载明的技术改造项目纳入技术进步专项资金的扶持范围，另一方面要在中小企业发展基金中，安排适当数额予以支持；⑦要减免税收，即对利用废物生产产品的和从废物中回收原料的，税务机关按规定减征或者免征增值税；⑧允许企业将用以清洁生产审核和培训的费用列入经营成本。

五、对生产经营者的清洁生产要求

《清洁生产促进法》第三章"清洁生产的实施"，规定了对生产经营者的清洁生产要求。对生产经营者的清洁生产要求分为指导性要求、强制性要求和自愿性规定三种类型。其中，指导性的要求不附带法律责任。属于此类要求的法律规定包括有关建设和设计活动优先考虑采用清洁生产方式；按照清洁生产要求进行技术改造；普通企业的清洁生产审核等。自愿性的规定主要是鼓励企业自愿实施清洁生产，改善企业及其产品的形象，相应可以依照有关规定得到奖励和享受政策优惠。属于此类的规定包括企业自愿申请环境管理体系认证、自愿节约资源和自愿削减污染物排放量等。强制性的要求规定了生产经营者必须履行的义务。其中包括对高耗能的、使用有毒有害原料或排放有毒有害物质的部分企业要进行强制性的清洁生产审核；对污染严重的企业要按照国家环保总局的规定公布主要污染物排放情况等。《清洁生产促进法》对企业提出了九项主要义务、两项自愿性原则。

1. 九项义务

① 进行环境影响评价的义务。企业的新建、改建和扩建项目必须进行环境影响评价，对原料使用、资源消耗、资源综合利用以及污染物产生与处置等进行分析论证，优先采用资源利用率高以及污染物产生量少的清洁生产技术、工艺和设备。

② 在技术改造中采取清洁生产措施的义务。企业在进行技术改造的过程中，必须采取替代、综合利用或者循环使用等清洁生产措施以及先进的污染防治技术。

③ 合理设计产品和包装物的义务。企业对产品和包装物的设计，必须考虑其在生命周期中对人类健康和环境的影响，优先选择无毒、无害、易于降解或者便于回收利用的方案。同时，企业要对产品进行合理包装，减少包装材料的过度使用和包装废物的产生。

④ 注明标准牌号的义务。生产大型机电设备、机动运输工具以及国家有关部门指定的其他产品的企业，要按照国家质检局或者其授权机构制定的技术规范，在产品的主体构件上注明材料成分的标准牌号。

⑤ 采用节能降耗技术和设备的义务。

⑥ 合理勘查、开采矿产资源的义务。矿产资源的勘查、开采，要采用有利于合理利用资源、保护环境和防止污染的勘查、开采方法和工艺技术，提高资源利用水平。

⑦ 循环利用废物、余热的义务。企业要在经济技术可行的条件下对生产和服务过程中产生的废物、余热等自行回收利用或者转让给有条件的其他企业和个人利用。

⑧ 自行监测和实施清洁生产审核的义务。企业要对生产和服务过程中的资源消耗以及废物的产生情况进行监测，并根据需要实施清洁生产审核，超标、超量排污的企业，必须实施清洁生产审核。而使用有毒、有害原料进行生产或者在生产中排放有毒、有害物质的企业，则必须定期实施清洁生产审核，并将审核结果报告所在地的环保和经贸部门。

⑨ 公布主要污染物排放情况的义务。列入超标、超量严重排污企业名单的，要按照国家环保总局的规定公布主要污染物的排放情况，接受公众监督。

2. 两项自愿性原则

① 企业在达标排放的基础上，可以自愿与经贸和环保部门签订进一步节约资源、削减污染物排放量的协议。经贸和环保部门要在当地主要媒体上公布该企业的名称以及节约资源、防治污染的成果。同时，该自愿削减污染物排放协议中载明的技改项目，可列入有关技术进步专项资金的扶持范围。

② 企业可以根据自愿原则，按照有关规定，向国家认可的监督管理部门提出认证申请，通过环境管理体系认证，提高清洁生产水平。

六、清洁生产的鼓励措施

为了有效地推行清洁生产，除了加强宣传、提供必要的技术支持以外，还应当对实施清洁生产者给予多方面的鼓励，同时对少数应当采取清洁生产措施而拒不为之的企业给予处罚。《清洁生产促进法》对实施清洁生产的企业规定了表彰奖励、资金支持、减免增值税等措施，明确实施清洁生产者可以从多方面获益。

第三十条规定："国家建立清洁生产表彰奖励制度。对在清洁生产工作中做出显著成绩的单位和个人，由人民政府给予表彰和奖励。"第三十一条规定："对从事清洁生产研究、示范和培训，实施国家清洁生产重点技术改造项目"和第二十八条规定："自愿节约资源削减污染物排放协议中载明的技术改造项目，由县级以上人民政府给予资金支持。"第三十二条规定："在依照国家规定设立的中小企业发展基金中，应当根据需要安排适当数额用于支持中小企业实施清洁生产。"第三十四条规定："企业用于清洁生产审核和培训的费用，可以列入企业经营成本。"

《清洁生产促进法》对运用税收手段支持清洁生产做出了突破性的规定。第三十三条明确规定："对利用废物生产产品的和从废物中回收原料的，税务机关按照国家有关规定，减征或者免征增值税。"增值税的征收状况对企业利用废物生产的产品和综合利用产品的盈利水平影响很大，为了鼓励企业实施清洁生产、节约使用和充分利用资源，减、免增值税将对企业的废物回收和利用发挥激励作用。

七、清洁生产法律责任

《清洁生产促进法》对各种违背、不履行法定义务的行为规定了相应的法律责任。《清洁生产促进法》第三十九条规定，不实施强制性清洁生产审核或者在清洁生产审核中弄虚作假的，或者实施强制性清洁生产审核的企业不报告或者不如实报告审核结果的，由县级以上地方人民政府负责清洁生产综合协调的部门、环境保护部门按照职责分工责令限期改正；拒不改正的，处以五万元以上五十万元以下的罚款。

《清洁生产促进法》中的法律责任条款较少，这是由于本法的特殊性质决定的。

第三节　清洁生产评价指标体系

一、国外清洁生产指标的种类

1. 国外的清洁生产指标

当前国外常用的清洁生产评价指标见表 4-4。

表 4-4　国外常用的清洁生产评价指标

指标名称	内容简述	备注
生态指标（Eco-indicator）	从生态周期评价的观点出发，将所排放的污染物质对环境的影响进行量化评价，并建立量化的 Eco-indicator，共建立了 100 个指标	由荷兰 National Reuse Of Waste Research Programm 完成
气候变化指标（Climate Change Indicator）	污染物的排放量，所选择的包括 CO_2、CH_4、N_2O 的排放量以及氟氯烃（CRCs）、哈龙（Halons）的使用量，把以上均转换为 CO_2 的排放当量，逐年记录以评价对气候变化的影响	由荷兰开发应用
环境绩效指标（Environmental Performance Indicators，EPI）	针对铝冶炼业、油与气勘探与制造业、石油精炼、石化、造纸等行业，开发出能源指标、空气排放指标、废水排放指标、废弃物指标以及意外事故指标	挪威和荷兰环保局委托非营利机构——European Green Table 开发
环境负荷因子（Environmental Load Factor，ELF）	ELF＝废弃物质量/产品质量	英国 ICI 公司开发
废弃物产生率（Waste Ratio，WR）	WR＝废弃物质量/产出质量	美国 3M 公司
减废情况交易所（Pollution Prevention Information Ciearinghouse，PPIC）	比较使用清洁生产工艺前后的废弃物产生量、原材料消耗量、用水量以及能源消耗量，来判断该工艺是否属于清洁生产（相对原来工艺而言）	美国环保局

对表中所列各指标的具体说明如下。

（1）**生态指标**　欧盟用环境影响的大小来评估污染物质对生态环境的影响和对人类健康的危害，并建立各项指标体系。生态指标是根据污染物排放后对环境、生态系统或人类健康造成的危害的大小所建立的指标，在使用的时候，要注意这些危害的大小是属于区域性的，因为它们和当地环境的要求标准、气候状况、天文状况、水文状况是相关的。由于生态指标的区域性很强，所以这些指标对其他区域并不一定适用。

（2）**气候变化指标**　众所周知，温室气体的排放会改变大气的组成，会提高地表温度，引起全球变暖。荷兰所制定的气候变化指标是将全国每年的 CO_2、CH_4、N_2O 的排放量，以及 CFCs、Halons（氟氯烃的一种）的使用量都折算成 CO_2 的排放当量后相加，来表示对温室效应或全球变暖的影响程度大小。这一指标适用于政府对全国排放的温室气体的控制，它可以为全国温室气体的控制提供明确的指引，但是对于企业和个体却无法产生清洁生产的指导作用。

（3）**环境绩效指标**　欧盟绿色圆桌组织（European Green Table）在所提出的企业环境绩效指标（Environmental Performance Indicators in Industry）报告中，针对铝冶炼业、油与气勘探制造业、石油精炼、石化、造纸等行业，根据行业特性提出该行业应该建立的清洁生产指标项目。虽然欧盟所提出的环境绩效指标对中国并不一定完全适用，但是这种针对行业特点来制定清洁生产评价指标的做法，对于我们建立各行业的指标体系还是具有极高的参考价值。

（4）环境负荷因子　英国得利（ICI）公司所属的 FCMO（Fine Chemicals Manufacturing Organization）开发出一种称为环境负荷因子（Environmental Load Factor，ELF）的简单指标，供化学工艺开发人员评估新工艺时参考，其定义如下：

$$环境负荷因子＝废弃物质量/产品质量$$

上式中的废弃物不包括工艺用水、空气和不参加反应的氮气。该公式适合于含有化学反应的工序，其中"废弃物"不分有害与无害，只以总当量指标值表示，故不能真正表示其对环境影响程度的大小。

（5）废弃物产生率（Waste Ratio）　美国 3M 公司自 1975 年开始执 3P（Pollution Prevention Pays，污染预防获利）计划以来，绩效卓著，第一年就减少各类（气、液、固）污染物约 5.0×10^5 t。3M 公司还有一个简单的指标——废弃物产生率，可以作为评估工艺的参考值。它的定义如下：

$$废弃物产生率＝废弃物质量/产出质量$$

式中，废弃物为水、空气以外的废弃物；产出质量为产品、副产品和废弃物的总和。

3M 公司的废弃物产率与 ICI 公司的环境负荷因子极为相似，废弃物的定义相同，只是比较的基准不同而已。环境负荷因子指标以产品为基准，废弃物产率指标以总产出为基准，其值永远小于 1，而 ELF 值则可能大于 1。与 ELF 相同，Waste Ratio 的值也无法真正表示其对环境影响程度的大小。

（6）减废情况交易所　美国环保局的减废情况交易所（Pollution Prevention Information Clearinghouse，PPIC）所采用的方式为：经常评估或调查废弃物产生量、原料、水及能源的耗用量。在每次评估或调查之间一定要进行某项改善，然后比较改善前后的情况，以评估改善的程度。

总之，欧美国家和一些国际组织如经济合作与发展组织（OECD）在建设指标体系时十分注重体系的建立，并且在这方面 OECD 的工作十分突出，其主要有 2 个特点：①其环境指标分为压力、状态和反应 3 个方面，分别建立了环境压力指标、环境条件指标和社会响应指标，这 3 个方面的指标清晰地表述了环境方面的不同方面以及为解决环境问题所采取的努力；②OECD 的环境指标分成核心指标和其他部门指标等类型。核心指标数量少，但概括性强，非常适用于进行国家间的比较；而部门指标则较为具体，能反映各个部门的具体情况，在具体工作中非常有意义。在欧美国家，清洁生产主要从 3 个方面来考虑，建立指标体系也主要从这 3 个方面进行，即原材料与能源、生产过程以及产品。而指标也是从管理、技术、污染等角度建立的，各国在清洁生产工作中建立了大量的指标体系结构，如 OECD 的环境指标、美国产品生命周期分析中的指标体系、清洁产品和包装开发中的指标体系、ISO 14000 系列标准中的环境管理指标等。在建立环境指标体系方面欧美国家做得很好。

2. 清洁生产评价指标的分类

当前，世界各国常用的清洁生产指标大多是定性指标与定量指标相结合，据其性质，大致可分为三类，即宏观性指标、微观性指标和为环境设计指标（Design for Environment，DfE）。

三者的比较见表 4-5。

（1）宏观性指标　宏观性指标可以表明企业经营管理者对于环境的承诺，还可以显示企业的管理水平。但此类指标一般具有相对性，有的无法提供具体证据，不能只根据此类指标就轻易下结论。因此，此类指标不宜单独使用，而应与其他指标结合使用来进行评价。

表 4-5　清洁生产评价指标的分类比较

宏观性指标	微观性指标	为环境设计指标（DfE）
立即可用	可逐年建立，一旦建立立即可用	环境影响指标需长时间分析
相对性 每年遭受周围居民抗议的次数与所处区域有关 非具体证据与 ISO 9000 或 ISO 14000 系统无法进行对照比较 无减量计划	绝对性 有害废弃物年产率 能耗指标 清洗水再利用率 功能性包装材料所占比例	地域性（定量） 以各种原材料对环境的影响分析结果为依据，计算出各种原材料的环境影响指标 例如，Eco-indicator 定性指标
可以显示对环境的承诺，但不宜仅凭此类指标下结论	必须用实际的真实数据进行计算，结果可以用来探讨减废空间或展现环境绩效	使用者无需输入任何数据即可直接引用。可以提供作为为环境设计的参考

（2）微观性指标　微观性指标表示企业的环境影响程度的绝对值，必须要经过现场调查、测量，以获取真实资料，通过对实测的结果进行一系列计算得到具体数值。此类指标的针对性较强，要求有明确的分类和定义，属定量指标范围。此类指标可以用于识别企业的减废空间，说明企业的环境影响程度和环境绩效。

（3）为环境设计指标　为环境设计指标通常由产品生命周期的分析结果得来，根据产品生命周期模式将产品分成制造、销售、使用及弃置四个阶段，每个阶段依其特性设计出适用的清洁生产指标。此类指标为研发人员在选择材料、能源、工艺和污染物处理技术提供参考依据，可作为研发人员在开发新产品时的设计指南。此类指标既有定量指标，又有定性指标。

1）制造销售阶段

① 是否考虑原辅材料的耗竭情况：开采对环境的破坏情况。

② 是否考虑避免使用下列化学物质：公告的有毒化学物质；被列入优先污染物减量清单；对工序有毒有害的废物；废弃的化学物质。

③ 是否考虑新产品包装：外型易于包装。

④ 是否考虑原材料及能源的回收再用。

⑤ 厂内回收技术是否纳入设计。

⑥ 是否考虑污染排放的种类、浓度和总量。

⑦ 有无处理技术。

⑧ 有无回收的可能性，若有则是否提供配套的技术。

⑨ 是否进行物料和能源平衡计算。

2）使用阶段包括：①耗能情况，有无节能装置；②资源损耗情况；③产品中耗材的更替周期长短，耗材材料的可回收性。

3）弃置阶段　是否考虑产品的材质可回收性、单一性、易拆解、易处理处置。

二、清洁生产指标体系的构成和层次结构

清洁生产包括清洁原料能源、清洁的生产过程和清洁产品 3 个方面，清洁生产指标体系的构筑也应从上述 3 个方面考虑，在这一层次下又各自筛选若干分指标。

由于行业、地区和部门的差异，清洁生产指标体系所适用的对象和作用也不相同，因此，清洁生产指标体系又分为通用指标体系和特定指标体系。

通用清洁生产指标体系结构见图 4-1。

三、清洁生产评价指标

我国的清洁生产指标体系是在原有的环境质量和污染削减指标体系基础上建立的。根据

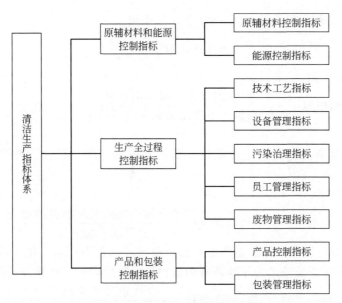

图 4-1　通用清洁生产指标体系结构

清洁生产的含义，它横向可分为技术经济、环境领域和管理领域指标；根据清洁生产过程控制的要求，它纵向可划分为源头控制、生产过程控制和产品控制指标。因此，清洁生产分析和评价主要应从工艺路线选择、节能降耗、减少污染物产生和排放等方面进行评述，同时还要兼顾环境效益和经济效益的评价。

根据工业行业的清洁生产内容，可以将工业企业清洁生产的指标体系概括成原辅材料与能源控制、清洁工艺技术与过程控制和清洁产品与包装控制 3 个方面。

1. 原辅材料与能源控制指标

原辅材料和能源是生产过程的主要消耗品，其利用水平不仅影响工业生产成本，而且也影响生产过程的废物产生和排放，进而影响环境质量。因此，应从经济技术、环境和管理等方面设置原辅材料和能源的清洁生产指标。

（1）资源、能源经济技术控制指标　清洁生产评价资源、能源利用指标包括物耗指标、能耗指标和水用量指标三类。

1）水用量指标

① 新水用量指标：

$$单位产品新水用量 = \frac{年新水总用量}{产品产量}$$

$$单位产品循环用水量 = \frac{年循环水量}{产品产量}$$

$$工业用水重复利用率 = \frac{C}{Q+C} \times 100\%$$

式中，C 为重复利用水量；Q 为新鲜水用量。新鲜水用量包括循环水补充水量、供热用水量、工艺用水量、冲洗设备管道用水量、生活用水量、消防用水量。

$$间接冷却水循环率 = \frac{C_冷}{Q_冷 + C_冷} \times 100\%$$

式中，$C_冷$ 为间接冷却水循环量；$Q_冷$ 为间接冷却水系统取水量（补充新水量）。

$$工艺水回用率 = \frac{C_X}{Q_X + C_X} \times 100\%$$

式中，C_X 为工艺水回用量；Q_X 为工艺水取水量。

$$万元产值取水量 = \frac{Q}{P}$$

式中，P 为年产值。

② 水的重复利用率 $= \dfrac{串级用水量 + 循环用水量}{新鲜水量 + 串级用水量 + 循环用水量} \times 100\%$

2）能耗指标

① 单位产品单项能耗是指生产单位产品消耗的电、煤、石油、天然气和蒸汽等能源的量。

计算公式为：

$$单位产品单项能耗 = \frac{某种产品消耗的某种能源的量}{产品数量}$$

② 单位产品综合能耗是反映企业生产的产品（或因创造产值）消耗各种能源总水平的指标，它用单位产品产量或产值平均消耗的各种能源数量表示。计算公式为：

$$单位产品（产值）综合能耗 = \frac{能源消耗总量}{工业产品产值（产品或产量）}$$

具体的指标可以是：吨产品能耗、万元产值能耗等。

③ 企业可比能耗是按标准工序计算的单位产品综合能耗，计算公式为：

$$企业可比能耗 = \frac{按标准工序计算的能源消耗总量}{工业产品产值（产品或产量）}$$

该指标主要为了同一行业不同企业之间比较综合能耗水平的高低。

④ 能源有效利用率是指已被有效利用的能源数量与投入的能源数量的比值。计算公式为：

$$能源有效利用率 = \frac{用能设备总有效率利用热量 + 输出热量}{投入能源总热量} \times 100\%$$

⑤ 能源转换率和能源转换损失率是能源加工转化设备的能源产出量与能源投入量之比，是反映能源在加工转化过程中的能源有效利用程度。它是观察能源加工转化装置的生产工艺水平和能源管理水平的重要指标。计算公式为：

$$能源转换率 = \frac{能源加工转换产出量}{能源加工转换投入量} \times 100\%$$

⑥ 能源加工转化投入量与能源加工转换产出量的差额，就是能源加工转换损失量，能源加工转换损失率的计算公式为：

$$能源加工转换损失率 = 1 - 能源转换率$$

⑦ 热能回收率是反映生产过程中将所产生的余热或可以重复利用的热能回收利用程度的指标。计算公式为：

$$热能回收率 = \frac{回收利用余热}{投入能源热量} \times 100\%$$

⑧ 节能量是指一定时期内在一定可比条件下节约或少用的能量数量。既包括由于提高能源管理水平，进行节能技术改造，采用先进节能新技术、新设备、新工艺，使能源消耗降低而节约的能源数量，也包括由于调整产业结构、产品结构而少用的能源数量，即结构节能量。计算公式为：

$$节能量 = （实际产品或产值能耗 - 基准产品或产值能耗）\times 实际产品产量或产值$$

节能量指标包括产品节能量、产值节能量、技术措施节能量和结构节能量等不同形式。

计算结果为负值是节约量，正值则是超耗量。

⑨ 节能率是反映能源节约程度的指标，其计算公式为：

$$节能率 = \left(\frac{报告期单位产品或产值能耗}{基期单位产品或产值能耗} - 1 \right) \times 100\%$$

计算结果如果为负值，表示节能率；如果为正值，则表示超耗率。

3）物耗指标

① 单位产品原料消耗量（单耗）是指生产单位产品平均实际耗用的某种原料数量。它反映该种原料的实际消耗水平，是说明企业管理水平和生产技术水平的重要指标。计算公式为：

$$单耗 = \frac{生产某种产品的某种原材料消耗总量}{某种产品产量}$$

② 原材料利用率是指合格产品中包含的原材料数量或原材料有效含量与生产该产品消耗的原材料总量的比率，说明原材料被有效利用的程度。计算公式为：

$$原材料利用率 = \left(\frac{合格产品中包含的原材料数量}{生产该产品的原材料消耗总量} \right) \times 100\%$$

分子与分母之差，是生产中未被利用的原材料。其中既有废品消耗的原材料，工艺和设备落后以及管理不善而浪费的原材料，也有在一定技术水平下不可避免的工艺损耗，一定质量水平的原材料所引起的必要损耗等。

在工业的某些行业里，原材料利用率的另外一种表现形式是原材料产出率，反映原材料的利用程度。原材料产出率与单耗互为倒数关系：

$$原材料产出率 = \frac{1}{单耗} = \left(\frac{合格产品量}{原材料总消耗量} \right) \times 100\%$$

（2）原辅材料和能源的环境指标　它反映了在资源选取的过程中和构成其产品的材料报废后对环境和人类的影响。因而可以从毒性、生态影响、可再生性、能源强度以及可回收利用这五方面建立定性分析指标。原辅材料和能源的环境指标主要包括：无毒无害原材料使用率；有毒有害原材料使用率；易降解和易处理原材料使用率；原材料在获取、运输和使用过程中的废物产生率；能源使用的废物产生率；水资源供应方等。

（3）原辅材料和能源的管理指标　原辅材料和能源的管理指标主要包括：原料运输方式、原料贮存方式、原料投入装置配备与维护、能源运输方式、能源贮存方式、能源投入装置配备与维护等。

2. 清洁工艺技术与过程控制指标

清洁工艺技术与过程控制指标，可以进一步划分为过程控制指标、循环和回收利用指标、废物处理处置指标和安全卫生指标，且每类指标又可以从经济技术、环境和管理 3 个方面进行细化。

（1）工艺技术与过程控制的经济技术指标

1）生产工艺与装备要求。选用清洁生产工艺、淘汰落后有毒有害的原辅材料和落后的设备，是推行清洁生产的前提，因此在清洁生产评价中，首先要对工艺技术的来源和技术特点进行分析，说明其在同类技术中所占的地位以及选用设备的先进性。对于一般性建设项目的环境评价工作，生产工艺与装备的选取直接影响到该项目投入生产后，资源、能源的利用效率和废弃物的产生。该项目可从装置规模、工艺技术、设备等方面体现出来，分析其在节能、减污、降耗等方面达到的清洁生产水平。

2）污染物产生指标。污染物产生指标和资源、能源利用指标一样，也是反映生产工艺和管理水平高低的指标，通常分废水、废气和固体废弃物指标三类。另外，还包括产污等标指标、产污增长指标、产污有毒指标等。

① 废水产生指标：包括单位产品的废水产生量和单位产品废水中主要污染物产生量指标。

$$单位产品废水排放量 = \frac{年排入环境废水总量}{产品产量}$$

$$单位产品 COD 排放量 = \frac{全年 COD 排放量}{产品产量}$$

$$污水回用率 = \left(\frac{C_污}{C_污 + C_{直污}} \right) \times 100\%$$

式中，$C_污$ 为污水回用量；$C_{直污}$ 为直接排入环境的污水量。

水污染物排放量指标包括：废水排放总量（t/a）；COD 排放量（t/a）；BOD 排放量（t/a）；某种类重金属排放量（t/a）。

水环境污染治理指标包括：废水处理率（%）；COD 去除量（t/a）；BOD 去除量（t/a）；废水中重金属去除量（t/a）。

② 废气产生指标：包括单位产品废气产量和单位产品废气产量中主要污染物的含量指标。

$$单位产品废气产量 = \frac{全年废气产生总量}{产品产量}$$

$$单位产品 SO_2 排放量 = \frac{全年 SO_2 排放量}{产品产量}$$

大气污染物排放量指标包括：工业二氧化硫排放量（t/a）；工业烟尘排放量（t/a）；工业粉尘排放量（t/a）；燃料燃烧过程废气排放量（t/a）；生产工艺过程废气排放量（t/a）；经过消烟除尘的燃料燃烧废气量（t/a）；经过净化处理的生产工艺废气量（t/a）。

大气环境污染治理指标包括：二氧化硫去除率（%）；烟尘去除量（t/a）；粉尘回收率（%）。

③ 固体废弃物产生指标：废物产生量指标是对废物进行合理地分类、鉴别、管理的依据，主要包括单位产品的固体废弃物产生量指标和单位产品固体废弃物综合利用率指标。除此之外还有固体废物累积存量和占地面积等总量指标。

废物产生量通常采用的计算公式为：

$$固体废物产生量 = 固体废物产率 \times 产品产值或产量$$

④ 产污等标指标：产污等标指标是生产过程产生"三废"（废水、废气、废渣）中的各污染物的产生量与排放标准之比。其计算公式为：

$$产污等标指标 = \sum \frac{单位产品"三废"中污染物产生量}{"三废"排放标准}$$

⑤ 产污增长指标：产污增长指标是"三废"中所有污染物年产生量增长率与产值增长率之比。通常采用的计算公式为：

$$产污增长指标 = \frac{"三废"中污染物年产生量增长率}{产值增长率}$$

⑥ 产污有毒指标：产污有毒指标是单位产品每年所产生"三废"中所有有毒污染物的量。通常采用的计算公式为：

$$产污有毒指标 = \frac{"三废"中有毒污染物年产生量}{年生产产值（规模）}$$

3）循环和回收利用及处理处置指标

① 污染物循环利用指标。废物回收利用是清洁生产的重要组成部分，在现阶段，生产过程不可能完全避免产生废水、废料、废渣、废气（废汽）和废热，然而这些"废物"只是相对的概念，在某一条件下是造成环境污染的废物，在另一条件下就可能转化为宝贵的资源。对于生产企业应尽可能地回收和利用废物，而且应该是高等级的利用，逐级降级使用，然后再考虑末端治理。污染物循环利用主要包括水资源循环利用指标、固体废物综合利用指标和废气综合利用指标等。水资源循环利用指标主要包括工业废水回收利用率（%）等；固体废物综合利用指标包括固体废物综合利用率（%）、固体废物处置率（%）和固体废物综合治理率（%）等；废气综合利用指标包括废气回收利用率、煤气回收利用率等。

② 物料及能源循环和回收利用指标。企业清洁生产的循环和回收利用的经济技术指标主要包括：物料循环利用率、动力循环利用率、热能回收率、回收利用工程的合理性、回收利用技术工艺的先进性等。

4）废物处理处置指标。废物处理处置的经济技术指标。企业废物处理处置的经济技术指标主要包括废物处理处置技术水平和废物处理处置方式等。

（2）过程控制的环境指标　企业清洁生产过程控制的环境指标主要如下。

1）生产过程中的指标。废水产生量（率）和排放量、废水处理量（率）和处理达标率、废水中污染物含量和浓度、废水中污染物的毒性；废气产生量（率）和排放量、废气处理量（率）和处理达标率、废气中污染物含量和浓度、废气中污染物的毒性；固体废物产生量（率）和排放量、固体废物中各污染物数量、固体废物中各污染物毒性；噪声水平和达标率、环境意外事件的数量、生产过程对周围社区和环境的影响等。

2）循环和回收利用的环境指标。主要包括固体废物综合利用率、可回收物质的毒性和有害性、二次利用的环境影响。

3）废物处理处置的环境指标。主要包括：废物产生量，废物占地面积，废物累积存量，固体废物处置率，废物弃置对地表水、地下水、大气、土壤和生态环境的破坏等。

（3）过程控制的管理指标

① 生产过程控制的管理指标主要包括：跑、冒、滴、漏情况，环境投诉数量，环境规章建立和执行情况，环境计划指标达标率，考核计划指标完成率，生产现场布局合理性，操作合理性和规范性等。

② 循环和回收利用的管理指标。主要包括原地回收利用的管理方式、不可在原地回收利用物料的运输和回收利用情况、登记和分类管理等。

③ 废物处理处置的管理指标。主要包括废弃过程的监督管理等。

3. 清洁产品和包装控制指标

清洁生产一方面侧重在生产过程中的污染预防和源削减；另一方面也关注产品的环境影响。产品的性能和包装在产品贮存、运输、销售、使用直至产品报废或处置过程以及寿命优化都将对环境和人体产生影响。产品环境指标作为体现清洁生产指标的重要组成部分，对于推动清洁生产和产品生态设计具有重要的意义。

（1）清洁产品和包装的经济技术指标　主要包括产品的体积和重量、产品结构和功能的复杂性、产品使用寿命、产品所用原材料的种类、产品回收利用率、产品废物回收利用产值和利润、包装废物回收利用产值和利润、包装材料可回收利用率等。

（2）清洁产品和包装的环境指标

① 清洁产品指标：是指单位产品总成分中所含有毒有害成分的量。

② 寿命优化指标：是使产品的技术寿命（即产品的功能保持良好的时间）、美学寿命（即产品对用户具有吸引力的时间）和初设寿命处于优化状态。常采用产品技术寿命指标。

③ 另外还有产品的性能指标、替代产品的性能指标、产品的包装性能、使用后报废产品的毒性和有害性、二次利用的环境影响、回收利用的材质生产产品的质量指标、回收利用的工艺指标、回收利用的产品利润、产品观念的更新和环境意识指标、生态标志等。主要包括：产品运输、贮存、销售、使用的健康风险；产品运输、贮存、销售、使用的环境风险；产品使用中的材料消耗；产品使用中的能耗；产品废物的生态降解能力；产品废物的毒性和有害性；包装材料的生态降解能力；包装废物最小化指标；包装材料毒性指标等。

（3）清洁产品和包装的管理指标　主要包括产品的设计与开发、产品的运输与销售、与产品相关的服务、产品的环境与生态标志、原地回收利用的管理方式、不可在原地回收利用的产品或包装的运销等。

4. 环境管理指标

（1）环境管理的要求内容　环境管理从环境法律法规、废物处理处置、生产过程环境管理、相关方面环境管理等几个方面提出要求。

① 环境法律、法规标准：要求生产企业符合国家和地方有关环境法律、法规，污染物排放达到国家和地方排放标准及总量控制要求。

② 废物处理处置：要求对建设项目的一般废物进行妥善处理处置；对危险废物进行无害化处理，这一要求与环境评价工作内容一致。

③ 生产过程环境管理：对建设项目投产后可能在生产过程中产生废物的环节提出要求，例如：要求企业建立原材料质检制度和制订原材料消耗定额，对能耗、水耗及产品合格率有考核，各种人流、物料包括人的活动区域、物品堆存区域、危险品等有明显标识，对跑、冒、滴、漏现象能够控制等。

④ 相关方环境管理：出于环境保护的目的，对建设项目施工期间和投产使用后，对于相关方（如原料供应方、生产协作方、相关服务方等）的行为提出环境要求。

指标体系的选取涉及企业的方方面面，影响因素比较多，各项指标值在整个指标体系中所占的比重一定程度上反映该指标在产品生产、销售、使用的全生命周期中对环境影响的重要性。所以，在对清洁生产进行评价时，要保证评价过程的客观性、科学性和可操作性。从清洁生产的战略思想和内涵看，指标体系的设定应把握好原材料、生产过程、产品及环境四个环节的要求。

（2）环境管理指标　环境管理指标包括生产过程控制中的环境管理指标、企业环境管理指标、劳动保护与安全卫生指标和环境经济效益指标等。

1）生产过程控制中的环境管理指标。主要有环境计划指标和环境保护考核指标。

① 环境计划指标。环境计划指标是指根据环境目标与生产指标做综合平衡，应有相应的递减率。这方面尚无成熟的经验，一般用主要污染物的"万元增加值（或产值）排污量"或"万元等标污染负荷"作为环境计划指标。

② 环境保护考核指标。环境保护考核指标主要有两类，即排放合格率或排放达标率和考核指标计划完成率。

污染物综合排放合格率是指排放合格的污染因子数与全部污染因子数之比的百分率。其数学计算公式为：

$$P = \frac{N}{M} \times 100\%$$

式中，P 为企业污染综合排放合格率；M 为企业主要污染源的主要污染因子总个数，$M = \sum_{i=1}^{n} k_i$；N 为企业主要污染源的排放合格的主要污染因子总个数，$N = \sum_{j=1}^{m} l_j$；i 为主要污染源的序号；j 为含有排放合格的主要污染因子的污染源序号；n 为主要污染源总个数（废气按生产设施的烟囱或排气筒个数计，无烟囱或排气筒的按生产设施的个数计；废水按生产设施或车间、工厂的排放口个数计）；m 为含有排放合格的主要污染因子的主要污染源总个数；k_i 为第 i 个污染源中主要污染因子数；l_j 为第 j 个污染源中排放合格的主要污染因子数。

污染物综合排放合格率还可以由污染物排放达标率表示：

$$污染物排放达标率=\frac{主要污染源达标排放的主要污染物项目总数}{主要污染源的主要污染物项目总数}\times100\%$$

达标率指标有：废水达标率（%）、工艺尾气达标率（%）、厂界噪声达标率（%）等。

考核指标计划完成率：

$$主要污染物排放量计划完成率=\frac{已完成排放量计划的主要污染物项目数}{计划考核的污染物总项目数}\times100\%$$

$$主要污染物排放达标率的计划完成率=\frac{已完成的排放达标率}{计划排放达标率}\times100\%$$

$$环境保护计划综合完成率（双指标考核）=\frac{排放量计划完成率+排放达标率的计划完成率}{2}$$

2）企业环境管理指标。企业环境管理指标主要是定性指标，主要涉及企业环境管理制度建立执行情况、企业环境管理计划制订实施情况、企业环保设施运行管理情况、企业环保信息交流情况、企业原辅材料供应情况、生产过程污染源监测控制情况等。

3）环境经济效益指标

① 环保投资偿还期是指环保初始投资费用与环保投资所产生的年净经济效益（环境经济年总效益与年环保运转费用之差）之比。

② 环保成本是指单位产品所付出的环境代价（年环保费用和不可避免的损失费）；环境系数是指项目创造每元产值所付出的环境代价（元/元）。

4）劳动保护与安全卫生指标。随着清洁生产的深入推广和清洁生产内容的不断丰富和完善，应将企业的劳动保护与安全卫生的要求逐渐纳入清洁生产指标体系中，作为环境管理指标的一部分。该类指标主要是在分析采取劳动安全卫生对策设施、设置劳动安全卫生机构、建立检测保健制度以及配备专门人员等内容的基础上，针对生产过程中职业危害因素而设置的。

劳动安全和卫生指标包括：a. 劳动安全和卫生的经济技术指标，主要包括劳动安全设备的技术水平、防毒防尘、改善劳动条件专门拨款数量、事故损失额、事故赔款总额等；b. 劳动安全和卫生的环境指标，主要包括职业健康影响等级、职业危险等级、单位产出人员伤亡率、单位产出人员发病率、特定职业病发病率等；c. 劳动安全和卫生的管理指标，主要包括现场清洁卫生指标、现场安全状况、劳动安全和卫生管理措施实施情况、职工出勤率、设备事故率、设备监测和监督情况、监测和监督人员配备情况等。

清洁生产评价体系各大类指标中包含若干分指标，具体内容因各企业的不同而有所差异和偏重，常用到的由 15 个单项指标构成。具体见表 4-6。

表 4-6　清洁生产判断评价指标体系

指标	序号	单项指标名称	单位	含义与计算
资源指标	1	物耗系数	t/t(m³)	主要原、辅料年用量之和/M(t)
	2	能耗系数	kJ/t(m³)	能源年消耗量(kJ)/M(t)
	3	清洁水耗系数	t/t(m³)	清洁水年用量/M(t)
	4	物料损耗系数	t/t(m³)	某物料年损耗量/M(t)
	5	资源有毒有害系数	t/t(m³)	有毒害原材料和能源年用量之和/M(t)

续表

指标	序号	单项指标名称	单位	含义与计算
污染物产生指标	6	废水排放系数	t/t(m³)	废水年排放量/M(t)
	7	废气排放系数	t/t(m³)	废气年排放量/M(t)
	8	固体废物排放系数	t/t(m³)	固体废弃物年排放量/M(t)
	9	产污增长系数	t/t(m³)	"三废"中污染物年产生总量增长率/年产值增长率
	10	产污有毒系数	t/t(m³)	年产生"三废"中有毒害污染物的量/M(t)
环境经济效益	11	环保投资偿还期	年	初始环保投资额(元)/(B−C)
	12	环保成本	元/t(m³)	年环境代价(元)
	13	环境系数	元/元	年环境代价(元)/年产值(元)
产品清洁	14	清洁产品系数	t/t(m³)	产品有毒害成分的量(t)/产品总量[t(或 m³)]
	15	产品使用年限	年	产品功能保持良好的时间

注：1. 摘自：金适. 清洁生产与循环经济. 2007。

2. $M(t)$ 为年生产规模（单位为 t 或 m³）；B 为环保投资年总效益；C 为年环保运转费用。表中各值均为正常操作条件下的取值。

第四节　清洁生产的评价方法

对环境影响评价项目进行清洁生产分析，必须针对清洁生产指标确定出既能反映主体情况，又简便易行的评价方法。考虑到清洁生产指标涉及面较广、完全量化难度大等特点，针对不同的评价指标，确定不同的评价等级，对于易量化的指标评价等级可分细一些，不易量化的指标评价等级则分粗一些，最后通过权重法将所有指标综合起来，从而判定建设项目的清洁生产程度。

一、评价等级

依据清洁生产理论和行业特点，将清洁生产评价分为定性评价和定量评价两大类。原材料指标和产品指标量化难度大，属于定性评价，可分为三个等级；资源指标、污染物产生指标和环境经济效益指标易于量化，属于定量评价，可分为五个等级。

1. 定性评价等级

① 高：表示所使用的原材料和产品对环境的有害影响比较小。

② 中：表示所使用的原材料和产品对环境的有害影响中等。

③ 低：表示所使用的原材料和产品对环境的有害影响比较大。

2. 定量评价等级

① 清洁：有关指标达到本行业国际先进水平。

② 较清洁：有关指标达到本行业国内先进水平。

③ 一般：有关指标达到本行业国内平均水平。

④ 较差：有关指标达到本行业国内中下水平。

⑤ 很差：有关指标达到本行业国内较差水平。

为了方便统计和计算，定性和定量评价的等级分值范围均定为 0～1。对定性评价 3 个等级，按照基本等量、就近取整的原则来划分各等级的分值范围；对定量指标依据同样原则来划分各等级的分值范围。

二、评价方法

目前，国内外的清洁生产指标体系日趋完善，但是在清洁生产评价方法上并不明确。在实践中主要采用生命周期分析（Life Cycle Analysis，LCA）来反映评价对象对环境的影响程度。国内常用的清洁生产评价方法见表 4-7。

表 4-7　国内常用的清洁生产评价方法

评价方法	指标体系特征	数学模型	权重方法
轻工行业清洁生产评价方法	从产品生命周期全过程选取原材料、产品、资源和污染物产生四大类指标	百分制	专家打分法
综合指数评价方法	从清洁生产战略思想和内涵选取资源、污染物产生、环境经济效益和产品清洁四类指标	兼顾极值计权型综合指数；评估对象与类比对象指数比值求和	算术平均
工业企业清洁生产评价方法	根据生产工序选取设备、能耗、物质成分含量、原料利用率、水重复利用率、废物利用率、污染物排放合格率指标	综合指数；评估对象指数和与指标项目数之比	无
生产清洁度	包括消耗系数、排污系数、无毒无害系数、职工健康系数、污染物排放合格率	权重求和	专家打分
清洁生产潜力评价	包括工艺指标、技术经济指标、管理指标和环保指数四类指标	模糊评价法	层次分析法

摘自：金适.清洁生产与循环经济.2007。

目前，国内常选用的清洁生产分析方法主要有指标对比法和分值评定法。

1. 指标对比法

用我国已颁布的清洁生产标准或选用国内外同类装置清洁生产指标，对比分析评价项目的清洁生产水平。

（1）单项评价指数法　单项评价指数是以类比项目相应的单项指标参照值作为评价标准计算得出，计算公式为：

$$I_i = \frac{\rho_i}{S_i}$$

式中，I_i 为单项评价指数；ρ_i 为目标项目某单项指数对象值（设计值）；S_i 为类比项目某项目指标参照值。

（2）类别评价指数　类别评价指数是根据所属各单项指数的算术平均计算而得，计算公式为：

$$P_j = \frac{\sum I_i}{n}$$

式中，$i = 1, 2, 3, \cdots, n$；$j = 1, 2, 3, \cdots, m$；P_j 为类别评价指数；n 为该类别指标下设的单项个数。

（3）综合评价指数　为了综合描述企业清洁生产的整体状况和水平，克服个别评价指标对评价结果准确性的掩盖，避免确定加权系数的主观影响，可采用一种兼顾极值或突出最大值型的计权型的综合评价指数。计算公式为：

$$N = \sqrt{\frac{(I_{i,M}^2 + P_{j,a}^2)}{2}}$$

式中，N 为清洁生产综合评价指数；$P_{j,a} = \dfrac{\sum P_j}{m}$ 为类别评价指数的平均值；$I_{i,M}$ 为各项评价指数中的最大值；m 为评价指标体系下设的类别指标数。

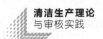
2. 分值评定法

分值评定法也称百分制评价方法。首先，对各项指标按照等级评分标准分别进行打分，若有分指标则按照分指标打分，然后分别乘以各自的权重，最后累加起来得到总的分数。通过总分值和各项分指标分值，可以判定建设项目整体所达到的清洁生产程度和需要改进的地方。

（1）权重值的确定　清洁生产评价的等级分值范围为0～1，权重值总和为100。为了保证评价方法的准确性和适用性，在各项指标（包括分指标）的权重确定过程中，国家环境保护总局（现生态环境部）在"环境影响评价制度中的清洁生产内容和要求"项目研究中，采用了专家调查打分法。专家范围包括：清洁生产方法学专家、清洁生产行业专家、环境评价专家、清洁生产和环境影响评价政府官员。调查统计结果见表4-8。

表4-8　清洁生产指标权重专家调查统计结果

评 价 指 标		权重值	合 计
原材料指标	毒性	7	25
	生态影响	6	
	可再生性	4	
	能源强度	4	
	可回收利用性	4	
产品指标	销售	3	17
	使用	4	
	寿命优化	5	
	报废	5	
资源指标	能耗	11	29
	水耗	10	
	其他物耗	8	
污染产生指标		29	29
总权重值		100	100

专家们对生产过程的清洁生产指标进行权重打分时，对资源指标和污染物产生指标比较关注，均给出污染产生指标最高权重值29，原材料指标次之，权重值为25，产品指标最低，权重值为17。各项评价指标的分指标也给出了权重值。但是由于不同企业的污染物产生情况差别很大，因而未对污染物产生指标中的各项分指标的权重值加以具体规定。

清洁生产水平总分按下面的公式计算：

$$L = \sum W_i D_i$$

式中，L 为评价对象清洁生产水平总分；D_i 为评价对象第 i 种指标的清洁生产等级得分；W_i 为评价对象第 i 种指标的权重。

指标体系权重值总和为100，各指标权重值代表各指标在整个指标体系中所占的比重，一定程度上反映该指标在产品生产、销售、使用的全生命周期中对环境影响的重要性。权重值采用上面所述的专家打分法。

（2）总体评价要求　清洁生产是一个相对的概念，因此清洁生产指标的评价结果也是相对的。从上述清洁生产的评价等级和标准的分析可以看出，如果一个建设项目综合评分结果＞80分，从平均意义上说，该项目在原材料的选取上对环境的影响、产品对环境的影响、生产过程中资源的消耗程度以及污染物的产生量均处于同行业国际先进水平，因而从现有的技术条件看，该项目属于"清洁生产"；同理，若综合评分为70～80分，可以认为该项目为"比较先进"项目，即总体在国内处于先进水平，某些指标处于国际先进水平；若综合评分为 55～70 分，可以认为该项目为"一般"项目，即总体在国内处于中等水平；若综合评分为 40～55 分，可以认为该项目为"落后"项目；若综合评分＜40 分，可以认为该项目为"淘汰"项目。

三、电解锰行业清洁生产评价指标体系

1. 适用范围及分级

规定了电解锰行业（不含锰矿开采）清洁生产的一般要求。电解锰是指用锰矿粉经酸浸出获得锰盐，再送电解槽电解析出的单质金属锰。指标体系将清洁生产评价指标分为六类，即生产工艺及装备要求、资源能源消耗指标、资源综合利用指标、污染物产生指标、产品特征指标和清洁生产管理指标。

指标体系适用于电解锰行业（不含锰矿开采）企业清洁生产审核、清洁生产潜力与机会的判断、清洁生产绩效评定和清洁生产绩效公告，也适用于环境影响评价、排污许可证、环保领跑者等环境管理需求。

指标体系依据综合评价所得分值将清洁生产等级划分为三级：Ⅰ级为国内清洁生产领先水平；Ⅱ级为国内清洁生产先进水平；Ⅲ级为国内清洁生产一般水平。随着技术的不断进步和发展，本评价指标体系将适时修订。

2. 评价指标体系

电解锰行业清洁生产评价指标体系各指标、评价基准值和权重值见表 4-9。

3. 评价方法

（1）指标无量纲化　不同清洁生产指标由于量纲不同，不能直接比较，需要建立原始指标的隶属函数。

$$Y_{gk}(x_{ij}) = \begin{cases} 100, x_{ij} \in g_k \\ 0, x_{ij} \in g_k \end{cases}$$

式中，x_{ij} 表示第 i 个一级指标下的第 j 个二级指标；g_k 表示二级指标基准值，其中 g_1 其中为Ⅰ级水平，g_2 为Ⅱ级水平，g_3 为Ⅲ级水平；Y_{gk} 为二级指标 x_{ij} 对于级别 g_k 的隶属函数。

如上式所示，若指标 x_{ij} 属于 g_k，则隶属函数的值为 100，否则为 0。

（2）综合评价指数计算　通过加权平均、逐层收敛得到评价对象在不同级别的得分，如下所示：

$$Y_{gk} = \sum_{i=1}^{m}\left[w_i \sum_{j=1}^{n_i} \omega_{ij} Y_{gk}(x_{ij})\right]$$

式中，w_i 为第个一级指标的权重，ω_{ij} 为第 i 个一级指标下的第 j 个二级指标的权重，其中，$\sum_{i=1}^{m} w_i = 1$，$\sum_{j=1}^{n_i} \omega_{ij} = 1$；$m$ 为一级指标的个数；n_i 为第个一级指标下二级指标的个数。另外，Y_{g1} 等于 $Y_Ⅰ$，Y_{g2} 等同于 $Y_Ⅱ$，Y_{g3} 等同于 $Y_Ⅲ$。

（3）电解锰行业企业清洁生产水平的评定　本体系采用限定性指标评价和指标分级加权评价相结合的方法。

在限定性指标达到Ⅲ级水平的基础上，采用指标分级加权评价方法，计算行业清洁生产综合评价指数。根据综合评价指数，确定企业清洁生产水平等级。判定企业清洁生产水平的综合评价指数见表 4-10。

表 4-9　电解锰行业清洁生产评价指标、权重及基准值

一级指标	一级指标权重	序号		二级指标	二级指标权重	单位	基准值 Ⅰ级	基准值 Ⅱ级	基准值 Ⅲ级
生产工艺及装备要求	0.25	1	制粉工序	制粉设备	0.05	—	能耗在25kW·h/t·矿粉以下的	能耗在35kW·h/t·矿粉以下的	能耗在45kW·h/t·矿粉以下的
		2		矿粉贮存与输送	0.05	—	采取封闭式或防散扬贮存、贮存、全封闭输送通道；自动输送机输送，设置封闭进料料斗；上料过程无粉尘产生	采用封闭负压粉碎系统；采取封闭式或防散扬贮存、贮存；仓库配置通风设施，设防尘投料斗；设除尘设备	贮存仓库配自然通风设施，设防尘投料斗；人工或半自动进料，设除尘设备
		3	化合工序	化合槽	0.05	m³	≥400	≥300	≥250
		4	固液分离工序	固液分离设备①	0.1	%	高压隔膜压滤等满足锰渣滤饼含水率≤24%的设备	高压隔膜压滤等满足锰渣滤饼含水率≤26%的设备	
		5	电解及后续工序	电解槽	0.08		耐腐蚀材料电解槽或工程塑料电解槽空安装	耐腐蚀工程塑料或其他非金属防腐蚀材料电解槽	耐腐蚀工程塑料或其他非金属腐蚀材料电解槽
		6		整流系统效率	0.05	%	≥97	≥93	≥90
		7		阴极板出入槽方式	0.1		自动化方式出入槽	夹具吊装方式出入槽、入槽	
		8		钝化工艺	0.1		采用免钝化工艺或使用无铬钝化剂		钝化过程重铬酸钾用量≤2kg/tMn
		9		钝化/清洗装置①	0.1		自动化流水线流水线	轨道移动式钝化槽集中钝化、超声波剥离	固定钝化槽集中钝化、高压枪冲洗
		10		剥离方式	0.08		自动剥板方式	机械剥离	人工剥离
		11	环保设施	化合酸雾吸收装置①	0.06			安装酸雾收装置	
		12		电解车间氨气逸散设施	0.06			设置强制通风设施	
		13		防腐防渗措施①	0.06			设置《工业建筑防腐蚀设计规范》(GB 50046)的有关要求	
		14	公辅系统	给排水系统①	0.06		生产车间地面，废水收集和处理系统，清污分离，雨污分离、分质处理	清污分离，雨污分离、分质处理	
资源能源消耗指标	0.2	15		直流电耗	0.25	kW·h/tMn	≤5800/7500②	≤6000/8000②	≤6300/8500②
		16		酸溶性锰合回收率（碳酸锰矿粉/二氧化锰矿粉）①	0.25	%	≥88/88③	≥85/85②	≥80/80②
		17		单位产品取水量①	0.25	m³/tMn	≤2	≤3	
		18		硫酸单耗	0.1	t/tMn	1.9	2.0	2.1
		19		二氧化硒或二氧化硫单耗	0.15	kg/tMn	≤1.0/20	≤1.2/25	≤1.5/30
资源综合利用指标	0.12	20		工业用水重复利用率①	0.25	%	≥90	≥85	≥80
		21		废水处理及回用率①	0.25	—	设废水处理及回用站，处理达标后100%回用于工艺	设废水处理站，处理后回用于工艺	设废水处理站，处理后部分废水回用于工艺

续表

一级指标	一级指标权重	序号	二级指标	二级指标权重	单位	基准值		
						Ⅰ级	Ⅱ级	Ⅲ级
资源综合利用指标	0.12	22	渣坝下游渗滤液回收率	0.2	%	100%	100%	100%
		23	电解锰渣无害化处理和综合利用率	0.3	%	≥20	≥15	≥10
污染物产生指标	0.26	24	单位产品废水产生量（处理前）①	0.2	m³/tMn	≤1	≤2	≤3
		25	单位产品废水总锰产生量	0.15	g/tMn	≤1200	≤2000	≤3000
		26	单位产品废水六价铬产生量	0.15	g/tMn	≤30	≤30	≤150
		27	单位产品废水COD产生量	0.05	g/tMn	≤1200	≤4000	≤6000
		28	单位产品废水氨氮产生量	0.05	g/tMn	≤500	≤520	≤550
		29	锰渣产生量（湿基·碳酸锰矿/二氧化锰矿）③	0.2	t/tMn	≤6.8/4.9③	≤8.4/6.9③	≤10.6/7.8③
		30	锰渣中水溶性锰含量（干基）	0.1	%	≤0.8	≤1.2	≤1.5
		31	阳极泥产生量	0.1	kg/tMn	≤50	≤80	≤120
产品特征指标	0.05	32	产品合格率（符合YB/T051 中相应规格的成分要求）	0.5	%	100	≥98	≥95
		33	产品中硒含量（YB/T051 DJMnD级/P级）	0.5	%	≤0.04	≤0.05	≤0.06
清洁生产管理指标	0.12	34	环境法律法规标准①	0.25	—	符合国家和地方有关环境法律、法规，污染物排放达到国家和地方排放标准；污染物排放达到国家和地方排放标准，满足环境影响评价、环保"三同时"制度，总量控制和排污许可证管理要求；符合国家和地方相关产业政策，不使用国家和地方明令淘汰或禁止的落后工艺和装备		
		35	固体废物处理处置①	0.1	—	电解锰渣按GB 18599 中第Ⅱ类一般工业固体废物的要求贮存、处置；废水处理过程产生的含铬废渣，按GB 18597 的相关规定执行；电解过程产生的电解锰阳极泥，参照GB 18597 的相关规定执行		
		36	清洁生产组织、管理及实施①	0.3	—	设有清洁生产管理部门和配备专职管理人员；制订有清洁生产工作规划及年度工作计划　每年清洁生产中/高费方案实施率≥90%	每年清洁生产中/高费方案实施率≥70%	每年清洁生产中/高费方案实施率≥50%
		37	生产工艺用水管理①	0.15	—	安装计量仪表，主要用水点开展节能评估、组织开展节能计量工作，实施节能改造工作，实施节能改造项目完成率为90%；能源计量器具配备率符合GB 17167 三级计量要求	按国家规定要求，组织开展节能评估、组织开展节能计量工作，实施节能改造工作，实施节能改造项目完成率为70%；能源计量器具配备率符合GB 17167 三级计量要求	按国家规定要求，组织开展节能评估、实施节能改造工作，能改造项目完成率≥50%；能源计量器具配备率符合GB 17167 二级计量要求
		38	节能管理	0.1	—			
		39	环境信息公开	0.1	—	按照《环境信息公开办法（试行）》要求公开环境信息；按照 HJ 617 编写企业环境报告书		

①限定性指标。②无硒电解。③采用二氧化锰矿为原料。

表 4-10　电解锰行业企业清洁生产水平判定的综合评价指数

企业清洁生产水平	清洁生产综合评价指数
Ⅰ级(国内清洁生产领先水平)	同时满足:限定性指标全部满足Ⅰ级基准值要求 $Y_{\text{Ⅰ}} \geq 85$
Ⅱ级(国内清洁生产先进水平)	同时满足:限定性指标全部满足Ⅱ级基准值要求及以上 $Y_{\text{Ⅱ}} \geq 85$
Ⅲ级(国内清洁生产一般水平)	同时满足: $Y_{\text{Ⅲ}} = 100$

(4) 综合评价指数计算步骤　第一步:将新建企业或新建项目、现有企业相关指标与Ⅰ级限定性指标进行对比,全部符合要求后,再将企业相关指标与Ⅰ级基准值进行逐项对比,计算综合评价指数得分 $Y_{\text{Ⅰ}}$,当综合指数得分 $Y_{\text{Ⅰ}} \geq 85$ 分时可判定企业清洁生产水平为Ⅰ级。当企业相关指标不满足Ⅰ级限定性指标要求或综合指数得分 $Y_{\text{Ⅰ}} < 85$ 分时,则进入第 2 步计算。

第二步:将新建企业或新建项目、现有企业相关指标与Ⅱ级限定性指标进行对比,全部符合要求后,再将企业相关指标与Ⅱ级基准值进行逐项对比,计算综合评价指数得分 $Y_{\text{Ⅱ}}$,

当综合指数得分 $Y_{\text{Ⅱ}} \geq 85$ 分时,可判定企业清洁生产水平为Ⅱ级。当企业相关指标不满足Ⅱ级限定性指标要求或综合指数得分 $Y_{\text{Ⅱ}} < 85$ 分时,则进入第 3 步计算。

新建企业或新建项目不再参与第 3 步计算。

第三步:将现有企业相关指标与Ⅲ级限定性指标基准值进行对比,全部符合要求后,再将企业相关指标与Ⅲ级基准值进行逐项对比,计算综合指数得分 $Y_{\text{Ⅲ}}$,当综合指数得分 $Y_{\text{Ⅲ}} = 100$ 分时,可判定企业清洁生产水平为Ⅲ级。当企业相关指标不满足Ⅲ级限定性指标要求或综合指数得分 $Y_{\text{Ⅲ}} < 100$ 分时,表明企业未达到清洁生产要求。

4. 指标核算及数据来源

(1) 指标核算

1) 整流系统效率。在直流供电过程中,整流系统效率直接影响电能由交流变直流过程的能耗损失。电解锰企业整流系统效率的计算公式如下:

$$\eta = \frac{E_{\text{DC}}}{E_{\text{AC}}} \times 100\%$$

式中, η 为整流系统效率,%; E_{DC} 为单个生产周期内整流器输出的直流电量,kW·h; E_{AC} 为单个生产周期内整流器输入的交流电量,kW·h。

2) 直流电耗。直流电耗是电解过程的重要能耗技术指标,用下面的公式表示:

$$\varphi = \frac{E_{\text{电解}}}{M_{\text{锰}}}$$

式中, φ 为吨锰直流电耗,kW·h/t; $E_{\text{电解}}$ 为单个生产周期内电解工序消耗的电量,kW·h; $M_{\text{锰}}$ 为单个生产周期内电解锰的产量,t。

3) 酸溶性锰综合回收率。计算公式如下:

$$\delta_{\text{可溶性锰}} = \frac{M_{\text{锰}}}{M_{\text{耗}} \, T} \times 100\%$$

式中, $\delta_{\text{可溶性锰}}$ 为酸溶性锰利用率,%; $M_{\text{锰}}$ 为单个生产周期内电解锰的产量,t; $M_{\text{耗}}$ 为单个生产周期内锰矿石的消耗量,t; T 为锰矿石的品位,%。

4) 单位产品取水量。企业在一定生产周期内每生产 1t 电解锰成品需要从各种水资源提取的水量,包括取自地表水(以净水厂供水计算)、地下水、城镇供水工程,以及企业从市场购得的其他水或水的产品(如蒸汽、热水、地热水等的水量),不包括电解过程冷却循环水及废水处理完等其他循环利用水。

$$V_{U_2} = \frac{W_2}{M_\text{锰}}$$

式中，V_{U_2} 为单位产品取水量，t/t；W_2 为单个生产周期内取水总量，t；$M_\text{锰}$ 为单个生产周期内电解锰的产量，t。

5）硫酸或二氧化硒单耗。指电解锰生产过程中单位产品消耗的硫酸或二氧化硒质量。

$$W_i = \frac{M_i}{M_\text{锰}}$$

式中，W_i 为单位产品第 i 种辅料的消耗量，t/t 或 kg/t；M_i 为单个生产周期内第 i 种辅料的消耗量，t 或 kg；$M_\text{锰}$ 为单个生产周期内电解锰的产量，t。

6）工业用水重复利用率。在一定的计量时间内，生产过程中使用的重复利用水量与用水量的百分比。用水量包括产品用水、洗涤用水、直接和间接冷却水和其他工艺用水；重复利用水量是生产过程使用的所有未经处理（包括间接冷却循环水等）和处理后重复使用的水量的总和。可采用 12 月至翌年 2 月、6～8 月两个连续的 3 个月数据作为冬季和夏季的代表性数据，以这 6 个月或全年的数据平均计算获得工业用水重复利用率。按下式计算：

$$\varepsilon = \frac{W_1}{W} \times 100\%$$

式中，ε 为工业用水重复利用率，%；W_1 为上年或可比周期内企业工业重复利用水量（包括间接冷却循环水量、洗布废水直接回用量、处理后废水回用量等），t；W 为上年或可比周期内企业取水量和重复利用水量之和（不包括余热发电用水蒸发量），t。

7）废水处理回用率。指生产过程中产生的废水经处理后回用于电解锰生产的比例。

$$\alpha = \frac{Q_1}{Q} \times 100\%$$

式中，α 为废水处理回用率，%；Q_1 为单个生产周期内处理后回用于生产的废水量，t；Q 为单个生产周期废水产生量，t。

8）电解锰渣无害化处理和综合利用率。指生产过程中产生的电解锰渣无害化处理量和综合利用量占锰渣产生量的比例，企业开展锰渣无害化或综合利用均可计入指标，如锰渣经无害化后再进行综合利用，可依据二者的最高值核算指标值，二者不重复累计计算。

$$\gamma = \frac{N_1}{N} \times 100\%$$

式中，γ 为锰渣无害化处理和综合利用率，%；N_1 为上年或可比周期内电解锰渣无害化处理量和综合利用量中的较大值，t；N 为上年或可比周期内锰渣产生量，t。

9）单位产品废水产生量（处理前）。指电解锰生产过程中单位产品产生的废水量。

$$Q_\text{u} = \frac{Q}{M_\text{锰}}$$

式中，Q_u 为单位产品废水产生量，t/t；Q 为单个生产周期内废水产生量，t；$M_\text{锰}$ 为单个生产周期内电解锰的产量，t。

10）废水中污染物产生指标。单位产品废水总锰、氨氮、COD 产生量指进入企业工业废水处理站入口的污染物量；单位产品废水六价铬产生量是指进入车间含六价铬废水处理装置入口的量。

上述污染物产生指标的计算方法如下：

$$P_i = \frac{C_i V_i}{M_\text{锰} \times 1000}$$

式中，i 为污染物种类，无量纲；P 为污染物产生量，g/tMn；C 为污染物浓度，mg/L；V 为单个生产周期内废水体积，L；$M_{锰}$ 为单个生产周期内电解锰的产量，t。

11）锰渣产生量（湿基）。指电解锰生产过程中单位产品产生的新鲜锰渣量。

$$Z = \frac{Z_t}{M_{锰}}$$

式中，Z 为单位产品锰渣产生量，t/t；Z_t 为单个生产周期内新鲜锰渣产生量，t；$M_{锰}$ 为单个生产周期内电解锰的产量，t。

12）锰渣中水溶性锰含量（干基）。取新鲜锰渣先测含水率（n，小数表示），称取 70/$(1-n)$ g 新鲜锰渣到 700mL 去离子水或同等纯度的蒸馏水中，按《固体废物 浸出毒性浸出方法》（GB 5086.1—1997）的浸出程序制备锰渣浸出液，测量浸出液中锰浓度（C，g/L），根据锰浓度折算出锰渣中水溶性锰含量（干基）（S，%），计算方法如下：

$$S = \left(1 + \frac{0.1n}{1-n}\right) \cdot C \frac{L_s}{M_s}$$

式中，S 为锰渣中水溶性锰含量（干基），%；n 为锰渣含水率，小数表示；C 为锰渣浸出液中锰浓度，g/L；L_s 为浸出液体积，0.7L；M_s 为锰渣干基质量，700g。

13）阳极泥产生量。指电解锰生产过程中单位产品产生的阳极泥量。

$$Y = \frac{Y_t}{M_{锰}}$$

式中，Y 为单位产品阳极泥产生量，t/t；Y_t 为单个生产周期内阳极泥产生量，t；$M_{锰}$ 为单个生产周期内电解锰的产量，t。

（2）数据来源

1）统计

① 企业的原材料和取水量的消耗、重复用水量、产品产量、能耗及各种资源的综合利用量等指标值，以企业生产年报或不少于连续 3 个考核周期报表的均值为准。清洁生产方案实施以企业清洁生产管理部门提供的技术改造立项或实施材料，以及现场运行数据为准。

② 统计期内企业生产两种以上不同规格的电解锰时，应根据不同产品规格的可比综合电耗和电解锰产量采用加权平均的方法计算可比综合电耗和可比综合能耗。

③ 企业有多条生产线时，按生产线分别计算能耗，公用部分的电耗按产能分摊到各条生产线。

2）实测。如果统计数据严重短缺，资源综合利用特征指标也可以在考核周期内用实测方法取得，考核周期一般不少于 1 个月。

污染物产生指标计算所需参数应以实测为主，现场监测时同时记录各生产设备工况负荷情况。

3）采样和监测。本指标污染物产生指标的采样和监测按照相关技术规范执行，并采用国家或行业标准监测分析方法。

第五节　清洁生产评价的应用

一、清洁生产评价指标体系在某钢管集团的应用

钢铁工业能耗约占世界总能耗的 10%，水耗约占世界工业用水量的 10%，污染物排放

量约占我国工业污染负荷 10%。因此可以看出钢铁工业是高污染、高能耗的工业。同时，钢铁行业污染物末端治理的安装及运行费用较高，且运行效果多不稳定，使得我国钢铁企业存在污染治理设备不完备、处理技术水平低及污染物排放总量较大的问题。对此，以"节能降耗、从源头减少污染物"为宗旨的清洁生产理念对于钢铁工业的降耗、减污有着越来越突出的作用。同时从可持续发展的基本含义可见，清洁生产也是钢铁行业实现可持续发展的核心。

原国家环境保护总局已针对钢铁行业颁布实施了一系列清洁生产标准，具体包括《清洁生产标准钢铁行业（烧结）》（HJ/426—2008）、《清洁生产标准钢铁行业（高炉炼铁）》（HJ/427—2008）、《清洁生产标准钢铁行业（炼钢）》（HJ/428—2008）和《清洁生产标准钢铁行业》（HJ/189—2006）四个标准。这四个标准对钢铁行业的各工序及钢铁行业全流程制定了较为翔实的定性、定量指标体系，该指标体系突出体现了整合性，即将节能、降耗、减污和增效及国家产业发展、技术进步和资源环境保护政策等多项目标要求综合归纳入一个综合指标体系之中。

但截至目前，钢铁类项目清洁生产指标体系评价的应用情况参差不齐。为了有利于该指标体系的实施及有效应用，本节以某钢管集团股份有限公司结构调整规划项目为背景案例，分析钢铁行业清洁生产指标体系在实际项目清洁生产水平评价应用中的构架及体系，以通过此应用案例为今后钢铁行业清洁生产评价中的定性分析构架提供参考。

1. 钢管集团结构调整规划项目概况

钢管集团现有工程包括：10003 高炉一座，铁水产能 $9.0 \times 10^5 t/a$；直接还原铁回转窑两条，直接还原铁产能 $3.0 \times 10^5 t/a$；150t 和 90t 超高功率电炉炼钢系统各 1 座，钢坯产能 $2.1 \times 10^6 t/a$；5 套热轧管机组的无缝钢管产能合计 $2.97 \times 10^6 t/a$；配套钢管热处理深加工机组若干条。

该结构调整规划项目的工程内容包括：新建 150t 电炉及精炼连铸系统等，对现有原料场、烧结和炼铁系统进行技术改造，建设烧结机机头烟气脱硫工程，对现有 1 号石灰窑进行改燃改造，对全厂净环水系统和浊环水系统进行改造，建设全厂中水处理站，实现废水"零排放"。

2. 项目清洁生产指标体系汇总

由于篇幅所限，本书仅以综合性最强的钢铁行业清洁生产标准体系的应用实例进行分析。该规划项目建设前后各项指标与清洁生产标准对比汇总于表 4-11。

表 4-11　钢管集团规划项目建设前后清洁生产标准对比

钢铁联合企业/电炉钢厂清洁生产标准				规划前		规划后	
清洁生产指标 \ 指标等级	一级	二级	三级	符合情况	级别	符合情况	级别
一、生产工艺装备与技术指标							
1. 小球烧结及厚料层操作	料层厚 ≥600mm	料层厚 ≥500mm	料层厚 ≥400mm	料层厚 ≥700mm	—	料层厚 ≥700mm	—
2. 烧结矿显热回收	利用余热锅炉产生蒸汽或余热发电	预热点火、保温助燃空气或混合料	100%利用余热锅炉产生蒸汽	—	100%利用余热锅炉产生蒸汽	
3. 高炉炉顶煤气余压发电	100%装备	80%装备	60%装备	未装备	—	100%装备	—
4. 入炉焦比/(kg/t 铁)	≤300	≤380	≤420	557.65	—	340(含焦丁)	—
5. 高炉喷煤量/(kg/t 铁)	≥200	≥150	≥120	57.37	—	160	—
6. 炉外精炼比/%	100	≥90	≥70	100	—	100	—
7. 电炉钢冶炼电耗/(kW·h/t)	≤290	≤350	≤420	280	—	265	—
8. 连铸比/%	100	≥95	≥90	100	—	100	—

续表

清洁生产指标 \ 指标等级	钢铁联合企业/电炉钢厂清洁生产标准 一级	二级	三级	规划前 符合情况	级别	规划后 符合情况	级别
二、资源能源利用指标							
1. 可比能耗/(kg 标煤/t 钢)	≤680	≤720	≤780	638	—	401	—
2. 金属料消耗/(kg/t 钢)	≤1070	≤1080	≤1090	1020	—	1020	—
3. 生产取水量/(m³/t 钢)	≤6.0	≤10.0	≤16.0	3.3	—	2.5	—
三、污染物指标							
绩效指标 1. 废水排放量/(m³/t 钢)	≤2.0	≤4.0	≤6.0	0.7	—	0	—
2. COD 排放量/(kg/t 钢)	≤0.2	≤0.5	≤0.9	0.06	—	0	—
3. 石油类排放量/(kg/t 钢)	≤0.015	≤0.04	≤0.12	0.001	—	0	—
4. 烟/粉尘排放量/(kg/t 钢)	≤1.0	≤2.0	≤4.0	0.63	—	0.54	—
5. SO₂ 排放量/(kg/t 钢)	≤1.0	≤2.0	≤2.5	1.02	—	0.43	—
四、废物回收利用指标							
1. 生产水复用率/%	≥95	≥93	≥90	97.1	—	97.3	—
2. 高炉煤气回收利用率/%	≥95		≥93	97	—	100	—
3. 含铁尘泥回收利用率/%	100	≥95	≥90	100	—	100	—
4. 高炉渣利用率/%	100	≥95	≥90	100	—	100	—
5. 电炉渣利用率/%	100	≥95	≥90	100	—	100	—
五、环境管理要求							
从环境法律法规标准、组织机构、环境审核、废物处理、生产过程环境管理及相关方环境管理 6 方面进行了定性对比并判定级别。							

3. 项目清洁生产水平分析

通过上表指标体系对比，将分析结果列述如下。

（1）生产工艺装备与技术经济指标 规划项目建设前的 9 项技术经济指标中，烧结厚料层操作、烧结矿显热回收、炉外精炼比、电炉钢冶炼电耗、连铸比 5 项指标达到一级水平要求；高炉炉顶煤气余压发电、入炉焦比、高炉喷煤量 3 项指标未达到三级水平要求；由于无缝管轧制工艺必须冷却，因此不符合连铸坯热送热装指标要求。

规划项目建设后的 9 项技术经济指标中，除入炉焦比和高炉喷煤量 2 项指标达到二级水平要求外，烧结厚料层操作、烧结矿显热回收、炉外精炼比、电炉钢冶炼电耗、连铸比、高炉炉顶煤气余压发电 6 项指标全部达到一级水平要求；由于无缝管轧制工艺必须冷却，因此不符合连铸坯热送热装指标要求。

（2）资源能源利用指标 规划项目建设前后的 3 项资源能源利用指标均达到一级水平要求。

（3）污染物指标 规划项目建设前的 5 项污染物指标中，烟/粉尘排放量指标达到一级水平要求；废水、COD、石油类、SO₂ 排放量 4 项指标达到二级水平要求。

规划项目建设后的 5 项污染物指标均达到一级水平要求。

（4）废物回收利用指标 规划项目建设前后的生产水复用率、高炉煤气回收利用率、含铁尘泥回收利用率、高炉渣与转炉渣利用率均达到一级水平要求。

（5）环境管理要求 规划项目建设前的环境管理要求 6 项定性指标中，组织机构、环境审核、废物处理、生产过程环境管理 5 项指标均达到一级指标要求；关于环境法律、法规标准指标，某钢管排放的大气污染物和水污染物等主要污染物均能够达到国家规定的排放标准，但钢管集团存续工程中部分项目正在补办环评手续。

规划后环境管理要求 6 项定性指标全部达到一级水平要求。

4. 项目清洁生产水平结论

钢铁行业清洁生产标准定量、定性指标共计为 28 项，规划项目建设前达到一级水平的指标项为 20 项，占可统计指标总数的 71%；达到二级水平的指标项为 4 项，占可统计指标总数的 14%；未达到清洁生产水平三级要求的有 4 项，占可统计指标项数的 14%；达到一、二级清洁生产水平的指标共计 24 项，占可统计指标总数的 86%，说明规划项目建设前与钢铁行业清洁生产标准相比还存在较大差距。

规划项目建设后达到一级水平的指标项为 26 项，占可统计指标总数的 93%；达到二级水平的指标项为 2 项，占可统计指标总数的 7%；达到一、二级清洁生产水平的指标共计 28 项，占可统计指标总数的 100%，说明规划项目建设后的清洁生产指标能够全部达到钢铁行业清洁生产标准要求，规划项目设计的清洁生产水平是比较先进的，大部分指标达到了国内先进水平甚至于接近国际先进水平。

二、氮肥业环境影响评价中的清洁生产分析

清洁生产已日益受到社会各界尤其是环保主管部门的重视，清洁生产分析已成为环境影响评价工作中的重要组成部分之一。下面依据国家发展改革委员会和环境保护部发布的《氮肥行业清洁生产评价指标体系（试行）》，并结合某以天然气为原料的氮肥项目，对环境影响评价中的清洁生产分析进行了探讨。

1. 清洁生产分析现状及存在问题

清洁生产以提高资源利用率、减少污染物产生量为目标，实行生产全过程的污染控制，最大限度减少污染物产生量，既有环境效益又有经济效益是工业污染防治的最佳模式。目前环境影响评价中的清洁生产评价大体上分为两类：一类是国家已颁布清洁生产标准和相关技术指南的建设项目，如造纸行业、电镀行业等，按规定的内容和指标进行清洁生产评价；另一类是国家尚未颁布清洁生产指标的行业，主要根据工艺与装备要求、资源能源利用指标、产品指标、污染物产生指标、废物回收利用指标、环境管理要求等进行类比分析。

由于我国环境影响评价中清洁生产分析起步较晚，目前环评中清洁生产分析还存在如下一些问题。

（1）缺乏标准方法和规范　环境影响评价技术导则是进行环境影响评价的技术基础，环境影响评价文件必须按照环境影响评价技术导则进行编写。环境保护部先后颁布了一系列环评技术导则作为行业标准，如《环境影响评价技术导则——地表水环境》《环境影响评价技术导则——声环境》《建设项目环境风险评价技术导则》等，但尚未对许多行业的清洁生产分析制定相应的技术导则。由于没有规范指导环评从业人员的具体工作，这就导致环境影响报告书中清洁生产分析部分的编写没有技术依据，造成了在实际工作中清洁生产分析章节编写的盲目性和随意性。

（2）清洁生产评价指标体系不完善　清洁生产是一个相对的概念，一个建设项目的清洁生产指标等级，要与一组基准指标数据比较后才能得到。不同行业、不同生产工艺的清洁生产基准指标数据是不同的，即使是同类产品和同类生产工艺，随着科学技术进步和对环境保护要求的提高，对清洁生产的要求也在不断提高，其基准指标数据也需要做相应调整。目前国家已经发布了许多行业的清洁生产标准，但仍有许多行业缺乏清洁生产评价的基准指标。

由于缺乏清洁生产的评价指标体系，缺少行业先进水平指标，环境影响报告书在编制中只能收集少数几个实际生产中的能源利用指标、污染物产生指标、废物回收利用、环境管理等指标等进行简单对比分析。因此，在环境影响报告书中确定其采用的工艺技术符合清洁生产要求的依据不够充分，大多无法对企业的清洁生产状况进行定量的预测。

（3）工程设计文件中清洁生产资料欠缺 编制环境影响报告书的技术依据是建设项目的可行性研究报告，现在很多项目的可行性研究报告主要描述工程技术参数、工艺流程、经济指标等，没有将清洁生产纳入编制内容中去，这就造成编制环境影响报告书时清洁生产分析所需数据及相关资料的欠缺，直接影响清洁生产分析的质量。

（4）评价从业人员对清洁生产的认识和理解不深 要做好环境影响评价的清洁生产分析，从业人员应当具备两方面的条件：一是深刻领会清洁生产的理念；二是熟悉生产工艺和产品特性。目前我国环境影响评价报告编写人员大致分为两类：一是行业环境影响评价机构的人员，如化工设计院；二是综合性环境保护机构的环境影响评价人员，如环境科学研究院。前者对本行业的生产工艺、产品特性、生产运行状况比较熟悉，然而他们对清洁生产精髓的理解远远落后于后者；而后者对行业的技术指标掌握不够，特别涉及专业化程度较深的技术问题更是如此。

2. 清洁生产分析方法及实例

本节以氮肥行业某生产合成氨的项目为例，进行清洁生产分析。清洁生产分析的评价方法采用百分制，首先将资源与能源消耗指标、产品特征指标、污染物指标、资源综合利用指标、环境管理与劳动安全卫生指标的各项分指标与评价基准值对比，计算单项评价指数，然后分别乘以各自的权重值，最后累加起来得到综合评价指数，将综合评价指数与清洁生产评价标准对比，判定该项目清洁生产水平。

（1）评价指标 氮肥行业污染物排放主要以废水为主，清洁生产评价指标依据国家发展改革委员会和环境保护部发布的《氮肥行业清洁生产评价指标体系（试行）》确定。根据清洁生产原则，氮肥行业清洁生产评价指标覆盖资源能源消耗、产品特征、污染物、资源综合利用及环境管理与劳动安全卫生5个方面33项指标。其中资源与能源消耗指标包括原料消耗指标、新鲜水用水量和用电量，而原料消耗指标包括综合能耗、润滑油消耗量、催化剂消耗量；产品特征指标包括尿素产品质量和碳酸氢铵产品质量，而尿素产品质量包括尿素含氮量、尿素含水量、尿素缩二脲含量，碳酸氢铵产品质量包括碳铵含氮量、碳铵含水量；污染物指标包括废气排放、废水排放和废渣排放，废水排放指标包括废水量、废水中氨氮、COD、氰化物、悬浮物、石油类、挥发酚、硫化物、pH值，废气排放指标包括废气量、废气中氨氮、氰化物、烟尘，废渣用废渣量表示；资源综合利用指标包括水循环利用率、污水综合利用率、含氨废气回用率、废渣综合利用率、余热利用率5项指标；环境管理与劳动安全卫生指标包括职工病假、职业病人数、伤亡事故、事故赔款总额指标。这些指标将反映企业的生产工艺水平、资源综合利用水平、污染物产生和排放水平以及安全环境健康管理水平。

评价指标分为正向指标和逆向指标，其中资源与能源消耗指标、污染物产生指标、环境管理与劳动安全卫生指标均为逆向指标，数值越小越符合清洁生产要求；资源综合利用指标为正向指标，数值越大越符合清洁生产的要求；而产品特征指标既有正向指标，也有逆向指标。

（2）评价指标的基准值和权重值 在评价指标体系中，评价指标的基准值是衡量该项指标是否符合清洁生产基本要求的评价标准，氮肥行业评价指标的基准值主要采用行业清洁生产的先进水平，各项指标的权重值采用层次分析法来确定。

（3）综合评价指数 清洁生产评价采用百分制，首先根据建设项目工程设计文件确定评价指标的设计值，然后计算各评价指标的单项评价指数，再根据单项评价指数，计算项目综合评价指数。考虑到正向指标与逆向指标的差别，对各评价指标根据其类别和不同情况分别进行标准化处理。

对正向指标，按下式计算：

$$S_i = \frac{S_{xi}}{S_{oi}}$$

对逆向指标，按下式计算：

$$S_i = \frac{S_{oi}}{S_{xi}}$$

式中，S_i 为第 i 项评价指标的单项评价指数；S_{xi} 为第 i 项评价指标的设计值；S_{oi} 为第 i 项评价指标的评价基准值。

评价指标体系单项评价指数在 0~1.0 之间，对于不生产碳酸氢铵产品的企业，其碳铵含氮量和碳铵含水率两项指标标准化值 S_i 均取 1。对于不生产尿素的企业，其尿素含氮量、尿素含水量、尿素缩二脲含量三项指标标准化值 S_i 均取 1。对于 pH 指标，若企业排放废水中 pH 值在 6~9 之间，标准化值 S_i 取 1，否则取为 0。

项目清洁生产综合评价指数计算：

$$P = \sum_{i=1}^{n} S_i K_i$$

式中，P 为综合评价指数；n 为参与定量化评价的二级指标的项目总数；S_i 为第 i 项评价指标的单项评价指数；K_i 为第 i 项评价指标的权重分值。

综合评价指数 P 介于 0~100 之间。

（4）评价标准　氮肥行业清洁生产水平划分为三级：一级为国内清洁生产先进水平；二级为国内清洁生产较好水平和新建项目必须达到的控制水平；三级为国内清洁生产一般水平。

（5）评价结果　根据上述方法计算，结果见表 4-12，该项目清洁生产综合评价指数为87.6，经对照表 4-13 分析，该项目清洁生产等级为二级。

表 4-12　清洁生产指标体系及评价表

序号	评价指标（单位）	权重	评价基准值	设计值	计算值
1	综合能耗/(GJ/t 产品)	21	32	32	21.0
2	润滑油消耗量/(kg/t 产品)	3	2	4	1.5
3	催化剂消耗量/(kg/t 产品)	3	0.2	0.4	1.5
4	新鲜水消耗量/(t/t 产品)	7	10	15	4.7
5	用电量/(kW·h/t 产品)	3	600	800	2.3
6	尿素含氮量/%	4	46.2	46.2	4.0
7	尿素含水量/%	1	1.0	0.5	2.0
8	尿素缩二脲含量/%	1	0.5	1.1	0.5
9	碳铵含氮量/%	1	17.2		1.0
10	碳铵含水量/%	1	3.0		1.0
11	废水量/(t/t 氨)	12	6	7.5	9.6
12	废水中氨氮/(kg/t 氨)	4	0.4	0.45	3.6
13	废水中 COD/(kg/t 氨)	4	1	1.23	3.3
14	废水中氰化物/(kg/t 氨)	1	0.0015	0.0019	0.8
15	废水中悬浮物/(kg/t 氨)	1	0.3	0.476	0.6
16	废水中石油类/(kg/t 氨)	1	0.05	0.084	0.6
17	废水中挥发酚/(kg/t 氨)	1	0.0015	0.00178	0.8
18	废水中硫化物/(kg/t 氨)	1	0.008	0.0093	0.9
19	废水 pH 值	1	6~9	6~9	1.0
20	废气量/(m³/t 产品)	3	7000	8500	2.5
21	废气中氨氮/(kg/t 产品)	2	5	7.8	1.3
22	废气中氰化物/(kg/t 产品)	2	0.0001	0.00014	1.4
23	废气中烟尘/(kg/t 产品)	2	0.3	0.49	1.2

续表

序号	评价指标(单位)	权重	评价基准值	设计值	计算值
24	废渣量/(kg/t 产品)	2	0.18	0.32	1.1
25	水重复利用率/%	4	90	80	4.5
26	污水综合利用率/%	4	70	60	4.7
27	含氨废气回用率/%	2	95	80	2.4
28	废渣综合利用率/%	2	100	90	2.2
29	余热利用率/%	2	80	61	2.6
30	职工病假/(h/10^6h)	1	0.5	0.73	0.68
31	职业病人数/(人/生产工人数)	1	0.001	0.0015	0.67
32	伤亡事故/(次/a)	1	0.1	0.1	1.0
33	事故赔款总额(事故赔款额/产值)	1	0.001	0.0016	0.63
	(综合评价指数)				87.6

表 4-13　清洁生产评价标准

清洁生产标准等级	清洁生产综合评价指数 P
一级	$P \geqslant 90$
二级	$80 \leqslant P < 90$
三级	$P < 80$

（6）清洁生产分析报告的编写内容　包括：①在工程分析的基础上，按照《氮肥行业清洁生产评价指标体系（试行）》确定的评价指标，收集工程设计中各评价指标对应的设计数据；②将工程设计值与评价指标体系中的基准值对比，根据对应的权重计算建设项目的清洁生产指数评价建设项目的清洁生产水平；③在对建设项目清洁生产分析的基础上，找出建设项目存在的主要问题，并提出相应的解决方案；④明确给出建设项目清洁生产状况的评价结论。

3. 结语

清洁生产是目前公认的工业污染控制最佳途径，清洁生产评价是环境影响报告书的重要组成部分，环境影响报告书中有关清洁生产分析的内容已越来越受到环境保护主管部门和环评单位的重视，清洁生产和环境影响评价的结合，既有利于清洁生产的推广，又丰富环评的内容和提高环境影响评价的实用性。清洁生产分析在我国还处于起步阶段，建议尽快颁布相关的技术规范，进一步完善清洁生产评价指标体系和评价方法，增强清洁生产分析的可操作性。

第六节　清洁生产审核过程中的环保要求

清洁生产最根本的特性是强调污染预防，作为清洁生产审核最重要的工具——清洁生产审核，污染物的变化始终是需要关注的对象。

在清洁生产审核过程中认真而严谨地开展企业污染源和环保调查是十分重要的。通过污染源调查，可准备获取企业污染物产生总量、回用（综合利用情况）、削减量，并筛选出企业的主要污染源和污染物，为制订清洁生产审核污染物削减目标以及清洁生产审核后污染物削减绩效提供依据。通过对企业现有环境保护设施的调查，可以进一步分析企业污染治理的水平和实际存在的问题、风险，为采用经济有效的治理手段提供依据。同时清洁生产审核过程形成的污染物清单等技术档案，也是企业通过清洁生产审核以后环境保护的重要信息资料，可以为企业今后的环保管理服务。

一、总体要求

1. 审核有关要求

① 预审核阶段。对企业基本情况进行全面调查，通过同行业对比、通过等标污染调查、通过对使用有毒有害物质调查、通过定性和定量分析，确定清洁生产审核重点，设置清洁生产目标，提出和实施无/低费方案。

② 审核阶段。编制审核重点的工艺流程图，确定物料的输入、输出和排污状况，建立物料平衡、水平衡以及污染因子平衡，找出物料流失环节和废物产生的原因，继续提出和实施无/低费方案。

③ 方案的产生和筛选。对废物产生原因进行分析，提出控制废物产生的清洁生产方案，并对方案进行汇集、分类和筛选，确定中/高费清洁生产方案，继续实施无/低费方案。

④ 方案可行性分析。对筛选确定的中/高费清洁生产方案进行技术、环境和经济可行性分析，确定企业拟实施的方案。

⑤ 方案的实施。制订实施计划并对方案进行实施，编写清洁生产审核报告。清洁生产审核报告应当包括企业基本情况、清洁生产审核过程和清洁生产方案分析、效益预测分析和企业整改意见。

2. 验收有关要求

① 清洁生产方案和全过程的污染控制措施应满足当地环保部门对企业达标排放和总量控制的要求。

② 改造、更新污染严重、技术落后的生产工艺流程和设备后，经济效益、环境效益明显。

③ 全面分析企业废弃物产生的种类、数量、产生原因以及"三废"治理和环境管理现状。

④ 对符合强制性清洁生产审核条件的企业，必须将污染物削减作为清洁生产审核的首要目标。污染物削减目标不得低于当地环保主管部门对该企业的污染物削减目标。清洁生产方案和全过程的污染控制措施应当满足当地环保部门对该企业达标排放和总量控制的要求。清洁生产方案中有毒有害物质排放削减、替代、无害化措施以及危险废物的安全处置措施应当满足当地环保部门对该企业环境管理的要求。

⑤ 评估过程中物料平衡必须反映企业实际生产过程，污染物的产生和排放情况必须实事求是。

⑥ 清洁生产方案的绩效尽量量化，并且有量化依据。

⑦ 审核报告要对清洁生产审核实施前后目标指标变化进行对比，并有可见证材料供核实。

二、企业污染现状调研

1. 污染源调查有关要求

（1）总体要求　包括：①以产品或者车间为单位调查企业主要污染源，污染源没有重要遗漏；②以产品或者车间为单位调查企业主要污染物产生量以及削减量，主要污染物类型应该包括该行业主要典型污染物或者流域、区域重点控制污染物，污染物产生量数据可靠且有来源依据；③企业主要污染源采取的预处理措施以及主要污染物去向调查清楚。

（2）调查方法和数据来源

① 以生产流程为主线，资料收集结合现场走访调研，一般来说要先收集企业生产工艺流程（带排污点）、主要污染物排放情况（种类、浓度、处理方法）以及原辅材料消耗等基础资料，然后在现场有重点地进行调查。

② 实际测试与简单投入产出平衡分析。由于大多数企业平时对"三废"产生情况并不

十分关注，因此很可能缺乏污染物排放的定量基础数据，为此需要进行一些实际的测试（算）获得污染源数据，另外也可以根据质量守恒原理确定主要污染物的排放量。

③ 许多项目由于未进行详细的污染源调查，结果就照搬照抄环评数据，但环评数据在大多数情况下与实际情况的差距是很大的，如果简单以环评污染物排放数据作为分析的数据，会很难发现污染物削减以及物料消耗削减的潜力。

2. 现有环境保护措施调查以及评价有关要求

现有环境保护措施及其运行情况评价；达标排放以及总量控制情况评价；环保管理制度执行情况评价。

三、清洁生产审核过程中污染物削减目标的设定

1. 有关污染物削减目标设定的具体要求

① 污染物不能达标或者不能稳定达标的企业（包括总量），清洁生产目标的设置必须考虑达标排放以及污染物总量控制的要求。

② 对于使用有毒有害物质或者生产过程中排放有毒有害物质的企业，必须将有毒有害物质的替代、削减作为清洁生产的首要目标。

2. 污染物削减目标设置的方法

① 污染物不能达标的（包括浓度和总量），标准要求即为目标。

② 有毒有害物质替代、削减目标要根据企业清洁生产潜力分析确定。

四、物料平衡过程中的环保要求

1. 物料平衡的目的

目的是为了准确寻找物料、能源流失部位和数量，查找管理等方面的造成污染物排放的原因，为制订污染物削减即清洁生产方案提供依据，本阶段环保分析的要求为：①通过物料平衡确定各污染物排放部位的排放源强；②主要有毒有害污染物（也可能是原辅材料）去向以及途径分析；③造成污染物排放的主要原因；④可能的削减污染物的途径。

2. 物料平衡的方法

尽可能采用实测数据或者投料数据，过量物质去向分析、原料利用效率分析等方法。

五、清洁生产方案的环境可行性分析以及环境绩效统计

（1）清洁生产方案环境可行性分析的要求　方案实施前后污染物种类的变化，方案实施前后污染物浓度的变化，方案实施前后有毒有害原辅材料的消耗量变化，方案实施前后现场操作环境的变化，方案实施前后二次污染方面的变化，方案实施前后环境绩效要尽可能定量化。

（2）清洁生产审核前后环境绩效统计要求　主要污染源变化情况，主要污染物清洁生产审核前后削减情况，主要有毒有害原辅材料的削减情况。

思 考 题

1. 清洁生产促进法的主要内容是什么？
2. 清洁生产指标的种类有哪些？
3. 工业企业清洁生产的指标体系主要包括哪几个方面的内容？各方面有哪些主要指标？
4. 清洁生产评价是如何进行等级划分的？
5. 国内企业常用的清洁生产评价方法有哪些？
6. 哪些行业制定并公布了行业的清洁生产标准？
7. 请列出你知道的制定了清洁生产评价指标体系的行业名称。

第五章

清洁生产原理及审核技巧

第一节　系统工程与清洁生产

系统与环境的作用关系是清洁生产研究的立足点之一。当我们对一个生产过程、一个企业或一项产品制订或实施清洁生产方案时，过程、企业或产品就是我们所要考察的系统。现实世界中，系统往往是开放的，与外界环境有着一定的输入和输出关系。换句话说，它要从自然环境或外围环境中获取资源或原材料，向社会经济系统输出产品和废物。输入端会带来资源消耗问题，输出端会带来环境污染问题，清洁生产的目的就是要使系统在满足人们需要的前提下尽可能避免或减少对生态环境的负面影响。

一、系统的属性与清洁生产

1. 系统的属性

（1）集合性　集合性指系统是由许多（至少两个）相互区别的要素组成的。例如，一个工业企业是一个系统。

（2）整体性　系统论的核心思想是系统的整体观点，系统方法实质是"从整体上考虑并解决问题"。系统不是各部分的简单组合，而要有统一性和整体性，要充分注意各组成部分或各层次的协调和连接，提高系统的有序性和整体的运行效果。

系统的整体性又称为系统的总体性、全局性。系统的局部问题必须放在系统的全局之中才能有效地解决，系统的全局问题必须放在系统的环境之中才能有效地解决。

为了提高系统的整体功能，增强系统的整体效应，必须考虑以下 2 点：①人们在认识和改造系统时，必须从整体出发，从全局考虑问题，从系统、要素和环境的相互关系中探求系统整体的本质和规律；②使各要素的结合保持合理，注意从提高整体功能的角度去提高和协调要素的功能。提高要素的基质是提高系统整体效应的基础。

例如，由净化、反应、分离三个单元组成的一个化工过程系统。净化、反应、分离 3 个单元的性能除单独影响系统整体功能（产品、单耗）外，单元之间又相互影响，并协同影响系统功能。原料净化单元出料的纯度，将影响反应过程；反应单元操作条件改变，将改变反应产物组成，进而影响分离单元的操作，最终影响产品产出以及产生废弃物的量。

（3）层次性　一个系统往往是另一更大系统的组成要素，我们把系统的组成要素称为子系统。世界上任何事物都可以看成是一个系统，系统是普遍存在的。一套生产装置可以看作一个系统，由多套装置组成的一个工厂可以看成一个系统，由多个工厂和居民区组成的一个工业区可以看成一个系统。

在社会经济系统中，清洁生产实践也具有明显的层次性。高层次经济系统对低层次经济系统施加一定的约束和调控作用。反过来讲，高层次经济系统又以低层次经济系统为载体，高层次经济系统的许多行为要依靠低层次经济系统来体现。例如，在企业层次上，从生产的源头和全过程充分利用资源和能源，使每个生产企业在生产过程中废物最小化、资源化、无害化，在小范围内实现物料的闭合循环；但是为了达到综合利用原料的目的，往往需要跨行业、跨地区的共同协作。这样就需要在企业清洁生产的基础上，使上游企业的废物成为下游企业的原料，不断延长生产链，实现区域的资源最有效利用，废物产生量最小，甚至"零排放"。

（4）协同性　协同性是指在系统内各子系统之间以及系统和环境之间在发展过程中保持协调、匹配。现实中的系统都是开放系统，它总是在一定的环境中存在和发展的，系统和环境之间不断地有物质、能量和信息的交换，外界环境的变化会引起系统的改变，相应地引起系统内各部分相互关系和功能的变化。为了保持和恢复系统原有特性，系统必须具有对环境的适应能力，例如下面将要讲到的反馈系统等。

反馈系统中，外界通过控制机构对系统输入物质、能量和信息，经过系统（受控对象）的处理，向环境输出新的物质、能量和信息，这就是系统功能的表现。输出的结果返回来与系统预期的目标相比较，以决定下一步措施。这个过程叫作反馈。

2. 系统论与清洁生产

从系统控制论来看，清洁生产系统就是一个反馈系统，清洁生产实践是一个根据清洁生产预期目标的系统调优的过程，是一个管理系统输入-输出的过程。系统与环境是有机结合在一起的，各种流进入和离开系统。这些流完成系统与环境的能量、物质和信息等各种交换。从某种意义上看，清洁生产就是有效地管理这些流。清洁生产是一个动态的概念，其生产周期内，由于输入作用和干扰变化，系统的边界、结构和内部构成实体等在不断地变化，系统向环境索取资源和能量，进行新陈代谢，以适应环境变化。在政策法规、市场和技术变化（外来干扰）时，系统也需要变革组织结构、管理体制和生产工艺等，以适应环境保护和经济发展的需要。外来干扰在一定限度以内，通过反馈机制，系统自我调节后可恢复到目的状态。当外来干扰超过系统自我调节能力时，系统不能恢复到目的状态，此时系统表现为失调。认识和掌握系统的特性并运用科学方法实行清洁生产管理，防止系统失调，维持原有平衡或创造出具有更好的生态效益与经济效益的新系统。

二、系统工程方法与清洁生产

所谓系统工程，就是把系统理论和方法与工程学理论和方法结合起来而形成的一门综合科学。系统工程是按照系统科学的思想，运用控制论、信息论、运筹学等理论，以信息技术为工具，用现代工程的方法去解决和管理系统的技术。它根据总体协调的需要，综合应用自然科学和社会科学中有关的思想、理论和方法，利用电子计算机作为工具，对系统的结构、要素、信息和反馈等进行分析，以达到最优规划、最优设计、最优管理和最优控制的目的。

系统工程的特点在于：处理问题的思路首先着眼于系统整体，从整体出发去研究部分，再从部分回到整体。系统工程强调系统整体最优，强调各要素之间的组织、管理、配合和协调；在处理问题时全面综合地考虑，综合利用各种知识和技术，它要求统筹兼顾，避免顾此失彼。

系统这个概念，其含义十分丰富。它与要素相对应，意味着总体与全局；它与孤立相对应，意味着各种关系与联系；它与混乱相对应，意味着秩序与规律。研究系统，意味着从事物的总体与全局、要素的联系与结合上，去研究事物的运动与发展，找出其固有的规律，建立正常的秩序，实现整个系统的优化。

上述系统工程的要旨表明，清洁生产的有效实施必须遵循系统原理和系统工程方法。清洁生产的实施主体是作为生产单元的企业，但其有效实施必须建立在企业、政府与公众良好的协调关系上。清洁生产必须依靠各级政府、部门和公众的支持，特别是国家要在宏观经济发展规划和产业政策中纳入清洁生产内容，以引导和约束企业。另外，必须进一步加强政府部门、企业和公众的清洁生产意识，提高清洁生产知识和技术水平。

第二节　质量守恒原理

物质循环与物质能量的梯级利用是清洁生产的重要内容，物料和能量平衡也因此成为清洁生产实施所需要的重要工具，其理论基石是质量（能量）守恒原理。

一、能量守恒定理

1. 能量转换的基本原理

（1）能量守恒与转换定律　从热力学的角度来看，能量守恒和转换定律是能量有效、合理利用的基本依据。

一切物质都具有能量，能量是物质固有的特性。能量的形式不同，但是可以相互转化或传递，在转化或传递的过程中，能量的数量是守恒的，能量既不能被创造也不会被消灭，而只能从一种形式转换为另一种形式，从一个物体传递到另一个物体；在能量转换和传递过程中能量的总量恒定不变。这就是热力学第一定律，即能量转化和守恒原理。

（2）能量贬值原理　能量从量的观点来看，只是是否已利用，利用了多少的问题。而从质（品位）的观点来看，则是个是否按质用能的问题。热力学第一定律只说明了能量在量上要守恒，并不能说明能量在质方面的高低。所谓提高能量的有效利用问题，其本质就在于防止和减少能量的贬值现象的发生。能量的质的属性是由第二定律来揭示的。

热力学第二定律的实质是能量贬值原理。它指出能量转换过程总是朝着能量贬值的方向进行；高品质的能量可以全部转换为低品质的能量；能量传递过程也总是自发地朝着能量品质下降的方向进行；能量品质提高的过程不可能自发地单独进行；一个能量品质提高的过程肯定伴随有另一能量品质下降的过程，并且这两个过程是同时进行的，即这个能量品质下降的过程就是实现能量品质提高过程的必要的补偿条件。在实际过程中，作为代价的能量品质下降过程必须足以提高能量品质的改进过程，因为某一系统中实际过程之所以能够进行都是以该系统中总的能量品质下降为代价的，即任何过程的进行都会产生能量贬值。

在不同的用能目的中，所要求的能量品位也常不相同。节能的一个原则就是在需要低品位能量的场合，尽量不供给高品位的能量，这就是能量匹配。能量在转换和利用过程中品位逐渐降低。在能量匹配原则的指导下，同一能量可以在不同品位的水平上多次利用，这就是能量的梯级利用。能量匹配和能量梯级利用原则的理论基础就是降低用能过程中的不可逆性。合理组织能量梯级利用，提高能量利用效率，降低能量损失的不可逆性，是热力学原理的实践内容之一。

（3）能量转换的效率　根据能量贬值原理，不是每一种能量都可以连续地、完全地转换为任何一种其他的能量形式。

不同形式的能量，按照其转换能力可以分为 3 类。

① 全部转换能：它可以完全转换为功，称为高质能（High Grade Energy）。它的数量和质量是统一的，例如电能、机械能等。

② 部分转换能：它只能部分地转换为功，称为低质能（Low Grade Energy）。它的数量和质量是不统一的。例如热能、流动体系的总能等。

③ 废弃能：它受环境限制不能转换为功。如处在环境条件下的介质的内能、焓等，这种能量称为寂态能量（Dead Energy）。根据能量贬值原理，尽管废弃能有相当的数量，但从技术上讲，无法使之转换为功。

热力学的这两个定律告诉我们：欲节约能源，必须考虑能的量和质两方面。对于能量利用中最重要的热能利用来说，可用能可以理解为：处于某一个状态的体系可逆地变化到基准态（周围环境状态）相平衡时，理论上能对外界所做出的最大有用功。采用周围环境作为基准态，是因为它是所有能量相关过程的最终冷源。

2. 节能的热力学原理

如上所述，减少能量需求的最好办法是开展节约能源活动。我们所用到的能量转换过程中，绝大部分的效率都是非常低的，在转换过程中，一些能量以热量方式浪费掉了。例如，在燃烧石油发电过程中，产生电能只相当于石油最初能量的38%。用燃烧木材的炉子给房间加热时，能量利用率只有40%左右，而用一个能量节约型的燃气炉却可以达到90%的利用率。可见，在我们的日常生活中和工业生产中使用能量利用率高的系统可以节约大量的能源。

节能不是消极地减少能源的用量，而是积极地谋求提高能量的有效利用率。能源的有效利用是一个综合性的课题。要提高能量有效利用率，必须首先确切而定量地回答以下几个问题：①一个过程或者单位产品的理论能耗是多少；节能潜力有多大；②能量浪费了多少，是怎么分布的；③引起能量损耗或损失的原因是什么；④科学用能的基本原则是什么；⑤实际过程中有哪些不合理、不正确的用能情景等。

回答这些问题，只有依靠正确的理论指导和科学的分析方法才能找到正确的答案。正确的理论就是热力学的基本原理和定律；科学的分析方法就是根据热力学第一、第二定律及其综合建立起来的热力学分析方法。

二、物质守恒原理

1. 物质守恒原理

质量守恒是自然界的普遍规律，物质在生产和消费过程中及其后都没有消失，只是从原来"有用"的原料或产品变成了"无用"的废物进入环境中，形成污染，物质的总量保持不变。这说明物质流、能量流的重复利用和优化利用是可能的。

物质守恒可以用物料衡算方程式来表示。进行物料衡算时，过程的体系，可以是一个单元操作，也可以是过程的一部分或整体。例如，一个反应器、一个蒸馏塔、一个工厂的一部分或者整个工厂、甚至一个工业园区或者一个区域。

物质平衡的基本表达式：

$$\sum F - \sum D = A$$

式中，F 为体系的进料量；D 为体系的出料量；A 为体系中物料的累积量。

输出物流包含产品和废弃物两部分。

从某种意义上说：环境问题的主要根源是系统排放的废弃物。系统运行可表述为一个输入—输出过程，物质和能量是工业生产系统的两大要素，所以生产过程也是一个物料资源和能源的流动过程和消耗过程。生产量越大，输出产品就越多，但同时物料资源和能源消耗就越多，所排放的废弃物也相应地增多，对环境的影响也就越大。

2. 物料衡算基本程序

主要包括：①识别问题的类型，这是进行数据处理、建立平衡方程的基础；②绘制过程流程图，并在图上有关位置标注所有已知和未知变量，分析物料运动的方向、条件以及数量关系；③选择计算基准；④建立输入—输出物料的表格，以此来描述和识别所有进入和离开体系的物料；⑤建立物料关系的平衡式。

3. 物质循环利用原理

物质流是最为基本也是最为重要的，它构成了人类活动和工业行为的载体，但物质流不具备能量流的均质性，因此难以处理。在产业系统中物质处于运动状态，在运动过程中和最终阶段物质以废弃物的形态返回自然环境。废弃物最终有两个归宿：再循环和再利用，或者耗散损失掉，二者均符合质量守恒定律。再循环和再利用的物质越多，耗散到环境中的就越少。清洁生产则是通过废物最小化、再循环以及再利用等策略实现物料的最大利用率。

如何利用物料才能产生更多的产品和最少的废料，获得最大的经济效益和环境效益，这是清洁生产实践追求的目标。借鉴能量品位的概念，物料也有品位高低之分，并且可以按照质量分级综合利用。为了实现清洁生产目标，应当遵循物质循环利用原则，通过不同发展方式的互补，实现资源的循环利用与可持续利用，以最小的代价换取最大的发展。

（1）**质量品质** 根据化学工程的知识，我们知道这样的事实：在分离过程中，最初分离剂具有最高的分离能力，随着分离过程的进行，其分离能力逐渐下降，直至完全不能进行分离；在催化过程中，催化剂的活性随使用时间逐渐下降，到一定时间其催化性能就无法满足过程要求而需要再生或更换新的催化剂；在反应过程中，反应物的转化率也是随产物的生成逐渐下降的。

我们引入品质一词来表示这一共性。我们可以假设：初始进入的物料具有最高的品质。所谓品质是指物料能对过程所做贡献的性质，可以是纯度、浓度、反应转化率、溶解性、催化性能等。随着物料在过程中的转化、混拌和使用，其品质在逐渐降低，直至降到该过程能够使用的品质低限，转变成废物。为此应根据物料品质的变化，可以划分成几个等级，以便对物料综合利用进行深入考察。

（2）**物料分级串联使用原则** 物质资源是具有多种使用属性和功能的，在加工使用过程中不能只用其一方面而不计其余，否则会造成资源的浪费。过程的不同工序或单元操作中对物料的品质要求是不尽相同的，对于过程要求物料品质较低时，就可以在满足工艺规程的前提下考虑用高品质转化下来的物料，而不需外加物料。这就是说，物料完全可能按照品质要求，分层次串联使用，提高原料的使用效率，节省物料投入。

（3）**最低品质使用原则** 在满足工艺要求的情况下，应尽可能使用低品质物料，降低对高品质物料的消耗，提高过程的经济效益；有些时候需要提高物料的品质，品质升高幅度越大，所需付出的代价越大，所以应尽可能以最小的品质提高幅度来完成过程要求，即尽可能在过程中间处理，而不是在废物形成之后。

（4）**废物循环利用原则** 尽管对一个过程而言，废物的品质太低，则无法使用，但它可以经品质提高用于其他过程或直接用于要求品质较低的过程。确定低品质过程需求利用废物不必局限于一个过程或企业，应结合其他经济指标综合考察，在较广泛的范围内寻找。这是清洁生产物质循环利用的理论基础。

第三节　创造学理论

一、概述

清洁生产是一种创新思维，清洁生产要求人们脱离传统的思维方式，通过改变产品设计、生产方式和管理方式来减少资源流失和废弃物排放。此外，许多清洁生产方案必须靠创造性的工作才能开发出来。因此，实施清洁生产与创造密切相关。

创造是人类特有的属性，是与人类同时诞生的，人类社会的建立与发展已证明，人类的历史就是一部创造史。

创造思维学（Science of Creative Thinking）是研究人在创造过程中思维活动特点、规律和方法的科学，是思维科学、创造学、心理学相交叉形成的学科，与语言学、美学、人工智能、教育学等有密切联系。

二、创造发明过程

尽管创造发明的实际过程是非常复杂和千差万别的，但是这里有个共性。任何的创造发明过程都是由 3 个阶段构成的，即选择发明课题、寻找解决课题的设想、完成发明的设想。

（1）**选择发明课题**　这一阶段的实质是寻求、发现、产生有价值的问题，并以此作为发明的起点。虽然在我们的生活、学习和工作中，在我们的身边也存在大量的有待解决的问题，但很多的人都是视而不见；或看到了、发现了问题，却没有解决问题的愿望和动机。所以这一阶段的进行首先要靠一个人的创新意识和直觉。只有一个人有了强烈的创新意识和一定的直觉能力，去积极主动地寻求、发现问题并力图解决它，才可以说这个人真正地开始了创造发明的进程。这一阶段，主要解决两个问题：如何产生尽可能多的课题；如何从众多的课题中选定有价值的和力所能及解决的课题。

（2）**寻找解决课题的设想**　这一阶段是发明过程的核心，是最富有创造性的阶段。这一阶段的实质是提出解决课题的原理、方法和设想。这一阶段的进行，主要靠创造发明者的信息占有量、创造性思维方法和个性品质。可以通过不断选择各种解决方案来解决课题；可以通过联想、想象、发散法，让思维无拘无束的处于高度自由状态，以产生大量新颖的解决问题的设想。可以采用分析逻辑推理，通过对收集来的信息进行严密的分析、整理和再加工，达到发现问题、解决问题的目的。或者让思维按着严格的程序或步骤去解决课题，避免大量无效的思维过程，而去快速逼近答案。

（3）**完成发明的设想**　这一阶段主要靠的是创造发明者的专业知识和实践能力。大致要经过如下环节：利用专业知识精心设计；修正完善方案；物化为产品（需要懂得生产方面的知识，如设备、材料、生产工艺流程等）。

对创造发明者个人来说，不一定要完全走完这三个阶段，而主要的是完成第二阶段，至于第一阶段和第三阶段可以通过与别人合作来完成。

三、创造工程

创造工程的目标包括直接提高创造力，提高研究与开发能力以及对集体、组织进行改革和创新等。可以看出，创造工程是以广义的创新为其目标的。通常认为，创造工程包括设定目标、寻求创意和付诸实现这 3 个方面的内容。

（1）**设定目标**　指的是发现和提出问题，据以确定创新的目标。任何领域里的创新，在它的第一阶段，都需要提出新的问题，大胆充分地预测未来，创造性地找到其他人还没有预感到的潜在的问题。这也就是说，能否获得重大的、一流的创新成果，前提条件就在于是否具有创造性地提出问题的能力并及时地发挥出这一能力。

（2）寻求创意　即探索和提出创造性构思的过程。为此就要了解创新思维的过程和规律、人的各种创造才能、人在创造性活动中的心理过程特征及心理障碍等方面的知识，并以此为基础研究和开发有助于人们充分发挥出创造潜能，产生出更多创意的方法和技术。

（3）付诸实现　是指将获得的各种创意充实完善、评价筛选、做出选择，并通过一定的技术原理和手段等付诸实施，完成创新的过程。能否获得尽可能多的创意在创新成功中具有举足轻重的作用，所以创造工程的研究重点是创新技术的研究开发，以致人们常常把创新技术当作创造工程的代名词。

所谓创新技术，是在充分利用创造学对人的创造性活动中的心理过程特征及心理障碍的研究成果的基础上，所开发出的一些有助于发挥群体综合创造效应或个体的创造潜能，从而获得更多创意的具体方法和技巧。这些方法在美国统称为"创造工程"，日本称作"发想法"或"创造工学"，德国则称之为"创造性的发现构想法"等。

献策会法是 20 世纪 30 年代问世的第一种创新技术，意在鼓励人们充分利用想象力、联想及连锁反应，在自由交流的气氛中产生新的创意。20 世纪 60 年代初，戈顿发明了另一种创新技术——综摄法，它的主要特点是类比手段的运用。戈顿认为，创造性思维过程可表述为下述步骤：先是"变陌生为熟悉"，通过类比，对问题进行了解；然后需要"变熟悉为陌生"，改变人们日常的观察、认识习惯和思维方法，以摆脱熟悉事物的束缚，寻求新的创意；最后把陌生化过程中受到的启发、类比中产生的联想等与问题强行结合，形成独特的方案构想。自综摄法之后，创造工程及各种创新技术获得了很大的进展，取得了丰硕的成果。

四、头脑风暴法

美国创造学奠基人奥斯本（Osborn）所倡导的头脑风暴法（Brain Storming）（也译作智力激励法、脑力激荡法），是一种借助个人和集体思考相结合来启发思想的方法，该方法能有效地培养发散思维，发展创造性潜能。同时这种方法也是一种被广泛使用的创造技法。

头脑风暴在一种集体的、大家都跃跃欲试的氛围中来促使参与者产生想法、念头。一个人掌握的信息、知识、经验是有限的，而且每个人都有着自己固有的思考和行动模式，有无意识地用同样的方式来处理问题的倾向。如果将许多个人凑在一起，信息和经验也就是多种多样的。同时某个人的信息、知识、想法对于别人来说也许正是新奇的，能够使别人得到新的激发。如果是相近的，也可以进行比较，看和自己的想法有哪些异同。于是不同的信息和想法的交流，扩大了产生新思想的可能性。头脑风暴除了能涌现出许多想法，使人们将注意力集中于新的想法的产生和实现，促使其他参加者有能力思考新的想法，还很有利于个体自我意识和自信心的发展以及群体精神的培养。实际上，头脑风暴的真正目的就是，通过成员间的彼此补充和相互启发，克服成为创造型人才各种因素的阻碍。

为了保证讨论时的良好气氛，进行头脑风暴时必须遵守以下规则：①禁止批评别人的意见，不允许任何贬义评价性的评论、讽刺、挖苦，禁止表现出具有反感、厌恶等意味的非语言行为；②观点、意见越多越好，参与者提供的设想越多，找到解决问题的轨道越可能实现，想法越多，包含有价值创造的数量可能越多；③自由思考，容许异想天开的意见，目的也是为了大量地涌现想法，寻求非同寻常的观点，而不是局限于表面或已确定的观念上；④可以将别人的许多观点，加以组合成改进的意见。事实上，几乎每个想法都来源于其他的想法，最佳的想法是对原来想法进行改善，通过联结和修正，促进问题解决的可能性。

第四节　清洁生产审核原理

清洁生产审核是一套科学的、系统的和操作性很强的程序。如前所述，这套程序由三个层次（即废物在哪里产生、为什么会产生废物、如何消除这些废物）、8条途径（原辅材料和能源、技术工艺、设备、过程控制、产品、废物、管理、员工）、7个阶段和35个步骤组成。这套程序的原理可概括为逐步深入原理、分层嵌入原理、物质守恒原理、穷尽枚举原理。

一、逐步深入原理

清洁生产审核要逐步深入，即要由粗而细、从大至小。审核开始时，即在筹划和组织阶段，组织机构的成立、宣传教育的对象等都是在组织整个范围的基础上进行的。预审核阶段同样是在整个企业的大范围进行，相对于后几个阶段而言，这一阶段收集的资料一般地讲是比较粗略的，定性的比较多，有时不一定十分准确，而且主要是现成的资料。从审核阶段开始到方案实施阶段，审核工作都在审核重点范围内进行。这四个阶段工作的范围比前两个阶段要小得多，但二者工作的深度和细致程度不同。这四个阶段要求的资料要全面、翔实，并以定量为主，许多数据和方案要靠通过调查研究和创造性的工作之后才能开发出来。最后一个阶段"持续清洁生产"则既有相当一部分工作又返回整个企业的大范围进行，还有一部分工作仍集中在审核重点部位，对这一部位前四个阶段的工作进行进一步的深化、细化和规范化。

二、分层嵌入原理

分层嵌入原理是指审核中在废物在哪里产生、为什么会产生废物、如何消除这些废物这3个层次的每一个层次，都要嵌入原辅材料和能源、技术工艺、设备、过程控制、管理、员工、产品、废物这8条途径。

以预审核为例。不论是进行现状调研、现场考察、评价产污排污状况，还是确定审核重点、设置清洁生产目标、提出和实施无/低费方案，都应该在这三个层次上展开，每一个层次都要从8条途径着手进行工作。进行现状调研时，首要的问题应是弄清楚废物在哪里产生，要回答这一问题，则首先要对企业的原辅材料和能源进行调研，包括其种类、数量和性质以及收购、运输、贮存等多个环节。然后分析研究企业的技术工艺，再其次分析研究企业的设备，接着对企业的过程控制、管理、员工、产品、废物等方面一一进行初步的分析研究。从这8条途径入手，弄清其废物在哪里产生的问题。

第二个层次是为什么会产生废物。要回答这一问题，仍然要嵌入8条途径。仍以预评估中的现状调研为例，其要点是在大致摸清废物源之后，按顺序依次分析企业的原辅材料和能源、技术工艺、设备、过程控制、管理、员工、产品、废物等。在这个层次嵌入8条途径的目的与第一层次不同，这一层次是从以上8条途径分析为什么会产生废物。第三个层次也如此类推。

要注意污染源与污染成因具有异同性，即二者有时一致，有时不一致。例如生产过程中的产污，污染源的部位在生产设备，但其成因可能是原材料的收购、贮存或运输过程出了问题。

清洁生产审核是一个反复迭代的过程，即在审核 7 个阶段相当多的步骤中要反复使用上述的分层嵌入原理。

前面已经比较详细地解释了在进行现状调研时分层嵌入原理的具体应用方法。这一方法不仅要应用于现状调研步骤、现场考察步骤，还要应用于审核阶段、方案产生和筛选阶段、可行性分析阶段、方案实施阶段的相当多的步骤中。当然，有的步骤应进行三个层次的完整迭代，有的步骤只进行一个或两个层次的迭代。

三、物质守恒原理

物质守恒这一大自然普遍遵循的原理，也是清洁生产审核中的一条重要原理。

预审核阶段在对现有资料进行分析评估时，对企业现场进行考察研究时，评价产污排污状况时都要应用物质守恒原理。虽然此时获得的资料不一定很全面、很准确，但大致估算一下企业的各种原辅材料和能源的投入、产品的产量、污染物的种类和数量、未知去向的物质等，在其间建立一种粗略的平衡，则将大大有助于弄清楚企业的经营管理水平及其物质和能源的流动去向。在上述工作基础之上，再利用各班记录等数据粗略计算审核重点的物料平衡状况，此时物质守恒原理显然是一种有用的工具。

审核阶段的一项重要工作是建立审核重点的物料平衡，这一工作当然必须遵循物质守恒原理，而且，这一阶段使用或产生的数据已经相当准确，因而此时的物质守恒原理的应用将是相当准确、相当严格的。

四、穷尽枚举原理

穷尽枚举是一个数学方法，其基本做法是：首先根据题目的部分条件预定答案的范围，然后对此范围内所有可能的情况进行逐一检验，直到全部情况均通过验证为止。若某种情况符合题目的全部条件，则该情况为本题的一个解，若全部情况的验证结果均不符合题目的全部条件，则说明该题无解。

在清洁生产审核中，可能影响生产和服务过程的 8 条因素构成了一个企业清洁生产方案的充分必要集合；而枚举则是要求在审核过程中应该不连续地、按 8 条因素中一条一条去分析，一定能够找到产生问题的根本原因以及相对应的解决方案。

第五节　清洁生产审核实用技巧

一、清洁生产审核要点

1. 清洁生产审核成功的必要条件

一个企业的清洁生产审核是否能够成功，必须从内部建设和得到外部支持两个方面做好工作。

企业应当完成的内部建设包括：①领导的承诺与支持，可以使审核工作得以立项和开展；②通过预审核和审核，获得详尽与真实的资料，是分析企业清洁生产潜力与机会，寻找改善环境绩效突破点的基础；③认真的态度是获取详尽与真实的资料的保证；④有效的宣传和激励机制，可以激发员工参与清洁生产的热情。清洁生产是全员性、长期性的工作，要求充分发动群众，调动全体员工的参与积极性。应注意宣传清洁生产，凡是企业中的每个成员都要为清洁生产、防止污染献计献策。企业领导人要从精神和物质两个方面制订切实措施，鼓励职工解放思想，广开思路，提出各种改造方案和合理化建议，特别要鼓励现场的操作主人和工程技术人员积极建议各种备选方案（无论是聪明的方案，还是愚蠢的方案；可行的方案或暂时不可行的方案）。

审核需得到的外部支持包括：①通过培训和宣传，接受清洁生产的理论、原理、理念和有关清洁生产审核这一先进的过程诊断和审核程序的训练；②政府的政策、资金支持是审核成功和巩固的重要因素；③专家库则是清洁生产思想、审核方法、技术进步和先进管理理念的传播者。

2. 注意审核步骤和方法的科学合理和灵活性

主要包括：①要注意按照清洁生产审核的这一个科学合理的程序和步骤来进行企业的清洁生产审核工作；②在第四阶段，即"方案产生和筛选"完成后，通常需要编写清洁生产中期审核报告，以便及时总结经验、找出差距，并确保进入"可行性分析"的清洁生产备选方案的准确性和有效性；③审核步骤和方法应可以根据实际物况调整，不同体制、不同规模、不同行业的企业，在生产规模、工艺流程、生产管理等方面均有不同。

3. 巩固清洁生产审核成果

巩固清洁生产审核成果最重要的就是应当将清洁生产纳入企业的日常管理：①把清洁生产审核提出的加强管理的措施文件化，形成制度，并严格执行；把清洁生产审核提出的工艺规程、岗位操作改进措施，写入岗位的操作规程，并要求严格遵守执行；②与 ISO 14000 密切结合，清洁生产在高效的管理平台上进行得更加有效；③建立和完善有效的激励机制，包括可操作的奖惩措施，精神鼓励，关心并帮助解决员工的困难；④考评各级领导的环境责任，不仅保持公司的环境实绩，而且改善公司的其他清洁生产实绩，即管理、社会责任、与管理部门的外部专家的交流；⑤清洁生产是持续的过程，应当贯彻边审核、边实施、边见效的方针，并及时在企业中总结推广，做到"边审核，边减污，边降耗"；⑥对所取得的清洁生产效果，无论是环境效果还是经济效果，均应进行详细的统计分析，并编入最终的清洁生产审核报告中。

4. 领导的支持与重视是关键

获得高层领导支持的途径，可以通过多种途径获得企业高层领导支持和参与清洁生产审核，可以从 2 个方面入手：①通过国家和地方环境保护主管部门或工业主管部门的力量，直接对企业高层管理人员进行有关清洁生产知识的培训，使他们了解什么是清洁生产，为什么要实施清洁生产，从而发挥其主观能动作用；②通过培训企业内部环保部门或工艺部门的管理和技术人员，使他们产生实施清洁生产审核的需求，在此基础上由他们向企业的高层管理人员进行宣传和建议。

为了争取领导的支持与承诺，可以从以下几个方面做工作。

（1）法规要求 《中华人民共和国清洁生产促进法》虽然不是一部强制性法律，开展清洁生产也应当是企业的自愿行为，但从中国的实际出发，《中华人民共和国清洁生产促进法》第二十八条明确规定，污染物排放超过国家和地方规定的排放标准或者超过经有关地方人民政府核定的污染物排放总量控制指标的企业，应当实施清洁生产审核。

（2）企业的目标或社会对企业的期望 随着社会文明的不断进步和民众环境意识的不断提高，企业的目标不仅仅是有良好的产品，民众不仅仅要求企业生产良好的产品以及有良好的服务，而且会追求或者要求生产这种产品的过程具有环境友好性，人们将不可能相信一个严重污染环境的企业能够生产出好的产品。一个简单的例子是，消费者对于某种效果良好、非常适于自己皮肤的美容化妆品的；生产企业的期望一定是该企业像这产品一样，其生产过程和厂容厂貌都是令人赏心悦目的。

（3）高投入、高成本的末端控制　任何一个企业在进行生产或服务活动时，都必须对其在这些活动中产生的对环境的影响负责，末端治理可以基本消除这些活动对环境的影响，但末端控制的高投入、高成本是经营者所不希望看到的。这是企业愿意开展清洁生产的一个最直接的理由。

（4）经济效益　清洁生产与末端控制不同，在取得环境效益的同时清洁生产还可以有良好的经济效益。

（5）消费者对企业的绿色产品的需求　在民众环境意识日益提高的情况下，企业的产品或服务仅仅有高质量是不够的，通过实施清洁生产，生产出绿色产品，对企业的市场竞争力和经济效益将是极大的提高。最生动的例子是我们的衣物上所使用的染料，人们现在显然更关注衣物上所使用的染料在与身体的长期接触中是否对肌体有害，而不仅仅是染料的鲜艳色彩和不掉色的牢度。

另外，还可以从经济效益、环境效益与社会效益相统一及提高无形资产和推动技术进步等方面做说服工作，取得企业领导的支持。

5. 审核过程中的其他技巧

在审核过程中，熟练运用以下技巧，有助于清洁生产在企业内的推动和企业清洁生产效益的实现：①教育员工"勿以利（良好的内部管理、维护，方案效益）小而不为，勿以害（不良操作、跑冒滴漏）小而为之"，集腋成裘，从长远看，从整体看，对有利就去做，要有远见，勿短视，勿只看眼前利益（实践证明，改善内部管理和小的工艺改进可减少污染物产生）；②各步骤的 PDCA 循环，即在每一项工作中做好计划、按计划实施、检查实施情况、纠正偏差，进而持续改进；③边审核，边产生清洁生产方案，边实施，边出效益，边巩固成果；④审核中设计、使用好工作表格、清洁生产知识问答、口诀及各种宣传、调查问卷等，使清洁生产意识深入人心。

二、清洁生产各个阶段中的技巧

1. 筹划与组织

图 5-1 中金字塔形的顶端表示领导的承诺，这表明企业实施清洁生产的关键在于企业领导的决策。为了争取领导的支持和承诺，可以从法规要求、企业的目标或社会对企业的期望、高投入和高成本的末端控制、消费者对企业的绿色产品的需求、经济效益、环境效益、社会效益及在提高无形资产和推动技术进步等几个方面做工作，取得企业领导的支持。审核小组的组成也很重要。在组建审核小组时，各企业可按自身的工作管理惯例和实际需要灵活选择其形式，例如成立由高层领导组成的审核领导小组，负责全盘协调工作，在该领导小组之下再组建由技术人员组成的审核工作小组，具体负责清洁生产审核工作。视企业的具体情况，审核小组中还应包括一些非全时制的人员，视实际需要，人数可由几人到十几人不等，也可随着审核的不断深入，及时补充所需的各类人员。例如当企业内部缺乏必要的技术力量，可聘请外部专家以顾问形式加入审核小组。到了审核阶段，进行物料平衡时，审核重点的管理人员和技术人员应及时介入，以利于工作的深入开展：①组织企业中高层管理和技术负责人到管理先进、技术先进或清洁生产工作成效显著的企业参观取经；②培训清洁生产内审员及其他人员；③收集清洁生产有关的录像节目，组织员工观看，引入清洁生产意识。

2. 预审核

应注意：①分析产品的环境因素矩阵（若有，则收集；若无，则编制）；②行业绩效指标的应用（预审核，清洁生产技术要求——造纸、电镀、啤酒、水泥、钢铁行业）；③目标、指标设置的针对性。

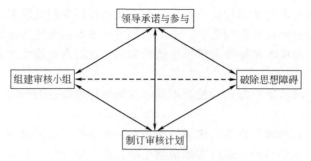

图 5-1　清洁生产审核筹划和组织

关于企业诊断应注意：①效率与效益；②指出问题——管理不善、工艺操作导致废物增加、产品质量、数量下降，博得领导认同；③来源于咨询方建设性和启发性的建议。

3. 审核

过程分析/物料衡算法应注意：①物料平衡的注意事项；②物料平衡与废物产生原因分析的紧密逻辑关系。

4. 方案产生与筛选

可采用下列方法产生方案并筛选。

（1）广泛采集，创新思路　全企业范围内利用各种渠道和多种形式，进行宣传员，鼓励全体员工清洁生产方案或合理化建议。通过实例教育，克服思想障碍，制订奖励措施以鼓励创造性思想和方案的产生。

（2）根据物料平衡和针对废物产生原因分析产生方案　进行物料平衡和废物产生原因分析的目的就是要为清洁生产方案的产生提供依据。因而方案的产生要紧密结合这些结果，只有这样才能使所产生的方案具有针对性。

（3）广泛收集国内外同行业先进技术　类比是产生方案的一种快捷、有效的方法。应组织工程技术人员广泛收集国内外同行业的先进技术，并以此为基础，结合本企业的实际情况，制订清洁生产方案。

（4）组织行业专家进行技术咨询　当企业利用本身的力量难以完成某些方案的产生时，可以借助于外部力量，组织行业专家进行技术咨询，这对启发思路、畅通信息将会很有帮助。

（5）全面系统地产生方案　清洁生产涉及企业生产和管理的各个方面，虽然物料平衡和废物产生原因分析将有助于方案的产生，但是在其他方面可能也存在着一些清洁生产机会，因而可从影响生产过程的 8 个方面全面系统地产生方案。

常规方案是利用检查清单如内部检查清单，通用检查清单和行业清洁生产清单。还应利用创造学原理，创造性地发现、分析和解决环境问题（工艺、控制、设备维护等），创造性地产生清洁生产方案。这其中，要注意：①产生想法，再做评估，进而形成方案；②重要的是先要产生想法；③产生想法有技巧，重要的是形成创造性氛围。

如：化工厂案例：$A+B \rightarrow C$。A 过量，反应收率稍高，但 A 残留极难降解处理；转变思路，B 过量，牺牲一点反应收率，B 残留极易生物降解，整体效益大为提高。

又如印染工厂案例：备过剩染料保品质，废水量大而难降解，法规、标准日趋严格。方法 1，增加处理深度与规模，投资大；方法 2，强化管理，残料入桶，废水减少，废物增加，投资中；方法 3，电脑配色，精确计算所需染料量，投资少，成本低，根本解决问题。

5. 持续清洁生产

怎样保持清洁生产的生命力？①最高管理者的承诺与持续支持；②持续的全员培训；③保持清洁生产（审核）的中坚力量；④与企业各方面的整合，如质量管理体系（QMS），环境管理体系（EMS）；⑤获取外界的帮助，如政府的激励政策、外部专家的工艺和审核技巧的指导。

三、清洁生产审核相关问题

1. 分析工艺步骤

应详细绘制工艺流程图。免费的或低成本的输入，像水、空气、沙等是非常重要的，因为它们常常作为主要的废物源。为了理解该过程，在必需的地方，应以化学方程式来补充工艺流程图。偶尔使用的原料或不出现在输出流中的物料（如催化剂、冷却油等）也应标出。

弄清楚步骤是周期性的、按批的还是连续的。

详细且正确的工艺流程图的绘制是整个分析的关键步骤，并形成编制物料和能量平衡的基础。

对清洁生产来说，物料和能量平衡是重要的，因为物料和能量平衡使识别未量化以前未知的泄漏和排放成为可能。这两个平衡对监测预防程序所取得的进展和审核成本和收益来说是有用的。

为了避免过高或过低计算物料流和能量流的错误，应仔细建立物料和能量平衡。分析数据和工艺测量的准确性是很重要的。尤其有大量流入和流出的生产过程中，这些量测量上的绝对偏差比实际上的废物流、排放或使用的能量要多。

建立物料平衡时，时间间隔也是重要的。为了更接近平衡，在较短的时间内建立的物料平衡需要更准确和更经常的流体监测。在一个完整的生产周期内进行的物料平衡是最容易建立的而且是最准确的。

建立物料和能量平衡后，可进行"原因分析"，指出废物产生的原因。这些原因实际上是开发清洁生产测量的工具。可能有许多废物产生的原因，从简单的内部管理缺陷到复杂的技术原因。

2. MET 矩阵

生产过程由几个工艺步骤组成。这些步骤可放进一个 MET 矩阵里。MET 矩阵用于列出产品的环境因素。它是一张与产品生命周期有关的相对简单的输入-输出表（见表5-1）。在 MET 矩阵里有3类环境因素：①物质循环（用 M 表示），从原材料到材料再到废物（这条线应该是一个循环）；②能量使用（用 E 表示），在不同的工艺步骤，使用的能量种类和数量；③有毒排放量（用 T 表示），进入水、土壤和大气的有害排放物。尽管难以得到排放物的信息，但重要的是尽其所能，可从工艺、供应方和文献中获得信息。

表 5-1　MET 矩阵例子

生产过程	材　　料	能　　量	有毒排放物
提取			
生产			
分发			
销售			
使用			
倾倒			

生命周期评价是制订环境因素的详细目录的又一种方法，是一个更完整、但更复杂的描述环境因素的方法。关于生命周期评价的描述可见第六章。

四、其他清洁生产技巧

1. 识别并抓住清洁生产机会

对于"机会"的理解：抓住才是硬道理。机会是一种可能性，从机会到方案还需要系统化的综合考虑和完善（限制条件、可行性等）。应全面考虑清洁生产的 8 个方面（原料投入、工艺技术、设备、过程控制、废物回收利用、产品、员工、管理）。着重源削减、循环利用。审查通用清洁生产机会（见本章通用检查清单）。抓住本行业清洁生产机会。

各行各业的企业都存在着大量的清洁生产机会，但有些是共性的，如良好的内部管理等。在审核时可充分利用检查清单的形式对企业中存在的清洁生产机会进行系统发掘。

在"预审核"和"审核"的现场考察时，可对照检查清单，提出初步的清洁生产无/低费方案建议，体现清洁生产审核"边审核边实施"的特点。

2. 清洁生产与企业技术改造相结合

①根据清洁生产审核程序，清洁生产的实施会使企业的技术改造更具有针对性；②根据清洁生产技术改造方案的确定，清洁生产的实施使企业的技术改造充分利用国内外最新科技成果；③根据清洁生产技术改造方案的可行性分析，清洁生产的实施使企业的技术改造更切合企业的实际，易于具体实施；④根据清洁生产技术改造方案可能带来的效益，清洁生产的实施使企业的技术改造达到经济效益与环境效益的最佳结合。

3. 清洁生产与能源审计相结合

从起源上，能源审计或审核是独立于清洁生产审核而发展起来的，但二者在程序和手段上都具有较强的相似性。

在我国，能源审计是由节能主管部门授权的能源审计机构和具有资质的能源审计人员依据国家节能法规和标准，对企业的能源利用状况进行的审核与评价。对企业而言，能源审计是一种企业内部管理的有效方法，可以帮助企业生产组织者、管理者及时分析、评价用能状况，寻找节能方向，确定节能技术方案和正确的组织与管理生产，提高企业能源利用率，降低成本为企业争得更大的效益；对政府而言，可以通过能源审计，加强能源管理，合理使用能源资源，提高能源利用率，节约能源，保护环境，持续地发展经济。

企业能源审计的主要内容包括：①能源管理状况，包括组织、人员与管理标准；②企业用能概况；③生产工艺与用能流程；④主要用能设备的运行效率；⑤能源计量，监测系统和统计台账；⑥单位产品能耗；⑦节能技术改造项目；⑧企业能源使用的经济分析和环境影响。

服务对象和工作目的，决定着能源审计工作的范围、目标、时间与重点。能源审计可以大致划分为初步能源审计和详细能源审计两类。

初步能源审计是在审计的对象比较简单、花费时间较短时进行的审计。其主要工作内容包括两个方面：一是进行能源管理的调查，通过对企业能源管理状况调查，了解企业能源管理状况、影响节能技术改造的原因与决策的机制；二是能源数据统计与分析，进行技术工艺的数据调查与分析，其中重点是主要耗能设备与系统，如锅炉、工业窑炉、变电站或是热力系统等。如发现数据不合理，还需使用少量的便携式仪表进行必要的能源测试，取得基本数据，做到进一步观察与分析。

在初步能源审计之后，如要对企业用能系统进行更深入的分析与评审，就要做详细能源审计。这时，需要采集企业的用能数据，必要时还要做一些能源检测工作，补足一些重要数据，进行企业能量平衡分析，对重点耗能设备或系统进行分析，寻找可以节能的机会，提出节能技术改造方案，对方案进行经济技术评价和环境效益评估。提出的节能技术改造方案分为无费用方案、低费用方案和重大投资项目，对重大投资项目要进行可行性研究、环保评价等，还要讨论投资风险和资金筹措等项工作。提出一个能源审计报告，其中包括可行的节能方案的建议。

从以上可以看出，能源审计可以看作是一类专门针对能量管理的清洁生产审核，能源审计的措施、方案和结果可以作为清洁生产的一部分。

4. 重视专家的作用

向有关的大专院校科研机构教授、专家进行咨询，请他们协助企业制订清洁生产方案。

外部专家的作用主要有 3 种。①清洁生产审核（方法学）专家：传授清洁生产基本思想；传授清洁生产审核每一步骤的要点和方法；破除习惯思想，发现明显的清洁生产机会。②行业工艺专家：及时发现工艺设备和实际操作问题；提出解决问题建议；提供国内外同行业技术水平参照数据。③行业环保专家：及时发现污染严重的环节；提出解决问题建议；提供国内外同行业污染排放参照数据。

五、障碍及解决

我们把实施清洁生产过程中遇到的各种困难称为"障碍"，一般来说，在实施清洁生产过程中会遇到下列各种障碍。①思想观念障碍。对清洁生产认识不清，将清洁生产与末端控制混淆等。应宣传清洁生产和清洁生产审核知识。宣讲成功示范企业的清洁生产经验以克服思想观念障碍。②技术障碍。在进行物料平衡时，由于缺乏监测方法和设备，难以了解工艺过程的物流、能耗及污染物排放等。可以参比同行业的做法，也可以向专家咨询，请专业单位来监测等。③资金障碍。开展清洁生产需要资金支持。可以内部挖潜积累资金、外部筹措资金、无/低费方案实施后积累资金以及申报有关清洁生产资金支持等，根据《清洁生产促进法》，清洁生产审核成本可以计入生产成本。④管理障碍。大型企业的部门多，独立性强，协调困难，主要领导应直接参与和支持清洁生产审核，给予审核小组相应的职权，以协调全公司的清洁生产审核工作。⑤政策法规障碍。实施清洁生产与现行的公司环境管理制度中的规定有冲突，应该结合清洁生产审核成果，修订、完善相关的企业规章制度，要制订相关的激励机制，调动员工参与清洁生产的积极性。通过这一阶段的工作，要让所有员工明白，他对环境与工作负有同等的责任。

值得注意的是，在开始清洁生产审核之前，应当消除全部跑、冒、滴、脏、乱、差和完成维修事项，因为这些会干扰审核结果，给审核小组造成不愉快的工作环境。

下面是印度和我国某企业清洁生产时遇到的障碍，供清洁生产实践对照、比较、参考。

1. 印度 DESIRE 项目识别的清洁生产障碍因素

（1）系统 ①企业生产过程的原料、能源投入和废物排放基础数据缺乏，或保存不善，使得数据收集费力费时，审核过程冗长导致较长时间没有清洁生产效果；②缺乏企业管理系统的支持，雇员倾向于避免脱离常规的工作；③各种雇员，特别是直接操作人员没有系统的在岗培训，难以理解接受清洁生产的概念；④清洁生产工作难以进入企业已排定的生产计划中。

（2）组织管理 ①雇员不愿参加清洁生产活动，除非业主命令；②企业清洁生产工作小组由于缺乏高层管理者的支持几乎难以开展工作；③企业过分强调生产，废物最小化行动计划所需各种资源往往沦为次要地位；④技术人员频繁调动，制约了他们清洁生产工作的努力作用；⑤企业雇员在清洁生产中的积极表现，得不到雇主认可或相应的报酬与奖励，缺乏承担新的和富于挑战性的任务的主动性。

（3）经济 ①缺乏必要的资金支持，金融机构的高利率使得不少清洁生产方案变得经济不可行；②资源价格，如水的丰富可得与低价，影响清洁生产实施；③企业经济性主要根据直接经济回报和财务收益衡量，对清洁生产产生的社会效益、环境效益难以计入企业的核算体系中；④清洁生产在缺乏企业投资计划的配套支持时，难以保证清洁生产效果，挫伤决策者与员工的积极性；⑤通行的工商管理，国家经济管理政策，往往与产量规模相关，侧重于生产量的增长，而与清洁生产效果无关。

（4）技术 ①缺少各种监测计量等基础设施，依靠外部机构测量成本代价；②信息渠道不畅，与本企业清洁生产有关的技术文献资料基础数据收集困难；③企业，特别是中小企业，大部分使用落后过时设备，缺乏技术研发能力；④中小企业通常只能维持一般日常设备维护修理，重大技术革新甚至大修主要依靠外部机构，费钱费时，影响清洁生产的技术方案实施；⑤企业胜任清洁生产的技术人员力量薄弱。

（5）态度　①缺乏良好的管理文化，家族管理，缺少专业管理，员工关注日常工作，企业没有长远发展战略和目标；②员工出于对未知的恐惧而抗拒变革，管理决策者以经验为基础也不愿偏离现行经营实践；③小企业的工作保障主要取决于雇主的喜好，各级员工更注重领导偏好和保住饭碗，而不去冒在一项新活动中失败的风险。

（6）政府/社会　①环境管理制度大多基于末端控制策略，管理部门仍然以达标排放作为主要手段，企业缺少清洁生产的热情；②频繁多变的工业政策极少关注清洁生产，甚至干扰、制约清洁生产的实施；③各级政府没有促进清洁生产、废物最小化的体制安排；④社会公众对污染控制的关注力和意识不强。

2. 中国 B-4 项目识别的清洁生产障碍因素

（1）意识　①环保和清洁生产意识淡薄，单纯追逐利润产值倾向严重；②企业缺乏全过程污染预防概念，认为清洁生产就是环保；③担心技术工艺变化会耽误生产，多一事不如少一事；④开展清洁生产就是为获得贷款，有钱就干，没有钱就不干。

（2）组织管理　①企业高层领导太忙，顾不上；②企业的清洁生产实施，通常只由环保部门负责，难以与生产管理部门协作，在清洁生产中力不从心；③企业没有明确的清洁生产策略，缺乏长远的清洁生产行动计划与机构、制度安排，试点结束后，清洁生产处于松散、停滞、无人过问的状态；④企业员工参与清洁生产的积极性不高，只是清洁生产审核人员忙得团团转；⑤缺乏来自政府，包括企业主管部门的支持和参与。

（3）经济　①企业负担重，经济效益不高，资金紧张，缺乏必要的资金支持；②部分清洁生产方案经济效益不高，仅有环境效益、社会效益，即使有经济效益，也难以直接反映在企业财务成本核算中；③动态变化的生产因素，如价格、原料品种，使清洁生产的效益计量核算难度大，使人看不到对企业发展的作用；④排污费返还使用依然用于末端治理，不能支持清洁生产的实施；⑤资源价格不合理，产品税收等基本未能反映清洁生产的要求，从而无法鼓励企业清洁生产的实施。

（4）技术　①工艺技术落后，设备老化，在这样的条件下开展清洁生产有如朽木雕花，难以体现清洁生产的效益；②大部分企业生产过程没有中间计量装置，技术经济信息基础薄弱；③部分清洁生产方案，如原料或助剂等替代，难以保证产品质量；④缺乏适宜有效的清洁生产技术支持；⑤企业内外清洁生产科技研发力量薄弱，难以支持企业实施清洁生产的需要。

（5）知识信息　①信息渠道不畅，缺乏信息机构，基础数据收集困难；②科学知识理解不足。

（6）方法学　①清洁生产审计指南难以适应形式多样的行业企业，特别是大量中小企业；②过于注重污染源，侧重于废物的审核，而忽视真正的技术革新。

（7）政策法规　①工业发展政策侧重于生产量的增长，而非质的提高；②环境管理制度大多基于末端控制策略，针对特定环境问题或单一介质而制订；③政府缺少强有力的经济刺激措施和政策，投资渠道体系比较单一，清洁生产投入力度不强，缺乏金融信贷的优先优惠支持，清洁生产方案无法具有资金支持的优先序；④技术政策侧重于末端治理技术的开发和应用；⑤经济、环境、技术等各种政策缺乏有机结合，政策和管理制度与推行清洁生产脱节，环境保护主要强调达标排放，排污收费制度难以反映清洁生产的实施，技术改造政策着眼扩大生产规模；⑥环境政策和法规的执行与监督缺乏力度，部分企业任意排放，伤害要实施清洁生产的企业的积极性。

六、内部检查清单

利用适于企业内部的各种清洁生产检查清单来核对比较有无类似的清洁生产机会。

1. 常见的无低费方案

常见的无/低费方案生产如下。

（1）原料（和能源）

① 原料的规格和订购：a. 不宜过多订购原料，特别是一些会损坏、易失效或难以贮存的原料；b. 尽量购买一些易于搬运并且包装成形的原料；c. 原料的包装应尽量是桶装的或袋装的，减少散装的，最好是密封的，不易蒸发或散溢。

② 原料进厂的控制：a. 要对所有进厂的原料进行目检，对供货实行质量控制，拒收已损、易漏或无标签的容器；b. 检查订货量是否与供货量一致，检查袋装料的重量是否符合规定；c. 检查原料的组分和质量是否合格。

③ 原料的贮存要求：a. 大贮罐要安装高液位控制器，防止溢流，最好设置容纳溢出液的预备罐；b. 要考虑便于排水和清洗；c. 最好是一个贮槽只装一种原料，避免交叉污染；d. 贮槽要有密封装置，减少蒸发损失；e. 对贮槽要定期检查，防止破损漏失或装错原料等。

④ 原料的输送和搬运：a. 应尽量减少物料在现场的移动，并尽量缩短原料贮存地与使用现场之间的距离；b. 如果用管道输送，要经常检查有否"跑、冒、滴、漏"，要安装限流器以避免过量消耗。c. 杜绝错拿，错包装及其交叉污染。

⑤ 原料和能源使用：a. 使用未经暴露（氧化、蒸发）和无杂质与未受到污染的精料；b. 原材料投入量的准确计量；c. 原材料的配比按规定的质量与比例投入；d. 使用排污少的能源（如型煤代替散煤，煤气代替煤炭等）。

（2）产品 应该像原料的贮存、输送搬运的要求那样进行控制和处置，但同时要特别注意：①要有严格的包装规定，包装上要特别标明醒目的生产日期、失效期；②包装材料应尽可能采用便于回收利用或处理处置的材料；③严格出厂和搬运制度，遇有包装破损的产品一律不得出厂，对搬运过程中的散失产品要及时回收处理。

（3）能源供给和水的利用 应尽量采取节能措施，节约用水，避免"跑、冒、漏、滴"。

（4）生产工艺和设备维护 ①所有设备尽可能做到定期检查、定期清洗、定期维护修理；②严格分析监测制度，该分析、监测的数据一定要记录，编制报表；③严格批量生产制度，不得随意变动批量生产的数量（生产量与配料比有严格的因果关系）；④适当、合理地调整工艺流程及管线布局，使之有序化；⑤增添必要的仪器仪表和自动检测指示装置，提高生产工艺自动化水平；⑥调节与控制必要的助剂、添加剂的投入等；⑦严格控制生产过程中的温度、压力、流量的变化；⑧严格控制回水利用与中间排放物回用的组分变化、避免产品质量受其影响。

（5）生产管理 ①严格岗位责任制和按操作规程作业，减少漏测、漏检和失控造成不必要的停车次数；②清洁作业，尽量避免现场杂乱无章；③严格控制清洗用水，要求水管上安装自动关闭阀门，不任其流水。④减少停车，使生产正常与稳定；⑤则采证正常的水、气、热供应；⑥定期对工人进行技术培训和经常进行管理意识教育。

（6）废物处理与循环利用 ①检查废物收集和贮存设施，减少废物混合、清污水混合（做到清污分流）；②回用水和物料要检查组分变化情况，尽可能减少外排量；③对回收/循环利用的废料应采取净化措施，首先对液体废料采取沉淀，过滤措施，其次对固体废料采用清洗、挑选措施，最后蒸汽应通过冷凝、回收措施；④直接采取闭合管道装置进行循环作用。

2. 内部管理检查清单

内部管理方面的清洁生产方案详见表 5-2。

表 5-2　内部管理检查清单

良好操作	内　容
废物分离	防止有害废物与无害废物的混合
	恰当分组存放材料
	将不同类溶剂分开
	将液体废物同固体废物分开
预防性维护计划	建立设备履历卡，注明设备所在位置、特性及维护情况
	建立总体预防性维护进度表
	将制造厂发的设备维护手册置于手边
	建立人工或计算机操作的设备修理履历档案
培训和意识树立的计划	提供下述培训：
	设备操作，将能源使用及材料浪费减至最低限度
	妥善地搬运物料，减少浪费和溅洒
	阐明有害废料的生成和处置在经济和环境方面的影响，强调污染预防的重要性
	查明并减少产生在空气、土地和水中的物料损失
	发生事故时尽量减少物料损失的紧急措施
有效监督	领导层承诺一项积极的污染预防计划
	严密监管可提高生产率并减少无意中产生的废物
	集中废物管理，各部门指定一位安全及废物管理负责人
职工参与	将组织各方面和各部门都组合到污染预防工作中来
	"质量小组"（职工和检验人员之间的自由座谈会）可确定出减少废物的途径
	征求并奖励职工对减少废物的建议
生产进度计划	尽量增大批量，以减少清除废物
	将设备用于一种单一产品
	变更批量次序以降低清除频率（如由浅浴至深浴次序）
成本会计、费用分配	将空气、地面和水中的全部排放物的直接和间接成本均计入特定的产品加工中去
	将废物处理和处置费用分摊到产生废物的操作中去
	将水、电费摊入规定的产品加工中去
	凡涉及化学性应用或排放的资金和财产购置计划，均需经事先批准

七、通用检查清单

利用工业企业的通用清洁生产方案来核对比较有无类似的清洁生产机会，详见表 5-3。各行业常用的清洁生产方案可参见清洁生产信息库有关资料。

表 5-3　工业清洁生产方案通用检查清单

废物源	废物类型	清 洁 生 产 方 案
不合格材料	槽底存料	采用"即时进料"订货制度（订购的材料是根据需要确定，需要时再进料）
	不合格原材料	建立集中采购计划
	过期原材料	指定专人负责订购、检查、粘贴标志（标出进货日期、材料名称）和有毒材料的安全保管
	废弃残渣	
	泄漏物：	指定专人负责化学品样品的接收检验，并将不合格样品及时返给销售商
	——泵漏的	按准确用量定购化学试剂
	——阀门泄漏的	鼓励化学品供应商负责到底（如接受过期物料的处理）
	——槽子泄漏的	建立化学品从摇篮到坟墓的"产品生命追踪计划"
	——管道泄漏的	确定化学品合理贮存量
	破损的容器	采用"先进先出"的发料办法
	空桶	开发物料滚动计划，使失效的化学品用于其他部门

废物源	废物类型	清洁生产方案
不合格材料	槽底存料 不合格原材料 过期原材料 废弃残渣 泄漏物： ——泵漏的 ——阀门泄漏的 ——槽子泄漏的 ——管道泄漏的 破损的容器 空桶	执行原料进厂前进行物料检查检验制度 审查原料是否符合技术规范要求 将进料日期标在盛装容器上，先使用进货日期最早的物料 确认物料是否在有效期内 检验过期材料的有效性 采用稳定的化学药品，以减少贮存有效期的要求 定期检查材料的贮存量 采用计算机辅助设计贮存管理制度 定期进行材料使用跟踪 所有的盛装容器应贴标签 建立岗位化学品定额使用与废物收集管理制度 如有可能，用干的或湿的抹布擦去溢、漏物（如用扫帚代替水管冲洗） 购买纯的原材料 为不合规范要求的材料寻找其他用途（否则需要做其他处理） 要求供应商按配套包装散批进货 装运桶复用 采用低毒原材料替代 使用性能好、寿命长的原料（如油）使之与制造产品结构相一致 减少不同牌号和不同等级化学品的用量 使用多功能溶剂或化学清洁剂以替代各种不同溶剂的使用 如有可能，应选择既能提供新原料又能接收废料并进行循环使用的供应商 使用再生物料和生产可循环利用的产品 使用易于清洁和复用的材料桶
原材料和不合格材料	槽底存料 不合格原材料 过期原材料 废弃残渣 泄漏物： ——泵漏的 ——阀门泄漏的 ——槽子泄漏的 ——管道泄漏的 破损的容器 空桶	建立预防溅溢控制措施（SPCC） 按使用需要正确设计槽子和容器 在所有槽子和容器上安装液位报警装置 经常维修槽子和容器 在贮槽上安装泄漏检查系统 建立装、卸和运输操作记录 安装二级容纳系统（托盘） 设立操作人员控制侧面通道联锁、报警器或无管理员在场时对任何设定点的变更 隔离操作设备或生产线，以防止泄漏或人为事故 使用密封性好的泵 使用螺旋管密封阀 当分发领取大量液体时采用自流阀或泵减少溢流 装运液体时一定要用喷嘴阀和漏斗 取液时加滴液收集盘 若有可能尽量干法擦拭溢流液 编制工艺文件规定允许溢出量，以便预先采取预防措施 进行物料衡算，计算所有损失掉的物料和资金 有活动盖的槽上采用双面密封盖板控制挥发性有机物 在固定盖板的槽上采用油封通气口 采用蒸汽回收（气平衡）系统 贮存产品的地方及其条件应满足产品耐以保存、防止产品失效 贮存的容器应经常进行检查是否有被腐蚀或泄漏 堆放容器应该不易翻倒、刺穿或破碎 贮存袋装物料要注意防止损坏或被污染，在室外存放时要注意温度过高、下雨和下雪等 装料孔的垫片一旦丢失，要防止水泥被雨淋湿（如集装箱密封不严） 保存材料安全使用说明书，以保证正确操作防止溅溢 贮存场地应照明充足

废物源	废物类型	清洁生产方案
原材料和不合格材料	槽底存料 不合格原材料 过期原材料 废弃残渣 泄漏物: ——泵漏的 ——阀门泄漏的 ——槽子泄漏的 ——管道泄漏的 破损的容器 空桶	保持地面干净,甚至在装卸料区域也如此 保持通道畅通无阻 互相有反应的化学物品存放时要保持一定距离 不同化学品之间要保持一定距离存放,以免交叉污染 堆放容器避免靠着工艺设备 按制造商要求操作和使用所有的物料 存放物品要与电路保持一定隔离空间经常检查电路有无被腐蚀情况和电击穿的情况 如有可能采用大桶盛装量大的液体 用高×圆截面=1 m³ 的容器盛装,可减少领取时溅湿地面 塞紧塞子并加垫片(对空桶或盛满液体桶都一样) 在清洗或处置容器前要倒干净 复用擦拭流液口的纸,循环用纸
试验室	试剂 失效的化学药品 样液 空样瓶 化学药品瓶	采用显微或半显微分析技术 增加仪器分析 在实验中减少或杜绝使用有毒化学品 复用、循环使用废溶剂 回收催化剂中的金属 在试验最后一步时,处理或降解废物的毒性 使有害废物流分离;有毒废物与无毒废物分离;可循环利用的废物与不能循环使用的废物分离 标示所有化学品与废物,并在容器上分别做标志 研究水银回收方法并循环利用水银
操作和工艺的变更	溶剂 清洗剂 除油渣物 固体废物 废碱 废金属屑 油 设备清洗 除油剂	尽可能使用较大的工艺设备 产品清洗前挤压回收残留液 采用贮槽紧靠的传送系统 保证出槽滴液时间 采用生产线式设备,减少液体带出 必要时采用预清洗,以减少或避免仅用溶剂清洗 采用二级清洁或脏的零件先擦干净再清洗,以延长溶剂使用寿命 采用逆流清洗 采用定置清洗系统 设备使用后即时清洗干净 复用清洗剂 将工艺清洗用溶剂复用于可用的产品 将使用的溶剂标准化 用蒸馏法回收溶剂 合理安排生产日程降低清洗频次 用机械化法擦拭组装槽 用基准表法测试,替代在工艺溶液中取样测试
操作和工艺的变更	垃圾 热处理清洗中的废酸	在停车时引流控制或用泵循环以保持湍流 平缓加热转换的表面 采用流水线清洗系统 如有可能用高压水清洗代替化学清洗 用高压喷流

第六节　持续清洁生产

重点：实施一轮清洁生产审核后，怎样保持持续清洁生产。

一、与全面质量管理（TQM）、全面质量环境管理（TQEM）相结合

全面质量环境管理和清洁生产都是做好环境保护工作的重要工具，清洁生产思想在TQEM 中能够得到较好的体现，TQEM 有利于清洁生产审核工作的持续长久，保持清洁生产的效果，因而，企业可以将清洁生产战略与 TQM、TQEM 很好地结合起来。

二、以清洁生产战略建立环境管理体系

以清洁生产战略作为建立环境管理体系的指导思想，以清洁生产审核作为二者在操作上的结合部，在各级环境管理体系文件中体现清洁生产思想，并在体系运行时贯彻清洁生产思想。

在实际操作中可有两种做法：其一，是以清洁生产审核的实施为主体，参照 ISO 14001的要求（而不以认证为目的），建立初步的环境管理体系（或可称为企业污染预防管理体系），以不太复杂的文件体系为依托，巩固清洁生产审核成果，保障清洁生产在企业中的持续实施；其二，是以环境管理体系的实施为主体，参照清洁生产审核的某些做法，按 ISO 14001 的要求建立环境管理体系并在适当时候获取 ISO 14001 认证，在清洁生产思想的指导和体系内外部监督机制的作用下，真正在企业环境的各个方面预防污染的发生，不断取得环境绩效的改进。

以下仅就第二种做法提出一些具体的思路。

在环境管理体系的策划阶段，一开始就要在领导头脑中确立清洁生产与环境管理体系相结合的意识——以清洁生产战略建立环境管理体系，并在承诺提供资源用于建立符合 ISO 14001 标准的环境管理体系时，资源优先用于清洁生产解决环境问题而不是优先投向末端治理，把清洁生产的计划安排与环境管理体系的建立和运行结合起来。

在初始环境评审阶段，既可以借用清洁生产审核的某些方法，如对生产流程的全方位分析（识别并评价环境因素）、集思广益收集并筛选清洁生产方案等，来实施初始环境评审；也可以在清洁生产审核中结合环境管理体系的特点，丰富审核内容（在管理制度的分析上加大比重，在法规及其他要求的符合性方面加以强调等），以清洁生产审核的初始步骤来代行初始环境评审的作用。

近年来清洁生产审核的实践表明，在审核中发现的清洁生产无/低费方案具有很好的经济效益［投入产出比平均为 1：（5～10）］和环境效益（节约资源和能源及减少废物排放），因此，在初始环境评审阶段利用清洁生产审核方法发现清洁生产无/低费方案，应积极实施，以贯彻清洁生产边审核、边实施、边见效的方针，并纳入环境管理体系中，在文件编制和体系运行中将清洁生产无/低费方案固定下来，以使它们能持续下去。

在体系设计和文件编制阶段，要将清洁生产的思想写在体系文件中：①在环境方针中承诺清洁生产而不仅仅是末端控制；②在目标、指标的制订上，考虑清洁生产指标（如单位产品物耗、能耗等）的改进；③在环境管理方案中，优先开发和实施清洁生产方案，而将末端控制方法作为补充；④在机构和职责上，将清洁生产内容纳入设计、研究开发及生产部门的职责范围（以清洁的原料、能源，采用清洁的工艺，生产清洁的产品）；⑤在培训上，把清洁生产的内容纳入培训计划并作为全员培训的重点；⑥在信息交流中，注意把企业清洁生产

的形象传达到相关方中去，并影响供方和承包方实施清洁生产，以扩大清洁生产的影响；⑦在运行控制上，要将行之有效的各种清洁生产做法写到运行控制程序和作业指导书中去；⑧站在清洁生产的高度上监测和纠正不符合清洁生产原则的做法和行为；⑨在内部审核和管理评审中，将清洁生产作为重要的审核和评审内容。

在体系的运行和保持阶段，按照文件所写内容切实贯彻清洁生产思想，使环境管理体系按清洁生产的思路运行下去，预防污染，持续改进环境绩效。

在体系运行一个周期后进行内部审核和管理评审时，把清洁生产指标的改进作为重要的评价依据。体系是否得到正确的实施与保持，不仅在于对于体系文件不折不扣的执行，更在于环境绩效的改善，其中，企业的生产是否变得更清洁是体系是否有效运行的一个很好证明。

通过把清洁生产战略纳入环境管理体系的建立与运行过程中，可以发挥二者的各自优势，共同扬长避短，以标准化、系统化的环境管理来实施清洁生产并使它持续下去，进而使企业的环境绩效持续改进，从而为可持续发展服务。

在起始阶段，清洁生产和环境管理体系可以由同一个工作班子作为起始阶段的技术指导和协调企业机构。

如果一个企业希望既实施清洁生产也建立环境管理体系的话，最佳顺序是先进行清洁生产审核，这样可以提高员工的环境意识，收集企业活动、产品或服务过程的基础数据，识别并评价企业的重要环境因素，通过物料平衡或能量平衡分析物料/能量流失和废物产生原因，从而提出清洁生产方案，为进行初始环境评审和制订企业环境政策打下良好基础，然后逐步建立环境管理体系和实施清洁生产方案，并在环境管理体系的持续运行和清洁生产审核的不断进行中，以清洁生产战略为指导持续改进企业的环境绩效。这样可以最大限度地使二者互为补充和支持，同时避免重复工作。

思 考 题

1. 系统工程方法在清洁生产中有何作用？
2. 质量守恒定律在清洁生产中有哪些应用？
3. 试简述清洁生产与创新思维的关系。
4. 头脑风暴法为什么禁止批评？
5. 清洁生产审核为什么需要详尽和真实的资料？
6. 清洁生产审核可以揭示企业什么样的问题？
7. 为什么要进行物料平衡？
8. 政府部门在清洁生产活动中可以起到什么作用？
9. 专家的作用是什么？
10. 清洁生产战略与环境管理体系的关系是什么？

第六章

环境保护相关概念及实施工具

第一节　ISO 14000 环境管理系列标准

一、 ISO 14000 环境管理标准简介

国际标准化组织（ISO）成立于 1947 年 2 月，是世界上最大的非政府性国际标准化组织。到目前为止，ISO 有正式成员国 130 多个，我国是其中之一。ISO/TC 207 是国际标准化组织于 1993 年 6 月成立的一个技术委员会，专门负责制定环境管理方面的国际标准，即 ISO 14000 系列标准。1996 年 9 月，国际标准化组织正式发布了 ISO 14001 和 ISO 14004 国际标准，随后的几年中，又陆续发布了 ISO 14000 系列其他标准。

ISO 14000 是国际标准化组织（ISO）从 1993 年开始制定的系列环境管理国际标准的总称，它同以往各国自定的环境排放标准和产品的技术标准等不同，是一个国际性标准，对全世界工业、商业、政府等所有组织改善环境管理行为具有统一标准的功能。旨在指导各类组织（企业、公司）取得和表现正确的环境行为。该标准是一套自愿性标准，通过第三方认证的方式实施。ISO 给 14000 系列标准共预留 100 个标准号。该系列标准共分七个系列，其编号为 ISO 14001~14100。ISO 14000 系列标准的构成见表 6-1。

表 6-1　ISO 14000 系列标准的构成

分技术委员会	任务	标准号
SC1	环境管理体系 EMS	14001~14009
SC2	环境审核 EA	14010~14019
SC3	环境标志 EL	14020~14029
SC4	环境行为评价 EPE	14030~14039
SC5	生命周期评价 LCA	14040~14049
SC6	术语与定义	14050~14059
WG1	产品标准中的环境因素	14060
	备用	14061~14100

在 ISO 14000 系列标准中，处于主导地位的是环境管理体系（EMS）标准（ISO 14001~14009），其中尤以 ISO 14001 最为重要，在我国被通俗形象地称为"龙头标准"。这是因为 ISO 14001 是企业建立环境管理体系以及审核认证的准则，是一系列标准的基础，它为各类组织提供了一个标准化的环境管理体系模式。按照 ISO 14001 的定义，环境管理体系（EMS）是"整个管理体系的一个组成部分，包括为制定、实施和评审保持环境方针所需的组织机构、规划活动和管理过程"。环境管理体系的目的在于帮助企业在环

境形势恶化之前制订有效的对策，确保企业顺利实现所谋求的环境目标和指标。我国于1997 年 4 月 1 日由国家技术监督局将已公布的五项国际标准 ISO 14001、ISO 14004、ISO 14010、ISO 14011 和 ISO 14012 等同于国家标准 GB/T 24001—1996、GB/T 24004—1996、GB/T 24010—1996、GB/T 24011—1996 和 GB/T 24012—1996 正式发布。这五个标准及其简介如下。

（1）ISO 14001（GB/T 24001—1996）环境管理体系——规范及使用指南规范　该标准规定了对环境管理体系的要求，描述了对一个组织的环境管理体系进行认证/注册和（或）自我声明可以进行客观审核的要求。

（2）ISO 14004（GB/T 24004—1996）环境管理体系——原理、体系和支撑技术通用指南　该标准对环境管理体系要素进行阐述，向组织提供了建立、改进或保持有效环境管理体系的建议，是指导企业建立和完善环境管理体系的工具和教科书。

（3）ISO 14010（GB/T 24010—1996）环境审核指南——通用原则　该标准规定了环境审核的通用原则，包括有关环境审核及相关的术语和定义。任何组织、审核员和委托方为验证与帮助改进环境绩效而进行的环境审核活动都应满足本指南推荐的做法。

（4）ISO 14011（GB/T 24011—1996）环境审核指南——程序准则　该标准规定了策划和实施环境管理体系审核的程序，以判定是否符合环境管理体系的审核准则，包括环境管理体系审核的目的、作用和职责，审核的步骤及审核报告的编制等内容。

（5）ISO 14012（GB/T 24012—1996）环境管理审核指南——环境管理审核员的资格要求　该标准提出了对环境审核员和审核组长的资格要求，适用于内部和外部审核员，包括对他们的教育、工作经历、培训、素质和能力以及如何保持能力和道德规范都做了规定。

这一系列标准是以 ISO 14001 为核心，针对组织的产品、服务活动逐渐展开，形成全面、完整的评价方法。它包括了环境管理的体系、环境审核、环境绩效评价、环境标志、生命周期分析等国际环境管理领域内的许多焦点问题，旨在指导各类组织取得和表现正确的环境行为。标准强调污染预防、持续改进和系统化、程序化的管理。不仅适用于企业，同时也可适用于事业单位、商行、政府机构、民间机构等任何类型的组织。可以说，这一系列标准向各国及组织的环境管理部门提供了一整套实现科学管理的体系，体现了市场条件下环境管理的思想和方法。

二、 ISO 14000 环境管理标准的分类和内容

（1）ISO 14000 环境管理标准的分类

① ISO 14000 作为一个多标准组合系统，按标准性质分为三类：第一类是基础标准，主要是术语标准；第二类是基本标准，包括环境管理体系、规范、原理、应用指南；第三类是支持技术类标准（工具），包括环境审核、环境标志、环境行为评价和生命周期评价。

② 若按标准的功能划分，可以分为两类：一是评价组织，包括环境管理体系、环境行为评价和环境审核；二是评价产品，包括生命周期评价和环境标志。

（2）ISO 14001 标准的主要内容

ISO 14001 标准共分五章，分别为导言、范围、引用标准、术语定义、环境管理体系原则和要素。其中第五章最为重要，占整个标准篇幅的 90% 以上。由 ISO 14001 标准所代表的环境管理体系，为一个组织在其内部建立并保持一个符合国际惯例的环境管理体系做出了最基本的规定，它由环境方针、策划、实施运行、检查和纠正措施和管理评审五个基本要素构成，并试图通过对体系有计划地评审和持续改进，支持组织环境绩效的持续改进。一个有效的环境管理体系将对企业实施清洁生产提供强有力的组织管理支持。

① 环境方针。表达了组织在环境管理上的总体原则和意向，是环境管理体系运行的主

导，其他要素所进行的活动都是直接或间接地为实现环境方针服务的。它所解决的问题是：为什么要做，目的是什么。

② 环境策划。环境策划是组织对其环境管理活动的规划工作，包括确定组织的活动、产品或服务中所包含的环境因素；确定组织所应遵守的法律、法规及其他要求；根据环境方针制订环境目标和指标，规定有关职能和层次的职责以及实现目标和指标的方法和时间表。它所解决的问题是：要做什么。

③ 实施运行。这是将策划工作付诸实行并进而予以实现的过程，包括规定环境管理所需的组织结构和职责，相应的权限和资源；对员工进行有关环境的教育及培训，环境意识和有关能力的培养；建立环境管理中所需的内、外部信息交流机制，有效地进行信息交流；制订环境管理体系运行中所需制订的各种文件；对文件的管理包括文件的标识、保管、修订、审批、撤销、保密等方面的活动；对组织运行中涉及环境因素，尤其是重要环境因素的运行活动的控制；确定组织活动可能发生的事故，制订应急措施，并在紧急情况发生时及时做出响应。它所解决的问题是：怎么做。

④ 检查和纠正措施。在实施环境管理体系的过程中，要经常对体系的运行情况和环境表现进行检查，以确定体系是否得到正确有效的实施。其环境方针、目标和指标的要求是否得到满足，如发现不符合，应考虑采取适当的纠正措施。它所解决的问题是：所做的对吗。

⑤ 管理评审。它是组织的最高管理者对环境管理体系的适宜性、充分性和有效性的评价，包括对体系的改进。它所解决的问题是：在做对的工作吗。

经过五个部分的运行，体系完成了一个循环过程，通过修正，又进入下一个更高层次的循环。整个体系并不是一系列功能模块的搭接，而是相互联系的一个整体，充分体现了全局观念、协作观念和动态适应观念。

三、 ISO 14000 标准的特点

ISO 14000 环境管理系列标准，同以往的环境排放标准和产品技术标准有很大不同，具有如下特点。

（1）以市场驱动为前提　近年来，世界各国公众环境意识不断提高，对环境问题的关注也达到了史无前例的高度，"绿色消费"浪潮促使企业在选择产品开发方向时越来越多地考虑人们消费观念中的环境原则。因为环境污染中相当大的一部分是由于管理不善造成的，而强调管理，正是解决环境问题的重要手段和措施，因此促进了企业开始全面改进环境管理工作。ISO 14000 系列标准，一方面满足了各类组织提高环境管理水平的需要；另一方面为公众提供了一种衡量组织活动、产品、服务中所含有的环境信息的工具。

（2）强调污染预防　ISO 14000 系列标准体现了国际环境保护领域由"末端治理"到"污染预防"的发展趋势。环境管理体系强调对组织的产品、活动、服务中具有或可能具有潜在影响环境的因素加以管理，建立严格的操作控制程序，保证企业环境目标的实现。生命周期分析和环境表现（行为）评价将环境方面的考虑纳入产品的最初设计阶段和企业活动的策划过程，为决策提供支持，预防环境污染的发生。这种预防措施更彻底有效、更能对产品发挥影响力，从而带动相关产品和行业的改进、提高。

（3）可操作性强　ISO 14000 系列标准体现了可持续发展的战略思想，将先进的环境管理经验加以提炼浓缩，转化为标准化、可操作的管理工具和手段。例如：已颁布实行的环境管理体系标准，不仅提供了对体系的全面要求，还提供了建立体系的步骤、方法和指南。标准中没有绝对量和具体的技术要求，使得各类组织能够根据自身情况适度运用。

（4）标准的广泛适用性　ISO 14000 系列标准应用领域广泛，涵盖了企业的各个管理层

次，生命周期评价方法可以用于产品及包装的设计开发、绿色产品的优选；环境表现（行为）评价可以用于企业决策，以选择有利于环境和市场风险更小的方案；环境标志则起到了改善企业公共关系，树立企业环境形象，促进市场开发的作用；而环境管理体系标准则进入企业的深层管理，直接作用于现场操作与控制，明确员工的职责与分工，全面提高其环境意识。因此，ISO 14000 系列标准实际上构成了整个企业的环境管理构架。该体系适用于任何类型、规模以及各种地理、文化和社会条件下的组织。各类组织都可以按照标准所要求的内容建立并实施环境管理体系，也可向认证机构申请认证。

（5）强调自愿性原则 ISO 14000 系列标准的应用基于自愿原则。国际标准只能转化为各国国家标准，而不等同于各国法律法规，不可能要求组织强制实施，因而也不会增加或改变一个组织的法律责任。组织可根据自己的经济、技术等条件选择采用。

四、ISO 14000 的指导思想

标准的执行应不增加贸易壁垒，并努力消除贸易壁垒，包括在环境状况良好的地区和较差的地区；ISO 14000 系列标准可用于对内对外的审核和注册；ISO 14000 系列标准必须避免对改善环境无帮助的任何行政干预。

五、实施 ISO 14000 标准的意义

ISO 14001 标准是关于环境管理方面的一个体系标准，它是融合世界许多发达国家在环境管理方面的经验于一身，而形成的一套完整的、操作性强的体系标准。

对一个组织而言，实施 ISO 14000 标准就是将环境管理工作按照标准的要求系统化、程序化和文件化，并纳入整体管理体系的过程，是一个使环境目标与其他目标（如经营目标）相协调一致的过程。对于企业来说，广泛开展 ISO 14000 认证工作对自身发展的意义如下。

（1）有助于提高组织的环境意识和管理水平 企业在实施环境管理体系中，实行全过程控制和有效的管理。同时，通过建立环境管理体系，增强了企业在生产活动和服务中对环境保护的责任感，对潜在的环境因素有了充分的认识。先进的管理机制不但能提高企业的环境管理水平，而且还可以促进企业整体的管理水平。

（2）有助于推行清洁生产，实现污染预防 ISO 14001 环境管理体系的实施推动了清洁生产技术的应用，环境管理体系高度强调了污染预防。要考虑到可能产生的环境影响，通过控制程序或作业指导书对这些污染源进行管理，从而体现了从源头治理污染，实现污染预防的原则。

（3）有助于企业节能降耗，降低成本 ISO 14001 标准要求对企业生产全过程进行有效控制，体现清洁生产的思想，实施环境管理体系的企业在改造原有的设备、提高能源、资源利用率等方面是可以大有作为的。

（4）减少污染物排放，降低环境事故风险 由于 ISO 14001 标准强调污染预防和全过程控制，因此通过体系的实施可以从各个环节减少污染物的排放。通过体系的建立和实施，各个组织针对自身的潜在事故和紧急情况进行了充分的准备和妥善的管理，可以大大降低责任事故的发生。

（5）满足顾客要求，提高市场份额，改善企业形象 虽然目前 ISO 14001 标准认证尚未成为市场准入的条件之一，但是许多企业和组织已经对供货商或合作伙伴提出了要求。实施 ISO 14000 能使企业达到环境效益与经济效益协调发展，改善企业在消费者心中的形象，有利于实现可持续发展的战略思想。

总之，建立环境管理体系强调以污染预防为主，强调与法律、法规和标准的符合性，强

调满足相关方的需求，强调全过程控制，有针对性地改善组织的环境行为，以期达到对环境的持续改进，切实做到经济发展与环境保护同步进行，走可持续发展的道路。

第二节 清洁生产与环境管理

一、清洁生产管理模式与传统管理模式

清洁生产管理模式与传统管理模式有较大差别，主要在思想和行为两个方面。

（1）**管理思想** 传统管理模式属于刚性管理，突出物本观念、个体观念、简单决策观念、战术管理观念和定式观念。而清洁生产管理模式则属于柔性管理，强调以下 5 个方面的重要性：①突出人本观念，一切都是以人为本，注重激励人的创造性和积极性；②突出系统观念，注意组织内容、管理层次等各个方面的相互联系和制约；③突出择优决策观念，注重多角度多因素的比较方案，择优做出决策；④突出战略观念，强调高瞻远瞩的管理行为；⑤突出权变观念，事事随机应变。

（2）**管理行为** 传统的企业管理行为重在管物，属于制度管理、单维管理、单质管理，注重数量优先、生产效益、小市场营销和末端治理；而清洁生产管理行为则重在管人，属于人本管理、多维管理、全质管理，注重技术优先、生产效益和管理效益、大市场营销以及污染的防治和全过程控制。

二、清洁生产与环境管理体系 ISO 14000 的关系

清洁生产与 ISO 14000 环境管理体系都是从经济-环境保护可持续发展的角度提出的新思想、新措施，是环境保护发展的新特点。

1. 清洁生产与环境管理体系 ISO 14000 的差别

（1）**侧重点不同** 清洁生产侧重于产品及其生产本身，以改进生产、减少污染产出为直接目标，是现代污染防治的最佳模式。而环境管理体系是一个环境管理工具，ISO 14000 标准侧重于管理，强调标准化的集国内外环境管理经验于一体的、先进的环境管理体系模式，它为一个企业提供了系统、持续改进其环境绩效的环境管理框架。

（2）**实施目标不同** 清洁生产是直接采用技术改造，辅以加强管理。环境管理体系不能直接导致组织的发展决策，也不能指出哪个是最佳的环保政策，但可以保证组织领导人所制订环保政策的实施。ISO 14000 标准是以国家法律法规为依据，采用先进的管理，促进技术改造。

（3）**标准不同** 清洁生产正在制订各行业的标准，所订立的标准也是阶段性的、不断改进的，更多的是提供参考，没有严格的、强制的标准，强调的是概念性环保策略。ISO 14000 是系统管理标准，有严格的认证制度。

（4）**审核方法不同** 清洁生产审核以工艺流程分析、物料和能量平衡等方法为主，确定最大污染源和最佳改进方法；环境管理体系侧重于检查企业自我管理状况，审核对象有企业文件、现场状况及记录等具体内容。

（5）**产生的作用不同** 清洁生产向技术人员和管理人员提供了一种新的环保理念，使企业环保工作重点转移到生产中来。ISO 14000 标准为管理层提供一种先进的管理模式，将环境管理纳入其他管理之中，让所有员工意识到环境问题并明确自己的职责。

（6）**推行和监督不同** 对于清洁生产，国家《清洁生产促进法》已于 2003 年 1 月 1 日

起实施，与之相配套的政策、规章、技术规范和标准等陆续出台，目前已初步形成体系。其推行和实施有法定的部门，并逐渐形成经济手段、行政手段和法律手段并举的局面。ISO 14000 环境管理体系的推行动力主要来自两方面：一是企业为提高整体的管理水平，并适应国际绿色消费浪潮和打破绿色贸易壁垒，使产品或服务适合国际绿色潮流的要求，原动力仍是企业生存和发展；二是政府的鼓励措施，其推行以自愿为原则，实施效果的监督由第三方（认证机构）负责。

2. 清洁生产与环境管理体系 ISO 14000 的共性

清洁生产与 ISO 14000 二者并不矛盾，二者的指导思想和目标是一致的：①二者指导思想都是为了科学管理，节约资源，减少对环境的污染，达到保护自然生态环境和可持续发展的目的；②二者的污染防治目标，在生产源头、过程与末端的减废及废物回收、再生，最终减少对环境的影响是一致的。

二者在实施中也有共性。

① 实施清洁生产和 ISO 14001 环境管理标准都需要最高管理者的授权和承诺，需要全体员工的参与。最高管理者对清洁生产计划的承诺是建立清洁生产在企业可持续计划运行的基础。同时，没有最高管理者的授权和承诺也不可能启动 ISO 14001 环境管理标准的实施。全体员工对环境责任的正确理解和认识是实施清洁生产和环境管理体系的基础。清洁生产和环境管理体系都需要一个有专门知识的工作班子来协调和监督实施。

② 清洁生产与 ISO 14001 标准的实施均可明显改善作业环境、保护员工作业安全与身体健康，同时也把员工健康与作业安全问题紧密地结合起来，并可以有力地吸引全体员工的积极参与。

③ 均要求建立一个可持续运行的系统。不断地完善和持续地改进正是清洁生产和 ISO 14001 环境管理体系生命力之所在，也是使环境效益、社会效益和经济效益不断提高的基础。

3. 清洁生产与环境管理体系 ISO 14000 的互助性

ISO 14000 提供了系统化、结构化的管理架构，但制度本身并不必然地导致环境问题的解决。采用清洁生产是有效预防工业污染的最佳途径，通过经济有效的先进科技进行清洁生产，实现生产过程的污染物排放最少，能源、资源消耗最少的目的，所以清洁生产工作是实施 ISO 14000 的必然要求。同时，清洁生产为企业提供了最佳的环保战略，使企业在环境管理上有了非常明确的努力方向——预防污染的产生（在生产过程中加以控制），而不是被动地污染再治理。而环境管理体系可作为清洁生产的有效管理工具，ISO 14000 能确保清洁生产的具体措施得以落实。在建立和实施清洁生产方案时，有各种环境管理工具可以用来改进方案或保证其实施，例如生命周期评价、生态设计、技术环境评价、环境管理体系等。

在实施阶段，二者联系最紧密的技术内涵部分是清洁生产的审核和环境管理体系的初始环境评审，清洁生产审核（预审核）和初始环境评审均需要收集组织基础数据，若在组织进行清洁生产审核时较好地将数据记录存档，在进行初始环境评审时就可以大大减少工作量。

如果组织衔接较好的话，清洁生产和环境管理体系可以实现极大程度的互补。有效的清洁生产审核可以帮助组织选择最佳环境政策和技术路线。而环境管理体系的建立可以帮助组织有效地实施清洁生产方案并使其不断得到监督和改进。因此，在实践中要把清洁生产与环境管理体系结合起来，以清洁生产战略建立环境管理体系，以环境管理体系支持清洁生产的实现。

由此可知二者具有如下关系。

（1）系统工程与具体目标的关系　清洁生产虽然也强调管理，但技术含量较高；环境管理体系强调污染预防技术的采用，但管理色彩较浓。ISO 14000 标准为清洁生产提供了机制、组织保证，清洁生产为 ISO 14000 提供了技术支持。

（2）两者都体现了预防为主的思想，两者相辅相成，互相促进　实施清洁生产为推行 ISO 14001 标准创造了条件。实施 ISO 14001 标准推动了清洁生产工作。环境管理体系可作为清洁生产的有效管理工具，ISO 14000 能确保清洁生产的具体措施得以落实。

将推行清洁生产与 ISO 14000 有机结合，优势互补，可以使彼此的运行机制更加合理和完善。现代企业把清洁生产这种永恒的动力和国际公认的 ISO 14001 的认证结合起来，相辅相成，在国际国内激烈的市场竞争中就能立于不败之地。可以预言，推行清洁生产与实施 ISO 14001 必将互相促进，从而推动经济与环境协调发展。

第三节　清洁产品、产品生态设计与生命周期评价

一、清洁产品

对于产品系统的环境影响的认识，促使人们开始从生命周期全过程上来改进产品的环境性能。所谓清洁产品，或称为绿色产品（Green Product）、环境友好产品、环境意识产品（Environmental Conscious Product）等，就是当前将减小产品的环境影响的认识结合到产品设计、开发、制造过程中，而对这类"新型"产品的统称。当前人们正从以下几个方面推动着清洁产品的发展。

（1）优良的环境性能　产品从生产到使用至废弃、回收、处理处置等生命周期的各个环节都对环境无害或危害最小。

（2）最大限度地利用资源　在满足产品基本功能的条件下，尽量简化产品结构，合理使用材料。即产品结构尽量简单而不降低功能，消耗原材料尽量少而不影响寿命。

（3）最大限度地节约能源　清洁产品在其生命周期的各个环节所消耗的能源应最少。

（4）最大限度地回收资源　在其使用寿命结束后，其组成、零部件能回收、翻新、重用，或者易于安全处理。

概括地说，清洁产品是指在保证产品的良好经济性能的前提下，通过合理地应用各项现有的技术，满足用户功能与使用性能，同时在其生命周期全程中，符合特定的环境保护要求，对生态环境无害或危害极少，资源利用率高，能源消耗低的产品。

清洁产品应具有 3 个要点，它们分别是良好的经济性能、合理实际的技术性、优良的环境协调友好性。传统产品大都只是建立在经济性与合理的技术性上，而清洁产品则在此基础上，对产品与环境的关系提出友好性的要求，也就是说产品在其整个生命周期中应能有效地减小资源和能源的消耗，降低生态环境的影响和确保人类的健康。

为了获得清洁的产品，对产品（包括服务）实施清洁生产，就成为清洁生产中一个重要的有机组成。从产品的设计开始抓起，通过开展产品生命周期的环境影响评价，将环境因素的考虑预防性地纳入产品的设计开发阶段中，以减小其整个生命周期过程的综合环境影响，是推动清洁生产向纵深发展的重要内容。当前有关产品的生命周期的环境评价及产品的生态设计正是对产品实施清洁生产的基本内容，同时也是清洁生产中一个快速发展的领域。

产品的性能、种类和结构等要求决定了生产过程，产品的变化往往要求生产过程做出相应的改变和调整，进一步会影响资源能源的输入利用以及废物的产生排放。产品的清洁生产，不仅对改进产品本身的环境绩效意义重大，而且对生产过程的清洁生产有着直接的影响

作用。

二、产品的生态设计

产品生态设计（Eco-Design），又称为生命周期设计（Life Cycle Design），绿色设计（Green Design）、环境设计（Design for Environment）或环境意识设计（Environmental Conscious Design）等，虽然叫法不同，但其含意是基本相同的。它是指在产品开发和设计阶段就综合考虑与产品相关的生态环境问题和预防污染的措施，将保护环境、人类健康和安全等性能作为产品设计的目标和出发点，力求产品对环境的影响最小。

1. 产品设计

产品设计是一个将人的某种目的或需要转换为一个具体的物理形式或工具的过程。传统产品设计理论与方法是以人为中心，以满足人的需求和解决问题为出发点进行的，以产品是否顺利在市场上实现经济价值作为评价设计成败的标志。在传统的产品设计中，主要考虑的是产品的基本属性，如产品功能、产品质量、寿命、市场消费需求、成本及制造技术的可行性等技术和经济属性，而没有将生态、环境、资源属性作为产品开发设计的一个重要指标。此外，传统的产品设计很少考虑后续产品使用过程中的资源和能源的消耗以及对环境的排放，更不关心产品生命周期结束后的问题。按照传统设计制造出来的产品，在其使用寿命结束后往往就变为一堆垃圾。

生态设计要求在产品开发时就对所有环节的环境因素加以考虑，从产品的整个生命周期减小物质、能量消耗或污染排放。由于产品生命周期评价是一种系统分析评价产品整个生命周期环境影响的有效工具，因此基于生命周期评价的产品设计正成为当前以产品为对象实施清洁生产的研究和实践的热点。

2. 产品生态设计与传统设计的比较

产品的传统设计是根据企业的实际情况和计划目标，通过市场调查和分析，综合运用企业的现有资源，开发符合市场需求并能给企业带来经济效益的产品的创新活动。

但是生态设计强调考虑产品可能带来的环境问题，并把对环境问题的关注与传统的设计过程相结合。在这一过程中，产品发展过程的基本结构并未因考虑环境因素而发生改变，但要求设计人员在传统的设计过程中增加对产品环境影响的评估，要求新的设计能够减轻产品的环境影响。因此，需要设计人员收集各类与所设计产品有关的环境信息，从中筛选出可利用的有益信息，并把对这些信息的理解体现在新产品的设计之中。在生态设计过程中，设计人员经常会碰到如何使产品在满足环境要求和其他要求之间进行选择的困境，如在原材料的选择过程中是选择可以最大限度降低环境影响的材料，还是选择具有实用性但对环境保护作用不强、甚至有害的材料。而传统设计过程中，设计人员往往不需考虑这些问题。

3. 产品生态设计案例

（1）中国哈尔滨办公家具　哈尔滨某家具实业有限责任公司生产的办公家具为降低公司产品对环境的影响，参照一个在隔断方面有突出作用的办公室装备系统，最终设计出一种比较廉价、易于生产和有吸引力的办公室家具系统。它的环境优点：与具有同类功能的产品相比，质量减轻 46％，生产能耗降低 67％，脲醛树脂使用减少 36％。除此之外还具有办公室布局更灵活、效率更高，隔墙具有半透明（传播白天光线）和吸声特性等优点。

（2）哥斯达黎加的高能效照明系统　哥斯达黎加圣何塞市的 SYLVANIA 公司为中美洲市场开发的照明系统能降低其产品的环境影响，具体表现为降低能耗，提高产品质量。这种生态设计不仅对该产品的环境影响产生积极效果，而且也提供了良好的营销机会。它的环境改善：与同类产品相比，质量减轻 42％，生产能源消耗降低 65％，汞含量降低 50％，涂料用量减少 40％，钢用量减少 65％，体积减小 65％。在其他方面也有改善：提高了美学价值；降低了成本；产品灵活，具有不同的功能。

三、生命周期评价

1. 生命周期

产品生命周期不仅是经济学术语，而且涉及环境、技术、经济、社会等多个领域的概念，指产品从自然中来到自然中去的全部过程，也有的称"生命循环"或"寿命周期"，均是指产品从"摇篮到坟墓"的整个生命周期各阶段的总和，包括了产品从自然环境中获取最初的资源，经过原料采集和处理、加工制作、运销、使用复用、再循环，直至产品最终处置和废弃等环节组成的生命链。其含义如图 6-1 所示。

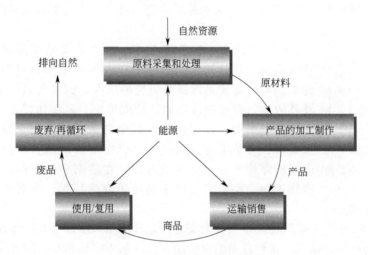

图 6-1　产品生命周期示意

产品的生命周期可以分为原材料加工、产品生产制作、包装运销、产品使用和再生处置 5 个阶段；相关的环境问题可以归成原材料选择、能源消耗、固体废料、废液排放和废气排放 5 类。

2. 生命周期评价的概念

生命周期评价（Life Cycle Assessment），也称生命周期分析（Life Cycle Analysis），简称 LCA。LCA 作为一种产品环境性能分析和决策支持工具，技术上已经日趋成熟，并得到较广泛的应用。不过，产品生命周期评价仍处于研究开发及使用的早期阶段，它对清洁产品的作用还需要多学科知识的支持并通过更广泛的实践来完善。

生命周期评价是一种技术和方法，它是指运用系统的观点，针对产品系统，就其整个生命周期中各个阶段的环境影响进行跟踪、识别、定量分析与定性评价，从而获得产品相关信息的总体情况，为产品环境性能的改进提供完整、准确的信息。国际标准化组织给 LCA 做了一个简洁的定义：生命周期评价是对一个产品系统的生命周期中的输入、输出及潜在环境影响进行的综合评价。国际环境毒物学和化学学会对 LCA 的定义是：通过对能源、原材料消耗及废物排放的鉴定及量化来评估一个产品、过程或活动对环境带来的负担的客观方法。如对常规发电系统要考虑煤炭的勘探、开采、运输、燃烧发电，输变电等各个环节消耗能源、产生污染和排放的情况。生命周期评价实际上是对这些资源消耗和污染排放的一种系统分析过程。

举例说明：饮料瓶选择复用式玻璃瓶还是一次性金属易拉罐。

由于人们往往只看到它们被消费后被抛弃的一瞬间，于是很容易产生玻璃瓶一定比易拉罐有利于环境的判断。但其实消费和抛弃仅仅是这些包装容器整个生命周期中一个环节，从它们各自的原料被采掘、加工成容器，到用来包装食品，再将包装好的食品运输分销到消费者，乃至在消费者家中如何贮藏等所有环节，都对环境造成影响。

产品的生态设计是 LCA 思想原则的具体实践，LCA 方法也为产品的生态设计提供了有力的工具。

3. 生命周期评价的基本框架

在 SETAC 提出的 LCA 方法论框架中，将生命周期评价的基本结构归纳为四个有机联系的部分，定义目标与确定范围、清单分析、影响评价、结果解释。

1976 年 6 月 1 日正式颁布的 ISO 14040（生命周期评价——原则和框架）将一个完整的产品生命周期环境分析工作分为目标定义和范围界定、清单分析、生命周期影响评价和结果解释四个基本阶段（见图 6-2）。

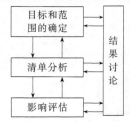

图 6-2　LCA 的四个阶段

（1）目标定义和范围界定　目标定义是要清楚地说明开展此项生命周期评价的目的和意图以及研究结果的可能应用领域。研究范围的确定要足以保证研究的广度、深度与所要求的目标一致，涉及的项目有系统的功能、功能单位、系统边界、数据分配程序、环境影响类型、数据要求、假定的条件、限制条件、原始数据质量要求、对结果的评议类型、研究所需的报告类型和形式等。生命周期评价是一个反复的过程，在数据和信息的收集过程中，可能修正预先确定的范围来满足研究的目标，在某些情况下也可能修正研究目标本身。

如 20 世纪 80 年代，美国的某个州曾围绕是否允许使用一次性婴儿尿布的问题展开了一场辩论。当时公众舆论认为，这种尿布浪费资源，同时加重了该州垃圾填埋场的压力，结果州议会在公众舆论的压力下，颁布禁止使用一次性婴儿尿布的法令。后来的事态发展有些耐人寻味，法案通过以后，当地居民开始大量使用可重复使用的尿布，但是却导致清洗尿布用水量的大幅度增加，而 LCA 表明，这个州恰恰是美国最干旱的州之一，水资源非常紧张，但是人口稀少，荒地幅员辽阔，所以垃圾填埋场不存在压力。于是该州重新审议了法案，恢复使用一次性婴儿尿布。由此可见，进行 LCA 的范围确定时对于某些环境问题的取舍必须考虑当地实际情况。

（2）清单分析　清单分析是量化和评价所研究的产品、工艺或活动整个生命周期阶段资源和能量使用以及环境释放的过程。一种产品的生命周期评价将涉及其每个部件的所有生命阶段，包括从地球采集原材料和能源、把原材料加工成可使用的部件、中间产品的制造，将材料运输到每一个加工工序、所研究产品的制造、销售、使用和最终废弃物的处置（包括循环、回用、焚烧或填埋等）等过程。

（3）生命周期影响评价　影响评估是运用清单分析的结果对产品生命周期各个阶段所涉及的所有潜在的重大的环境影响进行评估。国际标准化组织、美国"环境毒理学和化学学会"以及美国环保局都倾向于将影响评价定为一个"三步走"的模型，即分类、特征化和量化。①分类：分类是将清单中的输入和输出数据组合成相对一致的环境影响类型（影响类型通常包括资源耗竭、生态影响和人类健康三大类）。②特征化：特征化主要是开发一种模型（如负荷模型、当量模型和固有的化学特性模型等），这种模型能将清单提供的数据及其他辅助数据转译成描述影响的叙述词。③量化：量化是确定不同环境影响类型的相对贡献大小或权重，以期得到总的环境影响水平。

（4）结果解释　这一阶段是将清单分析和影响评估的发现与研究的目的、范围进行综合分析得出结论与建议的过程。考察原先确定的研究范围是否合适，是否需要做必要的调整，所收集的数据是否符合研究的目的，哪些数据对结果的影响最灵敏等。结果解释即改进评价，是识别、评价并选择能减少研究系统整个生命周期内能源和物质消耗以及环境释放机会的过程。这些机会包括改变产品设计、原材料的使用、工艺流程、消费者使用方式及废物管理等。美国环境毒理学和化学学会建议将改进评价分成三个步骤来完成，即识别改进的可能性、方案选择和可行性评价。

4. 生命周期评价的特点

（1）全过程评价　生命周期评价是与整个产品系统原材料的采集、加工、生产、包装、运输、消费和回用以及最终处置生命周期有关的环境负荷的分析过程。从产品系统角度看，当前环境管理的焦点通常局限于"原材料生产""产品制造""废物处理"三个环节，而忽视了"原材料采掘"和"产品使用"阶段。对产品系统的全过程评价是实现可持续发展的必然要求。

（2）系统性与量化　生命周期评价以系统的思维方式去研究产品或行为在整个生命周期中每一环节中的所有资源消耗、废物产生及其环境的影响，定量评价这些能量和物质的使用以及排放废物对环境的影响，辨识和评价改善环境影响的机会。

（3）注重产品的环境影响　生命周期评价强调分析产品或行为在生命周期各阶段对环境的影响，包括能源利用、土地占用及排放污染物等，最后以总量形式反映产品或行为的环境影响程度。生命周期评价注重研究系统在生态健康、人类健康和资源消耗领域内的环境影响。

5. 生命周期评价在环境保护中的作用与应用

生命周期评价是对产品、工艺过程或生产活动从原材料获取到加工、生产、运输、销售、使用、回收、养护、循环利用和最终处理处置等整个生命周期系统所产生的环境影响进行评价的过程，在促进清洁生产方面有着积极的作用。

清洁生产、绿色产品、生态标志的应用和推广，进一步推动了生命周期评价的应用。目前，各国政策重点从"末端治理"转向"全过程控制"，这也从一个侧面反映了生命周期评价必将成为制定长期环境政策的基础，它对于实现可持续发展战略具有重要意义。

通过加强生命周期评价方法与现有其他环境管理手段的配合，可以更好地促进环境保护。目前，国际上除生命周期评价外，还有风险评价（RA）、环境影响评价（EIA）、环境审计（EA）和环境绩效、物质流分析等评价工具，生命周期评价与以上几个工具互为补充，可达到最优效果。如借助风险评价技术，能够评价产品生命周期过程中产生的污染物，特别是有毒、有害污染物对人体健康、生物群体，甚至整个生态系统的潜在风险大小，从而使生命周期评价的对象从非生命的环境扩大到生物群体。

生命周期评价是清洁生产审核的有效工具。生命周期评价用于企业清洁生产审核，可以全面地分析企业生产过程及其上游（原料供给方）和下游（产品及废物的接受方）产品全过程的资源消耗和环境状况，找出存在的问题，并提出解决方案。因此，生命周期评价是判断产品和工艺是否真正属于清洁生产范畴的基本方法。

在企业方面，生命周期评价主要用于产品的比较和改进，典型的案例有布质和易处理婴儿尿布的比较、塑料杯和纸杯的比较、聚苯乙烯和纸质包装盒的比较等。在政府方面，生命周期评价主要用于公共政策的制定，其中最为普遍的适用于环境标志或生态标准的确定，许多国家和国际组织都要求将生命周期评价作为制定标志标准的方法。

生命周期评价还用来制定政策、法规和刺激市场等。如美国环保局在"空气清洁法修正案"中使用生命周期理论来评价不同能源方案的环境影响，还将生命周期评价用于制定污染防治政策。在欧洲，生命周期评价已用于欧盟制定"包装和包装法"，其中确定环境负荷大小采用的就是生命周期评价方法。

6. 生命周期评价的应用实例

建筑瓷砖：用 LCA 方法评价了某建筑瓷砖生产过程对环境的影响。该瓷砖生产线的年产量为 $3.0 \times 10^5 \mathrm{m}^2$，采用连续性流水线生产。所需原料有钢渣、黏土、硅藻土、石英粉、釉料以及其他添加剂等，消耗一定的燃料、电力和水．其生产工艺见图 6-3。

在 LCA 实施过程中，首先是目标定义。对该瓷砖生产过程的环境影响评价的目标定义为只考察其生产过程对环境的影响；范围界定在直接原料消耗和直接废物排放，不考虑原料的生产加工过程以及废水、废渣的再处理过程。

对该瓷砖生产过程的环境影响 LCA 评价的编目分析，主要按资源和能源消耗、各种废弃物排放及其引起的直接环境影响进行数据分类、编目。在该瓷砖生产过程中其他环境影响指标如人体健康、区域毒性、噪声等也很小，因此在编目分析中也忽略不计。

在环境影响评价过程中采用了输入输出法模型，其输入和输出参数见图 6-4。

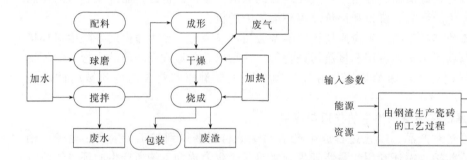

图 6-3　建筑瓷砖生产工艺示意　　　　图 6-4　瓷砖生产线的输入输出法评价模型

通过输入输出法计算，得到该瓷砖生产过程对环境的影响结果，见图 6-5。

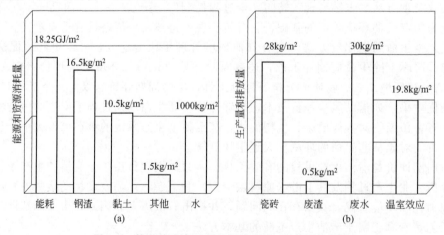

图 6-5　某瓷砖生产过程的环境影响 LCA 评价结果

由图 6-5 可见，该瓷砖生产过程的能耗和水的消耗较大。由于采用钢渣为主要原料，这是炼钢过程排放的固态废弃物，因此在资源消耗方面属于再循环利用，这对保护环境是有利的生产工艺。

第四节　环境标志

一、环境标志的产生与发展

1. 国外环境标志进展

绿色产品的概念是 20 世纪 70 年代在美国政府起草的环境污染法规中首次提出的，但真正的绿色产品首先诞生于德国。随着公众环境意识的提高和环境保护工作的深入开展，绿色消费和购买绿色产品成为新的风尚。制造商敏锐地抓住了这一商机，纷纷在自己的产品上标出 "可生物降解" "保护臭氧层" "绿色产品" 等字样，企业对外宣称 "绿色公司" "环保先锋"，一时间有大量 "绿色" 产品上市。但对于消费者来说，想要在各种产品与环境的复杂关系中做出有利于环境的选择几乎是不可能的。

为保护和扶持消费者的这种购买积极性，帮助消费者识别真正的绿色产品，一些国家政府机构或民间团体先后组织实施环境标志计划，引导市场向着有益于环境的方向发展。环境标志产品最早出现于 20 世纪 70 年代末期。1978 年，联邦德国政府最先开始环境标志产品认证，并对其国内市场上的 3600 种产品发放名为 "蓝色天使" 的环境标签。目前，德国绿色标志产品已达 7500 多种，占其全国商品的 30%。1988 年，加拿大、美国、日本等国开始进行环境标志产品认证；1991 年，法国、瑞士、芬兰、澳大利亚等国开始实行环境标志产品认证。1992 年，欧洲共同体达成协议，在欧共体内实行统一的环境标志产品认证，并发放统一的 "生态标签"，同时还制定了一套含义确切的、统一的评价标准。90 年代初亚洲国家开始实施。1991 年 9 月联合国环境规划署组织了 "全球环境标志研讨会"，归纳了环境标志的一些共同特征。国际标准化组织（ISO）将上述 "生态标签" "环境标签" 等统称为 "环境标志"。ISO 14024 中将环境标志分为三类Ⅰ、Ⅱ和Ⅲ型。世界上几个主要国家和地区的环境标志见图 6-6。我国的环境标志Ⅰ、Ⅱ和Ⅲ型图案见图 6-7。

图 6-6　一些国家和地区的环境标志

2. 中国环境标志进展

国家环保局于 1993 年 7 月 23 日向国家技术监督局申请授权国家环保局组建 "中国环境标志产品认证委员会"。1994 年 5 月 17 日成立中国环境标志产品认证委员会，标志着我国环境标志产品认证工作的正式开始。它是由原国家环保总局、原国家质检总局等 11 个部委的代表和知名专家组成的国家最高规格的认证委员会，其常设机构为认证委员会秘书处，代表国家对绿色产品进行权威认证。同时《中国环境标志产品认证委员会章程（试行）》《环境标志产品认证管理办法（试行）》《中国环境标志产品认证证书和环境标志使用管理规定

（试行）》《中国环境标志产品认证收费办法（试行）》等一系列工作文件的出台，为环境标志产品的认证奠定了基础。2003 年，国家环保总局将环境认证资源进行整合，中国环境标志产品认证委员会秘书处与中国环境管理体系认证机构认可委员会（简称环认委）、中国认证人员国家注册委员会环境管理专业委员会（简称环注委）、中国环境科学研究院环境管理体系认证中心共同组成中环联合认证中心（原国家环保总局环境认证中心），形成以生命周期评价为基础，一手抓体系、一手抓产品的新的认证平台。

在中国，Ⅰ型环境标志图形由中心的青山、绿水、太阳及周围的十个环组成。图形的中心结构表示人类赖以生存的环境，外围的十个环紧密结合，环环紧扣，表示公众参与，共同保护环境；同时十个环的"环"字与环境的"环"同字，其寓意为"全民联系起来，共同保护人类赖以生存的环境"。Ⅱ型环境标志以鸟和绿叶为主体，衬托着国际化、简洁、明确、寓意绿色和走向世界。Ⅲ型环境标志由体现中国生态环境的银杏叶、天鹅有机组合而成，展翅高飞的银杏叶、天鹅，具有向人们传递环境保护信息的内涵。中国Ⅰ型、Ⅱ型、Ⅲ型环境标志如图 6-7 所示。

图 6-7　中国Ⅰ型、Ⅱ型、Ⅲ型环境标志

中国当前的情况下，环境标志计划是上述的联合认证中心为主体，通过在政府、企业和消费者之间架起绿色桥梁，传递有关环境保护的信息。中国环境标志立足于整体推进 ISO 14000 国际环境管理标准，把生命周期评价的理论和方法、环境管理的现代意识和清洁生产技术融入产品环境标志认证，推动环境友好产品发展，坚持以人为本的现代理念，开拓生态工业和循环经济。中国环境标志要求认证企业建立融 ISO 9000、ISO 14000 和产品认证为一体的保障体系。同时，对认证企业实施严格的年检制度，确保认证产品持续达标，保护消费者利益，维护环境标志认证的权威性和公正性。

中国环境标志的实施有以下特点：①认证委员会代表国家对绿色产品实施第三方认证，既不属于制造方又不属于使用方，公正客观，在技术和管理上保持高度的权威性；②认证制度符合市场机制的要求，采取自愿认证的方式，通过市场作用来体现环境产品的优势；③认证工作与国际惯例接轨，便于开展国际间的互认工作。

实施环境标志的国家在环境标志立法保证的基础上，政府参与管理机构设置，同时也参与环境标志计划的实施。在所有国家的环境标志计划中，政府都不同程度地参与。这种参与的涉及面很广，从提供资金到具体的行为管理。尽管环境标志是自发的市场手段，但它的实施必须由政府领导和参与。这可以加强环境标志的管理，确保标志的可靠性，发挥政府的职能作用，广泛听取各方面的意见，且对公众高度负责；更重要的是可以增加环境标志的权威、透明度与可信度。

环境标志一般由商会、实业或其他团体申请注册，并对使用该标志的商品具有鉴定能力和保证责任，因此具有权威性；因其只对贴标产品具有证明性，故有专证性；考虑到环境标准不断提高，标志每 3～5 年需重新认定，所以又具有实效性；有标志的产品在市场中的比例不能太高，因此还有比例限制性。

二、环境标志的概念

1. 环境标志的概念、作用和产品范围

环境标志（又叫绿色标志），它是由政府的环境管理部门、社会或民间团体依据有关的

环境法律、环境标准和规定，向某些商品颁发的一种特殊标志。这种标志是一种贴在产品上的图形，它证明该产品不仅质量上符合环境标准，而且其设计、生产、使用和处理等全过程也符合规定的环境保护要求，与同类产品相比，具有低毒少害、节约资源等环境优势，有利于产品的回收和再利用。它是一种环保产品的证明性商标，受法律保护，是经过严格检查、检测与综合评定，并由国家专门委员会批准使用的标志。环境标志作为一种指导性的、自愿的、控制市场的手段，可以成为保护环境的有效工具。环境标志越来越被看作是一种重要的市场手段用来补充环境保护方面强制性法律和规章的不足。

2. 环境标志的作用和目标

发展环境标志的最终目的是保护环境，同时还能起到以下作用：①在消费者和生产者之间构建诚信保证平台，推动可持续消费，促进销售，增加了企业效益；②通过环境标志向消费者传递一个信息，告诉消费者哪些产品有益于环境，并引导消费者购买、使用这类产品，通过消费者的选择和市场竞争，引导企业自觉调整产品结构，采用清洁生产工艺，使企业环保行为符合法律法规，生产对环境有益的产品，推动了生产模式的转变，保护了环境；③打破绿色壁垒，促进了产品的国际贸易。

3. 环境标志产品的范围

环境标志产品是以保护环境为宗旨的，从理论上讲，凡是对环境造成污染或危害，但采取一定措施即可减少这种污染或危害的产品均可以成为环境标志的对象。由于食品和药品更多地与人体健康相联系，因此，国内外在实施环境标志制度时一般不包括食品和药品。根据产品环境行为的不同，环境标志产品可分为以下几种类型：①节能节水低耗型产品；②可再生、可回用、可回收产品；③清洁工艺产品；④可生物降解产品。

确定环境标志的产品类别主要是根据我国具体国情并参考国外的经验，首先将那些明显对环境有害、又能在较大程度上减轻其危害的产品列入确定认证产品的类别，然后再逐步扩大范围。

我国已颁布了包括纺织、汽车、建材、轻工、日化用品、电子产品、包装用品等 50 个大类产品的环境标志标准，有数万种产品通过认证，获得环境标志，我国的环境标志已成为公认的绿色产品权威认证标志，为提高人们的环境意识、促进我国可持续消费做出了卓越贡献。

三、Ⅰ型环境标志

ISO 14024（环境管理 环境标志与声明 Ⅰ型环境标志 原则与程序）由国际标准化组织（ISO）于 1999 年 4 月正式颁布，目前世界各国开展的环境标志计划主要为此种类型，我国也采用此种类型。中国于 2001 年正式将 ISO 14024 标准等同转化为 GB/T 24024 国家标准。

Ⅰ型环境标志计划（执行 ISO 14024 标准）是一种自愿的、基于多准则的第三方认证计划，以此颁发许可证授权产品使用环境标志证书。Ⅰ型环境标志对每一类产品配备一套完整的、具有高度科学性、可行性、公开性、透明型的标准，凡是符合标准的产品即表明其基于生命周期考虑，具有整体的环境优越性。Ⅰ型环境标志用科学的标准和严格的评定程序确立了第三方认证程序的范本。

1. Ⅰ型环境标志遵循的原则

（1）自愿性　这反映了在市场经济条件下环境管理政策已由过去的"命令控制"转为以市场调节为主要特征。一方面，消费者处于环境和自身健康考虑，愿意购买环境标志产品；另一方面，生产企业在此需求压力下，必须生产环境友好型和健康的产品来满足消费者的需求。这样自愿性原则就会很好地利用市场驱动来持续改善环境状况。

（2）选择性　一般而言，环境标志只授予在某种产品/服务种类中最优秀者，获得认证产品的比例通常控制在同类产品的 5%～30%。

（3）产品的功能性　如果获得环境标志的产品与同类产品相比不能体现高质量和合理的功能特性，则环境标志和环境标志计划的可信度将会受到质疑。环境标志产品只有在保证产品质量和功能特性的前提条件下才能发挥作用。

（4）符合性和验证性　ISO 14024 指出，Ⅰ型环境标志计划的制定和实施的各个阶段都应具有透明度。这意味着Ⅰ型环境标志的程序在其发展和运行的全过程中的所有信息均可被相关方所获取，并进行审查和评价。

（5）可得性　主要指环境标志计划的开放性和可获得性。环境标志机构应是一个中立机构，环境标志计划的申请和参与应对所有潜在的申请者开放。这意味着无论申请企业是公营或私营、集团公司或小公司、国外公司或国内公司都应得到同等待遇。

（6）保密性　环境标志申请人所提供信息资料中有可能会涉及企业的技术机密和核心数据。因此，对于所有标识为密级的信息必须加以保密，并予以文件化，从而保证企业在申请和使用环境标志标识的同时，不会因其提供的密级资料和信息的泄露而受到任何不利的影响。

2. Ⅰ型环境标志产品认证的要求

（1）公开透明　主要指环境标志计划相关信息的可获得性。Ⅰ型环境标志计划的制定和实施的各个阶段都应具有透明度，所有满足给定产品种类的产品环境准则和其他计划要求的申请者都必须有资格能被授予环境标志许可证并授权使用标志。

（2）第三方认证　独立的第三方认证机构应严格履行 ISO 14024 国际标准，按照"公正、公开、公平"原则进行严格的审核。通过独立第三方的审核，消费者可以确信生产商的产品/服务真正有利于环境改善。

（3）产品的规模效应　所有认证企业均应具备较强的生产能力以及较大的生产规模，以确保认证产品的持续稳定性并维护消费者的利益。

（4）其他国际通行标准　对于在国际标准框架下的通行标准，可被直接借鉴引用于环境标志产品认证计划，以避免重复劳动并提高产品认证的效率。

（5）明确的环境标志产品准则　Ⅰ型环境标志必须预先制定产品准则，以作为产品认证的技术依据。由此决定了环境标志准则在Ⅰ型环境标志计划中的核心地位。

目前中国已公布的Ⅰ型环境标志产品标准目录有节约资源型纸制品、洗涤剂、洗衣机、家用微波炉、生态纺织品、建筑用塑料管材等共 163 种产品。

四、Ⅱ型环境标志

ISO 14021 环境标志国际标准（Ⅱ型环境标志）于 1999 年 9 月 15 日颁布，1999 年 11 月正式成为国际标准。中国于 2001 年正式将 ISO 14021 标准等同转化为 GB/T 24021 国家标准。

Ⅱ型环境标志规定了对产品和服务的自我环境声明的要求，理论上是无边界的。自我环境声明包括与产品有关的说明、符号和图形；有选择地提供了环境声明中一些通用的术语及其使用的限用条件；规定了对自我环境声明进行评价和验证的一般方法以及对选定的 12 个声明进行评价和验证的具体方法。为增强声明的可信度，是否经第三方验证，由声明者自愿签约。自我环境声明验证通过后，许可使用验证方的Ⅱ型环境标志标识，颁发验证证书。

1. Ⅱ型环境标志的适用范围及作用

（1）适用范围　　Ⅱ型环境标志明确规定了目前正在使用或今后可能被广泛使用的 12 类自我环境声明的限定条件，从声明类型的角度而不是产品类别的角度来阐述。因此，每一类声明都对应数种产品甚至行业，再加上它对产品的市场寿命也没有提出要求，相对于中国环境标志来讲，Ⅱ型环境标志适用范围较广泛。

（2）企业　　Ⅱ型环境标志除少数必要的指标需要检测外，仅对证明文件进行验证，费用较低，充分考虑了小型企业的需求，更便于标志计划的开展。

（3）用途　　在宣传上，自我环境声明除了图形外，一般使用特定术语和解释性说明来为产品的环境特性做宣传，更具体、直观地表达出了更深层次上的"环保"，可作为消费者做较为慎重购买选择时的依据。

另外，无论是循环经济、清洁生产，还是绿色设计，它们最终都归结到绿色产品（或服务）上来，而 ISO 14021 环境标志国际标准的 12 类具体的环境声明恰恰就是对绿色产品的上述环境属性的规范。对于循环经济、清洁生产和绿色设计来讲，Ⅱ型环境标志更能体现促进作用。

（4）作用力度　　Ⅱ型环境标志明确规定了 12 类自我环境声明通用要求，对诸如"绿色""对环境安全"的语言加以限制，禁止使用这种无意义、不准确和带有误导性的语言，从这种意义上来讲，Ⅱ型环境标志更能起到规范市场声明的作用。

Ⅱ型环境标志针对于某一特定要求进行自我环境声明，快速直接地反映公众的某项需求和企业的某项承诺，在贴近企业和公众方面提供了更加有效的补充。

2. ISO 14021——Ⅱ型环境标志自我环境声明的具体要求概述

以下列出世界范围内通用的 12 类自我环境声明：可堆肥、可降解、可拆解设计、延长寿命产品、使用回收能量、可再循环、再循环含量、节能、节约资源、节水、可重复使用和充装以及减少废物量。之所以选择这 12 条声明，并不意味着它们在环境上比其他声明重要，而是由于它们是目前正在或今后可能被广泛使用的声明类型。由于具体声明只能在确定的特性和条件下才能使用，因此标准 7.2～7.3 对这 12 类自我环境声明分别给出了限定条件。在声明应用时，必须满足这些限定条件。要注意的是，声明者有可能选用相近的术语来规避由于滥用这 12 类声明所应负的责任，对此，标准 7.1.1 规定：声明者遵守本章所规定原则的责任不因其换用相近的术语而减少。

五、Ⅲ型环境标志

Ⅲ型环境标志——ISO 14025，是一个量化的产品生命周期信息简介。它由供应商提供，以 ISO 14040 系列标准而进行的生命周期评估为基础，根据预先设定的参数，将声明的内容经由有资格的独立的第三方进行严格评审、检测、评估，证明产品和服务的信息公告符合实际后，准予颁发评估证书。

中国Ⅲ型环境标志是一个量化的产品性能和环境信息的数据清单，强调产品质量指标与环境指标的双优，它是对产品和服务的各个阶段（如设计、生产、使用、废弃等阶段）按照生命周期评价理论进行系统的分析，并列出所有与产品和服务有关的环境影响清单（声明数据表），并检测和计算出相应的量化结果，向消费者、经销商提供产品和服务的可比环境信息，同时在市场上树立企业的"绿色"形象。

Ⅲ型环境标志声明中的信息应从生命周期评价中获取，在Ⅲ型环境标志声明中至少可以包含三种类型的信息：①通过生命周期清单分析获得的生命周期清单信息；②通过生命周期影响评价获得的生命周期影响评价信息；③通过其他环境分析工具所获得的其他环境信息。

各个国家和组织根据实际情况的不同，可以选择声明中的一种信息、两种信息或三种信息全部包括。根据目前已经开展的Ⅲ型环境标志计划，主要出现了以下几种情况：①三种信息全部包括，但是以生命周期清单信息和生命周期影响评价信息为主，瑞典、挪威、芬兰、波兰、意大利等国的多数Ⅲ型环境标志声明属于这种类型；②只包括生命周期清单信息和生命周期影响评价信息，日本的Ⅲ型环境标志声明属于这种类型；③包括生命周期清单信息和其他环境信息，以其他环境信息为主，我国目前所开展的Ⅲ型环境标志属于这一种类型。我国选择以有毒物质、回收利用等其他环境信息为主。

六、Ⅰ型、Ⅱ型、Ⅲ型环境标志的区别与关系

Ⅰ型、Ⅱ型、Ⅲ型环境标志的认证、验证和评估都是自愿性的，涵盖范围都包括产品和服务，理论上是无边界的。

Ⅰ型偏重于产品和服务的终端是否达标，Ⅱ型偏重于产品和服务过程环境行为是否先进，Ⅲ型则覆盖产品和服务的生命周期过程，把质量指标与环境指标融为一体。三种环境标志的认证组成了一套完整的环境行为评价系统，给生产方呈现自身环境、社会、经济优势的机会，给公众和采购方选择环境效益、社会效益、经济效益的便利，是推动循环经济和可持续发展的市场化手段。

一般来说，Ⅰ型环境标志在使用时，仅向消费者传达一种信息，那就是该种产品或服务符合一定的标准，得到认证。具体符合什么样的标准，表面上看不出来。而且，各国的标准存在着差异，容易造成绿色贸易壁垒。今后，随着国际间的交流更加频繁，国际互认的完善化，将逐步消除形成绿色贸易壁垒的可能性。

Ⅱ型环境标志，ISO 14021标准允许有12类声明，其形式可以是出现在产品或包装标签上，或写于产品文字资料、技术公告、广告、出版物、电话销售及数字或电子媒体（如因特网）等中的说明及符号或图形。这种环境标志在使用时能明确给消费者传达其环境优越性的信息，便于消费者购买产品时参考。这些说明、符号或图形没有地域性差别，从表观上确定了不可能造成绿色贸易壁垒。

Ⅲ型环境标志，其形式是一个量化的产品环境生命周期信息简介，内容详细，便于消费者购买产品时参考，但仅针对专业人士，对普通消费者而言，难以理解。如果在量化的产品信息简介上附加解释性说明，便可解决这一问题。但是，由于各国的检验方法和技术水平的不同，仍存在着形成绿色贸易壁垒的隐患，这有待于检验方法和机构的国际互认。

分析3种环境标志，有以下3个操作要点。

（1）Ⅰ型、Ⅱ型、Ⅲ型环境标志都依靠第三方体现诚信　Ⅰ型环境标志计划要经过独立的第三方认证；Ⅱ型环境标志计划仅需要经独立的第三方文件验证后，直接由制造商、进口商、分销商、零售商或任何能获益的人进行声明；Ⅲ型环境标志则需要第三方组织检测向社会公告信息。第三方的作用是非强制性的，但是对于WTO/TBT规定中的防止欺诈是有重要作用的。

（2）Ⅰ型、Ⅱ型、Ⅲ型环境标志共同组成产品绿色评价体系　Ⅰ型环境标志计划是对每一类产品配备一套完整的、具有高度科学性、可行性、公开性、透明性的标准，凡是符合标准的产品都具有整体的环境优越性。

Ⅱ型环境标志计划中没有像Ⅰ型环境标志计划那样给每类产品配备单独的检验标准，它只是"采用国际标准、国际公认标准（可包括区域标准或国家标准）或经同行评审的工业（贸易）方法，如果不存在现成的方法，声明方可自行制定"，但它规定了12类自我环境声

明的验证标准，对针对生产和处置阶段的一项或数项环境因素做出的自我环境声明给出了文件验证，要求主要体现生产、处置环节的环境优越性。

Ⅲ型环境标志计划是一个量化的产品环境生命周期信息简介，以根据 ISO 14040 系列而进行的生命周期评估为基础，体现了对产品环境信息的定量评估。

对某一个产品可以有Ⅰ型、Ⅱ型、Ⅲ型三个单独评价，也可能有Ⅰ＋Ⅱ型、Ⅰ＋Ⅱ＋Ⅲ型、Ⅱ＋Ⅲ型和Ⅰ＋Ⅲ型四个组合评价，最大限度地挖掘了绿色潜力。

（3）Ⅰ型、Ⅱ型、Ⅲ型环境标志遵从的程序不同　Ⅰ型环境标志涉及一个反复的过程，包括：与相关方的协商；产品种类的选择；产品环境准则的制订、评审和修正；产品功能特性的确定；认证程序和计划中其他管理要素的确定。

Ⅱ型环境标志仅要求相关方提供可验证的、准确的、非误导性的资料，有选择性地加以验证（不验证，单单依靠自身实力，也是允许的）。

Ⅲ型环境标志要求相关方提供一个量化的生命周期信息简介，经有资格的独立的第三方组织检测，并进行严格评审，确定是否符合公开颁布的信息限值。

三种环境标志计划相互补充，共同构筑规范绿色市场的国际性标尺。正所谓"尺有所短、寸有所长"，三种环境标志计划在今后的执行过程中必将相得益彰。

七、清洁生产与环境标志的关系

二者起作用的方式不同，前者通过企业自身的认识来搞好环境保护，后者通过广大消费者来促使企业搞好环境保护。但二者存在着密切联系，企业推行清洁生产是获得环境标志产品的必由之路。两者的宗旨也是一致的，都是为了保护环境，实现可持续发展的目标。

第五节　绿色食品、有机食品及其他绿色产品和概念

多少年来，"餐桌上的危机"不断成为人们议论的热门话题。先是英国的"口蹄疫"，接着是比利时的"二噁英"，以及一些国家和地区的"禽流感""疯牛病"。在中国，餐桌危机事件也频繁发生，如"三聚氰胺"婴儿奶粉和"苏丹红"辣椒油。就大米而言，多地出现有毒大米，因食用油、猪肉、蔬菜等食物的质量问题而发生的恶性中毒事件也时有发生。在农业生产中也存在污染问题，一方面，为了追求较高的生产水平，大量投入各种物质，农业环境质量已经有不同程度的下降，使农业的可持续发展受到极大的影响。如由于过量施用化肥，造成江河、湖泊、水库富营养化，地下水硝酸盐污染；农药、除草剂的任意大量使用，使作物农药残留污染日益严重。另一方面，由于各种物质的大量投入，使一些农药、除草剂及重金属等随食物链传递，影响到食品的安全和人类健康，人们迫切希望农业生产体系生产出既保护环境又安全健康的食品，绿色食品（Green Food）及有机食品（Organic Food）的生产体系就在这样的背景条件下应运而生。

因为一般的环境标志产品中不包括食品，为了与一般的普通食品相区别，我国目前有三种食品标志来帮助消费者识别真正的绿色食品，即绿色食品、有机食品、无公害农产品。三者之间的关系是：无公害食品关系到整个国家食品质量安全，所有食品都应该达到无害化的目标；绿色食品和有机食品都是以环保、安全、健康为目标的可持续食品，代表着未来食品发展的方向。但是两者又有一定的区别，有机食品的标准比绿色食品高，被人称为"纯而又纯"的食品。它从基地到生产，从加工至上市都有着严格的要求。

所以有机食品、绿色食品、无公害农产品是一组与食品安全和生态环境相关的概念。

一、绿色食品

1. 绿色食品的概念及特征

（1）绿色食品的概念　绿色食品是遵循可持续发展原则，按照特定生产方式生产，经专门机构认证，许可使用绿色食品标志的、无污染的、安全、优质、营养类食品。

（2）绿色食品的特征　绿色食品与普通食品相比有 3 个显著特征。①强调产品出自良好生态环境。绿色食品生产的原料产地的生态环境应具备生产绿色食品的基础条件，而不是简单地禁止生产过程中化学合成物质的使用。②对产品实行全程质量控制。绿色食品生产实施"从农田到餐桌"全程质量控制，而不是简单地对最终产品的有害成分含量和卫生指标进行测定，从而在农业和食品生产领域树立了全新的质量观。③对产品依法实行标志管理。

2. 绿色食品标志

中国绿色食品标志是由中国绿色食品发展中心在国家工商行政管理局商标局正式注册的质量证明商标，从而使绿色食品标志商标专用权受《中华人民共和国商标法》保护，这样既有利于约束和规范企业的经济行为，又有利于保护广大消费者的利益。

绿色食品标准分为两个技术等级，即 A 级绿色食品标准和 AA 级绿色食品标准，生产出的食品相应称为 A 级绿色食品和 AA 级绿色食品，二者的最大区别是：A 级绿色食品在生产过程中允许限量使用限定的化学合成物质；AA 级绿色食品在生产过程中不使用任何有害化学合成物质。

我国的绿色食品标志由"绿色食品""Greenfood"、绿色食品标志图形，分离或组合形式构成（图 6-8），目前的注册类型主要有食品及农业物资等相关产品。

图 6-8　中国绿色食品的四种标志形式

3. 绿色食品产地及生产要求

绿色食品的生产、加工、销售全过程，是一个环境保护、无污染的产供销管理系统。绿色食品注意生产基地、环境监测、市场运行、科研教育等各子系统的联系，通过标志管理等方法宏观调控系统因子、各层次之间的平衡，使其成为一个完整的有机整体。

（1）绿色食品生产基地要求　绿色食品生产基地应选择在无污染和生态环境良好地区。基地选点应远离工矿区和公路铁路干线，避开工业和城市污染源的影响，同时绿色食品生产基地应具有可持续的生产能力。另外，生产基地还要满足绿色食品产地环境质量标准的要求。

（2）绿色食品生产要求　绿色食品的生产必须严格执行绿色食品生产的一系列标准，在标准的指导下完成绿色食品的生产、加工、贮藏、保鲜和运输，并建立相应的质量管理体系，以确保标准的落实。

绿色食品的标准包括：绿色食品肥料、农药、饲料和饲料添加剂、兽药的使用原则，绿色食品添加剂、产地环境质量标准及绿色食品动物卫生准则。

4. 绿色食品认证

绿色食品认证是依据产品标准和相应技术的要求，经认证机构确认，并通过颁发认证证书和认证标志来证明某一产品符合相应标准和相应技术要求的活动。其认证具有以下几个特征：①质量认证的对象是产品或服务；②质量认证的依据是绿色食品标准；③认证机构属于第三方性质；④质量认证合格的表示方式是颁发"认证证书"和"认证标志"，并予以注册登记。

绿色食品的质量管理是通过绿色食品标志许可使用的认证，引导企业在生产过程中建立质量管理体系，以补充技术规范对产品的要求。因此，绿色食品认证具有产品质量认证和质量体系认证双重性质。

二、有机食品

1. 有机食品的概念及特征

（1）有机食品的概念　根据《有机产品》（GB/T 19630.1～19630.4）的标准，有机农业定义为：遵照一定的有机农业生产标准，在生产中不采用基因工程获得的生物及其产物，不使用化学合成的农药、化肥、生长调节剂、饲料添加剂等物质，遵循自然规律和生态学原理，协调种植业和养殖业的平衡，采取一系列可持续发展的农业技术，以维持持续稳定的农业生产体系的一种农业生产方式。

有机食品：是指来自有机农业生产体系，根据有机认证标准生产、加工，并经独立认证机构认证的食品。包括粮食、食用油、蔬菜、水果、畜禽产品、水产品、奶制品、蜂产品、茶叶、酒类、饮料、调味料等。

除有机食品外，还有有机化妆品、纺织品、林产品、生物农药、有机肥料，它们被统称为有机产品。

有机食品必须具备的4个条件：①原料必需来自已经建立或正在建立的有机农业生产体系，或者是采用有机方式采集的野生天然产品；②产品在整个生产过程中，必须严格遵循《有机产品》（GB/T 19630.1～19630.4）的生产、加工、包装、贮藏、运输等要求；③生产者在有机食品的生产和流通过程中，有完善的跟踪审查体系和完整的生产和销售的档案记录；④必须通过独立的有机产品认证机构的认证审查。

（2）有机食品的特征　①有机食品在生产加工过程中，绝对禁止使用农药、化肥、激素等人工合成物质以及转基因产品；绿色食品在生产加工过程中，仅禁止使用转基因产品；无公害农产品在生产和加工过程中，对化学合成的产品及转基因产品均允许使用。②有机食品在生产中有转换期要求。考虑到某些物质在环境中或生物体内残留，有机食品的生产（包括种植和养殖业）必须有转换期，绿色食品及无公害农产品生产中无此要求。③有机食品在数量上进行严格控制，要求定地块、定产量，通过产品标志使用量严格控制销售量。绿色食品及无公害农产品没有如此严格的要求。

2. 有机产品标志

目前，我国的有机产品认证标志分为"中国有机产品认证标志"和"中国有机转换产品认证标志"两种。所有的有机认证产品，包括有机食品在内，在有机产品转换期内生产的产品或者以转换期内生产的产品为原料加工的产品，应当使用"中国有机转换产品认证标志"；通过转换期后，应当使用"中国有机产品认证标志"，如图6-9所示。

与环境标志一样，有机产品标志作为一种特定的产品质量的证明商标，其商标专用权受《中华人民共和国商标法》保护。作为质量证明商标标志，有机产品和绿色食品的标志与一般商品的标志不同。有机产品的获证单位或者个人，应当按照规定在获证产品或者产品的最小包装上加施有机产品认证标志。

图 6-9　中国有机产品认证标志

3. 有机食品产地及生产要求

（1）有机食品产地环境要求　根据《有机产品》（GB/T 19630.1～19630.4）的标准，有机生产需要在适宜的环境条件下进行。有机生产基地应远离城区、工矿区、交通主干线、工业污染源、生活垃圾场等。

基地的环境质量应符合以下要求。

① 土壤环境质量符合《土壤环境质量标准》（GB 15618—1995）中的二级标准；②农田灌溉用水水质符合《农田灌溉水质标准》（GB 5084—2005）的规定；③环境空气质量符合《环境空气质量标准》（GB 3095—1996）中二级标准和《保护农作物的大气污染物最高允许浓度》（GB 9137—88）的规定。

（2）有机食品生产要求　我国《有机产品》（GB/T 19630.1～19630.4）标准，以国际有机食品标准为基础，将食品安全、环境保护和可持续发展作为一个整体。因此，有机食品的生产过程必须实行全过程控制。

为保证有机食品的质量及其完整性，有机食品的生产者、加工者和经营者都必须建立与完善以 ISO 9000 质量管理体系为基础的内部质量保证体系，以实施从田间到餐桌的全过程控制，确保有机食品在生产、加工、运输、贮藏、销售的各个环节处于可控状态。有机管理体系包括文件、资源、内部检查、追踪体系和持续改进的管理系统，同时，建立并保持一套完整的文档记录系统，以便对生产过程进行跟踪审查。

4. 有机食品的认证

有机产品的认证机构通常都有自己申请注册的认证标志，并在产品包装上注明，向消费者证明该产品是在有机标准指导下生产的、符合产品质量要求。

中绿华夏有机食品认证中心（简称 COFCC）标志图（图 6-10），采用人手和叶片为创意元素，含义包括：其一是一只手向上持着一片绿叶，寓意人类对自然和生命的渴望；其二是两只手一上一下握在一起，将绿叶拟人化为自然的手，寓意人类的生存离不开大自然的呵护，人与自然需要和谐美好的生存关系。

中国国环有机食品认证中心（简称 OFDC）标志图（图 6-11），由两个同心圆、图案以及中英文字组成。内圆表示太阳，其中的既像青菜又像绵羊的图案代表认证的植物和动物产品，外圆表示地球。整个图案采用绿色，象征着有机产品是真正无污染、符合健康要求的产品以及有机农业给人类带来了优美、清洁的生态环境。

各认证机构都制定有各自的认证原则和程序，以保证认证的客观性、透明性和信任度。由于各个国家的有机食品认证标准不尽相同，因此有机食品在哪里销售，就执行哪里的标准。如有机食品销往欧洲国家，则执行《欧共体有机农业条例》（2092/91），有机食品在国内销售，则执行《有机产品》（GB/T 19630.1～19630.4）的标准。

有机（生态）产品

图 6-10　中绿华夏有机食品认证中心标志　　　图 6-11　中国国环有机食品认证中心标志

5. 绿色食品与有机食品的区别

有机食品与绿色食品的主要区别如下。

（1）认证管理机构不同　有机食品认证由中国认证认可监督委员会认可的独立第三方认证机构进行，绿色食品认证由农业部国家绿色食品发展中心进行。

（2）生产、加工、销售依据标准不同　绿色食品的生产、加工标准是参照国际标准，同时结合中国国情，制定的《绿色食品管理办法》为主要依据；有机食品的生产、加工、销售标准，是在国际有机农业运动联盟（IFOAM），有机农业生产和粮食加工的《基本标准》基础上，结合中国国情颁布的国家标准［《有机产品》（GB/T 19630.1—19630.4）］。

（3）产品的标志不同　有机食品、绿色食品均有不同的、具有特殊代表意义的、经国家注册的可在商品包装与商标同时使用的专用标志。

（4）认证方法不同　有机食品及 AA 级绿色食品认证实行检查员制度，在认证方法上是以实地检查认证为主，检测认证为辅，认证检查重点是各种农事记录、生产资料的购买及应用等记录。A 级绿色食品的认证是以检查认证和检测认证并重为原则，在环境技术条件的评价方法上，采用调查评价与检测认证的方式。

（5）认证证书的有效期限不同　有机食品认证证书的有效期是一年，绿色食品认证证书的有效期是三年。

（6）产品消费市场不同　国内市场，有机食品主要是针对收入高、生活富裕、知识层次较高的群体；国际市场，有机食品是农产品出口的优势产品。绿色食品主要针对工薪阶层或中等收入群体。无公害农产品是政府为保证大众饮食健康，对农产品实行"从农田到餐桌"的全程管理而设立的一道基本安全线，其消费群体是广大群众。通俗地讲，有机食品是精品，绿色食品是优良品，无公害农产品是普及品。

三、其他绿色产品的含义

绿色纺织品是指不含有害物质的纺织品，对人体绝对安全。其在生产、使用以及废物处理的过程中，均不会对人类产生不利影响。绿色纺织品是由绿色纤维纺织品和"绿色"印染整理加工两方面组成的。

绿色化学品是指对人类和环境无毒害的化学产品。绿色化学品的原料应是可再生的，产品本身不会对环境和人类健康造成危害，在使用后应再循环或者易于在环境中降解为无害物质。

绿色能源计划是指能够保护环境、维持生态平衡和实现经济可持续发展的能源生产和消费，其重点在于开发、推广洁净煤技术，提高能源效率和节能，开发利用可再生能源和新能源，加强能源规划和管理。绿色能源技术包括现代风能技术、太阳能发电技术、海洋能利用技术、地热能利用技术、氢能利用技术、生物质发电技术以及适合我国农村的新能源技术等。

绿色汽车是指符合环境保护的要求，具有节能高效、低废、轻质、易于回收利用等特点的汽车。其应该满足4个条件：①车型开发之前建立基于环境因素的设计规范，以保证制造装配过程、产品的运输销售过程、消费者使用过程、回收再生过程都不会引起的环境问题；②在生产制造过程中不得对环境产生损害，包括噪声、振动、热、化学物质、电辐射等；③汽车的能耗要低，效率要高，对环境影响要少；④汽车报废时要能够方便地拆卸和回收。绿色新材料又称生态环境协调材料，是指那些具有良好使用性能或功能，对资源和能源消耗少，对生态环境污染小，有利于人类健康，可降解循环利用或再生利用率高，在制备、使用、废弃直至再生循环利用的整个过程中都与环境协调友好的一大类材料。其包括可降解塑料、超微粉末、特种陶瓷、智能材料和工程塑料等。

绿色建筑是指在建筑设计、建造和使用中均充分考虑了环境保护的要求的建筑。其原则包括：资源经济和低费原则；全寿命设计原则；宜人性设计的原则；灵活性原则；传统特色与现代技术相统一的原则；建筑理论与环境科学相融合的原则。

四、绿色包装

绿色包装是随着环境保护的兴起而产生的一种清洁生产措施和环境保护行为。特别是环保新材料、新技术的不断涌现，使得绿色包装逐步成为企业现实的选择。绿色包装，一般是指采用对环境和人体无污染，可回收重用或可再生的包装材料及其制品的包装。绿色包装的本质是有利于资源再生以及对生态环境的损害最小，要求新型包装产品必须符合"3R1D"原则，有时也称"4R1D"原则，即减少包装材料消耗（Reduce），包装容器的再填充使用（Reuse或Refill），包装材料的回收循环使用（Recycle），能量的再生（Recover）及包装材料具有降解性（Degradable）。

绿色包装具有以下特点：①包装材料最省，废弃物最少；②易于回收循环使用和再生利用；③包装材料可自行降解；④包装材料对人体和生物系统无毒无害；⑤包装产品不产生环境污染。

绿色包装可划分为四大类：一是重复再用包装，即对产品包装的反复利用，如啤酒、饮料、酱油、醋等包装采用玻璃瓶反复使用；二是再生利用包装，即对产品的包装经加工后制成新的包装再次利用，如聚酯瓶在回收之后，可用物理和化学两种方法再生；三是可食性包装，即用可食性包装膜和可食用保鲜膜制成的包装；四是可降解包装，即特殊化学结构的塑料包装，可以在光、化学、微生物等作用下降解。

企业绿色包装的发展趋势：一是发展"适度"包装，提高包装用纸的强度、厚度，尽量避免"过分包装""豪华包装"以及超过产品体积20％的"增肥大包装"，减少包装材料的使用量，减少包装废弃物的生产量；二是绿色包装要以节约能量、节省资源和环境保护为目标，使包装朝着经济、自动、高效和多功能方面发展；三是要低耗、高效获得商品最佳包装和回收利用废旧包装；四是应用高性能、功能性包装材料及制品来代替一般传统的包装；五是进一步提高包装回收复用率，发展周转包装，如废纸、铝罐等包装废弃物，回收后再生利用；六是选用对环境和人体无毒无害的包装材料，大力发展绿色包装。

绿色包装是一个完整的工程系统，其中绿色包装设计是首要环节。绿色包装设计的目标，就是在设计上除了满足包装整体的保护功能、视觉功能，达成经济方便、满足消费者的心愿的目的之外，更重要的是产品要符合环境标准，即对人体、环境有益；包装产品的整个生产过程也要符合清洁的生产过程，以及流通、贮存中保证产品的环境质量，以达到产品整个生命周期符合国际环境标准的目标。

目前可降解包装材料和可食性包装材料在世界环保大潮的推动下已成为全世界关注的中心，成为世界性的研究课题。特别是可食性包装材料，以其代替塑料包装已成为当前包装业的一大热点。可食性包装材料是天然的有机小分子及高分子物质，可以由人体自然吸收，也可以由自然界风化和微生物分解。可食性包装材料的原材料来自自然界中的植物、动物或自然合成的有机小分子和高分子物质，如蛋白质、氨基酸、脂肪、纤维素、凝胶等。可食性包装材料的特点是质轻、透明、卫生、无毒无味，可直接贴紧食物包装，保质、保鲜效果好。

大量的包装废弃物，造成了严重的环境污染和对生态环境的破坏以及资源浪费。实施绿色包装既是保护环境的需要，也是增强产品竞争力的重要手段。

五、绿色化学

1. 绿色化学的产生及定义

绿色化学是 20 世纪 90 年代出现的一个多学科交叉的研究领域，最早由美国化学会（ACS）提出并成为美国环保署（EPA）的中心口号。不久即传入中国，在中科院化学部及国家自然科学基金委员会与中石化集团公司等企事业单位共同推动下，逐渐引起了人们的注意。

"绿色化学"（Green Chemistry），又称"环境无害化学"（Environmentally Benign Chemistry）、"环境友好化学"（Environmentally Friendly Chemistry）或"清洁化学"（Clean Chemistry）。它是利用一系列的原理与方法来降低或除去化学产品设计、制造与应用过程中有害物质的使用与产生，使所设计的化学产品或过程对环境更加友好。它能从源头上防止污染，能最大限度地从资源合理利用、环境保护及生态平衡等方面满足人类可持续发展，是在现代化学基础上，与物理、生物、材料及信息科学交叉而形成的新兴学科。绿色化学的核心是尽可能少地排放废物，甚至做到"零排放"。绿色化学包括所有可以降低对人类健康影响及对环境产生负面影响的化学方法、技术与过程。

绿色化学致力于研究经济技术上可行的、对环境不产生污染的、对人类无害的化学品和化学反应过程的设计、制造和应用。简言之，绿色化学就是把化学知识、化学技术和化学方法应用于所有的化学品和化学过程，以减少直到消除对人类健康和环境有害的反应原料、反应过程、反应产物和溶剂的使用，尽可能不生成副产物，以更加充分地利用资源和适应可持续发展的需要。通俗些讲，绿色化学就是利用化学原理和方法来减少或消除对人类健康、社区安全、生态环境有害的反应原料、催化剂、溶剂和试剂、产物及副产物的新兴学科，是一门从源头上、从根本上减少或消除污染的化学。

2. 绿色化学的科学思想和基本内涵

绿色化学的诞生与环境保护密不可分，当传统的生产方式对环境造成的破坏日益严重的时候、当"先污染后治理"的治污模式不再适应经济可持续发展要求的时候，"零排放"、"清洁生产"等概念应运而生。正是在这种背景下，绿色化学的科学思想逐渐形成和完善，它的基本出发点就是要遵循工业生态学原理，考虑产品的生命周期全过程，从生产的原料开始，一直到产品的生产、使用、副产品的回收利用和废弃物的处置等各个环节上防止对环境造成污染。具体地说，就是选用无毒、无害原料和可再生资源，进行原子经济反应或高选择性反应，使用的溶剂、催化剂等都是无毒、无害的，得到的产品是环境友好产品，化学合成路线尽量选择常温、常压、简单、安全的方法，反应的能量利用率应达到最高。

绿色化学的最大特点在于它是在始端就采用污染预防的科学手段，因而过程和终端均为"零排放"或"零污染"。它研究污染的根源——污染的本质在哪里，而不是去对终端或过程污染进行控制或处理。绿色化学主张在通过化学转换获取新物质的过程中充分利用每个原子，具有"原子经济性"，因此它既能够充分利用资源，又能够实现防止污染。反应的"原子经济性"是绿色化学的核心内容之一。它的目标是在设计化学合成时使原料分子中的原子更多或全部变成设想的最终产品中的原子，这样才能保证尽量少地产生或不产生废物。当反应的原子利用率达到100%时，就不会产生副产物或废物，从而真正实现"零排放"。原子经济性给我们指出了实现清洁生产的途径，同时也是评判一个化学反应是否为绿色、是否环境友好的依据。

总之，绿色化学就是要用最少的资源、能源，生产尽可能多的产品，产生尽可能少的废弃物，从而满足经济可持续发展的要求。从这点上来讲，与清洁生产和循环经济是相似的。

六、绿色 GDP

1. 绿色 GDP 的产生

要了解一个国家宏观经济总量，就要看这个国家或城市的 GDP（国内生产总值）。GDP 有两种统计方法：一种是收入法，它是所有者全部要素收入（如工资、利润、利息等）的汇总数；另一种是支出法，它是所有者全部要素支出（如消费品、投资品、净出口等）的汇总数。收支两个数是相等的，能较准确地说明一个国家的经济产出总量和国民收入水平。

人类的经济活动产生了两方面的效应，一方面在为社会创造着财富，即所谓"正面效应"，但另一方面又在以种种形式对社会生产力的发展起着阻碍作用，即所谓"负面效应"。这种负面效应集中表现在两个方面：其一是无休止地向生态环境索取资源，使生态资源总量逐年减少；其二是人类的各种生产活动会向生态环境排泄废物，使生态环境质量日益恶化。经济产出总量增加的过程，必然是自然资源消耗增加的过程，也是环境污染和生态破坏的过程。从 GDP 中只能看出经济产出总量或经济总收入的情况，却看不出这背后的环境污染和生态破坏。

经济发展中的生态成本有多大？目前世界各国还没有一个准确的核算体系，没有一个数据使人们能一目了然地看出环境污染和生态破坏的情况。环境和生态是一个国家综合经济的一部分，由于没有将环境和生态因素纳入其中，GDP 核算法就不能全面反映国家的真实经济情况，核算出来的一些数据有时会很荒谬，因为环境污染和生态破坏也能增加 GDP。例如，发生了洪灾，就要修坝，这就造成投资的增加和堤坝修建人员收入的增加，GDP 数据也随之增加。再例如，环境污染使病人增多，这明显是痛苦和损失，但同时医疗产业大发展，GDP 也跟着大发展。中国在 20 多年来是世界上经济增长最快的国家，但这"增长"又是通过多少自然资本损失和生态赤字换来的呢？总之，GDP 统计存在着一系列明显的缺陷，只反映了经济活动的正面效应，而没有反映负面效应的影响，因此是不完整的，是有局限性的，是不符合可持续发展战略的。

20 世纪中叶开始，随着环境保护运动的发展和可持续发展理念的兴起，人们认识到传统的 GDP 在统计中存在一定的缺陷，低估了经济过程中的投入价值，高估了经济过程中的产出价值，并不能全面反映社会经济的全面发展。例如通过滥用资源、砍伐森林、污染水体、草原退化、水土流失、沙漠化、河川径流量减少和耕地面积锐减等带来的 GDP 增长显然是一种损失，应该从 GDP 核算中扣除。一些经济学家和统计学家们，尝试改革现行的国民经济核算体系，对环境资源进行核算，从现行 GDP 中扣除环境成本和对环境资源的保护服务费用，这便产生了绿色 GDP 的概念。《中国 21 世纪议程》中明确提出："研究并试行把自然资源和环境要素纳入国民经济核算体系，使有关统计指标和市场价格能较正确地反映经济活动所造成的资源和环境的变化"。把自然资源和环境要素纳入国民经济核算体系即绿色核算，也是绿色 GDP 的一种提法。

2. 绿色 GDP 的含义

绿色 GDP 是指绿色国内生产总值，它是对 GDP 指标的一种调整，是扣除经济活动中投入的环境成本后的国内生产总值。"绿色核算"可以通过绿色国内生产总值 GGDP（Green GDP）或绿色国内生产净值 EDP（EDP＝GGDP－固定资产折旧）等形式来表现。"绿色 GDP"对传统 GDP 修正的一个重要方面就是核算中应该扣除自然资源（特别是不可再生资源）枯竭以及环境污染损失，它可以作为衡量经济可持续发展的标准，可以有效约束经济行为主体的扩张冲动又为经济增长提供可持续的内在动力。绿色 GDP 这个指标，实质上代表了国民经济增长的净正效应。绿色 GDP 占 GDP 的比重越高，表明国民经济增长的正面效应越高，负面效应越低，反之亦然。

绿色核算将 GGDP、EDP 作为考核经济发展水平的重要指标。绿色 GDP 通过将环境污染与生态恶化造成的经济损失货币化，能使人们懂得：资源有价，环境有价，并从中清醒地看到经济开发活动给生态环境带来的负面效应，看到伴随 GDP 的增长付出的环境资源成本和代价，从而引导人们在追求经济增长的同时自觉珍惜资源，保护环境，走可持续发展之路。

第六节　环境影响评价中清洁生产分析

一、清洁生产与环境影响评价

环境影响是指人类的经济和社会活动对环境的作用和导致的环境变化以及由此引起的对人类社会和经济的效应。环境影响评价就是要对上述作用、变化以及效应进行评价，并制定避免或减轻不利影响的对策措施。

环境影响评价能为区域的社会经济发展提供导向，合理确定地区发展的产业结构、产业规模和产业布局，指导环境保护设计和强化环境管理，促进相关环境科学技术的发展。

环境影响评价与清洁生产具有相同的目标，即预防污染，但是两者的方式不同。这两种方法都要求对建设项目的原料、工艺路线以及生产过程等进行比较深入的了解和分析，两者的许多数据是可以通用的。对环境影响评价中的工程分析可进一步拓宽和深化，进行清洁生产分析，在列出污染源清单后，探究这些污染物产生的原因，是否存在改进机会，有无清洁生产替代方案等正是清洁生产分析的主要内容，环境影响评价中对环保措施的分析可以按照清洁生产的要求进行延伸。

在新版的环境影响评价法中，明确规定了工业企业的环境影响评价要进行清洁生产分析。这是因为清洁生产能减轻建设项目的末端处理负担、提高建设项目的环境可靠性、提高建设项目的市场竞争力和降低建设项目的环境责任风险。

把清洁生产这样一种优于污染末端控制且需优先考虑的环境战略引入环境影响评价中，可以强化目前环境评价中的工程分析、污染防治措施评述、经济损益分析、环境管理和监测等薄弱环节，提高环境评价质量；可以促使环境评价单位改变过去被动的参与形式而转向主动参与到可行性研究中，进行原材料、工艺路线、产品设计等全过程分析，以便提出的污染控制措施在工程设计中真正得到实现；可以促使环境评价的工作重点由现在的现状评价和模式预测向实用可行的工程分析和污染控制对策分析转移，缩短环境评价周期；进行有效的清洁生产分析，可以节约原材料、能源的消耗，提高资源能源利用率，从而减轻末端治理负担，提高项目的环境可靠性；同时，可以给企业的生存和发展营造环境空间，提高企业的市

场竞争力。

二、环境影响评价中全过程贯彻清洁生产

为了充分贯彻清洁生产的理念，进一步提高环境评价的有效性和可操作性，有必要在环境评价的各个阶段，适时引入清洁生产的思路，在分析建设项目的环境影响时，充分应用清洁生产的支持和分析工具，如清洁生产审核和产品生命周期分析方法等，全面考察建设项目的综合环境影响。

1. 项目建议书阶段

在正式开展评价工作之前，应贯彻清洁生产思想，研读国家有关的法律文件和清洁生产有关规定，评价建设项目所采用的生产工艺、技术、设备是否符合国家和地方的环境保护政策及产业政策，是否属于国家限期更新或明令淘汰的工艺和设备。

2. 筛选重点评价项目阶段

通过初步的工程分析和现状调查，根据建设项目的工程特点和周围的环境特征，筛选出重点评价项目，有针对性地开展环境评价工作，是实现环境评价有效性的重要内容，所以有必要应用清洁生产审核和产品生命周期分析，全面考察建设项目对环境可能造成的影响，识别重点影响的环境因素，开展详细的评价工作。

3. 工程分析阶段

清洁生产审核是对企业现在和计划进行的工业生产进行预防污染的分析和评估，是企业实施清洁生产的重要途径，其基本思路为：判明废物产生的部位—分析废物产生的原因—提出方案以减少或消除废物。针对目前环境评价中工程分析存在的问题，可以引入清洁生产审核的方法和思路，从以下几个方面来强化工程分析。

（1）产污环节分析 污染物产生环节是工程分析的重要内容。借鉴清洁生产审核的方法，对建设项目进行原材料、水、能源、生产工艺、产品的全过程分析，绘制出产品的生产工艺流程图，标明原辅材料、水、能源的投入和产品、半成品、副产品的产出部位以及污染物的类型、产生位置和去向；找出物耗能耗大、污染物产生量大的重要环节以及原材料选取或产品设计中潜在的环境问题；编制重点生产环节工艺流程图以及重点生产环节各单元操作的工艺流程图，进行预平衡测算，建立物料平衡图和水平衡图，必要时还可建立主要污染因子平衡图、能量平衡图，从而获取准确有效的重点产污环节的物耗、能耗和污染物排放数据，为后续废物产生原因分析奠定基础。

（2）清洁生产分析 对中、小型且污染较轻的项目，在工程分析中设立"清洁生产分析"一节；对建设项目的清洁生产分析，可直接从生产工艺的原材料和能源利用情况入手，采用目前我国环境评价中较可行的量化清洁生产分析方法。具体做法为：由产污环节分析确定重点环节的能源资源输入量和污染物排放量，选择与建设项目类似且工艺较先进的现有企业为类比对象，通过实测或资料调研，取得对应生产工艺的能源、物流等数据，根据工艺特点建立规范的原材料、能源消耗量和污染物排放量评价指标进行对比分析，初步判定建设项目采用的生产工艺是否属于清洁生产工艺。对于大型工业项目需在环境评价报告书中单列"清洁生产分析"一章，清洁生产分析工作应加以细化和全面；评价指标的选取则应覆盖原材料、生产过程和产品的各个主要环节，尤其对生产过程，既要考虑对资源的使用，又要考虑污染物的产生（而不是污染物的排放量），即包括原材料、产品指标、资源指标和污染物产生指标 4 大类。根据建设项目的实际情况和行业特点确定具体分指标及其权重，不同评价指标采用不同评价等级，对于易量化的指标进行定量评价，对于不易量化的指标进行定性评价，最后通过权重法对所有指标进行综合分析，来判定建设项目的清洁生产程度。

（3）产污原因分析 在产污环节分析的基础上，根据清洁生产的原则，对原材料、生产过程和产品进行全过程分析，寻找废物产生的原因。一个生产过程基本包括原辅材料和能源、生产工艺、设备、过程控制、管理和员工6个方面的输入、产出产品和废物。所以，可以从影响生产过程方面详细分析废物产生的原因。大量清洁生产审核实践表明，在进行废物产生原因分析时，可发现许多的清洁生产机会，提出的清洁生产方案大多数属于无费或低费方案，有利于实施。当然，如果让具有清洁生产审核经验的环境评价人员进行废物产生原因分析，就能够更好地发现问题，从而提出切实可行的清洁生产方案和污染控制对策。

4. 分析、预测和综合评价建设项目的环境影响阶段

应结合国家、地方有关法规标准及清洁生产规定，在评价建设项目的环境影响时，除了评价项目在建设期和营运期的环境影响外，还应当从产品的生命周期出发，向上追溯到原材料能源，向下延伸到产品的销售、服务和最终处置。对于原辅材料，应分析评价其所含毒性成分对环境造成的影响、提取过程中的生态影响、可循环利用的程度等；对能源，应分析评价其清洁程度和可再生性；对产品，应评价其从工厂运送到零售商和用户的过程中对环境造成的影响，在使用期内使用的消耗品及其他相关产品可能对环境造成的影响以及产品报废后对环境的影响（包括产品的回收、回用、复用和处置的难易程度）。

5. 环境保护措施评述阶段

清洁生产强调工业生产的全过程控制，它通过原料削减和废物的回收及再利用，使污染物的产生最小化、资源化和无害化。因此，在环境评价污染控制措施评述中贯彻清洁生产的思想，不仅评述可行的末端治理技术，更重要的是评述工程分析中提出的针对各种可能的产污或对产污有影响的环节而采取的相应清洁生产措施的可行性。对于清洁生产方案和替代方案，应说明该方案的实际应用效果，给出经济效益及环境效益指标，并进行一定的技术经济可行性论证，做到内容翔实、可信，以保证其在下一步工程设计中得到落实。

6. 环境经济损益分析阶段

环境评价中的环境经济损益分析应进行全过程的投入产出分析，而不仅仅着眼于末端控制措施的投入产出分析。清洁生产是企业在追求经济效益前提下，解决污染的一种新思维和新途径。在污染控制对策中引入清洁生产思想后，通过节省原材料、降低能耗，加强管理资源优化配置等都可带来明显的经济效益，而且通过全过程的污染物削减，减轻了末端治理的负担，降低了污染控制的难度和费用，实现了环境效益和经济效益的统一。因此，环境经济损益分析应充分考虑上述因素，充实分析内容，提高分析结论的说服力和可行性。

7. 环境管理和监测计划

随着清洁生产在企业的推广和实施，应依据清洁生产"节能、降耗、减污、增效"的目标和实行生产全过程控制的原则，制订出一套与清洁生产相关的环境管理制度和监测计划。其内容可包括加强设备维修、建立有环境考核指标的产品质量管理、原材料合理贮存、改进清洗方法、节约用水等方面。同时，要求环境监测计划中的机构的设置、仪器、设备以及监测方案要与生产全过程控制相匹配，并将这套管理制度结合到工程设计的环保篇章中，以便与企业的其他各项管理制度有机结合，纳入企业日常管理，落实到企业各层次，分解到企业各环节，从而达到持续清洁生产的目的。

三、清洁生产审核和初始环境评审的异同

可持续发展是目标，清洁生产是实现这一目标的环境战略，清洁生产审核、环境影响评

价是执行这一战略的环境管理工具。

清洁生产审核和初始环境评审是环境管理体系建立和实施的不同阶段，后者是建立体系的准备阶段；而前者是在体系建立后对体系符合性的评价，并有内审和外审的差别。

① 清洁生产审核的总体思路为：判明废物的产生部位，分析废物的产生原因，提出方案，减少或消除废物。初始环境评审是判断企业环境管理现状的一种手段，是对企业的环境问题、环境因素、环境影响、环境行为及有关管理体制活动的初始综合分析，其目标是建立环境管理体系。

② 清洁生产审核特别注重生产全过程中排放污染物的分析与防止技术，其方法主要采用投入-产出的定量分析，其中也包括采用强化管理机制的措施来预防污染。初始环境评审是通过对企业现有管理体系的调查、分析，识别存在的问题和确定需要改进的领域，其重点在于针对管理体系。

两者的出发点均是改善环境、预防污染，采用的方法也都是现状调查—评估分析—识别问题—确定改进机会。但清洁生产审核更侧重于生产现场的定量分析和（特别是无低费用）源削减方案的具体实施；而初始环境评审更侧重管理体系的问题分析，注重产品生命周期的全部环境因素分析，为环境管理体系提供方案建立而不涉及实施。

第七节　清洁生产相关的其他概念

一、全面环境质量管理（TQEM）与清洁生产

全面质量管理（Total Quality Management，TQM）是由美国的费根堡姆提出的。含义为"为了最经济地生产、销售使顾客充分满意的、合乎质量标准的产品，将组织内所有部门为质量开发、质量保持、质量改进所付出的努力统一、协调起来，从而能取得效果的组织体制"。

近年来，欧美一些学者提出了全面质量环境管理（Total Quality Environmental Management，TQEM）的概念。约瑟夫·费克斯（Joseph Fiksel）对此所下的定义为："对那些构成企业产品和运作质量的环境属性进行确认、评价以及持续改善的活动。"

实施 TQEM，组织面对的顾客不仅仅是产品的直接消费者，而且也涉及有关的社会利益群体。这些利益群体的介入可以使企业更好地实施 TQEM。这些利益群体不一定同企业发生利益冲突，从长远看可能会有助于企业实现自己的战略目标。

TQEM 体系的建立主要涉及以下 3 个方面。

（1）生产过程转变　企业在生产过程评价的基础上采取具体方案和措施，包括产品重新设计、工艺流程改善等，以保证其产品和整个生产过程都符合政府规定的环境标准。

（2）同供应商合作　企业同供应商合作，以确保购进的原材料、器件本身符合环境标准。这对于企业自身的清洁生产效果具有十分重要的意义。

（3）企业文化转变　TQEM 作为一种新的企业管理哲学，必须是企业各部门、各个阶层的全体人员参加的活动。企业文化转变的途径是：①企业高层领导应该充分认识到 TQEM 的重要性，将 TQEM 看作企业重新定位、开拓绿色产品市场的机会和手段；②企业还应该加强对职工的教育和培训，使每个职工了解环境标准，认识到遵循环境标准的意义以及自己在 TQEM 中所承担的责任。

从以上 3 个方面可以看出，清洁生产思想在 TQEM 中能够得到较好的体现，因而企业

可以将清洁生产战略与 TQM、TQEM 很好地结合起来。

二、清洁生产与末端治理

1. 末端治理

末端治理（End Treatment）是指污染物产生以后，在其直接或间接排到环境之前进行处理，以减轻环境危害的治理方式。

与直接排放相比，末端治理是一大进步，不仅有助于消除污染事件，也在一定程度上减缓了生产活动对环境的污染和破坏程度。但是，随着时间的推移，工业化进程的加速，末端治理的局限性日益增大。

"末端治理"的主要弊端如下。

① 末端治理的污染控制方式与生产过程控制没有密切结合起来，资源和能源不能在生产过程中得到充分利用，任一生产过程中排出的污染物实际上都是物料。这样，末端治理不仅需要投资，而且使一些可以回收的资源（包含未反应的原料）得不到有效的回收利用而流失，致使企业原材料消耗增高，不利于原材料和能源的节约。而且使产品成本增加，经济效益下降，还有造成二次污染的风险。因此污染控制应该密切地与生产过程控制相结合，改进生产工艺及控制，提高产品的收率，可以大大削减污染物的产生，不但增加了经济效益，与此同时也减轻了末端治理的负担。

② "末端治理"不仅不能充分利用资源，浪费的资源还要消耗其他的资源和能源去进行处理，增加了企业在治理废物上的负担，投资大，使得企业的规模效益和综合效益都很差。污染物产生后再进行处理，处理设施基建投资大，运行费用高。"三废"处理与处置往往只有环境效益而无经济效益，因而给企业带来沉重的经济负担，使企业难以承受。由于没有抓住生产全过程控制和源削减，生产过程中污染物产生量很大，所以需要污染治理的投资很大，而维持处理设施的运行费用也非常可观。以排放的 SO_2 治理费用为例，日本的是预防 SO_2 费用的 10 倍；美国：1972 年为 260 亿美元（GNP 的 1%），1987 年为 850 亿美元，20 世纪 80 年代末为 1200 亿美元（GNP 的 2.8%）。杜邦公司：废物的处理费用以每年 20%～30% 增加，处理每桶废物 300～1500 美元。因此末端处理在经济上已不堪重负。

③ 随着生产的发展，工业生产所排污染物的种类越来越多，国家规定的污染物（特别是有毒有害污染物）排放标准也越来越严格，从而对污染治理与控制的要求也越来越高。为达到更加严格的排放标准，企业不得不大大提高治理费用。即使如此，一些标准还是难以达到。

④ 现有的污染治理技术还有局限性，使得排放的"三废"在处理、处置过程中对环境还有一定的风险性。

⑤ 企业员工仍在有污染的环境中工作，有碍员工的身心健康。

所以，末端治理这种方式难以从根本上缓解环境压力。

2. 全过程控制

清洁生产是世界各国在反省末端治理的种种不足后，提出的一种以污染的源头削减和全过程控制为主要特征的环保战略，是环境保护由被动向主动行动的一种转变。在企业层次，清洁生产的主要推行方法是清洁生产审核，即从企业原材料和能源、技术工艺、废弃物等方面分析污染产生的原因，制订和落实污染控制的措施。

全过程控制是在清洁生产早期的认识中，相对于工业污染末端治理的传统战略提出来的，它的关注集中在企业层次上，集中在产品的生产制作阶段。生产过程涉及的每一步骤都可以从削减废料、预防污染的角度找到合适的替代方案。

工业污染全过程控制的首要工作是对生产过程进行全面的、系统的和定期的审查，这就是"清洁生产审核"。通过审核找出物料的流失点和流失量，探究其产生原因，研讨解决方法，制订行动计划，分批贯彻实施，使污染得以逐步削减以至消除，达到清洁生产的目的。具体实施方法如下。

（1）做好物料投入产出的准确计量和正确记录　物料的投入产出记录是生产管理和成本核算必不可少的依据，计量装置的齐备准确与否和生产记录的完整正确与否也是衡量一个工厂管理水平的重要标志。从投入产出记录中则可以获得资源的流失情况和产生环境污染的根源等重要信息，因此它也是控制全过程污染不可或缺的资料。

（2）做好物料有效成分的检测分析工作　物料的组分并非百分之百的纯净，其中不能为生产所用或者不能进入产品的部分都将流失到废物中去，成为污染的来源。因此，物料的组分分析和某些物质的含量分析是计算物料流失量和污染产生量必不可少的资料。

（3）做好物料衡算，探讨物料流失的原因　根据以上所得资料进行物料衡算。原料投入量减去产品和副产品产出量，等于物料流入"三废"中的数量。物料衡算可以以厂为核算单位，也可以以车间、产品或关键工序为单位。从物料衡算中的失衡情况找出失衡原因和生产管理上存在的问题。从物料衡算上求出原料利用率和流失率。根据物料的流失资料，对生产工艺、技术装备、操作控制和运行管理等各方面进行剖析，找出流失原因并研讨污染控制措施，制订计划，逐步实现，从而达到全过程控制的要求。

3. 清洁生产与末端治理的关系

清洁生产是关于产品和产品生产过程的一种新的、持续的、创造性的思维，它是指对产品和生产过程持续运用整体预防的环境保护战略。

清洁生产是要引起研究开发者、生产者、消费者也就是全社会对于工业产品生产及使用全过程对环境影响的关注。使污染物产生量、流失量和治理量达到最小，资源充分利用，是一种积极、主动的态度。而末端治理把环境责任只放在环保研究、管理等人员身上，仅仅把注意力集中在对生产过程中已经产生的污染物的处理上。具体对企业来说只有环保部门来处理这一问题，所以总是处于一种被动的、消极的地位。

推行清洁生产并不排斥"末端治理"，在我国目前条件下，"末端治理"仍是环境保护的主要手段，必须强调并加大投资力度，加快环保设施建设。这是由于：①清洁生产是环境污染的解决途径之一，但代替不了污染治理措施；②工业生产无法完全避免污染的产生，并非所有污染物都能达到"零排放"，因而需要处理；③用过的产品还必须进行最终处理、处置；④我国局部地区的大气污染、水污染已相当严重，问题的最终解决还要靠"末端治理"；因此，清洁生产和末端治理将长期并存，只有共同努力，实施生产全过程和治理污染过程的双控制，才能保证环境保护最终目标的实现。

4. 清洁生产与末端治理的比较

末端治理与生产过程相割裂，只对已生成的污染物做被动式处理；排放标准的规定只依据当时的认识水平，对于潜在影响可能估计不足；这种方法按照固定要求（排放标准）接近污染物的排放标准，未能鼓励排污者将污染物减少到最小量排放。处理设施一般投资较大，运行费用较高；末端处理往往不能从根本上消除污染，还可能造成二次污染。

而清洁生产是污染控制的最佳模式，与末端治理有着本质的区别。清洁生产体现的是"预防为主"方针，实行全周期全过程控制；清洁生产能实现环境效益和经济效益的统一。清洁生产与末端治理的对比见表 6-2。

表 6-2　清洁生产与末端治理的对比表

类别	清洁生产	末端治理(不含综合利用)
思考方法	污染物消除在生产过程中	污染物产生后再处理
产生时代	20 世纪 80 年代末期	20 世纪 70~80 年代
控制过程	生产全过程控制,产品生命周期全过程控制	污染物达标排放控制
控制效果	比较稳定	产污量影响处理效果
产污量	明显减少	无显著变化
排污量	减少	减少
资源利用率	增加	无显著变化
资源耗用	减少	增加(治理污染消耗)
产品产量	增加	无显著变化
产品成本	降低	增加(治理污染费用)
经济效益	增加	减少(用于治理污染)
治理污染费用	减少	随排放标准严格,费用增加

三、扩展的生产者责任

扩展的生产者责任,或称延伸的生产者责任(Extended Producer Responsibility, EPR),作为一种环境管理观念在 20 世纪 90 年代被提出,反映了当代建立环境政策所依据的理念的变化和发展趋势。时至今日,扩展的生产者责任已从最初的学术界概念讨论演变成了部分发达国家,特别是欧盟国家制定环境政策的指导思想和建立环境法规的主要依据,同时也被产业界作为产品设计策略中需要考虑的要素而受到越来越多的关注。

扩展的生产者责任这一理念最早是由瑞典提出的。1988 年,瑞典隆德大学(Lund University)工业环境经济学国际研究所主任托马斯·林赫斯特在一篇研究报告中首先提出了"扩展的生产者责任"这一概念。其基本思想是:从有利于环境和节约资源的角度出发,对产品在制造过程后产生的废物可以用适当方式处理,责任主要应由制造者承担。在产品加工开始前,制造者就应考虑如何处置在生产加工过程中产生的废物以及如何回收产品被废弃后形成的废物。

伴随着对产品环境影响的日益关注,扩展的生产者责任逐步纳入环境保护领域,成为环境管理的一项政策原则,或被设计成为一项更具体的管理制度。近年来,全世界大部分国家的环境管理政策的制定体现了如下几点发展趋势:①环境政策制定的着眼点从"末端治理"转为"预防污染";②环境法规的确立重点从对产品生产阶段的"点源"污染控制转向了通过种种手段降低产品在其整个生命周期中的环境污染,体现了可持续发展的系统变革思维;③环境政策从"命令与控制"模式向"目标引导"模式转变,激励生产者在生产过程中采用更有利于环境保护目标的技术工艺和材料。

正是在这一环境管理政策发展趋势下,扩展的生产者责任从概念演进为一种政策工具或管理制度,即扩展的生产者责任制度。这一实践中的制度体系又称为产品延伸责任(Extended Product Responsibility,简称 EPR)、产品监护责任(Product Stewardship)、生产者后责任(Latter Producer Responsibility)以及产品和生产者延伸责任(Extended Product and Producer Responsibility)制度。一般,EPR 是指通过将产品生产者的责任延伸到其产品的整个生命周期,特别是产品消费后的回收处理和再生利用阶段,以促进改善生产系统整个生命周期内的环境影响状况的一种环境保护政策原则或管理制度,它体现了环境管理模式在当今社会发生的重要转变。将产品生产者的责任延伸至产品消费后的阶段,包括将废物回收处理责任由社会转移给生产者。

四、环境会计

20 世纪末美国的世界资源研究所通过对多个美国企业的研究发现了成本核算中的问题:

一是与环境有关的成本和效益不易区分和识别；二是环境成本和效益在企业内的分配常常不正确，因而导致非优化的管理。现有的企业财会制度往往难以反映出环境成本和效益，在清洁生产实践中，这被证明是影响企业实施清洁生产的内部障碍之一。为正确全面地反映、评价清洁生产和清洁产品的成本与效益，在 20 世纪末发达国家便开发应用了以传统的财会成本核算为基础，结合生命周期核算和全成本核算方法为主的环境会计核算方法。

环境会计是从社会利益角度计量和报道企业、事业机关等单位的社会经济活动对环境影响及管理状况的一项管理活动和工具。环境会计是以货币为主要计量单位，以有关环境法律法规为依据，研究经济发展与环境资源之间的联系，确认、计量、记录环境资产与负债以及环境污染防治、开发和利用的成本和费用，分析环境绩效与环境活动对企业财务状况影响的一个新兴领域。环境会计的发展并非用于取代传统财务会计，而是要补其功能不足之处，促进企业实现可持续发展的目标。环境会计通常可以作为一个管理工具单独使用，同时也可以作为可持续发展报告中进行信息汇集与信息披露的基础。

环境会计的产生，最深刻的原因是由于可持续发展潮流的不断高涨，导致一个组织或企业及其成本费用受到内外部的各种影响：①来自利益相关者的压力增加，关心企业活动对环境造成影响的意识不断提高；②组织自身环境成本进入其财务与管理过程中，环境相关成本与环境信息管理成本的关系发生变化，同时近年来单位信息成本也在大幅度下降；③全球化加剧企业竞争。更有效率地满足利益相关者需求的生产方式日益重要。

这些重要因素，促使企业更加重视生态效率（Eco-Efficiency）及环境影响（Environ-mental Impacts），对具有会计责任的信息管理的需求越来越强。环境会计主要是以传统财务会计为基础，结合生命周期评价和全成本核算来寻找清洁生产方式，并进行清洁生产评价，提升企业生态效率及经济效率，达到可持续发展的目标。

五、清洁生产公告制度

清洁生产公告制度是指企业自愿申请，经清洁生产审核进行整改后，由国家权威部门验收，如符合标准，则由环境保护部向全国公告其为清洁生产单位，同时公告其资源消耗和排污信息。这是清洁生产市场化的一种重要形式。为规范这一制度，验收标准和从业人员资质要由环境保护部门统一制定。

思 考 题

1. 什么是 ISO 14000 环境管理标准？
2. 环境管理体系的五大要素是什么？
3. 简述清洁生产与 ISO 14000 环境管理体系的关系。
4. 什么是清洁产品、产品生态设计？
5. 什么是生命周期评价？生命周期评价在清洁生产中有什么作用？
6. 有机食品，绿色食品与无公害农产品的区别是什么？
7. 什么是环境标志？如何分类？其各自的含义是什么？
8. 什么是绿色化学？其内涵有哪些？
9. 什么是绿色 GDP？
10. 如何在环境影响评价中进行清洁生产分析？
11. 末端治理有什么局限性？如何实施工业污染全过程控制？
12. 什么是扩展的生产者责任？

第七章

清洁生产工程技术及在各行业中的应用

第一节　清洁生产工程技术概述

一、清洁生产工程与技术

清洁生产、生态工业和循环经济是现代文明发展的必由之路，而先进的工程技术方法是清洁生产、生态工业和循环经济的核心竞争力。如果没有先进技术的输入，清洁生产、生态工业和循环经济所追求的经济和环境的目标将难以从根本上实现。

所谓清洁生产工程，是指在新建、扩建、技改工程项目中，采用各类清洁生产控制等工程技术手段，达到节能、降耗、减污、增效的目的。随着清洁生产的发展，清洁生产工程也随之发展并逐渐系统化。另外，根据"3R"原则，清洁生产工程是生态工业工程的组成部分。

清洁生产工程技术包括替代技术、减量技术、再利用技术和通过信息化等高新技术注入，构造生态技术单元和系统集成等。

（1）替代技术　即通过开发和使用新技术、新工艺、新设备和新材料（原料、能源、产品），提高资源利用效率，减轻生产和消费过程中对环境影响的技术。

（2）减量技术　即选用较少的物质和能源消耗的工艺路线来达到既定生产目的，从源头节约资源和减少污染的技术。

（3）信息化技术集成　是指设备已信息化后可以实现精准控制，高效迅速地完成工艺要求的装备系统。

（4）再利用技术　即延长原料或产品的使用周期，如通过资源、能源的多次反复使用或能源、水的梯级使用，减少资源消耗的技术；再资源化技术，旨在将生产或消费过程中产生的废弃物再次变成有用的资源或产品的技术。

（5）废弃物处理绿色化提升技术　使废物处理高效，无害化，占地少。

二、工业生产中污染物的由来

1. 杂质形成废弃物

任何一种生产原料中的有效成分含量不可能是100％。在生产过程中，为了保证产品质量，必须通过精制、净化过程将杂质与产品分离，常用的精制、净化方法有洗涤、分离（固液分离、气液分离、气团分离）、精馏等，经上述过程后，杂质以废水、废气或固体废弃物的形式排出工艺系统。

2. 过程的效率及废物的形成或物料流失

任何一种生产过程，或是化学过程，或是物理过程，由于本身的机理或外部条件的影响，实际过程的效率均不可能达到100％，即实际化学过程的转化率不可能达到100％，总有未转化的反应物或副反应产物；实际物理过程的转变率也不可能达到100％，总有流失的物料。未转化的反应物、副反应产物和流失的物料经精制、净化或分离过程排出工艺系统，成为各种形式的废弃物。

3. 生产过程废弃物的构成

如上所述，生产过程的废弃物由原料中杂质、未转化的反应物、副反应产物和流失的物料等构成。一般来说，在废弃物的构成中，流失的物料＞未转化的反应物、副反应产物＞杂质。

开展清洁生产，可以通过原材料替代减少原料中杂质，可以通过采取一系列技术、管理措施使未转化的反应物、副反应产物和流失的物料减量化。

三、工业污染防治的主要任务

工业污染防治的主要任务是把削减工业污染物排放总量作为工业污染防治的主线，实施工业污染物排放全面达标工程，促进产业结构调整和升级。当前，我国工业污染防治的主要任务如下。

（1）**严格控制新污染**　基本建设和技术改造项目，必须严格执行国家产业政策和环境保护法规，采用清洁生产工艺和设备，合理利用自然资源，并通过"以新带老"，做到增产不增污或增产减污。

（2）**巩固和提高工业污染源主要污染物达标排放成果**　以污染负荷占全国工业污染65％的企业为重点，推行污染物排放全面达标，工业污染源排放的各种污染物要达到国家或地方排放标准。全面实施排污申报登记动态管理，在重点地区推行许可证制度。实施污染物排放总量控制定期考核和公布制度。

（3）**淘汰污染严重的落后生产能力**　综合运用法律、经济和行政手段，结合国家工业生产总量调控目标，关闭产品质量低劣、浪费资源、污染严重、危害人民健康的厂矿，淘汰落后设备、技术和工艺。开展经常性执法检查，防止关停企业死灰复燃。禁止被关闭淘汰企业的落后生产装置和设备向西部地区转移。

（4）**大力推行清洁生产**　结合产业结构调整，提倡循环经济发展模式，采用高新适用技术改造传统产业，支持企业通过技术改造，节能降耗，综合利用，实行污染全过程控制，减少生产过程中的污染物排放。开展清洁生产审核，在多个行业和多个城市开展清洁生产示范，建立清洁生产示范企业。大力推行节能、节水，实施重点行业的能耗和用水定额标准。积极开展 ISO 14000 环境管理体系和环境标志产品认证，在国家经济开发区全面开展 ISO 14000 的活动，创建若干个 ISO 14000 国家高新技术示范区，建设若干个国家生态工业示范园区，提高企业环境管理水平和国际竞争能力。开展上市公司的环境绩效评估和环境信息公告。

四、传统污染控制技术绿色化升级

污染控制应用清洁生产方法进行技术改造和技术提升，可以提高处理效率，降低处理成本，减少污染控制过程中的环境风险。

1. 节能

在一些大型污染控制设施中，能耗高是造成处理成本上升的主要原因，应当采取清洁生产审核方法，找出其原因，提出有针对性的解决方案。例如大型污水处理装置的曝气风机功率很大，可以采取优化曝气效率等方法降低风量；也可以采取电机变频控制方法降低能耗。

2. 工艺技术改进

污染控制设施的工艺技术改进包括以下几个方面。

（1）废水分质处理 化工行业常常一个企业有多种废水产生，以往常将其混合处理。但混合处理效果常难以使每种污染因子都达到最佳处理效果；印染废水也存在同样问题，印染过程前处理、染色和后处理废水的污染因子完全不同，混合处理使其效率大打折扣。另外，废水混合处理对于重金属及一些有机毒物特征因子，还存在因稀释而降低了处理率，造成排放总量增加的弊端。

（2）工艺改进 如生化处理装置是最常用的工业废水和生活污水处理装置，但生化处理系统占地面积大，单位土地处理效率低，在我国沿海经济发达地区这个矛盾日益突出，解决的最好方法就是工艺改进。可以从下面2个方面入手：①生化处理装置实际上就是一个生物反应器，可从其结构和微生物菌群两方面进行技术改进，提高单位生物量，提高处理效率，就可以在不增加池容积的基础上增加处理装置的处理能力；②采用新技术进行单元组合，例如采取生物处理-膜分离技术，可取消二沉池，提高单位生物量，大大减少占地面积。

3. 过程控制改进

污染控制装置的过程控制改进将有利于提高工艺参数的控制精度，减少人工干预，使处理效率提高，降低因控制不当造成处理过程中超标排放的环境风险。污染控制装置的过程控制改进包括传感器升级，由计算机控制系统替代人工控制等。

五、污染控制方法发展方向

随着清洁生产在工业企业的不断推行，工艺技术、设备、过程控制水平乃至生产管理水平不断提高，单位产品的废弃物量将越来越小，但废弃物不会消失，因此，仍然需要进一步处理削减废弃物的量，继续进行污染控制和研究开发污染控制新技术。另外，由于水的循环利用、梯级套用，废水水质则会越来越复杂；固体废弃物经过多次循环利用，组分将趋于复杂，有用物质含量将越来越低。对此，污染控制方法将向以下方向发展。

1. 发展先进高效的污染物处理方法

先进高效的污染处理处置方法主要有两个方面。

（1）废弃物、能源回收利用技术 经过减量化的废弃物、工业废水处理技术则会向两极发展，将着重发展膜分离等物料回收技术。

（2）终排废弃物无害化技术 经过减量、回收等还不得不向环境排放的少量废弃物，必须在进入环境之前通过最后处理使其彻底无害。这一类技术包括氧化（如催化湿式氧化、超临界水氧化 SCWO 等）和高效生物处理，发展的关键是处理效率高、各类污染物特别是有机毒物的残留浓度极低、有机物的矿化度高（有机物被分解成以最简单的无机物形式）等。

2. 按清洁生产理念对污染治理方法进行技术提升

清洁生产并不是简单地针对生产或服务过程的，其创新的理念和先进的程序方法同样适用于对污染治理方法的缺陷诊断和技术提升，主要方向有：污染治理用药剂的清洁化，以减少污染治理引起的二次污染等；工艺设备的高效化，以达到节能、节约资源、节约土地的目的等。

第二节 节能

节能是清洁生产的一个重要目标，不仅能增进企业的经济效益，同时因为减少了能量使用量，也就减少了产能过程中产生的污染排放，间接地实现了保护环境的目标。清洁能源的使用推广也是减少污染的一个重要方面。

一、节能技术

我国政府的能源方针是：开发与节约并重；近期把节能放在优先地位。

1. 节能

节能是指尽可能地减少能源消耗量，生产出与原来同样数量、同样质量的产品；或以原来同样数量的能源消耗量生产出比原来数量更多或数量相同、质量更好的产品。因此节能不仅可以推动技术进步和提高经济效益，还能减少污染、保护环境，是实现可持续发展的重要手段。节能是我国国民经济发展的一项长远战略方针。

（1）节能途径 节能应采用技术上现实可靠、经济上可行合理、环境和社会都能接受的方法，有效地利用能源资源，提高用能设备或工艺的能量利用效率。因此，节能的途径可通过结构节能、管理节能和技术节能来实现：①结构节能，主要从宏观角度通过经济结构的调整，向节能型工业体系发展；②管理节能，是加强计量检测，优化能源分配，强化管理维护，实现节能目标；③技术节能，是通过新技术、新工艺、新材料、新设备、新器件的开发应用来取得节能效益。

能源审核方案的产生与传统的清洁生产方案产生是相似的。从下述几个方面考虑产生具体的节能技术：①节约初始能源（如电能，燃料等）；②从生产、分配和使用的角度考虑能效；③解决隐藏的能源损耗；④降低能源费用的替代方案；⑤降低动力费用的方案；⑥能够提高能源效率的技术方案；⑦与日常管理和维护有关的提高能效的方法；⑧提高能效的最佳实用技术。

（2）节能技术 通常的节能是指直接节能，即节约生产或生活过程中的一次能源和二次能源。对节能技术来讲，提高能源转化与输出效率和终端利用效率才是当今节能技术研究发展的方向。提高能源转化与输出效率的节能技术如下。

1）燃烧节能技术

节能途径：采用节能型燃烧器和燃烧装置；制订节能燃烧制度；进行节能类燃烧设备改造，以改善不完全燃烧的程度；自身预热烧嘴，减少烟气带走的热量；合理使用燃料，提高燃烧设备的低 NO_x 烧嘴热效率，提高生产率。

具体措施如下。

① 节能燃烧器：平焰烧嘴；油压比例烧嘴，自身预热烧嘴，高速烧嘴，低 NO_x 烧嘴。

② 节能燃烧装置：往复炉排，振动炉排，粉煤燃烧装置，下饲式加煤机，简易煤气发生装置，抽气顶煤燃烧机。

③ 节能燃烧制度：低空气比例系数，低温排入烟气，富氧燃烧，预热助燃空气和燃料，合理的加热工艺曲线。

④ 节能设备改造：炉体构造的合理改革，水冷件的合理绝热包扎，改旁热式为直热式，二氧化铝测定烟气残氧。

⑤ 新的燃烧技术：水煤浆混合燃烧，油掺水混合燃烧，油煤混合燃烧，煤的气化与液化。

2）传热节能技术

节能途径：通过提高辐射率、吸收率和两者选择性匹配来强化辐射传热；提高对流给热系数来强化对流传热；选用高导热系统材料强化传热；增大辐射面积等强化综合传热。

具体措施如下。

① 强化辐射传热：远红外加热干燥技术，高辐射率涂料加热技术，高吸收率涂料技术。

② 强化对流传热：强制循环通风，轧钢加热炉喷流预热技术。

③ 强化传导传热：碳化硅高导热炉膛，锅炉除垢技术，减少接触热阻技术。

3）绝热节能技术

节能途径：减少绝热对象的散热损失和蓄热损失，主要通过选择合适的轻质、超轻质绝热材料及其合理的组合来实现。

具体措施如下。

① 管道保温：热力管道保温优化技术，热工设备保温优化技术，热力管道的堵漏塞冒技术。

② 炉衬组合：耐火纤维全炉衬技术，耐火纤维贴面炉衬技术，间歇式加热炉炉料优化设计，低辐射率外壁涂料。

③ 其他：热工设备的合理保温绝热。

2. 能源转换设备和终端利用

能源审核方案还可考虑能源转换设备和终端利用，一般包括如下因素：①烟道气的损失；②烟道气的温度［可以通过提高维护水平（如经常清洁）、优化负荷、采用更好的技术来降低烟气温度］；③烟道中未完全燃烧燃料和灰烬的能量流失（优化日常的运行控制和日常维护；使用更好的燃烧技术）；④过量空气（应该降低到根据燃烧技术确定的运行控制和维护的最低要求）；⑤锅炉放空造成的损失（预处理新鲜水，重复使用冷凝水）；⑥冷凝水的损耗（最大程度利用冷凝水）；⑦对流和辐射造成的损耗（加强锅炉的绝热效果）。

3. 技术改造或系统优化

某些情况下，还可以采取技术改造或系统优化方案：①原系统最初设计为连续不间断运行，但实际上却已间断运行（如炉窑）；②燃料和功率的基本费用已经上升到需要进行能效投资的水平；③回收锅炉/加热器产生的废物；④合适的绝热层厚度；⑤合适的泵和压缩空气输送系统的管道尺寸。

4. 改变原设计的运行参数

可以改变原设计的运行参数：如改变冷却水的温度、水质或者表面空气状况，可影响冷却系统的性能，进而影响能源效率和整个系统生产能力。

5. 提高能效的技术

可以考虑采用提高能效的技术，如：①用陶瓷纤维内层来改善绝热效果；②用不含氯氟烃（CFC）的吸收冷却器代替传统的压缩冷却器；③采用低热值、劣质燃料的流化床锅炉；④改变频率（控制生产量的变速传动器）；⑤替换传统的照明设备和控制系统；⑥在窗户上覆一层挡光膜，以减少阳光的照射；⑦使用可再生能源；⑧使用燃料添加剂；⑨添加过程反应催化剂；⑩使用电动机的软启动装置；⑪使用滑环电动机的滑动电力恢复系统等。

6. 终端设备的能效匹配

节能对终端设备的能效匹配也是很有效的，如下所述。

① 采用以下措施控制节流阀的开关：a. 减少叶轮的焊缝；b. 调整泵的尺寸；c. 安装变速传动器。

② 采用以下措施消除鼓风机上节气阀操作：a. 减少叶轮的焊缝；b. 安装变速传动器；c. 改正带式传动器的滑轮直径；d. 调整风扇的尺寸，提高效率。

③ 按照工艺流程要求调整冷却水温度。

④ 通过采用背压/涡轮方式来回收控制阀压降造成的能源损失。

⑤ 在照明效果不好的地方采用专门的单独照明。

7. 提高终端利用的能源效率

该技术包括余热节能技术、电力节能技术等。

（1）余热节能技术

1）节能途径：通过余热回收装置和换热器回收各种形态（固、液、气）的余热来预热助燃空气和燃料，以提高热工设备热效率；预热炉料和有磁辅助料以降低单耗；产生蒸汽和温水，供应生产、生活、发电或驱动动力设备等。

2）具体措施

① 余热回收换热器：管状换热器，套管换热器，针状换热器，辐射换热器，喷流换热器，板翅换热器。

② 预热回收装置：余热锅炉，蓄热宝，喷流预热装置，干熄焦装置，固态余热冷却锅炉，余热发电装置，蒸汽-余热联合装置，余热发电装置，转炉煤气回收装置，高炉煤气余压发电装置。

③ 新型回收装置：热管换热器，吸收式或压缩式热泵，化学与形变换热装置。

（2）电力节能技术

1）节能途径：通过采用高效、节能型用电设备和器件，提高电压，提高功率因素，改变配电方式；合理削减用电负荷，减少照明灯具使用密度，采用节能型灯具；消除"大马拉小车"的不合理现象；防止设备空转等。

2）具体措施

① 变电与配电的节能：轻负荷变压器关并运行，提高配电电压，改变配电方式，采用高效变压器，提高功率因素。

② 泵和风机节电：使用液力耦合器，电机功率与风机配套，调速合理，采用高效节能型，减少管路漏风及动力损耗。

③ 电机节电：提高功率系数，自动调速 Y/△自动调换，防止空转，电机规格与实际功率匹配。

④ 照明节电：采用高效照明灯具，改善自然采光，减少配电线损耗，照明度合理非均匀分布，提高维护和清洁系数，照明分段控制，随手关灯。

⑤ 其他节电：电焊机空载断电，交流接触器直流运行，红外技术电热设备，电热设备加强保温，民间电器节能。

8. 减少能源投入，或使用清洁能源

通过以下措施减少能源投入需求：①通过回收废物中流失的热能，尽量减少能源的输入；②利用热电联产，尽量减少能源的购买；③使用成本相对较低的、无污染（或少污染）可再生资源，如太阳能、风能、水力发电、潮汐能、氢能、天然气、乙醇、生物能、海洋能、地热能、核能等；④根据能源的热值、质量、成本和转换效率，有选择地使用成本相对较低的能源，例如电、煤、石油、地热、太阳能、风能等。

9. 其他节能技术

其他节能技术主要是降低或改变使用高能耗的原料和材料，这与生产工艺技术有很大的关联。

二、能源梯级利用技术与设备

提高能源利用效率，减少环境污染是国家发展的基本战略方针和基本国策。提高能源利用率的有效方法就是采用能源梯级利用技术。所谓能源梯级利用是指不管是一次能源还是余能资源，均按其品位逐级加以利用。在各类工业生产中，有大量低热值热源存在，发展能源梯级利用技术与设备，使大量低热值热源得以再利用，是工业企业节能降耗的一个重要方面。例如，在热电联产系统中，高、中温蒸汽先用来发电（或用于生产工艺），低温余热用来向住宅供热。所谓能量品位的高低，是用它可转换机械功的大小来度量。由于热能不可能全部转换为机械功，因而，与机械能、电能相比，其品位较低。热功转换效率与温度高低有关，高温热能的品位高于低温热能。一切不可逆过程均朝着降低能量品位的方向进行。能源的梯级利用可以提高整个系统的能源利用效率，是节能的重要措施。

1. 高效换热设备

要广泛推广能源阶梯技术，必须生产出高效换热设备。例如双螺纹管系列高效换热设备，是一种新型高效换热器，具备体积小、传热效率高等特点，传热系数为光管的1倍多。广泛用于热电厂，城市集中供热、采暖。复合流程快速给水热交换器，具有结构简单、运行可靠、造价低、适应性强等特点，可在保持较高换热系数下，保证蒸汽凝结水过冷，避免二次蒸汽损失。

2. 热电（冷）联产

任何一个企业或家庭，对于能源的需求都是多样的，需要电力、采暖热力、空调制冷、生活热水、炊事燃气等。这些需求在传统工业社会中是通过明确的社会分工，由各个专业企业分别加以解决；但是分别解决方式存在的最大问题是能源利用效率低、设备使用效率低，从而带来资源和资金的浪费以及环境污染的加剧等。因此，世界各国的能源环境专家普遍认为：应将需求供应整合优化，实现能源的温度对口梯级利用，就近供能，减少中间环节损耗，这将是解决问题的最佳手段，即先将煤、燃气等一次能源发电，将发电后的余热用于采暖或制冷，将更低品位的能源用于供应生活热水，这就是热电（冷）联产。

第三节　水循环利用和梯级使用

水的循环利用和梯级使用技术与设备的研究、开发和应用，一直是清洁生产工程中重要的方面，对于我国这样水资源不丰富的国家更是具有特殊的意义。

一、微污染水净化技术

微污染水是指饮水水源主要受到有机物污染，使部分指标超过饮用水源的卫生标准，某些对水质要求高的工业用水源也存在同样问题。有机污染物来源一部分是属于天然的有机化合物，主要是水中动植物分解而形成的产物，如腐殖酸等。其余是人工合成的有机物，主要是来自工业、生活污水和农业排水等。由工农业发展带来的环境污染问题已使部分城市的供水水源受到不同程度的污染，使供水公司面对微污染水源的挑战，需要采取对策，以保证向城市供应安全合格的饮用水和高品质工业用水。因此，对微污染水处理的研究方兴未艾。

微污染水主要污染物氨氮、总磷、色度、有机物等指标高于生活饮用水源卫生标准，藻类滋生，造成水质恶劣。

常规水处理工艺处理微污染水难以达到满意效果。一般的化学混凝效果不好；用常规的氯消毒方法使处理后的饮用水有色、味，并且氯易与水中有机物作用生成有机卤化物，毒性增大。国外发达国家已普遍采取在常规处理工艺前增加生物预处理，以臭氧代替预氯处理和在常规处理工艺后增加活性炭过滤（或生物慢滤池）的深度处理，以使净化处理后的水更为安全可靠。

目前微污染水处理工艺改进的主要目标是：提高出水水质，降低浊度、有机物尤其是传统工艺不能有效去除的溶解性有机物（DOC）的含量，降低消毒副产物，保障饮水的安全健康。

工艺研究主要集中在两方面：强化传统工艺中各个工序的处理效果；增加预处理和深度处理工艺。而目前的情况表明，强化传统工艺中各个工序的处理效果和增加预处理工艺，例如强化臭氧-生物活性炭深度净化工艺，与臭氧-生物活性工艺相比，这种强化臭氧-生物活性炭技术在相同的臭氧投加量下，TOC去除率提高5%，并延长生物活性炭的再生周期。与生产纯净水的反渗透技术相比，有机物去除效果相当，而保留有益的矿物质，同时大大降低设备成本和运行成本。

二、中水回用技术及成套设备

建设部《城市中水设施管理暂行办法》中将中水定义为：部分生活优质杂排水经处理净化后达到《城市杂用水质标准》（GB/T 18920—2002），可以在一定范围内重复使用的非饮用水。实际上，为了节约用水，减少水资源浪费，很多低污染的工业排水也作为中水回用的对象。采用中水技术既能节约水源又能使污水无害化，是防治水污染的重要途径，也是我国目前及将来长时间内重点推广的新技术、新工艺。

中水虽然不能饮用，但它可以用于一些对水质要求不高的场合。中水回用的对象分市政杂用水、生活杂用水和工业用户。市政杂用水包括公园绿化及河湖用水、城市绿化用水、道路路面喷洒用水等；生活杂用水包括厕所冲洗、汽车洗涤；工业用户主要是回用至热电厂和化工厂等冷却用水以及城市污水处理厂内部杂用水等。

中水水源包括：工业冷却排水、一些低污染的工业处理尾水、淋浴排水、盥洗排水、厨房洗菜排水、城市污水厂尾水等。

目前设计成功的中水回用设备主要有组装式中水回用设备、MBR生物反应器等，并且都已经投入使用。

三、蒸汽冷凝水净化回用技术

蒸汽冷凝水一般温度在90℃以上，具有相当的利用价值，但蒸汽冷凝水随产生和使用方法的不同，会含有微量无机盐类、碱性物质甚至微量有机物，例如，炼油厂的冷凝水中仅含有少量的油及铁，化肥生产的冷凝水中只含有少量的甲醇。因此，应根据回用水质要求，对其进行必要的处理，以尽可能地加以回用，达到节能和节约水资源的目的，提高水的重复利用率。但回收的难度是在去除少量杂质的同时不能影响水质。

第四节　工业废气、固体废物的处理技术

一、控制及减少 NO_x、 SO_2 等气体的排放

减少工业生产中 SO_2 的排放对于减少酸雨的侵害，保护环境有很大的意义。具体措施如下。

（1）使用低硫燃料　减少 SO_2 污染的最直接的方法就是改用含硫量低的燃料，例如，用煤气、天然气、低硫油代替原煤，推广型煤和洗选煤的生产和使用，当煤的含硫量达到1.5%以上时，加入一道洗煤工艺，可使 SO_2 排放量减少 30%～50%，灰分去除约 20%，这称为"清洁煤工艺"或洗煤加工业。

（2）改进燃烧装置　使用低 NO_x 排放的燃烧设备来改进锅炉，如流化床的燃烧技术可以提高燃烧效率，降低 NO_x 及 SO_2 的排放。新型流化床锅炉的燃烧效率几乎达到 99%。通过向燃烧床喷射石灰或石灰石等方法，可以达到脱硫脱氮的目的。

（3）烟道气脱钙脱硫　这是燃烧后脱钙脱硫的方法，它是向烟道内喷入石灰或生石灰石，使 SO_2 转化为 $CaSO_4$ 来脱硫的。也有专家提出在烟道部位采用静电富集，然后再作为工业原料，或采用能量束轰击，使污染物转化为单质。

（4）对其他特殊气体　依据其物理化学性质采用对应的方法如物理吸附、化学吸收、生物滴滤塔处理等技术。

二、工业固体废物处理技术

对污染控制、污染处理装置也可以按清洁生产方法进行技术提升，达到高效率、低消耗、低能耗、低成本、低环境风险、少占地的目的。

工业固体废弃物是指工业生产过程中产生的固体和浆状废弃物，包括生产过程中排出的不合格的产品、副产物、废催化剂、废溶剂、蒸馏残液以及废水处理产生的污泥。工业固体废弃物的性质、数量、毒性与原料路线、生产工艺和操作条件有很大关系。

按照化学性质进行分类，工业固体废弃物分为无机废物和有机废物。无机废物种类繁多，如铬渣、氢氧化钙类废渣、无机盐类废渣等；有机废物大多是高浓度有机废物，其特点是组成复杂，有些具有毒性、易燃性和爆炸性，其排放量一般较无机废物小。

根据固体废弃物对人体和环境的危害不同，通常又将固体废弃物分为一般工业废物和危险废物。《中华人民共和国固体废物污染环境防治法》规定危险废物的含义为：列入《国家危险废物名录》或根据国家规定的危险废物鉴别标准和鉴别方法认定的具有危险特性的固体废物。危险废物具有腐蚀性、急性毒性、浸出毒性、反应性、传染性、放射性等一种及一种以上危害特性，一般工业废渣指对人体健康和环境危害性较小的废物。

《国家危险废物名录》共列出了 47 类危险废物的编号、废物类别、废物来源和常见危险组分或废物名称。目前我国的危险废物鉴别标准有《腐蚀性鉴别》《急性毒性初筛》《浸出毒性鉴别》。《腐蚀性鉴别》规定，当 pH 值大于等于 12.5 或小于等于 2.0 时该废物具有腐蚀性。急性毒性以小白鼠（或大白鼠）48h 半数死亡率表示。浸出毒性指固态的危险废物遇水浸沥，浸出液中任何一种有害成分的浓度超过浸出毒性鉴别标准。

工业固体废弃物常因资源化技术缺乏，往往丢弃在环境中或简单地送焚烧处理，使得一些具有利用价值的危险废物和有毒有害废物成为危害环境的祸首。

工业固体废弃物资源化技术应针对各废弃物的具体组分，充分利用沉淀、精馏、萃取等传统技术和离子交换、吸附、膜分离等高新技术发展新型微量物质分离技术，合理设计资源化方案，以最大限度地回收可利用物质，同时对残余物进行无害化处理。

在设计资源化方案时，还应考虑各类不同废弃物间的可反应性。固废处理中心可对收集的不同类型固废进行分析，利用不同固废中某些组分的相互反应，生成新物质或改善可分离性，以提高资源化水平和效益。

图 7-1 是工业固体废弃物回收处理一般流程。工业废水的处理技术参见有关专业书籍资料。

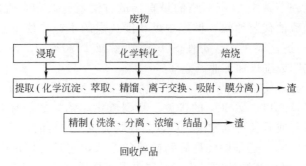

图 7-1　工业固体废弃物回收处理一般流程

（转摘自赵玉明，清洁生产，2005）

第五节　清洁生产工程技术在各行业的应用实例

一、印染企业清洁生产案例分析与技术

我国是纺织品加工大国，纺织品出口额已多年位居世界第一位，印染行业是高排污行业，印染企业所在地方环境污染程度也较严重一些，大力推行清洁生产方案便成为政府、企业与民众共同的要求。

1. 生物酶前处理技术

（1）*技术案例介绍*　某灯芯绒印染厂，原来一直采用有碱处理工艺，后经多年试验，成功掌握了生物酶的专一性特点，由 L40 酶、果胶酶、纤维素酶及渗透剂等组成了最佳工艺处方，采用不同的酶实现退浆、煮漂，并结合氧漂完成前处理工艺，基本工艺路线如下。

① 将烧毛浸轧热水灭火的坯布打卷堆置 2～4h 后，退卷平幅进布→轧 L40 酶（高给液，90℃）→汽蒸（90℃）→热水洗（95℃）→温水洗（70℃）→轧酶（高给液，果胶酶，纤维素酶，70℃）→堆置（室温）。

② 退卷平幅进布→热水洗（95℃）→温水洗（60℃）→冷水洗→轧 H_2O_2（高给液，室温）→汽蒸（100℃）→热水洗（95℃）→温水洗（60℃）→湿热丝光半成品。

该工艺基本处方为：L40 酶，1g/L；渗透剂 802，2g/L；WZ-1，2g/L；果胶酶 0.5g/L；纤维素酶 0.5g/L；双氧水 6g/L；水玻璃 6g/L。

（2）*生物酶前处理技术明显优于传统的碱处理技术*

① 采用生物酶处理技术可以提高退浆率，减少后道工序处理难度，有利于提高前处理织物品质，进而提高染整面料档次，提高经济效益。

② 采用生物酶前处理工艺，可比有碱处理工艺节约大量助剂，减少能耗、水耗，综合比较，降低前处理成本 15%～25%，具有明显的经济效益。

③ 采用生物酶前处理技术，污水排放量比碱处理明显减少，且污水中 BOD/COD 比值也有所增大，提高了污水的可生化性，降低了污水处理难度，有利于污水稳定达标排放。

2. 丝光淡碱回收技术

（1）*技术案例介绍*　一家以加工棉织物为主的印染企业，有 2 台丝光车，每天排放的废碱液约 200t，原来前处理工段回用部分碱液外，其余废碱均排入污水处理站，不但增加了污水处理难度，还浪费了大量的碱，大大增加了运行成本。后来，厂方经多方调研，选用 1

台 PH125 型九级连续扩容蒸发器，对丝光车排放的 50g/L 以上的废碱液（约 100t/d），蒸发浓缩到 300g/L 后再回用到丝光车，其基本参数为：碱液循环量为 37～40t/h，淡碱（50g/L）处理量 4.5t/h，浓碱（300g/L）产量约 0.74t/h，汽水比 3.97，蒸汽压力 0.15MPa，电气装机容量为 40kW·h；PH125 型九级连续扩容蒸发器第一级至第八级内循环碱液质量浓度控制在 150g/L 左右，远低于引起碳钢苛性脆化的质量浓度（300g/L）；在沸腾室内碱液质量浓度为 300g/L 左右，将碱液温度控制在 52℃ 左右，低于脆化临界温度（60℃），大大减轻了脆化腐蚀，延长了设备的使用寿命。

（2）丝光淡碱回收的经济效益与环境效益　大多数印染企业，除对丝光过程产生的少量浓度较高的废碱液回用到前处理工序外，绝大部分废碱液直接排入污水处理系统，既增加了污水处理难度，又造成大量的资源浪费。丝光淡碱回用技术则实现了经济效益与环境效益双重收获，以前述 1 台 PH125 型九级连续扩容蒸发器运行情况为例，其效益如下：①使用扩容蒸发器回收淡碱后，污水处理站需要处理的水量明显减少，且使调节池用酸量大幅减少，据此，污水处理运行费用直接降低，同时有利于生化系统稳定运行，确保污水稳定达标排放，减轻对环境的污染；②扣除扩容蒸发器运行成本，回收的浓碱有明显的经济效益，按商品碱液 500 元/t 计，每运行 1d 其经济效益约 850 元，全年运行 300d 则可获利 25.5 万元，1 台扩容蒸发器的投资回收期仅 20 个月左右，长期运行，其经济效益非常可观。

3. 涂料染色/印花技术

（1）技术案例介绍　涂料染色与涂料印花具有许多相似之处，国内涂料染色/印花技术已有几十年历史，其中以涂料轧染最为成熟。某家印染企业多年来成功运用涂料染色/印花技术，其基本流程为：

浸轧染色液→无接触红外线预烘（70～80℃）→热风烘干（80～100℃）→焙烘、固色（160～180℃）。

涂料染色过程对车速控制经验为：薄织物一般控制在 45～50m/min，厚织物一般控制在 35～40 m/min；进烘缸前织物应失水 80% 左右，车速太快预烘不足，容易形成表面染色和正反色差；初开车时，车速宜放慢 20%，既可调整色光又可弥补开车时焙烘机的温度降低。

（2）涂料染色/印花技术的优点

① 适用面广，不受纤维类别的限制，工艺流程短，易于控制色光，产品质量高，且染色后不必水洗，可节约用水，降低能耗，并减少排污量。

② 上色率高，传统的印染方法其染料的利用率只有 70% 左右，其余全部进入印染废水，而涂料染色中涂料利用率可达 99% 以上，基本不存在染化料浪费现象，在减少染化料用量的同时，还可大大降低污水处理难度，降低运行成本。

4. 低温型活性染料替代中温型活性染料染色

低温型活性染料是近年来问世的染料新品，属于乙烯砜型染料。低温型活性染料，由于适合以复合碱作碱剂 40°低温染色，与中温型活性染料相比，"节能、减排、增效"优势突出。低温型活性染料由于在固色阶段（二次吸色）凝聚性小，骤染性小，与中温型活性染料相比，匀染透染效果优良，染色一次成功率高。

5. 新型活性艳兰 CP 或 GN 替代传统活性艳兰 KN-R 染色

活性艳兰，具有纯正艳亮的宝蓝色。由于其色泽独特，用其他染料拼染不出，而且染色牢度（尤其是耐晒牢度）优良，因此是纤维染色不可或缺的染料品种。但是，传统的活性艳兰 KN-R，具有耐盐、碱溶介稳定性差，在盐碱共存的固色液中，存在凝聚性、骤染性严重的性能缺陷。很容易因此产生色泽不均匀，深浅不稳定，色光不纯正，牢度不理想的诸多质量问题。因此在实际应用中很难操控，通常染色一次成功率不高，常常需要返工修复。以性能优良的新型活性艳兰替代传统的活性艳兰染色势在必行。因为这样可以获得突出的"优质高效、节能减排"的效果。

活性艳兰 CP 是传统型活性艳兰 KN-R 的改进型产品，它通过添加剂的改进，卓有成效地解决了 C.I. 活性艳兰 19 在固色浴中凝聚性过大的缺陷。但在固色阶段（尤其是固色初期）的"骤染"问题依然存在。但是，骤染问题可以通过采取预加碱法染色（在染色初始，预加纯碱，使之在弱碱性浴中吸色），以及固色纯碱"先多后少，分次施加"等举措得到有效克服。因而，以改进型活性艳兰替代普通型活性艳兰染各种宝蓝色，其色光、艳度相同，染色质量还可得到显著提高。

活性艳兰 GN 是带双官能团的活性艳兰新品种。它是一种略带绿光的艳兰染料。其色泽与高温型活性宝兰 H-EGN 相似，在中温型活性染料中没有色光相近的品种。以活性艳兰 GN 替代 C.I. 活性艳兰 19（如 KN-R，与活性嫩黄或活性翠兰拼染各种艳绿色与青光艳蓝色，不仅匀染效果优良，其染色牢度与色泽重现性更好）。而且由于彼此都呈现黄绿光，没有色光冲突，所以以色光的艳亮度与纯正度也最佳。

二、毛织服装业清洁生产案例研究与技术

毛织服装生产是我国一项传统的工业，属于劳动密集型、资源和能源消耗较高的行业。我国是世界上最大的毛织服装生产国和出口国。近年来，伴随着国际市场需求的变化，以及一系列涉及纺织环保法规、标准的制定和出台，给我国很多毛织企业带来了巨大压力，为了适应国际市场，同国际接轨，积极寻求一条低能耗、高绩效、可持续的清洁生产道路才是我国毛织服装生产企业战胜困境，获得生存和发展的关键。

近些年来，在对毛织服装业较发达的某市几十家大、中型毛织服装厂开展清洁生产审核工作的过程中，通过大量现场调研，与企业管理者交流，并收集相关技术资料与数据，总结出毛织服装业开展清洁生产审核中的工作要点，挖掘毛织企业的节能减排清洁生产潜力，并针对当前毛织行业的工艺和设备，形成一套毛织行业最佳可行的清洁生产技术集成，可以为企业提供节能降耗减污增效的清洁生产方案，同时也为毛织行业清洁审核提供技术参考。

1. 毛织服装生产现状及存在问题

此处所说的毛织企业主要是指无印染工序的毛织服装生产，其生产原理是先用织机将毛线按工艺要求织成衫片，缝合成衫，然后将多余的线头收起，并将间纱拆除，经检查后按样板的手感要求进行洗水、烘干、整烫成形并量度尺寸，再按要求打钮、平车、车唛等，最后经检查后进行包装，具体的工艺流程见图 7-2。

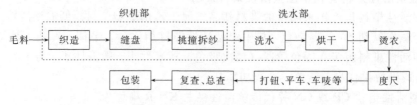

图 7-2 毛织衫生产工艺流程

现阶段，我国对毛织服装这一产业（不包含印染工序）的清洁生产审核还没有形成针对性的指标体系，缺乏统一的评价标准。加之，国内的毛织服装企业生产规模参差不齐，分布

不集中，没能形成规模化的产业园，大量中小型企业依然保持着半手工生产、高能耗、低绩效、多污染的经营模式。这不仅制约了我国整个毛织服装产业链的发展，同时在新的发展环境下也使企业自身陷入困境。

2. 各类清洁生产方案的评价分析

方案的产生是清洁生产审核过程的一个关键环节。在实施清洁生产过程中，按所需投资的高低可将清洁生产方案分为无/低费方案和中/高费方案，前者主要是指宣传培训，让领导者形成清洁生产意识；改进管理，加强设备维护和资源的回收利用等。数目相对较多，对不同企业现状的针对性强，易于采纳实施。中/高费用方案主要是技术含量较高的工艺改进、设备改造、产品更新等，投资额度较高，数目相对较少，实施周期长，同时也是清洁生产审核中方案评价的关键。

（1）清洁生产中的无/低费方案效益分析　针对毛织服装企业的生产现状，清洁生产的无/低费方案主要体现在废毛线和线筒的回收利用，用水用电用汽的计量，设备的管理保养，员工操作技能的提高，节约观念的强化等。这些方案由于实施难度小，投资费用低，见效快，对清洁生产效益具有较大的贡献，也是中小型企业实施清洁生产的主要选择。

以某市某镇 3 家不同规模毛织服装厂开展的清洁生产为例，该类企业实施无/低费清洁生产方案的效益，具体见表 7-1。从表 7-1 可以看出：中/高费方案的投资较无/低费方案是大大增加，但其万元投资效益却是下降的，这表明无/低费方案的效费比高，不容忽视。通过对多家企业的清洁生产审核发现，一般情况下，毛织服装厂在实施无/低费方案过程中，提高废毛线的循环利用率所带来的效益占总效益的大部分，同时可减少大量固体废物的产生，说明废毛线循环利用方案是毛织服装业实施清洁生产中费用低、经济效益和环境效益较显著的方案。

表 7-1　不同类型生产方案的效益分析

项目	公司 1 员工 260 人，年产值 4000 万元		公司 2 员工 700 人，年产值 8000 万元		公司 3 员工 1450 人，年产值 1 亿元	
	无/低费方案	中/高费方案	无/低费方案	中/高费方案	无/低费方案	中/高费方案
方案数目	23	4	20	4	27	5
方案总费用/万元	5.11	270.45	3.31	1658.78	5.11	1827.56
单位方案费用/万元	0.222	67.613	0.166	414.695	0.189	365.512
年经济效益/万元	8.01	285.58	19.57	1285.48	9.59	468.78
年单位效益/万元	0.348	71.395	0.979	321.370	0.355	93.756
年万元投资效益/万元	1.568	1.056	5.912	0.775	1.877	0.257

（2）清洁生产中的中/高费方案分析　我国多年前就提出，要在工业企业中广泛应用新材料、新技术、新工艺和新设备，以提高生产效能、经济效益和环境效益，这在企业实施清洁生产中显得尤为重要。

大量的清洁生产实践证明，毛织服装业清洁生产审核的重点为织机部、锅炉房和洗水部。技术工艺改造、设备更新、产品改进以及能源替代等中/高费方案是有效的手段。

1）计算机辅助设计和制造系统的使用。在毛织服装制造工艺中，设计裁剪作为第一道工序，对服装产品的质量、档次等起到了决定性作用。目前，我国毛织服装业对裁剪工艺的改进，以及自动裁剪系统的应用认识还有欠缺。其实，根据国际市场的需求，以及毛织服装产业发展的现状来看，服装 CAD/CAM 系统（计算机辅助设计和制造）的应用是我国毛织服装产业技术创新的方向。

据权威机构的一次调查结果显示：在欧美、日本等发达国家的服装加工企业中，自动裁剪系统的普及率高达 70%～80%，即使是只有四五十名工人的小型服装企业也使用电脑自动裁剪系统。以加拿大为例，在服装产业比较集中的蒙特利尔和多伦多这两个地区，服装企业中自动化 CAD 系统的普及率相当高，一般拥有 50 名以上员工的规模型服装企业都配有 CAD 系统。而自动裁剪系统、铺布机等 CAM 设备由于投资过高，其使用率则相对要低一些，一般只有大规模企业才会采用。中国约有服装生产企业 5 万家，而使用服装 CAD 的企业仅有 3000 家左右。

服装 CAD/CAM 系统的使用，在提高服装产品质量和档次的同时，实现自动化生产，能有效地提高生产效率，降低劳动力成本。对于国内的毛织服装企业，应该根据自身实际需要理性地采购和使用，提升企业清洁生产的水平。

2）电脑织机替代手摇织机。手摇织机目前在我国毛织服装行业中依然普遍使用，其生产效率低，并且需要大量的人力资源（1 机 1 人），随着人工成本的不断提高，手摇织机生产的成本也越来越高，产品的市场竞争力不断下降。而电脑织机是通过电脑编程语言对整个织衣系统实行智能控制，自动化程度高，大幅度提高了生产效率。因此，引进电脑织机，提高生产效率，降低人工成本，成为毛织服装企业制订清洁生产方案的首要考虑因素。

某市多家毛织服装厂投入电脑毛织机实现半自动化生产，由原本"1 人 1 机"操作模式变为"1 人 10 机"，这样每月的人工成本可以缩减到原来的 1/10；与此同时，生产效率则比原来提高了 8 倍。倘若每个员工成本按 4 万元/年计，那么引进一台电脑织机每年可减少 36 万元人工成本的支出。另外，由于电脑织机的引进，将会减少企业的员工数量，从而降低企业生活污水及生活垃圾的排放量。按员工减少量 70 人计，则可减少排放生活污水 $0.63 \times 10^4 t/a$，同时减少排放生活垃圾 10.5t/a［生活污水排放量按 0.3t/（人·d）计，生活垃圾排放量按 0.5kg/（人·d）计］。

3）节能灯改造。目前，大部分服装生产企业仍然采用 T8 电感式镇流器荧光灯，该灯管存在耗电量大、寿命短、有频闪、对视力有伤害等缺点。而 T5 高效节能荧光灯管耗电量小、节能环保、显示效果好，显示指数达到 85%，可以减少视觉误差。从经济效益分析，T8 普通灯管的功率为 46W，T5 节能灯管的功率为 28W，则每支灯管每天可节约用电 0.432kW·h；以企业更换 300 支灯管为例，则每年可节约 3.89 万元电费。从环境效益来看，T5 节能灯无频闪，接近自然光，员工眼睛不易疲劳。此外，T5 节能灯寿命较长，有效减少使用过程废灯管的产生量。

4）余热利用工程。毛织服装厂生产过程产生大量蒸汽冷凝水，如直接排掉不仅会造成资源能源的浪费，还会对环境造成影响。可以增设冷凝水回收系统，将生产中产生的蒸汽冷凝水回用于员工宿舍使用。该系统设备简单，操作方便，初始投资小，但占地面积大，效益较低，适用于小型蒸汽供应，且冷凝水量和二次蒸汽量较少的企业。目前该工艺在绝大部分针织制衣企业都得到广泛应用，能一定程度提高企业的清洁生产水平。以某家毛织服装厂为例，按照生活热水用电量 1kW·h/（人·d）计算，企业每年可节约用电 37500kW·h（其中，住宿员工按 250 人，用热水天数以 150d/a 计），折算为 3.68 万元/年；此外，每年可减少 1000t 冷凝水的排放，减轻环境污染的同时节约成本 0.27 万元。则该方案实施后每年可节约 3.95 万元。而冷凝水回收系统总装机容量为 6kW，计价电费 0.98 元/（kW·h），以每天使用 2h 计，则每年增加成本 0.35 万元。因此，扣除增加费用，一家毛织服装厂每年可减少成本 3.6 万元。由此可见，冷凝水回用系统的实施可以给毛织服装企业带来可观的经济效益和环境效益。

5）环保型锅炉替换燃煤锅炉。各地正在或者已淘汰 4t 以下的小型燃煤锅炉，锅炉改造成为毛织服装厂实施清洁生产技改的重要方案之一。环保型锅炉，包括燃气锅炉、生物质锅炉等可以有效减少 SO_2 的排放。由于燃气锅炉往往受到当地燃气管网建设的限制，因此生物质锅炉更适合在环保节能要求高的行业与地区推广使用。虽然生物质锅炉的燃料成本较燃煤有所增加，但是生物质含硫量约为 0.02%，跟含硫量为 0.8% 的煤燃料相比，可以大幅度降低燃烧时 SO_2 的产生量；此外，生物质成型燃料灰分只有 1%～3%，是煤燃料的 1/10，大大地降低了烟尘的产生。目前，某市已有部分毛织服装企业将改造生物质锅炉作为清洁生产方案投入实施。

6）车间通风改造。水帘空调（又称节能环保空调）是一种集降温、换气、防尘、除味于一身的蒸发式降温换气机组，除了可以给企业车间带来新鲜空气和降低温度之外，也节能环保。水帘空调的安装可使厂房内的温度（32～45℃ 的高温环境）迅速在 10min 内下降，并维持在 26～30℃，同时有效解决 95%～99% 厂房高温闷热、空气污浊的问题。该技术已经广泛应用于毛织、印染、电子等行业。同样以某家毛织服装企业为例，企业原有的车间通风系统装机功率为 72.3kW，现有的水帘空调单台功率为 1.1kW，则方案改造后厂房通风工程总功率为 17.6kW，每小时可节约电量 54.7kW·h，具有非常显著的经济效益。

7）其他技改方案。选用埋夹机代替缝盘机，能够自动将裁片缝头相互包裹，使生产效率得到明显提高，生产过程更加流畅。某企业实施该方案后，年产量以 151.02 万件计，按埋夹机生产效率是缝盘机的 5 倍，若 47 台缝盘机、6 台埋夹机同时工作，则埋夹机年产量为 58.84 万件。如果埋夹机和缝盘机电耗分别按 0.126 kW·h/件 和 0.455 kW·h/件 计算，那么每年可节约电耗 19.36×10^4 kW·h。

电脑织机在运行过程中，如果遇到意外断电将造成大量的毛料损耗。因此，引进不间断电源（UPS）控制系统保证突遇断电时能提供电源，使设备维持工作，防止设备突然停止造成原材料的浪费。同样以某企业为例，UPS 电源的安装，每年可减少约 2.75t 废毛料的产生，有效降低企业的原料损失。

三、注塑企业清洁生产案例分析与技术

目前，注塑工艺制品已经被广泛应用于国民经济的各个方面及人们生活领域，在国民经济中显现出日益重要的作用。我国注塑行业正处于快速发展阶段，在高度提倡节能减排的今天，注塑企业开展清洁生产审核，进行节能、减排的改造工作已迫在眉睫，企业各种设备产生无功回流的节能技改已被提上议事日程。依照清洁生产"节能、降耗、减污、增效"的目的，根据注塑企业实际情况，结合近几年清洁生产审核工作实际，列举注塑企业几个方面的清洁生产中/高费案例，以供借鉴与参考。

1. 节能

（1）注塑机节能改造　注塑机进行节能改造对国家节能减排、降低企业生产成本都具有较大的意义。注塑机的节能方案主要有以下 4 种：①注塑机加装变频器；②对加热料筒采用新的加热方式；③将加热部分的热量利用到烘料；④用伺服电机取代交流异步电机。

1）注塑机加装变频器。现在国内的注塑机大多数都是定量泵型注塑机，当前在珠江三角洲运转的注塑机就有 80% 是定量泵。注塑机的生产周期原理是：合模—注塑—保压—回料—冷却—开模—顶出。定量泵注塑机设计时电机的功率是按照各个原理动作的能耗为最大。但实际生产中，由于产品的表面精度的要求，往往产品不适合高速高压成型，因此通常情况下注塑机电机的平均负载只有 60%，个别情况甚至只有 40%。注塑机并不会根据负载不同调整输出能量，大部分能量做了大量的无用功，因此能量损失巨大。加装变频节能器后，控制器通过自动检测生产过程中的所有阶段（合模、注塑、保压、回料、冷却、开模、顶出）的压力和速度设定，计算出对应的比例控制信号输出给变频器，变频器根据接收的控制信号动态地调整电机转速以保证油泵输出的液压油尽可能少地产

生无功回流。

通过加装变频器改造，注塑机是可调式控制方式，泵流出的流量是可变的，最大不超过额定流量。对其中一台注塑机安装变频器后采用不同的模具得到不同的测试效果，经过测试，安装变频器后节电率为30.7%。

2）加热炮筒采用新的加热方式

① 电磁感应加热。利用电磁感应方式进行加热，正是利用电磁感应现象产生的感应电流对加热体做功，电能转化为加热体的内能，使得加热体的温度升高，达到加热的目的。注塑机的加热方式普遍为电热圈发热，通过接触传导方式把热量传到炮筒上，只有紧靠在炮筒表面内侧的热量传到炮筒上，外侧的热量大部分散失的热量会导致注塑机工作环境温度上升。电磁加热技术是使金属炮筒自身发热，并且可以根据具体情况在炮筒外部包裹一定的隔热保温材料，能有效地减少热量损失，提高热效率，因此节能效果十分显著，系统节能率可达10%～35%。

② 红外加热。红外加热技术是采用纳米合金材料配合特定的红外管制成的高效节能加热圈改造注塑机炮筒系统，加热圈能够产生特定波长红外线，热效率传导效率高，较传统电加热圈更省电且能在极短时间内达到所需的操作状况。电热系统改造，电热圈平均节电率为57.9%。传统注塑机电热系统耗电一般占总能耗的35%～45%，故整体节电率为20%～25%。

3）注塑机炮筒热量回收。注塑机在工作过程中，发热圈在给炮筒加热的同时，仍有一部分热量直接散发到空气中，而传统的干燥机加热则利用加热管，通过鼓风机将热风吹入料筒后，直接将热空气排放到室外，两者都会造成能量的损失和工作环境温度的升高。注塑机安装余热回收设备，运用热能的闭环控制理念，通过热能采集技术，对注塑机炮筒的热能收集，然后将热能收集供给料再利用，将被浪费的热量采集起来，循环利用，从而达到既节能又改善环境的双重效果。炮筒热量回收节能改造，节电率为51%。传统注塑机电热系统和烘料系统耗电一般占总能耗的35%～50%，故整体节电率为18%～25%。

4）用伺服电机取代交流异步电机。由于交流异步电机的磁场由交流电通过电机定子线圈产生，要耗费电能，故采用伺服电机来代替。在注塑机电液系统用的伺服电机是交流永磁同步电机。它的磁场是电机转子上固定的强磁材料钕铁硼产生的，没有转子电流，功率因素高，定子电流和定子损耗小。因此，光更换一个电机，就可以节约电能5%～10%。当然，由于伺服电机的最大输出力矩与转子惯量的比值同异步电机相比要大得多，因此动态性能更优越。

除了节电的直接效应外，采用伺服控制系统控制注塑机还有制品精度提高、制品加工效率提高等优点。改造后，同样产品、同样设置的参数，加工周期减小到18m。整个加工周期中，可以设置时间的只有射胶、保压和冷却3道工序，其他工序只要压力或流量达到设置值就结束该工序，提高精度和提高效率节约的费用往往会超过节电的费用。

（2）其他方面的节能改造

1）节能灯改造。如果企业的照明设备比较多，而且都采用旧式的如T8灯管，则可以考虑更换节能灯，节能效果比较明显。目前节能灯改造主要采用两种方案：一种是T5更换T8灯管；另一种是LED灯管更换T8灯管。

① T5替换T8灯管。更换时所选用的T5（28W）节能灯在节能技术方面已相当成熟：使用寿命长、光效较高、节能40%～53%、光衰小、显色性高、无频闪、发热量低等优点。通常的照明灯数量500支以上，按每天生产12h、每月生产22d、每千瓦·时电1元计算，更换为T5（28W）节能灯后，可节约电费约2万元/年以上。一般2年内即可收回成本，投

资回收期短，效益明显。

② LED 替换 T8 灯管。LED 照明灯具在目前主要的灯具类中都有应用，其中数量最大的是替代白炽灯和节能灯的球泡灯，占到 41%，其节能效果在 70% 左右。

2) 空压机节能

① 空压机变频改造。空压机变频改造是为空压机辅加一个压力变送器，采样管网的实际压力反馈给变频器。变频器通过软件（PID 功能）自动调整输出电压（即降低实际功率）来满足实际用气量。空压机变频改造后的效益包括：节约能源 20% 以上；降低运行成本；提高压力的精度；延长压缩机的使用寿命；降低了空压机的噪声；间接减少了空气污染。

② 空压机余热利用。利用空压机高温冷却液，安装一套换热设备及控制系统，将空压机高温冷却液通过热交换器加热自来水，然后送到宿舍楼顶热水储罐。考虑高温排水腐蚀性高，如果热交换器泄漏将对宿舍供水系统产生污染，所以系统拟采用二次热交换供水的方式。控制系统采用液位＋温度的控制方式运行，可以根据水箱中的温度控制水泵的启停，保证水箱中的水温达到预定的设置值。

空压机高温废水的排放，不仅浪费大量热源，且其腐蚀性高，对水质影响较大。将其热量加以回收利用后；大大降低了电力能源的消耗，显著提高了电能的利用效率，高温废水变低温废水降低了废水腐蚀性，减少了对水环境的污染；间接减少了热水器等设备的电力消耗。

3) 热水器节能

① 热泵热水器。近十几年来，热泵的发展十分迅速。压缩机从蒸发器中吸入低温低压气态制冷剂，通过做功将制冷剂压缩成高温高压气体，高温高压气体进入冷凝器与水交换热量，在冷凝器中被冷凝成液体而放出大量的热量，水吸收其放出热量后温度不断上升。然后高压低温液体经膨胀阀节流降压后，在蒸发器中通过风扇的作用，吸收周围空气中热量从而蒸发成低温低压气体，又被吸入压缩机中压缩，这样反复循环，从而制取热水。根据技术评估该设备无任何气体与污染物排放，节能效果达 50%，是一种新型的高效、节能、环保的热水器。

② 采用太阳能热水器。太阳能热水器的优点是安全、节能、环保、经济，尤其是带辅助电加热或者辅助空气热泵加热功能的太阳能热水器，它以太阳能为主、电能为辅的能源利用方式，可全年全天候使用。尤其适合在员工宿舍楼顶安装，节能效果显著。

2. 降耗

（1）降低原料消耗 注塑机在节约物流方面有一个方案值得一提，即：购买多余的螺杆料筒，在注塑产品颜色调整时更换螺杆料筒。注塑机螺杆料筒的作用是对塑料进行输送、压实、熔化、搅拌和施压。所有这些程序都是通过螺杆在料筒内的旋转来完成的。在螺杆旋转时，塑料对于机筒内壁、螺槽底面、螺棱推进面以及塑料与塑料之间都会产生摩擦及相互运动，塑料的向前推进就是这种运动组合的结果，而摩擦产生的热量也被吸收用于提高塑料温度来熔化塑料。通常在使用不同颜色塑胶原料时，应把料筒的余料清洗干净。一般都是采用新的颜色原料来清洗料筒，而造成了原料与电能的浪费。

（2）降低水资源消耗 通常在注塑企业中基本上没有生产用水，主要为生活用水与空调设施的冷却循环水，而节水潜力主要存在于生活用水方面。

1) 安装节水设施。在办公与生活区内的公共建筑和住宅内安装节水设施，如陶瓷内芯的节水龙头、冲洗阀、便器及高低位水箱配件和淋浴制品等质量技术监督部门确认的节水型器具，不仅使用方便，维修少，寿命长，而且可使水量、水压、供水时间得到有效控制。

2）中水回用。用水量大且条件允许的企业可以在生活区建设中水管道，或者增加深度处理设施，回用部分生活污水用于冲厕、工业园区绿化等，提高生活用水的重复利用率。不仅节约水资源，而且改善水环境，有利于水资源的优化配置与高效利用。

3）加强用水管理。企业需积极地进行节水的日常宣传教育，提高员工节水意识，生活区可以实行用水定额管理和计划用水，通过宿舍水价改革，实行生活用水阶梯累进加价制度，利用经济杠杆的作用，杜绝水资源浪费，促进合理用水。

4）更新维护空调冷却系统。积极改造落后的空调冷却系统，广泛采用高效环保节水型新工艺、新技术，包括发展高效冷却节水技术、推广蒸汽冷凝水回收再利用技术等，提高水的重复利用率，降低生产单耗指标与生产成本。

3. 减污

（1）**粉尘治理** 注塑企业通常将注塑废料进行粉碎后重新使用，但在碎料时未能做好粉尘收集与处理工作，使得生产过程中经常散发着碎料粉尘，破坏车间空气环境，危害操作员工的身体健康，损坏车间的机器设备，排放还会污染大气环境造成社会公害。因此，改善车间操作空气环境和防止大气污染，应采取措施进行碎料粉尘治理。通常在每个碎料机半封闭式的隔间的抽风口安装收集支管，支管再汇总至总管道，通过总管道风机将粉尘抽送到除尘设施，一般采用应用广泛、性能稳定、维护方便的除尘措施，如喷淋降尘装置或者袋式除尘器等。

（2）**噪声控制** 碎料噪声污染在厂区内也尤为明显，一般企业应该选用相对比较封闭且隔声效果较好的车间，选用隔声门窗，并且在碎料机上采取减震处理，同时根据设备使用情况加强相关的除尘设施等设备维护。

（3）**废气处理**

1）注塑废气。普通注塑工艺一般会添加适量的增塑剂，增塑剂与注塑原料在受热情况下熔融，塑料中残存未聚合的反应单体可挥发至空气中，从而形成有机废气。注塑时主要污染物非甲烷总烃产生量约为注塑原料量的 0.01%，一般均呈无组织形式排放。随着各地环保部门对空气污染治理的监管力度加强，新污染源的无组织排放应从严控制，一般情况下不应有无组织排放存在。因此，注塑工序应采用相对比较集中的操作平台，然后在上方安装集气罩，废气经集气罩收集并通过排气筒排放，排气筒高度应不低于 15m。并且，车间应加强通风，减少有机废气的浓度，降低污染程度。

2）喷漆、丝印等有机废气。普通注塑企业一般会因客户产品需求增加喷漆、丝印等工序，但在喷漆、丝印工序产生的废气处理工艺上仅仅采取了水帘柜喷淋与高空排放措施，显然有机废气未能被吸收去除。应该采取"水帘喷淋＋活性炭吸附法"用于该处工艺废气处理，这样可有效吸附二甲苯、甲苯等有机废气和漆雾。

水帘喷漆房设有水帘喷淋除雾系统，其原理是它的过滤装置是用水帘来清洗漆雾，无需喷嘴，从根本上消除了堵塞（图 7-3）。

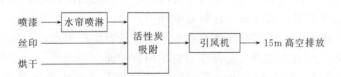

图 7-3　喷漆丝印废气处理工艺

当漆雾的空气在排风系统吸引力的作用下被吸入过滤器时，依次经过水帘的清洗，与水充分混合，漆雾被捕捉于水中，然后流入循环水槽中积存，而过滤后的废气经挡水板除水后进入活性炭吸附装置处理。

活性炭是由含炭为主的物质作原料，经高温炭化和活化制得的疏水性吸附剂。含有大量微孔，具有巨大的比表面积，能有效地去除色度、臭味，可去除大多数有机污染物和某些无机物。活性炭吸附时利用活性炭表面的吸附能力，使废气与巨大表面的多孔性活性炭相接触，废气中的污染物被吸附在活性炭表面上，使其与气体混合物分离，达到净化目的。活性炭是目前处理有机废气使用最多的方法。

4. 增效

E-MOLD 高光无熔痕注塑/高光塑料模具电温度控制系统是一种超高温模具温度控制技术，是快速加热冷却成型技术的最新突破。它在短时间内把模仁温度加热到最高 300℃，然后在 20s 之内又能把温度下降到 35℃ 以下的模具温度控制技术。在比较高的温度下填充模腔，形成致密的表面，使得产品具有理想的设计效果；不仅品质完美，而且产品不需要喷漆后续加工，提高成品率 20%～30%，并且节约油漆工序的诸多费用。E-MOLD 目前广泛使用在家电行业，尤其是在液晶电视的前框、装饰框、底座、后框的应用，不仅可以实现高光泽、哑光等无缺陷产品，而且使得玻纤浮纤、薄壁成型不良得到了根本解决。通过 E-MOLD 模具温度控制系统改造，大大提高了产品合格率，减少了原材料浪费和再次注塑的能源浪费，起到了节能环保的重要作用。

其次，注塑产品常见的质量问题的解决与对策研究也是提高企业生产效益的关键所在，企业切不可小视。

四、卫生陶瓷清洁生产技术

1. 行业简介

我国是世界建卫陶瓷最大的生产国和出口国，素有"陶瓷王国"之称。随着中国经济的飞速发展，以及在中国房地产业持续高速增长的背景下，陶瓷业得到了飞速的发展。虽然中国陶瓷产量在世界上遥遥领先，但总体上存在产品能耗高、资源消耗大、综合利用率低、生产效率低、污染严重、管理水平低等问题。因此，为促进陶瓷行业的可持续发展，在陶瓷产业中开展清洁生产具有重大的经济效益、环境效益和社会效益。

卫生陶瓷是指卫生间、厨房和试验室等场所用的带釉陶瓷制品，也称卫生洁具。其生产包括配料、制浆、成形、干燥、施釉和烧成等阶段。卫生陶瓷具有以下几个特点：①产品种类繁多，形状各异；②自动化程度相对较低；③生产规模较小。

2. 清洁生产技术

（1）窑炉保温节能技术改造 卫生陶瓷的特点决定了其必须要经过高温煅烧才能达到优异性能。辊道窑烧成带的温度一般都在 1200℃ 以上，和周围环境的温差非常大，如果窑炉保温工作做得不好，将会有大量的热量通过窑炉壁面散掉。根据傅里叶定律，降低保温材料的导热系数可降低热损耗，即升级窑顶、窑墙、窑底等部位的保温材料和耐火材料，目前主要采用耐火混凝土、矿渣棉、温石棉、轻质高铝砖、硅藻土砖、硅酸铝耐火纤维束和多晶莫来石纤维等高保温性能材料对生产窑炉进行保温改造，替换导热率高、保温性能差的普通保温耐火材料。

（2）窑炉余热利用节能技术改造 陶瓷生产中能源主要消耗在高温窑炉，而窑炉烟气带走的热量是巨大的。把这部分烟气余热和冷却瓷砖后的热风余热利用起来，用作其他工艺与过程的源是一种行之有效的节能措施。目前窑炉尾气余热利用的主要途径有：①将高温尾气回收至干燥窑用于干燥坯体；②在窑炉急冷带安装热交换器，利用尾气余热加热助燃新风，将加热到设定温度的新风送到窑炉烧成带，分流给每支喷枪供助燃用。如果能把窑炉余热分级充分利用，则可大大降低能源消耗。

（3）素坯干燥技术的研究及应用　卫生陶瓷素坯的干燥过程如果采用现行的干燥方式，初期储坯架存放干燥，待到坯体强度满足需要，再转移到干燥车间内干燥，一般需要 3~5d 的时间，耗费时间长、干燥效率低、能耗高。目前，一种新型的卫生陶瓷干燥设备——少空气节能快速干燥器已在卫生陶瓷行业得到一定的推广应用，并取得了良好的效果。

五、某市农业清洁生产技术

随着中国集约化农业的快速发展，农业面源污染已成为影响中国农村生态环境污染尤其是水环境污染的重要因素。化肥、农药、生长调节剂和农膜等农业投入品大量使用于种植业生产过程中，据统计，中国耕地化肥使用量平均约为 $40t/km^2$，有些蔬菜生产基地的化肥使用量甚至高达 $100t/km^2$，而发达国家规定的化肥使用量安全上限为 $22t/km^2$。大量使用化肥造成氮、磷等营养物质过剩，随着农田灌溉及降水过程，大量的氮、磷营养物通过地表径流、农田排水和地下渗透作用进入湖泊、河流等水体中，引起水体的富营养化、地下水硝酸盐严重污染。农业面源污染已经成为制约中国生态环境保护和农业可持续发展的重要影响因素，而发展有机农业是控制农业面源污染的有效途径之一。近年来，为解决农业面源问题，农业部与相关部门大力推进农业清洁生产，鼓励发展循环农业。农业清洁生产就是从生产的源头预防和控制，转变农业生产方式、改善农业生产技术、减少农业投入品的用量、降低农业污染物的毒性，以减轻农业生产过程对环境和人类造成的不利影响。

1. 某市农业生产与生态环境现状分析

某市是一个传统的农业大市，近几年建设现代农业成效显著，农业和农村经济的发展呈现良好态势。2013 年，全市农林牧渔及服务业总产值 264.70 亿元，比上年增长 5.6%；农作物总播种面积 $41.78\times10^4hm^2$，比上年增长 0.7%；粮食产量 1.0467×10^6t，比上年增长 1.5%。特色农业发展良好，全年蔬菜产量 2.3009×10^6t，比上年增长 4.4%；油菜产量 8.0×10^4t，比上年增长 8.1%；茶叶总产量 2.5×10^4t，比上年增长 17.0%。林业生产力度加大，实现人工造林 $2.2\times10^4hm^2$，比上年增长 5.5%；楠竹面积大幅增长，达到 $10.2\times10^4hm^2$；油茶总面积达到 $3.1\times10^4hm^2$，比上年增长 14.6%。畜禽水产稳定增长，生猪出栏 264.74 万头，比上年增长 8.7%；家禽出笼 4269.63 万只，比上年增长 1.7%；水产品总量 22.7×10^4t，比上年增长 5.2%。2013 年，全市生态环境状况指数为 79.52，生态环境质量保持为优。全市区域总体水质保持为优，所监测的 32 个断面（点位）中，Ⅱ～Ⅲ类功能类别水质达标率为 100%，无劣Ⅴ类水体；全市城市集中式饮用水源地水质总达标率为 100%；全市城区空气优良率为 94.5%。

但依靠增加化肥、农药、农膜等生产要素投入为主来扩大生产规模和实现经济增长的传统、粗放的农业经济增长方式尚未根本转变，农业面源污染引发大气、水体和土壤污染，并导致农产品质量安全问题。“十二五”时期是全面推进小康社会建设的关键时期，为促进某市农业和农村经济的可持续发展，全市加快推进农业和农村生产生活方式转变，大力推进农业清洁生产技术实践与生态补偿政策研究势在必行。

2. 农业清洁生产典型技术模式

某市依托“中国—欧盟应对气候变化的农业清洁生产技术实践与生态补偿政策研究”项目，通过中欧农业对话渠道，围绕某市茶叶、柑橘、葡萄、蔬菜四大农业支柱产业，分别选择了 4 个适度规模经营的种植基地作为项目示范点，集成示范了化肥农药减量增效、水肥一体化、病虫害绿色防控、生态拦截沟渠、陆生植物隔离带等农业清洁生产技术，总结出了茶叶—桂花套作有机种植模式、猪—沼—菜循环农业模式、休闲观光有机果园模式、葡萄生态种植模式 4 类立体种养模式。

（1）茶叶—桂花套作有机种植模式

1）基地概况。某有机茶叶生产基地共有茶园面积约 66.7hm²，基地山清水秀，环境优美；茶园周边绿树成荫，鸟语花香；茶园土壤肥沃，酸碱适中；茶园管理常年采用灯光引蛾、生物防治，并且全部使用有机肥。茶园四周 5km 范围内几乎无工矿企业，生态环境优良。基地负责人多年来带领群众共同致富，定期对农民进行茶叶采摘、茶叶加工制作、茶园生产管理和其他科技种植技能的培训。现已有 6 个系列的茶叶产品打入市场，经济效益可观，茶园产值超过 15 万元/hm²。

2）技术模式。该技术模式以茶叶—桂花套作为基本种植模式，采用植物源杀虫剂、太阳能频振式杀虫灯、防虫黄板等生物、物理方法进行病虫害综合防治，以茶树修剪废弃茶叶以及油菜籽饼肥作为有机肥。茶园套种桂花苗木，不仅生产出高品质有机茶叶，还能增加茶农的经济收入，美化环境，形成独特的茶园景观文化。

① 植物源杀虫剂。为解决有机茶园中的害虫问题，自 2010 年开始，基地负责人自主研发了新型茶树植物源杀虫剂"查虫清"，经过多年多个区域的果园、茶园、蔬菜园防虫试验，防治虫害效果达 85% 以上。新型茶树植物源杀虫剂"查虫清"在有机果、茶、蔬菜园中推广，可将害虫控制在危害水平以下，不杀伤天敌，从而达到农药与天敌共同防治害虫的目的，能有效减少环境污染，减少农药使用量，降低防治成本。该技术的应用促进了有机茶园茶树害虫综合防控技术体系的建立和推广，为中国有机农业、食品安全和人体健康起到了积极作用。

② 物理防虫技术。茶园采用太阳能频振式杀虫灯、防虫黄板等物理方法进行虫害防治，每 2hm² 布设 1 盏太阳能杀虫灯，或每 1hm² 布设 225～300 片防虫黄板，不仅能够起到很好的杀灭害虫成虫的效果，还能用来观察茶园虫害的变化情况，减少杀虫剂的使用，提高产品质量。

③ 使用有机肥。茶园施肥以油菜籽饼肥等有机肥为主。同时，茶园每年需要对茶树进行修剪，一般修剪枝叶达 22500～45000kg/hm²，将修剪的枝叶平铺在茶树根部，不仅可以作茶园的有机肥，还可以遮挡夏日强烈的阳光，保持土壤水分；冬季时进行深耕，将茶园落叶一并深埋入土层，可有效改善茶园土壤有机质和土壤结构。

（2）猪—沼—菜循环农业模式

1）基地概况。某蔬菜种植基地占地面积约 33.3 hm²，基地内空气清新、水源充足、土壤肥沃；水、电、路等基础设施配套完善，配套安装了喷灌设施以及太阳能杀虫灯；建有蔬菜农药残留检测室及检测仪、冷链仓库；建有用于尾菜处理的沼气池，可结合基地附近生猪养殖产生的粪污混合发酵生产有机肥。基地远离城区、工矿区、交通主干线、工业园污染、生活垃圾场等，并与常规农田区之间以缓冲带隔离，保证种植区域不受污染，防止临近常规地块禁用物质的转移。该基地已有西红柿、茄子、辣椒等多个品种获得了无公害农产品认证。

2）技术模式。根据基地所在区域的气候、土壤条件，采用和推广辣椒＋苦瓜→秋菜豆→黄瓜＋萝卜的高产高效栽培技术，在栽培方式、栽培时间、种子、种苗及其他植物繁殖、田间管理等方面，摸索出了一套新型绿色蔬菜种植实用技术。除通过测土配方施肥、改进施肥方式、减少化肥施用量、采用病虫草害生物防治技术和节水灌溉等措施控制污染以外，还从生产环节进行污染控制。

① 污染防控技术。对育苗过程中使用过的塑料薄膜和苗盘，尽可能地再利用或进行集中收集和处置；对收获后的植株废弃部分或残次品，作为堆肥原料进行处理和再利用；对使

用过的肥料包装袋进行集中收集和处置；对农药施用后的残余药液或清洗农药容器的废液集中收集处理，避免随意倾倒；对使用过的农药包装袋、药瓶等进行集中收集和处置，不得随意丢弃。

② 病虫害防治技术。在夏季休耕期间（1～2 个月），采取高温闷棚技术杀死土壤和有机肥料中的虫卵；采取绿色防控技术，如在蔬菜大棚外安装太阳能频振式杀虫灯，或在蔬菜大棚内布置粘虫板等；采取轮、间、套作种植技术，如辣椒＋苦瓜→秋菜豆→黄瓜＋萝卜；严格控制国家禁用农药和化肥的使用；及时清理生产基地废弃的地膜、残叶；及时清除田间杂草，切断昆虫生存的寄主。

③ 尾菜处理技术。

池塘养鱼：利用蔬菜基地空地建一个养鱼塘，投养鲫鱼、草鱼、鲢鱼、鳙鱼等喜食草类的鱼种，定时定量往鱼塘中投加菜叶、青草等，并定时清理鱼塘中的食物残渣。

秸秆还田：利用蔬菜基地不宜直接作饲料的秸秆进行直接还田或堆积腐熟后还田，可有效改良土壤理化性质、加速生土熟化、提高土壤肥力。

沼气池发酵：在蔬菜基地建一个沼气池，利用蔬菜基地的尾菜和周边生猪养殖的畜禽粪便等废弃物进行厌氧发酵处理，产生的沼渣和沼液可用作有机肥料。

（3）休闲观光有机果园模式

1）基地概况。某有机果园位于气候温和、水源丰富、土地肥沃的区域，是某市最大的粮油生产基地、万亩高优农业示范基地、万亩速生丰产林生产基地、3000 亩猕猴桃基地、中南地区最大的苗木花卉基地。该基地现有果园面积 233.3hm²，其中有机果园 66.7hm²，带动周边果农发展果园面积达 3333.3hm²。该基地以"从土地到餐桌"的全程质量控制体系为依托，开展有机水果生产以及有机果酒、果醋、果汁饮品和山茶油等的深加工，是发展旅游观光农业、体验型农业的典范，基地连续多年通过权威有机食品认证机构的有机认证。

2）技术模式

① 选址。该有机果园严格按照有机农业要求，选择远离交通干道、工业区、城镇等污染源，而且这片山地千百年来未被耕作过，开发之前是一片荒山荒坡，长有一些杂灌木。空气、水、土壤都经过相关部门的多次检测，完全符合有机农业要求。

② 开垦模式。该有机果园摈弃传统的采用推土机推翻地表植被并集中焚烧的落后模式，而是采用等高抽槽，同时将地表植被及肥沃的地表土回填的方法，给果树营造肥沃、透气、湿润的良好生长环境。经过该项措施改造，定植槽内土壤有机质含量多年保持在 5％以上，达到了良好菜园土的标准，在后期果树栽培过程中只需补充少量的有机肥即可满足果树的生长。

③ 品种选择。该有机果园选择抗逆能力相对较强的柑橘、早熟桃、李、杨梅、桑葚等树种和品种，严格按照有机标准进行选择，为有机栽培奠定良好的基础。

④ 定植模式。该有机果园采用"宽行密株"的定植模式，行距达到 6～8m，株距为 2～3m，不仅避免了果树因不通风、不透光引起的病虫害，而且可以保证树体长得健壮、果品品质更好。

⑤ 病虫害防治。通常，病虫害防治技术是有机农业中最为核心的技术。该有机果园的病虫害防治技术主要有以虫治虫和保护天敌。

以虫治虫：红蜘蛛是李树、桃树、柑橘等果树上较常见的害虫之一，防治难度大。因此，该果园引进了红蜘蛛的天敌扑食螨。将装有扑食螨的袋子挂在树上，扑食螨就会迁移到果树上，并在果树上定居，以红蜘蛛、黄蜘蛛为食。该措施一次性使用之后，已连续 9 年果园内红蜘蛛被控制在非常稳定的状态。

保护天敌：多种瓢虫、草蛉等都是蚜虫的天敌，但是这些天敌动物对农药甚至是有机农药非常敏感。因此，该果园引进了苦参碱和除虫菊这 2 种植物源农药来控制蚜虫，它们对草蛉和瓢虫的杀伤力很小，当蚜虫虫口数量减少到一定数量之后，再使用天敌动物进行控制，这种措施的使用使得目前果园草蛉、瓢虫等蚜虫的天敌数量较多，蚜虫虫害得到很好的控制。

（4）葡萄生态种植模式

1）基地概况。某生态葡萄种植基地占地面积 $20hm^2$，主要种植巨峰、金手指、美人指、醉金香等 20 余个国内外著名优良品种，开展有机葡萄种植和休闲观光农业，是某省葡萄生态观光园标准化示范区。

2）技术模式。该基地采用现代农业种植科技，推行有机种植模式，根据本地气候和土壤结构，成功探索了一整套有机葡萄种植规程，编制并发布了某市某生态葡萄种植专业合作社《葡萄栽培技术规程》和《葡萄苗木繁育技术》2 项企业标准。

① 喷灌设施。葡萄在生长旺盛期需水量较大，但该地区又存在较为严重的缺水问题，采用喷灌设施，虽然一次性投入较大，但能大大节约用水，而且地形适应性强，适合于丘陵坡地，能够满足葡萄栽培灌溉的要求，可以提高葡萄的产量和品质，调节葡萄园小气候，减少病虫害。

② 避雨棚。避雨栽培特别适合于多雨的南方地区，其主要目的是为了避雨，通常在葡萄园搭建拱形防雨棚框架，棚上部覆盖薄膜来遮挡雨水。某省当地降雨较多，雨量充沛，而葡萄种植过程中淋雨过多就会感染病菌，引发病害，因此，采用防雨棚能很好地起到遮挡雨水、防止病害发生的作用。

③ 套袋。葡萄套袋栽培是果品绿色无公害生产的一项有效措施。通常，在葡萄结果以后进行套袋，将果实与外界隔离，从而创造和改善果实生长的微环境，可以预防和减少病虫害，减少农药用量，防止病菌、粉尘、蜂虫等的危害，使果实均匀着色，改善果品表面光洁度，进而提高葡萄的耐贮性。

④ 深施有机肥。有机肥深施技术是增加肥效、节肥增产的重要措施之一。通常，葡萄栽培采用秋季施基肥，而将基肥直接施于葡萄栽植畦的表面的做法往往会造成果园的环境污染，肥料流失率大、利用效率低，引发各种病虫害的传播和蔓延。采用有机肥深施技术，将有机肥定量均匀地施入地表以下、作物根系密集部位，可以提高作物对肥料的吸收利用率，改善葡萄园的环境卫生，增强葡萄的抗旱、抗寒能力。

⑤ 病虫害综合防治技术。通过选用抗病品种、高架栽培、防雨棚、太阳能频振式杀虫、果穗套袋以及科学的水肥管理和田间管理措施等农艺、物理措施，能有效防止病虫害。

六、其他行业清洁生产技术

1. 冷轧盐酸酸洗液回收技术

适用于钢铁行业钢铁酸洗生产线，属于资源回收技术。

（1）技术原理　盐酸酸洗废液再生回收原理是盐酸废液直接喷入焙烧炉与高温气体相接触，在高温状态下与水发生化学反应，使废液中的盐酸和氯化亚铁蒸发分解，生成 Fe_2O_3 和 HCl。

（2）工艺流程

流化床法流程：废酸洗液进入废酸贮罐，用泵提升进入预浓缩器，与反应炉产生的高温气体混合、蒸发，经过浓缩的废酸用泵提升喷入流化床反应炉内，在反应炉高温状态下

$FeCl_2$ 与 H_2O、O_2 发生化学反应生成 Fe_2O_3 和 HCl 高温气体。HCl 气体上升到反应炉顶，先经过旋风分离器，除去气体中携带的部分 Fe_2O_3 粉再入预浓缩器进行冷却。经过冷却的气体进入吸收塔，经喷入新水或漂洗水形成再生酸再回到再生酸贮罐。经补加少量新酸，使 HCl 含量达到原酸洗液浓度后送回酸洗线使用。经过吸收塔的废气再送入收水器，除去废气中的水分后通过烟囱排入大气。流化床反应炉中产生的氧化铁到达一定程度后，开始排料，排入氧化铁料仓，再回烧结厂使用。

（3）主要设备　流化床法的工艺设备主要有流化床反应炉、旋风除尘器、文氏管循环系统泡罩填料塔、风机以及氧化铁料仓等。

（4）主要技术经济指标　盐酸酸洗废液主要由 HCl、$FeCl_2$ 和 H_2O 三部分组成。一般含 $FeCl_2$ 100～140g/L，游离酸（HCl）30～40g/L，但含量随酸洗工艺、操作制度、钢材品种不同而异，盐酸回收技术改变了传统废酸中和处理法对废酸资源的浪费，使盐酸再生回收循环利用。流化床焙烧法处理量大，盐酸回收率高，环保效果好。

（5）技术应用情况　冷轧工序是钢铁工业生产不可缺少的，随着国民经济的建设发展，对钢材品种多样化和高质量的要求而日益显示出其重要性。酸洗工序是钢铁成材的必需过程，速度快、不过酸而废酸再生回用既解决环境污染，且带来显著经济效益。武钢冷轧厂、宝钢、鞍钢、本钢、攀钢、宝钢三期、上海益昌和天津等钢铁公司先后引进和建成了多套喷雾焙烧法废盐酸再生装置。

2. 高炉煤气等低热值煤气高效利用技术

适用于钢铁联合企业，属于节能、环保及综合利用技术。

（1）技术原理　近年来燃气轮机循环热效率得到进一步提高，燃气轮机循环吸热平均温度高，纯蒸汽动力循环放热平均温度低，把这两种循环联合起来组成煤气-蒸汽联合循环显然可以提高循环热效率。高炉煤气等低热值煤气燃汽轮机 CCPP 技术是充分利用钢铁联合企业高炉等副产煤气，最大限度地提高能源利用效率，发挥煤气-蒸汽联合循环优势的先进技术。

（2）工艺流程　高炉等副产煤气从钢铁能源管网送来后经除尘器净化，再经加压后与空气过滤器净化及加压后的空气混合进入燃气轮机燃烧室内混合燃烧，产生的高温、高压燃气进入燃气透平机组膨胀做功，燃气轮机通过减速齿轮传递到汽轮发电机组发电；燃气轮机做功后的高温烟气进入余热锅炉，产生蒸汽后进入蒸汽轮机做功，带动发电机组发电，形成煤气-蒸汽联合循环发电系统。

（3）主要设备　此技术主要设备由高炉煤气供给系统、燃气轮机系统、余热锅炉系统、蒸汽轮机系统和发电机组系统组成。主要设备有空气压缩机、高炉煤气压缩机、空气预热器、煤气预热器、燃气轮机、余热锅炉、发电机和励磁机等，一般分为单轴和多轴布置形式。

（4）主要技术经济指标　高炉煤气等低热值煤气燃气轮机 CCPP 技术先进，在不外供热时热电转换效率可达 40%～45%，已接近以天然气和柴油为燃料的类似燃气轮机联合循环发电水平；比常规锅炉蒸汽转换效率高出近 1 倍。相同的煤气量，CCPP 又比常规锅炉蒸汽多发 70%～90% 的电。且此发电技术 CO_2 排放比常规火力电厂减少 45%～50%，没有 SO_2、飞灰及灰渣排放，NO_x 排放又低，回收了钢铁生产中的二次能源，且为同容量常规燃煤电厂用水量的 1/3 左右。

（5）技术应用情况　低热值煤气燃烧不易稳定，低热值煤气体积庞大，煤气压缩功增加，这些都是此技术应用的难点。目前世界天然气为燃料的大型 CCPP 的热电转换效率高达 50%～58%，而低热值煤气为燃料的 CCPP 只有 45%～52%。低热值煤气燃烧技术只被少数公司掌握，一种是 ABB、新比隆公司及日本川崎成套 ABB 的单管燃烧室燃气轮机技术；另一种是 GE 公司与三菱公司的分管燃烧室的燃机，国内目前已采用此引进或合资联合制造技术设备的有宝山钢铁公司、通化钢铁公司和济南钢铁公司。

3. 真空清洗干燥技术

适用于机器零件、切削刀具、模具热处理的前后清洗。用加热的水系清洗液、清水、防锈液在负压下对零件施行喷淋、浸泡、搅动清洗，随后冲洗、防锈和干燥。在负压下，清洗液的沸点比常压低，容易冲洗干净和干燥。此方法可代替碱液和用氟氯烷溶剂清洗，能实行废液的无处理排放，不使用破坏大气臭氧层物质。真空清洗干净，工件表面残留物少，对环境没有污染。

4. 选矿厂清洁生产技术

该技术主要适用于矿山选矿。主要内容包括：①简化碎矿工艺，减少中间环节，降低电耗；②采用多碎少磨技术降低碎矿产品粒径；③采用新型选矿药剂 CTP 部分代替石灰，提高选别指标；④安装用水计量装置降低吨矿耗水量；⑤将防尘水及厂前废水经处理后重复利用，提高选矿回水率；⑥采用大型高效除尘系统替代小型分散除尘器，减少水耗、电耗，提高除尘效率。以 $3.0×10^4$ t/d 生产能力的选矿厂计，改造项目总投资 265 万元，其中设备投资 98 万元，年创经济效益 406.8 万元，同时，降低物耗、能耗，减少污染物的排放，改善车间作业环境。

5. 有机废水湿法催化氧化处理技术

湿法催化氧化技术在一定的温度和压力条件下，在填充专用固定催化剂的反应器中，保持废水在液体状态，在空气（氧气）的作用下，利用催化氧化的原理，对有机废水中的 COD、TOC、氨、氰等污染物催化氧化，转变为二氧化碳、氮气和水等无害成分，并同时脱臭、脱色及杀菌消毒，从而达到净化处理目的，而且不产生污泥，还可回收热能。本技术适用于高浓度、生化难降解的有机废水的处理。

思 考 题

1. 简述污染控制的模式。
2. 试论工业废弃物的资源化途径。
3. 简述节能、节水、减污在清洁生产中的意义。
4. 工业清洁生产工艺的特点是什么？
5. 为什么生产过程难以完全避免废弃物产生？
6. 从污染治理的环境风险简述清洁生产的必要性。
7. 污染控制方法的发展方向与清洁生产有什么关系？
8. 结合自己的专业，举出三种清洁生产工程技术。

第八章

清洁生产审核案例经验交流及对策

第一节　造船企业实施清洁生产案例研究

近几十年来，受我国经济和航运市场发展的影响，我国造船工业进入一个较长的发展期。造船企业为国民经济建设做出了重大贡献，但也存在着非常突出的问题，例如能源消耗高、资源消耗大、粉尘和涂装废气污染严重。因此，如何从源头上控制污染物的产生量，最大限度地减少资源和能源的消耗量是造船企业当前面临的关键问题，而清洁生产是解决节能减排问题和实现造船企业与环境和资源和谐共存的主要手段。

一、某集团开展清洁生产的具体实践与研究

某集团是某省船舶工业的龙头企业和"五个一批"企业，集造船、科研、船配业等于一体的大型造船集团。为了持续提升集团公司的核心竞争力，并努力克服全球金融危机所带来的严峻挑战，实现"绿色造船"的新目标，集团公司与省清洁生产中心合作开展了清洁生产审核研究和探索，并取得了良好的经济效益和环境效益。

1. 清洁生产潜力调研分析

（1）污染物调研分析　通过对风帆集团的清洁生产审核调研分析认为，造船企业产生的污染物包括废水、废气、固废和噪声等，具体污染物阐述如下。

1）废水污染物。造船企业产生的废水主要为船体冲洗废水、船体密封和压载试验废水、水火校正废水、场地冲洗废水以及生活污水等。主要污染因子有 SS、COD_{Cr}、石油类等。在上述废水中，除了生活污水集团公司已经采取生物化学和砂滤消毒处理后回用于生产过程外，其余废水均简单沉淀隔油处理后直接排入大海。

2）废气污染物。废气污染物主要包括钢板喷砂和打磨粉尘、涂装过程中的涂料废气（主要成分是二甲苯）和焊接废气等。钢板喷砂采用袋式旋风除尘器处理装置。对于毒性较大的二甲苯废气只有在钢板预处理车间采用活性炭吸附装置外，在涂料涂装量等大的二次涂装车间、船坞（台）和舾装码头等生产场地均未采取有效的废气处理装置。焊接废气只采取了通风处理措施。

3）固废污染物。固废污染物主要为钢板切割边角料、废涂料桶、废焊丝和焊渣、除锈渣、生活垃圾和废水污泥等。目前，集团公司对于废焊丝和废焊渣等数量较多的危险固废只能在厂内安全堆置。

4）噪声。噪声主要来自于造船作业时钢板喷砂除锈噪声、打磨噪声、各种机械设备作业噪声及空压机、水泵、风机等动力设备运行噪声等。

（2）能源消耗结构分析　该集团有限公司年综合能耗已经接近 2×10^4 t 标准煤，属于重点耗能控制企业。企业消耗的能源种类包括自来水、电、丙烷气、天然气和柴油等，集团公司2012 年的具体能耗结构见图 8-1。

从 2012 年公司的能源消费结构图中可以看出，电能和柴油消耗占综合能耗的比重分别达到了 28.33% 和 64.56%。因此，节电和节油对削减企业的综合能耗具有非常重要的意义。

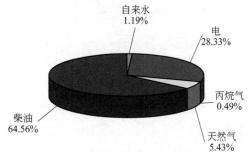

图 8-1　公司 2012 年企业能源消费
结构图（按折标煤统计）

（3）清洁生产技术措施研究　通过针对企业的环境污染物调研和能耗结构分析后，该集团公司和省清洁生产中心提出了一系列的清洁生产技术措施，具体阐述如下。

1）提高原材料和能源清洁程度的技术措施：①采用二甲苯含量更低的环保型涂装涂料；②采用强度和硬度较高的铁砂和钢丸替代铜矿砂作钢材的喷砂除锈补充材料；③提高天然气的使用比例，彻底淘汰丙烷气的使用，并采用含硫量更低的柴油作为内燃机动力；④采用低毒低尘的焊接材料（如 GB 781—86 低毒低氢型焊条），并严格按照电焊作业操作规范要求进行操作；⑤对有毒有害的化学品的运输和贮存加强管理和监督。

2）工艺、设备、控制等方面的清洁生产技术措施：①研发新一代精度造船工艺和高效的焊接新工艺，追赶国际先进水平；②改进高压无气喷涂操作工艺，减少涂料稀释剂使用量；③改进滚珠滑动替代润滑油脂的船体下水新工艺；④采用移动式焊接烟尘净化器，并进行强制性通风；⑤厂区内广泛采用节能照明灯；⑥提高节能型的二氧化碳气体保护的逆变直流焊机的使用比例，逐步淘汰老式落后的交流焊机；⑦对老式起重设备进行替换更新；⑧扩建风雨棚工程，最大限度实施室内造船作业，加快造船进度，减少因露天作业而增加不必要的废气污染排放量和环境噪声影响；⑨采用高效率的离心式空压机替代低效率的活塞式空压机，同时采用可变程控制系统（PLC）来精确控制压缩空气的使用量。

3）完善环保治理设施、加强生产管理等方面的清洁生产技术措施：①制订和完善生产工艺用水单耗指标，加强生产用水管理，避免用水浪费，并建设完善的生产废水回用处理设施，减少船体冲洗废水等生产废水的排放量；②二次涂装车间的有机废气配置活性炭吸附和催化燃烧处理装置；③最大限度地回收利用生产固废，并加强固废物收集、贮存的管理和监督，并派专人负责，严禁将废物倒入海中，并积极研发废焊丝和废焊渣等危险固废的新的循环利用途径；④完善隔声措施，减少车间内的噪声污染，厂区加强绿化，合理安排工作时间，降低夜间噪声影响；⑤完善能源消耗的计量管理体系；⑥开展"HSE"（健康、安全、环保）资质认证工作，对公司员工加强清洁生产技能培训。

2. 清洁生产审核重点评估研究

（1）船舶建造过程的物料平衡测试与分析　该集团针对 2750TEU 集装箱船舶的建造过程做展开物料平衡测试和分析工作，在整理和分析物料平衡测试数据后，针对船舶建造过程中的主要污染源进行了清洁生产评估研究。2750TEU 集装箱船舶建造过程的物料平衡测试见图 8-2。

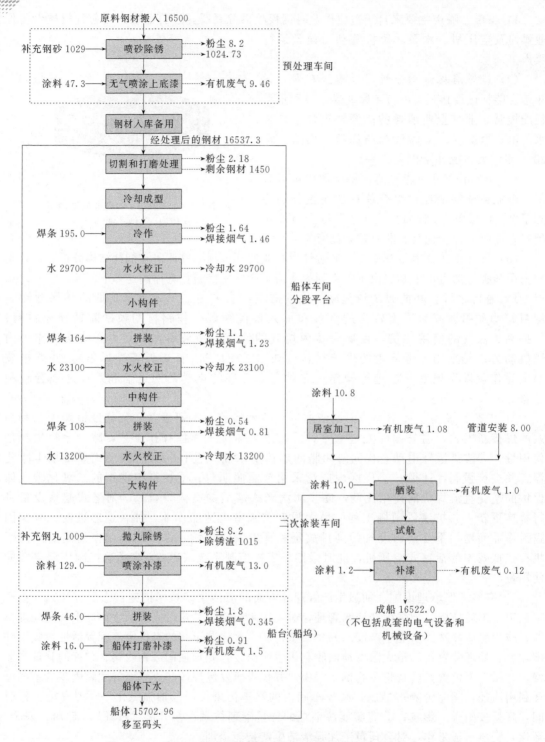

图 8-2　2750TEU 集装箱船舶建造过程的物料平衡测试（单位：t）

1）削减粉尘污染源潜力分析。从上述物料平衡测试过程中可以看出，主要的粉尘污染源产生于预处理车间和二次涂装车间中的对钢材进行喷砂除锈过程和船体制作过程中的切割和打磨过程。三个主要粉尘源所产生的粉尘量分配情况见图 8-3。

从公司现有的废气处理设施看，预处理车间和二次涂装车间已经布置完善的除尘处理装置，粉尘排放量已得到有效控制。但由于切割和打磨车间的粉尘产生点非常分散，且是无组织排放状态，具有分散、面广量大的特点，因此治理难度较大，对车间环境的影响较大，因此削减公司粉尘排放量的主要措施应是考虑在切割和打磨车间内粉尘产生量较大的区域采取必要的袋式除尘处理设施，同时尽量采用自动打磨工具，减少人工打磨工作量。在选择袋式除尘器时，需要注意下列几个问题：①宜选择合适的过滤材料，就滤料而言，阻力小意味

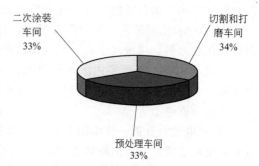

图 8-3　粉尘源产生量的分配情况（单位：t）

着孔隙大，粉尘容易穿透，即收尘效率低，因此一般应选择具有一定阻力的过滤材料；一般长纤维滤料阻力高于短纤维滤料；②宜选择合适的清灰强度；由于清洁滤料的收尘效率最低，滤料积灰后的收尘效率最高，清灰后的收尘效率有所降低。袋式除尘器主要起除尘作用的是滤袋表面的粉尘层，而滤料仅起支撑粉尘层的作用，因此清灰的强度要合适。

2）削减二甲苯废气污染源潜力分析。从物料平衡测试过程中可以看出，二甲苯废气污染源主要发生在预处理车间、二次涂装车间、船台和舾装码头。其二甲苯废气产生量的分配情况见图 8-4。

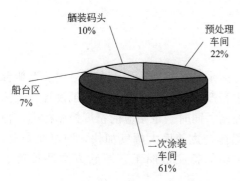

图 8-4 二甲苯废气产生量的
分配情况（单位：t）

从图 8-4 中可以看出，公司最大的二甲苯产生区域为二次涂装车间，其次为预处理车间。从企业现有的废气处理设施看，预处理车间采取了活性炭吸附装置，处理效果较好。但是在二次涂装车间却只布置了一套纤维过滤装置，还未采取有效的有机废气处理设施。船台区和舾装码头也未采取有效的废气处理设施。因此二甲苯废气的防治工作是本论清洁生产审核的重点，具体措施分析如下。

① 使用环保型涂料取代含苯涂料。船舶涂料类别一般分 3 种：a. 用于钢板预处理的车间底漆；b. 用于船底的防锈漆和防污漆；c. 用于船舶水上部（外壳）的水线漆、甲苯漆、上层建筑漆。一般船厂使用涂料种类多达近几十种，但其溶剂中有害成分主要为二甲苯等。公司目前使用涂料种类的二甲苯含量一览表见表 8-1。

表 8-1　公司目前使用涂料种类的二甲苯含量一览表

序号	涂料种类	吨涂料中二甲苯含量/%	序号	涂料种类	吨涂料中二甲苯含量/%
1	氯化橡胶漆	7.3	5	无机硅酸新漆	3
2	环氧树脂漆	6.6	6	环氧含锌漆	5
3	醇酸树脂漆	16.2	7	涂料稀释剂	3
4	酚醛树脂漆	3.4			

从表 8-1 中可以看出，各类涂料中的二甲苯含量偏差很大，因此选择二甲苯含量较少的涂料可以大幅度削减二甲苯产生量。

② 改进高压无气喷涂操作工艺，提高上涂率，减少涂料损耗量。

③ 二次涂装车间可考虑在纤维过滤的基础上，采用经干式漆雾净化器净化后，进入活

性炭纤维吸附－催化燃烧装置。这套废气处理系统的处理效率可达到98％。

④ 船台和船舶舾装码头为露天场地，该作业区的涂料涂装作业无法避免，考虑选用高固分环保型涂料，尽量减少有机废气排放量。

⑤ 加强管理，扩大室内涂装车间面积，尽量避免因业务繁忙或减少环保设备运行成本而在晴好天气改为室外涂装，部分面漆也可考虑在涂装车间内完成。

（2）节能评估

1）节电潜力分析。该集团有限公司的节电潜力主要集中在下列几个方面：①合理分配与平衡用电负荷，采取削峰填谷措施，使企业用电均衡化，持续提高企业负荷率；②降低供配电系统的变压器和主要输电线路的电能损耗；③对风机和泵的电动机采取变频调速节电措施；④对大功率电动机采取无功就地补偿措施；⑤采用高效率的离心式空压机，同时采用可变程控制系统（PLC）来精确控制压缩空气的使用量；⑥提高节能型的二氧化碳气体保护的逆变直流焊机的使用比例，逐步淘汰老式落后的交流焊机；在满足焊接工艺要求的基础上，采用熔融系数较高的焊条，来节约电焊机的电能；⑦采用一台新的T5型超细管径节能照明灯。

2）节约柴油动力能耗的潜力分析。公司柴油能耗主要用作移动式空压机动力。移动式空压机内部的关键动力装置为柴油机。柴油机节能措施的主要内容分析如下：①应用柴油机检测仪对柴油机进行优化调整；②采用惯性增压节油技术；③采用柴油机负压节油技术；④应用金属清洗剂；⑤加强对柴油机维护保养。

二、典型的清洁生产实施方案介绍

1. 精度造船工艺革新方案

精度造船工艺革新方案包括无余量零构件制作，无余量分段制作，无余量总组及上船台合拢等内容。精度造船工艺要求在生产的各个环节进行严格的精度控制，在图纸设计、工艺设计、数控切割机等设备配置等各个方面进行精度控制，同时制定相应的精度控制标准。精度造船工艺革新的实施可以使船体精度更加优良，船体合拢速度大幅度加快，同时在安全、环境卫生等方面都有较大改观。某集团有限公司实施的精度造船工艺革新方案共投资了47.0万元，年增加经济效益达800.0万元。

2. 推广二氧化碳气体保护逆变直流电焊机方案

该方案考虑推广 NBC-500 型 CO_2 气保逆变直流电焊机以淘汰普通的 ZXE1 交直流焊机。相对于普通的 ZXE1 交直流焊机，NBC-500 型 CO_2 逆变直流焊机具有下列优势：①CO_2 气保逆变直流焊机采用了先进的 IGBT 技术，逆变频率为20Hz，且显著减小了焊机的体积和质量；②显著减少了铜铁损耗，明显提高了焊机的整机效率，节能效果显著；③开关频率在声频以外，几乎消除了噪声污染；④采用了闭环控制方式，输出电压稳定，抗电网电压波动能力强（±15％）；⑤焊接电压连续可调，与焊接电流达到精确匹配，焊接特性优良；⑥独特焊接特性控制电路，焊接电弧稳定，焊接飞溅少、成型美观，焊接效率高；⑦拥有自保持/收弧功能操作方式，适合不同的焊接需求；⑧具有焊后消小球功能，消除焊丝端部溶滴小球，并辅以高空载、慢送丝功能，提高一次引弧成功率；⑨可进行二氧化碳气体保护焊接，适用于 $\Phi 0.8 \sim 1.6$ 的 H08Mn2Si、H08MnSi、H04MnSiAlTiA、H18CrMnSiA、H08CrMn2SiMo、H10MnSiMo、H10MnSiMoTi 等多种焊丝的焊接。

推广二氧化碳气体保护逆变直流电焊机方案共投资了230万元，年节约电量为 9.8×10^5 kW·h，年节约电费达73万元。

3. 建设风雨棚工程方案

公司船体分段预舾装作业原来布置露天进行。为了加快船舶建造进度，提高工作效率，公司考虑建设大约 5000m² 的船体分段预舾装风雨棚工程。风雨棚工程建设完成后，船体分段预舾装作业（包括涂装作业和焊接作业）从露天转移到室内进行，并将作业粉尘、涂装废气和焊接烟气采用集中治理后进行有组织排放。

另外，船体分段预舾装的室内作业使得年工作日从 200d 增加到 300d。船舶平均建造周期将缩短 10%～15%。风雨棚工程的建筑材料主要包括混凝土、钢结构、金属屋面等，同时还布置了有组织粉尘与废气的处理设施，共投资 8050 万元。按照保守估计，该方案的年经济效益达 2000 万元。

4. 二次涂装车间的油漆废气治理方案

该方案考虑在二次涂装车间配置一套活性炭吸附-催化燃烧装置以彻底解决二甲苯废气的治理难题。

活性炭吸附-催化燃烧装置的工艺说明：利用活性炭多微孔及其巨大的表面张力等特性将废气中的有机溶剂吸附，使所排放废气得到净化，尾气通过 15m 高的排气筒排放。活性炭吸附饱和后，按一定浓缩比例把吸附在活性炭上的有机溶剂用蒸汽脱附并送往催化燃烧床，进入催化燃烧床的高浓度有机废气经过进一步加热后，在催化剂作用下燃烧分解，转化成 CO_2 和 H_2O，燃烧释放出的热量经高效换热器回收后用于加热进入催化燃烧床的高浓度有机废气和脱附。上述工艺在运行一定时间后可达到自我平衡，脱附、催化燃烧过程无需外加能源加热。活性炭吸附-催化燃烧装置的工艺流程见图 8-5。

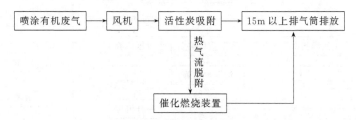

图 8-5　活性炭吸附-催化燃烧装置的工艺流程

该方案实施后，可以削减二次涂装车间的二甲苯废气排放量达到 110t/a。环境效益非常显著。

第二节　电解铝业清洁生产水平分析及对策

2002～2012 年是中国铝工业不断发展的 10 年，创造了一个个奇迹和辉煌：2001 年我国成为世界第一原铝生产大国；2005 年成为全球第一个全部淘汰电解铝自焙槽的国家，并成为继美国、法国外，第三个向外输出具有自主知识产权大型预焙电解槽的国家，实现了铝工业技术输出的零的突破；2007 年原铝产量达到 1.228×10^7 t，首次实现单品种有色金属产量超千万吨；2011 年中国铝产品产量再创历史新高，其中电解铝以 1.806×10^7 t 的产量连续 11 年居世界第一。

电解铝行业是我国有色金属冶金工业的重要分支，同时也是典型的高污染、高能耗、资源消耗大的行业之一。为此，电解铝行业必须严格按照国家环境保护总局发布的环境保护行业标准《清洁生产标准　电解铝业》的要求，大力推进清洁生产，走可持续发展道路。

一、个案分析

以某集团年产 1.0×10^5 t 铝电解建设项目清洁生产为案例进行分析。

1. 铝电解工艺及槽型选用分析

（1）生产工艺分析　铝电解主要设备是预焙阳极电解槽，原料有氧化铝、氟化盐、阳极炭块和直流电，铝熔盐电解的具体过程是用直流电提供热能将电解质（冰晶石熔体）加热到 950～980℃ 呈熔融态，使氧化铝与阳极炭块反应，阴极析出熔融铝、阳极生成 CO_2。定期用真空抬包将熔融铝从电解槽底部吸出，送铸造车间混合炉，进行成分调整或净化脱杂，生产合金或铸锭。CO_2 气体通过干法净化进行处理，达标后排放。电解过程中的残极炭块组，从槽上卸下后送往阳极组装车间处理进行回收利用。铝电解生产工艺流程如图 8-6 所示。

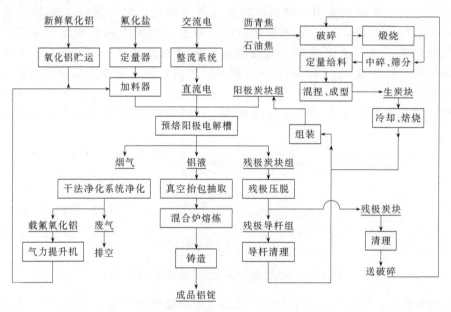

图 8-6　铝电解生产工艺流程

（2）槽型选用分析

① 该项目采用某铝镁设计研究院设计的点式下料、四点大面进电、窄炉面结构、单围带摇篮架式槽结构、氟化铝自动添加等技术，适于该槽型的"五低一高"工艺制度及应用于系列生产并取得较好运行效果的智能模糊控制技术的 186kA 技改槽。

② 该项目使用国产多功能天车，主要由大车、工具小车、出铝小车、辅助提升机（固定吊）和空压机五部分组成。多功能天车上安装的主副提升系统，液压扭拔系统，压缩空气及打壳系统，氧化铝接受及下料系统承担了更换阳极，往阳极上添加氧化铝保温料、出铝、大面及小面打壳和输送氧化铝到电解槽料箱等任务。

③ 阳极提升装置由螺旋起重机、减速机、传动机构和电动机组成，起升降阳极作用。

④ 供料系统设备：贮气罐、泵（2 种规格：$V = 6m^3$ 和 $V = 4m^3$ 的氧化铝加入射流泵）、浓相管（浓相管分为 A 型和 B 型，其规格有 $\Phi 108$、$\Phi 127$、$\Phi 140$ 3 种并配套不同规格的分

流器）、超浓相风动溜槽（分为 $B=300mm$ 和 $B=80mm$ 2 种型号）、HLG－80 除尘器，控制柜及 1200t 氧化铝料仓。

⑤ 净化系统设备：排烟风机、CD－5400 脉冲袋式除尘器、板链式斗式提升机。该项目清洁生产标准生产工艺及设备要求与指标对比如表 8-2 所列。

表 8-2   清洁生产标准生产工艺及设备要求与指标对比

序号	类别		清洁生产指标			
			该项目	一级	二级	三级
1	备料工艺与装备	氧化铝、氟化盐贮存	袋装料进室内库	袋装料进室内库、罐装料进贮仓		
2		氧化铝输送	浓相输送	浓相输送		
3		氟化盐输送	袋装料	浓相输送		
4		氧化铝、氟化盐上料段	超浓相输送、计算机控制、自动化精确配料	超浓相输送、计算机控制、自动化精确配料		
5	电解工艺与装备	工艺与产能要求/t	$>1.0\times10^5$	电解铝预焙工艺,产量$\geq1.0\times10^5$		
6		电解电流强度/kA	200	≥200		
7		电解烟气净化系统	全密闭集气、机械排烟、干法净化系统	全密闭集气、机械排烟、干法净化系统		

注：一级代表国际清洁生产先进水平；二级代表国内清洁生产先进水平；三级代表国内清洁生产基本水平。

（3）原料及产品分析

① 项目目前所用的是外购国外、国内的氧化铝。近期将使用企业配套 800kt 项目氧化铝，充分利用当地资源，另外生产所用的大量电能也是采用当地较为丰富的清洁水电，实现了矿电一体发展模式，具有十分可观的经济效益和社会效益。该企业集铝土矿采选、氧化铝生产、铝电解、铝合金生产、铝合金加工为一体，是目前国内少有的拥有铝生产完整产业链的地方铝企业。

② 该项目主要产品为重熔用铝锭、铸造铝合金棒、电工圆铝杆、铝板带，产品品种丰富、附加值高。

2. 清洁生产指标评价

根据铝电解业清洁标准《清洁生产标准 电解铝业》分析该项目的清洁生产水平，结果如表 8-3 所列。

（1）能耗 电解铝消耗大量电能，如何使电能消耗量降至最低，最大限度地提高电能利用率是该项目能耗降低的关键。本项目采用曲面阴极、低电压控制等措施，使电耗明显下降，其能源消耗如下：电流效率为 95％，原铝直流耗电为 12900kW·h/L，原铝综合耗电为 13300kW·h/L。

（2）物耗 该项目物耗与清洁生产指标对比情况为：氧化铝单耗为 1916kg/L，氟化铝单耗为 20kg/L，冰晶石单耗为 2kg/L，阳极单耗为 400kg/L。

（3）污染产生和排放水平 该项目通过采取干法烟气净化等治污措施，污染物排放水平大为降低，其中全氟产生量 0.9 kg/t，粉尘产生量 2.2 kg/t。

（4）废物回收及循环利用 本项目充分利用产生的废电解质、废阳极、冷却水 100％回收并加工利用，集气效率、净化效率分别为 98％、99％，回收的氟化物实现了循环再利用，减排放，降物耗，充分体现了清洁生产的益处。

（5）清洁生产评价 根据该项目资源能源利用、污染物产生、废物回收利用指标进行分析，得出以下结论：本项目在资源能源利用、污染物产生、废物回收利用指标等方面均达到国家清洁生产指标一级水平。

（6）提升清洁生产水平的建议 通过分析进行评价，该项目的清洁生产水平处于国家清

洁生产一级水平。但由于本项目是 20 世纪 90 年代中期我国自主研发的 186kA 系列槽升级
改造而来，氟化盐采用袋装料上料，工艺装备等方面与国际先进水平存在一定差距，如能进
一步采用浓相输送，可进一步提升清洁生产水平。

二、提升我国铝电解业清洁生产水平的途径

1. 制约我国铝电解业清洁生产水平提升的因素

通过以上案例分析，说明我国铝电解业的技术水平是可以达到国家清洁生产一级水平
的，但是目前仍有一些因素制约了我国铝电解业清洁生产水平的提升，通过该项目与我国铝
电解业现状进行对比，找出制约因素。清洁水平对比见表 8-3。

表 8-3　该项目清洁生产标准资源能源利用、污染物产生、废物回收利用指标对比

序号	类　别		清洁生产指标			
			该项目	一级	二级	三级
1	资源能源利用指标	原材料的消耗	原材料为氧化铝，辅助原料氟化铝、冰晶石、阳极炭块	电解铝生产的主要原料为氧化铝，辅助原料氟化铝、冰晶石、阳极炭块。使用其他代用品时，在生产过程中应减轻对人体健康的损害和生态环境的负面影响		
2		原辅材料合格率/%	100	100	100	100
3		电流效率/%	95	≥94	≥93	≥91
4		原铝直流电耗/(kW·h/t)	12900	≤13300	≤13400	≤14000
5		原铝综合电耗/(kW·h/t)	13300	≤14500	≤14700	≤15400
6		氧化铝单耗/(kg/t)	1916	≤1930	≤1930	≤1940
7		氟化铝单耗/(kg/t)	20	≤22	≤23	≤28
8		冰晶石单耗/(kg/t)	2	≤4	≤5	≤5
9		阳极单耗(净耗)/(kg/t)	400	≤410	≤420	≤500
10	污染物产生指标	全氟产生量/(kg/t)	0.9(处理)	≤18	≤20	≤160.9(处理)
11		粉尘产生量/(kg/t)	2.2(处理)	≤30	≤40	≤302.2(处理)
12	废物回收利用指标	集气效率/%	98	≥98	≥96	≥95
13		净化效率/%	99	≥99	≥98	≥97
14		废电解质	100%回收并加工利用	100%回收并加工利用	100%回收并加工利用	100%回收并加工利用
15		废阳极	100%回收并加工利用	100%回收并加工利用	100%回收并加工利用	100%回收并加工利用
16		冷却水	100%循环利用	100%循环利用	100%循环利用	100%循环利用

注：一级代表国际清洁生产先进水平；二级代表国内清洁生产先进水平；三级代表国内清洁生产基本水平。

（1）企业规模小　我国 130 余家铝电解企业 2011 年共生产原铝 1.806×10^7 t，厂均年产 13.89×10^4 t 原铝，规模小、生产率低。

（2）槽型多而杂　国内目前使用预焙槽，呈现出槽型多而杂的特点。$200 \sim 500$ kA 系列槽型均有厂家使用，而且同系列电流槽槽型设计也不统一。

（3）电解铝工艺参数三高一低　与国际先进水平相比，国内铝电解工艺参数三高一低：过程温度高 $10 \sim 20 \,^{\circ}C$，电解质分子比高 $0.1 \sim 0.2$，氧化铝浓度高 $0.5\% \sim 1.0\%$，电流密度低 0.15 A/cm^2。

（4）电流效率低、电耗高　与国际先进水平相比，国内预焙槽平均电流效率低 $1\% \sim 4\%$，吨铝直流电单耗 $300 \sim 500$ kW·h/t。

（5）槽寿命短　国内目前采用的预焙槽平均寿命为 1500d 左右，比国外短 $1000 \sim 1500$ d。

（6）阳极质量差　我国炭阳极质量标准较低，导致阳极质量差，吨铝阳极消耗量超出国际先进水平 $40 \sim 60$ kg。

2. 提升我国铝电解业清洁生产水平的途径

通过以上分析，找出了制约我国铝电解业清洁生产水平提升的因素，结合我国铝电解业的实际生产情况，找到合理的途径，是可以大力提升铝电解业清洁生产水平的。

（1）扩大企业规模　扩大铝电解企业生产规模，通过电解槽升级换代（将系列槽电流强度提升至 $300\sim500kA$）和兼并重组，力争将铝电解企业厂均年产原铝量提高到 1.0×10^6t。只有扩大企业规模，才可能产生规模效益，具备采用环境无害化技术，全面实施清洁生产的能力。

（2）加强具有自主知识产权铝电解先进系列标准化电解槽研发　为彻底解决国内铝电解生产槽型多而杂的问题，必须要加强具有自主知识产权铝电解先进系列标准化电解槽研发，整体提升铝电解槽设计、制造、生产水平，促进清洁生产。

（3）按照"五低三窄一高"　低电压 $3.83\sim3.88V$、低电解温度 $925\sim935℃$、低过热度 $10℃$左右、低氧化铝浓度 $1.8\%\sim2.5\%$、低阳极效应系数≤0.02、窄物料平衡工作区、窄热平衡工作区、窄磁流体稳定性调节区、高电流密度 $0.83A/cm^2$ 的方向对现有电解铝工艺进行改造。

（4）电流效率低、电耗高　通过采用曲面阴极技术、延长电解槽寿命等技术将提升电流效率 $1\%\sim4\%$，降低直流电单耗 $500\sim700kW\cdot h/t$。

（5）槽寿命短　阴极质量的提高，良好的焙烧启动技术及平稳，正常的电解槽运行，都是实现槽寿命延长的重要途径。本节所提及的项目实例创造了系列槽龄 2850d 运转，在行业中处于领先水平。

第三节　草浆造纸企业清洁生产案例分析

传统造纸行业资源消耗大、污染较重是业内公认的客观事实。随着我国造纸产业的快速发展和对环境保护的日益重视，减污降耗凸显成为造纸企业发展道路上所必须要面对和解决的短板，清洁生产审核恰好为企业提供了一条有益的、实效的改进途径。

一、企业概况

某企业以优质芦苇等原料生产文化用纸和工业用纸，拥有制浆、抄造、碱回收三个主要工段，以及取水、供汽、白水回收、污水处理和机修等辅助工段，在册正式职工约 820 人，年产成品纸约 3.5×10^4t，总产值 1.75 亿元人民币。取排水量大、污染物排放难以达标、工艺水平落后、产能上不去，一直是困扰该企业的顽疾。

二、筹划和组织

审核前期多次与主要领导进行了交谈，阐明了审核目的与思路。企业对其自身的问题比较清楚，也希望通过清洁生产审核提升水平、改善面貌，因此审核工作计划制订的比较顺利。这一阶段对员工的宣传讲座共举行了三次，采取了讲座、广播、宣传册等多种方式，并成立了以企业总经理为组长的清洁生产审核小组。

三、预审核及审核

对企业的生产过程进行了全面调查，并进行了为期 1 个月的逐日现场监测，统计、绘制了每个工段的输入输出物料和工艺流程图，统计了各单位用能情况，并绘制了全厂的水平衡图和物料平衡图，分析确定了此轮清洁生产审核的重点为制浆工段和全厂用水系统。

1. 制浆工段

该工段将苇料筛选、切割，然后依次通过蒸煮、洗筛、漂白等工序，制成成品浆料供抄造工段，工艺包括干法备料、采用蒸汽的间歇式蒸煮工艺和使用氯的传统洗筛及漂白工艺，使用的原辅料包括苇料、烧碱、氯气和石灰等，使用的能源及耗能工质包括成品煤、净水、外购电、蒸汽等，产生的废弃物主要是苇料尘絮、蒸煮黑液、洗浆废水以及设备噪声。

审核前，该工段净水水耗占总量的27.4%，汽耗占37%，电耗占17.4%，废水主要是苇料蒸煮过程产生的蒸煮黑液和浆料洗筛、漂白过程产生的洗浆废水，产生量占总量的33%。蒸煮黑液含大量碱，全部送至碱回收工段回收利用，洗浆废水送至污水处理工段处理排放。该工段的能耗（含水率10%）在364～522kg标煤/d，水耗（含水率10%）在256～295t/d。

经分析，该工段的主要问题在于：工艺比较落后，达不到清洁生产标准要求；原料品质不过关，生产过程中能耗和水耗较高，波动较大；由上述因素导致污染物产生量和浓度也较高。因此，该工段的清洁生产思路是：严格进料检验，改进蒸煮工艺，严格控制洗浆过程，提高得浆率。

2. 全厂用水系统

该企业新水以江水为水源，经处理后供全厂使用；部分抄造白水经气浮处理回用至制浆工段。新水主要用于抄造、碱回收、制浆和供汽工段，分别占总量的52%、14%、14%和13.5%。抄造工段白水处理后部分回用，其余排放；其他工段废水经污水处理车间处理后排放。审核前，企业的取水量（含水率10%）约为345m³/d，废水产生量（含水率10%）约为375m³/d，水重复利用率为17%。

经分析，该企业用排水的主要问题在于：因工艺原因导致生产取水量大，与清洁生产标准有较大差距，各污染物产生量也不能满足标准要求；白水回用率低，企业水重复利用率不能达到清洁生产标准；工艺过程不尽合理，设备及管道陈旧；员工节水意识不强。因此，企业用排水的清洁生产改造思路是：改进白水回收工艺，提高水重复利用率，从而减少新水用量；改造现有落后工艺，更新维护设备，提高得浆率；提高员工清洁生产意识。

综合来看，草浆造纸企业预审核及审核阶段工作的关键在于以下几个方面。①应该对企业审核前的生产状况进行全面调查并进行现场监测。造纸企业工艺复杂，需要统计的资料繁多，应列出明细表分部门收集，统计企业近3年的生产情况。企业生产往往存在一定程度的波动，因此进行监测时应持续1周以上，取数据平均值作为衡量依据；收集到的数据量大，应填入电子表格以方便后期整理统计。②企业能耗、物耗和污染负荷应与清洁生产标准进行对比，以二级标准为目标，分析企业的差距，这些差距也是企业的清洁生产潜力所在。③审核重点的确定应以清洁生产标准为依据，将来清洁生产方案实施后才能够确保企业各项清洁生产指标达标。④用排水相关的清洁生产指标，其改进思路主要是提高水回用率、提高浆量与得浆率、改进工艺和生产全过程的节水。⑤污染物产生量指标的改进主要在于蒸煮工艺的改进，应对工艺全过程进行分析，尤其不能忽视进料检验、储存和备料。

四、方案产生、筛选及可行性分析

审核小组对企业生产全过程各工段进行了实地调查，并与企业技术骨干多次会谈，同时还走访了行业专家及同类其他企业，初步收集到清洁生产方案40项，其中无/低费方案32项，中/高费方案8项。经过讨论分析，其中有3项中/高费方案因生产安排、资金、技术等因素暂不可行，推荐在未来的持续清洁生产中择机实施。因此此次清洁生产审核拟实施方案

32 项，预计需投资 900 余万元。

审核中对筛选出的中/高费方案逐项进行了经济、技术和环境等方面的可行性论证，并编制了可行性报告和实施方案。以报告中方案 6—001"扩建白水处理设施"为例，该方案的目的是优化白水处理工艺，提高回用白水的质量，加大白水回用量，从而降低企业水耗。该企业目前白水处理设施简陋且陈旧，白水回用率较低。环顾国内其他先进造纸企业，几乎全部实行了白水回收技术，且效益可观，甚至达到白水"零排放"，因此该方案从设备及技术上是十分成熟的。经分析，该方案涉及修复沉淀池、新增管道系统、水泵、混凝系统以及相关基础设施，预计投资 70 万元，投资偿还期约 3 年，实施后能将白水回用率提高到 90%以上，企业每年可减少取水量约 1.15×10^6 t，也可减少相同量的污水排放，因此具备非常可观的环境效益和经济效益。

五、审核效果

本例企业通过清洁生产方案的实施，单品水耗下降了约 60%、汽耗下降了约 17.3%，综合能耗下降了 38.1%，白水回用量达到了 90%，企业水重复利用率达到了 72%。根据对于水耗和产量的 E-P 分析可以得出，企业在节水方面成效非常明显，与审核前相比，每月节水量平均达到 3.5×10^5 t，这为企业各项清洁生产指标的达标奠定了坚实基础。

同时，企业实施的多项清洁生产方案，如阴离子捕集剂和染料的优化、更换旋翼筛筛鼓、更换苇浆双磨盘及纤维疏解机、更换均质池搅拌器、优化 CEH 三段漂白氯化及碱化、总轴传动改变频控制、加强苇料收购质量管理、制订原料管理与贮存制度、增加车间水电浆计量系统等，也都取得了满意成效。审核后，企业废水产生量下降了 50%，AOX 和 SS 产生量分别下降了约 65% 和 68%，COD 和 BOD 产生量下降了约 29%。与清洁生产标准相比较，70% 的指标达到二级标准，其余指标达到三级标准。

第四节　某制药企业清洁生产案例分析

一、制药企业生产现状

某制药厂建于 1958 年，是国有大型企业，经过 40 多年的发展，已逐步发展形成了三大类（制剂类、原料药类、药用辅料类）100 多个品种，涵盖孕激素皮质激素类、心血管类、抗过敏类等门类较为齐全的制药企业，主要品种有特非那丁、氢化可的松、达那唑、维脑路通、盐酸土霉素、强力霉素、爱普列特等原料药和辅料。生产过程中产生大量的废水、废气，厂里有一座处理 1500t/d 废水处理站。化学制药从原材料到成品，所需反应过程较长，少则四五步，多则十几步。每一步反应的收率是不一样的，国内制药企业的产品收率普遍偏低，与理论值差距较大。投入的物料有很大一部分没有完全反应，而成为中间副产物或副产品，排放到环境中易造成污染。排出的废水污染物种类多、成分复杂、COD 高、pH 值变化很大，可生化性差，排放的废水处理难度较大。

对制药废水的治理，还是偏重于末端治理。主流方法为生化处理法，即中和调节＋厌氧＋好氧＋沉淀。当生产品种、数量发生变化时，污水的性质也会发生变化，可生化比从 0.3 降到 0.2 以下，大大加大了生化处理的难度，造成污水不能稳定达标排放。医药竞争不外乎质量、成本、管理竞争，如何降低成本成了当务之急。从生产源头，到生产过程控制，引入清洁生产的理念，才能提高原料的利用率，降低成本，减少污

染排放。

二、清洁生产审核

制药企业要搞好清洁生产，必须掌握清洁生产审核的一般规律，理解清洁生产的内涵方可取得较大成果。清洁生产是一项全员参与的工作，它不是靠环保部门几个人就能解决的，同时它又是一个有开头没有结尾的工作，只有持续实施清洁生产，才能达到削减污染、保护环境的目的。

（1）宣传发动　企业通过广播、黑板报、内部刊物、专题讲座、培训班等形式，向职工宣传清洁生产的概念、内涵、基本方法，充分调动全厂职工的积极性；同时，利用同行业已经开展清洁生产的实例来进行讲解，就更有说服力，从而解决思想上的障碍。

（2）成立专门领导班子，制订清洁生产管理制度　成立以法人代表为组长，各车间主任、处长、厂环保员为小组成员的清洁生产领导小组。车间、班组分别成立清洁生产小组。实行三级清洁生产审核网络，层层推进，并将实施清洁生产作为企业的长期发展规划，写入厂内部管理制度。

（3）制订清洁生产审核计划　按照清洁生产规律列出计划，分为预审核、审核、备选方案的产生与筛选、中期报告、可行性分析、方案实施等几个方面，同时要列出完成清洁生产时间及取得成果；最后再根据本次清洁生产的结果，进行总结，持续开展清洁生产，以期取得更大成果。

三、某制药厂清洁生产审核实践总结

某制药企业的生产反应过程见图 8-7。

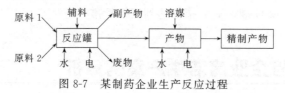

图 8-7　某制药企业生产反应过程

根据制药行业品种多，产量时空上变化大，生产周期长，反应原材料用量大，过程复杂的特点，结合清洁生产审核的总体思路，通过对企业生产全过程中每一个环节、每道工序的物质流、能源流及可能产生的污染物进行监测和物料衡算，分析出高能耗、高物耗和污染物产生的地点和废弃物产生的原因，有针对性地提出消除废弃物产生的方案。

限于企业的人力、技术、资金等，刚开始进行清洁生产时，可以根据污染状况，按权重确定审核重点。当积累了一定经验后，再进行复杂的清洁生产审核。某制药厂 2008 年就在特非那丁生产车间的一个格氏工序进行了试点，积累了经验，为持续开展清洁生产奠定了基础。

某制药厂 2012 年部分清洁生产方案见表 8-4。对于表 8-4 中的 20 个方案，审核工作小组首先组织车间领导、相关处室领导、工程技术人员和环保人员、班组长进行讨论，从技术可行性、环境效果、经济效果、实施的难易程度以及对生产和产品的影响等方面，结合各车间的实际情况进行了筛选，并将这些方案按难易程度、投资费用的多少进行分类。

1. 节水

水是生产的载体，也是污染物的载体。制药企业水的直接成本占生产总成本的 1% ~

3%。水费用主要包括几个方面：①工业用自来水的费用 x；②缴纳排污费 y；③污水处理的费用 z；④由于制药污水较难处理，处理不达标时需缴纳超标排污费 w。水在制药企业里总费用为 $x+y+z+w$，水通过使用后，直接排放，就会产生以上费用，该费用远远大于直接成本。

表8-4 方案汇总

编号	方案简介	投资/万元	预计效果		编号	方案简介	投资/万元	预计效果	
			环境	经济				环境	经济
1	溴化锂凝结水、氨制冷冷却水回到回水池	1	节约水资源	降低成本	11	更换冷凝器,强化氯仿的回收套用	2	减少污染物量	节约原料
2	增加氯化钯套用次数,降低消耗		减少污染物排放	降低成本	12	更换优质阀门,消除"跑、冒、滴、漏",降低 $CaCl_2$ 消耗		减少浪费	降低成本
3	从特非那丁精制母液中回收成品		减少污染物排放	提高收率	13	反应罐的夹套冷却水从专用管道回到回水池	2.5	减少污水排放	降低消耗
4	增加钯炭的套用次数,降低消耗		减少污染物排放	节约原料	14	厕所安装远红外节水装置,控制长流水现象	0.1	减少污水排放	降低消耗
5	利用碱吸收装置回收锂氨反应的氨	10	减少污染物排放		15	场地打扫卫生时,严格执行"禁用自来水冲地"规定		减少污水排放	
6	加强乙醇溶媒的回收管理	2	减少污染物排放	节约原料	16	夹套冷却的动力设备在低温季节装节水板	0.4	减少污水排放	
7	优化 R.S.A 投料配比,提高发酵水平		减少废弃物产生	节约原料	17	淘汰循环水式真空泵,更新节能节水型真空泵	6.6	减少污水排放	节能降耗
8	PE塑料过滤棒代替褶裙滤筒		减少固废产生	降低成本	18	空压站、热电站机组加装变频调速器,节约用电	5.5	节约能源	节能降耗
9	改进镍的新旧配比,提高镍的利用率		减少污染物量	降低成本	19	控制醋氢乙酰化工艺的反应过程		减少污染物的产生	提高收率
10	严格物料领用保管制度,减少浪费		减少浪费	节约原料	20	大力宣传清洁生产,奖励清洁生产有功人员			

制药厂是个用水大户，浪费水现象比较严重，为此分析各用水点情况：反应过程用水点设备为反应罐、真空泵、离心机；反应结束后，用水点为地面冲洗、设备清洗、滤布、洗手池、淋浴室、分析室等；公共后勤部门用水点为办公楼厕所。为减少废水的排放，减少不合理用水，制订的清洁生产方案如下：①严禁用水冲地，物料洒落地面时，要求用拖把拖，既减少了废水又降低了处理负荷；②对洗手用的自来水阀门，加装节水板，可节水 $40\%\sim50\%$；③反应罐夹套冷却水通过专用管道流到回水池，循环利用；④反应罐夹套冷却水用温度计测量进出水的温差，在满足生产工艺的情况下，科学地控制进出水量的大小；⑤对浪费水严重的设备进行更换，减少"跑、冒、滴、漏"现象；⑥提高水的循环利用率，变开路为闭路循环；⑦为了加强成本核算管理，对每一个生产工段加装自来水表，对每一个产品的用水单独列出，准确计量每一个生产工段每一个生产批次的用水量，按照《节水奖金专项考核办法》进行考核；⑧中心厕所安装远红外节水装置，控制长流水现象；⑨每季度对全厂给水管网进行水量平衡测试，查明供水管网有无因腐蚀而漏水；⑩对用盐水冷冻的反应罐，改用节水装置溴化锂冷冻机组；⑪离心机甩滤过后的滤布改分散刷洗为集中浸泡清洗。从2005年到2012年，某制药厂的工业总产值不断增加，但万元总产值的耗水量已从 $57m^3$ 下降到 $30m^3$。

2. 节电

电能消耗占制药企业生产成本的 $3\%\sim7\%$，为节约用电采取以下措施：①办公楼、车间休息场所杜绝长明灯现象，养成随手关灯习惯；②反应罐上的观察灯，在需要观察时开，结束后立即关闭；③每一工序安装电表，精确计量；④大型动力设备安装变频调速装置；⑤对用电量较大的机泵进行重点考核。

3. 生产过程控制

生产过程是将原辅料反应生成产物的过程，转化率的高低对污染的削减、成本控制至关重要，是清洁生产的难点和重点。生产控制主要通过过程优化，从反应条件、温度、压力、原料的投加等方面进行分析：①对每一步反应过程进行物料平衡，做到定额发料；②加强对原料纯度的分析，做到达不到反应工艺要求的不投料，减少副产物的产生；③对工艺改革和反应控制条件的研究，例如投料方式、搅拌方式、搅拌时间、反应温度、压力等；④对反应所用溶媒应分门别类地进行回收，蒸馏时要严格控制时间、温度，确保回收率；⑤对起催化作用的重金属，应进行工艺改革，降低单位耗用量，同时也减少进入环境的机会；⑥对废弃物的母液进行提取；⑦对各种有毒溶剂进行研究，看能否用无毒无害的溶剂替代；⑧对收率影响较大的反应过程，列入厂内科技攻关计划；⑨加强操作过程的管理，严格遵守规程操作。

4. 生产辅助部门的管理

生产辅助部门包括行政管理部门、为生产提供动力和能源的车间及仓储部门，也要进行清洁生产审核。要对参与生产的一切要素、过程及环节进行分析以减少废弃物的产生。办公用纸、电、物品等都要分析。仓储部门的物料、运输过程都是考核对象。动力和能源车间提供的蒸汽、冷冻及生产过程也是考核对象。

5. 实施持续清洁生产

清洁生产审核不仅审核出"跑、冒、滴、漏"的污染问题，而且揭露出企业的管理问题，例如管理制度不完善、工艺流程不合理、操作规程不严，工艺技术和经济指标数据的检测仪器不齐全、原料流失、部分设备陈旧等，这些都是下一轮清洁生产审核必须解决的问题。清洁生产是一个相对概念，本次取得的成绩是对以往落后的生产方式而言，为了进一步提高清洁生产水平，必须在巩固现有成果的基础上，提出更新的目标，对未完成的目标应创造条件去完成，以期取得更大效益。

四、结果

某制药厂通过清洁生产审核方案的实施，取得较大成果（见表8-5）。投入30万元，取得了439.4多万元的经济效益，减少了近$1.8 \times 10^5 t$的废水排放，环境效益是十分显著的，这就充分说明开展清洁生产审核工作对企业来说是很重要的。

表8-5　实施清洁生产的成果

成果	数量	经济效益/万元	投资/万元	成果	数量	经济效益/万元	投资/万元
节约自来水/10^4t	14	23.0	10.6	节约$CaCl_2$/t	38.45	5.0	0
节电/(10^4kW·h)	45	24.0	5.5	节约钯炭/t	20	18.0	0
节约地下水/10^4t	4	2.8	0	节约氯仿/t	24	12.8	2.0
节约R.S.A/kg	1320	184.8	0	节约乙醇等/t	29	12.2	0
回收特非那丁盐酸盐/(kg/a)	120	45.6	0	多收醋氢/kg	29.04	15.0	0
				严格物料领用保管制度	全年少领163.2t	60.0	0
节约蒸汽/(t/a)	3600	16.2	0	其他		0.8	11.9
节约镍/t	2.4	19.2	0	合计		439.4	30.0

第五节　某固体制剂制药厂清洁生产审核案例简介

某固体制剂制药厂始建于 1949 年，是某省最大的固体药剂生产基地之一，以片剂为主，胶囊剂、颗粒剂为辅的中型多剂型制药企业，年生产能力为 25 亿片。骨干品种已达 30 多种，如降压乐片、胃必治片、强力脑清素片等。工厂具有完善的质量保证体系，经过了国家 GMP 认证并严格按其标准进行生产管理。

一、清洁生产审核

清洁生产是一个系统工程，它将综合预防的思想运用到从产品设计、生产到使用、回收的全过程，在污染治理方面起到了末端治理无可替代的作用。它有两方面含义：一方面它提倡通过工艺改造、设备更新、废弃物回收利用等途径，实现"节能、降耗、减污、增效"，从而降低生产成本，提高企业的综合效益；另一方面它强调提高企业的管理水平，提高包括管理人员、工程技术人员、操作工人在内的所有员工在经济观念、环境意识、参与管理意识、技术水平、职业道德等方面的素质。同时，清洁生产还可有效改善操作工人的劳动环境和操作条件，减轻生产过程对员工健康的影响，为企业树立良好的社会形象，促使公众对其产品的支持，提高企业的市场竞争力。

二、审核的准备

1. 成立专门领导班子，全厂宣传动员

通过市环保局的安排和清洁生产专家的指导、宣传，工厂领导非常重视，召开了全体干部会议，成立了由副厂长和总工程师为组长包含相关车间主任、工程技术人员、环保人员、财会人员和清洁生产专家在内的审核小组，制订了相应的审核计划。又召开了全厂动员大会，就清洁生产审核相关的知识多次进行多种形式的宣传如会议、讲座、看多媒体、广播、黑板报、内部刊物、专题讲座、培训班、问答与讨论等，同时利用同行业已开展清洁生产的实例来进行说明，更具有说服力，从而提高了广大干部职工对清洁生产的认识和理解，明确其重大意义和目的，克服了一些思想障碍及技术和经济上的顾虑，激发群众参与的积极性，群策群力进行清洁生产。

2. 调研和资料收集

首先调研企业现状，收集职工建议和资料，如企业概况、组织结构、工艺流程、主要产品、原辅材料和能源消耗、工艺操作规程、主要设备、主导产品物料消耗定额、实际消耗、管理信息、环保信息等。对现场进行了考察，如全厂厂区、制剂一、二车间、原料、产品仓储区、动力车间、污水处理站（环保车间）、企业废水排污口及其他设施。

3. 工厂的主要情况

（1）主要产品的生产工艺　如图 8-8 所示。

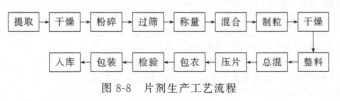

图 8-8　片剂生产工艺流程

混合时加黏合剂、湿润剂，总混时加润滑剂、崩解剂。

（2）主要生产设备　湿法、摇摆制粒机，压片机，铝塑包装机。

（3）主要原料　外购铝酸铋、甘草、氨基比林等，年使用几十吨到几百吨不等。

（4）能源供应　动力车间向全厂的生产和生活供应水、电、气、汽、制冷等；水源于井水和自来水，有两套水处理系统分别供应生产、生活纯净用水和低硬度的锅炉用水；经净化压缩的空气供气动生产设备；锅炉燃烧用天然气，用量较大，产生的蒸汽用来取暖、生产工艺中的烘干、加热及空调制冷；另有少量的油品消耗。

（5）环保工作概况　废水主要来自生产设备、车间的清洗，主要污染物是原料、中间产物、灰尘等粉尘，在水中表现为 COD 和悬浮物，污染物排放量不大，由厂内自建的污水处理站处理。员工的卫生、生活污水另走管路入市政管网。废气主要是燃烧废气，因使用的是天然气，所以废气中的各项污染物指标都好于国家标准。固体废物由生产废物、废水处理污泥和生活垃圾构成。生产废物主要是原料和产品的包装物，由废品收购站统一收购。污泥经浓缩、压滤与生活垃圾由环卫部门处理。

三、初步审核

1. 无/低费方案的产生、实施和效果

审核小组经过对工厂生产、管理、节能、环保各方面的实地考察、广泛征取广大职工提出的各种建议，分类归纳提出了 30 多项有针对性的无/低费方案。主要包括：完善岗位操作制度，加强设备的维护，加强员工培训，完善原材料的贮运程序和操作，改进产品的贮运程序和操作，废弃物的合理贮运程序和操作，优化工艺过程控制等。审核小组与外聘技术专家、厂领导、厂技术人员经过反复研究和实地考察，确定了其中的 20 条清洁生产方案进行实施，并进行了环境效益和经济效益估算，见表 8-6。

从半年多实施的效果来看，投入 2 万多元，取得了经济效益约 6 万余元，并减少了污水排放。促进了工厂管理水平和员工素质的提高，使员工具有了清洁生产意识。

表 8-6　可实施无/低费清洁生产方案表

序号	方案内容	环境经济效益估计值/(元/年)	类型
WD-1	设备清洗时提高水的利用率,少量多次	1200	过程优化
WD-2	状态标识牌换成像挂历一样翻的,反复使用	500	
WD-3	塑料袋改由车间回收并直接利用	600	废物回收利用
WD-4	用一般材质代替过好的包装材质	2000	
WD-5	说明书的字可以缩小,减少纸张使用	350	
WD-6	办公用纸尽量两面使用	400	
WD-7	因包装操作程序不当,包材浪费非常严重; 应根据季节变化提前准备,再开机器,节省包材	1500	设备维护更新
WD-8	根据实际工作的需要和季节性特点,加强设备的日常维护保养,如注油润滑等	4000	
WD-9	流动泵不好用,胶管浪费较多。加强维修保养	200	
WD-10	提升机维护不到位。加强机器维护	400	
WD-11	加强操作工人的技术理论培训,使之懂得设备的基本原理、功能、性能和注意事项,熟悉机器设备,能正确地严格按照操作规程操作和保养,能简单地维护和维修,维护设备良好的运行状态。使设备的故障及早发现,把损坏控制在最低程度	5000	员工素质提高
WD-12	维修人员技术水平低,经常要维修很久耽误生产。加强机械工、机修人员的技术培训,做到抢修及时到位,有利于提高工作效率	5000	

序号	方 案 内 容	环境经济效益估计值/(元/年)	类型
WD-13	采购的有些备品配件质量不过关,既浪费又误工。外购要严格把关	2000	
WD-14	热解膜套色不好,打褶多。小盒粘连,浪费太大。 选用合格的	800	
WD-15	有的照明灯烛数过大,有长时间不关灯现象。 分开关控灯,尽量用管灯照明,随时关灯	2500	
WD-16	蒸汽在无生产和无需供暖情况时也几乎全天送,浪费较大。 与生产车间协调好,按生产时段和天气送	20000	加强 管理
WD-17	空压站、制水站在生产车间完工后得不到及时通知,设备长时间空载,既造成能源浪费又使机器长时间无必要磨损。 做好协调	8000	
WD-18	保证各种管线完好,用水器具、水阀、蒸汽阀等密封好,避免发生"跑、冒、滴、漏"的现象	5000	
WD-19	各车间要及时沟通,减少物流、运行方面等其他不必要的浪费	3000	
WD-20	完善相应规章制度,全员进行监督检查,对执行不力的单位、部门进行有效的经济处罚	—	
	合计	62450	

2. 确定审核重点

根据现场调查所掌握的资料和生产特点,对几个车间采用简单权重法直接确定审核重点。详见表8-7。

表8-7 权重总和法确定审核重点表

因 素	各车间方案得分 $R(1\sim10)$				权重 W
	一车间	二车间	动力车间	环保车间	$(1\sim10)$
废物量	4	2	1	2	10
环境代价	2	2	1	5	8
清洁生产潜力	2	1	10	4	6
经济效益	0	0	5	0	3
节能降耗	2	1	10	0	3
车间关心程度	2	1	4	5	3
发展前景	1	1	5	1	3
总分 $\sum R \cdot W$	83	51	150	102	
排序	3	4	1	2	

审核小组经过研究认为:一车间、二车间生产工艺相对比较简单且都已经过医药行业的国家GMP认证,整个生产过程基本都是物理加工过程,物料的投入和产出,除了正常的工艺损耗之外,基本上是平衡的。一车间的规模要远大于二车间,二者均有粉尘污染及废水污染,相应已有适当处理措施,做改进较难。动力车间在生产过程中水、能源使用量较大,流失情况也较明显。环保车间废水处理一段时期以来运行不稳定,时有超标被罚情况,但因城区建设开发工厂可能搬迁,且污水将来要综合治理,统一排放入附近将要建设的污水处理厂处理,因此也不可能有大的改动。经综合评定,审核小组将动力车间作为审核重点,将环保车间作为次重点。

3. 主要问题

(1)动力车间 从生产回来的蒸汽回水温度太高(约80℃),甚至部分被直接排放掉,热利用效果低,浪费能源。

(2)动力车间 锅炉烟气直接排放(大约为200℃),热量浪费较大。

(3)动力车间 锅炉回水被排放掉,水资源浪费大。

（4）一车间　在生产过程中原料飞扬、散落，损耗。

（5）环保车间　污水处理效果不稳定，时常不能达标排放。

四、审核重点情况

1. 动力车间

职工 23 名，主要的生产设备：4t、2t 天然气锅炉各 1 台；燃气式中央空调 1 台；空气压缩机及净化干燥装置 1 套；锅炉用软化水设备 1 套；制药或饮用水净化设备 1 套。

2. 环保车间

一车间主要生产胃必治片剂，二车间主要生产解热止痛胶囊。废水主要由这两个生产车间产生，年产生量 75031t，排放量 60025t，最大量 245t/d，平均 180t/d。2012 年 7 月工厂投资 76.80 万元，建有污水处理站一处，采用生物接触氧化法处理方式，原水 COD_{Cr} 浓度 700mg/L。前几年废水处理后能达到排放标准，即 $COD_{Cr} < 100mg/L$，油和硫的含量分别小于 10mg/L 和 1mg/L。污水处理工艺流程见图 8-9。

进水 → 污水调节 → 初沉池 → 第一级生物氧化 → 第二级生物氧化 → 二沉池 → 出水

图 8-9　制药厂污水处理工艺流程

但从 2016 年初测得的数据来看其运行不达标，处理效果很差，初期由于气温较低，生物膜脱落，生物量不足所至，经过重新投泥挂膜后，有所改善。但仍不能达标排放，而且有逐渐恶化趋势。

3. 其他环节清洁生产潜力分析

清洁生产小组经过物料平衡的详细计算，得出一、二车间总输入和总输出基本平衡，物料损失较小，均在 0.3% 以下，物料平衡在 99.78%～99.99% 范围内，符合规定。从原材料方面、负压洁净上料方面可以探讨减少污染物的方法；技术工艺、设备、过程控制、产品方面均较好；管理需进一步提高；员工素质还应继续提高，增强责任心，改善员工激励机制。

五、中/高费方案的可行性分析和实施

1. 产生的中/高费方案

主要包括：①加装高效疏水器，以解决蒸汽回水温度太高，热利用效果低，浪费能源的问题；②加装锅炉节能器，以解决约 200℃ 的锅炉烟气直接排放，热量浪费的问题；③改善环保设施，提高处理效果，达标排放；④上料机或密闭上料系统的完善与采用，以解决在生产过程中原料的飞扬、散落，损耗，减轻污染，增加效益；⑤微循环导热油电加热成套设备的采用，以节约用水；⑥回收干燥室余热用于生产车间空调制冷以节约能源。

2. 中/高费方案的应用、实施和效果

对上述方案中的前 4 项进行了可行性分析，并已进行了实施，取得了较好的效果。

（1）高效疏水器的应用及效果　蒸汽疏水阀的基本作用是将蒸汽系统中的凝结水、空气和二氧化碳气体尽快排出；同时最大限度地自动防止蒸汽的泄漏，提高蒸汽在加热设备中的停留时间，提高蒸汽的利用效率。选用了 QS 型汽液两相流自调节疏水器。

方案的工艺流程：

饱和蒸汽 → 干燥室 → 疏水器 → 热水

蒸汽　　　空气、二氧化碳

方案已实施，19 个疏水阀加安装费共花费总计 4.5 万元。已运行一年多，依据能源消耗量，扣除产量和其他因素如空调耗能的影响量，保守算出同比前一年共节费用 26 万元，节能经济效益显著。

（2）锅炉节能器的应用及效果　　锅炉的排烟温度高（150～240℃），如果能将其降至露点温度 57℃ 以下，回收利用汽化潜热，那么锅炉的热效率将大大提高，可明显降低运行成本，改善工作环境。

燃气蒸汽锅炉节能器工艺流程如下。

1）补水工艺流程：软化水罐（全年平均15℃）→循环泵→Ⅰ级节能器（出口水温70℃）→软化水补水箱（原有设备、水温70℃）→高压补水泵（原有不变）→蓄能器（低温区水温70℃）→Ⅱ级节能器（出口水温96℃）→蓄能器（高温补水区水温96℃）→锅炉

2）烟气工艺流程：烟气离开锅炉进入烟道→Ⅱ级节能器→Ⅰ级节能器→进入低温烟道排空。

本方案已实施，良好运行了半年多，可节省燃料 10%～15%。该项目总投资约 12 万元，一年可节省燃料费 30 余万元，半年即可收回成本并有收益，具有较大的经济效益。

（3）环保设施的改善　　工厂聘请了某著名大学市政工程学院的水处理专家，通过现场调查研究测算分析，认为原因可能如下。①水量水质的变化。现在的年废水排放量已升到 1.2×10^5 t，COD_{Cr} 由原来的 700mg/L 升到最高时达到 2000mg/L 左右，平均值也超过了 1200mg/L，远远超出了原来处理设备设计的最大值。负荷的增加使生物膜受到冲击甚至脱落，这是主要原因。②曝气池的曝气量过大，对生物膜产生的冲刷力也大，也使得生物膜大量脱落。③污泥回流泵的损坏，致使活性污泥大量流失，生物量不够，不能够达标处理。④几年的连续运转，造成填料的损坏和穿孔曝气管的堵塞，使得曝气不均匀。

总排放口水质的实测数据 BOD_5/COD_{Cr} 值在 0.30～0.35，废水的可生化性较低。

针对上述原因，在现有基础上采取了以下维修改善措施：①维修穿孔曝气管；②更换填料；③调整扩建调节池；④增加加温装置，上石棉保温管。总共花了 4.35 万元，现污水可以稳定达标排放。在生产量太大、污染负荷超载时，增加高级氧化法处理过程，加入芬顿药剂、高锰酸钾药剂进行氧化处理。

上述措施虽然花费了几万元，有时增加了操作复杂程度，也见不到直接的经济效益，但有间接的经济效益，如避免了因超标排放带来的罚款，净效益估计为 2 万元/年。更重要的是，减少了污染物排放量，改善了企业形象，取得了较大的环境效益和社会效益。

（4）真空上料机和密闭上料系统的完善与应用　　气动式真空上料机是利用压缩空气通过真空发生器产生高真空实现对物料的输送，方案的主要设备：德国生产的"压缩空气驱动的真空泵""多段式喷射器""真空输送系统"。

方案的费用和效益估算：厂里原有 2 台真空上料机，因长时间使用已损坏。另外，操作工人也有点嫌麻烦，自我健康保护意识不强。通过本次清洁生产大家提高了认识，计划总投资为 10 万元，工厂已花了 5 万元买了 2 台试用。新设备减少了物料的飞扬和散落，提高成品率，从而产生正的经济效益。因本来物料损失就不多，直接经济效益可能不大。但此方案对减少污染、保护工人的身体健康有较好的作用，有一定的环境效益、社会效益。

3. 准备实施的中/高费方案的可行性分析和效果预测

（1）微循环导热油电加热成套设备项目　　微循环导热油电加热设备属于环保型节水产品，该设备用于干燥室的加热。

方案的主要设备：威索燃烧器，膨胀器，贮存罐，热油泵，安全阀等。

方案的工艺流程：

$$冷导热油 \longrightarrow 电加热油炉 \xrightarrow{热油} 生产设备 \xrightarrow{循环油} 电加热油炉$$

方案的费用估算：一台 $2.09 \times 10^6 kJ/h$ 导热油锅炉系统的市场价约为 15 万元，另需管线改造费用。4t 蒸汽炉日可节水 90t 以上，还能节省 $20\% \sim 35\%$ 的能源量。通过计算得出不到 2 年即可回收全部投资，以后相当于同比节省 12 万元/年。

（2）回收干燥室余热用于生产车间空调制冷项目　工厂生产中用完的蒸汽还具有很高的压力和温度，将这部分蒸汽和高温冷凝水用于车间空调制冷，可取代或部分取代吸收式氨制冷机的使用，节约新鲜蒸汽和天然气燃料。余热驱动吸收式制冷及制热技术是一种以低品位能源如工业余热、废热、地热、太阳能为热源直接驱动制冷循环，使热机燃料的利用率进一步提高，制取 7℃ 以上冷冻水，用于空调或工业冷却，或将低于 100℃ 的低温热源的温度提升 $40 \sim 60$℃，再用于工业生产，是一种能大幅度提高企业能源利用率，达到节能、节水、减少温室气体排放、避免使用对大气臭氧层有破坏作用的 CFCs 或 HCFCs 制冷物质的高新技术，因而对节能和环保均具有重要意义。

方案的主要设备：低温热水型两级吸收式溴化锂制冷机

方案的工艺流程：蒸汽→干燥室→疏水器→热水→溴化锂吸收式制冷机→水回用

方案的费用和效益估算：该项目总投资约 50 万元，估算年收益约 25 万元。但该项目与已实施的项目有些重叠，且有待完善，后被取消。工厂将返回的热水用来预热锅炉进水，从而实现了能量回收。

六、实施持续清洁生产

清洁生产是一个相对概念，这次取得的成绩是相对以前的生产方式而言，为了进一步提高清洁生产水平，必须以此为契机，使建立的清洁生产组织、清洁生产管理制度长期有效。在巩固现有成果的基础上，工厂制订了持续清洁生产计划，提出更新的目标，对未完成的目标应创造条件去完成，以期取得更大效益。

七、结论

通过清洁生产审核方案的实施，取得较大成果（见表 8-8）。仅从已实施的方案来看，总投入 33 万元，每年相当于取得了 68 万元的经济效益，年减少了近 20000t 的废水、污水排放，环境效益和社会效益是十分显著的。这充分说明开展清洁生产审核工作对企业来说是很重要的，也是非常有益的。

表 8-8　清洁生产项目经济效益、环境效益统计表

方案类型	方案编号	方案名称	实施时间	总投资/万元	经济效益/（万元/年）	减少排放/(t/d) 废水	减少排放/(t/d) 污水
无/低费方案		WD-1～20	2006	2	7	10	
中/高费方案	1	高效疏水器项目	2006	4.5	26		
	2	蒸汽锅炉节能器	2007	12	32		
	3	环保设施改善	2007	4.5	2		20
	4	真空上料机	2002～2007	10	1		30
	X-5	微循环导热油炉	2008～2009	15	12	70	
	X-6	低温余热利用制冷	后未采用	50	25		
已实施的合计				33	68	10	50
总计				98	105	80	50

第六节　某青霉素清洁生产审核案例简介

某制药企业青霉素车间始建于 1991 年 5 月，生产单一品种，为青霉素 G 钾工业盐。年生产能力为 1000t 工业盐。全年平均发酵单位 46663u/mL，发酵指数 2.2208，最高发酵单位 60800u/mL。2014 年，工业钾盐发酵体积 1480m³，三步收率 71%；产率 1.617。2014 年钾盐产量 2440t，年产值近 1.95 亿元。车间现有人员 259 人，其中专业技术人员 143 人。

1. 筹划和组织

该车间具有完善的组织结构，车间针对清洁生产审核的要求，成立清洁生产小组，由车间主任担任组长，车间副主任及负责工艺、环保、安全等相关工作的人员作为小组成员，制订了车间清洁生产审核工作小组职责，制订了环保工作 SMP（包括气味排放标准管理程序、塔釜排放标准管理程序、染菌发酵液排放标准管理程序、噪声处理标准管理程序、环境目标指标管理标准程序），并与之相应地建立了各项记录。车间利用板报及班组会开展各种形式的清洁生产宣传，增强了员工们的清洁生产意识，从而为顺利开展清洁生产审核工作奠定了良好的基础。

2. 预审核

按照车间的管理方式，青霉素生产分成两大工段，即发酵和提炼。发酵液经过滤，分离出菌丝，在经历酸化、脱色、萃取、精密过滤、蒸馏、干燥等过程，最后经过包装成为成品青霉素 G 工业钾盐。通过对车间近 3 年生产状况、管理水平及整个生产过程的调查结果的分析和评估，该车间日排污总量 COD 折纯 22.5t，占工厂日 COD 总量的 28.13%。主要废弃物有：青霉素菌渣，日排放量 60t；青霉素提炼过程中产生的废酸水，日排放量 900t；溶酶回收过程中产生的洗塔液，日排放量 2～3t；提炼过程产生的废碳，日排放量 2.5t 湿碳；通过本轮清洁生产审核，该车间的目标是单位产品 COD 排放量由 3.27t 降到 3.2t。

3. 审核

物料平衡估算　以下按 2008 年 9 月计当月产量 209.7t，9 月 30 天，平均每天按每批计。本月使用丁酯 350m³，由于生产工艺的条件所限，不能 100% 回收，其中 130m³ 随废水进入中浓度干线。

针对物料平衡结果，审核小组从影响生产过程的 8 个方面对废物产生的原因进行了分析，分析结果如表 8-9 所列。针对这些原因，提出了相应的清洁生产方案。

表 8-9　车间废物产生原因分析表

主要废物产生源	主要废物	原因分类							
		原辅材料和能源	技术工艺	设备	过程控制	产品	废物特性	管理	员工
发酵液预处理	菌渣	青霉菌代谢自身繁殖	损失效价	菌渣含水	外排时散落	含致敏物	菌丝蛋白	加强管理	操作水平需提高
青霉素提炼一步萃取	废酸水	丁酯有挥发性，原料投加比需严格控制	萃取混合不充分影响效果	分离不完全	分离液"跑、冒、滴、漏"	含有害物质	青霉素降解物及部分溶酶	加强管理	加强责任心
青霉素提炼一步萃取	废碳	活性炭和硅藻土的质量影响脱色效果		敞口罐导致溶酶气味大	溶酶滴漏	含溶酶、含水	溶酶气味大	加强管理	加强责任心

主要废物产生源	主要废物	原因分类							
		原辅材料和能源	技术工艺	设备	过程控制	产品	废物特性	管理	员工
废溶酶回收	洗塔液		精馏过程中残留少量有机废物	精馏塔结构影响效果	温度控制与回收率和残留量有关	成分复杂	偏碱性并带有极少部分溶酶与青霉素降解物、部分杂质蛋白	加强管理	加强责任心,提高操作水平
设备检修	废弃油污棉纱					危险物	易燃	加强管理	加强责任心
青霉素发酵	废弃斜面孢子、菌种					含发酵菌种	不灭活的情况下带有一部分活性、高致敏物质	加强管理	加强责任心
成品分装	青霉素粉尘	原料比重小,易飞扬	粉尘收集不好	防尘装置不匹配		青霉素钾盐	高致敏物质	加强管理	加强责任心
提取萃取、共沸	废溶酶	丁醇、丁酯易挥发	技术原因	设备密封性不够		丁酯丁醇气味挥发	对眼、上呼吸道均有强烈的刺激	加强管理	加强责任心

4．方案产生和筛选

该车间利用各种渠道和多种形式开展清洁生产宣传和动员,审核小组对车间内各生产部门的能耗、水耗、物耗及废物排放情况进行了现场调查与总体评价;与技术人员及现场操作人员座谈,鼓励各车间、班组本岗位实际情况出发,发现清洁生产的机会和潜力,围绕清洁生产审核的8个方面寻找废物产生最小量化方案;面向全车间广泛征集清洁生产合理化建议,共产生合理化建议33条,通过对国内外同行业清洁生产技术调研,审核小组提出清洁生产方案43个,经合并产生各类被选方案34个。

5．可行性分析(略)

6．方案实施

在清洁生产审核期间,对易于实施的方案采取边审核边实施,对方案实施可能产生的经济效益和环境效益进行了初步估算(表8-10,表8-11)。

表8-10 经济效益汇总

编号	方案内容	审核后
15	三合一冷却水二次利用。每天钾盐组三合一冷却水有 20m³ 左右,可以用贮罐收集,用于配料等其他生产用水	代替一次水月节约1825元年节约2.19万元
16	将留样 RK 回收到钾盐组	全年节约11808元
17	将中化废粉收回。以上废粉可直接混粉不存在收率问题	全年回收 115kg,约为8663元
19	发酵放罐后,罐内壁及蛇管等处还有少量残留的发酵液,还残留有一定的效价,可将刷罐水压到酸化罐内,回收其中效价	不易估算
20	将发酵组工艺实验用发酵液回收再利用	每年节约总计约12410元费用为5.9万元
32	在原超滤生产系统基础上安装钠滤生产设备,提取滤液罐数减少,溶酶消耗必然会有下降	运行 1 个月,在产量相同的情况下,一次水用量减少10000t

表 8-11 环境效益汇总

编号	方案内容	环境效益
9	发酵罐区内电机上加隔声设备,给每位职工分发隔声耳塞	噪声对职工影响减弱
15	三合一冷却水二次利用,每天钾盐组三合一冷却水有 $20m^3$ 左右,可以用贮罐收集,用于配料等其他生产用水	节约一次水,减少废水排放
16	将留样 RK 回收到钾盐组	减少废物排放
17	将中化废粉收回。以上废粉可直接混粉不存在收率问题	减少废物排放
19	发酵放罐后在发酵罐内壁不搅拌,蛇管等处还有少量残留的发酵液,用清水冲洗上述设备后,刷罐水还残留有一定的效价,这时可将刷罐水压到酸化罐内	减少废物排放
20	将发酵组工艺实验用发酵液回收再利用	减少废物排放
25	检查试剂密封情况,防止有毒、有害物质泄漏,注意更换老化胶管	减少废物排放
26	建立管理制度,加强责任心,提高滤液效价,降低后期消耗,也可以降低青霉素生产成本	减少废物排放
27	强化发酵过程管理,严格控制发酵温度和补料加入量	减少废物排放
28	提高技术操作水平,强化责任心,制订合理的奖惩机制	减少废物排放
32	在原超滤生产系统基础上安装钠滤生产设备,提取滤液罐数减少,溶酶消耗必然会有下降	减少废物排放

第七节　某化工原料厂清洁生产审核案例简介

该化学(集团)有限公司始建于 1956 年,员工 1522 人,占地面积 $3.7 \times 10^5 m^2$,是国家重点氯碱化工企业和某省市基本化工原料生产的大型骨干企业,主要生产烧碱、液氯、盐酸、次氯酸钠(漂白水)、压缩氢气、氯醋共聚树脂、山梨醇等化工原料及硬 PVC 塑料给排水管材管件系列产品,产品行销省内外、港澳地区及日本、韩国、东南亚、南亚、中东等市场,年出口量近 $5 \times 10^4 t$。2008 年总资产规模为 5.1 亿元人民币。

2008 年 1 月,该公司在技术依托单位某市环境保护研究所的指导下开始实施清洁生产审核工作,2014 年 4 月,公司再次被列为清洁生产审核单位之一。

一、策划与组织

1. 组织建设

为确保清洁生产工作的顺利开展,公司成立了由公司董事长、总经理挂帅的清洁生产审核领导小组,小组成员包括主管企业管理、技术、生产的副总经理、总工程师,生产分厂厂长,技术、生产、物资、财务等部门经理,共 25 人,并明确了相应的职责。

2. 编制审核计划

审核小组成立后,编制了清洁生产审核工作计划,使得清洁生产审核工作按一定的程序和步骤进行。针对公司产品种类多的特点,公司领导决定将首轮清洁生产的审核按产品的分类进行,通过员工们对产品工艺流程和对清洁生产审核的了解的加深,依据产品的特性进行方案的筛选和评估、实施。根据《企业清洁生产审计手册》的要求。本轮清洁生产审核共分为策划与组织、预审核、审核、方案产生和筛选、可行性分析、方案实施和持续清洁生产 7 个阶段进行。

3. 广泛开展宣传、培训、教育工作

通过召开专题讲座,邀请咨询顾问(某市环境保护研究所)向企业中层以上领导干部培训清洁生产审核的策划和实施要点,组织审核小组的成员参加了清洁生产审核培训班及 ISO 14001 的环境管理体系内审员培训班的学习,并通过计算机网络传递发布至相关管理人员。对于广大职工,则通过各种宣传标语、板报和集团内部报刊进行全员教育,同时组织了全体

员工"清洁生产知识"测验，取得了较好的效果，使广大员工深刻认识到开展清洁生产的意义与作用，为开展清洁生产审核工作打下了基础。

二、预审核

1. 确定审核重点

对公司近 3 年来产品的产出物耗、能耗、产污和排污及环保达标、总量控制执行情况进行分析汇总。确定出审核的重点应放在污染物产量大、排放量大的氯产品分厂盐酸工段及原盐消耗较大的烧碱分厂盐水工段。

2. 设置清洁生产目标

在确定审核重点后，为推动企业清洁生产审核工作，设置了全公司的清洁生产目标，作为各部门实施清洁生产的动力方向。清洁生产目标见表 8-12。

表 8-12　清洁生产目标

项　　目	2012 年	2013 年	2014 年
COD 排放量/(t/a)	268	220	190
盐酸单位耗水量/(t/a)	14.6	10	8
卤水代替原盐比例/%	10	15	25

三、审核

组织工艺技术人员对审核重点盐水工段和盐酸工段进行物料输入与输出的实测，建立物料平衡，从中找出并分析废弃物产生的原因。

四、方案的产生和筛选

清洁生产方案的数量、质量和可实施性直接关系到企业清洁生产审核的成效。方案的产生是清洁生产审核过程的一个关键环节。因此，公司推行清洁生产以来，在全公司范围内利用各种渠道和多种方式，进行宣传动员，鼓励全体员工提出清洁生产方案和合理化建议。通过实例教育，使员工克服思想障碍，并制订了合理化建议奖等激励机制。并通过各类板报宣传和各种类型的座谈会、交流会，使员工了解如何从原辅材料及能源的替代、技术工艺改造、设备维护和更新、过程优化控制、产品更改或改进、废物回收利用和循环使用、加强管理和员工素质的提高以及积极性的激励 8 个方面考虑清洁生产的方案。同时，组织工程技术人员广泛收集国内外同行业的先进技术情况，并以此为基础，结合公司的实际情况，提出各类合理化建议 42 条，经过筛选，将相同的进行汇总，产生了 34 个方案。其中无/低费方案 27 个，中/高费方案 7 个。

五、可行性分析

对筛选确定的各个中/高费方案进行可行性分析，即进行方案的技术、环境效益、经济效益评估，进行费用-收益综合分析，以选择技术上可行又可获得环境效益、经济效益和社会效益的清洁生产方案。分析结果见表 8-13。

表 8-13　中/高费方案分析结果

序号	方案名称	方案简述	环境效益与经济效益
1	提高用卤比例，回收硫酸钡，降低成本	为了减少盐酸的排放，同时减少原盐的用量，选择卤水(采矿废水)代替原盐作为原料进行生产。由于卤水中含有对制碱反应有害的硫酸根离子，因此必须在电解之前予以去除。为此采用氯化钡去除硫酸根离子，同时生成硫酸钡副产品	方案总投资 280 万元，减少盐泥排放 300t/a，减少原盐 14748t/a，年利润 301.4 万元

序号	方案名称	方案简述	环境效益与经济效益
2	引进盐酸三合一炉	盐酸生成工艺主要设备为铁合成炉、空气冷却器、石墨冷却器、降膜吸收塔，该设置庞大，产品中含有微量的重金属。必须采用新的生产工艺	方案总投资 55 万元，采用盐酸三合一炉简化了生产流程，减少了 30 个设备和管道的漏点，消除了产品中的重金属，水流泵用水采用循环方式，减少废水及尾气的排放
3	二级泵房清水泵供水技改	公司清水泵电机功率过大，与实际供水要求不匹配，存在"大马拉小车"现象，能耗大。通过变频技改，实现恒压供水，节约用电	方案总投资 18 万元，年节约用电 $23.19 \times 10^4 kW \cdot h$，节约电费 12.29 万元
4	隔膜电解槽石棉废水治理	原石棉废水治理设施比较简单，出水不能稳定达标。且废水含碱量较高，未进行回收。重新上一套治理设施，解决超标问题，1440t/a 含碱废水全部回收送码头盐水工序化盐	方案实现了废水零排放，综合利用，节约用水 1440t/a。项目总投资 18.8 万元，减少排污费 3.5 万元/a
5	金属槽扩张阳极配改性膜电槽技术改造	原电槽阴阳极的极距较大，会造成电解时电槽电压过高，电压效率过低。通过改进扩张阳极电槽技术可减少阴阳极间距，降低槽电压 0.15V 左右，改性隔膜比普通隔膜减薄 20%～25%，能延长隔膜的使用寿命半年以上	方案总投资 110 万元，每年可节电 $1.57 \times 10^6 kW \cdot h$，年利润 68.25 万元
6	氢泵节能技改	使用一台生产能力较大的罗茨鼓风机替代 4 台氢泵，同时加装 ECO/160 变速调频器，采用闭环控制的方法，实现电解氢气槽压自动控制，降低氢气输送的电力消耗和冷却水的用量	方案总投资 61 万元，每年可节电 $1.7 \times 10^6 kW \cdot h$，节水 7.5t/a，年节约电费 85 万元，节约水费 7.65 万元
7	盐酸冷却水回收利用	盐酸生产的冷却水水温高，直接排放，水资源利用率低，为此对系统进行改造，利用智能供水系统实现冷却水回收，达到循环利用，节约资源的目的	方案总投资 83 万元，年节水 $1.02 \times 10^6 t$，节约水费 63.7 万元

六、方案的实施

1. 方案的实施

根据投资费用、经济效益、方案实施的难易以及环境效益等综合分析，以上 7 个方案均推荐分期实施，所有方案均计划于 2004 年年底前完成。截至 2004 年 12 月底所有方案均已完成，通过实际统计，方案的实施效果基本与预计效果相符合，共投资 625 万元，产生经济效益 432 万元，主要在能源消耗、污染物排放上实现清洁生产，产生了显著的环境效益和经济效益。

2. 审核效果

通过实施清洁生产审核，企业能耗大幅降低，实施清洁生产前后的能耗变化见表 8-14。

表 8-14　能耗变化情况

项　目	时间		对比/%
	2012 年(1～11 月)	2014 年(1～11 月)	
万元产值综合能耗(按标煤计)/(千克/万元)	5126	4178	-18.5
电/(千瓦·时/万元)	10276	8356	-18.7
蒸汽/(千克/万元)	7386	6178	-16.4
水/(立方米/万元)	38	24	-36.8

通过实施清洁生产审核，企业实现了预期的目标，取得了巨大的环境效益和经济效益，具体内容见表 8-15、表 8-16。

表 8-15　清洁生产审核效果

项　目	实施前（2012 年）	2014 年目标值	目前情况	方案实施前后比较
COD_{Cr} 排放/(t/a)	268	190	159	−109
盐酸单位耗水量/(t/a)	14.6	8	7.17	−7.43
卤水代替原盐比例/%	10	25	27	17
卤水代替原盐量/t	11010	24000	25758	14748

表 8-16　清洁生产绩效表

项　目	环境效益	经济效益/(万元/年)	项　目	环境效益	经济效益/(万元/年)
节约电耗	$3.5×10^6 kW·h/a$	182	减少盐泥排放	300t/a	—
节约水耗	$1.78×10^6 t/a$	138	永久消除四氯化碳，减少对臭氧层的破坏	200t/a	—
减少蒸汽消耗	7082t/a	83.7			
减少原盐消耗	14748t/a	301.4	合计	—	705.2

七、持续清洁生产

清洁生产并非一朝一夕就可以完成，因而应制订持续清洁生产计划，使清洁生产有组织、有计划、有步骤地在企业中进行下去。公司确定了持续清洁生产的下一步计划。

（1）下一轮清洁生产审核工作计划　包括：①确定新一轮的审核重点，并提出新的清洁生产目标；②逐步进行物料、能量、热力平衡测试；③产生方案，分析筛选方案，组织方案的实施；④对方案实施效果进行汇总评估，分析方案对企业的影响。

（2）下一轮清洁生产审核的重点项目　包括：①继续实施卤水代盐方案，不断持续提高卤水使用比例；②实施电解工艺装备节能技术改造；③实施液氯节能技术改造；④制订系统氯气泄漏环保应急预案。

（3）制订企业员工的清洁生产培训计划　略。

第八节　酵母行业清洁生产审核案例研究

一、酵母行业现状

由于饮食习惯等因素，酵母和酵母抽提物的世界市场主要集中在欧洲和北美地区。在欧美，人们的主食以面食为主，并喜欢饮用啤酒、葡萄酒等用酵母进行发酵的酒类，因此活性酵母的消费量高于其他地区；同时，酵母抽提物作为鲜味剂也在欧美市场颇受青睐。但更值得注意的是，随着经济的发展、生活水平的提高以及国际间合作交流的日益广泛，活性酵母和酵母抽提物在亚洲地区的消费量正在迅速提高。

我国酵母工业化生产开始于 1922 年，20 世纪 80 年代国家实行改革开放政策以来，我国的酵母生产以前所未有的速度向前发展。生产企业正在由小变大，商品品牌日趋集中，生产技术和装备水平稳步提高，企业正在向着专业化、大型化、集团化方向发展，形成了如安琪、马利、丹宝利等大规模的酵母生产企业等。

随着我国维生素类产品的热销，对酵母的需求量也日益增大，所需酵母需从国外进口。我国药业和食品业的迅猛发展，拉动了酵母进口的大幅增长。因而，酵母工业在我国与国际市场上都有着广阔的发展前景，今后在国内食品工业、制药工业、饲料工业等领域的应用将进一步扩大，而且具有一定的出口潜力。

制糖工业是我国食品工业发展的重点和主要方向。糖厂要提升技术装备，提高综合利用水平。在糖厂资源综合利用方面，要依法关停污染严重的糖蜜酒精车间和蔗渣造纸车间，鼓励集中利用糖与蔗渣，积极探讨糖蜜用于生产饲料和燃料乙醇的具体途径。利用废糖蜜生产酵母，从一定程度上解决了制糖业废糖蜜的污染问题。

二、生产工艺及产排污分析

1. 酵母生产工艺

酵母生产工艺包括种子培养、原料的预处理、酵母扩大培养和酵母的分离、洗涤、过滤、干燥。

（1）种子培养　酵母最常用的种子培养基为麦芽汁培养基，通常为液体，若需要做成固体或半固体，就要分别添加琼脂 $1.5\%\sim2\%$ 或 $0.6\%\sim0.7\%$。酵母为球形或卵圆形的单细胞真核生物，在自然界分布极广，空气、土壤和水中及植物的花叶和果实的表面等到处都有。从自然界分离出来并保持原样的酵母称为野生酵母，但是直接分离得到的菌种往往不能直接用于生产，酵母生产的良种选育对酵母生产工艺和质量有决定性意义。

（2）原料的预处理　酵母生产的主要原料是糖厂制糖后产生的废糖蜜，包括甘蔗糖蜜和甜菜糖蜜。甘蔗糖蜜是蔗糖厂的副产物，产于我国南方各省，以广东、广西、福建、台湾、四川省区为最多。蔗糖蜜含有大量的蔗糖和转化糖，它的成分随产地、品种和制糖工艺的不同而异，甘蔗糖蜜是微酸性的，pH 值在 $5.0\sim6.2$。目前国内甘蔗糖蜜总固形物含量大多在 $75\%\sim95\%$，而发酵性糖的含量大多在 40% 左右；甜菜糖蜜是甜菜糖厂的副产物，产于我国北部地区，以东北、西北、华北为主。甜菜糖蜜含糖量在 50% 上下，主要是蔗糖，转化糖很少，甜菜糖蜜中磷元素含量仅 $0.03\%\sim0.06\%$，不能满足酵母正常发酵的需要，在发酵液中必须添加氮磷元素。

糖蜜预处理包括稀释、澄清除杂、灭菌等过程。

（3）酵母扩大培养　扩大培养过程一般分为 3 个阶段，即试验室纯种培养阶段、车间纯种培养阶段和流加培养阶段。

（4）酵母的分离与洗涤　发酵结束后，应在很短时间内把酵母从发酵醪中分离出来。分离与洗涤的目的：一是发酵结束后发酵液中的酵母固形物浓度一般为 $30\sim50g/L$，经离心分离后的酵母乳中酵母固形物浓度达到 $150\sim219g/L$；二是通过加数倍量的水洗涤，将酵母细胞表面及酵母乳乳液中残存的糖蜜色素、营养物质、消泡剂和杂菌等除去。

（5）酵母的过滤　经酵母离心分离机分离洗涤的酵母仍具有流动性，就鲜酵母产品来说，通过过滤可以使酵母不再具有流动性，便于贮藏、包装和运输；就活性干酵母而言，只有经过滤后的酵母块才便于造粒成型，同时降低干燥的能耗。

酵母乳过滤的方法包括板框过滤机过滤和真空转鼓过滤机过滤。

（6）酵母的干燥　活性干酵母的干燥方法主要有吸水干燥、静态气流干燥、喷雾干燥和动态气流干燥。

2. 酵母行业产排污分析

一般情况下，酵母生产本身产生的污染物较少，主要污染是糖蜜在发酵过程中不能被利用的物质带来的。酵母发酵采用甘蔗或甜菜压榨得到的废糖蜜来发酵，由于制糖工业的条件和各个糖厂技术进步的不同，糖蜜中除糖浆外，还含有大量的杂质和酵母不能利用的其他物质，因此在以糖蜜为发酵底物时需用水加以稀释和处理。

酵母生产排放的废水是污染最严重、处理难度最大的工业废水之一，酵母废水的污染主要来自于发酵过程，从酵母液体发酵罐中分离的酵母废水，COD 含量为 $30000\sim70000mg/L$，最高可达 110000mg/L，并随酵母生产批次而变更。有些酵母企业将这部分废水分开来处理，主要工艺为蒸发浓缩工艺，并将浓缩液进一步制备有机肥料，以供农用；但蒸发出来的水虽然色度很浅，但 COD 值仍在 2000mg/L 左右，还需进一步处理。

酵母的生产过程也是酵母菌对废糖蜜进行生物处理的过程，由于能够被酵母菌利用的污染物已经被降解，变为生物质，剩余部分则基本为不可被酵母菌利用的部分。所以，酵母生产废水中 COD 和 BOD_5 的浓度之间没有确定的关系。

3. 清洁生产工艺

（1）酵母乳的过滤　真空转鼓过滤机是目前酵母生产中，用于酵母过滤的最为先进的设备之一，可连续将分离后的酵母乳，通过真空吸滤变为适宜干燥造粒的酵母泥。真空过滤机的特点是：接触料浆的一侧为大气压，过滤面的背面与真空源相通。真空转鼓过滤机为连续操作，过滤所得的酵母块较少机会与人接触，直接由螺旋槽送入挤压机成型，减少了染菌机会，且劳动强度低，节省时间。

（2）酵母的干燥　活性干酵母的干燥方法主要有吸水干燥、静态气流干燥、喷雾干燥和动态气流干燥。

1）吸水干燥。19 世纪末和 20 世纪初，将酵母与淀粉、面粉等食物混合吸水的干燥方法曾在工厂生产中大量采用。吸水干燥法所得的活性干酵母水分含量 10%～20%，在吸水干燥过程基本没有活性损失，但贮存的稳定性一般仅 1～4 周。

2）静态气流干燥。自 20 世纪 20 年代起，活性干酵母的制造普遍采用静态气流干燥法。这种方法是：压榨酵母首先被挤压成面条状，再用刀片切成 1～3cm 的长度，送入干燥室，在干燥室内酵母基本处于静止状态，被加热的空气吹过静止状态的酵母颗粒层，逐渐带走其中的水分，使酵母得以干燥。这类干燥方法既可以是连续的也可以是分批的。

3）喷雾干燥。喷雾干燥是在高温下短时间内进行的，化学分解最少，但生物活性损失率较高。经离心洗涤后的酵母不需要经压榨或过滤直接进行喷雾干燥，干燥设备利用在水平方向作高速旋转的圆盘给予溶液以离心力，使其高速甩出，形成薄雾、细丝或液滴，同时又受到周围空气的摩擦、阻碍与撕裂等作用形成细雾，干燥时间为几分钟或数十秒。喷雾干燥的关键是它的雾化器，常用的雾化器型式，按其雾化微粒的方式不同分为压力式、气流式和离心式三种。喷雾干燥由于干燥时的高温，酵母细胞迅速脱水，使酵母细胞受到损伤，通常产品的发酵力低，活性损失在 70% 以上，且喷雾干燥的能耗较大。

4）动态气流干燥。活性干酵母的干燥普遍采用动态的气流干燥。在这类干燥方法中，酵母颗粒悬浮于热空气中，颗粒处于运动态，与热空气的接触比较充分，传热传质效果大大提高，干燥室内温度有所下降，干燥时间则有所缩短，因而其产品活性大大提高。

气流干燥器分沸腾干燥器和流化床干燥器两种，其中沸腾干燥器是分批操作，而流化床干燥器则是连续操作。

① 沸腾干燥器是利用流态化技术设计的一种干燥器。操作时气体与固体接触良好，有较高的传热传质速率，而且颗粒较小，干燥表面积很大，易于控制产品的质量（水分），但是空气进口温度需随干燥过程的进行逐渐下降，因而设备生产能力较低，用气量大。

② 流化床干燥器是在流化床中加入颗粒物料，在流化床的下部通入热空气，在一定的热风速度下，使湿物料处于激烈的固体流态状态，与此同时湿物料温度升高，水分汽化，热空气温度下降、湿度增加，湿物料在一定停留时间达到所要求的干燥状态。流化床干燥器有如下优点：物料与干燥介质接触面积大，同时物料在床内不断地进行激烈搅拌，传热效果好；流化床内温度分布均匀，避免了产品的局部过热；同一设备内可以进行连续操作，也可以进行间歇操作；物料在干燥器内停留时间可以按需要进行调解；投

资少，生产能力大。该干燥器缺点是成品的水分容易因加热蒸汽和空气湿度等的变化而产生波动。

（3）酵母废水生产有机-复合肥料　酵母废水含有丰富的氮、磷、钾等多种元素及丰富的有机质，是农作物的良好肥料，对作物的增产和土壤的改良都有很好的效果。随着科学技术的发展及设备水平的提高，利用废水进行蒸发浓缩制肥的工艺技术已日趋成熟，并在很多发酵企业得到了大规模应用，取得了很好的经济效益和社会效益。利用废糖蜜生产酵母的污水生产有机肥料主要包括蒸发设备和干燥设备，对于蒸发设备的选择，国内外大多采用多效蒸发，为了节约能源，蒸发一般选用四效蒸发器或五效蒸发器（图 8-10）。

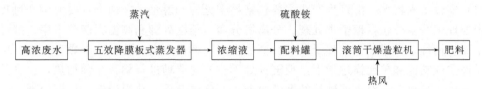

图 8-10　利用糖蜜废水生产有机肥料的工艺流程

三、酵母生产企业案例分析

1. 企业基本情况

某企业从事酵母及酵母衍生物产品生产、经营、技术服务的企业。

企业主要污染源分析如下。

（1）废水　酵母生产过程中的废水主要来源于分离工段，其多次洗涤分离产生有机废水；另外车间清洗贮罐、地面会产生少量的废水。酵母抽提物生产过程中有少量废水产生。

（2）噪声　来源于罗茨风机、冷冻机、空压机及泵类等设备运转过程中产生的噪声，均采取了隔声和降噪处理，安装了相应的噪声治理装置。

（3）固体废物　酵母生产主要原材料糖蜜的处理过程中会产生糖渣，污水处理过程中也会产生污泥，由于无毒，全部资源化综合利用。

（4）废气　由于企业取消了燃煤锅炉，采用市热电厂的集中供热蒸汽，因此企业的主要废气来自浓废液干燥处理系统产生的粉尘污染。

企业实施清洁生产审核前的主要单耗、资源综合利用和主要污染物产生情况为：新鲜水用量 $81.37m^3/t$；糖蜜 $6.08t/t$；标煤使用量 $673.62kg/t$；浓废水排放量 $12.7m^3/t$；淡废水排放量 $56m^3/t$。

2. 预审核概况

预审核是清洁生产审核的初始阶段，是发现问题和解决问题的起点。主要任务是从清洁生产审核的 8 个方面入手，调查组织活动、服务和产品中最明显的废物和废物流失点；物耗、能耗最多的环节和数量；原料的输入和产出；物料管理现状；生产量、成品率、损失率、管线、仪表、设备的维护和清洗等，从而发现清洁生产的潜力和机会，确定本轮清洁生产审核的重点。

（1）现状调研　审核小组依据清洁生产审核程序，在全厂范围内广泛收集审核所需要的资料，主要包括：企业生产工艺流程；企业生产设备流程；企业供水状况；企业供热蒸汽管网情况；企业供用电线路情况；主要生产经营情况；电力、水、天然气、原材料等的消耗情况；企业管理制度、操作规程、岗位责任等。

（2）现场考察　在收集原始资料的基础上，审核小组对生产部和污水处理设施等进行了现场考察，认真核对工艺流程图，并核查了各部门物耗、水耗、能耗、电耗等技术指标，查找物料流失和污染物产生的环节、检查设备运行及维修状况，进一步明确了企业的组织机构、生产和污染排放情况。

（3）确定审核重点　审核工作组在专家组的指导下，根据现状调查和现场考察情况的分析，确定企业的生产部为本次审核的审核重点。

（4）设置清洁生产目标　根据企业与国内外先进水平的差距，制订出本次审核生产部的清洁生产目标。

3. 审核过程及审核结果分析

（1）审核重点概况　酵母生产线主要包括糖蜜处理和酵母生产两个主要的生产过程，其中糖蜜处理工艺主要包括糖蜜预处理、分离机分离、板框处理和高温灭菌等工序，酵母生产工艺主要包括纯培养罐培养、种子发酵、商品发酵、酵母分离、造粒和干燥等工序。生产部各单元操作的功能和单元描述如下：糖蜜预处理——对原糖进行稀释、预加热，促进其杂质沉淀；分离机分离——对预处理后的糖蜜溶液离心除去杂质，获得清液；板框处理——对液体糖渣进行压榨，回收可利用的糖分；高温灭菌——通过瞬时高温杀灭糖蜜中的微生物；纯培养罐培养——对酵母菌种进行车间第一级扩大培养；种子发酵——对酵母菌种进行车间第二级扩大培养；商品发酵——对酵母进行第三级扩大培养，获得商品酵母；酵母分离——分离洗涤获得纯净的商品酵母；压滤——对酵母乳进行抽滤获得含水量低的鲜酵母；干燥——对造粒后的鲜酵母进行干燥，获得成品酵母；包装——将成品包装成不同规格的产品。

（2）物料平衡　企业系统地集中实测，通过实测，审核工作组对进、出车间的物流，包括原料、辅料、水、蒸汽等各类物质的量进行了测定，为进行物料平衡测算提供了充足的数据基础。

通过建立物料平衡以及水平衡，准确地判断出审核重点中物料的利用率、流失率、流失的部位和环节、流失物料的排放走向，定量地描述废物的数量和成分，从而全面掌握了生产过程中的排放和物料流失情况，并在此基础上建立了物料平衡，为清洁生产方案的产生提供了科学依据。

此次审核重点的平衡分析从三个方面进行考虑：一是总物料平衡，旨在分析审核重点总的物料输入输出情况；二是水平衡，主要目的是分析和测算生产系统的水平衡，查出水的流失及使用不合理环节；三是糖平衡，糖蜜是生产的最主要原料，糖分的利用率或流失率对企业的效益和成本以及对环境的影响起着至关重要的作用，所以应进行糖平衡的测算。

（3）污染物产生原因分析　通过物料平衡测算，分析出以下物料流失及废物产生的部位及原因。

（4）废水排放　生产部的废水主要来自于清洗废水、酵母分离的高浓度废水和低浓度废水、日常清洁排水及其他生活用水的排放等，其中酵母分离废水的水量大、污染负荷重，是生产部的主要废水来源。因此，酵母分离废水的处理和控制是生产部废水控制的重点。

（5）气体排放　所指气体主要来自于酵母干燥阶段，其主要物质为水蒸气和一部分酵母粉尘。酵母粉尘从干燥床顶部排出，经过旋风除尘器进行回收，作为味素原料，实现"零排放"。

（6）废渣　生产部的废渣主要为糖蜜预处理阶段的糖渣排放，具体包括板框处理器所排放的固体糖渣和糖渣上清液贮罐所排放的液体糖渣，应设法对产生的糖渣进行回收再利用。

（7）物料泄漏　根据现状调研及平衡测算，生产部的主要物料泄漏为糖蜜处理阶段的液体糖渣的泄漏，在清洁生产方案中制订措施，重点防范。

4. 无/低费方案及实施效果

通过发动广大员工积极参与方案的产生，并且充分的调动厂外专家为企业的清洁生产方案献计献策，共提出清洁生产方案 26 项，其中，无/低费方案 18 项，中/高费方案 8 项。

产生的清洁生产方案的内容简介和方案类型如下：①投加的化工原材料在露天存放，受潮板结后不易溶解，建议搭建仓库或者平台（无/低费）；②高糖发酵的糖蜜转换率偏低，应改进工艺，从而提高糖蜜转换率（无/低费）；③配制 BB 肥时，人工放料计量不准确，有一定浪费，采用自动包装称（无/低费）；④BB 肥缝线为手提缝包机，劳动强度大，还必须缝两道线，采用自动缝包机，既降低劳动强度又可折叠口袋只缝一道线（无/低费）；⑤干燥车间辅机特别是筛分机房布局不合理，设备能力滞后，同时影响蒸发处理能力提高，建议改造或更换筛分机、破碎机（中/高费）；⑥老搅拌槽腐蚀严重，漏浓液，将之拆除，腾出的地方建水泥池（中/高费）；⑦浓液池极易产生沉淀物，建议在浓液池加装搅拌器，防止沉淀物产生也能提高浓液的浓度，提高干燥产量（无/低费）；⑧综合车间清水泵节能，通过内部光滑处理降低运行电流（无/低费）；⑨糖蜜预处理滤布的过滤效果不好，选择过滤效果好的滤布，减少糖渣中糖蜜含量（无/低费）；⑩种子分离采用串联，可改变工艺成并联一次性分离，可节约分离用水（无/低费）；⑪环保设施处理能力无法满足企业环保压力，尤其是蒸发浓缩能力，增加高浓度废水处理设施，彻底解决生产部门每日排放的污水（中/高费）；⑫蒸发系统效率较低，蒸汽消耗量大，需要改造（中/高费）；⑬生产部干燥真空泵用水量大，全部排掉浪费大且给环保增加了负担，应该加强管理节约用水且尽量回用（无/低费）；⑭生产部冷冻蒸发式冷凝器在秋冬季节可以大量节约用水（无/低费）；⑮沉渣池污泥沉淀快，没有很好地利用而造成浪费情况，沉渣池加装搅拌，将污泥全部使用（中/高费）；⑯车间"跑、冒、滴、漏"，自来水运行出现"跑、冒、滴、漏"现象，所有设备冷却水回收至循环水池再综合利用，减少废水产生（无/低费）；⑰糖处残渣和清洗水直接排放，造成排污压力，建议改进处理工艺，回收全部糖渣，导入糖渣罐内进行预处理（无/低费）；⑱糖处闪蒸罐真空泵密封水直排了可惜，考虑充分利用，可考虑密封水两泵合一（无/低费）；⑲分离每次分完发酵罐后，清洗人员水洗发酵罐的水白白浪费，清洗水可以回收作为循环水，冷却水、第二遍分离的洗涤水使用（无/低费）；⑳干燥大清洗后第二、三、四遍的碱液都排入下水道中，可将其再次回收利用，在浸槽两排污阀处装一管线，并入碱回收管线中（无/低费）；㉑增加沼气锅炉，提高沼气利用率，节约蒸汽（中/高费）；㉒物化处理工段增加一套污泥脱水机，提高污泥脱水能力（中/高费）；㉓当前肥料生产线能力不足，设备局限性大，能耗高，生产环境差，应重新设计，另辟场地修建符合要求的干燥生产线（中/高费）；㉔蒸发器清洗效果直接影响着污水处理率，制订清洗考核制度迫在眉睫，由专人监管蒸发器清洗并制订出适合部门清洗标准奖惩制度（无/低费）；㉕工艺制度规范化、文字化较差，应考虑逐步规范，提高工作效率（无/低费）；㉖目前设备维修多是事后维修，设备在使用过程中注意巡检，做到预防性的维修，而不是事后维修（无/低费）。

5. 中/高费方案及可行性分析

（1）增加蒸发系统，提高高浓度废水处理量

1）方案简述。新增六效蒸发浓缩系统采用逆流连续加料法，利用降膜式和强制循环式混合加热，使物料真空状态下低温蒸发，将固形物含量 4%～6% 的稀料蒸发浓缩至 55% 后由出料泵至干燥喷浆造肥。蒸发能力设计为 26.9t/h，蒸汽消耗设计 5.5t/h，可处理高浓度废水 1100m³/d，产生浓浆 2.2m³/h。

2）技术可行性分析。该系统蒸发能力 26.9t/h，加热面积 $1950m^2$，采用逆流连续加料法，加料时溶液的流向与加热蒸汽的流向相反，原料经板式预热器预热后再进入第六效蒸发器蒸发，在设备内的真空环境下低温蒸发，再进入下一效以相同的原理蒸发，浓度逐步提高到达一效浓缩，至达到排料要求的浓度后出料。同时前效的冷凝水进入后效，利用真空差进行自行蒸发，因而可以产生更多的二次蒸汽。由于采用六效蒸发，各效间的温差较低，二次气雾沫夹带的物料较少，使排放的冷凝水 COD 含量较低。

3）环境可行性分析。本方案为企业废水清污分流、浓淡分离的高浓度废水处理扩建项目，建成后和日处理能力 $700m^3/d$ 的老蒸发系统同时运行，可日处理高浓度废水 $1400m^3$，完全解决生产系统日排放 $1100m^3$ 高浓度废水处理问题，有效减轻生化、物化处理系统的负荷，实现企业废水达标排放。

4）经济可行性分析。本方案在老五效蒸发系统的基础上进行了适当改进，方案总投资700 万元；方案实施后年可产生经济效益 300 万元。

（2）增加沼气锅炉，提高沼气利用率

1）方案简述。生化物化工段在处理废水过程中，每天的沼气产量冬天时约 $8000m^3$、夏天时约 $14000m^3$，平均约 $10000m^3$，沼气低位热值 5650kcal/m^3（平均值，$1kcal\approx4.18kJ$，下同）。将沼气进行脱硫后进入沼气贮柜中贮存，经加压后进入沼气燃烧器点燃并在沼气锅炉中燃烧，产生的高温烟气将经过软化和除氧后的水加热产生蒸汽，蒸汽经分汽缸并入蒸汽管网。

2）技术可行性分析。本项目中关键设备沼气锅炉应采用全自动燃气蒸汽锅炉，锅炉主控柜技术比较成熟，采用现代化电脑控制技术，在吸收国外先进技术的基础上能够实现国内控制自动化应用。产品具有可靠性高、使用方便、操作简单、功能丰富、控制灵活、造型美观、全自动化程度高等特点，具有自动程序点火、程序启停、燃烧自动调节、给水自动调节等自动控制系统和高低水位报警、极限低水位、蒸汽超压、火焰监测、可燃气体检漏等联锁保护系统。

3）环境可行性分析。沼气在进入锅炉前先经过自动脱硫处理，符合环境效益的要求，并且可减少外购蒸汽量，从而达到降低煤资源消耗和 SO_2 排放的目的。

4）经济可行性分析。目前企业所产生的沼气主要用于肥料车间烟气炉的补充能源，即使将沼气全部用于烟气炉燃烧且燃烧完全也只能产生 5.085×10^7 kcal 的热量，而且沼气在烟气炉中燃烧损耗较大，不能发挥其应有的资源能力。新增沼气锅炉后，由于蒸汽管网较短，管径相对较小，热损失明显低于外购蒸汽，效益十分明显。增加沼气锅炉预计资金投入近 176 万元，每年可产生经济效益约 368 万元。

（3）改造旧蒸发系统，提高高浓废水处理效率

1）方案简述。旧蒸发系统为五效全板式降膜蒸发器，主要存在如下缺点：①运行不稳定，出料浓度低，特别是一效、二效蒸发器容易结垢、结晶，蒸发效率下降很快，清洗困难；②工人操作难度大，作业强度高；③蒸汽消耗大，运行费用高。改造后将一效、二效蒸发器改成管式强制循环式蒸发器，保证系统长时间稳定运行，提高出料浓度，改善工人作业环境，降低运行费用。

2）技术可行性分析。旧蒸发系统改造是在新增六效蒸发系统成功运行后借鉴其设计理念而加以设计实施的，技术上没有任何风险。

3）环境可行性分析。本项目为企业废水清污分流、浓淡分离的高浓度废水处理改造项目，改造后和新系统一起稳定运行，完全解决生产系统日排放 $1100m^3$ 高浓度废水处理问题，实现企业废水达标排放。

4）经济效益分析。本方案总计投资 300 万元，方案实施后可以有效降低环保治理费用，每年可节约环保治理费用 128 万元。

第九节　某采矿企业生产审核案例简介

1. 准备阶段——筹划和组织

筹划和组织阶段的主要任务是通过宣传教育，使全体职工了解清洁生产的内涵，充分认识实施清洁生产的意义和作用，克服思想障碍，获得高层领导和职工群众的积极支持与参与。为保证清洁生产审核工作能顺利进行和实施，获得全矿职工的大力支持和参与，本次清洁生产审核工作采用举办学习班和分车间班组小规模讲解讨论两种方式进行。通过宣传教育，使全体领导和职工了解了清洁生产的概念、目的、意义以及开展清洁生产给企业带来的经济效益等，认识到清洁生产是实施矿山可持续发展的必由之路。

为保证此次清洁生产审核工作的进行和实施，本次清洁生产审核工作分别组建了清洁生产审核领导小组和清洁生产审核技术小组，并制订了工作计划（表 8-17）。

表 8-17　清洁生产审核工作计划

步骤		主要内容	天数/d	启动日期	完成日期
准备阶段	1	领导决策			
	2	组建工作小组			
	3	制订工作计划	5	03-19	03-23
	4	宣传、动员和培训	10	03-26	04-06
	5	物质准备			
审核阶段	1	公司现状分析	10	04-09	04-20
	2	确定审核对象	2	04-23	04-24
	3	设置清洁生产目标	4	04-25	04-30
	4	编制审核对象工艺流程图	5	05-07	05-11
	5	测算物料和能量平衡	5	05-21	05-25
	6	分析物料和能量损失原因	4	05-28	05-31
制订方案阶段	1	介绍物料和能量平衡	2	06-01	06-04
	2	提出方案	4	06-05	06-08
	3	分类方案	4	06-11	06-14
	4	优选方案	5	06-15	06-21
	5	可行性分析	5	06-22	06-28
	6	选定方案	1	06-29	06-29
实施方案阶段	1	制订实施计划	7	07-2	07-10
	2	组织实施			
	3	审核实施效果			
	4	制订后续工作计划			
	5	清洁生产报告的编写、印刷	25	07-11	08-14

2. 清洁生产审核阶段

审核阶段是开展清洁生产的核心阶段。其目的是在对生产现状全面调查、分析、研究的基础上确定开展清洁生产审核的对象；弄清审核对象物料和能源消耗量及污染物的产生和排放量；分析审核对象的物料和能源损失及污染物的产生和排放原因，为寻找清洁生产机会和制订清洁生产方案奠定基础。该阶段主要进行了以下工作。

(1) 现状分析 该矿山主要生产车间有 3 个,各车间的主要功能见表 8-18。为确定开展清洁生产的审核对象和目标,从 2011 年开始,对该矿生产现状进行全面调查,了解生产、经营和管理等方面的基本情况,通过对原材料使用情况、产品调查、环境保护数据和工艺流程等情况的了解,以期找出生产过程中的最薄弱环节,确定资源消耗和对环境影响最大的部位,寻找开展清洁生产能取得最大效益的机会。

表 8-18 该矿主要生产车间功能说明

编号	车间名称	功 能 说 明
1	采矿车间	对采场的矿石进行采掘(穿爆、装运),废石运往排土场,矿石运往钓鱼山进行粗中碎初加工
2	选矿车间	对矿石进行洗碎、淘汰、球磨、过滤等的选别处理,最终获得精矿产品
3	铁运车间	负责铁矿石由采场运往选矿车间,铁精矿运往马钢冶金厂和其他的运输任务

(2) 确定审核对象 从是否具有清洁生产潜力出发,主要考虑到物耗、能耗大的生产单元,污染物产生量和排放量较大、超标严重的环节,生产效率低下、严重影响正常生产的环节,容易出废品的环节,对操作工身体健康影响大的环节,生产工艺较落后的老大难部位,易出事故和维修量大的部位,难操作、易使生产波动的部位等因素来确定清洁生产审核对象。针对该矿山的生产实际,采用权重加和排序法确定清洁生产审核对象,其结果如表 8-19 所列。

表 8-19 权重加和排序法确定清洁生产审核重点结果

权重因素	权重值 (W)	采矿车间		铁运车间		选矿车间	
		评分(R)	得分(WR)	评分(R)	得分(WR)	评分(R)	得分(WR)
废物量	10	10	100	2	20	8	80
环境影响	8	8	64	6	48	9	72
废物毒性	7	3	21	2	14	4	28
清洁生产潜力	6	6	36	3	18	10	60
车间积极性	3	7	21	7	21	9	27
发展前景	2	4	8	3	6	8	16
总分∑(RW)		250		127		283	
顺序		2		3		1	

(3) 清洁生产目标的制订 根据审核对象的确定,提出本次清洁生产审核目标,如表 8-20 所列。

表 8-20 该矿清洁生产审核目标

项目	短期目标	长期目标
物耗	回收利用粉精矿 30000t/a	
能耗	削减选矿车间电耗 5%	
水耗	削减新水耗量 8%	
环境	削减废水排放量 5%; 尾矿坝干坡段扬尘抑制 50%; 削减尾矿排放量 3×10^4 t/a	实现选矿尾矿综合利用率 100%,最终达到无尾排放的目标
经济	预计经济效益可达 655 万元	

(4) 提出和实施无/低费方案 无/低费方案的实施情况如表 8-21 所列。

表 8-21　无/低费方案实施情况

方案类型	内容	实施时间	投资/元	环境效益
废物	细碎除尘器恢复运营	8 月	3000	减少破碎粉尘外排
	10000m³ 循环水池的清澈	4 月	10000	提高循环水系统能力和水质
管理	跳汰分级机进水阀维修	6 月	—	减少生产用水的泄漏
	加强精矿粉外发时的管理	已实施	—	减少精矿粉的流失
职工	加强培训	在进行	—	提高职工的清洁生产意识

3. 输入输出物流测算

输入输出物流数据的跟班调查与部分测试,结果列于表 8-22。

表 8-22　选矿车间各工段输入、输出物流汇总表 (年用量)

操作单元	矿物原料输入量/t	矿物物料输出量/t	
		产品	尾矿
破碎工段	928200	928200	0
淘汰工段	928200	跳汰小块 208927;中矿 485311	233962
球磨工段	485311	粉精矿 312376	172935
精尾工段	精矿 523383 尾矿 404817	精矿 523383	404817

通过上述分析可知,该矿在废物产生和产品方面均存在一些问题,主要为:跳汰工段水耗(电耗)过大,金属流失量也大;粉尾矿(扫尾、精尾)金属品位高,回收率低;球磨工段噪声不符合卫生标准;尾矿库扬尘量大,影响周围的生态环境;尾矿库溢流水超标。

4. 制订清洁生产方案阶段

(1) 征集方案　本次清洁生产审核共征集到方案 48 个,清洁生产审核技术小组根据方案的类型、名称及可实施性分类进行了汇总,结果如表 8-23 所列。

表 8-23　清洁生产方案汇总表

方案类型	编号	方案名称	可实施性
加强管理	1	采场流砂架头的维护	A
	2	该矿企业生活区锅炉卫生条件差急需整改	A
	3	细碎厂房内设有 6 台泡沫除尘器,但 2#、3#、4# 除尘器不能正常工作,建议查清原因,使之恢复正常运行	A
	4	洗矿厂房用水应设置剂量设施,以节约用水	A
	5	皮带廊道内冲洗水管因疏于管理,长流水现象比较严重,应加强管理,以节约水资源	A
	6	淘汰厂房内螺旋分级机旁新水给水阀,严重漏水,建议更换阀门	A
	7	原矿分级机小叶片经常被矿石卡死,更换时间较长,影响生产	A
	8	工人技术水平参差不齐,对工艺操作参数调整不太熟练,建议对操作工人进行必要的培训	A
废物回收利用	9	回收利用废机械润滑油,减少污染	A
	10	液压油及润滑油分类回收利用	A
	11	采场排土用以修筑高速公路	D
	12	废旧钢丝绳的回收利用	A
	13	废旧钢铁及有色金属回收利用	A
	14	细碎、跳汰流失粉矿的综合回收利用	C
	15	降低尾矿品位,提高金属回收率	C

方案类型	编号	方案名称	可实施性
改进工艺	16	中深孔爆破的孔底起爆技术	B
	17	洗矿和原分级溢流改进粗选作业	C
	18	3#泵站增设水封水	A
	19	SZ-4真空泵一泵两用	A
	20	洗碎工段原矿放矿闸门为手工操作,因原矿含泥量大,致使闸门易卡,影响正常生产,建议改手动闸门为电动或气动	A
	21	选矿车间2#皮带辊在原矿含泥量大时易打滑,建议尽快解决这一问题	A
	22	选矿车间原矿放料仓下集水池内含有工段打扫卫生的矿浆等,由清水泵排出时易堵,建议改清水泵为渣浆泵	A
	23	细碎厂房内3台圆锥破碎机密封圈易损(有时一周要更换2~3次),更换耗时较长,影响生产。建议将破碎机密封圈由单密封改为双密封,或其他有效的办法	A
	24	细碎厂房现有3台PYDφ1750圆锥破碎机,因破碎能力有限,难以满足现有生产能力的要求,建议扩容	D
	25	因该矿矿石硬度大,含泥量大,破碎机主要部件更换周期短,是否能寻求性能更好、经济可行性较好的破碎设备	D
	26	跳汰工段属高水耗(电耗)工序,建议在改成干式磁选机时,进行必要的技术经济分析,先对部分跳汰机进行试验改造。成功后再全面铺开	C
	27	原矿分级机脱水效果不佳,造成22#、23#皮带机易打滑,建议找出其中的因果关系以利改进	A
	28	12#皮带机头(上部为放料仓),易被矿料堵塞。清理费时费力,建议查明原因,予以改进	A
	29	跳汰工段双层筛筛分效率与处理量不相适应。影响跳汰精品位,建议予以改进	B
	30	磨矿分级机(一段、二段)处理能力小,分级效率差,建议应立项研究。以解决这一问题	B
	31	扫尾精矿品位低,约为55%,与公司总精矿品位要求59%较远。建议采用可行的技术,以提高精矿品位	C
	32	粗尾品位(约为24%)和扫尾品位(26%~27%)均偏高,影响选厂金属回收率的提高。应设专项研究,以提高金属回收率	C
	33	选矿车间每年排放尾矿总量约2.0×10^6t,建议进行必要的技术论证,实现无尾排放	C
安全环境保护	34	该矿排土场后期整治,固沙防水土流失	A
	35	排土固堤,减少排土场排土量,既保障青山河两岸的河堤安全,又延长排土场使用期限	B
	36	采场边坡绿化,防水土流失,同时净化空气	B
	37	该矿排土场部分台阶复垦利用	C
	38	空心砖厂道路砂尘消除方案	B
	39	空心砖厂生产用水水质差,必须进行净化处理	B
	40	空心砖厂厂房内有害废气排放方案	B
	41	关于尾矿库植被复垦,干坡段场尘抑制的治理方案	C
	42	该矿生活饮用水深度处理,保障职工饮用合格水	B
	43	选矿车间原矿放矿口(1#皮带上方)下方温度高,通风效果差,影响操作工人健康,建议设置通风设备	A
	44	洗矿振动筛正常生产时筛面噪声较大,能否将筛面改成橡胶衬里或其他可行材料,以降低噪声	B
	45	4#皮带机头目前设有除尘口,但不能正常运转,致使4#皮带通廊内粉尘浓度高,难以达标,建议予以改善	A
	46	跳汰机上方电动葫芦在维修更换8#跳汰机部分设备时,难以把设备调装到位,只能靠人工拉,存在事故隐患	A
	47	球磨机噪声大,影响操作工人身体健康,建议设置隔声操作室	B
原材料改进	48	因原矿含泥量大,影响选矿车间正常生产,能否从采场或粗中碎阶段洗掉部分原矿中的泥分	D

(2) 方案筛选 筛选方案是对征集到的清洁生产方案进行全面分析、划分和归类,通过

权重加和排序法，优选出 3～5 个技术水平高、实施难度大且解决问题的紧迫性高的重点方案供可行性分析。由清洁生产技术小组对 C 类的 9 个方案，经充分讨论确定影响方案实施的权重因素及权重值，然后分别对各方案进行独立打分。通过汇总、分析计算，按总得分排定次序，结果见表 8-24。

表 8-24　清洁生产方案优选评估表

权重因素	权重	方案序号及得分/分								
	(1～10)	14	15	17	26	31	32	33	37	41
减少环境危害	10	60	50	60	50	40	60	90	80	90
经济可行	8	64	64	56	72	48	72	32	64	64
技术可行	8	72	72	64	80	48	72	48	72	72
易于实施	6	36	30	24	36	42	48	30	42	42
节约能源	5	5	10	10	50	10	30	35	25	30
发展前景	4	36	40	32	36	28	32	32	36	36
总分		273	266	246	324	216	314	267	319	334
排序		5	7	8	2	9	4	6	3	1

（3）方案可行性分析　可行性分析是对方案进行技术、环境、经济方面的综合分析，以确定可以实施的清洁生产方案。相应的工作为方案简述、技术评估、环境评估、经济评估及推荐可实施方案。通过分析评估，推荐的可实施的方案如表 8-25 所列。

表 8-25　选定清洁生产方案表

编号	方案名称	方案类型	经济效益/万元	环境效益
1	尾矿库植被复垦、干坡段扬尘抑制	环境保护	15	生态环境得以恢复、扬尘得到抑制
2	干式磁选机替代跳汰机	改进工艺	160	减少车间水耗
3	钟山排土场部分台阶复垦利用	环境保护	30	排土场生态环境得以恢复
4	降低尾矿品位，提高金属回收率	改进工艺	150	少排尾矿 10000t
5	细碎、跳汰流失粉矿的综合利用	改进工艺	300	回收利用流失粉矿量约 3.6×10^4 t

5. 方案实施阶段

（1）制订实施计划　对本次清洁生产审核征集到的 48 个方案，按已组织实施、中近期实施、长期实施分别制订方案实施行动计划，并推荐给矿方分步实施。

（2）筹措资金　根据方案的投资大小，以及集团公司的整体安排，可分别进行方案的投资。在本次审核中，中/低费方案均由该矿安排实施。远期方案投资较大，涉及集团公司的整体安排，由集团公司统一部署。

第十节　某煤矿清洁生产审核案例简介

1. 审核重点的确定

（1）某矿基本情况　某煤电集团某矿于 1987 年投产，采用走向长壁后退式采煤法，现有 3 个立井年设计能力为 9.0×10^5 t，2013 年实际完成 1.19×10^6 t。2007 年成功进行了首轮清洁生产，并制订了持续清洁生产计划，取得了良好的社会效益、环境效益和经济效益，于 2012 年成为国家级绿色矿山试点。

（2）清洁生产审核重点的确定　为便于清洁生产审核工作的开展，将该煤矿分为采掘、通风、运输提升、排水、生态环保与辅助 6 个工段进行"减排"与"节能、降耗"两部分分析。

该煤矿作为国家级绿色矿山试点单位，多年来坚持持续改进，在环保方面按国家高标准要求，并取得了良好的效果。污染物排放主要包括废水、固废、废气三个方面。其中，煤矿生活污水经过表面活性污泥法与 A/O 法处理后全部达标排放；矿井水经混凝、沉淀过滤及杀菌处理工艺处理后用下注浆、锅炉除尘、洗煤跳汰、厕所冲刷、消防、绿化等，利用率达 75%；固废包括煤矸石 1.8×10^5 t、炉渣 1417t，除部分煤矸石用于电厂发电外，其余全部用于厂周围湖堤坝的加固、塌陷地复垦、铺设新公路的路基等，利用率达 100%。废气主要是锅炉烟气年排放量约为 3.24×10^7 m^3，经麻石水膜处理后全部达标排放。该矿在环保方面已取得了良好的效果，清洁生产潜力相对有限，针对该矿环保现状，分析认为：应从工艺流程及运行情况着手，对系统进行不断优化，进一步挖掘环保潜力。

煤矿作为高耗能、高能源产出的企业，能源消耗巨大，本着基于系统优化持续改进清洁生产的原则，将"节能、降耗"作为本轮清洁生产的重点。

为了更好地挖掘该矿"节能、降耗"潜力，在煤矿清洁生产审核环节中，采用企业能源审核的分析方法，通过能源平衡、物料平衡的定量计算获得相关数据，在此基础上绘制企业的能源平衡、物料平衡图，通过企业用能情况进行详细系统的定量分析，结合前期预审核阶段开展的现场调研，准确寻找企业存在的清洁生产潜力。通过绘制输入输出物料、能源流动平衡图对该矿耗能情况进行了分析，如图 8-11 所示；并通过对各工序能耗对比分析，如表 8-26 所列。

表 8-26　2013 年某矿工序能耗汇总表

指　　标	某矿	行业值	指　　标	某矿	行业值
原煤生产电力单耗/(kW·h/t)	22.91	20.91	排水工序能耗/[kW·h/(t·100m)]	0.4010	0.41
原煤生产综合能耗(按标煤计)/(t/10^{4}t)	33.67	31.29	提升工序能耗/[kW·h/(t·100m)]	0.4513	—
通风工序能耗/[kW·h/(m^3·Pa)]	0.368	0.36	压风工序能耗/[kW·h/(m^3·MPa)]	0.1048	0.11

由图 8-11、表 8-26 可以看出电力与蒸汽为该矿的主要能源，其次消耗少量柴油、汽油、液化气，2013 年煤矿消耗电量 3.00957×10^7 kW·h，主要用于生产系统（采掘及矿井通风、排水、提升、压风、运输）；其中原煤生产电力单耗 22.91kW·h/t，高于行业值 20.91kW·h/t，原煤生产电力单耗相对较高。采掘工段与通风工段消耗电量占全矿总耗电量的 54.42%，为主要耗能工段。其中通风工序能耗为 0.368kW·h/(10^6m^3·Pa) 高于行业值。2013 年消耗蒸汽量 3011.8t，主要用于矿井井口保温及其职工浴室和食堂。但在调查中发现蒸汽在输送与消耗过程比较简单，"节能、降耗"潜力有限。根据该矿情况分析，通过权重总和计分排序法进行打分和打分结果合理性评价，最终决定将采掘工段、通风工段及生态环保工段作为本次清洁生产审核重点。

2. 清洁生产潜力分析

通过上述分析确定采掘工段、通风工段及生态环保工段为本轮清洁审核重点，因此对这 3 个工段进行生产工艺流程分析、输入输出物流测定和废弃物产生原因调查，从而挖掘清洁生产潜力。

（1）生态环保工段

① 矿井水、生活污水处理系统良好，但是在现场调查中发现部分管道因铺设年代久远出现雨污混流、部分管道频繁出现漏水、堵塞等现象，增加了污水处理厂的处理负担，也影响着工作环境。

② 煤矿煤矸石和炉渣利用率 100%，锅炉烟气经麻石水膜除尘工艺除尘效率达 95%，除尘效率良好。

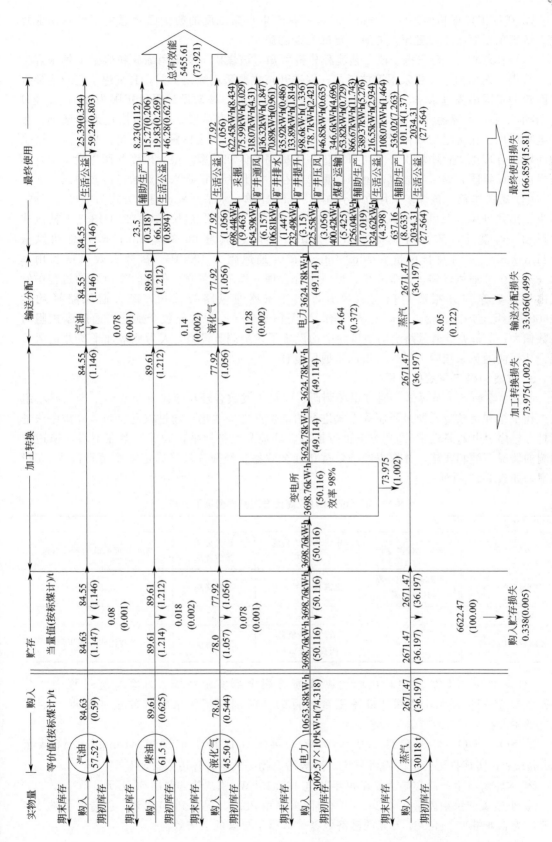

图 8-11 2013 年某矿能源平衡图（单位：t）

③ 矿区工作面粉尘浓度 $410mg/m^3$，主要产尘点高浓度的粉尘已然恶化了矿井作业环境，危害到了职工身心健康，并有一定的安全隐患。

（2）采掘工段　对采掘工段工艺流程分析可知，该煤矿主要采用综放和综掘 2 种采煤工艺；采煤工作面回采主要采用综放工艺；掘进开拓主要采用综掘工艺，其采煤工艺及主要设备配置处于国内先进水平。采掘工段工序能耗较高是因为该矿设计服役年限为 51 年，经过 30 多年开采，资源逐步枯竭，条件较好的采区已进入收尾阶段，开采难度也逐年增加，生产电耗增加。作为老矿如何延长煤矿服役年限、为矿井生产接替赢得时间是该煤矿急需解决的问题。合理地进行小段煤开采，可以进一步提高矿区回采率，最大限度利用煤炭资源，延长煤矿服役年限，是解决该煤矿问题的重要途径，也将为煤矿带来可观的经济效益。

（3）通风工段　该煤矿采用立井开拓，$-285m$ 单一水平开采，通风方式为中央边界式，即主、副井进风，西风井回风，通风方法为抽出式。主要设备为 GAF-22.4-13.3-1 轴流式通风机。经测定，矿井需风量 $6347m^3/min$，实际进风量 $6673m^3/min$；矿井总回风量 $6841m^3/min$，矿井总排风量 $6970m^3/min$；矿井通风阻力 1928Pa，矿井有效风量利用率 94.8%。矿井通风设施、设备齐全，通风系统合理、稳定、可靠。但是，在测定的过程中发现由于该矿东风井报废后启用西风井，矿井东翼通风路线偏长，最大通风路径约达 12000m；巷道局部冒落，积矸现象严重，淤泥积水较多等原因导致个别地点通风摩擦阻力系数偏大；3 条关键通风路线的回风巷中均设置了风量调节设施，人为地增加了矿井通风负压，从而使通风系统阻力增加，增加了通风电耗。

3. 方案的确定与效果分析

（1）方案的产生与筛选　通过现场调研、向员工发放合理化建议表及清洁生产领导小组及工作小组和审核专家商讨研制等方式进行清洁生产方案收集。通过权重总和计分排序法进行打分排序，并对备选中/高费方案进行技术、环境和经济评估，确保方案在不对环境造成影响的情况下顺利实施，并取得经济效益和社会效益。经筛选最终确定 4 个可行的中/高费方案，如表 8-27 所列。

表 8-27　4 个可行的中/高费方案基本情况汇总表

编号	1	2	3	4
方案名称	无尘化矿井建设	中央采区边角煤小块段开采	矿井通风系统优化	排水管道系统的升级改造
获得何种效益	提高采煤工作面环境质量	提高煤炭回采率	减排降耗	减排降耗
方案投资/万元	286.8	190	185	100
能源资源的节省	—	节约煤炭资源提高工作效率	节约电能	节省污水处理资源

（2）方案实施效果　2014 年 4 个中/高费方案全部实施完毕。方案实施过程中，总共投入资金 976 万元，在保证设备正常运行的同时削减了污染物排放量并取得一定的经济效益。

① SO_2、NO_x 分别减排 3.02t、0.87t；某工作面粉尘浓度由 $410mg/m^3$ 降低至 $150mg/m^3$；实现排污管道的雨污分流，削减污染物排放量，环境效益明显。

② 本轮清洁生产的实施为该矿每年节电 165.13kW·h，节省费用 70 万元。

③ 小段煤开采采煤量达 $4.26×10^5t$，回采率由 80.4% 提高到 81.2%，创造产值约 1.2 亿元，为企业带来 1442.21 万元的经济效益，取得了显著的经济效益。

第九章

清洁生产审核典型案例分析

第一节 某乳业公司清洁生产审核案例

一、引言

1. 本轮清洁生产审核任务的由来

某市环保局发布的《关于公布某市 2017 年实施清洁生产审核重点企业名单的通知》（某 X〔2017〕XX 号）将某乳业作为第三类企业列为强制性清洁生产审核企业。同时，为进一步控制烟气、废水对环境的影响，提高企业的生产效率，降低能耗、物耗，进一步提升竞争力和品位，该乳业积极主动地启动了本轮清洁生产审核工作。并于 2017 年 8 月委托某环境科技有限公司进行清洁生产审核的技术支持和服务。

2. 本轮清洁生产审核范围对象、审核时段划分

（1）洁生产审核范围对象　某乳业公司产区范围。

（2）审核时段划分　审核期为 2017 年 9 月～2018 年 9 月；审核基准年为 2016 年。

3. 清洁生产审核依据

主要包括：①《中华人民共和国环境保护法》（1989 年 12 月 26 日）；②《中华人民共和国清洁生产促进法》（2012 年 7 月 1 日）；③《中华人民共和国节约能源法》（2008 年 4 月 1 日）；④《关于加快推行清洁生产意见的通知》国办发〔2003〕100 号；⑤《清洁生产审核暂行办法》（国家发展和改革委员会、国家环保总局令第 16 号）；⑥国家环境保护总局《关于贯彻落实〈清洁生产促进法〉的若干意见》（环发〔2003〕60 号）；⑦《关于印发重点企业清洁生产审核程序的规定的通知》（国家环保总局环发〔2005〕151 号）；⑧《关于进一步加强重点企业清洁生产审核工作的通知》（环发〔2010〕60 号）；⑨《关于深入推进重点企业清洁生产审核的通知》（环发〔2010〕54 号）；⑩《关于发布〈黑龙江省重点企业清洁生产审核〉评审及验收管理办法的通知》（黑龙江省环境保护局黑环办〔2007〕138 号）；⑪《关于加强清洁生产审核评审要求的通知》（黑环字〔2008〕3 号）；⑫《关于公布 2017 年实施清洁生产审核的重点企业名单的通知》（黑环办〔2017〕××号）；⑬《产业结构调整指导目录》［国家发改委（2013 年修正本）］；⑭《聚氯乙烯等 17 个重点行业清洁生产技术推行方案》（工信部节〔2010〕104 号）；⑮《节能减排先进适用技术遴选评估与推广工作》（工信部联节〔2012〕434 号）；⑯《高耗能落后机电设备（产品）淘汰目录（第一、二、三批）》（国家工业及信息化部）；⑰《锅炉大气污染物排放标准》（GB 13271—2001）；⑱《污水综合排放标准》（GB 8978—1996）；⑲《工业企业厂界环境噪声排放标准》（GB 12348—2008）；⑳《一般固体废弃物贮存、处置场污染控制标准》（GB 18599—2001）；

㉑《清洁生产标准 乳制品制造业（纯牛乳及全脂乳粉）》（原国家环保总局）；㉒《企业清洁生产审核手册》（国家环保总局）；㉓某乳业有限公司提供的有关数据和资料。

二、筹划与组织

本阶段的工作主要是为清洁生产审核进行思想、组织、工作计划等方面的准备，为开展清洁生产审核扫除障碍，铺平道路，组织队伍，确立工作方案。

1. 成立清洁生产审核小组

该乳业的领导层对清洁生产工作非常重视，认真贯彻落实《清洁生产促进法》的精神，将节能降耗、环境保护、实施清洁生产等系列问题与某乳业的生产经营管理一同当作某乳业全面管理的主要课题。

该乳业根据清洁生产程序的要求，下发了关于开展清洁生产工作的通知。根据通知要求，成立以总经理为组长，各部门的主要负责人为主要成员的清洁生产审核领导小组，清洁生产审核领导小组成员构成见表9-1。

表 9-1　清洁生产审核领导小组成员构成与职责分工表

姓名	职务	来自部门	小组职务	职责
	总经理		组长	对企业开展清洁生产审核工作做出决策,落实主管领导和主管职能部门要求
	副厂长 （负责环保）		副组长	协助组长负责清洁生产工作,清洁生产具体工作总负责,具体组织、协调、推进各职能部门的清洁生产工作
	部长	品控部	副组长	
	主任	检验中心	组员	协助组织、协调、推进各职能部门、相关生产车间开展清洁生产审核工作,落实和监督工作计划的完成情况
	部长	生产部	组员	
	主任	财务部	组员	配合组长协调有关财务方面的有关事宜,协助组长负责清洁生产工作

为了本轮清洁生产审核工作的顺利开展，清洁生产领导小组下设清洁生产审核工作小组，由厂长担任清洁生产审核工作小组组长，负责清洁生产工作的实施。清洁生产审核工作小组成员具备清洁生产审核相关知识，熟悉车间的生产、工艺、环保和管理等情况，清洁生产审核工作小组成员详情见表9-2。

表 9-2　某乳业清洁生产审核工作小组成员构成与职责分工表

姓名	职务	来自部门	小组职务	职责
	厂长		组长	对企业开展清洁生产审核工作做出决策,落实主管领导和主管职能部门要求
	部长	品控部	副组长	协助组长负责清洁生产工作,清洁生产具体工作总负责,具体组织、协调、推进各职能部门的清洁生产工作
	部长	检验中心	组员	协助组织、协调、推进各职能部门、相关生产车间开展清洁生产审核工作,落实和监督工作计划的完成情况
	部长	生产部	组员	
	主任	财务部	组员	配合组长协调有关财务方面的有关事宜,协助组长负责清洁生产工作
	部长	综合部	组员	组织本部门人员配合咨询组开展清洁生产审核工作,有关资料收集和备选方案的产生。提供审核相关资料、参与方案产生与筛选、可行性分析和方案实施工作。
	主任	各生产车间	组员	
	部长	动力设备 供应等部	组员	

2. 制订清洁生产审核工作计划

该乳业按照《清洁生产审核暂行办法》的要求和工作程序，成立了清洁生产审核工作小组，在清洁生产领导小组的具体指导和清洁生产审核咨询机构的共同参与下，并结合企业的实际情况制订了清洁生产审核工作计划，于 2017 年 7 月开始开展清洁生产审核，清洁生产审核工作计划见表 9-3。

表 9-3　某乳业清洁生产审核工作计划表

工作阶段	工作内容	完成时间	责任部门	参与人员
审核准备	(1)建立清洁生产领导小组和清洁生产审核工作小组； (2)制订审核工作计划； (3)宣传动员	2017.10	厂部、企管部	审核领导小组、工作小组、咨询组人员
预审核	(1)企业概况，包括企业简介、规模产值、利税、组织机构、人员状况； (2)主要工艺流程，主要原辅材料、水、能源及废弃物的流入、流出和去向； (3)主要原辅料、主要产品、能源及用水总耗及单耗； (4)设备水平及维护状况； (5)环境保护状况，主要污染物产生及排放情况，主要污染源的治理情况，"三废"的循环利用情况、能源利用情况； (6)确定审核重点； (7)设置清洁生产目标； (8)提出和实施无/低费方案	2017.12	生产部、企管部、财务部、车间	审核领导小组、工作小组咨询组人员、广大员工
审核	(1)现场调查； (2)收集资料； (3)物料、水平衡	2018.02	生产部、企管部、车间	审核领导小组、工作小组、咨询组人员
方案的产生与筛选	(1)产生方案； (2)方案筛选	2018.03	生产部、企管部、车间	审核领导小组、工作小组、咨询组人员
可行性分析	(1)可行性分析； (2)选定方案	2018.04	生产部、企管部、车间	审核领导小组、工作小组、咨询组人员
方案实施	方案实施	2018.08	生产部、企管部、车间	审核领导小组、工作小组、咨询组人员
持续清洁生产	(1)完善清洁生产组织； (2)完善清洁生产管理制度； (3)制订持续清洁生产计划	2018.09	生产部、企管部、财务部、车间	审核领导小组、工作小组、咨询组人员

3. 宣传和培训

培训的目的是通过清洁生产知识培训，使全体员工明确清洁生产的目的，增强环保意识，落实"节能、降耗、减污、增效"方针，做到人人了解清洁生产，人人参与清洁生产。

启动清洁生产审核以后，根据工作总体推进计划，企业首先于 2017 年 9 月 18 日在该乳业会议室召开了对企业领导、清洁生产审核领导小组和工作小组成员的清洁生产及审核知识的宣传和培训会，由咨询单位某环保科技有限公司宣讲了实施企业清洁生产审核的目的、意义、必要性、紧迫性、基本程序和此轮清洁生产审核的总体安排等；于 2017 年 9 月 20 厂会议室召开由各部领导、工艺员、技术员、环保员等参加的清洁生产审核内审员培训会，由咨询单位某环保科技有限公司讲解了《清洁生产审核指南 制定技术导则》（HJ 469—2009）规定的"筹划与组织、预评估、评估、方案的产生和筛选、可行性分析、方案实施和持续清洁生产"七个阶段内容，着重讲解了在充分调研和分析的基础上，如何确定清洁生产审核的重点和目标的思路和方法，评估阶段如何进行物料实测及建立物料平衡的方法和废弃物产生原因分析，以及方案的产生和筛选、可行性分析阶段的工作方法等，为公司清洁生产审核工作有效开展奠定了基础。

同时，各部门通过召开的工作例会、黑板报、组织研讨会等形式，对广大职工进行了清洁生产理念的宣传，包括清洁生产基本知识、清洁生产与末端治理的利弊分析、国内外企业的成功审核案例、实施清洁生产给企业带来的巨大效益以及清洁生产审核的过程和具体工作内容。

通过以上各个层面的培训，做到公司领导、生产及有关部门的领导、技术员、生产一线的员工对清洁生产审核的意义有一个清楚的认识，达到各层次的认同和自觉贯彻执行。

4. 克服清洁生产障碍

为了更好地收集本公司开展清洁生产审核的各方面障碍，咨询公司通过观察、访谈等方式找出了五种类型的障碍，即思想观念、技术、资金、管理障碍及其他障碍。五者中思想观念障碍是最主要的障碍。不克服这些障碍，很难达到预期的工作目标。针对每一种障碍研究制订了具体的解决办法，具体见表 9-4。

表 9-4　清洁生产障碍表现及解决办法表

障碍类型	障碍表现	解决办法
思想认识行动障碍	该企业是大型、全国知名乳制品加工企业，从生产到管理都非常完善，没有必要做清洁生产审核	通过开展本次清洁生产审核，对全体员工进行培训使他们重新理解认识，使公司的领导者和员工的理念转变，重新加深认识
	清洁生产工作涉及多部门协作，相互协调会有较多困难	由总经理直接参与，成立专门领导机构和常设机构开展工作，保证各种人力、物力资源集中使用
	人员少、压力大，能否按时完成清洁生产审核工作	落实人员、责任，各尽其职、各负其责，统一指挥，协调完成
	清洁生产必须有大量投入，并且是个只有投入没有效益的工作，会加重公司负担	用具体实例和数据证明，无/低费方案实施得到的效益，累积起来同样会给公司带来经济效益与环境效益
	指标已非常先进，清洁生产不会再有大的作为	从分析流程开始，说明依然存在清洁生产潜力
	清洁生产只是生产一线生产工人的事，与其他人无关	讲清清洁生产是从原料到产品八大方面实行全过程、全方位的污染预防与控制
技术障碍	生产工艺复杂	生产工艺复杂，克服畏难情绪，从源头到产品实行全过程工业污染预防与控制
	缺乏清洁生产审核技能	经过外部清洁生产审核专家的指导和培训后，由浅入深，由易到难，逐步开展工作
	因循守旧，"末端治理"方法使用多年	破旧立新，采取有效措施、改变末端治理方法，减少末端治理费用
	物料平衡统计困难	投入人力、物力，对公司进行物料平衡统计
	缺乏清洁生产的信息	加强对外清洁生产交流与合作，促进公司清洁生产工作的开展
资金物质障碍	没有清洁生产审核专项资金	公司内部挖潜，与上级主管部门争取，协调解决部分资金
	中/高费方案资金需要大，很难筹集	利用政策，广泛筹集
政策法规障碍	实行清洁生产无具体详细政策法规	借鉴国内外成功清洁生产经验，结合乳制品行业的实际情况，制订相关制度，目前我国相关法规正在完善中，其中还有乳制品行业的清洁生产行业标准，可供借鉴参考

通过本阶段的宣传教育以及公司领导的大力支持，审核小组顺利地得以组建，并根据上级环保部门的要求和该乳业的实际情况制订了切实可行的审核计划，通过各种清洁生产培训工作的开展，广大员工真正认识到了清洁生产的重要性，为下一步预审核工作的顺利开展奠

定了基础。

三、预审核

本阶段从生产全过程出发，对企业现状进行调研和考察，摸清企业污染现状和产排污节点，弄清企业能源消耗、物料消耗情况，并通过对污染物、能耗、物耗的定性比较和定量分析，寻找和发现清洁生产的潜力和机会，从而确定本轮审核的重点，并针对审核重点设置清洁生产目标，同时按照"边审核边实施边见效"原则实施了无/低费清洁生产方案。

（一）企业概况

1. 企业简介

该乳业有限公司成立于 2007 年 6 月，是该乳业集团为发展需要而成立的子公司。该项目是国家计委畜牧产品深加工重点项目之一，于 2007 年 12 月经国家计委批复立项。公司于 2009 年正式投产。该乳业有限公司是某省农业产业化龙头企业之一，产品市场综合占有率居全国同行业前几位。2007 年该品牌荣获"中国名牌"殊荣，并获得省政府嘉奖，同年该品牌乳品荣获国家质量免检殊荣。并已通过 ISO 9001 质量管理体系认证、GMP、HACCP 食品安全管理体系认证。2010 年 11 月，通过诚信体系认证。

厂区占地面积 $6.4 \times 10^4 m^2$，建筑面积 $1.7 \times 10^4 m^2$。资产总额 1.1 亿元，固定资产总额 7.072 万元，拥有 11 套进口设备——瑞典利乐枕式无菌灌装生产线，2 套瑞典利乐砖式无菌灌装生产线，主要产品为利乐枕式及砖式产品，年产量 $8.5 \times 10^4 t$，2015 年生产液态奶产品 $2.73 \times 10^4 t$。

公司现有员工 202 人，其中管理人员 22 人，技术人员 30 人。

2. 企业组织机构情况

公司为总经理负责制，下设品控部、生产部、财务部、综合部、检验中心、设备部、物流部。公司生产车间有收奶车间、预处理车间、灌装车间和动力车间，生产分三班；辅助生产设施有制冷空压纯水站、配电室、锅炉房、附属生产设施有备品库、原辅料库、成品库、食堂。能源环保部设有环保专员，负责公司环保管理工作。

3. 企业公用设施情况

（1）给排水 生产、生活用水来自公司自备井；供水设施能力为 $1.2 \times 10^5 t/a$；2016 年总用水量 78414t，其中生产用水 72105t、生活用水 6309t。

2016 年总排水量 59000t，其中生产废水 52761t、生活污水 6239t；生产、生活废水经化粪池处理后排入某污水处理厂，最终排入松花江。

（2）供电 企业电力来源为当地电业局，为高压电力用户。自备变电站情况：油浸式电力变压器 2 台；型号 S9-1000/10；低压抽出式开关柜 11 台，型号 GCS。

（3）供热、供汽 企业生产用汽和采暖系统热源：自备锅炉 2 台，锅炉型号 SHW6-1.25-AⅡ；1 用 1 备，2016 年耗煤 1820t，2016 年生产、采暖用汽量 8550t。

4. 企业管理情况

公司严格执行食品生产相关法律法规，建立了完备生产和质量管理保证体系，使各管理部门职能清楚，各级人员的质量责任制明确，能够使企业的乳品生产在规范、可控、安全的条件下进行。

（1）能源管理 公司设能源环保部负责全公司能源管理和环境管理；统计全公司能源消耗情况，分析能耗高的环节；负责节能、降耗知识宣传培训，自投产以来多次组织节能活动和节能知识培训。公司建有能源考核制度，动力处负责对各部门能耗指标统计、考核，对各部门能源使用实施奖惩。

（2）环境保护管理情况 企业能源环保部负责全公司环保管理，设有环保监察员，负责宣传环保思想和知识，开展环保方面的培训，负责环保管理和对外协调工作。公司领导高度重视环境保护工作，先后投资1.6亿余元进行污染物治理，在治理工艺及设备的选择方面舍得投资，选择先进的技术设备，注重精细化管理，保证了环保治理设施的稳定运行，稳定运行率达到95％以上。污染物达标排放，满足总量控制要求；没有发生过环保处罚及投诉信访事件、环境污染事件等。

（3）设备管理 企业设立设备部，负责设备及网络管理，生产设备与生产规模和工艺相适应。生产工序的设备清洁、消毒、灭菌、维修、保养规定清楚、简便，可操作。

（4）物料管理 企业生产所需原料均由品控部制订了严格的标准。其采购、验收、贮存、保管、发放都能严格执行管理制度，并全部符合各项标准。液态乳生产所使用的原辅料、包装物等物料采购，供货厂家资格审计资料齐全，实行定点采购。

（5）卫生管理 企业各项卫生管理制度齐全，有专人负责，能有效地防止污染。不同洁净级别的生产工序、岗位都有相应的厂房、设备和工器具等清洁规程。洁净厂房的工艺平面布局较为合理，能采用CIP清洗的，均采用了CIP清洗；消毒剂和清洁工具等都规定了存放地点和清洁地点。

（6）生产管理 公司通过了ISO 9000、GMP、HACCP体系认证，生产管理的全过程都能按照国家批准的工艺规程、质量标准组织生产。每一批生产前，都能严格执行清洗、清洁规定，由质检员检查签字确认，才允许开始下一批的生产，清洗、清洁记录纳入批记录。生产工艺用水按规定进行周期性监控，保证随时符合用水标准并记录完整，有据可查。生产中所需原辅料能按规定进行监督投料，记录完整，具有可追踪性。对生产中易产生质量问题的关键环节、实行重点监控，以保证生产工序合格。

（7）质量管理 公司检验中心对物料、工序产品和成品的取样、留样和检验判定有独立的决定权，不受外界或领导干扰。所有物料、工序产品和成品的检验由操作者、复核者和审核者共同完成。物料、工序产品、成品的检验由质量检验处审核发放检验报告单。品控部负责全面的质量监督管理。

（二）生产情况

公司是液态乳品加工企业，企业设计年产液态乳品8.5×10^4t，2017年液态奶产品总产量达到了2.73×10^4t，企业生产计划是根据奶源供应和产品销售情况制订的，受原料奶偏紧供应及市场的影响，2017年产量远没达到设计能力。

1. 产品产量、产值情况

企业为液态奶产品，产品部分执行国家标准、部分执行企业标准，企业标准严于国家标准，企业近三年主要产品产量见表9-5。

表9-5 企业主要产品生产销售情况统计表

名 称	规 格	产量/t			产值/万元		
		2015年	2016年	2017年	2015年	2016年	2017年
核桃牛奶	227mL	21878	22220	19251	9188	10261	8167
纯牛奶	227mL	7445	5624	5565	3276	2676	2474
麦香牛奶	227mL	770	2128	2047	331	998	832
高钙牛奶	227mL	867	385	459	381	181	206
合计	227mL	30960	30357	27322	13176	14116	11679

2. 生产工艺

（1）产品生产工艺 公司生产主要包括收奶生产、预处理生产、灌装生产三部分。

工艺流程如图 9-1～图 9-3 所示。

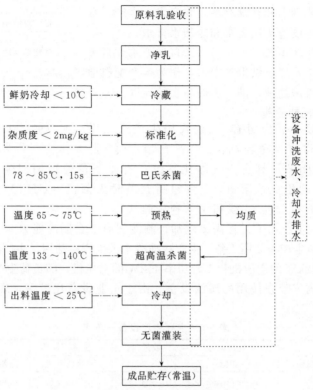

图 9-1 某灭菌乳工艺流程图产排污节点

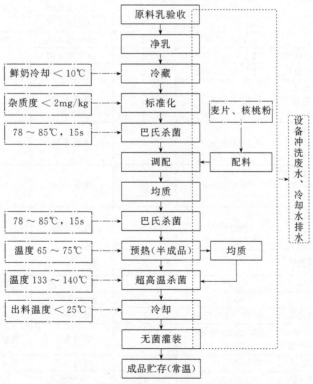

图 9-2 某调制乳工艺流程及产排污节点

公司生产工艺全过程中，仅奶的灭菌、贮存、分装和输送等过程没有工艺废水和有毒有害废物产生；生产过程中主要污染物是设备设施清洗废水和冷却水排水。

（2）生产用水处理工艺　公司用水来自地下水，自来水经锰砂过滤和软化处理，供生产用水，作为生产配料原料用水还需要经反渗透处理，进一步提高水的纯度。

3. 主要生产和耗能设施

（1）主要生产设备　公司有 11 条收奶生产线，设计收奶能力 300t/d，4 台净乳机、2 个奶仓罐；6 个贮罐，灌装车间为封闭的，具有空气净化系统；有 4 条预处理调配生产线，设计处理能力 300t/d，配有 2 台巴氏杀菌机，3 台超高温瞬时灭菌机（UHT）；有 11 条灌装包装生产线，包括 10 条利乐包 16 线和 1 条利乐砖线。

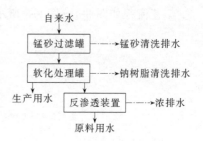

图 9-3　生产用水制备工艺流程及产排污节点

公司鲜奶贮存和生产加工过程需要冷却，制冷间有 3 台制冷能力 501kW 氟利昂制冷机，功率 115kW，满负荷生产为 2 用 1 备，生产冷冻冰水供生产冷却用。生产用压缩空气由空压间提供，有 2 台功率 22kW 的空压机和 1 台功率 45kW 的空压机，满负荷生产为 2 用 1 备。

企业设备没有国家禁止使用的淘汰设备。由于企业设备比较多，现只列出主要生产设备，见表 9-6。

表 9-6　主要生产设备一览表

设备设施名称		规格型号	数量/台	安装使用场所	生产厂
贮奶设备	不锈钢贮奶罐	10t	2	预处理车间	温州市江波乳品设备制造厂
制冷设备	制冷机组（含冰水槽）	40STB-150WSOBE	2	动力车间	广州恒星冷冻机械有限公司
净乳设备	净乳机	TRPX-313 10T/H	2	预处理车间	南京华盛分离机械有限公司
	净乳机	PX-313 10T/H	2	预处理车间	南京华盛分离机械有限公司
均质设备	均质机	TAM20/250BAR	3	预处理车间	瑞典利乐公司
灭菌设备	巴氏杀菌机	TRS-0205	2	预处理车间	天津市巴氏轻工机械有限公司
	UHT 超高温杀菌机	TA Flex THE	2	预处理车间	瑞典利乐公司
	UHT 超高温杀菌机	TA Flex THE	1	预处理车间	瑞典利乐公司
无菌灌装设备	利乐枕式全自动无菌灌装机（定量、封口、打码）	TFA-200ml	4	灌装车间	瑞典利乐公司
	利乐枕式全自动无菌灌装机（定量、封口、打码）	TFA-200ml	3	灌装车间	瑞典利乐公司
	利乐枕式全自动无菌灌装机（定量、封口、打码）	TFA-250ml	3	灌装车间	瑞典利乐公司
	利乐砖式全自动无菌灌装机（定量、封口、打码）	TBA19-250S	1	灌装车间	瑞典利乐公司
全自动 CIP 清洗设备	全自动 CIP 清洗机		2	预处理车间	黑龙江龙成乳品设备公司
调配设备	不锈钢储奶罐（含定量）	2t	6	预处理车间	黑龙江龙成乳品设备公司
	电子秤	Cub 150kg	1	预处理车间	上海寺冈电子有限公司
水处理设备	全自动介质过滤器	JL90-4 100T/H	1	动力车间	北京洁明天地环保设备公司
	全自动除铁除锰降硬度离子交换器	JD172/480E-900 100T/H	1	动力车间	北京洁明天地环保设备公司
	全自动精密过滤器	JMY-15 10T/H	1	动力车间	北京洁明天地环保设备公司
其他设备	全自动利乐清洗机	Aicip 1	2	预处理车间	瑞典利乐公司
	全自动利乐清洗机	Aicip 1	1	预处理车间	瑞典利乐公司

公司生产设备与生产规模和工艺相适应,并定期对设备维护保养,保证设备的正常运行。

(2)主要耗能设施

1)锅炉。企业自备 6 吨蒸汽锅炉 2 台(1 用 1 备),型号 SHW6-1.25-AⅡ,配有干湿二级除尘器。

企业蒸汽锅炉系统经过多年运行,已经出现局部老化现象,锅炉热效率降低,煤耗增加,安全隐患、故障率逐年增加。主要问题包括:锅炉燃烧室炉拱短,燃烧不充分,热损失大,导致此锅炉能耗大,热效率偏低;随着锅炉的热效率的下降,用电、用水同步增加;锅炉换热器较长时间没有清洗,换热效率低;锅炉除尘器腐蚀严重,除尘效率下降。

2)制冷、空压、净水、空调等运行较好的设备。

3)生产设备中浓缩、干燥等高能耗设备。

4. 原辅材料消耗情况

公司奶源均为某市周边区域牧场和奶牛小区,原料乳使用的生鲜牛奶质量有保障。鲜奶从奶源地采用鲜奶运输车运送,车载鲜奶罐为保温罐。

原辅材料入厂检验按照进料检验流程和原材料使用标准进行检验,不合格品不能投入生产使用。由于企业是液态奶加工企业,原辅料消耗主要是鲜牛奶、核桃粉和白砂糖,其他辅料消耗较少;各种原辅材料采购进厂后,检验中心会对其按照规定要求进行取样、检验。

近 3 年企业主要原料消耗情况见表 9-7。

表 9-7　近 3 年企业主要原料消耗表

名称	单位	2015 年	2016 年	2017 年	比值	单位	2015 年	2016 年	2017 年
原料乳	t	28203	27045	24376	原料乳	t/t	0.91	0.89	0.89
白糖	t	540	939.6	501.7	白糖	t/t	0.02	0.03	0.02
核桃粉	T	116.8	123.8	106.9	核桃粉	kg/t	3.77	4.08	3.91
香精稳定剂	t	2.16	2.1	1.59	香精稳定剂	kg/t	0.07	0.07	0.06

注:T 指英制吨,1T≈0.983t。

从公司主要原料消耗表中,企业近 3 年单位产品消耗各项原辅料基本持平,公司市场及产品基本稳定。

公司消耗的包材主要是包装膜、包装箱,近 3 年企业包材消耗情况如表 9-8 所列。

表 9-8　近 3 年企业包材消耗表

名称	单位	2015 年	2016 年	2017 年	单位个数	单位	2015 年	2016 年	2017 年
包装膜	万个	932.8	94.7	858.7	包装膜	个/t	301	312	314
包装箱	万个	15077.9	15251.3	1380.5	包装箱	个/t	4870	5024	5053

由于公司产品品种及产量 3 年基本持平,所以消耗基本持平。

公司生产设备不超过 24 小时清洗一次,清洗剂使用的双氧水、酸性清洗剂和碱性清洗剂(稀氢氧化钠溶液),其中双氧水和氢氧化钠属危险化学品腐蚀品,公司严格按危险化学品要求进行管理和使用。公司近 3 年化学清洗剂消耗情况见表 9-9。其理化性质见表 9-10。

表 9-9　近 3 年企业清洗剂消耗表

名称	浓度/%	单位	2015 年	2016 年	2017 年	单位	2015 年	2016 年	2017 年
双氧水	35～40	kg	143	117	181	g/t	4.6	3.9	6.6
酸性清洗剂	1.0～1.5	t	65.6	69.5	63.6	kg/t	2.6	2.7	2.8
氢氧化钠	1.5～2.5	t	81	82.8	75.9	kg/t	2.1	2.3	2.3

从表 9-10 可以看出,公司 3 年内使用清洗剂量和单位消耗基本持平。

表 9-10 清洗剂理化指标

名称	分子式	性状	相对密度	熔点(沸点)/℃	危险性(性质)	健康环境危害
氢氧化钠	NaOH	白色不透明固体，其溶液无色透明	2.12	318.4 (1390)	碱性腐蚀品 危险编号：(82001)	皮肤和眼睛直接接触可引起灼伤
双氧水	H_2O_2	无色液体	1.41	−0.41 (150.2)	氧化剂 具有腐蚀性	皮肤和眼睛直接接触可引起灼伤

5. 能源和水消耗情况

公司在生产过程中主要消耗的能源有煤和电；两台 6t/h 往复式锅炉（一用一备）生产蒸汽，蒸汽压力 9.0kgf/cm² （1kgf/cm² ＝98066.5Pa）、温度＞180℃，蒸汽用于生产和采暖换热器。公司用水来自备井，用于生产和生活。根据公司能源月报统计资料，近 3 年企业消耗的能源情况见表 9-11。

表 9-11 近 3 年企业能源消耗表

能源名称	单位	能源消耗总量			单位	单位产品能源消耗量		
		2015 年	2016 年	2017 年		2015 年	2016 年	2017 年
水	t	69660	70428	78414	t/t	2.25	2.32	2.87
电	kW·h	2849868	2879968	2641490	kW·h/t	92.05	94.87	96.68
煤	t	2019	1982	1820	g/t	65.23	65.32	66.60
综合能耗(按标煤计)					kg/t	11.46	11.81	12.08

（1）给排水情况 公司用水来自地下水，自来水经锰砂罐和氯化钠软化树脂处理后，供生产用，部分软化水经反渗透处理制纯水，供预处理配料用；生活用水直接用自来水，供水能力能够满足公司生产需要。

锰砂罐每周反冲清洗一次，离子树脂氯化钠再生处理每月进行两次，生产水制备系统每 3 个月全部清洗 1 次。

生产和生活废水均由厂内污水管网排至开发区污水处理站。企业日用水平衡见图 9-4。

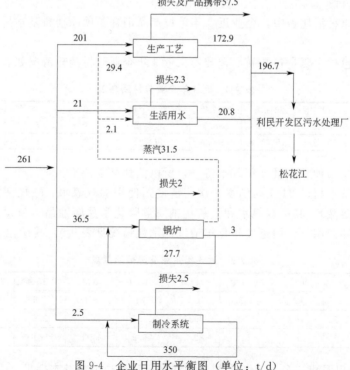

图 9-4 企业日用水平衡图（单位：t/d）

（2）用电情况　用电由开发区设有的 3 万千伏安变电所供应，10 千伏线路引入厂区变配电室。公司电能消耗主要为生产用电、辅助生产用电和其他用电。辅助生产和主生产的设备多，功率大，电能消耗大，因此节电潜力大。

（3）蒸汽　公司锅炉房用两台燃煤蒸汽锅炉，蒸汽消耗主要是生产、生活和采暖，其中生产用蒸汽包括收奶车间、前处理、配料间、CIP 间、超高温、灌装。

公司的蒸汽用量最大的是主生产蒸汽消耗，主要是杀菌、灭菌、CIP 清洗和生产加热，这主要集中在收奶车间和预处理车间；由于回水距离远，回水箱及管路腐蚀、堵塞等原因，蒸汽冷凝水没有回用，造成水资源和能源的浪费，公司目前正在规划冷凝水回收。此外：由于蒸汽管道长，多年未进行大修，部分管路、阀门、接头出现漏气，保温材料老化、出现塌陷，部分造成蒸汽浪费。

（三）企业环境保护状况

企业严格执行了环境影响评价和各级环保部门对企业的有关要求情况。自 2003 年成立以来，累计投资 1.6 亿元，建设了各类环保设施，企业主要污染物处理设施运行正常，污染物达标排放。企业按时缴纳排污费，没有发生过环境污染事件及投诉信访事件，也没有受过环保部门的处罚。

1. 企业执行的环保标准

根据项目位置的环境功能区划、某市环保局《关于确认某乳品工业有限公司清洁生产审核执行环境保护标准的函》，本次审核执行污染物排放标准如下：①污水排放执行《污水综合排放标准》（GB 8978—1996）中三级标准；②大气污染物执行《大气污染物综合排放标准》（GB 16297—1996）二级标准；③锅炉烟气执行《锅炉大气污染物排放标准》（GB 13271—2001）中 Ⅱ 时段排放标准；④噪声执行《工业企业厂界环境噪声排放标准》（GB 12348—2008）中的 3 类标准；⑤固废执行《一般工业固体废物贮存、处置场污染控制标准》（GB 18599—2001）第Ⅱ类。

排放标准各标准限值详见表 9-12。

表 9-12　主要污染物排放标准与限值一览表

类别	标准名称及级（类）别	污染因子	标准值		
			单位	数值	
	GB 13271—2001 Ⅱ 时段	烟尘		≤200	
		SO$_2$		≤900	
废水	GB 8978—1996 三级标准	COD	mg/L	500	
		BOD$_5$		300	
		SS		400	
		NH$_3$-N		—	
噪声	GB 12348—2008 3 类标准	噪声	dB(A)	昼间	夜间
				65	55

2. "三同时"执行情况

公司的年产成品 3.7×10^4 t 液态奶项目自立项以来，按照《建设项目环境保护管理条例》和《中华人民共和国环境保护法》以及环境保护主管部门的要求和规定，前期进行了环境影响评价及环保设计，环保审批手续齐全。2017 年 8 月，某省环境监测中心站进行了环保验收监测。环评批复意见得到全面落实。

3. 企业污染物产生和排放情况

（1）大气污染物产生和排放情况　公司有 2 台 6t/h 链条蒸汽锅炉（1用1备），每台锅炉配有干湿除尘器，湿法除尘中加药剂脱硫，平均脱硫效率 30%，排放烟气的烟囱高度 45m。产生烟尘、二氧化硫等。

根据项目竣工环保验收监测报告，企业锅炉大气污染物排放情况见表 9-13。

表 9-13　企业锅炉大气污染物排放情况统计表

污染源	污染物	排放浓度/(mg/m³)	排气筒高/m	标准限值/(mg/m³)	达标情况
锅炉烟气	烟尘	98.3	45	200	干湿两级除
	二氧化硫	67	45	900	尘器,达标排放

（2）水污染物产生和排放情况　企业废水主要污染源是奶槽车、配料罐、缓冲罐、贮罐及管道设备清洗废水、少量酸碱中和废水及生活废水、锅炉排污水。主要污染物为 pH 值、悬浮物（SS）、化学需氧量（COD）、五日生化需氧量（BOD_5）、氨氮（NH_3-N）、动植物油等。

根据监测报告，企业污水排放情况见表 9-14。

表 9-14　企业水污染物排放情况统计表　单位：mg/L，pH 值无量纲

指标名称	pH 值	SS	COD	BOD_5	NH_3-N	动植物油	LAS	TP	达标情况
厂总排口	6.5~7.3	57	276	95.3	4.51	2.2	0.317	1.76	达标排放
标准限值	6~9	400	500	300	—	—	—	—	

（3）噪声污染产生和排放情况　公司生产过程产生噪声的设备主要是包装机、灌装机、空调、冷冻机、水泵和电机等，声源强在 75~97dB（A）。公司购置设备尽量选用低噪声设备；对噪声大的设备设置减震器；合理布局生产车间，达到阻隔衰减噪声的目的。根据监测报告，企业厂界噪声昼间在 44.3~59.6dB（A），夜间在 45.5~52.8dB（A），能满足《工业企业厂界噪声标准》（GB 12348—2008）中 3 类区标准的要求。

（4）固体废物产生和排放情况　公司固体废物产生和处置情况如表 9-15 所列。

表 9-15　固废产生、处置一览表

序号	污染源	污染物	排放量/(t/a)	处置措施	固废性质
1	生产过程	废包装物	15.8	包材生产企业	一般废物
2	锅炉房	灰渣	546	出售砖厂	一般废物
3	职工生活	生活垃圾	6.5	市政部门统一处理	一般废物

（5）污染物总量和排放强度　根据企业大气污染物和水污染物排放情况统计计算，企业的主要污染物排放强度见表 9-16。

表 9-16　2017 年企业主要污染物排放强度统计表

序号	名称	排放总量/(t/a)	产品产量/(t/a)	排放强度/(kg/t)	说明
1	烟尘	1.789		0.0655	烟尘排放总量根据监测结果计算，SO_2 排放总量根据原煤含硫量和脱硫的实际情况计算。
2	SO_2	5.91	27322	0.216	
3	COD	16.28		0.596	
4	NH_3-N	0.245		0.009	

（四）企业清洁生产现状

1. 国家和地方产业政策符合情况

公司生产符合国家产业政策的要求。与产业结构调整指导目录（国家发展改革委员会 2011 年 9 号，2013 年修订本）对比情况如表 9-17 所列。

表 9-17　企业与产业结构指导目录对比表

分类	目录内容	企业	相符情况
鼓励类	农业类:农林牧渔产品贮运、保鲜、加工与综合利用	公司从事牛奶产品贮运、保鲜、加工与综合利用	符合
限制类	未涉及乳制品加工产业	乳品加工企业	未涉及
淘汰类	未涉及乳制品加工产业	乳品加工企业	未涉及

公司生产条件优于《乳制品加工行业准入条件》的要求。公司日处理鲜奶能力 300t。奶源

均为某市区域山区牧场和奶牛小区，草质好，污染小，原料乳使用的生鲜牛奶质量有保障。在原料接收环节配备离心式净乳机、恒温储乳罐；乳品加工配备先进的杀菌、灭菌设备，国际先进灌装设备，并配有自动监控系统；配备原地清洗系统（CIP）和酸碱中和罐；根据原料、半成品、成品检验要求配备先进的检验仪器和设备；产品质量符合《灭菌乳》（GB 5408.2）、《巴氏杀菌乳、灭菌乳卫生标准》（GB 19645）。公司通过了 ISO 9000、GMP、HACCP 管理体系，确保产品质量合格后方可进入下道工序，建立产品质量追溯和责任追究体系，有健全的质量保障体系。公司生产装备和管理达到或超过了《乳制品加工行业准入条件》的要求。

公司单位产品标煤消耗 0.04282t/t、电耗 96.68kW·h/t、水耗 2.87t/t，优于准入条件规定限值标煤耗 0.1t/t、电耗 110kW·h/t、水耗 5.5t/t。

公司跟产品接触的生产设备设施均为不锈钢，易于清洗；生产的预处理和灌装加工区采用全封闭和空调净化系统；避免产品污染。公司环境卫生与保护均达到或超过《乳制品加工行业准入条件》的要求。

2. 与清洁生产标准对比情况

公司现状（2017 年）指标与国家环境保护总局 2006 年 11 月 22 日发布的《清洁生产标准 乳制品制造业（纯牛乳及全脂乳粉）》（HJ/T 316—2006）对比情况见表 9-18。

表 9-18 公司现状与清洁生产标准对比情况表

	项目	一级	二级	三级	公司现状	达到级别
一、资源能源利用指标	原料乳合格率/%	≥98.5	≥98.0	≥97.0	100	一级
	原料乳损失率/%	≤0.5	≤2.5	≤5.0	0.2	一级
	干物质利用率/%	≥99.5	≥99.0	≥98.5	99.7	一级
	耗水量/(m³/t)	≤1.0	≤3.5	≤7.0	2.87	二级
	综合能耗/(GJ/t)	≤1.0	≤10.0	≤15.0	12.08	三级
二、产品指标	包装材料	50%以上采用可循环使用、可降解材料	20%以上采用可循环使用、可降解材料		50%	一级
三、装备要求	设备	与物料接触的部位采用不锈钢			采用	一级
	清洗装置	可采用 CIP 清洗的部位，全部采用 CIP 清洗	关键设备及管路采用 CIP 清洗	关键设备采用 CIP 清洗	全部采用	一级
四、污染物产生指标	COD 产生量/(kg/t)	≤2.0	≤7.0	≤14.0	0.596	一级
五、环境管理要求	1. 环境法律法规	符合国家和地方的法律法规、污染物排放达到国家和地方排放标准、总量控制和排污许可证管理要求			达到	一级
	2. 生产过程环境管理	具有节能、降耗、减污的具体措施，生产过程有完善的管理制度			达到	一级
	3. 相关方环境管理	制订措施对原料供应方施加影响，使其防止或最大程度减少细菌等的污染，提供优质合格原料乳及包装材料制订措施使产品代销方具有相应贮存条件，避免因产品销售管理不当致使产品变质			达到	一级
清洁生产审核		按照要求进行了清洁生产审核			正在进行	三级
环境管理制订		按照《环境管理体系 规范及指南》(GB/T 24001)建立并运行环境管理体系、管理手册、程序文件及作业文件齐备	环境管理制订健全、原始记录及统计数据齐全有效	环境管理制订健全、原始记录及统计数据基本齐全	齐全有效	二级

共对标 14 项，其中一级指标 10 项，占 71.4％；达到清洁生产二级指标 2 项，占 14.3％；达到清洁生产三级指标 2 项，占 14.3％，企业整体清洁生产水平较高。

（五）确定审核重点

审核小组通过对公司调研，对能耗、物耗、产污、排污情况进行分析和评价，清洁生产审核小组从节能、降耗、清洁生产潜力、员工积极性等因素进行了充分讨论，根据清洁生产审核重点确定的原则，确定动力车间的锅炉为本轮审核的重点，主要依据如下。

① 奶粉生产各个工序产生的污染物都不多，生产中主要污染物是清洗废水，在减污方面清洁生产潜力不大。

② 企业蒸汽锅炉系统经过多年运行，已经出现局部老化现象，锅炉热效率降低，煤耗增加，安全隐患、故障率逐年增加。主要问题包括：锅炉燃烧室炉拱短，燃烧不充分，热损失大，导致此锅炉能耗大，热效率偏低；随着锅炉的热效率的下降，用电、用水同步增加；锅炉换热器较长时间没有清洗，换热效率低；锅炉除尘器腐蚀严重，除尘效率下降，改进的清洁生产潜力大。

（六）确定清洁生产目标

根据审核重点的实际生产工艺、设备情况和企业技术、经济的可达性，清洁生产审核组听取了多方意见，挖掘企业节能降耗、减污增效潜力，经过反复讨论，设置清洁生产目标值，详见表 9-19。

表 9-19　清洁生产目标一览表

序号	指标项	单位	现状值 (2017.12)	目标值 (2019.9)	增减 率/％	设置依据
1	吨蒸汽耗煤量	kg/t	212.9	195.9	−8	审核重点节能改造潜力
2	吨产品耗电量	kW·h/t	96.68	95.23	−1.5	无/低费方案节电潜力
3	吨产品耗水量	kg/t	2.87	2.30	−20	无/低费方案节水潜力
4	SO_2 排放强度	kg/t	0.216	0.197	−9	节煤减污的潜力
5	烟尘排放强度	kg/t	0.0655	0.058	−10	节煤减污的潜力

（七）预评估阶段产生的无/低费方案

企业非常重视无/低费方案的收集和实施工作，通过前期大量、细致的宣传工作，使员工对清洁生产有了较深的理解，特别是对过去发生在身边一些熟视无睹的不符合清洁生产的现象有了新的认识。审核小组编制了合理化建议表，鼓励全体员工提合理化建议。

在预审核过程中通过座谈、咨询、现场察看、发放清洁生产建议表的方式，在全公司范围内征集清洁生产方案，按照边审核边实施的原则，提出并实施一些清洁生产无/低费方案，具体见表 9-20。

表 9-20　无/低费清洁生产方案

方案 编号	方案 名称	方案由来	方案内容	预计投 资/万元	预计效果	
					环境效益	经济效益 /(万元/年)
F1	清洁生产培训	员工环境保护、清洁生产的意识需要提高	对员工进行环境保护、清洁生产培训,提高员工环境意识和素质	—	提高员工素质	—
F2	更换部分洗手设施	传统机械手动水龙头水浪费严重	更换为电子感应式水龙头	0.08	节水 750 t/a	0.17

方案编号	方案名称	方案由来	方案内容	预计投资/万元	预计效果	
					环境效益	经济效益/(万元/年)
F3	老式灯具更换	老式灯具耗电量大	更换为节能灯	0.67	节电 $0.9×10^4$ kW·h	0.67
F4	电机加变频控制	大容量电机工频运行耗电量大	将部分经常使用的大容量电机配套变频器使用	3.5	节电 $2.25×10^4$ kW·h	1.7
F5	冷却水回收	UHT 杀菌机生产过程中冷却水没回收、耗水量大	UHT 杀菌机冷却水系统出口连接到工艺循环水系统进行循环使用	0.6	节水 $1.65×10^4$ t/a	3.8
F6	增加酸碱中和罐	废弃酸液和碱液分别排放,影响排水酸碱度	增加不锈钢酸碱中和罐。将废弃酸液和碱液进行中和后排放,减少对水体的污染	4.5	减少排水污染物	—
F7	喷码机关键部件的更换	喷码机主喷头及墨盒等性能降低,易出故障	更换主喷头及墨盒等,减少包装机的停机次数	0.8	减少停机造成的水电气能耗的浪费	—
F8	冷却塔回水管线加过滤袋	换热器水垢较多,影响导热、耗电大	在回水管线出口加过滤袋减少污物进入换热器,降低结垢	0.1	节电 $1.65×10^4$ kW·h	1.24
F9	旧版包材作杀菌包材	旧版包材不用,产生浪费	为减少包材消耗量,将旧版包材用作杀菌包材	—	节包材 6.6 万个	0.99

四、审核

审核是企业开展清洁生产审核工作的核心阶段,在预审核阶段审核小组将锅炉班设为本轮审核的重点,审核小组对企业审核重点的原材料、生产过程、能源消耗、废弃物的产生等进行了详细的评估。通过编制审核重点工艺流程图,确定了输入输出物流;通过审核重点的物料平衡、能量平衡、水平衡等,发现物料流失的环节,找出废弃物产生和能耗高的原因,查找物料贮运、生产运行、管理以及废弃物排放等方面存在的问题。通过审核阶段的工作,发现一些清洁生产机会,为清洁生产备选方案的产生提供了依据。并继续产生和实施了无/低费方案。

(一)审核重点概况

1. 审核重点简介

锅炉班由动力科负责管理,承担着企业供热工作,主要任务包括锅炉生产、供热管网维护管理。锅炉班分为 2 个生产班组,倒班生产。本次审核重点所用数据为 2017 年的实际生产数据。

2. 审核重点生产组织机构

锅炉班配置 6 人 2 班生产,每班 3 人,设班长 1 人,生产工作和人员安排由动力科负责。

3. 审核重点平面布置

(略)。

4. 审核重点产品产量、原辅材料及能源消耗情况

2017 年主要产品产量、原辅材料及能源消耗见表 9-21。

表 9-21　审核重点主要产品产量、原辅材料及能源消耗统计表

类别	名称	单位	数量	备注
产品	蒸汽	t	8550	采暖用热水,蒸汽换热
能源	煤	t	1820	
	电	kW·h	67500	
	水	t	10950	

5. 审核重点主要生产设备

审核重点主要生产设备为 2 台 6t 蒸汽锅炉及其配套设备,日常生产 1 用 1 备,详见表 9-22。

表 9-22　审核重点主要生产设备统计表

序号	设备名称	型号及规格	单位	数量	使用状况
1	锅炉主机	SHW6-1.25-AⅡ	台	2	热效率低
2	鼓风机	7.5kW	台	2	完好
3	引风机	37kW	台	2	完好
4	给水泵	11kW	台	2	完好
5	调速器	1.5kW	台	2	完好
6	出渣机	2.2kW	台	2	完好
7	上煤机	2.2kW	台	2	完好
8	除尘器		台	2	除尘效率降低
9	配电柜		台	2	完好

6. 审核重点废弃物产生和排放情况

见前文企业污染物产生和排放情况。

(二) 审核重点生产工艺流程和单元操作功能说明

为了深入了解审核重点的工艺过程,进行输入输出数据实测。为了便于原因分析,首先需要编制审核重点工艺流程图。锅炉生产工艺流程示意见图 9-5。

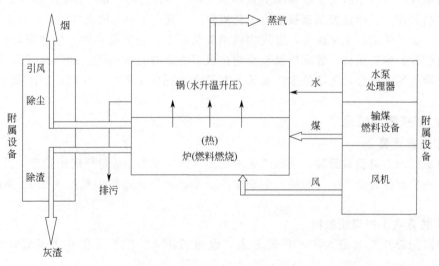

图 9-5　锅炉生产工艺流程示意

审核小组对审核重点工艺进行了细致调查分析,为说明各工艺之间的关系,编制了单元

操作功能说明表。锅炉生产单元操作功能说明见表9-23。

表 9-23　审核重点单元操作功能说明表

单元操作名称	功　能
煤、渣系统运行	颗粒大致均匀的煤块由自动上煤机投落在煤斗内，在链条炉排的转动下进入前拱进行预热。在着火区燃烧后落入渣池
烟气系统运行	炉膛燃烧产生的高温烟气由拱口在两翼烟道下部进入炉膛后部，再由两翼烟道进行换热，向前流经前烟箱，进入对流管束换热后由锅筒尾部进入省煤器、除尘器，通过引风机送入烟囱，排入大气
汽、水系统运行	锅炉给水由锅炉给水泵完成，软化水由给水管进入省煤器，然后进入锅筒，再由下降管进入左右集箱。两侧水冷壁进行吸热汽化产生蒸汽，蒸汽进入锅筒内汽水分离器，经分离后由主汽阀进入需热流程。冷凝水回软化水箱，重复使用

（三）物料平衡

1. 审核重点计量检测设备

审核重点输入物料主要是原煤、水和电，输出为蒸汽，锅炉配有水、蒸汽、电计量表，实验中煤称重。详见表9-24。

表 9-24　审核重点检测仪表统计一览表

序号	名称	规格型号	数量	安装位置
1	压力表	0～2.5MPa　Y-250	8	上锅筒
2	锅炉蒸汽流量计		2	上锅筒主出汽口

2. 锅炉热平衡测试

为对审核重点做更深入更细致的物料平衡和废弃物产生原因分析，对于过去已测试的数据进行汇总，对没有测试的数据进行测试。通过实测和数据分析，可以获得能源的损失和废弃物产生的数量。

针对审核重点的性质和行业有关标准的要求，对物料平衡的输入输出进行了实测和统计，实测地点、周期、方法等是按清洁生产审核的有关要求确定的。根据《热设备能量平衡通则》（GB/T 2587—1981）有关规定的要求对锅炉进行了测试，将实测和统计的输入输出数据进行列表整理，并进行热平衡测算。

锅炉热效率测定的基本原理就是锅炉在稳定工况下进出热量的平衡。锅炉工作是将燃料释放的热量最大限度地传递给汽水工质，剩余的没有被利用的热量以各种不同的方式损失掉了。

在稳定工况下，其进出热量必平衡，即

$$输入锅炉热量＝锅炉利用热量＋各种热损失$$

可表示为：

$$Q_r = Q_1 + Q_2 + Q_3 + Q_4 + Q_5 + Q_6$$

式中，Q_r 为锅炉输入热量，kJ；Q_1 为锅炉利用热量，kJ；Q_2 为排烟热损失，kJ；Q_3 为化学未完全燃烧热损失，kJ；Q_4 为机械未完全燃烧热损失，kJ；Q_5 为锅炉向环境散热热损失，kJ；Q_6 为灰渣物理热损失等其他热损失，kJ。

国家标准 GB/T 2587—1981 规定：热平衡基准温度建议为环境温度；燃料发热量规定用收到基低位发热量 $Q_{\mathrm{net,v,ar}}$。锅炉热效率为锅炉利用热量 Q_1 占输入热量 Q_r 的百分数，用 η_{gl}（％）表示。它可由输入—输出热量法，通过实验求得锅炉正平衡效率。

输入—输出热量法：

$$\eta_{gl} = \frac{Q_1}{Q_r} \times 100\%$$

工业锅炉的测量误差是在额定负荷下两次热效率实验之间的偏差，对于输入—输出热量法不得大于 4%，锅炉热效率按两次实验的平均值计算。平均结果见表 9-25。

表 9-25　锅炉热效率测试项目及结果

序号	名称	符号	单位	数值
1	锅炉进水温度	T_{js}	℃	20.4
2	锅炉出口蒸汽温度	T_{cs}	℃	179.7
3	锅炉蒸汽出口压力	p_{cs}	MPa	0.9
4	锅炉进水焓	H_{js}	kJ/kg	85.3
5	锅炉出口蒸汽焓	H_{cs}	kJ/kg	2778.1
6	锅炉出力	Q	t/h	4.1
7	燃料消耗量	B	kg/h	874
8	收到基低位发热量	$Q_{net,v,ar}$	kJ/kg	18918(4500kcal)
9	煤输入热量	Q_r	kJ	16447806
10	水输入热量		kJ	85.3
11	锅炉利用热量	Q_l	kJ	11390210
12	损失热量		kJ	5057681.3
13	正平衡效率	η_l	%	69.2

审核小组对审核重点蒸汽、水的输入输出监测统计数据进行列表整理，进行了预平衡测算，结果见表 9-26。

表 9-26　审核重点水、蒸汽输入输出统计汇总表　　　　　单位：t/d

输入			输出		
部位	用途	数量	数量	部位	去向
水处理	制去离子水	36.5	31.5	锅炉、供热系统	冷凝水 24
					损耗 4.5
					排污 3
			1	清洗	排放 0.5
					损耗 0.5
			2	除尘系统	损耗 2
			2	水处理	排放 2
合计		36.5	36.5		36.5

对审核重点硫的产生和排放也进行了汇总，并进行了预平衡测算，企业用煤含硫量为0.32%，结果见表 9-27。

表 9-27　审核重点硫输入输出汇总表　　　　　单位：kg/d

输入		输出		
来源	数量	数量	去向	存在形式
原煤	17.59	9.85	烟气	二氧化硫
		3.52	灰渣	硫酸盐等
		4.22	除尘渣	硫酸盐等
合计	17.59	17.59		

3. 物料平衡的建立和分析

根据审核重点物流的测定及其预平衡结果汇总建立物料平衡。

（1）锅炉热平衡建立及分析

1）锅炉热平衡。见图 9-6。

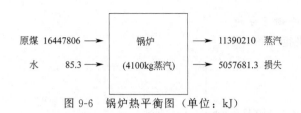

图 9-6　锅炉热平衡图（单位：kJ）

2）热平衡精度。工业锅炉的测量误差是在额定负荷下两次热效率实验之间的偏差，本次锅炉测量计算的偏差小于 4％，锅炉热效率和热损失按两次实验的平均值计算。

3）原煤利用情况。根据测试结果进行了计算，锅炉热效率为 69.2％，热损失为 30.8％。

4）热损失的部位。锅炉热损失主要由排烟热损失、化学未完全燃烧热损失、机械未完全燃烧热损失、锅炉向环境散热热损失、灰渣物理热损失等组成。

5）热损失的原因分析。审核小组对热损失的原因进行了认真分析，主要原因见表 9-28。

表 9-28　热损失主要原因分析表

名称	损失部位	影 响 因 素							
		原辅料和能源	工艺技术	设备	过程控制	产品	废物特性	管理	员工
热能	锅炉墙体	—	—	现有锅炉墙体保温层偏薄，保温性能偏低	—	—	—	—	—
	锅炉燃烧室	—	—	锅炉燃烧室长度偏小，燃烧不充分，热损失大，导致此锅炉能耗大，热效率低	—	—	—	—	—

（2）审核重点水汽平衡及分析

1）审核重点水汽平衡见图 9-7。

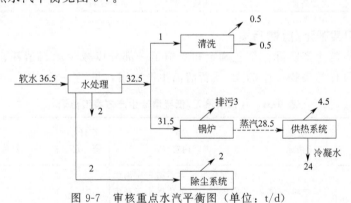

图 9-7　审核重点水汽平衡图（单位：t/d）

2）水利用情况及水损失的部位。从水汽平衡图中可以看出审核重点蒸汽系统损失不大，每天约 2t，锅炉排污 3t，水处理排水约 2t，除尘脱硫系统每天耗水约 2t，由于供汽距离较远，冷凝水没有回收，全部排放。

3）水损失的原因分析。审核小组对水损失的原因进行了认真分析，主要原因见表 9-29。

表 9-29　水损失原因分析表

用水类别	损失部位	影响因素							
		原辅料和能源	工艺技术	设备	过程控制	产品	废物特性	管理	员工
冷凝水	供热系统	—	没有冷凝水回收锅炉设计	—	—	—	—	—	—
软化水	供热系统	—	—	供热管路部分法兰接口和阀门有泄漏现象	—	—	—	—	—

（3）审核重点硫平衡及分析

1）审核重点硫平衡见图 9-8。

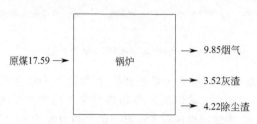

原煤17.59 → 锅炉 → 9.85烟气

→ 3.52灰渣

→ 4.22除尘渣

图 9-8　审核重点硫平衡图（单位：kg/d）

2）SO_2 产生的部位及产生量。审核重点 SO_2 是在燃烧过程中产生的，主要以 SO_2 等形式排放，约占燃料含硫量的 80％，采暖期的日产量约为 7.16kg。其他以硫酸盐等形式存在于灰渣中，湿法除尘有部分脱硫效果，约为 20％。

3）SO_2 产生和排放情况分析。审核小组对 SO_2 产生和排放情况进行了认真分析，锅炉 SO_2 产生数量的多少，主要和燃料煤的含硫量有关，企业使用低硫煤，含硫量 3.2％，SO_2 排放除和煤的含硫量有关外，还和企业除尘器的脱硫效果有关，企业采用湿法除尘，除尘效率约 20％，分析结果见表 9-30。

表 9-30　影响 SO_2 产生和排放原因分析表

污染物种类	产生部位	影响因素							
		原辅料和能源	工艺技术	设备	过程控制	产品	废物特性	管理	员工
SO_2	炉膛	燃料煤的含硫量高低		湿法除尘脱硫效率大小	除尘器的运行控制				

（四）提出和实施无/低费方案

结合审核重点的生产实际，企业确定和实施了一部分以减少原料消耗、降低能源消耗、降低生产成本、降低污染物产生的无/低费清洁生产方案，见表 9-31。

表 9-31　评估阶段无/低费清洁生产方案汇总表

方案编号	方案名称	方案由来	方案内容	预计投资/万元	预计效果	
					环境效益	经济效益/(万元/年)
F10	控制蒸汽压力，减少能源消耗	锅炉单纯供热时，往往不需要太高的压力，不然就要增加能源消耗	确保蒸汽压力不高于所需的工作压力。当负荷远小于额定负荷时，寻找一个允许变化很广的压力变化范围，以减少火炉停工的频率，或限制火炉的最大燃烧速率	—	节煤	—
F11	保证除尘设施正常运行	除尘设施水量不足，将严重影响除尘效果	及时调整、补加除尘设施用水，确保除尘效率	—	确保除尘效率，保护大气环境	—

五、方案的产生和筛选

本阶段通过备选方案的产生、汇总、筛选、研制，旨在为下一阶段的可行性分析推荐经过筛选认为初步可行的中/高费备选方案。

（一）方案产生和汇总

1. 方案产生

企业开展清洁生产审核工作后，通过咨询组在企业内分层次、分内容的清洁生产培训和审核小组的宣传动员、组织座谈等，在企业内部开展了清洁生产工作的合理化建议活动，下发了合理化建议征集表，在公司全体员工中征集合理化建议。

结合审核重点和企业本轮审核设置的清洁生产目标，针对审核过程中发现的问题、原因，以及公司的技改计划和发展规划，咨询组与公司清洁生产领导小组及审核小组共同研究，确定了企业本轮清洁生产审核的无/低费方案和中/高费方案。

2. 方案分类

根据企业的具体情况，审核产生的清洁生产方案，从需要的投资来划分可分为无/低费和中/高费方案，其划分标准为低于 5 万元方案为低费方案，5 万元以上方案为中/高费方案。

3. 方案汇总

本轮清洁生产审核共产生无/低费方案 11 项，中/高费方案 2 项，全部方案汇总分别见表 9-32、表 9-33。

表 9-32　无/低费清洁生产方案汇总表

方案类别	方案编号	方案名称	方案由来	方案内容	预计投资/万元	预计效果	
						环境效益	经济效益/(万元/年)
员工素质的提高及积极性的激励	F1	清洁生产培训	员工环境保护、清洁生产的意识需要提高	对员工进行环境保护、清洁生产培训，提高员工环境意识和素质	—	提高员工素质	—
设备维护和更新	F2	更换部分洗手设施	传统机械手动水龙头水浪费严重	更换为电子感应式水龙头	0.08	节水 750 t/a	0.17
	F3	老式灯具更换	老式灯具耗电量大	更换为节能灯	0.67	节电 0.9×10^4 kW·h	0.67
	F4	电机加变频控制	大容量电机工频运行耗电量大	将部分经常使用的大容量电机配套变频器使用	3.5	节电 2.25×10^4 kW·h	1.7
	F5	冷却水回收	UHT 杀菌机生产过程中冷却水没回收、耗水量大	UHT 杀菌机冷却水系统出口连接到工艺循环水系统进行循环使用	0.6	节水 1.65×10^4 t/a	3.8
	F6	增加酸碱中和罐	废弃酸液和碱液分别排放，影响排水酸碱度	增加不锈钢酸碱中和罐，将废弃酸液和碱液进行中和后排放，减少对水体的污染	4.5	减少排水污染物	—
	F7	喷码机关键部件的更换	喷码机主喷头及墨盒等性能降低，易出故障	更换主喷头及墨盒等，减少包装机的停机次数	0.8	减少停机造成的水电气能耗的浪费	—
	F8	冷却塔回水管线加过滤袋	换热器水垢较多，影响导热、耗电大	在回水管线出口加过滤袋减少污物进入换热器，降低结垢	0.1	节电 1.65×10^4 kW·h	1.24
原辅材料替代	F9	旧版包材作杀菌包材	旧版包材不用，产生浪费	为减少包材消耗量，将旧版包材用作杀菌包材	—	节包材 6.6 万个	0.99

续表

方案编号	方案名称	方案由来	方案内容	预计投资/万元	预计效果 环境效益	预计效果 经济效益/(万元/年)
优化过程控制 F10	控制蒸汽压力，减少能源消耗	锅炉单纯供热时，往往不需要太高的压力，不然就要增加能源消耗	确保蒸汽压力不高于所需的工作压力。当负荷远小于额定负荷时，寻找一个允许变化很广的压力变化范围，以减少火炉停工的频率，或限制火炉的最大燃烧速率	—	节煤	—
F11	保证除尘设施正常运行	除尘设施水量不足，将严重影响除尘效果	及时调整、补加除尘设施用水，确保除尘效率	—	确保除尘效率，保护大气环境	—

表 9-33　中/高费清洁生产方案汇总表

方案编号	方案名称	方案由来	方案内容	预计投资	预计效果 环境效益	预计效果 经济效益
F12	蒸汽锅炉改造维护	企业建厂期间安装的锅炉设计热效率为78.1%，从2004年运行至今，存在一些问题，锅炉热效率仅为69.2%，主要是：锅炉燃烧室炉拱短，燃烧不充分，热损失大，导致此锅炉能耗大，热效率偏低；随着锅炉的热效率的下降，用电、用水量同步增加；锅炉换热器较长时间没有清洗，换热效率低；锅炉除尘器腐蚀严重，除尘效率下降	对锅炉炉拱进行改造，加长炉拱，清洗换热器，对除尘器进行维护	10.5万元	热效率可提高到72.2%，节煤75.1t/a，提高除尘效率，保证烟尘达标排放	5.3万元/年
F13	供热管网保温改造	现有蒸汽管网保温为岩棉保温，保温层厚2.5cm，保温效果差。现出现局部塌陷，更降低了保温效果，热能损失量很大，部分法兰接口和阀门有泄漏现象	更换新供暖管道保温层，材料为岩棉，保温层厚度为10cm，外敷玻璃丝布，主管线共335m。蒸汽阀门需更换，降低维修成本，降低蒸汽泄漏风险。更好地保障生产线顺利生产	10.4万元	可节省蒸汽500t/a，节煤103t/a	7.5万元/年

（二）方案筛选

1. 无/低费方案筛选

在预审核和审核阶段，对无/低费方案采用了简易筛选方法，即清洁生产审核小组和工程技术人员进行讨论来决策。方案筛选的结果认为本次审核提出的这些无/低费方案都是可行的。

2. 中/高费方案筛选

结合企业实际情况，考虑了方案所涉及的设备、技术工艺、经济效益、环境效益等方面及方案的成功机会的大小。审核小组对中/高费备选方案进行了筛选，认为2个方案都是初步可行的，可做进一步的研制。筛选结果见表9-34。

表 9-34　中/高费方案初步的筛选结果

方案编号	方案名称	筛选因素及结论 环境效益	技术可行性	经济效益	可实施性	结论
F12	蒸汽锅炉改造维护	√	√	√	√	√
F13	供热管网保温改造	√	√	√	√	√

（三）方案研制

经初步筛选本轮审核共产生中/高费备选方案 2 项，因为投资额较大，而且一般对生产工艺过程有一定程度的影响，因而需进一步进行研制，研制过程遵循了系统性、闭合性、无害性、合理性原则。

1. 蒸汽锅炉改造维护（F12）

（1）方案内容

1）现存在的问题。企业建厂期间安装的锅炉设计热效率为 78.1%，从 2004 年运行至今存在一些问题，主要是：①锅炉燃烧室炉拱短，燃烧不充分，热损失大，导致此锅炉能耗大，热效率偏低；②随着锅炉的热效率的下降，用电、用水量同步增加；③锅炉换热器较长时间没有清洗，换热效率低；④经热效率测试，锅炉热效率仅为 69.2%；⑤锅炉除尘器腐蚀严重，除尘效率下降。

2）拟采取改进措施的内容。对锅炉炉拱进行改造，加长炉拱，清洗换热器，对除尘器进行维护。

（2）炉拱改造工艺　将原燃烧室设计缺陷短炉拱拆除，重新设计延长炉拱长度。

（3）改造和维护所需主要材料　炉拱改造主要材料有耐火水泥、耐火砂、中骨料、粗骨料、耐火纤维等；换热器清洗主要材料有除垢剂、板胶垫等；除尘器维修主要材料有钢板、防腐材料等。

（4）方案的效益　本项目总投资 10.5 万元，其中材料费 6.5 万元，人工费 4 万元。

锅炉改造维护后，热效率可提高到 72.2%，全年可节省原煤 75.1t，节省资金 5.3 万元/年。除尘器维护后，可提高除尘效率，保证烟尘达标排放。

2. 供热管网改造（F13）

（1）方案内容

1）现存在的问题。企业目前有蒸汽主管线 335m，现存在的主要问题是：①现有蒸汽管网保温为岩棉保温，保温层厚 2.5cm，保温效果差，现出现局部塌陷，更降低了保温效果，当地冬季寒冷，在冬季生产时，热能损失量很大，增加运行成本；②部分法兰接口和阀门有泄漏现象。

2）拟采取改进措施的内容：①更换新供暖管道保温层，材料为岩棉，保温层厚度为 10cm，外敷玻璃丝布，主管线共 335m；②蒸汽阀门需更换，降低维修成本，降低蒸汽泄漏风险，更好地保障生产线顺利生产。

（2）方案采用保温材料的性能指标　供暖管线采用的岩棉保温材料的主要性能参数见表 9-35。

表 9-35　岩棉保温材料的主要性能参数

序号	技术性能	技术指标	序号	技术性能	技术指标
1	容重/(kg/m³)	100～160	5	热导率 W/(m·K)	≤0.044
2	抗压强度 /(kg/cm²)	2.0～2.7	6	尺寸稳定性/%	≤1.5
3	憎水率/%	>98	7	使用温度/℃	−196＋120
4	吸湿率/%	≤5	8	氧指数/%	≥26

（3）主要材料　岩棉管 335 延长米、玻璃丝布 800 延长米，阀门 5 个、法兰 10 副。

（4）方案的效益　本项目总投资 10.4 万元。

改造后保温率可达 85% 以上，可节省蒸汽 500t/a，节煤 103t/a，节省资金 7.5 万元/年。

（四）方案研制结果

上述方案的研制结果说明："蒸汽锅炉改造维护"和"供热管网保温改造"这两个方案都是初步可行的，由于中/高费方案难度相对较大，技术工艺也相对复杂，应做进一步的技术、环境和经济可行性分析。

六、可行性分析

可行性分析通过对前一步工作推荐的中/高费备选方案进行评估分析，旨在确定可行的中/高费方案。本章将对上一章中已做过初步研制并推荐做进一步可行性分析的"蒸汽锅炉改造维护"和"供热管网保温改造"这两个方案进行技术、环境、经济等方面的可行性分析。

（一）蒸汽锅炉改造维护方案可行性分析（F12）

1. 方案简介

（1）方案名称　蒸汽锅炉改造维护。

（2）方案类型　该方案属节能、减排方案，方案符合清洁生产及循环经济减污、节能、降耗、增效的要求。

（3）方案主要内容　企业建厂期间安装的锅炉设计热效率为78.1%，从2004年运行至今存在一些问题，锅炉热效率仅为69.2%，主要是锅炉燃烧室炉拱短、燃烧不充分、热损失大等导致此锅炉能耗大，热效率偏低；随着锅炉的热效率的下降，用电、用水量同步增加；锅炉换热器较长时间没有清洗，换热效率低；锅炉除尘器腐蚀严重，除尘效率下降。

拟采取改进措施为：对锅炉炉拱进行改造，加长炉拱，清洗换热器，对除尘器进行维护。本项目总投资10.5万元，节省资金25.9万元/年，可节省原煤370吨/年。

2. 技术可行性分析

该方案不改变原有工艺，主要是设施的更新和维护，拟采取改进措施的内容主要有：① 将原燃烧室设计缺陷短炉拱拆除，重新设计延长炉拱长度，改善燃烧条件，减少热损失，提高热效率；②通过人工清理和除垢剂化学清洗的方式，清除沉积在锅炉内壁上的水垢，改善热效率，清除完毕后需对锅炉整体进行打压试验，确保安全后方可加水运行；③拆除原除尘器内的钢制烟气挡板，更换新挡板，并进行防腐处理，增加挡板的耐腐蚀性，保证除尘效果，有效防止烟气外泄的可能。

总之，该项目采用的是现有通行的燃煤锅炉维护技术和设备，技术完全可行。

3. 环境可行性分析

包括：① 锅炉改造维护后，热效率从原来的69.3%，提高到72.2%，每吨蒸汽由原来耗煤213.17kg降到204.39kg，吨蒸汽可减少原煤消耗8.78kg，全年可节省原煤75.1t；②除尘器维护后，可提高除尘效率，确保烟尘达标排放。

4. 经济可行性分析

（1）总投资　总投资费用10.5万元，其中材料费6.5万元，人工费4万元。

（2）年运行费用总节省金额　5.3万元，为节省耗煤费用。

（3）财务评估结果　基本指标：①税金中增值税17%，所得税25%；②行业基准收益率20%；③产品销售价格按现行价格；④折旧年限10年。财务评估结果：①年折旧费1.05万元；②净利润3.19万元；③年增现金流量4.42万元；④项目偿还期2.48年；⑤净现值13.44万元；⑥内部收益率38.84%。

因为净现值$NPV>0$，且内部收益率IRR大于行业基准收益率20%。该方案经济效益显著，经济上是可行的。

5. 可行性分析结论

通过上述可行性分析，可以认定方案具有技术、环境、经济上的可行性。

（二）供热管网保温改造方案可行性分析（F13）

1. 方案简介

（1）方案名称　供热管网保温改造。

（2）方案类型　该方案属节能、减排方案，方案符合清洁生产及循环经济减污、节能、降耗、增效的要求。

目前蒸汽主管线现存在的主要问题是：保温层厚2.5cm，保温效果差。现出现局部塌陷，更降低了保温效果，热能损失量很大，增加运行成本；部分法兰接口和阀门有泄漏现象。

拟采取改进措施的内容是：更换新供暖管道保温层，材料为岩棉，蒸汽阀门更换。

本项目总投资10.4万元，节省资金7.5万元/年。可节省蒸汽500t/a，节煤103t/a。

2. 技术可行性分析

岩棉保温广泛应用于各种管道的保温节能和防冻。其本身具有导热系数低，使用温度高、防火不燃、施工便利和性能价格比高等优点，是现在非常流行的一款保温材料。绝热性能好是岩棉、矿渣棉制品的基本特性，在常温条件下（25℃左右）它们的热导率通常在$0.03 \sim 0.047 W/(m \cdot K)$。将原有供暖管道的岩棉加厚，增加保温效果，是工厂企业常用的保温工艺，技术上是可行的。

3. 环境可行性分析

改造后保温率可达85%以上，可节省蒸汽500t/a，节煤103t/a。

4. 经济可行性分析

（1）总投资　总投资费用10.4万元，其中材料费6.2万元，人工费4.2万元。

（2）年运行费总节省金额　7.5万元，为节省耗煤费用。

（3）财务分析　财务评估主要采用现金流量分析和财务动态获利性分析方法。主要财务评估指标为：①税金中增值税17%，所得税25%；②基准收益率20%；③产品销售价格按现行价格；④折旧年限10年。

（4）财务评估结果　①年折旧费1.04万元；②净利润4.85万元；③年增现金流量5.89万元；④项目偿还期1.77年；⑤净现值219.73万元；⑥内部收益率55.92%。

因为净现值$NPV>0$，且内部收益率IRR大于行业基准收益率20%。该方案经济效益很好，经济上是可行的。

5. 可行性分析结论

通过上述可行性分析，可以认定方案具有技术、环境、经济上的可行性。

（三）方案经济可行性综合分析

企业本轮清洁生产审核共提出2个中/高费方案，其经济评估指标汇总见表9-36，从中可以看出"供热管网保温改造"方案经济效益最好，"蒸汽锅炉改造维护"方案的效益也不错，从经济可行性上看都可以实施。

表9-36　中/高费方案经济评估指标汇总表

方案名称	经济评估指标								
	总投资/万元	总节省金额/万元	年折旧费/万元	净利润/万元	新增现金流量/万元	偿还期/年	净现值/万元	内部收益率/%	排序
蒸汽锅炉改造维护	10.5	5.3	1.05	3.19	4.24	2.48	13.44	38.84	2
供热管网保温改造	10.4	7.5	1.04	4.85	5.89	1.77	219.73	55.92	1

（四）推荐实施的方案

根据备选方案技术、环境评估和经济评估指标综合分析的结果，审核小组认为："蒸汽锅炉改造维护"和"供热管网保温改造"这两个清洁生产方案都可以在本轮审核中予以

实施。

七、方案实施

方案实施目的是通过推荐方案（经初步研制和可行性分析的中/高费方案）的实施，使企业实现技术进步，获得显著的经济效益和环境效益。方案的实施由企业主管领导负责组织，各职能相关部门和车间相互配合，通过方案实施和评估已实施的清洁生产方案成果，激励企业推行清洁生产。

（一）方案实施情况

1. 无/低费方案实施情况

根据审核小组、咨询小组的建议，本着边审核、边实施、边见效的原则，在清洁生产审核的各阶段实施完成了全部可行的 11 项无/低费方案，已实施方案总数占无/低费方案产生总数的 100%。已实施的无/低费方案成果见表 9-37。

表 9-37　已实施的无/低费方案成果统计表

方案编号	方案名称	预计投资/万元	预计效果		完成时间
			环境效益	经济效益/(万元/年)	
F1	清洁生产培训	—	提高员工素质	—	2017.10
F2	更换部分洗手设施	0.08	节水 750t/a	0.17	2017.11
F3	老式灯具更换	0.67	节电 0.9×10^4 kW·h/a	0.67	2017.11
F4	电机加变频控制	3.5	节电 2.25×10^4 kW·h/a	1.7	2017.11
F5	冷却水回收	0.6	节水 1.65×10^4 t/a	3.8	2017.11
F6	增加酸碱中和罐	4.5	减少排水污染物	—	2017.11
F7	喷码机关键部件的更换	0.8	减少停机造成的水电气能耗的浪费	—	2017.11
F8	冷却塔回水管线加过滤袋	0.1	节电 1.65×10^4 kW·h/a	1.24	2017.11
F9	旧版包材作杀菌包材	—	节约包材 6.6 万个	0.99	2017.11
F10	控制蒸汽压力，减少能源消耗	—	节煤	—	2017.12
F11	保证除尘设施正常运行	—	确保除尘效率，保护大气环境	—	2017.12
合计		10.25	节电 4.8×10^4 kW·h/a 节水 1.725×10^4 t/a 节约包材 6.6 万个	8.57	

2. 中/高费方案实施情况

截至 2018 年 7 月，企业全面完成了"蒸汽锅炉改造维护"和"供热管网保温改造"这两个中/高费方案，已实施方案总数占中/高费方案产生总数的 100%，并取得了较好的环境效益和经济效益，已实施的中/高费方案成果见表 9-38。

表 9-38　已实施的中/高费方案成果统计表

方案编号	方案名称	投资/万元	预计效果		完成时间
			环境效益	经济效益/(万元/年)	
F12	蒸汽锅炉改造维护	10.5	热效率可提高到 72.2%，节煤 75.1t/a，提高除尘效率，保证烟尘达标排放	5.3	2018.06
F13	供热管网保温改造	10.4	可节省蒸汽 500t/a，节煤 103t/a	7.5	2018.06
合计		20.9	节煤 178.1 t/a，减少 SO_2 排放 kg/a，减少烟尘排放 kg/a	12.8	

（二）已实施方案成果汇总

1. 已实施所有方案成果分类汇总

本轮审核实施了 11 个无低/费方案，共投资 10.25 万元，取得经济效益 8.57 万元/年，同时也取得了较好的环境效益。本轮审核实施了 2 个中/高费方案，共投资 20.9 万元，取得经济效益 12.8 万元/年；同时也取得了较好的环境效益。已实施所有方案成果分类汇总见表 9-39。

表 9-39　已实施所有方案成果分类汇总表

指标		单位	数量		
			无/低费方案	中/高费方案	合计
节约能源类	节煤	t/a		178.1	178.1
	节电	10^4kW·h/a	4.8		4.8
	节水	10^4t/a	1.725		1.725
资源综合利用	节包材	万个	6.6		6.6
环境效益	减少SO_2排放	t/a		578.8	578.8
	减少烟尘排放	t/a		175.1	175.1
经济效益	合计	万元/a	8.57	12.8	21.37
投资		万元	10.25	20.9	31.15

环境效益是根据节煤量计算得出的，吨煤 SO_2 排放量为 5910/1820kg＝3.25kg；吨煤烟尘排放量为 1789/1820kg＝0.983kg。

2. 已实施方案成果与清洁生产目标对比

清洁生产方案效益转化为清洁生产指标项数据换算见表 9-40。

表 9-40　清洁生产方案效益转化为清洁生产指标项数据换算表

指标项	单位	数值	分子项	分母项	支撑方案
吨蒸汽耗煤量	kg/t	192.4	1820－175.1＝1644.9	8550	F12/F13
吨产品耗电量	kW·h/t	94.92	2641490－48000＝2593490	27322	F3/4/F8
吨产品耗水量	kg/t	2.24	78414－17250＝61164	27322	F2/F5
SO_2 排放强度	kg/t	0.195	5.91－0.579＝5.33	27322	F12/F13
烟尘排放强度	kg/t	0.059	1.789－0.175＝1.61	27322	F12/F13

通过已实施方案，企业实现了设置的清洁生产近期目标。企业清洁生产目标实现情况见表 9-41。

表 9-41　清洁生产目标实现情况统计表

指标分类	指标项	现状值 2016 年末	近期目标值 2018.09	实际完成值 2018.09	增减率 /%	支撑方案
节约能源	蒸汽耗煤量/(kg/t)	212.9	195.9	192.4	−9.6	F12/F13
	产品耗电量/(kW·h/t)	96.68	95.23	94.92	−1.82	F3/4/F8
	产品耗水量/(kg/t)	2.87	2.30	2.24	−21.9	F2/F5
污染物减排	SO_2 排放强度/(kg/t)	0.216	0.197	0.195	−9.7	F12/F13
	烟尘排放强度/(kg/t)	0.0655	0.058	0.059	−11.5	F12/F13

这些方案的实施取得了较好的环境效益，节电 $4.8×10^4$kW·h/a、节煤 178.1t/a、节水 $1.725×10^4$t/a，减少 SO_2 排放 0.58t/a，减少烟尘排放 0.17t/a。

企业吨蒸汽耗煤量从审核前的 212.9kg/t 减少到 192.4kg/t，降低了 9.6%；吨产品耗电量从审核前的 96.68kW·h/t 减少到 94.92kW·h/t，降低了 1.82%；产品耗水量从审核前的 2.87t/t 减少到 2.24t/t，降低了 21.9%；SO_2 排放强度从 0.216kg/t 减少到 0.195kg/t，降低了 9.7%；烟尘排放强度从 0.0655kg/t 降到 0.059kg/t，降低了 11.5%。

通过这些方案的实施，取得了减污、节能、降耗、增效的环境效益和经济效益，全面完成了本次清洁生产审核的目标。

（三）审核前后能源消耗、污染物排放情况对比

1. 审核前后污染物排放强度对比

根据本轮审核企业减污情况的统计，清洁生产审核前后污染物排放强度变化情况对比见表9-42。

表9-42　清洁生产审核前后污染物排放强度对比

序号	项目	单位	审核前	审核后	变化值
1	SO_2	kg/t 产品	0.216	0.195	−0.021
2	烟尘	kg/t 产品	0.0655	0.059	−0.0065

2. 审核前后能源消耗、污染物排放对比

根据本轮审核企业节能、减污情况的统计，清洁生产审核前后能源消耗和污染物排放变化情况见表9-43。

表9-43　能源消耗和污染物排放变化情况统计表

序号	指标	单位	审核前	审核后	削减量
1	耗电	$10^4 kW \cdot h$	264.149	259.349	4.8
2	耗煤	t	1820	1644.9	175.1
3	耗水	t	78414	61164	17250
4	SO_2 排放	t	5.91	5.33	0.58
5	烟尘排放	t	1.79	1.61	0.18

（四）审核前后企业清洁生产水平变化分析

通过本轮审核，企业实施了一系列无/低费和中/高费方案，节约了大量原煤消耗，节水、节电的同时也减少了大气污染物的排放，减少了对大气环境的影响，企业的清洁生产水平也得到了提高（表9-44）。

表9-44　审核前后清洁生产资源能源利用指标对比情况表

项目	审核前		审核后	
耗水量/(m³/t)	2.87	二级	2.24	二级
综合能耗/(GJ/t)	12.08	三级	11.82	三级

（五）清洁生产理念更加深入人心

通过宣传清洁生产审核成果，使全公司员工对清洁生产有了更深层次的认识，对清洁生产更有信心，为公司开展持续清洁生产奠定了思想基础。

八、持续清洁生产

（一）建立和完善清洁生产组织

通过本轮的清洁生产审核工作，员工从本岗位细节入手，积极挖掘清洁生产的改进点，节能降耗、预防污染的意识进一步提高，也使企业获得了明显的经济效益和环境效益。为将清洁生产审核工作纳入工厂日常生产管理，持续进行下去，公司领导研究决定公司内清洁生产的长期推进工作由能源环保部负责。

1. 明确职责

在公司领导职能分工中明确由总经理亲自负责主抓公司清洁生产的推行和管理工作。

2. 清洁生产工作组织

公司本轮审核工作结束后，公司设立清洁生产办公室，办公室成员基本为审核小组成员，并将清洁生产工作融入企业的日常生产和管理工作中。总经理亲自领导，能源环保部负

责具体协调和推进，主要任务是：经常性地组织对全公司员工的清洁生产宣传和培训；启动新一轮的清洁生产审核，选择下一轮清洁生产审核重点；负责清洁生产活动的日常管理，清洁生产审核的绩效统计和宣传等。

（二）建立和完善清洁生产制度

1. 将清洁生产审核成果纳入日常管理

在公司员工提出的清洁生产合理化建议中有部分关于加强管理方面的建议和改进措施，公司将其主要内容做了归纳和总结，并加以制度化，以提高企业的管理水平：①建立预防性维修制度；②形成职工定期培训制度；③工艺要求和操作规程的改进；④建立健全清洁生产档案，所有清洁生产文件和资料要按档案管理要求，由综合部统一保管。

2. 建立和完善清洁生产激励机制

公司领导研究决定对每轮清洁生产审核工作中表现突出、实施后取得良好环境效益和经济效益的方案提出人等给予特别奖励。

3. 清洁生产资金来源

清洁生产的资金来源可以有多种渠道，但主要是保证实施清洁生产产生的经济效益全部用于清洁生产及审核，以持续滚动地推进清洁生产。现企业拟将清洁生产获得的效益全部用于持续清洁生产。

（三）持续清洁生产计划

为了有效地将清洁生产在企业中有组织、有计划地继续推行下去，清洁生产审核工作小组制订出持续清洁生产计划，见表9-45。

表9-45　持续清洁生产计划

计划	主要内容	开始时间	结束时间	负责部门
持续清洁生产审核工作计划	继续征集清洁生产无/低费、中/高费方案，继续挖掘节水、节能、降耗、减排的方案。加快锅炉蒸汽冷凝水回收工程规划进度	2018年10月	2019年4月	能源环保部
	切实抓好热线生产的环保工作，做好相应环保设施的建设工作，保证"三同时"	2018年10月	2019年6月	能源环保部综合部
	继续建立"清洁生产"工作方针目标，清洁生产岗位责任制，清洁生产奖罚制度，保证清洁生产工作持续有效开展	2018年10月	2019年10月	能源环保部生产部
	拓展合作渠道，不断扩大有关清洁生产方面知识的学习和交流，学习借鉴国内外清洁生产先进经验，细化、深化清洁生产工作	2019年1月	2019年12月	能源环保部综合部各车间
职工的清洁生产培训计划	结合本企业实际情况和已取得的清洁生产成果，培训职工发现、分析、解决清洁生产方面问题的能力，自觉开展清洁生产	本轮清洁生产审核结束后每年2次		能源环保部综合部

九、审核结论

该乳业有限公司从2017年9月开展清洁生产审核工作以来，公司领导高度重视此项工作，下发文件成立了清洁生产审核领导小组和工作小组，制订了清洁生产工作计划，向全厂职工宣传清洁生产，发动广大职工积极参与，为企业清洁生产审核工作奠定了良好的基础。

企业主要大气污染源是锅炉燃烧烟气，公司有2台6t/h链条蒸汽锅炉（1用1备），每台锅炉配有干湿除尘器，湿法除尘中加药剂脱硫，平均脱硫效率30%，排放烟气的烟囱高度45m；产生烟尘、二氧化硫等。企业锅炉污染物排放满足《锅炉大气污染物排放标准》（GB 13271—2001）二类区Ⅱ时段要求。

企业废水主要污染源是奶槽车、配料罐、缓冲罐、贮存罐及管道设备清洗废水、少量酸碱中和废水及生活废水、锅炉排污水。主要污染物指标为 pH 值、悬浮物（SS）、化学需氧量（COD）、五日生化需氧量（BOD$_5$）、氨氮（NH$_3$-N）、动植物油等，污水排放满足《污水综合排放标准》（GB 8978—1996）中三级标准要求。

企业按时缴纳排污费，没有发生过环境污染事件及投诉信访事件，也没有受过生态环保部门的处罚。

审核小组根据该乳业有限公司的特点，从产品、原辅材料和能源、生产设备和工艺、综合利用、污染物产生和治理、环境管理等方面对其清洁生产水平进行了分析，企业在清洁生产主要方面具有较高的清洁生产水平。

审核小组在对同行业调研、对公司进行现场考察和资料分析的基础上，根据国家有关的环境保护标准和清洁生产审核的具体要求，结合企业资源利用、污染物产生和排放的情况，确定动力车间的锅炉为本轮审核重点，制订了本轮清洁生产审核 5 项目标，分别是吨蒸汽耗煤量（kg/t）、吨产品耗电量（kW·h/t）、吨产品耗水量（kg/t）、SO$_2$ 排放强度（kg/t）和烟尘排放强度（kg/t）。

通过培训、宣传等方式，发动全厂员工参与提合理化建议活动，从原辅材料和能源、技术工艺、设备、过程控制、废弃物产生与处置、产品、管理以及员工素质 8 个方面着手寻找清洁生产的机会和潜力，结合审核重点、清洁生产目标，本轮审核共筛选出清洁生产方案 13 项，其中无/低费方案 11 项，中/高费方案 2 项。

本轮审核实施了全部可行的 11 个无低/费方案，共投资 10.25 万元，取得经济效益 8.57 万元/年；实施了 2 个中/高费方案，投资 20.9 万元，取得经济效益 12.8 万元/年。这些方案的实施取得了较好的环境效益，节电 4.8×10^4 kW·h/a、节煤 178.1t/a、节水 1.725×10^4 t/a，减少 SO$_2$ 排放 0.58t/a，减少烟尘排放 0.17t/a。

企业吨蒸汽耗煤量从审核前的 212.9kg/t 减少到 192.4kg/t，降低了 9.6%；吨产品耗电量从审核前的 96.68kW·h/t 减少到 94.92kW·h/t，降低了 1.82%，吨产品耗水量从审核前的 2.87t/t 减少到 2.24t/t，降低了 21.9%；SO$_2$ 排放强度从 0.216kg/t 减少到 0.195kg/t，降低了 9.7%；烟尘排放强度从 0.0655kg/t 降到 0.059kg/t，降低了 11.5%。

通过这些方案的实施，取得了减污、节能、降耗、增效的环境效益和经济效益，全面完成了本次清洁生产审核的目标。

通过本次清洁生产审核，针对企业存在的问题，提出了可行的清洁生产方案，并通过对方案的实施，树立了企业的良好形象，提高了企业的管理水平，提高了原材料的使用效率，有效地降低了成本，减少了污染物的产生和排放量，有效地促进了企业技术进步，为企业带来了一定的经济效益、环境效益和社会效益，为持续清洁生产审核工作打下良好的基础。

附件

1. 重点企业清洁生产审核绩效汇总表（略）
2. 重点企业通过实施清洁生产方案效益明细表（略）
3. 境监测站对本公司场所废水大气噪声等的监测结果（略）
4. 各种批复文件及公司发布的有关清洁生产审核的文件（略）

第二节　某植物蛋白有限公司清洁生产审核报告

一、引言

1. 企业基本信息

企业名称：某植物蛋白有限公司。

投产时间：2004 年 10 月。

所属行业：食用植物油工业。

2. 开展清洁生产审核工作的必要性与紧迫性

植物蛋白是蛋白质的一种，其营养与动物蛋白相仿，但是更易于消化。含植物蛋白最丰富的粮食作物是大豆，含量约为 38%，是谷类食物的 4～5 倍。但是，大豆蛋白的提取加工过程会消耗大量能源，且产生污水，污染环境。因此，大豆蛋白加工企业有必要通过清洁生产审核，降低能源和资源消耗，减少污染物排放。企业希望通过实施清洁生产审核，找出企业在生产、管理方面的问题，提高企业竞争力，树立企业良好的社会形象，提高资源、能源利用效率，并减少污染物的产生，从而提高产品质量。

清洁生产审核是实施清洁生产最主要、最具可操作性的方法。其通过对企业生产的产品、生产过程及服务的全过程进行预防污染，提高效率的分析和评估，从而发现问题，提出解决方案，并通过方案的实施在源头减少或消除废弃物的产生，实现清洁生产"节能降耗，减污增效"的目标。

3. 本轮清洁生产审核任务的由来及要求

根据 2016 年某省环境保护厅印发的《关于公布实施清洁生产审核的重点企业名单的通知》及 2016 年某市环保局《关于下发实施清洁生产审核重点企业名单的通知》，某植物蛋白有限公司被省环保厅、市环保局列为强制性清洁生产审核企业，根据通知要求，被列为重点审核的企业要按照《清洁生产审核暂行办法》《关于深入推进重点企业清洁生产的通知》，根据《企业清洁生产审核程序的规定》程序，开展清洁生产审核工作。因此，该公司于 2017 年 1 月开展第一轮清洁生产审核工作，并委托某环境科技有限公司进行清洁生产审核的技术支持和服务。

4. 本轮清洁生产审核范围对象、审核时段划分

(1) 清洁生产审核范围对象　该植物蛋白有限公司厂区范围内，包括预处理车间、浸出车间、精炼车间、粕库车间、司炉车间、办公生活区。

(2) 审核时段划分　审核期为 2017 年 1～10 月；方案实施期为 2017 年 2～10 月；审核基准年：2016 年。

5. 清洁生产审核依据

(1) 法律法规、政策依据（部分略）　包括：①《产业结构调整指导目录（2011 年本）》(2013 修订版)；②《高耗能落后机电设备（产品）淘汰目录》(共三批)工业和信息化部公告 2009、2012、2014 年第 14、67、16 号。

(2) 技术依据（部分略）　包括：①《饮食业油烟排放标准（试行）》（GB 18483—2001）；②《用能单位能源计量器具配备和管理通则》（GB 17167—2006）；③《需重点审核的有毒有害物质名录》（第一批、第二批）；④《清洁生产标准食用植物油工业（豆油和豆粕）》（HJ/T 184—2006）；⑤某植物蛋白有限公司提供的有关数据和资料。

二、筹划与组织

本阶段的工作主要是为清洁生产审核进行思想、组织、工作计划等方面的准备，为开展清洁生产审核扫除障碍，铺平道路，组织队伍，确立工作方案。

1. 成立清洁生产审核小组

清洁生产审核是一项综合性很强的工作，涉及企业的各个部门，而且随着审核工作阶段的变化、参与审核工作的部门和人员也会变化。取得企业高层领导的支持和参与，由高层领导动员并协调企业各个部门和全体职工积极参与，审核工作才能顺利进行。所以高层领导的支持和参与是审核工作中提出的清洁生产方案实施的关键所在。

根据清洁生产程序的要求，为了圆满完成清洁生产审核工作，确保公司今后各项工作的顺利进行，该植物蛋白有限公司（以下简称蛋白公司）下发了关于开展清洁生产工作的通知。根据通知要求，首先在蛋白公司内部组建了清洁生产审核领导小组，由蛋白公司总经理担任组长，直接领导和指挥清洁生产审核领导小组的各项工作；由生技部经理担任领导小组的副组长，具体负责提供清洁生产审核的设备及工艺技术等方面支持；审核领导小组的其他成员分别由清洁生产相关部门的主要负责人组成。

清洁生产审核领导小组成员构成见表9-46。

表 9-46 蛋白公司清洁生产审核领导小组成员构成与职责分工表

姓名	职务	来自部门	小组职务	职责
	总经理	总经理办公室	组长	对蛋白公司清洁生产审核工作负全责
	生技部经理	生技部	副组长	对蛋白公司清洁生产工作负主要责任
	生技部经理助理	生技部	副组长	负责清洁生产的安全支持,保证技术先进,切实可行、安全
	部长	质检部	组员	负责清洁生产数据提供
	部长	供应部	组员	负责清洁生产供应方面工作
	部长	财务部	组员	负责清洁生产财务数据及经济分析
	部长	行政人资部	组员	负责清洁生产宣传及文档工作
	部长	仓储部	组员	负责清洁生产贮存运输方面工作

为了本轮清洁生产审核工作顺利开展，清洁生产领导小组下设清洁生产审核工作小组，小组成员具备清洁生产审核相关知识，熟悉车间的生产、工艺、环保和管理等情况，清洁生产审核工作小组成员详情见表9-47。

表 9-47 蛋白公司清洁生产审核工作小组成员构成与职责分工表

姓名	职务	来自部门	小组职务	职责
	生技部经理	生技部	组长	负责公司清洁生产全面工作
	生技部经理助理	生技部	副组长	负责协助各车间清洁生产中全面协调
	车间主任	预处理车间	组员	负责清洁生产的设备支持,保证技术先进,切实可行
	车间主任	浸出车间	组员	负责清洁生产的技术支持,保证技术先进,切实可行
	车间主任	精炼车间	组员	负责清洁生产的技术支持,保证技术先进,切实可行
	设备管理员	生技部	组员	负责清洁生产中全面协调、负责清洁生产中设备
	班长	预处理车间	组员	负责预处理车间清洁生产全面工作
	班长	精炼车间	组员	负责精炼车间清洁生产全面工作
	班长	豆粕车间	组员	负责豆粕车间清洁生产全面工作
	工长	锅炉房	组员	负责锅炉房清洁生产全面工作
	站长	污水处理站	组员	负责污水处理站清洁生产全面工作
	核算员	财务部	组员	负责方案经济可行性论证,已实施方案经济效果统计

清洁生产审核工作小组职责：① 负责编制清洁生产审核计划，开展宣传教育活动；② 负责确定审核工作重点和目标，组织和实施审核工作；③ 负责编写清洁生产审核报告，

提出持续清洁生产的建议；④ 负责测算清洁生产审核的投入和收益，并详细建立清洁生产单独账目；⑤ 负责与咨询机构专家的联络，听取专家的建议并吸取有益的建议。

2. 制订清洁生产审核工作计划

制订适合公司的清洁生产审核工作计划，有助于审核工作按程序和步骤进行，组织好人力与物力，各司其职，协调配合，审核工作才会取得令人满意的效果，企业的清洁生产目标才能顺利实现。

在清洁生产领导小组的具体指导和清洁生产审核咨询机构的共同参与下，蛋白清洁生产审核工作小组及时编制了详细的清洁生产工作计划表，见表9-48。

表 9-48　清洁生产审核工作计划表

工作阶段	工作内容	完成时间	责任部门	参与人员
审核准备	(1)建立清洁生产领导小组和清洁生产审核工作小组； (2)制订审核工作计划； (3)宣传动员	2017.1	生产办和各车间	审核领导小组、工作小组、咨询组人员
预审核	(1)企业概况，包括企业简介、规模产值、利税、组织机构、人员状况； (2)主要工艺流程，主要原辅材料、水、能源及废弃物的流入、流出和去向； (3)主要原辅料、主要产品、能源及用水总耗及单耗； (4)设备水平及维护状况； (5)环境保护状况，主要污染物产生及排放情况，主要污染源的治理情况，"三废"的循环利用情况、能源利用情况； (6)确定审核重点； (7)设置清洁生产目标； (8)提出和实施无/低费方案	2017.2～2017.3	生产办和各车间	审核领导小组、工作小组、咨询组人员
审核	(1)现场调查； (2)收集资料； (3)物料、水平衡	2017.4	生产办和各车间	审核领导小组、工作小组、咨询组人员
方案的产生与筛选	(1)产生方案； (2)方案筛选	2017.5	生产办和各车间	审核领导小组、工作小组、咨询组人员
可行性分析	(1)可行性分析； (2)选定方案	2017.6	生产办和各车间	审核领导小组、工作小组、咨询组人员
方案实施	方案实施	2017.7～2017.8	生产办和各车间	审核领导小组、工作小组、咨询组人员
持续清洁生产	(1)完善清洁生产组织； (2)完善清洁生产管理制度； (3)制订持续清洁生产计划	2017.9～2017.10	生产办和各车间	审核领导小组、工作小组、咨询组人员

3. 宣传和培训

培训的目的是使全体员工明确清洁生产的目的，增强环保意识，落实"节能、降耗、减污、增效"方针，做到人人了解清洁生产，人人参与清洁生产。

启动清洁生产审核以后，根据工作总体推进计划，首先公司于2017年1月20日在公司会议室召开了对领导、清洁生产审核领导小组和工作小组成员的清洁生产及审核知识的宣传和培训会，与会人员12人，由咨询单位某环保科技有限公司宣讲了实施企业清洁生产审核的目的、意义、必要性、紧迫性、基本程序和此轮清洁生产审核的总体安排等。于2017年1月23日公司会议室召开由车间工艺主任、技术员、环保员等参加的清洁生产审核内审员培训会，与会人员15人，由咨询单位某环保科技有限公司讲解了《清洁生产审核指南制定技术导则》（HJ 469—2009）规定的"筹划与组织、预审核、审核、方案的产生和筛选、可行性分析、方案实施和持续清洁生产"7个阶段内容，着重讲解了在充分调研和分析的基础上，如何确定清洁生产审核的重点和目标的思路和方法，审核阶段如何进行物料实测及建立物料平衡的方法和废弃物产生原因分析，以及对方案的产生和筛选、可行性分析阶段的工作方法进行了较为详细的讲解，为分厂清洁生产审核工作有效开展奠定了基础。

同时，公司通过厂内生产工作例会对广大职工，尤其是预处理车间、浸出车间和精炼车间的各级职工，进行了清洁生产理念的宣传和培训，培训主要内容包括清洁生产基本知识、清洁生产与末端治理的利弊分析、国内外企业的成功审核案例、实施清洁生产给企业带来的巨大效益以及清洁生产审核的过程和具体工作内容；同时，还通过厂区内黑板报进行了清洁生产宣传。另外，通过组织厂区管理人员和生产车间的技术人员进行研讨会，深入学习了清洁生产工作的主导思想，讨论了如何将清洁生产的理念在实际生产中贯彻执行。

通过以上各个层面的培训，做到厂领导、生产车间及有关部门的领导、技术员、生产一线的员工对清洁生产的意义有一个清楚的认识，达到各层次的认同和自觉贯彻执行。

4. 克服清洁生产障碍

在开展清洁生产审核过程中遇到了不少障碍，不克服这些障碍则很难达到企业清洁生产审核的预期目标。为了更好地收集本厂开展清洁生产审核的各方面障碍，咨询公司向公司人员征求了开展清洁生产的想法和建议，通过整理与分析，存在5种类型的障碍，即思想观念、技术、资金、管理障碍及其他障碍。五者中思想观念障碍是最主要的障碍，不克服这些障碍，很难达到预期的工作目标。

针对每一种障碍研究制订了具体的解决办法，具体见表9-49。

表 9-49　障碍分析表

障碍	表现	解决办法
观念障碍	认为环保是末端治理,对生产过程中的防治认识不足,认为环保不会产生经济效益	宣传清洁生产和清洁生产审核知识,提供进行清洁生产审核公司取得的成功经验和经济效益情况
生产技术障碍	担心缺乏足够的分析测量条件,对生产过程中的物耗和废物排放分析数据的正确性无十分把握,对预防措施缺少可行技术	组织和协调全公司分析测试力量和仪器设备,统一全盘协调,进行专业技术的学习培训,提高工作效益和工作质量。保证测试数据的准确性,在基础上有针对性地提出预防性措施
经济障碍	担心开展清洁生产及清洁生产审核工作会引起资金运用上的困难	从公司内部挖掘资金,建立专项资金,从而解决全部所需资金
管理障碍	领导担心生产任务重、事务多、部门独立性较强、协调困难;担心清洁生产工作会泄露公司的商业和技术的秘密	由公司经理直接领导参与清洁生产审核全过程。有时以文件的形式或利用开调度会时解决问题,不用特意召集各部门开会。阐明清洁生产是不会泄露公司商业秘密的
员工思想	收集清洁生产方案时员工不好好配合,感觉到这对他们来说是多余的工作	耐心给员工讲解清洁生产知识,各车间环保员利用倒班时间与员工讨论清洁生产方案,做到每个员工都积极参与到清洁生产中来
其他	经教育培训宣传后,尚有部分人员认为工作过于复杂、严格、可能会在某种程度上影响生产	保留反对意见,继续开展工作,随着审核工作的深入,真正找到生产、管理中的不足,并及时实施无/低费或中/高费方案,收到明显的经济效益和环境效益,从根本上消除各种顾虑,促进生产发展

通过本阶段的宣传教育，以及厂领导的大力支持，审核小组顺利地得以组建，并根据上级生态环保部门的要求和公司的实际情况制订了切实可行的审核计划，各种清洁生产培训工作的开展使得广大员工真正认识到了清洁生产的重要性，为下一步预审核工作的顺利开展奠定了基础。

三、预审核

预审核是清洁生产审核的初始阶段，是发现问题和解决问题的起点。该阶段主要任务是从企业生产全过程出发,从清洁生产审核的具体要求着手,对企业现状进行调研和考察,摸清生产运行现状、污染现状和产污重点,并通过分析,找出最明显的废物产生点。对企业的整个生产流程进行全面调查分析,发现其主要存在的问题及清洁生产机会,如物料损失严重、生产效率低下、污染物排放量大、能耗高等,从而确定本轮清洁生产审核重点,并针对审核重点,设置清洁生产目标。针对调研及考察中发现的问题分析原因、提出解决办法,从而提出一批备选清洁生产方案,同时着手开始实施其中明显易行的无/低费清洁生产方案。

(一) 蛋白公司概况

1. 企业发展简况

该植物蛋白有限公司注册资金 3000 万元,资产总额 7656 万元,现有员工 137 人,厂区占地 9.06hm^2,年可仓储大豆 1.0×10^5 t。公司拥有浸出工艺的生产线 1 条,主要有预处理车间、浸出车间、粕库车间、精油车间、司炉车间,2016 年加工大豆 17.946×10^4 t,年产低温豆粕 13.85×10^4 t,四级大豆油 2.99×10^4 t。现已通过 ISO 9001 质量体系认证、非转基因认证和绿色食品认证。

2. 蛋白公司所在区域地理位置及厂区平面布局情况

(1) 地理位置 公司交通便捷,厂区北临 XX 公路、南邻住宅小区、西邻大学城、东临住宅小区,周边 1km 范围内无水源、医院、幼儿园,有河流、学校等环境敏感点目标。敏感目标的预防措施及落实见本项目竣工验收报告《关于某植物蛋白有限公司建设项目审批意见》和《关于某植物蛋白有限公司建设项目竣工环境保护验收意见的函》。

(2) 厂区平面布局情况 厂区占地面积 8×10^4 m^2,厂区内主要有原料贮存立筒仓、辅料库、粕库、油罐、辅料库、原料预处理车间、浸出车间、精炼车间、豆粕车间、污水处理车间、锅炉房、办公区等。厂区东侧从北至南依次是预处理车间、浸出车间和精炼车间,厂区污水从车间排入厂区东南侧的污水处理设施;该处地势较平坦,位于厂区的边缘,废水厂处在常年主导风向的下风向。原料库房在厂区北侧,粕库在厂区中南部,锅炉房在厂区的南部,为 3 个生产车间提供蒸汽。因此,整体布局比较合理。

3. 公司主要生产设施、产品产量、产值等情况

2016 年年底,公司固定资产总值 3147.62 万元,主要生产工艺为浸出工艺,主要装置有破碎机、振动筛、轧胚机、浸出器等,2016 年年产值 79407.33 万元,总利税 4273.86 万元,主要产品有豆粕 13.85×10^4 t,四级大豆油 2.99×10^4 t。

4. 组织机构设置及在册人员构成情况 (略)

5. 企业管理情况

企业建立了完备的生产和质量管理保证体系,各管理部门职能清楚,各级人员责任明确。企业生产设备与生产规模和工艺相适应,各种检测设备齐全。企业对生产所需物料制订了相应的质量标准,各种原辅材料按类别贮存,出入库手续齐全。企业生产主要环节均实现了自动化。

(1) 近 3 年能源管理情况 为了能够更好地完成公司下达的节能节水指标,企业建立了节能管理小组,由生技部副部长担任负责人,建立了较为完善的节能管理制度。本机构人员对每月的节能节水指标完成情况进行核算,并就完成情况进行考核;还有定期(每季度)组织召开企业生技部的节能节水工作分析会。每年生技部负责收集各车间节能、节水方面的技改项目,通过领导、生产办、各车间主管领导讨论分析后上交到公司审批,在检修期间实施。

(2) 近 3 年环境保护情况 公司生产车间的环保设施包括除尘系统、消声防噪设施、工业废水处理系统等。环保设施自投产以来运行情况良好,未发生过设施无故停运情况。公司每年制订污染物达标指标和总量控制指标,在 2014~2016 年生产过程中排放的污染物全部

实现达标排放，未发生过环保处罚及投诉信访事件、环境污染事件等。

（3）近3年获得的认证与荣誉　2014～2016年均通过了质量管理体系、职业健康安全管理体系认证机构认证、非转基因认证和绿色食品认证、安全生产标准化三级达标认证。

（二）企业生产概况

1. 生产工艺流程

（1）总工艺流程　见图9-9。

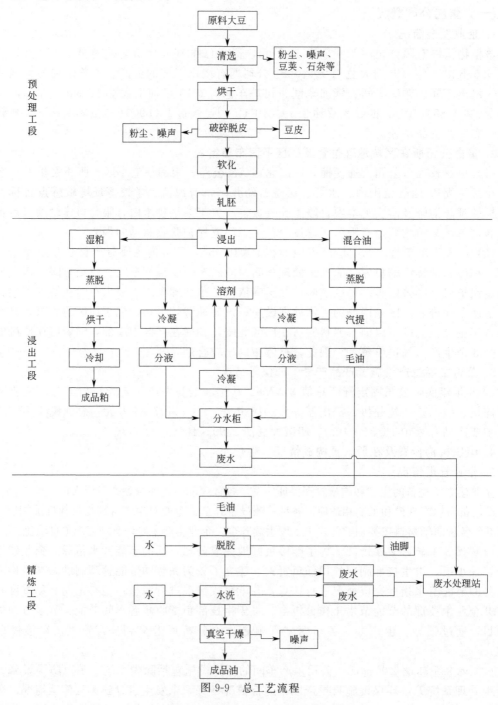

图9-9　总工艺流程

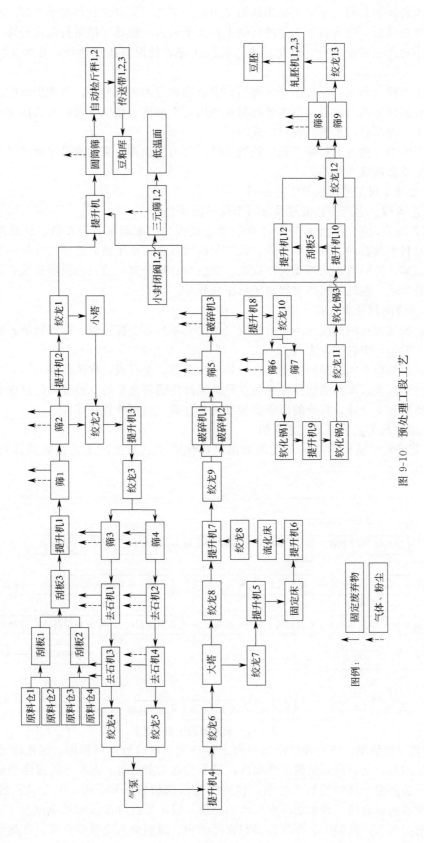

图 9-10 预处理工段工艺

图例：

固定废弃物 ⟶

气体、粉尘 ⤏

（2）工艺流程说明　本工艺采用低温浸出生产工艺，原料大豆经过预处理工段清选工序去除石头等杂质后，进入烘干工序进行烘干，烘干后进入破碎工序进行脱皮处理，处理后进入软化工序对大豆升温软化，软化后进入轧胚工序，使原料压成片状，片状轧胚进入浸出工段。

轧胚进入浸出器内，经过溶剂浸泡后对混合油和豆粕进行分离，分离出来的混合油进入蒸脱机，分离出溶剂与毛油，溶剂进行回收利用，毛油进入精炼车间；分离出来的豆粕经过蒸脱、烘干、冷却后，形成低温豆粕成品。

浸出工段的毛油进入精炼工段的脱胶工序，分离出油脚，混合液进过分离机水洗后进行干燥，产生成品四级大豆油。

1）预处理车间工艺流程及工艺说明

① 工艺流程。生产工艺流程及排污节点见图 9-10。

② 工艺流程说明。大豆原料经计量后通过刮板送入振动筛、去石机、分级筛等进行清选，去除原料中的石块、豆荚等杂质。较均匀的大豆进入烘干塔，经多次加热冷却后进入破碎机进行破碎；然后再进入振动筛使豆皮、豆脐与豆瓣分离，筛出的豆瓣进入软化锅进行软化；软化处理后，在轧胚机内对辊加压后压成胚片。

③ 排污情况和处理方式

废气：预处理车间的废气为无组织废气，主要来自各个振动筛、圆筒筛等，废气中的主要污染物为粉尘，直接排入大气。

噪声：预处理车间的噪声主要来自于各个振动筛、去石机、吹风机等。

固废物：预处理车间的固体废弃物主要是经软化锅软化后与豆瓣分离的豆皮和豆脐，都外销给脂肪酸加工企业。其余的固废物为石块、豆荚（全部外售）等。

2）浸出车间工艺流程及工艺说明

① 工艺流程。浸出车间的工艺为低温浸出生产工艺，生产工艺流程及排污节点见图9-11。

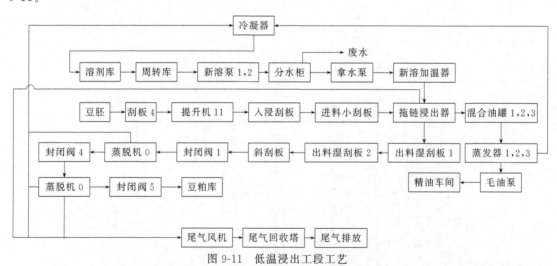

图 9-11　低温浸出工段工艺

② 工艺流程说明。胚片在浸出器中由进料口到出料口行进过程中，经浓度递减的混合油喷淋、浸泡后，最后用新鲜的溶剂喷淋，沥干后送入蒸脱机。混合油过滤除杂后经二次蒸发和汽提，去除混合油中的有机溶剂，得到的毛油送精炼车间处理，溶剂蒸汽经冷却后分离，溶剂回收重新利用，废水送污水处理站处理。浸出器的含油湿粕用蒸汽在120℃下蒸脱去除粕中的溶剂后，经烘干、冷却后得到成品油粕。溶剂蒸汽冷凝后分离，溶剂回收重新利

用，废水送污水处理厂净化处理，回收的溶剂可重复利用。

③ 排污情况和处理方式

废水：浸出车间的废水主要来自拖链浸出器、出料湿刮板、蒸发器等。

废气：浸出车间的废气分为有组织废气和无组织废气两种。有组织废气主要来自拖链浸出器、脱溶机和蒸发器，主要污染物为挥发溶剂。有组织排放的废气由尾气风机送入尾气吸收塔中，由石蜡进行回收溶剂，然后排放。通过石蜡尾气回收工艺尾气中溶剂的回收效率达到90%，大大降低了浸出车间的溶剂消耗，提高了企业的经济效益。主要原理是：含溶剂尾气首先被石蜡真空喷射泵吸收到石蜡循环罐，再经过石蜡循环罐顶部的自由气体管进入吸收塔的底部，与来自吸收塔顶部的贫油进行气—液传质，尾气中的溶剂气体被充分吸收；同时，未被吸收的不凝结气体由吸收塔的顶部排到大气中去。无组织废气主要来自各个刮板、脱溶机等，废气中的主要污染物为有机溶剂，直接排入大气。

噪声：浸出车间的噪声主要来自于各个提升机、吹风机等。

3）精炼车间工艺流程及工艺说明

① 工艺流程。生产工艺流程及排污节点见图9-12。

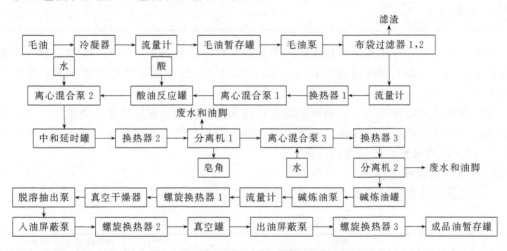

图9-12　精炼工段工艺流程及排污节点

② 工艺流程说明。毛油罐中的毛油经计量后，由毛油泵经布袋过滤器过滤后送到换热器中加热，然后在离心混合泵中同来自于罐、由热水泵打来的热水混合后，进入酸油罐中与加入的酸反应，再用离心混合泵打入中和延时罐中进行中和反应。然后利用中和延时泵送入自清式离心机进行分离，产生固体废弃物油脚。分离出来的油经过自清式离心机进行水洗分离；分离出来的油经过螺旋换热器换热后，送入脱溶塔进行脱溶干燥；干燥后经过泵打入真空罐进行真空干燥，随后由成品油泵抽出，并经冷却器冷却、过滤后送入油库贮存。

③ 排污情况和处理方式

废水：精炼车间的废水主要来自分离机，废水经管线排入污水处理站。

噪声：精炼车间的噪声主要来自于各种泵、吹风机等。

固废物：精炼车间的固体废弃物主要来自于分离机和过滤器，主要固废为油脚，收集后都外销给脂肪酸加工企业。

2. 主要生产设施及原辅料储运情况

（1）主要生产设施　公司主要生产设施配置情况见表9-50。

表 9-50　主要生产工序主要生产设施一览表

序号	工序	设备名称	规格或型号	数量	投入使用时间	运行状况	是否属于淘汰设备
1	预处理	振动筛	MS180×200	6	2006 年	良好	否
2		破碎机	YPSG40×150	2	2006 年	良好	否
3			YPSG40×100	1	2006 年	良好	否
4		软化锅	YRHW220	3	2004 年	良好	否
6		轧胚机	YYPY2×80×150	3	2006 年	良好	否
7	浸出车间	浸出器	280×80	1	2009 年	良好	否
8		蒸发器	ZFG300	3	2009 年	良好	否
9		汽提塔	QTD100	1	2009 年	良好	否
10		蒸脱器	YTRL320	1	2004 年	良好	否
11	精炼车间	袋式过滤器	GFDL-4P2S	1	2009 年	良好	否
12		水化罐	YW2000	5	2009 年	良好	否
13		离心机	12-500	3	2009 年	良好	否
14		碱炼罐	1800 年	1	2009 年	良好	否
15		脱臭塔	YTXT100/800	1	2009 年	良好	否
16	锅炉车间	蒸汽锅炉	SHL10-1.6/260-AII	2		1 备 1 用	否
17		污水处理站	A/O	1 座		良好	否

　　根据《部分工业行业淘汰落后生产工艺装备和产品指导目录》（2010 年本）和《高耗能落后机电设备（产品）淘汰目录（第一、二、三批）》，现企业生产没有使用国家禁止使用的淘汰设备。主要设备整体运行良好。

　　（2）原辅料贮运情况　公司的原辅料在仓储部库房的大豆罐区和正己烷罐区贮存。输送及贮存的产品有豆粕和四级豆油。成品油罐 4 座，原料立筒仓 6 座，溶剂罐 1 个，共有各类贮罐 11 座，均为常压，已基本满负荷。

3. 主要产品及产量情况

　　公司主要产品为四级大豆油和豆粕。公司近 3 年产品产量见表 9-51。

表 9-51　企业近 3 年产品产量情况表

产品名称	产量/t			单位产品产量消耗原料量/(t 豆/t)		
	2014 年	2015 年	2016 年	2014 年	2015 年	2016 年
大豆油	16875.6	17106.81	29904.63	6.05	6.05	6.00
豆粕	78800.7	80177.45	138480.7	1.30	1.29	1.29

　　由表 9-51 可见，企业产量在 2014～2016 年一直有持续的增长，特别是 2016 年产量增加更多。由于企业产品产量与市场销售情况以及产品价格密切相关，近几年大豆蛋白市场的销售情况一直很好，产量逐年增加；由表 9-51 可见，2016 年豆粕和大豆油单耗均最低，这是由于 2016 年的大豆质量好于往年。

4. 原辅料消耗分析

　　（1）原辅料消耗情况　生产过程中主要原辅料消耗情况见表 9-52。

表 9-52　近 3 年企业原辅料消耗表

名称	数量/t			单位	单位消耗量		
	2014 年	2015 年	2016 年		2014 年	2015 年	2016 年
大豆	102109.1	103606.7	179460	t 豆/t 粕	1.30	1.29	1.29
溶剂油	291.01	304.60	409.17	kg/t 豆	2.85	2.94	2.28

　　由表 9-52 可见，浸出车间溶剂单耗在 2016 年最低。由于企业于 2015 年对浸出车间浸

出工艺进行了大规模更新改造,由低温浸出工艺代替了高温浸出工艺,新的浸出设备先进,溶剂利用效率高,因此溶剂单耗有了很大幅度的降低。

（2）原料简介及物性分析

1）原料大豆。大豆属于蝶形花科豆类植物,种子呈圆形,种皮黄色。公司原料大豆全部来自黑龙江省内非转基因大豆,为绿色食品大豆。大豆生长与天气密切相关;而2014年,整个黑龙江地区受低温天气影响,春播工作较正常年份推迟10天左右,后期,秋霜早,造成大豆成熟度差的情况,2014年大豆水分约13%,杂质含量1.5%～2.5%。2015年大豆水分约12%,杂质含量1.5%～3%;2016年大豆水分约12%,杂质含量1%～2%,2016年大豆质量好于2015年。

2）6# 溶剂油。6# 溶剂油的主要成分是正己烷,无色透明液体,能与除蓖麻油以外的多数液态油脂混溶,可溶解低级脂肪酸。正己烷对油脂的溶解能力强,化学性质稳定,对设备腐蚀性小,与水不溶,沸点较易回收,来源充足,价格低,能满足大规模生产的需要。正己烷易燃烧,其蒸汽与空气混合能形成爆炸性的气体,而且溶剂蒸汽对人的中枢神经系统有毒害作用,连续吸入溶剂蒸汽能使人头晕、恶心,甚至失去知觉。因此,在工作场所空气中溶剂蒸汽的最高浓度不得高于0.5mg/L。正己烷的性质见表9-53。

表 9-53　正己烷的性质

标识	名称:正己烷,己烷		分子式:C_6H_{14}		分子量:86.17	
	UN 编号:1208		危险货物编号:31005		CAS No.110-54-3	
理化性质	性状:无色液体,有微弱的特殊气味			溶解性:不易溶于水,溶于乙醇、乙醚等多数有机溶剂		
	熔点:−95.6℃			相对密度(水=1):0.66		
	沸点:68.7℃			相对密度(空气=1):2.97		
	饱和蒸汽压:13.33kPa(15.8℃)					
	临界温度:234.8℃			临界压力:3.09MPa		
燃烧爆炸危险性	闪点:−25.5℃			爆炸上限:6.9%		
	引燃温度:244℃			爆炸下限:1.2%		
	燃烧性:易燃			禁忌物:强氧化剂		
	稳定性:稳定			燃烧(分解)产物:一氧化碳、二氧化碳		
	危险特性:极易燃,其蒸气与空气可形成爆炸性混合物。遇明火、高热极易燃烧爆炸。与氧化剂接触发生强烈反应,甚至引起燃烧。在火场中,受热的容器有爆炸的危险。其蒸气比空气重,能在较低处扩散到相当远的地方,遇明火会引起回燃。					
	灭火方法:喷水冷却容器,可能的情况下将容器从火场移至空旷处。处在火场中的容器若已变色或从安全泄压装置中产生声音,必须马上撤离。					
	灭火剂:二氧化碳、干粉、泡沫、砂土。用水灭火无效					
接触限值	中国:未制定标准					
	美国 TVL-TWA: OSHA 500ppm 1760mg/m³					
	ACGTH 50×10⁻⁶ 176mg/m³					
健康危害	健康危害:本品有麻醉和刺激作用。长期接触可致周围神经炎。					
	急性中毒:吸入高浓度本品出现头痛、头晕、恶心、共济失调等,严重者引起神志丧失甚至死亡。对眼和上呼吸道有刺激性。					
	慢性中毒:长期接触出现头痛、头晕、乏力、胃纳减退;其后四肢远端逐渐发展成感觉异常,麻木、触、痛、震动和位置等感觉减退,尤以下肢为甚,上肢较少受累。进一步发展下肢无力,肌肉疼痛,肌肉萎缩及运动障碍。神经-肌电图检查感觉神经及运动神经传导速度减慢					

（3）原煤　用于锅炉燃料,利用煤燃烧发出的热量使炉内水汽化,产生的高温水蒸气供应生产各环节间接加热或直接汽提。企业所用煤采购自黑龙江省双鸭山和黑河地区。企业原煤采用火车运输进厂,贮存在半封闭罩棚内,储量为1000t。

（4）企业其他原材料性质　见表9-54。

表 9-54 原辅材料性质及指标

原辅材料名称	性质	
大豆	含油 17% 含蛋白质 37% 碳水化合物 33%	粗纤维 8.0% 水分 12%(15\16 年)(14 年 13%)
煤	发热量:6000kcal 挥发分 37%左右	水分 7% 灰分 16%
溶剂油	6# 溶剂油	有微弱特殊气味、无色挥发性液体,不溶于水。沸点 68.74℃

各种原辅材料采购进厂后,化验室都会对其按照规定要求进行取样、检验并记录。

5. 能源消耗情况

企业近三年能源消耗见表 9-55。

表 9-55 企业近三年能源消耗表

能源	单位	能源消耗量			单位产品能源消耗量			
		2014 年	2015 年	2016 年	单位	2014 年	2015 年	2016 年
电	kW·h	3941000	3719000	5246000	kW·h/t	38.60	35.90	29.23
原煤	t	6924.4	6324.4	10224.4	t/t	67.81	61.04	56.97
水	t	20549.3	20186	27149	kg/t	201.25	194.83	151.28

(三)公用工程、管理情况

1. 给水、排水

(1)给水情况 公司用水主要为生产用水和职工生活用水。生活用水由当地自来水管网供给,生产用水由院内深井供给,深井供水能力为 30 t/h,能满足厂区生产用水的要求。

(2)排水情况 厂区内建有完善的管网系统及一座日处理量 100t/d 的污水处理站,能够将产生的污水及时收集及处理。

公司 2016 年水量平衡如图 9-13 所示。

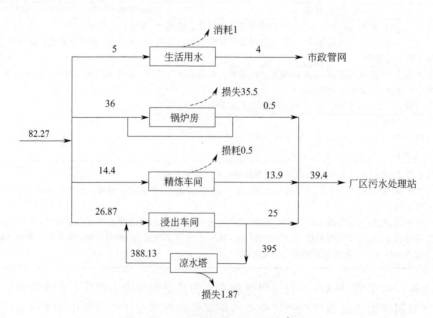

图 9-13 水量平衡图(单位:m³/d)

由图 9-13 可以看出全厂主要用水车间为锅炉房、浸出车间，锅炉补水主要用于定期排污和蒸汽及蒸汽冷水输送过程等消耗；浸出车间补水主要用于凉水过程损失、冷却水降温补水；凉水过程中蒸发损失是必然的，而冷却水降温补水是由于凉水塔的处理能力不够、冷却效果不好，造成需要使用新鲜水补充，来降低冷却水的温度，满足工艺要求。

另外，由于冷却水温度高，进行补水降温，使循环水量增加，使原来设计的循环水池容积不足，需要排放部分冷却水，这部分可以循环利用，以免造成水资源浪费。

2. 供热、供电情况

厂区采用 2 台 10t/h（1 备 1 用）蒸汽锅炉供生产及生活用热，锅炉系统配有 1 套多管冲击式除尘系统，除尘效率可到 85％以上，烟囱高度为 45m。

厂区所需电力由市政电网供给，能够满足项目用电需求。

3. 消防设施

厂区内有深井 1 眼，单井出水量为 40m³/h，最大供水能力为 150m³/h。在消防时切断生产、生活水源，完全能够满足全厂消防用水的要求。

室内消防给水设计为临时高压制，在泵站内设有恒压供水系统，室内消火栓箱设有报警信号按钮，当火警发生时报警信号输入给水设备，该系统自动升压到 0.6MPa，水泵全部启动，进入消防状态。

室外消防给水设计为低压制，厂区给水管网设计为生产、生活、消防合一系统。该管网中适当设置地下式防冻消火栓，作为消防车供水水源，并在各车间设消防水泵结合器。

4. 车间通风方式

锅炉、预处理、精炼采用自然通风；浸出采用强制通风，浸出车间安装防爆风机 4 台，型号为 BT35-11。

5. 危险场所的防护措施

对于生产设备的传动装置采取加防护罩的措施进行安全防护；对于部分传动装置需裸露的设备，在危险部位设置防护栏或采用涂色、警示线等方法提醒操作者注意安全。

电气设备采取严格的接零、防静电、连锁保护和自动报警等保护措施，以避免漏电、触电情况的发生。

浸出车间和溶剂库按甲类防爆厂房的设计要求建造，采取了泄压、防爆措施。同时，浸出车间和溶剂库设置了排风装置和自动报警仪器，当溶剂发生泄漏并在空气中累积到一定浓度时，报警器发生警报信号，排风装置会自动启动，将溶剂排出室外。

(四) 产污和排污现状分析

1. 污染物排放遵循标准

按照环境保护法律法规的要求，蛋白公司生产过程中的废水、废气、固体废弃物排放以及厂界噪声的控制应遵循的相关标准见表 9-56。

表 9-56　企业执行的环保标准

污染物名称	执行标准名称	标准号	执行级别	执行标准数值
废水	污水综合排放标准	GB 8978—1996	三级标准	COD500mg/L，BOD300mg/L SS400mg/L
烟尘	锅炉大气污染物排放标准	GB 13271—2001	二类区Ⅱ时段	烟尘 200mg/m³ 二氧化硫 900mg/m³
厂界噪声	工业企业厂界环境噪声排放标准	GB/T 2348—2008	第Ⅱ类	昼间 60dB(A) 夜间 50dB(A)
非甲烷总烃	大气污染物综合排放标准	GB 16297—1996	二级标准	0.2％

2. 废水的产生及处理

（1）废水的产生

1）生活污水。厂区生活污水的产量为 4 m³/d，生活污水中主要污染物为 COD、NH₃-N、SS 等。

2）生产废水

① 浸出工段废水：工艺中采用蒸脱机、蒸发器和汽提塔将毛油和饼粕中的溶剂蒸出，溶剂蒸汽经冷凝后，将冷凝器出来的溶剂送入分水箱进行溶剂水分离，分离溶剂回收至系统循环使用，同时排出少量废水，废水量为 25 m³/d。

② 精炼工段废水毛油经水化中和后，用离心机将毛油和油脚进行分离，分离油后需用水进行两次洗涤，再用离心机将油水进行分离，产生废水，废水量为 13.9 m³/d。

（2）废水的处理

1）生活污水。厂区生活污水排入市政管网。

2）工艺废水。厂区的工艺废水为高浓度有机废水，采用厌氧＋好氧为主的工艺，辅助处理采用浅层气浮＋混凝沉淀池，终端过滤采用多介质过滤器有效保证出水对悬浮物的要求。污水处理工艺流程如图9-14所示。

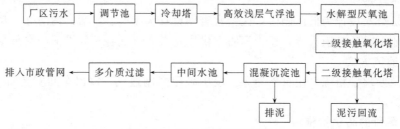

图 9-14　污水处理工艺流程

（3）工艺流程

1）水路说明。油脂生产废水流入调节池，调节后经过冷却塔，冷却塔将水温降至30℃以下，有效地保证了后续构筑物对水温的要求。气浮池能够有效去除废水中的轻质油，加入混凝剂后能够有效地悬浮油、乳化油、分散油和 SS，避免油脂对后续生化处理的影响，减小后续处理的负荷；气浮池出水自流进入厌氧池，池内的水解微生物利用胞外酶将大分子有机物分解成小分子有机物，将长链水解为短链、支链成直链、环状结构成直链或支链，提高污水的可生化性，并除去一定量的 COD。厌氧池出水自流进入好氧池，好氧池内主要进行氨氮的消化反应，同时大部分的 COD 在此去除，好氧池出水部分回流至厌氧池内，回流比为 100％～300％；好氧池出水进入混凝沉淀池，剩余污泥排入污泥沉淀池。沉淀池出水进入中间水池，提升至多介质过滤器，保证后续出水更可靠的达到国家规定的排放标准。

2）泥路说明。混凝沉淀池排泥，气浮池浮渣排入污泥浓缩池，满足设计液位时采用临时性市政吸污车排放池内污泥。

3）气路说明。接触氧化池内的空气供给，采用鼓风机提供。

经环保局监测评估，厂区工艺废水经污水处理站处理后能够达标排放，满足《污水综合排放标准》（GB 8978—1996）中三级标准要求。

3. 废气的产生及处理

（1）工艺废气

1）粉尘。在振动筛上方安装旋风除尘器，除尘效率85％。

2）冷凝器尾气。厂区采用两种方法减少溶剂损失。其一是采用负压生产工艺，有效减少生产过程中的跑、冒、滴、漏，降低溶剂的无组织排放量；二是采用石蜡低温回收技术回收尾气中的溶剂蒸汽，减少溶剂的有组织排放总量，石蜡吸收低温回收系统由填料吸收塔、填料解析塔、冷却塔、加热器、热交换器及泵等设备组成。自最后冷凝器来的尾气从吸收塔底部进入，气体通过吸收塔内填料层向上流动。从塔顶喷下的液体石蜡油（简称"贫油"）在填料表面与自由气体逆流接触，将自由气体中的溶剂吸收。不能被吸收的空气由塔顶的小型抽风机抽出排入大气。与大气相通的管道末端装有阻火器以利安全。抽风机同时用来使整个浸出系统中形成微负压，以防止溶剂蒸汽从系统中向外泄漏。尾气中的溶剂在低温条件下被石蜡油吸收后，排放气体中溶剂的排放浓度＜120mg/m³，厂区尾气达标排放。

（2）锅炉烟气　厂区2台（1备1用）10t/h的蒸汽锅炉，配有多台除尘器，除尘效率为87%。

4. 噪声的产生及处理

厂区的噪声来源主要是粉碎机、振动筛、空压泵、水泵等设备，其噪声防治对策主要考虑从声源上和传播途径上降低噪声。其噪声值为85～110dB（A）。出于抑制噪声、防治污染、保护员工健康方面考虑，公司在工艺设计、设备选型、建设安装过程中就采取了厂区合理规划、厂房遮挡以及安装消声器、隔声罩等消声降噪措施，以保证作业场所和厂界噪声符合国家标准。

5. 固体废物的产生及处理

（1）生活垃圾　厂区职工生活垃圾集中收集后，定期送往环卫部门指定地点处置，不随意丢弃。

（2）锅炉灰渣　厂区锅炉灰渣产生量为1500 t/a，锅炉灰渣集中收集后外售作为铺路或建筑的材料。

（3）生产废料　厂区产生废料主要由与处理工段大豆筛分工段大豆筛分产生的杂质、碎豆，除尘器收集的粉尘以及破碎脱皮产生的豆皮，精炼工段产生的油脚，废料全部外卖；污水处理站产生的污泥混煤进行燃烧处理。

6. 危险废物的产生及处理

蛋白公司的危险废物主要是实验室在质量检验过程中产生的实验室废液，在统一收集后委托某环境技术服务有限公司定期回收。

7. 污染物排放浓度及达标情况

县环境环保监测站2015年12月对企业经污水处理站处理的外排废水进行了监测，化学需氧量、氨氮浓度均符合排放标准，监测情况见表9-57。

表 9-57　废水监测情况

年份	数据来源及监测时间	监测项	标准值/(mg/L)	监测结果/(mg/L)	是否达标
2015	县环境保护监测站2015年12月	化学需氧量	500	166.2(平均)	达标
		氨氮	30	8.6(平均)	达标

由表9-57可见，企业污水达标排放。

2015年12月由县环境保护监测站对锅炉大气进行了监测，经监测企业排放符合《锅炉大气污染物排放标准》（GB 13271—2001）二类区Ⅱ时段规定的标准限值。锅炉大气监测结果见表9-58。

表 9-58　锅炉大气监测结果

监测项目	标准值	2015年12月17日监测结果	2015年12月18日监测结果	是否达标
烟尘平均排放浓度/(mg/m³)	200	122.3	171	达标
二氧化硫平均排放浓度/(mg/m³)	900	64.67	94	达标

2015 年县环境保护监测站对企业噪声进行了监测，经监测厂界噪声符合《工业企业厂界环境噪声排放标准》（GB 12348—2008）中二类标准。厂界噪声监测结果见表 9-59。

表 9-59　厂界噪声监测结果　　　　　　单位：dB（A）

监测项目	标准值	2015 年 12 月 17 日监测结果	2015 年 12 月 18 日监测结果	是否达标
南厂界	昼间 60	53.1	52.5	达标
	夜间 50	45.6	43.2	达标
东厂界	昼间 60	52.4	56.3	达标
	夜间 50	43.4	46.5	达标
西厂界	昼间 60	52.2	51.2	达标
	夜间 50	42.7	44.8	达标
北厂界	昼间 60	54.6	57.2	达标
	夜间 50	43.5	43.8	达标

企业产生的固体废弃物包括预处理车间产生的油脚（主要成分为豆皮、豆脐）、精炼车间产生的皂角以及办公区产生的生活垃圾。其中油脚和皂角都外销给脂肪酸制造企业，生活垃圾运至附近的生活垃圾填埋场进行处理。

8. 污染物排放强度

公司 2015 年废水主要污染物的排污强度见表 9-60。

表 9-60　废水主要污染物的排污强度表（2015 年）

位置	污染物名称	排放总量/kg	单位生产加工量排放量/(kg/kL)
污水排放口	COD	2133.51	0.0119
	NH_3-N	110.39	0.0006

9. 企业"三同时"情况

企业按照环境保护主管部门的要求和规定进行了环保设计，于 2013 年委托某环境科学研究中心编制了《建设项目环境影响报告表》，环评已于 2015 年验收。企业污水处理站污水处理能力为 300t/d，能够满足企业生产需要。

10. 环保管理制度贯彻执行情况

公司认真执行制订的《环境保护责任制》《环境监测管理规定》《环境统计管理规定》《环保专项奖励规定》《环境保护管理规定》等环保管理制度，并执行良好。

11. 污染治理设施运行维护情况

厂环保设施见表 9-61。

表 9-61　厂环保设施

类别	环保设施	数量	运行维护状态	运转率
大气治理	旋风、多管除尘器	12	完好	100%
水污染治理	污水处理站	1	完好	100%
噪声治理	消声器	5	完好	100%
固废治理	—	—	—	—

（五）企业清洁生产水平

1. 与国家产业政策符合性分析

国家发展和改革委员会发布了《产业结构调整指导目录（2011 年本）》，自 2011 年 6 月 1 日起施行。目录中涉及油类加工业的内容共 4 条，其中鼓励类 2 条、限制类 2 条。与产业结构调整指导目录对比表见表9-62。

表9-62　与产业结构调整指导目录对比表

分类	目录内容	企业	相符情况
鼓励类	油菜籽、花生、棉籽等食用植物油料加工高效低耗新型生产线及特色油料开发；粮油加工副产物综合利用关键技术开发应用	企业采用大豆生产大豆油，生产线能耗低，但不属于特色油料开发；企业采用大豆生产大豆油，不属于粮油加工副产物综合利用	未涉及
限制类	粮食转化乙醇、食用植物油料转化生物燃料项目；大豆压榨及浸出项目（黑龙江、吉林、内蒙古大豆主产区除外）；东、中部地区单线日处理油菜籽、棉籽200t及以下，花生100t及以下的油料加工项目；西部区单线日处理油菜籽、棉籽、花生等油料100t级以下的加工项目	企业生产食用植物油，不生产生物燃料	未涉及
		企业位于东北某县，是大豆主产区，不属于限制类	符合产业政策

根据表9-62的对比情况，企业符合产业政策。

2. 与清洁生产评价指标体系对比分析

国家清洁生产行业标准《清洁生产标准　食用植物油工业（豆油和豆粕）》（HJ/T 184—2006），将豆油及豆粕生产过程清洁生产水平划分为三级技术指标：一级是国际清洁生产先进水平；二级是国内清洁生产先进水平；三级是国内清洁生产基本水平。

企业主要指标与《清洁生产标准　食用植物油工业（豆油和豆粕）》（HJ/T 184—2006）对比情况见表9-63。

表9-63　企业主要指标与清洁生产标准对比表

指标	一级	二级	三级	蛋白（2016年）	对标情况
一、资源能源利用指标（浸出制油指标，带 * 指标为油脂精炼指标）					
原辅材料的选择	生产豆油的主要原料为大豆，辅助原料为专用溶剂（6号溶剂油或工业己烷）。原料材料的选择以及使用其他代用品或添加剂时，应符合国家或行业有关标准（GB 1352、GB 8611、GB 1535、GB/T 19541、GB 16629、GB 17602、HG/T 2569等），并保证对人体健康没有任何损害，以及在生产过程中对生态环境没有负面影响			采用非转基因绿色大豆，溶剂采用6号溶剂油	一级
大豆利用率/%	≥98.5	≥97.5	≥96.5	99.6	一级
溶剂消耗[①]/(kg/t)	<1.0	<2.5	<5.0	2.28	二级
白土消耗[②]/(kg/t)	≤10.0	≤15.0	≤20.0	不涉及	—
电耗[③]/(kW·h/t)	≤25.0/20.0 *	≤30.0/25.0 *	≤40.0/35.0 *	29.23	二级
水耗[④]/(kg/t)	≤500/200 *	≤800/300 *	≤1200/400 *	151.28	一级
煤耗（标煤）[⑤]/(kg/t)	≤40.0/30.0 *	≤50.0/40.0 *	≤70.0/50.0 *	40.69	三级
二、特征工艺指标					
精炼率 */%	≥98.0	≥97.0	≥95.5	不涉及	—
出油效率/%	≥98.5	≥98.0	≥97.0	98.0	二级
出粕率/%	≥79.5	≥78.5	≥77.0	77.17	三级
出粕残留溶剂/%	≤0.05	≤0.08	≤0.10	0.05	一级
浸出原油残留溶剂/%	≤0.03	≤0.05	≤0.08	0.02	一级
三、污染物产生指标（末端处理前）					
浸出废水产生量[⑥]/(m³/t)	≤0.06	≤0.12	≤0.18	0.067	二级
精炼废水产生量 *[⑦]/(m³/t)	≤0.2	≤0.4	≤0.6	0.071	一级
COD产生总量[⑧]/(kg/t)	≤0.4/6.0 *	≤1.0/10.0 *	≤2.0/24.0 *	0.35	一级
浸出尾气残留溶剂质量浓度/(g/m³)	≤5	≤10	≤30	10	二级

指标		一级	二级	三级	蛋白（2016 年）	对标情况
四、废物回收利用指标						
油脚		全部回收并利用（例如生产粗磷脂产品或掺兑到豆粕中等）	全部回收并利用（例如生产酸化油或粗脂肪酸等产品）	外售给脂肪酸或肥皂等加工厂，未直接排入环境中	外售给脂肪酸加工企业	三级
皂脚		全部回收并利用（例如生产粗皂粉等）	全部回收并利用（例如生产酸油、脂肪酸或肥皂等产品）	外售给脂肪酸或肥皂等加工厂，未直接排入环境中	外售脂肪酸加工企业	三级
炉渣		全部回收并处理（例如外售给制砖厂或售作铺路材料）	全部回收并处理（外售给制砖厂或售作铺路材料）	全部回收并处理（外售或送至指定固废堆放场）	外售给制砖厂	二级
废白土		全部处理或利用（例如回收废油脂等）	集中堆放（采取防渗和防雨措施）并按规定进行处理	集中堆放与处理（外售或填埋）	不涉及	一
五、环境管理要求						
环保法律法规标准		符合国家和地方有关环境法律、法规、总量控制要求和排污许可证管理要求，污染物排放达到国家或地方排放标准，包括污水（GB 8978）、大气（GB 16297）综合排放标准，以及锅炉大气排放标准（GB 13271）			符合国家和地方环境法律、法规、总量控制要求，污染物达标排放	一级
环境审核和食品安全保证		按照食用植物油行业企业清洁生产审核指南进行了审核；按照GB/T 24001 建立并运行环境管理体系，环境管理手册、程序文件及作业文件齐备；并通过HACCP 认证	按照食用植物油行业企业清洁生产审核指南进行了审核；环境管理制度健全，原始记录及统计数据齐全有效；具备 HACCP 认证条件	按照食用植物油行业企业清洁生产审核指南进行了审核；环境管理制度，原始记录及统计数据基本齐全	正在进行清洁生产审核工作，环境管理制度齐全，原始记录及统计数据齐全	三级
生产过程环境管理	原料质量	原料质量符合生产需要，通过控制原料杂质、不完善粒等指标，实施原料供应源削减方案，减少生产过程中相关废物的发生量			企业建立了完善的入厂原材料检验制度，并按制度对原材料质量进行严格管理	一级
	工艺管理	有《生产过程作业指导书》和清洁生产指导书	有《生产过程作业指导书》	有生产工艺操作规程或规定	有生产工艺操作规程	二级
	岗位培训	所有岗位接受过清洁生产培训	与清洁生产有关的岗位接受过清洁生产培训	主要岗位进行过清洁生产培训	主要岗位进行过清洁生产培训	三级
	设备管理	有完善的管理制度，并严格执行	有比较完善的管理制度，并严格执行	有管理制度	有完善的管理制度，并严格执行	一级
	能源辅料管理	有管理制度，生产实行定量考核制度	有管理制度，并对主要环节进行计量和定量考核	对主要用水、电、汽环节进行计量	有能源管理制度，并对生产实行定量考核	一级
	生产车间观感	车间整洁明亮，无物料遗撒和堆积，设备外观清洁整齐	车间比较整齐清洁		车间整洁明亮，厂区环境卫生较好，设备外观清洁整齐	一级

指标		一级	二级	三级	蛋白（2016 年）	对标情况
环境管理	环境管理机构	建立并有专人负责			有环境管理机构,并有专人负责	一级
	环境管理制度	健全、完善并纳入日常管理	较完善的环境管理制度		企业有健全的环境管理制度	一级
	环境管理计划	制订近、远期计划并监督实施		制订计划并监督实施	制订了环境管理计划并监督实施	三级
	环保设施的运行管理	记录运行数据并建立环保档案		记录运行数据并进行统计	记录运行数据并进行统计	三级
	污染源监测系统	水、气主要污染源、主要污染物均具备自动监测手段		水、气主要污染源、主要污染物均具备监测手段	主要污染物具备监测手段	三级
	信息交流	具备计算机网络化管理系统		定期交流	定期召开生产会议	三级
相关方环境管理	原辅料供应方、协作方、服务方	服务协议中要明确原辅料的包装、运输、装卸等过程中的安全要求及环保要求			溶剂采用防爆罐车进行运输,大豆采用汽运,并盖有苫布	一级
	有害废物转移的预防	严格按有害废物处理要求执行,建立台账、定期检查			有害废物建有台账,并严格按照有害废物处理要求进行处理	一级

①指吨料溶剂消耗。

②指吨油白土消耗。

③指吨料/吨油电耗。

④指吨料/吨油水耗。

⑤指吨料/吨油煤耗。

⑥指吨料废水产生量。

⑦指吨油废水产生量。

⑧指吨料/吨油 COD 产生总量。

主要指标计算过程如下。

2016 年企业豆粕产量是 138480.7t，豆油产量是 29904.63t，大豆利用率为：

$$大豆利用率(\%) = \frac{豆粕质量(t) \times (1-豆粕水分)+毛油质量(t) \times (1-毛油水分)}{原料投入量(t) \times (1-原料水分)}$$

$$\times 100\% = \frac{138480.7 \times (1-8.0\%) + 29904.63 \times (1-0.02\%)}{179460 \times (1-12.0\%)} \times 100\%$$

$$= 99.60\%$$

$$溶剂消耗(kg/t) = \frac{溶剂消耗量(kg)}{原料投入量(t)} = \frac{409280}{179460} = 2.28$$

$$出粕率(\%) = \frac{豆粕质量(t)}{原料投入量(t)} \times 100\% = \frac{138480.7}{179460} \times 100\% = 77.17\%$$

$$出油率(\%) = \frac{浸出毛油质量(t)}{原料投入量(t)} \times 100\% = \frac{29904.63}{179460} \times 100\% = 16.66\%$$

$$出油效率(\%) = \frac{出油率(\%)}{原料含油率(\%)} \times 100\% = \frac{16.66\%}{17\%} \times 100\% = 98.0\%$$

由表 9-63 可见，共对标 35 项。其中达到清洁生产一级指标 16 项，占 45.71%；达到清洁生产二级指标未达到清洁生产一级指标的 7 项，占 20%；达到清洁生产三级指标未达到二级指标的 10 项，占 28.57%；未达三级指标的 0 项。

企业出粕率为三级水平，经审核小组和公司技术人员分析，2015 年企业将原有的高温浸出工艺改造为低温浸出工艺，以提高产品豆粕的质量。由于采用低温浸出工艺，低温豆粕中不含有豆皮、豆脐等杂质，而正是因为产品豆粕中少了豆皮、豆脐等物质，因此出粕率有了大幅度降低。

企业煤耗（标煤）三级水平，经审核小组和公司技术人员分析，由于管理不到位和毛油余热没有进行利用，造成了标煤耗较高。

企业油脚和皂脚的回收利用指标为三级水平，主要是因为公司主要生产的是供人食用的大豆蛋白粗产品，因此，为了达到相应的纯度，不能直接将油脚和皂脚回收掺兑到豆粕中进行回收利用，而是将油脚和皂脚回收后外售给脂肪酸或肥皂等加工厂。

企业的环境审核和食品安全保证是三级水平，但是由于公司目前主要是生产大豆蛋白的粗产品，目前暂不需要 HACCP 认证。但是，在建立并运行环境管理体系方面还有进步空间，即按照 GB/T 24001 建立并运行环境管理体系。企业岗位培训方面是三级水平，目前只有主要岗位进行过清洁生产培训，因此还有继续进行清洁培训的潜力。企业的环保管理计划是三级水平，目前制订并实施了环境管理计划，在制订近、远期环境管理计划并监督实施方面还有发展潜力。公司的环保设施运行管理达到三级标准，目前企业记录了运行数据并进行统计，在建立环保档案方面，企业还有进步的空间。企业的污染源监测系统目前还不具备自动监测手段，因此仅达到三级水平，还有提升空间。企业的环境管理信息交流一般是通过生产例会进行，还未配备计算机网络化管理系统，因此仅达到三级水平，还有继续提升的空间。

企业虽然用水单耗指标处于一级水平，在补充新鲜水用于冷却水降温方面还存在进一步节约水的空间。

（六）确定审核重点

1. 确定审核重点的原则与依据

审核小组通过对企业调研，对能耗、物耗、产污、排污情况进行分析和评价，清洁生产审核小组从节能、降耗、清洁生产潜力、员工积极性等因素进行了充分讨论，根据清洁生产审核重点确定的原则：①能源消耗大的环节或部位，或者能源消耗在企业里所占的比例较大的环节或部位；②一旦采取措施，容易产生显著环境效益与经济效益的环节；③物料消耗大、损失大的，污染物产生量大的环节和部位；④能源的节约和资源的削减有明显改进潜力的环节或部位；⑤物流进出口多、量大、控制较难的环节；⑥在区域环境质量改善中起主要作用的环节。

2. 初步确定审核重点

公司的现有预处理车间、浸出车间、精炼车间、锅炉房、污水处理站。其中锅炉房、污水处理站属于其他车间的附属生产设施，锅炉房自身能耗、污水处理站能耗较低。在公司审核小组的领导下，各个生产单位积极配合，在对各单位做了深入的现状调查以及工艺分析，并将统计数据与行业相关指标比较，考虑到公司污染物产生的环节、物料和能量消耗的状况、清洁生产的机会和环境压力的情况等因素，确定了预处理车间、浸出车间、精炼车间 3 个主要生产车间作为本轮清洁生产审核的备选审核重点。

3. 备选审核重点概况

企业有 3 个生产车间，分别是预处理车间、浸出车间和精炼车间，3 个车间能耗、污染物排放量情况见表 9-64、表 9-65。

表 9-64　企业各车间能源消耗表（2016 年）

能源	数量			
	单位	预处理车间	浸出车间	精炼车间
电	kW·h	2078400	1385600	990000
蒸汽	t	39600	31680	7920
水	t	—	8867.1	4752
综合能耗（按标煤计）	kg	5472515.958	9808211.2	5185071.3

表 9-65　企业各车间排放污水量（2016 年）

污染因子	单位	预处理车间	浸出车间	精炼车间
废水总量	t/a	—	8250	4587

4. 确定审核重点

通过表 9-64、表 9-65 比较可以看出，预处理车间用的电、蒸汽较多，基本不用水，也没有污水排放，浸出车间用的电、蒸汽排在第 2 位，新鲜水消耗最大，排放污水量最大；精炼车间能源消耗相对较小，用水量及排水量小于浸出车间。审核小组结合前期预审核中发现的浸出车间存在的进一步减少能耗、水耗清洁生产潜力的情况，将浸出车间列为本轮审核重点。

（七）确定清洁生产目标

1. 清洁生产目标设置依据

（1）清洁生产目标设置的原则　包括：①能削减污染物或减轻对环境的影响；②具有激励作用，并有经济效益、环境效益和社会效益；③根据企业实际及本轮审核重点状况，设置清洁生产目标。

（2）清洁生产目标设置的依据　包括：①与《清洁生产标准　食用植物油工业（豆油和豆粕）》（HJ/T 184—2006）对比，总煤耗处于清洁生产三级水平；②企业整体水耗仍然存在进一步减少的空间。

2. 清洁生产目标设置

清洁生产工作小组充分考虑了企业发展远景和规划要求、与国内同类企业先进水平的差距，综合企业清洁生产潜力，经清洁生产领导小组开会讨论，制订了清洁生产目标。

设置清洁生产目标值详见表 9-66。

表 9-66　清洁生产目标一览表

序号	项目	2016 年	2017 年目标		设定依据
			目标量	削减量	
1	煤耗/（kg/t 豆）	40.69	40	1.70%	煤耗仅达到食用植物油清洁生产三级指标,依旧存在很大提升空间
2	水耗（kg/t 豆）	151.28	120	20.68%	依旧存在减少水耗的空间

（八）本阶段产生的无/低费方案

在审核过程中，审核小组在全厂范围内进行清洁生产及清洁生产审核有关内容的培训，并通过各种形式进行了广泛的宣传，争取广大职工（尤其是生产一线员工）的大力支持，动员广大职工积极参与为清洁生产审核献计献策。根据污水厂的具体情况，提出一些方案，及时改进并加以实施。

根据咨询组和员工的建议，本阶段提出的无/低费方案经汇总筛选后，确定方案如表 9-67 所列，并立即安排予以实施。

表 9-67　无/低费清洁生产方案表

方案编号	方案名称	方案由来	方案内容	预计投资/万元	预计效果	
					环境效益	经济效益
F1	更换自动秤液压缸	自动秤液压缸有漏油现象	更换自动秤液压缸,减少油液泄漏,防止油液污染环境	0.5	防止油液污染环境	—
F2	安装除尘风机	进入预处理车间的大豆仍含有一定的粉尘和灰尘,在大豆运输过程中引起扬尘,操作间粉尘较大	在预处理车间安装两台除尘风机,并安装相应管道,粉尘经除尘风机收集后经旋风分离器除尘,旋风分离器是企业原有设备	0.5	减少粉尘排放	—
F3	维修输送设备	企业有部分输送设备,如链条、轴承、链轮等出现故障,影响原料的输送	对链条、轴承、链轮等输送设备进行维修	0.1	—	—
F4	室外管道保温管道维护	室外蒸汽、热水管道保温层有破损情况,造成了热损失	对管道保温层进行检修和维护,防止热量损失	0.5	减少热能损失,年节约原煤 10t/a,折合标煤 7140kg/a	0.7
F5	省煤器换管	省煤器换热管有泄漏现象,影响了省煤器的节能作用	更换泄漏换热管,共更换了 166 根,节约了原煤	0.8	节约蒸汽,年节约原煤 20t,折合标煤 14280kg/a	1.4
F6	制订《清洁生产管理规定》	企业在进行本轮清洁生产之前还没有清洁生产制度	为了贯彻《清洁生产促进法》《清洁生产审核暂行办法》《重点企业清洁生产审核程序的规定》,结合本公司的特点,制订公司清洁生产管理规定	—	—	—
F7	加强设备维护与检修质量监督管理	生产工艺运行已有 11 年的时间,存在部分管线老化,易出现泄漏现象	在正常生产情况下,加强各岗位巡检质量,及时发现蒸汽及水管线的漏点,维修人员及时补漏,防止跑冒事故的发生。同时,加强换热设备清洗,保证传热消耗	—	—	—
F8	进一步健全环保管理制度	现有环保制度细化程度不够,操作起来具有随意性	将环保制度细化,并落实到个人,同时将其纳入日常管理工作	—	—	—
F9	进一步加强全体员工岗位培训	公司目前仅对关键岗位的员工进行了培训,对刚入厂的新员工进行岗位和安全培训,没有做到全员培训	通过定期进行轮流全员培训,并通过网络、板报及座谈等形式进行全员清洁生产培训(由清洁生产审核小组完成)	—	—	—

四、审核

审核是企业清洁生产审核工作的第三阶段。目的是通过审核重点的物料平衡,发现物料流失的环节,找出废弃物产生的原因,查找物料储运、生产运行、管理以及废弃物排放等方面存在的问题,寻找与国内外先进水平的差距,为清洁生产方案的产生提供依据。本阶段工作重点是实测输入输出物流,建立物料平衡,分析废弃物产生原因。

（一）审核重点概况

公司审核重点是浸出车间，车间采用低温浸出工艺，主要生产设备浸出器、脱溶机等，年出产低温豆粕 13.85×10^4 t。

1. 浸出车间平面图（略）

2. 组织机构及人员情况

浸出车间为了更好地完成本轮清洁生产审核工作，建立了浸出车间清洁生产工作小组，工作小组成员与职责见表9-68。

表9-68　浸出车间清洁生产审核工作小组成员与职责

姓名	分工	来自部门、职务	职责
	组长	车间主任	主持全面工作,协调清洁生产小组活动
	组长	车间书记	主持全面工作,协调清洁生产小组活动
	副组长	工艺副主任	负责组织清洁生产工作中方案的选择、筛选、评估及实施工作,同时对车间工艺方面及技改技措的工作负主要责任
	成员	设备副主任	对车间清洁生产工作中设备部分负主要责任,保证车间设备平稳运行
	成员	工艺工程师	协助副组长工作,组织方案的选择、筛选、评估工作,进行物料衡算,提出削减方案,并负责方案的具体实施工作
	成员	工艺工程师（兼环保员）	协助副组长工作,组织方案的选择、筛选、评估工作,进行物料衡算,提出削减方案,并负责方案的具体实施工作
	成员	设备工程师	协助副组长工作,参与方案的选择、筛选、评估工作,并参与方案的具体实施工作,同时对车间清洁生产工作中静设备部分负主要责任

3. 审核重点工艺流程

浸出工段工艺流程如图9-15所示。

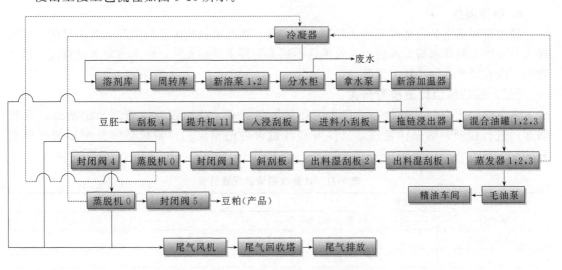

图9-15　浸出工段工艺流程

4. 审核重点单元操作

见表9-69。

表9-69　审核重点单元操作功能说明表

操作单元	功能说明
浸出	浸出时主要功能是提取豆胚中的油脂。通过溶剂浸泡溶解到溶剂中,称为混合油,分离油脂后的胚片称为湿粕。混合油进入蒸发系统提纯成毛油;湿粕输送入蒸脱机加工成豆粕

操作单元	功能说明
蒸发(蒸发溶剂)	通过加热,汽提去除混合油中的溶剂,制得大豆毛油
冷凝分水(回收溶剂)	各分列式冷凝管全程给冷水循环,进入各冷凝器的溶剂蒸气通过与水间壁换热、释放的溶剂蒸气凝结成液体流入分水器,分水后溶剂循环使用
尾气回收	石蜡油对正己烷溶剂有极强的溶解性,利用此特性吸收尾气中的溶剂,净化尾气
蒸脱	利用水蒸气蒸馏的原理使粕中溶剂与胚片分离,挥发进入冷凝系统。脱溶剂后的胚片含水17%～18%,经过烘干、冷却制成成品豆粕

5. 浸出车间设备

浸出车间主要设备见表9-70。

表9-70 浸出车间主要设备表

序号	工序	设备名称	规格或型号	数量	投入使用时间	运行状况
1	浸出车间	浸出器	280×80	1	2009年	良好
2		蒸发器	ZFG300	2	2009年	良好
3		汽提塔	QTD100	1	2009年	良好
4		蒸脱器	YTRL320	1	2004年	良好
5		冷却塔		1	2003年	处理能力不足,换热效果不好

从表9-70中可以看出,处理能力不足,换热效果不好。浸出车间凉水塔有1座,处理能力均为300t/h,浸出车间循环水用水量较大,由于冷却塔冷却效果差,水温降不到工艺要求的25℃,企业用新鲜水补充来进一步降低循环水温度;另外,由于补充新水增多,凉水池容积不足,多余的冷却水直排放,造成了水资源的浪费。

6. 能源消耗

浸出车间是全公司蒸汽和水消耗较大的车间,蒸汽消耗较大是由生产工艺决定的,水消耗大与浸出车间凉水塔凉水能力和效果达不到工艺要求密切相关,由于冷却水没有完全循环利用,造成浸出车间水耗大情况。

(二)审核重点计量检测核实

企业的浸出车间计量仪器、仪表、计量设备齐全,公司设专人管理,定期由计量检测部门进行检测,确保计量仪器、仪表和计量设备的精度。计量仪器设备配置情况见表9-71。

表9-71 计量仪器设备配置情况

名称	数量	分布情况
地中衡	3	贮运区,检斤室
自动打包称	2	豆粕车间
天平	2	化验室
液体流量计	1	精炼车间1台、付油室1台

企业车间计量仪器、计量仪表和计量设备比较齐全,为物料平衡数据搜集提供了便利;公司审核组组织车间管理人员、技术人员和熟练操作人员利用计量器具,绘制物料平衡图和能源平衡图(图9-16)。

(三)审核重点物料平衡及物料损失原因分析

2017年5月,审核工作小组组织对审核重点进行了物料输入输出实测,连续监测72h,浸出车间物料平衡表见表9-72。

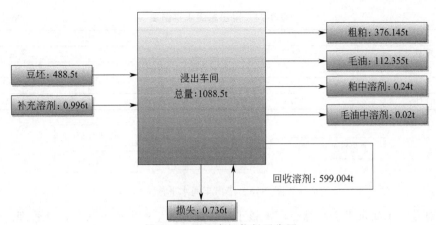

图 9-16　浸出车间物料平衡图

表 9-72　审核重点物料实测数据平衡表　　　　　　　单位：t/d

输入物		输出物	
项目	数量	项目	数量
豆坯	488.5	粗粕	376.145
补充溶剂	0.996	毛油	112.355
回用溶剂	599.004	回收溶剂	599.004
		粕中溶剂	0.24
		毛油中溶剂	0.02
		损失	0.736
合计	1088.5	合计	1088.5

输入项 1088.5t，输出项 1087.764t，根据公式：（输入项－输出项）/输入项×100%，计算偏差为 0.07%，本车间的物料损失量为 0.736t，损失率为 0.07%。由于豆坯中含有杂质，这些杂质一部分过滤出来，一部分混入豆粕中。蒸脱和豆粕生产过程中也会带来一部分物质损耗。另外，由于溶剂油易挥发，在生产中会有一部分损耗；还有一部分通过除尘器排放，其具体数值经合理估算见表 9-73。损失分布见图 9-17。

表 9-73　浸出车间物料损失原因细化表

影响因素	损失原因	损失量/t
原辅料及能源	豆坯中不可避免地会含有一定量的杂质	0.82
工艺技术	一般损耗	1.32
设备	由于预处理车间的筛选不够彻底，有杂质进入浸出车间，进而进入豆粕中，引起豆粕质量下降	0.068

针对物料损失原因分析，提出几条整改措施如下：在浸出车间蒸脱、溶剂回收等设备操作步骤复杂，当出现操作失误时会导致产品残留溶剂量和溶剂流失率的大幅度上升，既降低了产品的质量、浪费了溶剂又污染环境。因此，需要进一步加强员工的操作培训，保证人人能够做到独立上岗，对于蒸脱、溶剂回收等设备的操作做到最少的操作步骤，减少溶剂的各种流失。

图 9-17　浸出车间物料损失分布

（四）审核重点水平衡测算及分析

2017 年 5 月，审核工作小组组织对审核重点进行了水输入输出实测，连续监测 72h，浸出车间水平衡见表具体见表 9-74 和图 9-18。

表 9-74　浸出车间水平衡表 　　　　　　　　　　单位：t/d

输入		输出	
项目	数量	项目	数量
工艺用水	26.87	废水	25
		损失	1.87
合计	26.87	合计	26.87

图 9-18　浸出车间水平衡

通过对浸出车间水平衡测算后，审核小组按照清洁生产审核方法学，从管理、原辅材料和能源、工艺技术、设备、过程控制、员工等方面分析装置在节水减排方面存在的问题，具体分析见表 9-75。

表 9-75　水量损失原因分析表

工业用水分类	损失部位	影响因素							
		原辅料和能源	工艺技术	设备	过程控制	产品	废物特性	管理	员工
新鲜水	凉水塔			凉水塔冷却能力有限，水温降不到工艺要求温度，企业用新鲜水补充冷却水	降温方式				

针对水量损失原因分析，提出几条整改措施如下：浸出车间凉水塔有 1 座，处理能力为 300t/h，浸出车间冷却循环水用水量较大，每小时需要循环水量接近 400t/h，凉水塔冷却能力不足，水温降不到工艺要求温度，企业用新鲜水补充冷却水；另外冷却循环水池容积不足，多余的冷却水直排，造成了水资源的浪费。因此，应对凉水塔降温改造使降温后的循环冷却水达到工艺要求，不需要补充新鲜水降温，节约水资源。

（五）审核重点资源能源消耗与分析

清洁生产工作小组对浸出车间资源能源消耗现状进行了调查统计，每天浸出车间消耗的能源现状见表 9-76。

表 9-76　资源能源消耗现状表

项目	能耗量	折算标准（按标煤计）	折标煤量/t	能耗比重/%
电	4198.788kW·h	0.1229kg/(kW·h)	0.516	5.13
蒸汽	96t	0.0993t/t	9.533	94.85
新鲜水	26.87t	0.0857kg/t	0.002	0.02
综合能耗（按标煤计）	10.051t			

根据表 9-76，审核小组绘制浸出车间综合能耗的各项指标在整套装置生产过程中所占能耗比重图，具体见图 9-19。

根据表 9-76 可以看出，蒸汽消耗在浸出车间综合能耗中所占比重最大，为 94.85%；其次是电耗占 5.13%；而新鲜水所占比例为 0.02%。

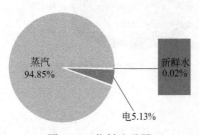

图 9-19　能耗比重图

结合浸出车间资源能源消耗现状的细化分析，清洁生产工作小组从原辅材料和能源、工艺技术、设备、过程控制、管理、员工 6 个方面进行分析，重点找出蒸汽消耗在生产过程中存在的问题，具体分析见表 9-77。

表 9-77　能源损失原因分析表

能源介质名称	损失部位	影响因素							
		原辅料和能源	工艺技术	设备	过程控制	产品	废物特性	管理	员工
蒸汽	管道及设备				余热利用			管理不到位	

针对水量损失原因分析，提出几条整改措施如下：浸出车间汽提塔分离出来的毛油温度为 115～125℃，打入精油车间后，经过冷凝器降温后进入其他工序。余热没有得到利用，经过审核小组分析，拟打算将汽提塔分离出来的毛油的余热用于对浸出车间一蒸发前段进入的混合油进行预热，可以充分利用毛油余热，节省后续工序的蒸汽用量。

（六）本阶段产生的清洁生产方案

咨询组与公司清洁生产审核小组通过本阶段的工作，针对发现的问题继续提出和实施无/低费清洁生产方案。方案见表 9-78。

表 9-78　本阶段产生的清洁生产方案

编号	方案名称	方案由来	方案内容	预计投资/万元	预计效益	
					环境效益	经济效益/(万元/年)
F10	毛油余热利用系统	浸出车间汽提塔毛油温度为115～125℃，经过油泵打入精油车间后，经过冷凝器降温后进入其他工序，余热没有得到利用，浪费能源	拟将 115～125℃毛油的余热为一蒸发器前段进入的混合油（50～60℃）预热，可以将混合油的温度增加 10℃	35	26.6 万元/年	27.8
F11	浸出车间凉水塔喷淋改造	浸出车间原有 1 座凉水塔，处理能力均 300t/h。由于产量的增加，浸出车间循环水用量增大，现每小时循环水量约为400t/h，超过了凉水塔冷却能力，水温降不到工艺要求温度，所以，企业采用补加新鲜水来进一步降低循环水的温度，以满足工艺用水温度的需求；另外冷却循环水池容积不足，多余的冷却水直排，造成了水资源的浪费	现由于循环水量加大，拟将原来的水力喷淋式的设备改造，增加 2 套喷淋系统，提高凉水塔的处理能力及降温效果。同时取消风扇	28	节约了新鲜水量约6600t/a；节电 6×10^4 kW·h/a	6.24
F12	加强蒸脱、溶剂回收等设备操作培训	蒸脱、溶剂回收等设备操作步骤复杂，当出现操作失误时会导致产品残留溶剂量和溶剂流失率的大幅度上升，既降低了产品的质量、浪费了溶剂又污染环境	加强员工的操作培训，保证人能够做到独立上岗，对于蒸脱、溶剂回收等设备的操作做到最少的操作步骤，减少溶剂的各种流失	—	—	—

五、方案的产生与筛选

（一）方案产生与汇总

1. 方案产生与分类

通过咨询组在公司的分层次培训和审核小组的宣传动员，组织座谈，发动全公司广大员工参与提合理化建议等活动，并以公司本轮设置的清洁生产目标为基础，同时结合项目咨询组的建议，从原辅材料和能源、技术、设备、过程控制、产品、废弃物、管理和员工8个方面着手，本阶段共提出清洁生产方案12项。其无/低费方案10项，中/高费方案2项。

其中无/低费方案和中/高费方案的界定根据企业的实际情况，定为10万元。即投资在10万元以下的为无/低费方案，10万元（包括10万元）以上的，且具有相当的环境效益和对企业有相当影响方案为中/高费方案。

2. 方案汇总

对所有征集到的无/低费清洁生产方案和中/高费清洁生产方案进行汇总，主要集中在技术工艺改造、设备维护和更新、过程控制、废物回收和循环使用、加强管理、员工素质的提高及积极性的激励方面，清洁生产方案汇总详见表9-79、表9-80。

表9-79　无/低费清洁生产方案汇总表

方案编号		方案名称	方案由来	方案内容	预计投资/万元	预计效益	
						环境效益	经济效益/（万元/年）
设备维护和更新	F1	更换自动秤液压缸	自动秤液压缸有漏油现象	更换自动秤液压缸,减少油液泄漏,防止油液污染环境	0.5	防止油液污染环境	—
	F2	安装引风机	进入预处理车间的大豆仍含有一定的粉尘和灰尘,在大豆运输过程中引起扬尘,操作间粉尘较大	在预处理车间安装两台除尘风机及相应管道,粉尘经除尘风机收集后经原的旋风分离器除尘	2	减少粉尘排放	—
	F3	维修输送设备	企业有部分输送设备,如链条、轴承、链轮等出现故障,影响原料的输送	对链条、轴承、链轮等输送设备进行维修	0.1	—	—
	F4	室外管道保温管道维护	室外蒸汽、热水管道保温层有破损情况,造成了热损失	对管道保温层进行检修和维护,防止热量损失	0.5	减少热能损失,年节约原煤10t/a,折合标煤7140kg/a	0.7
	F5	省煤器换管	省煤器换热管有泄漏现象,影响了省煤器的节能作用	更换泄漏换热管,共更换了166根,节约了原煤	0.8	节约蒸汽,年节约原煤20t,折合标煤14280kg/a	1.4
加强管理	F6	制定《清洁生产管理规定》	企业在进行本轮清洁生产之前还没有清洁生产制度	为了贯彻《清洁生产促进法》《清洁生产审核暂行办法》《重点企业清洁生产审核程序的规定》,结合本公司的特点,制定公司清洁生产管理规定	0	—	—
	F7	加强设备维护与检修质量监督管理	生产工艺运行已有14年的时间,存在部分管线老化,易出现泄漏现象	在正常生产情况下,加强各岗位巡检质量,及时发现蒸汽及水管线等的漏点,维修人员及时补漏,防止跑、冒事故的发生。同时,加强换热设备清洗,保证传热消耗	0	—	—
	F8	进一步健全环保管理制度	现有环保制度细化程度不够,操作起来具有随意性	将环保制度细化,并落实到个人,同时将其纳入日常管理工作	0	—	—

方案编号		方案名称	方案由来	方案内容	预计投资/万元	预计效益	
						环境效益	经济效益/(万元/年)
员工素质的提高及积极性的激励	F9	进一步加强全体员工岗位培训	公司目前仅对关键岗位的员工进行了培训,对刚入厂的新员工进行了岗位和安全培训,没有做到全员培训	通过定期轮流进行全员培训,并通过网络、板报及座谈等形式进行全员清洁生产培训(由清洁生产审核小组完成)	0	—	—
	F12	加强蒸脱、溶剂回收等设备的操作培训	蒸脱、溶剂回收等设备操作步骤复杂,当出现操作失误时,会导致产品残留溶剂量和溶剂流失率的大幅度上升,既降低了产品的质量,浪费了溶剂又污染环境	加强员工的操作培训,保证人人能够做到独立上岗,对于蒸脱、溶剂回收等设备的操作做到最少的操作步骤,减少溶剂的各种流失	—	—	—

表 9-80　中/高费清洁生产方案汇总表

方案编号	方案名称	方案由来	方案内容	预计投资/万元	预计效益	
					环境效益	经济效益/(万元/年)
F10	毛油余热利用系统	浸出车间汽提塔毛油温度为115～125℃,经过油泵打入精油车间后,经过冷凝器降温后进入其他工序,余热没有得到利用,浪费能源	拟将温度为115～125℃毛油的余热为一蒸发器前段进入的混合油(50～60℃)预热,可以将混合油的温度增加10℃	35	26.6万元/年	27.8
F11	浸出车间凉水塔喷淋改造	浸出车间原有1座凉水塔,处理能力均为300t/h。由于产量的增加,浸出车间循环水用量增大,现每小时循环水量约为400t/h,超过了凉水塔冷却冷却能力,水温降不到工艺要求温度,所以,企业采用补加新鲜水来进一步降低循环水的温度,以满足工艺用水温度的需求;另外冷却循环水池容积不足,多余的冷却水直排,造成了水资源的浪费	现由于循环水量加大,拟将原来的水力喷淋式的设备改造,增加2套喷淋系统,提高凉水塔的处理能力及降温效果。同时取消风扇	28	节约了新鲜水量约6600 t/a;节电 6×10^4 kW·h/a	6.24

3. 方案的筛选

审核小组对本轮清洁生产审核产生的中/高费清洁生产方案从技术可行性、环境可行性、经济可行性、实施难易程度、当地环境保护部门的要求以及公司资金情况等方面进行讨论及分析,对其进行初步筛选,具体情况见表 9-81。

表 9-81　中/高费方案简易筛选方法表

方案代号	筛选因素					结论
	技术可行性	环境效益	经济效益	实施难易程度	发展前景	
F10	√	√	√	一般	√	√
F11	√	√	√	一般	√	√

从简易筛选结果可以得出,整个审核过程中产生的2项中/高费清洁生产方案均初步可行。

（二）研制方案

1. 方案 F11 浸出车间增设换热器方案

（1）方案的产生　浸出车间汽提塔毛油温度为 115～125℃，经过油泵打入精油车间后，经过冷凝器降温后进入其他工序，余热没有得到利用，浪费能源。因此，拟建立一套毛油余热利用系统，对毛油的余热进行利用。

（2）改造方案原理与内容　拟将温度为 115～125℃毛油的余热为一蒸发器前段进入的混合油（50～60℃）预热，可以将混合油的温度增加 10℃，因此拟在混合油罐和一蒸发器之间安装一套换热装置，充分利用毛油余热。

（3）主要工艺与设备　方案用到主要设备见表 9-82。

表 9-82　浸出车间增设换热器方案需要的设备表

序号	名称	规格	数量	材质
1	无缝管	$\phi57mm$	24m	20
2	法兰	$\phi57mm$	6个	16Mn（HIC）
3	热油泵		1台	—
4	螺丝袋母	16mm×60mm	24套	镀锌

（4）可能的环境影响　浸出车间混合油罐和一蒸发器之间增设换热器后，减少了一蒸发器蒸汽的消耗量，据估算，安装换热器后蒸汽余热可以给混合油提高 10℃。方案实施后，节约蒸汽 2238t/a，折合原煤 380t/a（年节约标煤 281.66t）。

（5）主要技术经济指标　方案预计总投资 35 万元，其中设备购置费 27 万元、主要材料费 5 万元、安装工程费 2 万元、其他费用 1 万元。方案实施后，折合原煤 380t/a，每吨按 700 元计算，每年可节约 26.6 万元。

（6）研制结论　通过方案研制可以看出，方案实施后每年可以降低蒸汽消耗，节约能源，因此方案初步评价可行。由于方案投资较大，因此需要进一步进行可行性分析。

2. 方案 F12 浸出车间循环水冷却系统改造方案

（1）方案的产生　浸出车间原有 1 座凉水塔，处理能力平均为 300t/h。由于产量的增加，浸出车间循环水用量增大，现每小时循环水量约为 400t，超过了凉水塔冷却冷却能力，水温降不到工艺要求温度，所以企业采用补加新鲜水来进一步降低循环水的温度，以满足工艺用水温度的需求；另外，冷却循环水池容积不足，多余的冷却水直排，造成了水资源的浪费。

（2）改造方案原理与内容　原来的凉水塔的处理能力为 300t/h，降温方式为水力喷淋方式，在喷淋过程中同时采用风扇扇叶上的喷嘴斜向上喷出的热水产生的反作用力，驱动风扇转动达到通风换热的目的。同时热水喷到凉水塔本体内壁，部分沿凉水塔本体内壁下流，部分溅射至塔内所有空间。与冷却风扇在同一平面上安装有热水分布装置，使热水与空气密切接触，达到冷却降温的目的。

现由于循环水量加大，拟将原来的水力喷淋式的设备改造，增加 2 套喷淋系统，提高凉水塔的处理能力及降温效果。同时取消风扇。

（3）主要工艺与设备　方案用到主要设备风表 9-83。

表 9-83　浸出车间凉水塔喷淋改造需要的设备表

序号	名称	规格/mm	数量	材质
1	喷淋管	$\phi89$	24根	镀锌钢管
2	法兰	$\phi89$	48根	16Mn（HIC）
3	螺丝带母	16×80	96套	镀锌

（4）可能的环境影响　浸出车间进行凉水塔喷淋改造后，改造后使浸出车间循环水经凉

水塔降温后能达到 25℃以下，满足工艺要求。方案实施后，不需要加入新鲜水来降低循环水温度，节约了新鲜水，预计节水 6600t/a；取消风扇，预计能节电 6×10^4kW·h/a。

（5）主要技术经济指标　方案预计总投资 28 万元，其中设备购置费 20 万元、主要材料费 5 万元、安装工程费 2 万元、其他费用 1 万元。方案实施后，浸出车间节约资金费 6.24 万元/年。

（6）研制结论　通过方案研制可以看出，方案实施后，每年可以减少新鲜水用量，节约电耗，因此方案初步评价可行。由于方案投资较大，因此需要进一步进行可行性分析。

六、可行性分析

本阶段是对筛选出来的 2 个中/高费方案进行综合分析，包括技术评估、环境评估和经济评估。通过方案的分析比较，以选择技术上可行又可获得经济效益和环境最佳效益的方案进行实施。

（一）方案可行性分析

1. 方案 F11 浸出车间增设换热器方案

（1）方案简介　浸出车间毛油余热利用系统项目属于节能项目，项目符合清洁生产和循环经济的要求。

本方案浸出车间混合油罐和一蒸发器之间增设换热器后，减少了一蒸发器蒸汽的消耗量。这样既可以将混合油预热，将混合油的温度提高了 10℃，可以充分利用毛油余热，又节约蒸发器内蒸汽使用量。

本方案为浸出车间增设换热器，降低了蒸发器的耗热量，节约了能源；从工艺角度说，改造后不影响原来的整体工艺，不影响产品产量、质量。

（2）技术可行性分析

1）工艺适用性及成熟程度分析。实施该方案增加安装换热器，使用高温的毛油的热量交换给混合油，换热器设备成熟。

2）设备操作安全可靠性分析。该设备在操作安全可靠，操作人员经相关培训即可上岗操作。

3）资源、能源分析。与改造前相比，浸出车间可节约蒸汽，降低能源消耗。

（3）环境可行性分析　浸出车间增设换热器后，节约蒸汽 2238t/a，折合原煤 380t/a（年节约标煤 281.66t），节约了能源，因此环境效益显著。

（4）经济可行性分析　方案预计总投资 35 万元，其中设备购置费 27 万元、主要材料费 5 万元、安装工程费 2 万元、其他费用 1 万元。方案实施后可节约 26.6 万元/年。

①总投资费用 I=35 万元；②年运行费用总节省金额 P=26.6 万元；③新增设备折旧费 D=I/Y=3.5 万元（Y 为 10 年）；④应税利润 T=P-D=23.10 万元；⑤净利润 E=T×（1-25%）=17.33 万元；⑥年增加现金流量 F=净利润+年折旧费=20.83 万元；⑦投资偿还期 N=I/F=1.68 年；⑧净现值 NPV=Fk-I=92.96 万元（k 为贴现系数）；⑨内部收益率 IRR=58.92%。

此方案投资偿还期 1.68 年，净现值 92.96 万元（>0），内部收益率 58.92%（>10%），因此本方案在经济上是可行的。

2. 方案 F12 浸出车间凉水塔喷淋改造方案

（1）方案简介　浸出车间凉水塔喷淋改造项目属于节水降耗项目，项目符合清洁生产和循环经济的要求。

方案实施前，原来的凉水塔的处理能力为 300t/h，降温方式为水力喷淋方式，在喷淋过程中同时采用风扇扇叶上的喷嘴斜向上喷出的热水产生的反作用力，驱动风扇转动达到通风换热的目的。同时，热水喷到凉水塔本体内壁，部分沿凉水塔本体内壁下流，部分溅射至塔内所有空间。与冷却风扇在同一平面上安装有热水分布装置，使热水与空气密切接触，达到冷却降温的目的。

方案实施后，增加 2 套喷淋系统，提高凉水塔的处理能力及降温效果；同时取消风扇。

本方案为浸出车间凉水塔喷淋改造，降低了耗水量，节约了能源；从工艺角度说，改造后不影响原来的整体工艺。

（2）技术可行性分析

1）工艺适用性及成熟程度分析。实施该方案后，提高凉水塔的处理能力及降温效果。使浸出车间循环水经凉水塔降温后能达到 25℃ 以下，满足工艺要求。水力喷淋方式为凉水塔常采用的方式，技术成熟。

2）设备操作安全可靠性分析。该设备在操作安全可靠，操作人员经相关培训即可上岗操作。

3）资源、能源分析。方案实施后，不需要加入新鲜水来降低循环水温度，节约了新鲜水和电耗。

（3）环境可行性分析　通过该项目改造，预计节水 6600t/a；取消风扇，预计能节电 $6 \times 10^4 \mathrm{kW \cdot h/a}$。

（4）经济可行性分析　方案预计总投资 28 万元，其中设备购置费 20 万元、主要材料费 5 万元、安装工程费 2 万元、其他费用 1 万元。方案实施后，浸出车间年节约资金 6.24 万元。

①总投资费用 I＝28 万元；②年运行费用总节省金额 P＝10 万元；③新增设备折旧费 D＝I/Y＝2.8 万元（Y 为 10 年）；④应税利润 T＝P－D＝3.44 万元；⑤净利润 E＝T×（1－25％）＝2.58 万元；⑥年增加现金流量 F＝净利润＋年折旧费＝5.38 万元；⑦投资偿还期 N＝I/F＝5.2 年；⑧净现值 NPV＝Fk－I＝5.06 万元；⑨内部收益率 IRR＝14.06％。

此方案投资偿还期 5.2 年，净现值 5.06 万元（＞0），内部收益率 14.06％（＞10％），因此本方案在经济上是可行的。

（二）方案经济可行性综合分析

编制多个备选方案经济评估指标汇总表，见表 9-84。

表 9-84　清洁生产方案经济评估指标汇总表

方案名称	经济评估指标								
	总投资/万元	总节省金额/万元	设备折旧费/万元	净利润/万元	现金流量/万元	偿还期/年	净现值/万元	内部收益率/%	排序
F10	35	26.60	3.5	17.33	20.83	1.68	92.96	58.92	1
F11	28	6.24	2.8	2.58	5.38	5.20	5.06	14.06	2

（三）确定推荐方案

根据备选方案技术、环境、经济评估结果及清洁生产方案经济评估指标汇总表 9-84 的结果，F10 方案和 F11 方案从技术、环境、经济方面都可行，推荐 F10 方案和 F11 方案为可实施清洁生产方案。

七、方案实施

通过可行的中/高费清洁生产方案的实施，可以使企业实现技术进步，取得明显的环境效果；同时获得经济效益。通过评估已实施清洁生产方案的阶段成果，激励促进企业持续清洁生产。

1. 方案实施情况

本轮清洁生产审核工作产生清洁生产方案 12 项，12 项方案全部实施。其中无/低费方案 10 项，中/高费方案 2 项。

（1）已实施无/低费方案及效果汇总　　本着清洁生产审核"边审核边实施"的原则，对前面各审核阶段产生的无/低费清洁生产方案全部进行了实施。实施效果统计见表 9-85。

表 9-85　已实施的无/低费清洁生产方案汇总表

方案编号		方案名称	方案由来	方案内容	完成时间	投入资金/万元	取得效益	
							环境效益	经济效益/(万元/年)
设备维护和更新	F1	更换自动秤液压缸	自动秤液压缸有漏油现象	更换自动秤液压缸,减少油液泄漏,防止油液污染环境	2017.4	0.5	防止油液污染环境	—
	F2	安装除尘风机	进入预处理车间的大豆仍含有一定的粉尘和灰尘,在大豆运输过程中引起扬尘,操作间粉尘较大	在预处理车间安装两台除尘风机及相应管道,粉尘经除尘风机收集后经旋风分离器除尘,旋风分离器是企业原有设备	2017.5	0.5	减少粉尘排放	—
	F3	维修输送设备	企业有部分输送设备,如链条、轴承、链轮等出现故障,影响原料的输送	对链条、轴承、链轮等输送设备进行维修	2017.5	0.1	—	—
	F4	室外管道保温管道维护	室外蒸汽、热水管道保温层有破损情况,造成了热损失	对管道保温层进行检修和维护,防止热量损失	2017.5	0.5	减少热能损失,年节约原煤10t/a,折合标煤7.14t/a	0.7
	F5	省煤器换管	省煤器换热管有泄漏现象,影响了省煤器的节能作用	更换泄漏换热管,共更换了166根,节约了原煤	2017.6	0.8	节约蒸汽,年节约原煤20吨,折合标煤14.28t/a	1.4
加强管理	F6	制订《清洁生产管理规定》	企业在进行本轮清洁生产之前还没有清洁生产制度	为了贯彻《清洁生产促进法》《清洁生产审核暂行办法》和《重点企业清洁生产审核程序的规定》,结合本公司的特点,制订公司清洁生产管理规定	2017.4	—	—	—
	F7	加强设备维护与检修质量监督管理	生产工艺运行已有14年的时间,存在部分管线老化,易出现泄漏现象	在正常生产情况下,加强各岗位巡检质量,及时发现蒸汽及水管线等的漏点,及时补漏,防止跑冒事故的发生。同时,加强换热设备清洗,保证传热消耗	2017.4	—	—	—
	F8	进一步健全环保管理制度	现有环保制度细化程度不够,操作起来具有随意性	将环保制度细化,并落实到个人,同时将其纳入日常管理工作	2017.4	—	—	—

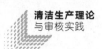

方案编号		方案名称	方案由来	方案内容	完成时间	投入资金/万元	取得效益	
							环境效益	经济效益/（万元/年）
员工素质的提高及积极性的激励	F9	进一步加强全体员工岗位培训	公司目前仅对关键岗位的员工进行了培训,对新员工进行了岗位和安全培训,没有做到全员培训	通过定期轮流进行全员培训,并通过网络、板报及座谈等形式进行全员清洁生产培训(由清洁生产审核小组完成)	2017.5	—	—	—
	F12	加强蒸脱、溶剂回收等设备的操作培训	蒸脱、溶剂回收等设备操作步骤复杂,当出现操作失误时,会导致产品残留溶剂量和溶剂流失率的大幅度上升,既降低了产品的质量、浪费了溶剂又污染环境	加强员工的操作培训,保证人人能够做到独立上岗,对于蒸脱、溶剂回收等设备的操作做到最少的操作步骤,减少溶剂的各种流失	2017.5	—	—	—
合计						2.4	节约原煤30t/a(折合标煤21.42t/a)	2.1

（2）已实施中/高费方案及效果汇总　中/高费方案实施成果见表9-86。

表9-86　已实施的中/高费清洁生产方案汇总表

方案编号	方案名称	方案由来	方案内容	投入资金/万元	完成时间	取得效果	
						环境效益	经济效益/（万元/年）
技术工艺改造							
F10	毛油余热利用系统	浸出车间汽提塔毛油温度为115～125℃,经过油泵打入精油车间后,经过冷凝器降温后进入其他工序,余热没有得到利用,浪费能源	拟将温度为115～125℃毛油的余热为一蒸发器前段进入的混合油(50～60℃)预热,可以将混合油的温度增加10℃	35	2017.8	节约蒸汽2238t/a,折合原煤380t/a(节约标煤281.66t)	26.6
F11	浸出车间凉水塔喷淋改造	浸出车间原有1座凉水塔,处理能力均为300t/h。由于产量的增加,浸出车间循环水用量增大,现每小时循环水量约为400t/h,超过了凉水塔冷却冷却能力,水温降不到工艺要求温度,所以,企业采用补加新鲜水来进一步降低循环水的温度,以满足工艺用水温度的需求;另外冷却循环水池容积不足,多余的冷却水直排,造成了水资源的浪费	现由于循环水量加大,拟将原来的水力喷淋式的设备改造,增加2套喷淋系统,提高凉水塔的处理能力及降温效果。同时取消风扇	28	2017.8	节水6600t/a;节电6×10⁴kW·h/a	6.24
合计				63		可节约蒸汽2238t/a、原煤380t/a(年节约标煤281.66t)、节水6600t/a、节电6×10⁴kW·h/a	32.84

2. 资金筹措

企业实施方案的资金来源全部为公司划拨。

方案实施期间，领导重视，各部门积极配合，资金到位及时，保证了方案的顺利实施与完成。

3. 已实施方案成果汇总

（1）已实施无/低费清洁生产方案成果汇总　已实施无/低费方案成果汇总见表9-87。

表9-87　已实施无/低费清洁生产方案取得效益汇总表

指标	单位	数量
节原煤（折标煤）	t/a	30（21.42）
经济效益	万元/年	2.1
合计	万元/年	2.1

（2）已实施中/高费清洁生产方案成果汇总　已实施中/高费方案成果汇总表见表9-88。

表9-88　已实施中/高费清洁生产方案取得效益汇总表

指标	单位	数量
节约新鲜水	t/a	6600
节约蒸汽水	t/a	2238
节约原煤（标煤）	t/a	380（281.66）
节约电	kW·h/a	60000
经济效益	万元/年	32.84
合计	万元/年	32.84

4. 全部方案实施后对企业清洁生产水平的影响

（1）全部方案实施后与清洁生产目标对比结果　把已实施的无/低费方案和中/高费方案效益汇总作为分子项，把2016年大豆加工量总数作为分母项，得到清洁生产指标项减少量如表9-89所列。本轮清洁生产目标完成情况如表9-90所列。

表9-89　清洁生产方案效益转化为清洁生产指标项数据换算表

指标项	单位	数值	效益（分子项）	产量（分母项）
新鲜水单耗	kg/t豆	36.78	6600000kg	179460t（大豆）
标煤单耗	kg/t豆	1.69	303080kg	

表9-90　本轮清洁生产目标完成情况一览表

指标项	单位	现状值2016年	近期目标值	实际完成值	减少率/%	支持依据
煤耗（蒸汽折）	kg/t	40.69	40	39	4.15%	F4、F5、F10
水耗	kg/t	151.28	120	114.5	24.31%	F11

（2）审核后排污强度变化情况　审核前后，减少的冷却水排放6600t/a，对污水站处理后排放的污水的各项污染物排放强度没有影响。

（3）审核后清洁生产水平变化情况　实施清洁生产后企业主要指标与清洁生产标准对比情况见表9-91。

表 9-91　浸出车间与行业主要技术经济指标对比表

指标	一级	二级	三级	蛋白(2016 年)	2016 年	审核后
一、资源能源利用指标(浸出制油指标,带 * 指标为油脂精炼指标)						
原辅材料的选择	生产豆油的主要原料为大豆,辅助原料为专用溶剂(6 号溶剂油或工业己烷)。原辅材料的选择以及使用其他代用品或添加剂时,应符合国家或行业有关标准(GB 1352、GB 8611、GB 1535、GB/T 19541、GB 16629、GB 17602、HG/T 2569 等),并保证对人体健康没有任何损害,以及在生产过程中对生态环境没有负面影响			采用非转基因绿色大豆,溶剂采用 6 号溶剂油	一级	一级
大豆利用率/%	≥98.5	≥97.5	≥96.5	99.6	一级	一级
溶剂消耗[①]/(kg/t)	<1.0	<2.5	<5.0	2.28	二级	二级
白土消耗[②]/(kg/t)	≤10.0	≤15.0	≤20.0	不涉及	—	—
电耗[③]/(kW·h/t)	≤25.0/20.0 *	≤30.0/25.0 *	≤40.0/35.0 *	27.2	二级	二级
水耗[④]/(kg/t)	≤500/200 *	≤800/300 *	≤1200/400 *	114.5	一级	一级
煤耗(标煤)[⑤]/(kg/t)	≤40.0/30.0 *	≤50.0/40.0 *	≤70.0/50.0 *	39	三级	二级
二、特征工艺指标						
精炼率 * /%	≥98.0	≥97.0	≥95.5	不涉及	—	—
出油效率/%	≥98.5	≥98.0	≥97.0	98.0	二级	二级
出粕率/%	≥79.5	≥78.5	≥77.0	77.17	三级	三级
出粕残留溶剂/%	≤0.05	≤0.08	≤0.10	0.05	一级	一级
浸出原油残留溶剂/%	≤0.03	≤0.05	≤0.08	0.02	一级	一级
三、污染物产生指标(末端处理前)						
浸出废水产生量[⑥]/(m³/t)	≤0.06	≤0.12	≤0.18	0.18	二级	二级
精炼废水产生量 * [⑦]/(m³/t)	≤0.2	≤0.4	≤0.6	0.059	一级	一级
COD 产生总量[⑧]/(kg/t)	≤0.4/6.0 *	≤1.0/10.0 *	≤2.0/24.0 *	0.35	一级	一级
浸出尾气残留溶剂质量浓度/(g/m³)	≤5	≤10	≤30	10	二级	二级
四、废物回收利用指标						
油脚	全部回收并利用(例如生产粗磷脂产品或掺兑到豆粕中等)	全部回收并利用(例如生产酸化油或粗脂肪酸等产品)	外售给脂肪酸或肥皂等加工厂,未直接排入环境中	外售给脂肪酸加工企业	三级	三级
皂脚	全部回收并利用(例如生产粗皂粉等)	全部回收并利用(例如生产酸化油、脂肪酸或肥皂等产品)	外售给脂肪酸或肥皂等加工厂,未直接排入环境中	外售脂肪酸加工企业	三级	三级
炉渣	全部回收并处理(例如外售给制砖厂或售作铺路材料)	全部回收并处理(外售制砖厂或售作铺路材料)	全部回收并处理(外售或送至指定固废堆放场)	外售给制砖厂	二级	二级
废白土	全部处理或利用(例如回收废油脂等)	集中堆放(采取防渗和防雨措施)并按规定进行处理	集中堆放与处理(外售或填埋)	不涉及	—	—

续表

指标		一级	二级	三级	蛋白(2016年)	2016年	审核后
五、环境管理要求							
环保法律法规标准		符合国家和地方有关环境法律、法规、总量控制要求和排污许可证管理要求,污染物排放达到国家或地方排放标准,包括污水(GB 8978)、大气(GB 16297)综合排放标准,以及锅炉大气排放标准(GB 13271)			符合国家和地方环境法律、法规、总量控制要求,污染物达标排放	符合国家和地方环境法律、法规、总量控制要求,污染物达标排放	符合
环境审核和食品安全保证		按照食用植物油行业企业清洁生产审核指南进行了审核;按照GB/T 24001建立并运行环境管理体系,环境管理手册、程序文件及作业文件齐备;并通过HACCP认证	按照食用植物油行业企业清洁生产审核指南进行了审核;环境管理制度健全,原始记录及统计数据齐全有效;具备HACCP认证条件	正在进行清洁生产审核工作,环境管理制度齐全,原始记录及统计数据齐全	正在进行清洁生产审核工作,环境管理制度齐全,原始记录及统计数据齐全	三级	三级
生产过程环境管理	原料质量	原料质量符合生产需要,通过控制原料杂质、不完善粒等指标,实施原料供应源削减方案,减少生产过程中相关废物的产生量			企业建立了完善的入厂原材料检验制度,并按制度对原材料质量进行严格管理	符合	符合
	工艺管理	有《生产过程作业指导书》和清洁生产指导书	有生产工艺操作规程	有生产工艺操作规程或规定	有生产工艺操作规程	三级	三级
	岗位培训	所有岗位接受过清洁生产培训	主要岗位进行过清洁生产培训	主要岗位进行过清洁生产培训	所有岗位都进行了清洁生产培训	一级	一级
	设备管理	有完善的管理制度,并严格执行	有完善的管理制度,并严格执行	有管理制度	有比较完善的管理制度,并严格执行	二级	二级
	能源辅料管理	有管理制度,生产实行定量考核制度	有能源管理制度,并对生产实行定量考核	对主要用水、电、汽环节进行计量	有能源管理制度,并对生产实行定量考核	一级	一级
	生产车间观感	车间整洁明亮,无物料遗撒和堆积,设备外观清洁整齐	车间整洁明亮,厂区环境卫生较好,设备外观清洁整齐	车间整洁明亮,厂区环境卫生较好,设备外观清洁整齐	一级	一级	
环境管理	环境管理机构	建立并有专人负责			有环境管理机构,并有专人负责	一级	一级
	环境管理制度	健全、完善并纳入日常管理		企业有健全的环境管理制度	企业有健全的环境管理制度	一级	一级

指标		一级	二级	三级	蛋白(2016年)	2016年	审核后
环境管理	环境管理计划	制订近、远期计划并监督实施		制订了环境管理计划并监督实施	制订了环境管理计划并监督实施	三级	三级
	环保设施的运行管理	记录运行数据并建立环保档案		记录运行数据并进行统计	记录运行数据并进行统计	三级	三级
	污染源监测系统	水、气主要污染源、主要污染物均具备自动监测手段		主要污染物具备监测手段	主要污染物具备监测手段	三级	三级
	信息交流	具备计算机网络化管理系统		定期召开生产会议	定期召开生产会议	三级	三级
相关方环境管理	原辅料供应方、协作方、服务方	服务协议中要明确原辅料的包装、运输、装卸等过程中的安全要求及环保要求			溶剂采用防爆罐车进行运输,大豆采用汽运,并盖有苫布	符合	符合
	有害废物转移的预防	严格按有害废物处理要求执行,建立台账、定期检查			有害废物建有台账,并严格按照有害废物处理要求进行处理	符合	符合

① 指吨料溶剂消耗。

② 指吨油白土消耗。

③ 指吨料/吨油电耗。

④ 指吨料/吨油水耗。

⑤ 指吨料/吨油煤耗。

⑥ 指吨料废水产生量。

⑦ 指吨油废水产生量。

⑧ 指吨料/吨油COD产生总量。

由对比表格可以看出:企业有1项清洁生产指标发生了变化,吨豆煤耗由未达三级达到了二级。吨豆水耗进一步降低。

5. 成果宣传

本轮清洁生产审核共产生和实施了12个清洁生产方案,其中10个无/低费方案,2个中/高费方案,共投入资金65.4万元,年取得经济效益34.94万元。其中无/低费方案投入资金2.4万元,年取得经济效益2.1万元,中/高费方案投入资金63万元,年取得经济效益32.84万元。通过方案的实施,公司年节水6600t/a,节原煤410t/a;公司吨豆综合煤耗由原来的40.69kg/t降低到39kg/t,吨豆水耗由原来的151.28kg/t降低到114.5kg/t。实现公司本轮清洁生产审核设置的清洁生产目标。

通过清洁生产审核,不仅减少了煤耗、水耗,增加了出油效率,而且增强了全体员工的环境保护、节能减排意识,改善了企业的工作环境,提高了员工的生产积极性。在取得明显环境效益的同时取得了可观的经济效益,为企业下一阶段清洁生产奠定了基础。

本轮清洁生产中/高费方案实施后的宣传照片见图9-20、图9-21。

八、持续清洁生产

1. 建立和完善清洁生产组织

通过本轮的清洁生产审核工作,使领导和职工对清洁生产有了比较深刻的认识,认识到清洁生产的必要性、重要性。通过清洁生产方案的实施，也使企业获得了明显的经济效益和环境效益。为将清洁生产审核工作纳入工厂日常生产管理，持续进行下去，经厂领导研究决定企业内清洁生产的长期进行工作由生产厂长负责。

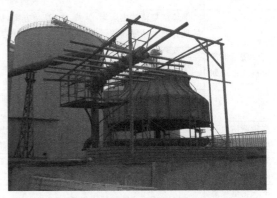

图 9-20　F11 浸出车间增设换热器方案　　　　图 9-21　F12 浸出车间凉水塔喷淋改造方案

　　（1）厂级领导职责　通过本轮清洁生产活动，企业现有的清洁生产小组已经熟练掌握了整个工作程序及方法，并能够抓住重点、把握核心。因此，由生产厂长担任组长的清洁生产工作小组将作为一个常设工作组的形式，持续地开展本企业的清洁生产活动。

　　（2）清洁生产工作组织　本轮清洁生产审核工作结束后，公司继续设立清洁生产审核小组，并将清洁生产工作融入企业的日常生产和管理工作中。选定清洁生产审核小组成员时，以已参与过清洁生产审核工作，积累了一定的清洁生产工作经验的人员为主。由总经理直接领导，组员由熟悉生产情况的生产、设备、质量技术部、财务部等管理部门及负责人组成，发挥厂里清洁生产的原有力量。主要任务是：经常性地组织对全体员工的清洁生产教育和培训；启动新一轮的清洁生产审核；负责清洁生产活动的日常管理；参与并监督本轮清洁生产审核中/高费方案的实施情况；清洁生产审核的绩效统计和宣传等。

　　2. 建立和完善清洁生产制度

　　使本轮清洁生产审核完成之后取得的初步成果保持下去，持续发挥应有的作用，这是做好清洁生产审核的关键，为此需要建立和完善清洁生产管理制度。

　　（1）将清洁生产审核成果纳入日常管理　把清洁生产审核成果及时纳入企业的日常管理，是巩固清洁生产成效、防止走过场的重要手段，特别是通过清洁生产审核产生的无/低费方案，把它们形成制度、坚持下去，尤其显得重要。具体包括以下几个方面：①建立预防性维修制度；②形成职工定期培训制度；③提出的工艺要求和操作规程的改进，写入岗位的操作规程；④生产单位管理制度的改进。

　　（2）建立和完善清洁生产激励机制　在奖金、工资分配、表彰、批评等诸多方面，充分与清洁生产挂钩，对广大职工进行清洁生产宣传与教育，增加对清洁生产的认识，建立清洁生产激励机制，调动职工参与清洁生产的积极性。厂领导决定对每轮清洁生产审核工作中表现突出，取得良好环境效益和经济效益的方案给予特别奖励。

　　（3）建立清洁生产档案　把清洁生产审核成果及相关材料，整理归档，有专人进行管理，利于后续开展清洁生产进行对比。

　　（4）清洁生产资金来源　拟将开展清洁生产获得的效益全部用于持续清洁生产。

　　3. 持续清洁生产计划

　　为了有效地将清洁生产在企业中有组织、有计划地继续推行下去，清洁生产审核工作小组制订出持续清洁生产计划，见表 9-92。

表 9-92 持续清洁生产计划

计划	主要内容	开始时间	负责部门
持续清洁生产审核工作计划	继续征集清洁生产无/低费、中/高费方案，抓紧安排实施经过论证分析可行的具有最大环境效益、经济效益、社会效益的方案，继续挖掘节电、节煤、减少废水的方案	2018 年 1 月	审核小组
	建立清洁生产岗位责任制，完善清洁生产奖罚制度，保证清洁生产工作持续有效开展		
	拓展合作渠道，不断扩大有关清洁生产方面知识的学习和交流，学习借鉴国内外清洁生产先进经验，细化、深化清洁生产工作		
本轮清洁生产成果深化宣传	继续实施无/低费方案，并将方案的一些措施制度化。对已实施方案成果进行宣传。应将锅炉除尘用水回收利用作为持续清洁生产工作		
职工的清洁生产培训计划	结合本厂实际情况和已取得的清洁生产成果，培训职工发现、分析、解决清洁生产方面的问题和能力，自觉开展清洁生产	每年 2 次	审核小组
下一轮审核重点和目标	继续降低单位原料的标煤耗	2019 年 1～2 月	审核小组

九、审核结论

从 2017 年 1 月在某植物蛋白有限公司开展清洁生产审核工作以来，厂领导高度重视此项工作，公司下发文件成立了清洁生产审核领导小组和工作小组，进行人员职责分工，制订了清洁生产工作计划，向全厂职工宣传清洁生产，发动广大职工积极参与，为厂清洁生产审核工作奠定了良好的基础。

企业清洁生产审核小组在对同行业调研、对厂进行现场考察和资料分析的基础上，结合执行国家环境保护行业标准和有关要求，以及行业水平、各个车间存在的问题、产生废物的情况，确定浸出车间为审核重点，制订了清洁生产目标，并实施了全部的清洁生产方案。

通过培训、宣传等方式，发动全厂员工参与提合理化建议活动，从原辅材料和能源、技术工艺、设备、过程控制、废物产生与处置、产品、管理以及员工素质 8 个方面着手寻找清洁生产的机会和潜力，提出清洁生产方面的合理化建议。结合审核重点，设置清洁生产目标和厂的技术改造计划。本轮审核共筛选出清洁生产方案 12 项，其中无/低费方案 10 项，中/高费方案 2 项。

截至 2017 年 10 月，本轮清洁生产审核共产生和实施了 12 个清洁生产方案，其中 10 个无/低费方案，2 个中/高费方案，本轮清洁生产共投入资金 65.4 万元，年取得经济效益 34.94 万元。其中无/低费方案投入资金 2.4 万元，年取得经济效益 2.1 万元，中/高费方案投入资金 63 万元，年取得经济效益 32.84 万元。

通过方案的实施，公司年节水 6600t，节原煤 410t/a；公司吨豆综合煤耗由原来的 40.69kg/t 降低到 39kg/t，吨豆水耗由原来的 151.28kg/t 降低到 114.5kg/t。实现公司本轮清洁生产审核设置的清洁生产目标。

通过清洁生产审核，树立了企业的良好形象，提高了企业的管理水平，提高了能源和原材料的使用效率，有效地降低了成本，减少了企业主要污染物的排放量，促进了企业技术进步，为企业带来了一定的经济效益、环境效益和社会效益，为持续清洁生产审核工作打下良好的基础。

附录

附录1 中华人民共和国循环经济促进法（2018修正版）

《中华人民共和国循环经济促进法》已由中华人民共和国第十一届全国人民代表大会常务委员会第四次会议于 2008 年 8 月 29 日通过，现予公布，自 2009 年 1 月 1 日起施行。2018 年 10 月 26 日第十三届全国人大常委会第六次会议修正。

第一章 总 则

第一条 为了促进循环经济发展，提高资源利用效率，保护和改善环境，实现可持续发展，制定本法。

第二条 本法所称循环经济，是指在生产、流通和消费等过程中进行的减量化、再利用、资源化活动的总称。

本法所称减量化，是指在生产、流通和消费等过程中减少资源消耗和废物产生。

本法所称再利用，是指将废物直接作为产品或者经修复、翻新、再制造后继续作为产品使用，或者将废物的全部或者部分作为其他产品的部件予以使用。

本法所称资源化，是指将废物直接作为原料进行利用或者对废物进行再生利用。

第三条 发展循环经济是国家经济社会发展的一项重大战略，应当遵循统筹规划、合理布局，因地制宜、注重实效，政府推动、市场引导，企业实施、公众参与的方针。

第四条 发展循环经济应当在技术可行、经济合理和有利于节约资源、保护环境的前提下，按照减量化优先的原则实施。

在废物再利用和资源化过程中，应当保障生产安全，保证产品质量符合国家规定的标准，并防止产生再次污染。

第五条 国务院循环经济发展综合管理部门负责组织协调、监督管理全国循环经济发展工作；国务院生态环境等有关主管部门按照各自的职责负责有关循环经济的监督管理工作。

县级以上地方人民政府循环经济发展综合管理部门负责组织协调、监督管理本行政区域的循环经济发展工作；县级以上地方人民政府环境保护等有关主管部门按照各自的职责负责有关循环经济的监督管理工作。

第六条 国家制定产业政策，应当符合发展循环经济的要求。

县级以上人民政府编制国民经济和社会发展规划及年度计划，县级以上人民政府有关部门编制环境保护、科学技术等规划，应当包括发展循环经济的内容。

第七条 国家鼓励和支持开展循环经济科学技术的研究、开发和推广，鼓励开展循环经济宣传、教育、科学知识普及和国际合作。

第八条　县级以上人民政府应当建立发展循环经济的目标责任制，采取规划、财政、投资、政府采购等措施，促进循环经济发展。

第九条　企业事业单位应当建立健全管理制度，采取措施，降低资源消耗，减少废物的产生量和排放量，提高废物的再利用和资源化水平。

第十条　公民应当增强节约资源和保护环境意识，合理消费，节约资源。

国家鼓励和引导公民使用节能、节水、节材和有利于保护环境的产品及再生产品，减少废物的产生量和排放量。

公民有权举报浪费资源、破坏环境的行为，有权了解政府发展循环经济的信息并提出意见和建议。

第十一条　国家鼓励和支持行业协会在循环经济发展中发挥技术指导和服务作用。县级以上人民政府可以委托有条件的行业协会等社会组织开展促进循环经济发展的公共服务。

国家鼓励和支持中介机构、学会和其他社会组织开展循环经济宣传、技术推广和咨询服务，促进循环经济发展。

第二章　基本管理制度

第十二条　国务院循环经济发展综合管理部门会同国务院生态环境等有关主管部门编制全国循环经济发展规划，报国务院批准后公布施行。设区的市级以上地方人民政府循环经济发展综合管理部门会同本级人民政府生态环境等有关主管部门编制本行政区域循环经济发展规划，报本级人民政府批准后公布施行。

循环经济发展规划应当包括规划目标、适用范围、主要内容、重点任务和保障措施等，并规定资源产出率、废物再利用和资源化率等指标。

第十三条　县级以上地方人民政府应当依据上级人民政府下达的本行政区域主要污染物排放、建设用地和用水总量控制指标，规划和调整本行政区域的产业结构，促进循环经济发展。

新建、改建、扩建建设项目，必须符合本行政区域主要污染物排放、建设用地和用水总量控制指标的要求。

第十四条　国务院循环经济发展综合管理部门会同国务院统计、生态环境等有关主管部门建立和完善循环经济评价指标体系。

上级人民政府根据前款规定的循环经济主要评价指标，对下级人民政府发展循环经济的状况定期进行考核，并将主要评价指标完成情况作为对地方人民政府及其负责人考核评价的内容。

第十五条　生产列入强制回收名录的产品或者包装物的企业，必须对废弃的产品或者包装物负责回收；对其中可以利用的，由各该生产企业负责利用；对因不具备技术经济条件而不适合利用的，由各该生产企业负责无害化处置。

对前款规定的废弃产品或者包装物，生产者委托销售者或者其他组织进行回收的，或者委托废物利用或者处置企业进行利用或者处置的，受托方应当依照有关法律、行政法规的规定和合同的约定负责回收或者利用、处置。

对列入强制回收名录的产品和包装，消费者应当将废弃的产品或者包装物交给生产者或者其委托回收的销售者或者其他组织。

强制回收的产品和包装物的名录及管理办法，由国务院循环经济发展综合管理部门规定。

第十六条　国家对钢铁、有色金属、煤炭、电力、石油加工、化工、建材、建筑、造纸、印染等行业年综合能源消费量、用水量超过国家规定总量的重点企业，实行能耗、水耗的重点监督管理制度。

重点能源消费单位的节能监督管理，依照《中华人民共和国节约能源法》的规定执行。

重点用水单位的监督管理办法，由国务院循环经济发展综合管理部门会同国务院有关部门规定。

第十七条 国家建立健全循环经济统计制度，加强资源消耗、综合利用和废物产生的统计管理，并将主要统计指标定期向社会公布。

国务院标准化主管部门会同国务院循环经济发展综合管理和生态环境等有关主管部门建立健全循环经济标准体系，制定和完善节能、节水、节材和废物再利用、资源化等标准。

国家建立健全能源效率标识等产品资源消耗标识制度。

第三章　减量化

第十八条 国务院循环经济发展综合管理部门会同国务院生态环境等有关主管部门，定期发布鼓励、限制和淘汰的技术、工艺、设备、材料和产品名录。

禁止生产、进口、销售列入淘汰名录的设备、材料和产品，禁止使用列入淘汰名录的技术、工艺、设备和材料。

第十九条 从事工艺、设备、产品及包装物设计，应当按照减少资源消耗和废物产生的要求，优先选择采用易回收、易拆解、易降解、无毒无害或者低毒低害的材料和设计方案，并应当符合有关国家标准的强制性要求。

对在拆解和处置过程中可能造成环境污染的电器电子等产品，不得设计使用国家禁止使用的有毒有害物质。禁止在电器电子等产品中使用的有毒有害物质名录，由国务院循环经济发展综合管理部门会同国务院生态环境等有关主管部门制定。

设计产品包装物应当执行产品包装标准，防止过度包装造成资源浪费和环境污染。

第二十条 工业企业应当采用先进或者适用的节水技术、工艺和设备，制订并实施节水计划，加强节水管理，对生产用水进行全过程控制。

工业企业应当加强用水计量管理，配备和使用合格的用水计量器具，建立水耗统计和用水状况分析制度。

新建、改建、扩建建设项目，应当配套建设节水设施。节水设施应当与主体工程同时设计、同时施工、同时投产使用。

国家鼓励和支持沿海地区进行海水淡化和海水直接利用，节约淡水资源。

第二十一条 国家鼓励和支持企业使用高效节油产品。

电力、石油加工、化工、钢铁、有色金属和建材等企业，必须在国家规定的范围和期限内，以洁净煤、石油焦、天然气等清洁能源替代燃料油，停止使用不符合国家规定的燃油发电机组和燃油锅炉。

内燃机和机动车制造企业应当按照国家规定的内燃机和机动车燃油经济性标准，采用节油技术，减少石油产品消耗量。

第二十二条 开采矿产资源，应当统筹规划，制定合理的开发利用方案，采用合理的开采顺序、方法和选矿工艺。采矿许可证颁发机关应当对申请人提交的开发利用方案中的开采回采率、采矿贫化率、选矿回收率、矿山水循环利用率和土地复垦率等指标依法进行审查；审查不合格的，不予颁发采矿许可证。采矿许可证颁发机关应当依法加强对开采矿产资源的监督管理。

矿山企业在开采主要矿种的同时，应当对具有工业价值的共生和伴生矿实行综合开采、合理利用；对必须同时采出而暂时不能利用的矿产以及含有有用组分的尾矿，应当采取保护措施，防止资源损失和生态破坏。

第二十三条 建筑设计、建设、施工等单位应当按照国家有关规定和标准，对其设计、建设、施工的建筑物及构筑物采用节能、节水、节地、节材的技术工艺和小型、轻型、再生产品。有条件的地区，应当充分利用太阳能、地热能、风能等可再生能源。

国家鼓励利用无毒无害的固体废物生产建筑材料，鼓励使用散装水泥，推广使用预拌混凝土和预拌砂浆。

禁止损毁耕地烧砖。在国务院或者省、自治区、直辖市人民政府规定的期限和区域内，禁止生产、销售和使用粘土砖。

第二十四条 县级以上人民政府及其农业等主管部门应当推进土地集约利用，鼓励和支持农业生产者采用节水、节肥、节药的先进种植、养殖和灌溉技术，推动农业机械节能，优先发展生态农业。

在缺水地区，应当调整种植结构，优先发展节水型农业，推进雨水集蓄利用，建设和管护节水灌溉设施，提高用水效率，减少水的蒸发和漏失。

第二十五条 国家机关及使用财政性资金的其他组织应当厉行节约、杜绝浪费，带头使用节能、节水、节地、节材和有利于保护环境的产品、设备和设施，节约使用办公用品。国务院和县级以上地方人民政府管理机关事务工作的机构会同本级人民政府有关部门制定本级国家机关等机构的用能、用水定额指标，财政部门根据该定额指标制定支出标准。

城市人民政府和建筑物的所有者或者使用者，应当采取措施，加强建筑物维护管理，延长建筑物使用寿命。对符合城市规划和工程建设标准，在合理使用寿命内的建筑物，除为了公共利益的需要外，城市人民政府不得决定拆除。

第二十六条 餐饮、娱乐、宾馆等服务性企业，应当采用节能、节水、节材和有利于保护环境的产品，减少使用或者不使用浪费资源、污染环境的产品。

本法施行后新建的餐饮、娱乐、宾馆等服务性企业，应当采用节能、节水、节材和有利于保护环境的技术、设备和设施。

第二十七条 国家鼓励和支持使用再生水。在有条件使用再生水的地区，限制或者禁止将自来水作为城市道路清扫、城市绿化和景观用水使用。

第二十八条 国家在保障产品安全和卫生的前提下，限制一次性消费品的生产和销售。具体名录由国务院循环经济发展综合管理部门会同国务院财政、生态环境等有关主管部门制定。

对列入前款规定名录中的一次性消费品的生产和销售，由国务院财政、税务和对外贸易等主管部门制定限制性的税收和出口等措施。

第四章　再利用和资源化

第二十九条 县级以上人民政府应当统筹规划区域经济布局，合理调整产业结构，促进企业在资源综合利用等领域进行合作，实现资源的高效利用和循环使用。

各类产业园区应当组织区内企业进行资源综合利用，促进循环经济发展。

国家鼓励各类产业园区的企业进行废物交换利用、能量梯级利用、土地集约利用、水的分类利用和循环使用，共同使用基础设施和其他有关设施。

新建和改造各类产业园区应当依法进行环境影响评价，并采取生态保护和污染控制措施，确保本区域的环境质量达到规定的标准。

第三十条 企业应当按照国家规定，对生产过程中产生的粉煤灰、煤矸石、尾矿、废石、废料、废气等工业废物进行综合利用。

第三十一条 企业应当发展串联用水系统和循环用水系统，提高水的重复利用率。

企业应当采用先进技术、工艺和设备，对生产过程中产生的废水进行再生利用。

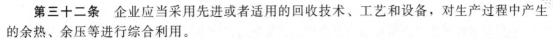

第三十二条　企业应当采用先进或者适用的回收技术、工艺和设备，对生产过程中产生的余热、余压等进行综合利用。

建设利用余热、余压、煤层气以及煤矸石、煤泥、垃圾等低热值燃料的并网发电项目，应当依照法律和国务院的规定取得行政许可或者报送备案。电网企业应当按照国家规定，与综合利用资源发电的企业签订并网协议，提供上网服务，并全额收购并网发电项目的上网电量。

第三十三条　建设单位应当对工程施工中产生的建筑废物进行综合利用；不具备综合利用条件的，应当委托具备条件的生产经营者进行综合利用或者无害化处置。

第三十四条　国家鼓励和支持农业生产者和相关企业采用先进或者适用技术，对农作物秸秆、畜禽粪便、农产品加工业副产品、废农用薄膜等进行综合利用，开发利用沼气等生物质能源。

第三十五条　县级以上人民政府及其林业主管部门应当积极发展生态林业，鼓励和支持林业生产者和相关企业采用木材节约和代用技术，开展林业废弃物和次小薪材、沙生灌木等综合利用，提高木材综合利用率。

第三十六条　国家支持生产经营者建立产业废物交换信息系统，促进企业交流产业废物信息。

企业对生产过程中产生的废物不具备综合利用条件的，应当提供给具备条件的生产经营者进行综合利用。

第三十七条　国家鼓励和推进废物回收体系建设。

地方人民政府应当按照城乡规划，合理布局废物回收网点和交易市场，支持废物回收企业和其他组织开展废物的收集、储存、运输及信息交流。

废物回收交易市场应当符合国家环境保护、安全和消防等规定。

第三十八条　对废电器电子产品、报废机动车船、废轮胎、废铅酸电池等特定产品进行拆解或者再利用，应当符合有关法律、行政法规的规定。

第三十九条　回收的电器电子产品，经过修复后销售的，必须符合再利用产品标准，并在显著位置标识为再利用产品。

回收的电器电子产品，需要拆解和再生利用的，应当交售给具备条件的拆解企业。

第四十条　国家支持企业开展机动车零部件、工程机械、机床等产品的再制造和轮胎翻新。

销售的再制造产品和翻新产品的质量必须符合国家规定的标准，并在显著位置标识为再制造产品或者翻新产品。

第四十一条　县级以上人民政府应当统筹规划建设城乡生活垃圾分类收集和资源化利用设施，建立和完善分类收集和资源化利用体系，提高生活垃圾资源化率。

县级以上人民政府应当支持企业建设污泥资源化利用和处置设施，提高污泥综合利用水平，防止产生再次污染。

第五章　激励措施

第四十二条　国务院和省、自治区、直辖市人民政府设立发展循环经济的有关专项资金，支持循环经济的科技研究开发、循环经济技术和产品的示范与推广、重大循环经济项目的实施、发展循环经济的信息服务等。具体办法由国务院财政部门会同国务院循环经济发展综合管理等有关主管部门制定。

第四十三条　国务院和省、自治区、直辖市人民政府及其有关部门应当将循环经济重大科技攻关项目的自主创新研究、应用示范和产业化发展列入国家或者省级科技发展规划和高技术产业发展规划，并安排财政性资金予以支持。

利用财政性资金引进循环经济重大技术、装备的，应当制定消化、吸收和创新方案，报有关主管部门审批并由其监督实施；有关主管部门应当根据实际需要建立协调机制，对重大技术、装备的引进和消化、吸收、创新实行统筹协调，并给予资金支持。

第四十四条 国家对促进循环经济发展的产业活动给予税收优惠，并运用税收等措施鼓励进口先进的节能、节水、节材等技术、设备和产品，限制在生产过程中耗能高、污染重的产品的出口。具体办法由国务院财政、税务主管部门制定。

企业使用或者生产列入国家清洁生产、资源综合利用等鼓励名录的技术、工艺、设备或者产品的，按照国家有关规定享受税收优惠。

第四十五条 县级以上人民政府循环经济发展综合管理部门在制订和实施投资计划时，应当将节能、节水、节地、节材、资源综合利用等项目列为重点投资领域。

对符合国家产业政策的节能、节水、节地、节材、资源综合利用等项目，金融机构应当给予优先贷款等信贷支持，并积极提供配套金融服务。

对生产、进口、销售或者使用列入淘汰名录的技术、工艺、设备、材料或者产品的企业，金融机构不得提供任何形式的授信支持。

第四十六条 国家实行有利于资源节约和合理利用的价格政策，引导单位和个人节约和合理使用水、电、气等资源性产品。

国务院和省、自治区、直辖市人民政府的价格主管部门应当按照国家产业政策，对资源高消耗行业中的限制类项目，实行限制性的价格政策。

对利用余热、余压、煤层气以及煤矸石、煤泥、垃圾等低热值燃料的并网发电项目，价格主管部门按照有利于资源综合利用的原则确定其上网电价。

省、自治区、直辖市人民政府可以根据本行政区域经济社会发展状况，实行垃圾排放收费制度。收取的费用专项用于垃圾分类、收集、运输、贮存、利用和处置，不得挪作他用。

国家鼓励通过以旧换新、押金等方式回收废物。

第四十七条 国家实行有利于循环经济发展的政府采购政策。使用财政性资金进行采购的，应当优先采购节能、节水、节材和有利于保护环境的产品及再生产品。

第四十八条 县级以上人民政府及其有关部门应当对在循环经济管理、科学技术研究、产品开发、示范和推广工作中做出显著成绩的单位和个人给予表彰和奖励。

企业事业单位应当对在循环经济发展中做出突出贡献的集体和个人给予表彰和奖励。

第六章 法律责任

第四十九条 县级以上人民政府循环经济发展综合管理部门或者其他有关主管部门发现违反本法的行为或者接到对违法行为的举报后不予查处，或者有其他不依法履行监督管理职责行为的，由本级人民政府或者上一级人民政府有关主管部门责令改正，对直接负责的主管人员和其他直接责任人员依法给予处分。

第五十条 生产、销售列入淘汰名录的产品、设备的，依照《中华人民共和国产品质量法》的规定处罚。

使用列入淘汰名录的技术、工艺、设备、材料的，由县级以上地方人民政府循环经济发展综合管理部门责令停止使用，没收违法使用的设备、材料，并处五万元以上二十万元以下的罚款；情节严重的，由县级以上人民政府循环经济发展综合管理部门提出意见，报请本级人民政府按照国务院规定的权限责令停业或者关闭。

违反本法规定，进口列入淘汰名录的设备、材料或者产品的，由海关责令退运，可以处十万元以上一百万元以下的罚款。进口者不明的，由承运人承担退运责任，或者承担有关处置费用。

第五十一条 违反本法规定，对在拆解或者处置过程中可能造成环境污染的电器电子等产品，设计使用列入国家禁止使用名录的有毒有害物质的，由县级以上地方人民政府市场监督管理部门责令限期改正；逾期不改正的，处二万元以上二十万元以下的罚款；情节严重的，依法吊销营业执照。

第五十二条 违反本法规定，电力、石油加工、化工、钢铁、有色金属和建材等企业未在规定的范围或者期限内停止使用不符合国家规定的燃油发电机组或者燃油锅炉的，由县级以上地方人民政府循环经济发展综合管理部门责令限期改正；逾期不改正的，责令拆除该燃油发电机组或者燃油锅炉，并处五万元以上五十万元以下的罚款。

第五十三条 违反本法规定，矿山企业未达到经依法审查确定的开采回采率、采矿贫化率、选矿回收率、矿山水循环利用率和土地复垦率等指标的，由县级以上人民政府地质矿产主管部门责令限期改正，处五万元以上五十万元以下的罚款；逾期不改正的，由采矿许可证颁发机关依法吊销采矿许可证。

第五十四条 违反本法规定，在国务院或者省、自治区、直辖市人民政府规定禁止生产、销售、使用粘土砖的期限或者区域内生产、销售或者使用黏土砖的，由县级以上地方人民政府指定的部门责令限期改正；有违法所得的，没收违法所得；逾期继续生产、销售的，由地方人民政府市场监督管理部门依法吊销营业执照。

第五十五条 违反本法规定，电网企业拒不收购企业利用余热、余压、煤层气以及煤矸石、煤泥、垃圾等低热值燃料生产的电力的，由国家电力监管机构责令限期改正；造成企业损失的，依法承担赔偿责任。

第五十六条 违反本法规定，有下列行为之一的，由地方人民政府市场监督管理部门责令限期改正，可以处五千元以上五万元以下的罚款；逾期不改正的，依法吊销营业执照；造成损失的，依法承担赔偿责任：

（一）销售没有再利用产品标识的再利用电器电子产品的；

（二）销售没有再制造或者翻新产品标识的再制造或者翻新产品的。

第五十七条 违反本法规定，构成犯罪的，依法追究刑事责任。

第七章 附 则

第五十八条 本法自 2009 年 1 月 1 日起施行。

附录2 《清洁生产促进法》修订及正文

2002 年 6 月 29 日第九届全国人民代表大会常务委员会第二十八次会议通过，根据 2012 年 2 月 29 日第十一届全国人民代表大会常务委员会第二十五次会议《关于修改〈中华人民共和国清洁生产促进法〉的决定》修正通过，现予公布，自 2012 年 7 月 1 日起施行。

《中华人民共和国清洁生产促进法》。全国人民代表大会常务委员会，中华人民共和国主席令（第五十四号），国家主席 胡锦涛。2012 年 2 月 29 日

目录

第一章 总则

第二章 清洁生产的推行

第三章 清洁生产的实施

第四章 鼓励措施

第五章　法律责任

第六章　附则

第一章　总　则

第一条　为了促进清洁生产，提高资源利用效率，减少和避免污染物的产生，保护和改善环境，保障人体健康，促进经济与社会可持续发展，制定本法。

第二条　本法所称清洁生产，是指不断采取改进设计、使用清洁的能源和原料、采用先进的工艺技术与设备、改善管理、综合利用等措施，从源头削减污染，提高资源利用效率，减少或者避免生产、服务和产品使用过程中污染物的产生和排放，以减轻或者消除对人类健康和环境的危害。

第三条　在中华人民共和国领域内，从事生产和服务活动的单位以及从事相关管理活动的部门依照本法规定，组织、实施清洁生产。

第四条　国家鼓励和促进清洁生产。国务院和县级以上地方人民政府，应当将清洁生产促进工作纳入国民经济和社会发展规划、年度计划以及环境保护、资源利用、产业发展、区域开发等规划。

第五条　国务院清洁生产综合协调部门负责组织、协调全国的清洁生产促进工作。国务院环境保护、工业、科学技术、财政部门和其他有关部门，按照各自的职责，负责有关的清洁生产促进工作。

县级以上地方人民政府负责领导本行政区域内的清洁生产促进工作。县级以上地方人民政府确定的清洁生产综合协调部门负责组织、协调本行政区域内的清洁生产促进工作。县级以上地方人民政府其他有关部门，按照各自的职责，负责有关的清洁生产促进工作。

第六条　国家鼓励开展有关清洁生产的科学研究、技术开发和国际合作，组织宣传、普及清洁生产知识，推广清洁生产技术。

国家鼓励社会团体和公众参与清洁生产的宣传、教育、推广、实施及监督。

第二章　清洁生产的推行

第七条　国务院应当制定有利于实施清洁生产的财政税收政策。

国务院及其有关部门和省、自治区、直辖市人民政府，应当制定有利于实施清洁生产的产业政策、技术开发和推广政策。

第八条（新改）国务院清洁生产综合协调部门会同国务院环境保护、工业、科学技术部门和其他有关部门，根据国民经济和社会发展规划及国家节约资源、降低能源消耗、减少重点污染物排放的要求，编制国家清洁生产推行规划，报经国务院批准后及时公布。

国家清洁生产推行规划应当包括：推行清洁生产的目标、主要任务和保障措施，按照资源能源消耗、污染物排放水平确定开展清洁生产的重点领域、重点行业和重点工程。

国务院有关行业主管部门根据国家清洁生产推行规划确定本行业清洁生产的重点项目，制定行业专项清洁生产推行规划并组织实施。

县级以上地方人民政府根据国家清洁生产推行规划、有关行业专项清洁生产推行规划，按照本地区节约资源、降低能源消耗、减少重点污染物排放的要求，确定本地区清洁生产的重点项目，制定推行清洁生产的实施规划并组织落实。

第九条（新改）中央预算应当加强对清洁生产促进工作的资金投入，包括中央财政清洁生产专项资金和中央预算安排的其他清洁生产资金，用于支持国家清洁生产推行规划确定的重点领域、重点行业、重点工程实施清洁生产及其技术推广工作，以及生态脆弱地区实施清洁生产的项目。中央预算用于支持清洁生产促进工作的资金使用的具体办法，由国务院财政部门、清洁生产综合协调部门会同国务院有关部门制定。

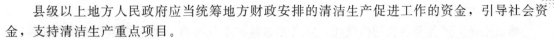

县级以上地方人民政府应当统筹地方财政安排的清洁生产促进工作的资金，引导社会资金，支持清洁生产重点项目。

第十条　国务院和省、自治区、直辖市人民政府的有关部门，应当组织和支持建立促进清洁生产信息系统和技术咨询服务体系，向社会提供有关清洁生产方法和技术、可再生利用的废物供求以及清洁生产政策等方面的信息和服务。

第十一条　国务院清洁生产综合协调部门会同国务院环境保护、工业、科学技术、建设、农业等有关部门定期发布清洁生产技术、工艺、设备和产品导向目录。

国务院清洁生产综合协调部门、环境保护部门和省、自治区、直辖市人民政府负责清洁生产综合协调的部门、环境保护部门会同同级有关部门，组织编制重点行业或者地区的清洁生产指南，指导实施清洁生产。

第十二条　国家对浪费资源和严重污染环境的落后生产技术、工艺、设备和产品实行限期淘汰制度。国务院有关部门按照职责分工，制定并发布限期淘汰的生产技术、工艺、设备以及产品的名录。

第十三条　国务院有关部门可以根据需要批准设立节能、节水、废物再生利用等环境与资源保护方面的产品标志，并按照国家规定制定相应标准。

第十四条　县级以上人民政府科学技术部门和其他有关部门，应当指导和支持清洁生产技术和有利于环境与资源保护的产品的研究、开发以及清洁生产技术的示范和推广工作。

第十五条　国务院教育部门，应当将清洁生产技术和管理课程纳入有关高等教育、职业教育和技术培训体系。

县级以上人民政府有关部门组织开展清洁生产的宣传和培训，提高国家工作人员、企业经营管理者和公众的清洁生产意识，培养清洁生产管理和技术人员。

新闻出版、广播影视、文化等单位和有关社会团体，应当发挥各自优势做好清洁生产宣传工作。

第十六条　各级人民政府应当优先采购节能、节水、废物再生利用等有利于环境与资源保护的产品。

各级人民政府应当通过宣传、教育等措施，鼓励公众购买和使用节能、节水、废物再生利用等有利于环境与资源保护的产品。

第十七条　省、自治区、直辖市人民政府负责清洁生产综合协调的部门、环境保护部门，根据促进清洁生产工作的需要，在本地区主要媒体上公布未达到能源消耗控制指标、重点污染物排放控制指标的企业的名单，为公众监督企业实施清洁生产提供依据。

列入前款规定名单的企业，应当按照国务院清洁生产综合协调部门、环境保护部门的规定公布能源消耗或者重点污染物产生、排放情况，接受公众监督。

第三章　清洁生产的实施

第十八条　新建、改建和扩建项目应当进行环境影响评价，对原料使用、资源消耗、资源综合利用以及污染物产生与处置等进行分析论证，优先采用资源利用率高以及污染物产生量少的清洁生产技术、工艺和设备。

第十九条　企业在进行技术改造过程中，应当采取以下清洁生产措施：

（一）采用无毒、无害或者低毒、低害的原料，替代毒性大、危害严重的原料；

（二）采用资源利用率高、污染物产生量少的工艺和设备，替代资源利用率低、污染物产生量多的工艺和设备；

（三）对生产过程中产生的废物、废水和余热等进行综合利用或者循环使用；

（四）采用能够达到国家或者地方规定的污染物排放标准和污染物排放总量控制指标的

污染防治技术。

第二十条　产品和包装物的设计，应当考虑其在生命周期中对人类健康和环境的影响，优先选择无毒、无害、易于降解或者便于回收利用的方案。

企业对产品的包装应当合理，包装的材质、结构和成本应当与内装产品的质量、规格和成本相适应，减少包装性废物的产生，不得进行过度包装。

第二十一条　生产大型机电设备、机动运输工具以及国务院工业部门指定的其他产品的企业，应当按照国务院标准化部门或者其授权机构制定的技术规范，在产品的主体构件上注明材料成分的标准牌号。

第二十二条　农业生产者应当科学地使用化肥、农药、农用薄膜和饲料添加剂，改进种植和养殖技术，实现农产品的优质、无害和农业生产废物的资源化，防止农业环境污染。

禁止将有毒、有害废物用作肥料或者用于造田。

第二十三条　餐饮、娱乐、宾馆等服务性企业，应当采用节能、节水和其他有利于环境保护的技术和设备，减少使用或者不使用浪费资源、污染环境的消费品。

第二十四条　建筑工程应当采用节能、节水等有利于环境与资源保护的建筑设计方案、建筑和装修材料、建筑构配件及设备。

建筑和装修材料必须符合国家标准。禁止生产、销售和使用有毒、有害物质超过国家标准的建筑和装修材料。

第二十五条　矿产资源的勘查、开采，应当采用有利于合理利用资源、保护环境和防止污染的勘查、开采方法和工艺技术，提高资源利用水平。

第二十六条　企业应当在经济技术可行的条件下对生产和服务过程中产生的废物、余热等自行回收利用或者转让给有条件的其他企业和个人利用。

第二十七条　企业应当对生产和服务过程中的资源消耗以及废物的产生情况进行监测，并根据需要对生产和服务实施清洁生产审核。

有下列情形之一的企业，应当实施强制性清洁生产审核：

（一）污染物排放超过国家或者地方规定的排放标准，或者虽未超过国家或者地方规定的排放标准，但超过重点污染物排放总量控制指标的；

（二）超过单位产品能源消耗限额标准构成高耗能的；

（三）使用有毒、有害原料进行生产或者在生产中排放有毒、有害物质的。

污染物排放超过国家或者地方规定的排放标准的企业，应当按照环境保护相关法律的规定治理。

实施强制性清洁生产审核的企业，应当将审核结果向所在地县级以上地方人民政府负责清洁生产综合协调的部门、环境保护部门报告，并在本地区主要媒体上公布，接受公众监督，但涉及商业秘密的除外。

（新增）县级以上地方人民政府有关部门应当对企业实施强制性清洁生产审核的情况进行监督，必要时可以组织对企业实施清洁生产的效果进行评估验收，所需费用纳入同级政府预算。承担评估验收工作的部门或者单位不得向被评估验收企业收取费用。

实施清洁生产审核的具体办法，由国务院清洁生产综合协调部门、环境保护部门会同国务院有关部门制定。

第二十八条　本法第二十七条第二款规定以外的企业，可以自愿与清洁生产综合协调部门和环境保护部门签订进一步节约资源、削减污染物排放量的协议。该清洁生产综合协调部门和环境保护部门应当在本地区主要媒体上公布该企业的名称以及节约资源、防治污染的成果。

第二十九条 企业可以根据自愿原则，按照国家有关环境管理体系等认证的规定，委托经国务院认证认可监督管理部门认可的认证机构进行认证，提高清洁生产水平。

第四章 鼓励措施

第三十条 国家建立清洁生产表彰奖励制度。对在清洁生产工作中做出显著成绩的单位和个人，由人民政府给予表彰和奖励。

第三十一条 对从事清洁生产研究、示范和培训，实施国家清洁生产重点技术改造项目和本法第二十八条规定的自愿节约资源、削减污染物排放量协议中载明的技术改造项目，由县级以上人民政府给予资金支持。

第三十二条 在依照国家规定设立的中小企业发展基金中，应当根据需要安排适当数额用于支持中小企业实施清洁生产。

第三十三条 依法利用废物和从废物中回收原料生产产品的，按照国家规定享受税收优惠。

第三十四条 企业用于清洁生产审核和培训的费用，可以列入企业经营成本。

第五章 法律责任

第三十五条 清洁生产综合协调部门或者其他有关部门未依照本法规定履行职责的，对直接负责的主管人员和其他直接责任人员依法给予处分。

第三十六条 违反本法第十七条第二款规定，未按照规定公布能源消耗或者重点污染物产生、排放情况的，由县级以上地方人民政府负责清洁生产综合协调的部门、环境保护部门按照职责分工责令公布，可以处十万元以下的罚款。

第三十七条 违反本法第二十一条规定，未标注产品材料的成分或者不如实标注的，由县级以上地方人民政府质量技术监督部门责令限期改正；拒不改正的，处以五万元以下的罚款。

第三十八条 违反本法第二十四条第二款规定，生产、销售有毒、有害物质超过国家标准的建筑和装修材料的，依照产品质量法和有关民事、刑事法律的规定，追究行政、民事、刑事法律责任。

第三十九条 违反本法第二十七条第二款、第四款规定，不实施强制性清洁生产审核或者在清洁生产审核中弄虚作假的，或者实施强制性清洁生产审核的企业不报告或者不如实报告审核结果的，由县级以上地方人民政府负责清洁生产综合协调的部门、环境保护部门按照职责分工责令限期改正；拒不改正的，处以五万元以上五十万元以下的罚款。

（新增）违反本法第二十七条第五款规定，承担评估验收工作的部门或者单位及其工作人员向被评估验收企业收取费用的，不如实评估验收或者在评估验收中弄虚作假的，或者利用职务上的便利谋取利益的，对直接负责的主管人员和其他直接责任人员依法给予处分；构成犯罪的，依法追究刑事责任。

第六章 附 则

第四十条 本法自 2003 年 1 月 1 日起施行。

附录 3 中华人民共和国节约能源法（2018 年修正）

（1997 年 11 月 1 日第八届全国人民代表大会常务委员会第二十八次会议通过；2007 年 10 月 28 日第十届全国人民代表大会常务委员会第三十次会议修订；根据 2016 年 7 月 2 日第十二届全国人民代表大会常务委员会第二十一次会议通过的《全国人民代表大会常务委员

会关于修改〈中华人民共和国节约能源法〉等六部法律的决定》修改。2018 年 10 月 26 日
第十三届全国人大常委会第六次会议修正）

目录

第一章　总　则

第一条　为了推动全社会节约能源，提高能源利用效率，保护和改善环境，促进经济社会全面协调可持续发展，制定本法。

第二条　本法所称能源，是指煤炭、石油、天然气、生物质能和电力、热力以及其他直接或者通过加工、转换而取得有用能的各种资源。

第三条　本法所称节约能源（以下简称节能），是指加强用能管理，采取技术上可行、经济上合理以及环境和社会可以承受的措施，从能源生产到消费的各个环节，降低消耗、减少损失和污染物排放、制止浪费，有效、合理地利用能源。

第四条　节约资源是我国的基本国策。国家实施节约与开发并举、把节约放在首位的能源发展战略。

第五条　国务院和县级以上地方各级人民政府应当将节能工作纳入国民经济和社会发展规划、年度计划，并组织编制和实施节能中长期专项规划、年度节能计划。

国务院和县级以上地方各级人民政府每年向本级人民代表大会或者其常务委员会报告节能工作。

第六条　国家实行节能目标责任制和节能考核评价制度，将节能目标完成情况作为对地方人民政府及其负责人考核评价的内容。

省、自治区、直辖市人民政府每年向国务院报告节能目标责任的履行情况。

第七条　国家实行有利于节能和环境保护的产业政策，限制发展高耗能、高污染行业，发展节能环保型产业。

国务院和省、自治区、直辖市人民政府应当加强节能工作，合理调整产业结构、企业结构、产品结构和能源消费结构，推动企业降低单位产值能耗和单位产品能耗，淘汰落后的生产能力，改进能源的开发、加工、转换、输送、储存和供应，提高能源利用效率。

国家鼓励、支持开发和利用新能源、可再生能源。

第八条　国家鼓励、支持节能科学技术的研究、开发、示范和推广，促进节能技术创新与进步。

国家开展节能宣传和教育，将节能知识纳入国民教育和培训体系，普及节能科学知识，

增强全民的节能意识，提倡节约型的消费方式。

第九条 任何单位和个人都应当依法履行节能义务，有权检举浪费能源的行为。

新闻媒体应当宣传节能法律、法规和政策，发挥舆论监督作用。

第十条 国务院管理节能工作的部门主管全国的节能监督管理工作。国务院有关部门在各自的职责范围内负责节能监督管理工作，并接受国务院管理节能工作的部门的指导。

县级以上地方各级人民政府管理节能工作的部门负责本行政区域内的节能监督管理工作。县级以上地方各级人民政府有关部门在各自的职责范围内负责节能监督管理工作，并接受同级管理节能工作的部门的指导。

第二章 节能管理

第十一条 国务院和县级以上地方各级人民政府应当加强对节能工作的领导，部署、协调、监督、检查、推动节能工作。

第十二条 县级以上人民政府管理节能工作的部门和有关部门应当在各自的职责范围内，加强对节能法律、法规和节能标准执行情况的监督检查，依法查处违法用能行为。

履行节能监督管理职责不得向监督管理对象收取费用。

第十三条 国务院标准化主管部门和国务院有关部门依法组织制定并适时修订有关节能的国家标准、行业标准，建立健全节能标准体系。

国务院标准化主管部门会同国务院管理节能工作的部门和国务院有关部门制定强制性的用能产品、设备能源效率标准和生产过程中耗能高的产品的单位产品能耗限额标准。

国家鼓励企业制定严于国家标准、行业标准的企业节能标准。

省、自治区、直辖市制定严于强制性国家标准、行业标准的地方节能标准，由省、自治区、直辖市人民政府报经国务院批准；本法另有规定的除外。

第十四条 建筑节能的国家标准、行业标准由国务院建设主管部门组织制定，并依照法定程序发布。

省、自治区、直辖市人民政府建设主管部门可以根据本地实际情况，制定严于国家标准或者行业标准的地方建筑节能标准，并报国务院标准化主管部门和国务院建设主管部门备案。

第十五条 国家实行固定资产投资项目节能评估和审查制度。不符合强制性节能标准的项目，建设单位不得开工建设；已经建成的，不得投入生产、使用。政府投资项目不符合强制性节能标准的，依法负责项目审批的机关不得批准建设。具体办法由国务院管理节能工作的部门会同国务院有关部门制定。

第十六条 国家对落后的耗能过高的用能产品、设备和生产工艺实行淘汰制度。淘汰的用能产品、设备、生产工艺的目录和实施办法，由国务院管理节能工作的部门会同国务院有关部门制定并公布。

生产过程中耗能高的产品的生产单位，应当执行单位产品能耗限额标准。对超过单位产品能耗限额标准用能的生产单位，由管理节能工作的部门按照国务院规定的权限责令限期治理。

对高耗能的特种设备，按照国务院的规定实行节能审查和监管。

第十七条 禁止生产、进口、销售国家明令淘汰或者不符合强制性能源效率标准的用能产品、设备；禁止使用国家明令淘汰的用能设备、生产工艺。

第十八条 国家对家用电器等使用面广、耗能量大的用能产品，实行能源效率标识管理。实行能源效率标识管理的产品目录和实施办法，由国务院管理节能工作的部门会同国务院市场监督管理部门制定并公布。

第十九条 生产者和进口商应当对列入国家能源效率标识管理产品目录的用能产品标注能源效率标识，在产品包装物上或者说明书中予以说明，并按照规定报国务院市场监督管理部门和国务院管理节能工作的部门共同授权的机构备案。

生产者和进口商应当对其标注的能源效率标识及相关信息的准确性负责。禁止销售应当标注而未标注能源效率标识的产品。

禁止伪造、冒用能源效率标识或者利用能源效率标识进行虚假宣传。

第二十条 用能产品的生产者、销售者，可以根据自愿原则，按照国家有关节能产品认证的规定，向经国务院认证认可监督管理部门认可的从事节能产品认证的机构提出节能产品认证申请；经认证合格后，取得节能产品认证证书，可以在用能产品或者其包装物上使用节能产品认证标志。

禁止使用伪造的节能产品认证标志或者冒用节能产品认证标志。

第二十一条 县级以上各级人民政府统计部门应当会同同级有关部门，建立健全能源统计制度，完善能源统计指标体系，改进和规范能源统计方法，确保能源统计数据真实、完整。

国务院统计部门会同国务院管理节能工作的部门，定期向社会公布各省、自治区、直辖市以及主要耗能行业的能源消费和节能情况等信息。

第二十二条 国家鼓励节能服务机构的发展，支持节能服务机构开展节能咨询、设计、评估、检测、审计、认证等服务。

国家支持节能服务机构开展节能知识宣传和节能技术培训，提供节能信息、节能示范和其他公益性节能服务。

第二十三条 国家鼓励行业协会在行业节能规划、节能标准的制定和实施、节能技术推广、能源消费统计、节能宣传培训和信息咨询等方面发挥作用。

第三章　合理使用与节约能源
第一节　一般规定

第二十四条 用能单位应当按照合理用能的原则，加强节能管理，制定并实施节能计划和节能技术措施，降低能源消耗。

第二十五条 用能单位应当建立节能目标责任制，对节能工作取得成绩的集体、个人给予奖励。

第二十六条 用能单位应当定期开展节能教育和岗位节能培训。

第二十七条 用能单位应当加强能源计量管理，按照规定配备和使用经依法检定合格的能源计量器具。

用能单位应当建立能源消费统计和能源利用状况分析制度，对各类能源的消费实行分类计量和统计，并确保能源消费统计数据真实、完整。

第二十八条 能源生产经营单位不得向本单位职工无偿提供能源。任何单位不得对能源消费实行包费制。

第二节　工业节能

第二十九条 国务院和省、自治区、直辖市人民政府推进能源资源优化开发利用和合理配置，推进有利于节能的行业结构调整，优化用能结构和企业布局。

第三十条 国务院管理节能工作的部门会同国务院有关部门制定电力、钢铁、有色金属、建材、石油加工、化工、煤炭等主要耗能行业的节能技术政策，推动企业节能技术改造。

第三十一条 国家鼓励工业企业采用高效、节能的电动机、锅炉、窑炉、风机、泵类等设备，采用热电联产、余热余压利用、洁净煤以及先进的用能监测和控制等技术。

第三十二条 电网企业应当按照国务院有关部门制定的节能发电调度管理的规定，安排清洁、高效和符合规定的热电联产、利用余热余压发电的机组以及其他符合资源综合利用规定的发电机组与电网并网运行，上网电价执行国家有关规定。

第三十三条 禁止新建不符合国家规定的燃煤发电机组、燃油发电机组和燃煤热电机组。

第三节 建筑节能

第三十四条 国务院建设主管部门负责全国建筑节能的监督管理工作。

县级以上地方各级人民政府建设主管部门负责本行政区域内建筑节能的监督管理工作。

县级以上地方各级人民政府建设主管部门会同同级管理节能工作的部门编制本行政区域内的建筑节能规划。建筑节能规划应当包括既有建筑节能改造计划。

第三十五条 建筑工程的建设、设计、施工和监理单位应当遵守建筑节能标准。

不符合建筑节能标准的建筑工程，建设主管部门不得批准开工建设；已经开工建设的，应当责令停止施工、限期改正；已经建成的，不得销售或者使用。

建设主管部门应当加强对在建建筑工程执行建筑节能标准情况的监督检查。

第三十六条 房地产开发企业在销售房屋时，应当向购买人明示所售房屋的节能措施、保温工程保修期等信息，在房屋买卖合同、质量保证书和使用说明书中载明，并对其真实性、准确性负责。

第三十七条 使用空调采暖、制冷的公共建筑应当实行室内温度控制制度。具体办法由国务院建设主管部门制定。

第三十八条 国家采取措施，对实行集中供热的建筑分步骤实行供热分户计量、按照用热量收费的制度。新建建筑或者对既有建筑进行节能改造，应当按照规定安装用热计量装置、室内温度调控装置和供热系统调控装置。具体办法由国务院建设主管部门会同国务院有关部门制定。

第三十九条 县级以上地方各级人民政府有关部门应当加强城市节约用电管理，严格控制公用设施和大型建筑物装饰性景观照明的能耗。

第四十条 国家鼓励在新建建筑和既有建筑节能改造中使用新型墙体材料等节能建筑材料和节能设备，安装和使用太阳能等可再生能源利用系统。

第四节 交通运输节能

第四十一条 国务院有关交通运输主管部门按照各自的职责负责全国交通运输相关领域的节能监督管理工作。

国务院有关交通运输主管部门会同国务院管理节能工作的部门分别制定相关领域的节能规划。

第四十二条 国务院及其有关部门指导、促进各种交通运输方式协调发展和有效衔接，优化交通运输结构，建设节能型综合交通运输体系。

第四十三条 县级以上地方各级人民政府应当优先发展公共交通，加大对公共交通的投入，完善公共交通服务体系，鼓励利用公共交通工具出行；鼓励使用非机动交通工具出行。

第四十四条 国务院有关交通运输主管部门应当加强交通运输组织管理，引导道路、水路、航空运输企业提高运输组织化程度和集约化水平，提高能源利用效率。

第四十五条 国家鼓励开发、生产、使用节能环保型汽车、摩托车、铁路机车车辆、船舶和其他交通运输工具，实行老旧交通运输工具的报废、更新制度。

国家鼓励开发和推广应用交通运输工具使用的清洁燃料、石油替代燃料。

第四十六条 国务院有关部门制定交通运输营运车船的燃料消耗量限值标准；不符合标准的，不得用于营运。

国务院有关交通运输主管部门应当加强对交通运输营运车船燃料消耗检测的监督管理。

第五节 公共机构节能

第四十七条 公共机构应当厉行节约，杜绝浪费，带头使用节能产品、设备，提高能源利用效率。

本法所称公共机构，是指全部或者部分使用财政性资金的国家机关、事业单位和团体组织。

第四十八条 国务院和县级以上地方各级人民政府管理机关事务工作的机构会同同级有关部门制定和组织实施本级公共机构节能规划。公共机构节能规划应当包括公共机构既有建筑节能改造计划。

第四十九条 公共机构应当制定年度节能目标和实施方案，加强能源消费计量和监测管理，向本级人民政府管理机关事务工作的机构报送上年度的能源消费状况报告。

国务院和县级以上地方各级人民政府管理机关事务工作的机构会同同级有关部门按照管理权限，制定本级公共机构的能源消耗定额，财政部门根据该定额制定能源消耗支出标准。

第五十条 公共机构应当加强本单位用能系统管理，保证用能系统的运行符合国家相关标准。

公共机构应当按照规定进行能源审计，并根据能源审计结果采取提高能源利用效率的措施。

第五十一条 公共机构采购用能产品、设备，应当优先采购列入节能产品、设备政府采购名录中的产品、设备。禁止采购国家明令淘汰的用能产品、设备。

节能产品、设备政府采购名录由省级以上人民政府的政府采购监督管理部门会同同级有关部门制定并公布。

第六节 重点用能单位节能

第五十二条 国家加强对重点用能单位的节能管理。

下列用能单位为重点用能单位：

（一）年综合能源消费总量一万吨标准煤以上的用能单位；

（二）国务院有关部门或者省、自治区、直辖市人民政府管理节能工作的部门指定的年综合能源消费总量五千吨以上不满一万吨标准煤的用能单位。

重点用能单位节能管理办法，由国务院管理节能工作的部门会同国务院有关部门制定。

第五十三条 重点用能单位应当每年向管理节能工作的部门报送上年度的能源利用状况报告。能源利用状况包括能源消费情况、能源利用效率、节能目标完成情况和节能效益分析、节能措施等内容。

第五十四条 管理节能工作的部门应当对重点用能单位报送的能源利用状况报告进行审查。对节能管理制度不健全、节能措施不落实、能源利用效率低的重点用能单位，管理节能工作的部门应当开展现场调查，组织实施用能设备能源效率检测，责令实施能源审计，并提出书面整改要求，限期整改。

第五十五条 重点用能单位应当设立能源管理岗位，在具有节能专业知识、实际经验以及中级以上技术职称的人员中聘任能源管理负责人，并报管理节能工作的部门和有关部门备案。

能源管理负责人负责组织对本单位用能状况进行分析、评价，组织编写本单位能源利用状况报告，提出本单位节能工作的改进措施并组织实施。

能源管理负责人应当接受节能培训。

第四章　节能技术进步

第五十六条　国务院管理节能工作的部门会同国务院科技主管部门发布节能技术政策大纲，指导节能技术研究、开发和推广应用。

第五十七条　县级以上各级人民政府应当把节能技术研究开发作为政府科技投入的重点领域，支持科研单位和企业开展节能技术应用研究，制定节能标准，开发节能共性和关键技术，促进节能技术创新与成果转化。

第五十八条　国务院管理节能工作的部门会同国务院有关部门制定并公布节能技术、节能产品的推广目录，引导用能单位和个人使用先进的节能技术、节能产品。

国务院管理节能工作的部门会同国务院有关部门组织实施重大节能科研项目、节能示范项目、重点节能工程。

第五十九条　县级以上各级人民政府应当按照因地制宜、多能互补、综合利用、讲求效益的原则，加强农业和农村节能工作，增加对农业和农村节能技术、节能产品推广应用的资金投入。

农业、科技等有关主管部门应当支持、推广在农业生产、农产品加工储运等方面应用节能技术和节能产品，鼓励更新和淘汰高耗能的农业机械和渔业船舶。

国家鼓励、支持在农村大力发展沼气，推广生物质能、太阳能和风能等可再生能源利用技术，按照科学规划、有序开发的原则发展小型水力发电，推广节能型的农村住宅和炉灶等，鼓励利用非耕地种植能源植物，大力发展薪炭林等能源林。

第五章　激励措施

第六十条　中央财政和省级地方财政安排节能专项资金，支持节能技术研究开发、节能技术和产品的示范与推广、重点节能工程的实施、节能宣传培训、信息服务和表彰奖励等。

第六十一条　国家对生产、使用列入本法第五十八条规定的推广目录的需要支持的节能技术、节能产品，实行税收优惠等扶持政策。

国家通过财政补贴支持节能照明器具等节能产品的推广和使用。

第六十二条　国家实行有利于节约能源资源的税收政策，健全能源矿产资源有偿使用制度，促进能源资源的节约及其开采利用水平的提高。

第六十三条　国家运用税收等政策，鼓励先进节能技术、设备的进口，控制在生产过程中耗能高、污染重的产品的出口。

第六十四条　政府采购监督管理部门会同有关部门制定节能产品、设备政府采购名录，应当优先列入取得节能产品认证证书的产品、设备。

第六十五条　国家引导金融机构增加对节能项目的信贷支持，为符合条件的节能技术研究开发、节能产品生产以及节能技术改造等项目提供优惠贷款。

国家推动和引导社会有关方面加大对节能的资金投入，加快节能技术改造。

第六十六条　国家实行有利于节能的价格政策，引导用能单位和个人节能。

国家运用财税、价格等政策，支持推广电力需求侧管理、合同能源管理、节能自愿协议等节能办法。

国家实行峰谷分时电价、季节性电价、可中断负荷电价制度，鼓励电力用户合理调整用电负荷；对钢铁、有色金属、建材、化工和其他主要耗能行业的企业，分淘汰、限制、允许和鼓励类实行差别电价政策。

第六十七条　各级人民政府对在节能管理、节能科学技术研究和推广应用中有显著成绩以及检举严重浪费能源行为的单位和个人，给予表彰和奖励。

第六章　法律责任

第六十八条　负责审批政府投资项目的机关违反本法规定，对不符合强制性节能标准的项目予以批准建设的，对直接负责的主管人员和其他直接责任人员依法给予处分。

固定资产投资项目建设单位开工建设不符合强制性节能标准的项目或者将该项目投入生产、使用的，由管理节能工作的部门责令停止建设或者停止生产、使用，限期改造；不能改造或者逾期不改造的生产性项目，由管理节能工作的部门报请本级人民政府按照国务院规定的权限责令关闭。

第六十九条　生产、进口、销售国家明令淘汰的用能产品、设备的，使用伪造的节能产品认证标志或者冒用节能产品认证标志的，依照《中华人民共和国产品质量法》的规定处罚。

第七十条　生产、进口、销售不符合强制性能源效率标准的用能产品、设备的，由市场监督管理部门责令停止生产、进口、销售，没收违法生产、进口、销售的用能产品、设备和违法所得，并处违法所得一倍以上五倍以下罚款；情节严重的，吊销营业执照。

第七十一条　使用国家明令淘汰的用能设备或者生产工艺的，由管理节能工作的部门责令停止使用，没收国家明令淘汰的用能设备；情节严重的，可以由管理节能工作的部门提出意见，报请本级人民政府按照国务院规定的权限责令停业整顿或者关闭。

第七十二条　生产单位超过单位产品能耗限额标准用能，情节严重，经限期治理逾期不治理或者没有达到治理要求的，可以由管理节能工作的部门提出意见，报请本级人民政府按照国务院规定的权限责令停业整顿或者关闭。

第七十三条　违反本法规定，应当标注能源效率标识而未标注的，由市场监督管理部门责令改正，处三万元以上五万元以下罚款。

违反本法规定，未办理能源效率标识备案，或者使用的能源效率标识不符合规定的，由市场监督管理部门责令限期改正；逾期不改正的，处一万元以上三万元以下罚款。

伪造、冒用能源效率标识或者利用能源效率标识进行虚假宣传的，由市场监督管理部门责令改正，处五万元以上十万元以下罚款；情节严重的，吊销营业执照。

第七十四条　用能单位未按照规定配备、使用能源计量器具的，由市场监督管理部门责令限期改正；逾期不改正的，处一万元以上五万元以下罚款。

第七十五条　瞒报、伪造、篡改能源统计资料或者编造虚假能源统计数据的，依照《中华人民共和国统计法》的规定处罚。

第七十六条　从事节能咨询、设计、评估、检测、审计、认证等服务的机构提供虚假信息的，由管理节能工作的部门责令改正，没收违法所得，并处五万元以上十万元以下罚款。

第七十七条　违反本法规定，无偿向本单位职工提供能源或者对能源消费实行包费制的，由管理节能工作的部门责令限期改正；逾期不改正的，处五万元以上二十万元以下罚款。

第七十八条　电网企业未按照本法规定安排符合规定的热电联产和利用余热余压发电的机组与电网并网运行，或者未执行国家有关上网电价规定的，由国家电力监管机构责令改正；造成发电企业经济损失的，依法承担赔偿责任。

第七十九条　建设单位违反建筑节能标准的，由建设主管部门责令改正，处二十万元以上五十万元以下罚款。

设计单位、施工单位、监理单位违反建筑节能标准的，由建设主管部门责令改正，处十万元以上五十万元以下罚款；情节严重的，由颁发资质证书的部门降低资质等级或者吊销资质证书；造成损失的，依法承担赔偿责任。

第八十条 房地产开发企业违反本法规定，在销售房屋时未向购买人明示所售房屋的节能措施、保温工程保修期等信息的，由建设主管部门责令限期改正，逾期不改正的，处三万元以上五万元以下罚款；对以上信息作虚假宣传的，由建设主管部门责令改正，处五万元以上二十万元以下罚款。

第八十一条 公共机构采购用能产品、设备，未优先采购列入节能产品、设备政府采购名录中的产品、设备，或者采购国家明令淘汰的用能产品、设备的，由政府采购监督管理部门给予警告，可以并处罚款；对直接负责的主管人员和其他直接责任人员依法给予处分，并予通报。

第八十二条 重点用能单位未按照本法规定报送能源利用状况报告或者报告内容不实的，由管理节能工作的部门责令限期改正；逾期不改正的，处一万元以上五万元以下罚款。

第八十三条 重点用能单位无正当理由拒不落实本法第五十四条规定的整改要求或者整改没有达到要求的，由管理节能工作的部门处十万元以上三十万元以下罚款。

第八十四条 重点用能单位未按照本法规定设立能源管理岗位，聘任能源管理负责人，并报管理节能工作的部门和有关部门备案的，由管理节能工作的部门责令改正；拒不改正的，处一万元以上三万元以下罚款。

第八十五条 违反本法规定，构成犯罪的，依法追究刑事责任。

第八十六条 国家工作人员在节能管理工作中滥用职权、玩忽职守、徇私舞弊，构成犯罪的，依法追究刑事责任；尚不构成犯罪的，依法给予处分。

第七章　附　　则

第八十七条 本法自 2008 年 4 月 1 日起施行。

附录4　环境保护相关标志

中国环境十环标志

中国Ⅰ型环境标志

中国Ⅱ型环境标志

中国Ⅲ型环境标志

无公害农产品标志

中国绿色食品标志的四种形式

中国国环有机食品标志

中国 COFCC 有机食品标志

绿色选择标志

中国台湾地区环境标志

中国香港特别行政区环境标志

全球环保标志组织

欧共体环境标志（欧洲之花）

北欧环境标志（环境天鹅）

德国环境标志（蓝色天使）

加拿大环境标志（环境选择）

澳大利亚环境标志

克罗地亚环境标志

捷克环境标志

巴西环境标志

印度环境标志

日本环境标志

韩国环境标志

新西兰环境标志

菲律宾环境标志

新加坡环境标志

西班牙环境标志

匈牙利环境标志

CITES 标志

SCS 标志

纺织品环境友好标签

纺织品生态标签

绿色之星

中国节水标志

泰国环境标志

美国绿色认证

瑞典自然保护协会的环境标志

法国环境标志

津巴布韦环境标志

瑞典劳工联盟环境标志
（针对显示器类产品）

以色列环境标志

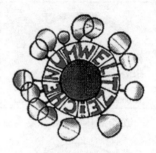

奥地利环境标志

能源之星

能效标识

中国台湾地区水标志

回收标志

中国节能产品标志

森林认证

参 考 文 献

[1] 曲向荣. 清洁生产. 北京：机械工业出版社，2012.

[2] 奚旦立. 清洁生产与循环经济. 北京：化学工业出版社，2012.

[3] 鲍建国，周发武. 清洁生产实用教程. 2版，北京：中国环境科学出版社，2014.

[4] 曲向荣. 清洁生产与循环经济. 2版. 北京：清华大学出版社，2014.

[5] 程言君，宋云，孙晓峰. 污染减排与清洁生产，北京：化学工业出版社，2013.

[6] 谢武，王金菊. 清洁生产审核案例教程. 北京：化学工业出版社，2014.

[7] 工业和信息化部节能与综合利用司. 工业清洁生产关键共性技术案例（2015年版）. 北京：冶金工业出版社，2015.06.

[8] 国家环境保护总局科技标准司. 清洁生产审计培训教材. 北京：中国环境科学出版社，2001.

[9] 赵玉明. 清洁生产. 北京：中国环境科学出版社，2005.

[10] 张天柱，石磊，贾小平. 清洁生产导论. 北京：高等教育出版社，2006.

[11] 张凯，崔兆杰. 清洁生产理论与方法. 北京：科学出版社，2006.

[12] 国家经贸委资源节约与综合利用司. 清洁生产概论. 北京：中国检察出版社，2000.

[13] 国家经贸委资源节约与综合利用司. 国外清洁生产实施与启迪. 北京：学苑出版社，2002.

[14] 汪应洛，刘旭. 清洁生产. 北京：机械工业出版社，1998.

[15] 王守兰，武少华，万融. 清洁生产理论与实务. 北京：机械工业出版社，2002.

[16] 奚旦立. 清洁生产与循环经济. 北京：化学工业出版社，2006.

[17] 朱慎林，赵毅红，周中平. 清洁生产导论. 北京：化学工业出版社，2001.

[18] 王建强. 清洁生产审核过程中的环保要求. 杭州：浙江省清洁生产中心. 2006.9.19.

[19] 臧树良，关伟，李川. 清洁生产、绿色化学原理与实践. 北京：化学工业出版社，2006.

[20] 郭显锋，张新力，方平. 清洁生产审核指南. 北京：中国环境科学出版社，2007.

[21] 金适. 清洁生产与循环经济. 北京：气象出版社，2007.

[22] 但卫华，王坤余. 轻工业清洁生产技术. 北京：中国纺织出版社，2008.

[23] 魏立安. 清洁生产审核与评价. 北京：中国环境科学出版社，2005.

[24] 汪群慧，王遂，苏荣军. 环境化学. 2版. 哈尔滨：哈尔滨工业大学出版社，2008.

[25] 陆书玉，栾胜基，朱坦. 环境影响评价. 北京：高等教育出版社，2001.

[26] 朱蓓丽. 环境工程概论. 北京：科学出版社，2001.

[27] 马承愚，彭英利. 高难度有机废水的控制与治理. 北京：化学工业出版社，2008.

[28] Niina Kulik, Marina Trapido, Anna Goi et al. Combined Chemical Treatment of Pharmaceutical Effluents from Medical Ointment Production [J]. Chemosphere. 2008，70：1525-1531.

[29] Deng Shubo, Yu Gang, Chen Zhongxi. Characterization of Suspended Solids in Producedwater in Daqing oilfield [J]. Colloids and Surfaces A：Physicochem. Eng. Aspects，2009，（332）：63-69.

[30] Italian Ministry for Environment & Territory, OECD, Fondazione Fiera di Milano. Circular Economy and the 3R Strategy. 2005.

[31] 苏荣军，陆占国，陈平，等. Fenton试剂深度处理胃必治制药废水 [J]. 工业用水与废水，2008，39（3）：68-71.

[32] 苏荣军，王鹏，谷芳，等. 絮凝-芬顿氧化法处理制药污水的研究 [J]. 哈尔滨商业大学学报（自然科学版），2009，25（3）：292-295.

[33] http：//www.cncpn.org.cn/中国清洁生产网

[34] http：//www.china-eia.com/中国环境影响评价网

[35] http：//www.chinajnsb.cn/中国节能减排网

[36] 谢明辉，乔琦，孙启宏. 流域清洁生产及其潜力分析方法研究 [J]，中国工程科学，2013，15（3）：70-79，102.

[37] 娄佑武，徐晓云，张磊. 江西省畜禽清洁生产工作进展与对策 [J]. 中国畜牧业，2013，（23）：38-39.

[38] 康磊，张泉海，王文静，等. 钢管集团清洁生产指标体系评价应用实例 [J]. 中国环境管理干部学院学报，2011，21（3）：43-45. 10.3969/j.issn.1008813.2011.03.012.

[39] 巴亚东. 环境影响评价中的清洁生产分析方法 [J]. 环境科学技术，2010，33（12F）：598-600，607.

[40] 苏荣军，薛雅内，张广山，等. $Zn_{0.9}Fe_{0.1}S$硫化物的制备及其光催化降解双酚A的性能研究 [J]. 环境工程学报，2017，11（1）：303-311.

[41] 蔡焕兴，等．印染企业实施清洁生产的环境与经济效益探讨 [J]．染整技术，2006，28（7）：25-27.

[42] 檀笑，温勇，尹淑，庄蔡彬．毛织服装业清洁生产审核的思考与实践 [J]．环境工程，2013，31（增刊）：703-706.

[43] Rongjun Su，Yanei Xue，Guangshan Zhang，Qiao Wang，Limin Hu and Peng Wang Optimization and degradation mechanism of photocatalytic removal of bisphenol A using $Zn_{0.9}Fe_{0.1}S$ synthesized by microwave-assisted method [J]．Photochemistry and Photobiology. 2016Vol：92（6）775-782.

[44] 陈云进．煤化工企业推进清洁生产的研究与实践 [J]．环境科学导刊，2008，27（5）：66-69.

[45] 梁仁涛．化工企业清洁生产案例分析 [J]．科协论坛，2013，（6）下：67-68

[46] Tudor T，Adam E，Bates M. Drivers and Limitations for the successful development and functioning of EIPS（eco-industrial parks：a literature review [J]．Ecological Economics，2007（61）：199-207.

[47] 王彬，单丽丽，周小舟．注塑企业开展清洁生产浅析 [J]．绿色科技，2013，（2）：160-163.

[48] 彭喜雁．卫生陶瓷企业清洁生产案例介绍 [J]．佛山陶瓷．2015，25（3/224）：34-36.

[49] 沈丰菊，赵润，张克强．咸宁市农业清洁生产技术实践与生态补偿政策案例分析 [J]．农学学报，2015，5（10）：44-49.

[50] 张景林，李敬喜．小氮肥厂清洁生产审计案例研究 [J]．产业与环境，2003，（增刊）：145-149.

[51] 何社强．清洁生产技术在低聚糖生产中实施案例分析 [J]．环境与可持续发展，2013，（5）：100-104

[52] 王斌儒，辛生会，何战友，等．加快石油企业清洁发展的思路探索 [J]．油气田环境保护，2010，20（3）：1-3，64.

[53] 管荣辉．绿色造船在船舶行业清洁生产中的应用 [J]．污染防治技术，2013，26（6）：26-29.

[54] 王明浩．造船企业实施清洁生产研究和探索 [J]．今日科苑，2009，（5）：67-68，70.

[55] 张兴华．造纸工艺挖掘清洁生产潜力的案例分析 [J]．科技创新，2014，（34）：22-23.

[56] 洪冰．造纸行业清洁生产案例分析及对策 [J]．环境保护与循环经济，2007，（5）：19-22.

[57] 沈忱，周长波，李旭华，等．电解铝行业清洁生产案例分析及推行建议 [J]．环境工程技术学报，2014，4（3）：237-242.

[58] Jouni Korhonen. Four ecosystem principles for an industrial ecosystem. Journal of Cleaner Production，2001，（9）：253-259.

[59] 陈利生，徐征，黄卉，等．电解铝业清洁生产案例分析及对策 [J]．昆明冶金高等专科学校学报，2013，29（1）：21-25.

[60] 赵琳．浅析焦化企业清洁生产案例研究 [J]．山东化工，2015，44（10）：187-188.

[61] 李庄，董慧敏，甘来．陶瓷企业推行清洁生产审核研究与实践 [J]．环境保护，2009，418（4B）：52-54. DOI：10.14026/j. cnki.0253-9705.2009.08.027.

[62] 任光，吕川．平板玻璃行业清洁生产案例研究 [J]．绿色科技，2014，（12）：188-189，195.

[63] 黄磊．草浆造纸企业清洁生产审核案例分析 [J]．中华纸业，2013，34（1）：44-47.

[64] Rongiun. Su. Study and practice of cleaner production：pre-audit on a pharmaceutical factory in Harbin [J]．Advanced Materials Research，2012，424-425：1330-1333.

[65] 唐文金．制药企业清洁生产研究：以扬州制药厂为例 [J]．水资源保护，2005，21（3）：64-66.

[66] 张晓云．制药生产线清洁生产的实现 [J]．化工管理，2014，214，225.

[67] 苏华柯，田倩瑶．再生涤纶行业清洁生产审核要点解析 [J]．广东化工，2013，40（13/255）：147-149，182.

[68] R Rahim，A A A Raman. Carbon dioxide emission reduction through cleaner production strategies in a recycled plastic resins producing plant [J]．Journal of Cleaner Production，2017，141：1067-1073.

[69] 吴海杰，蔡华群，陈芸，等．化工企业清洁生产审核案例及经验交流 [J]．化工矿物与加工，2013，（6）：40-42.

[70] 李中秋，赵芳．玻璃制品企业清洁生产审核实践与评估验收 [J]．玻璃，2013，（3/258）：444-448.

[71] 陆宇民，梁伟文．不锈钢制品企业清洁生产案例分析 [J]．中国环保产业，2005，09：32-34.

[72] 武晓晖，王丽萍，余美维．煤矿清洁生产审核案例研究 [J]．煤炭技术，2015，34（10）：326-328.

[73] 喻杰．开展清洁生产是企业发展必由之路：对某水泥企业清洁生产案例分析 [J]．中国环境科学学会学术年会论文集，2010：103-106.

[74] WS Ashton，M Hurtado-Martin，NM Anid，et al. Pathways to cleaner production in the Americas I：bridging industry-academia gaps in the transition to sustainability Journal of Cleaner Production [J]．2017，142：432-444.

[75] Hongliang Guo，Yingju Chang，Duu-Jong Lee. Enzymatic saccharification of lignocellulosic biorefinery：Research focuses [J]．Bioresource Technology，2018，252：198-215.

[76] Hongliang Guo，Xiao-Dong Wang，Duu-Jong Lee. Proteomic researches for lignocellulose-degrading enzymes：A mini-review [J]．Bioresource Technology，2018，265：532-541.